MINISTÈRE DES TRAVAUX PUBLICS

ÉTUDES

DES

GÎTES MINÉRAUX

DE LA FRANCE

PUBLIÉES SOUS LES AUSPICES DE M. LE MINISTRE DES TRAVAUX PUBLICS
PAR LE SERVICE DES TOPOGRAPHIES SOUTERRAINES

BASSIN HOUILLER ET PERMIEN

D'AUTUN ET D'ÉPINAC

FASCICULE IV

FLORE FOSSILE

DEUXIÈME PARTIE

PAR

B. RENAULT

LAURÉAT DE L'INSTITUT, ASSISTANT AU MUSÉUM D'HISTOIRE NATURELLE
ASSOCIÉ DE L'ACADÉMIE ROYALE DE BELGIQUE, ETC.

TEXTE

PARIS

IMPRIMERIE NATIONALE

M DCCC XCVI

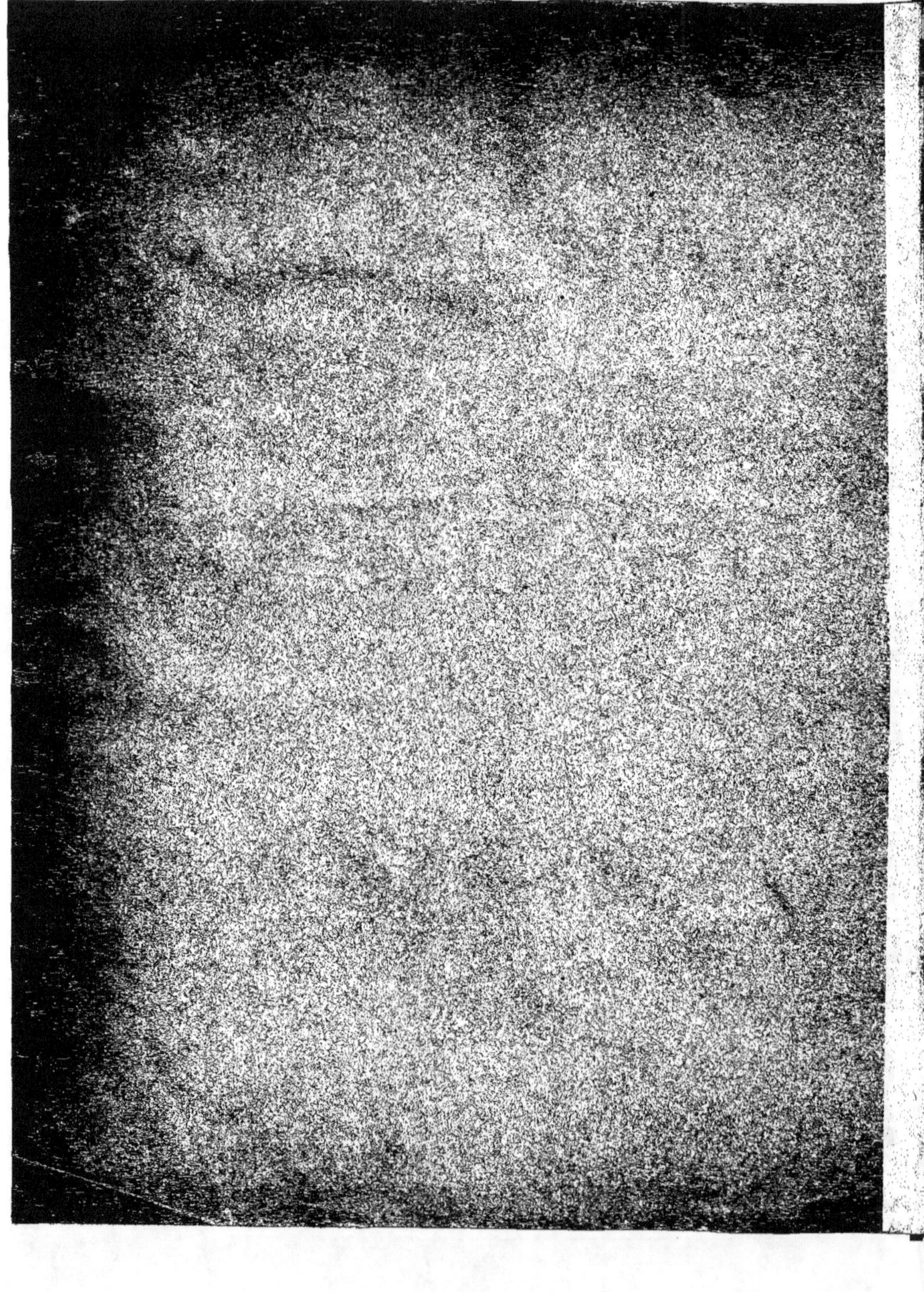

BASSIN HOUILLER ET PERMIEN

D'AUTUN ET D'ÉPINAC

MINISTÈRE DES TRAVAUX PUBLICS

ÉTUDES

DES

GÎTES MINÉRAUX

DE LA FRANCE

PUBLIÉES SOUS LES AUSPICES DE M. LE MINISTRE DES TRAVAUX PUBLICS
PAR LE SERVICE DES TOPOGRAPHIES SOUTERRAINES

BASSIN HOUILLER ET PERMIEN

D'AUTUN ET D'ÉPINAC

FASCICULE IV

FLORE FOSSILE

DEUXIÈME PARTIE

PAR

B. RENAULT

LAURÉAT DE L'INSTITUT, ASSISTANT AU MUSÉUM D'HISTOIRE NATURELLE
ASSOCIÉ DE L'ACADÉMIE ROYALE DE BELGIQUE, ETC.

TEXTE

PARIS

IMPRIMERIE NATIONALE

M DCCC XCVI

DEUXIÈME PARTIE.

Fougères.

(*Supplément.*)

Dans la première partie de ce travail, publiée vers la fin de l'année 1890, M. R. Zeiller a donné la description des Fougères rencontrées dans les différentes couches du bassin autunois. Depuis cette époque, de nouveaux échantillons recueillis à divers niveaux, mais à l'état minéralisé par la silice, sont venus augmenter la série déjà nombreuse de ces plantes, ou compléter leur histoire en faisant connaître des détails de leur organisation interne; c'est donc plus particulièrement sur quelques particularités anatomiques que j'insisterai dans les pages suivantes.

Ténioptéridées.

TÆNIOPTERIS MULTINERVIS Weiss.

(Fig. 1 et 2, p. 2.)

Je renvoie le lecteur, pour l'énumération des caractères de famille et de genre, à la page 160 de la première partie. Je ne transcrirai que ceux relatifs à l'espèce.

Frondes simples à contour linéaire, arrondies à la base, à bords latéraux parallèles, s'atténuant vers le sommet en pointe obtusément aiguë, larges de 3 à 4 centimètres, atteignant au moins 30 à 40 centimètres de longueur. Rachis plat, large de 2 à 5 millimètres, marqué de stries longitudinales irrégulières.

Nervures latérales se détachant du rachis sous un angle aigu, rapidement arquées, ensuite droites, divisées dès leur base en deux branches, elles-mêmes généralement dichotomes; nervules serrées, aboutissant au bord du limbe sous un angle très ouvert, au nombre de 25 à 35 par centimètre.

La figure 1 représente la région médiane d'une empreinte de *Tæniopteris multinervis* bien conservée du terrain houiller de Saint-Étienne, et la figure 2 un fragment silicifié, que j'ai recueilli à gauche de la route allant de Dracy-Saint-Loup à Muse, dans les communaux de Dracy.

Fig. 1.   Fig. 2.

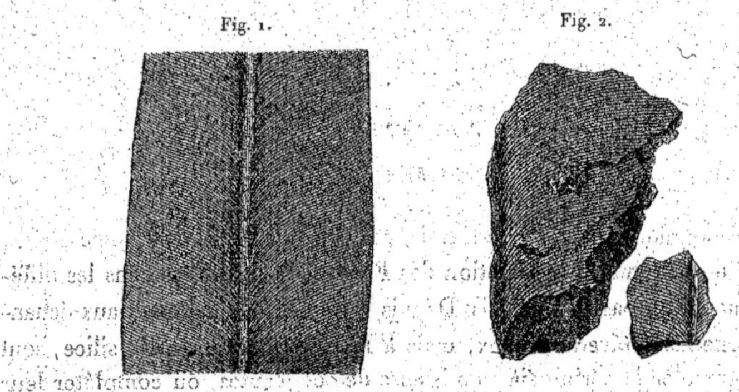

Tæniopteris multinervis.

Le petit fragment représenté en bas et à droite de la figure provient de Margenne; il a été rencontré dans un magma renfermant d'autres débris de végétaux, tels que portion de fronde de *Callipteris Naumanni*, et nombreuses feuilles de Sigillaires.

Le premier de ces deux échantillons silicifiés (fig. 2) montre à gauche en bordure une dépression assez profonde correspondant au rachis. Les nervures qui en partent décrivent une courbe très oblique, puis s'étalent en devenant sensiblement rectilignes; on compte 19 à 20 nervules sur une largeur de 1 centimètre. Ce fragment appartenait à une feuille dont la largeur dépassait certainement 6 centimètres, ce qui explique l'écartement un peu plus considérable des nervules dans cet échantillon silicifié.

Il était intéressant de rechercher si la structure avait été conservée; la figure 3 représente une section faite perpendiculairement au limbe, mais obliquement par rapport au rachis, de façon à rencontrer normalement la plupart des nervules; malheureusement la conservation laissait beaucoup à désirer; voici cependant les particularités que j'ai pu y reconnaître.

L'épiderme se compose de cellules à sections rectangulaires et alignées dans le sens des nervules.

Le mésophylle est formé de cellules parenchymateuses polyédriques; cependant, entre les nervules, on remarque des bandes normales au limbe *p*, composées de cellules plus hautes que larges et dont les parois sont un peu plus épaisses. Entre ces sortes de cloisons verticales, peu marquées du reste, existant dans l'intervalle des deux épidermes, se trouvent les nervules *ns*. On y distingue une gaine arrondie, formée de cellules allongées dans le même sens que la nervure, à parois légèrement sclérifiées et à section transversale circulaire; cette gaine entoure une couche de cellules à très minces parois, qui peut être considérée comme formée entièrement de liber mou; au milieu se trouve un faisceau ligneux de forme souvent arrondie, quelquefois triangulaire, dont les éléments les plus fins, composés de trachées déroulables, occupent la région inférieure; les autres éléments vasculaires sont des trachéides rayées et réticulées.

Fig. 3.

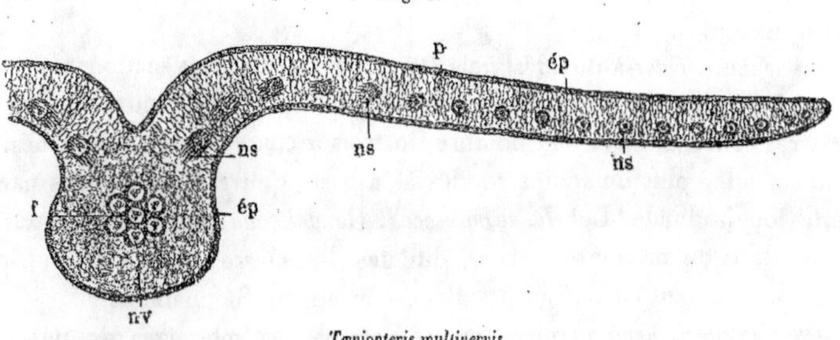

Tæniopteris multinervis.

Les faisceaux vasculaires du limbe vont se rattacher à ceux qui occupent la partie centrale du rachis. A la hauteur de la fronde où la section transversale a été faite, on compte sept faisceaux vasculaires distincts concourant à former le système ligneux de la nervure médiane; l'un d'eux occupe la région centrale, les six autres entourent ce dernier. Tous présentent l'organisation que j'ai indiquée ci-dessus pour les nervules. Il est clair que c'est par la division successive d'un certain nombre des faisceaux du rachis que se produisent les cordons multiples qui passent dans le limbe et se dichotomisent à leur tour. La plupart des faisceaux du rachis ont déjà sur la section transversale l'orientation que l'on remarque dans les nervules.

Malgré mes recherches, je n'ai pu rencontrer de frondes fertiles, mais la présence de ce *Tæniopteris* dans deux gisements silicifiés de niveaux différents [1] laisse espérer que quelque chercheur plus heureux mettra la main sur un échantillon fructifié et complétera ainsi l'histoire des Ténioptéridées, qui ont été rapprochées, comme l'on sait, des genres *Angiopteris*, *Marattia* ou *Danæa*, sans que l'on puisse préciser la distance qui les en sépare.

Pécoptéridées:

Le groupe hétérogène des *Pecopteris* a été divisé [2] en *Prepecopteris* et en *Pecopteris* vrais.

Le premier groupe renferme des Fougères dont les sporanges isolés sur les nervures, terminés par une sorte de coiffe formée de cellules à parois épaissies, rappellent les genres *Mohria*, *Aneimia*, *Schizæa*, actuellement vivants. On peut citer les *Senftenbergia* et quelques genres voisins comme représentant ce groupe; tous appartiennent au terrain houiller moyen ou Westphalien.

Le second, c'est-à-dire les vrais *Pecopteris*, forme trois sections :

1° *Pecopteris cyathoïdes*, caractérisés par des sporanges groupés autour d'un axe très court, conique, au nombre de trois à cinq; ils sont piriformes, sans connecticule, plus ou moins soudés à la base, s'ouvrant en dedans par une fente longitudinale. Les *P. arborescens*, *Candolleana*, *Schlotheimi*, etc., font partie de cette première section, dite des *Asterotheca*, qui semble appartenir plus spécialement au terrain houiller supérieur ou Stéphanien;

2° *Pecopteris névroptéroïdes*, caractérisés par des sporanges groupés autour d'un axe assez développé, présentant quatre gouttières longitudinales profondes, ce qui, en coupe transversale, lui donne une section en forme de croix à quatre branches égales; à chaque branche correspond un sporange sans connecticule, allongé, terminé par une pointe aiguë; la déhiscence se fait du côté de l'axe longitudinalement à travers la membrane du sporange amincie de ce côté. Les *P. polymorpha*, *Bucklandi*, *pteroides*, etc., appartiennent à cette deuxième section, qui est également répandue dans le terrain houiller supérieur;

3° *Pecopteris unitæ* (*Goniopteris*), caractérisés par des sporanges groupés en nombre variable autour d'un axe très court, tantôt soudés dans toute leur

[1] Margenne occupe la partie supérieure du terrain permien d'Autun, tandis que Dracy-Saint-Loup se trouve dans la région moyenne.

[2] Grand'Eury, *Flore carbonifère du département de la Loire*, p. 62 et suivantes.

hauteur, *Pecopteris* (*Goniopteris*) *unita*[1], tantôt libres à la partie supérieure, *P. intermedia*[2]. Les cinq sporanges engagés par leur base dans un disque charnu supporté par un pédicelle s'ouvrent à leur sommet sous l'action d'une coiffe formée de cellules à parois épaissies et munies de poils rigides et recourbés. Nous avons choisi le nom spécifique d'*intermedia* pour indiquer que cette espèce du groupe des *Goniopteris* servait de passage entre les *Pecopteris* (*Goniopteris*) *unitæ* et les *Prepecopteris*. Chez ces derniers, les sporanges sont libres, mais munis de connecticule; dans les *Unitæ*, les sporanges, sans connecticule, sont soudés sur un disque pédicellé rappelant dans une certaine mesure les fructifications des *Kaulfussia*, et se trouvent assez fréquemment dans les silex de Grand'Croix détachés de la pinnule qui les portait.

Les *Pecopteris unita* et *intermedia* ont été rencontrés fructifiés, le premier à Grand'Croix et à Autun; le second, jusqu'ici, seulement dans le premier de ces gisements; le *Pecopteris unita* se montre, par conséquent, dans toute l'épaisseur du terrain houiller supérieur.

Jusqu'ici, les vrais *Pecopteris* paraissaient propres au terrain houiller supérieur, nous croyons donc intéressant de signaler leur présence dans les quartz d'Esnost; ces quartz renferment, comme on le sait, des débris de *Bornia*, des tiges et rameaux de *Lepidodendron;* les anthracites qui les accompagnent nous ont fourni des empreintes de *Cardiopteris* et de *Bornia;* tout fait donc supposer qu'ils appartiennent à une époque bien plus ancienne que celle du terrain houiller supérieur, au Culm par exemple. Nous avons représenté, figure 6, planche LXXXII, une section de pinnule portant des sporanges groupés exactement comme ceux qui caractérisent les *Pecopteris* cyathoïdes (*Asterotheca*); le grossissement est de 10/1. Nous désignerons cette espèce sous le nom de *Pecopteris* (*Asterotheca*) *esnostensis*.

PECOPTERIS (ASTEROTHECA) ESNOSTENSIS, n. sp.

(Pl. LXXXII, fig. 6.)

Cette espèce n'est connue que par des préparations faites dans les échantillons silicifiés d'Esnost et accompagne divers fragments ligneux que nous

---

[1] *Cours de botanique fossile,* 3ᵉ année, pl. XX, fig. 11 à 19, et ici même, fig. 4 et 5, p. 10.

[2] *Cours de botanique fossile,* 3ᵉ année, pl. XXII, fig. 8 à 11. Ce genre de *Pecopteris* a été appelé après coup *Renaultia* par Stur, *Sturiella* par Weiss, avec un empressement bien remarquable; nous nous réservions, quant à nous, de revenir sur ce sujet avec des matériaux plus complets.

considérons comme des racines de *Bornia*. Les pinnules mesurent 5 à 6 millimètres de longueur et 2 millimètres de largeur; le limbe est épais, charnu,
dans sa région médiane, traversé par des cellules ou des canaux à gomme,
parcouru par une nervure médiane saillante, sur laquelle se trouvent insérés
des poils pluricellulaires. Les bords de la pinnule fructifère sont amincis, recourbés et enveloppent presque complètement les fructifications.

Celles-ci sont formées par des *synangium* placés sur deux lignes de chaque
côté de la nervure médiane; chacun d'eux comprend *quatre* sporanges soudés
par leur base amincie au parenchyme de la feuille, de façon à former un pédicelle tout à fait rudimentaire. Les sporanges sont élargis à moitié de leur
hauteur et terminés en pointe à leurs deux extrémités; la face ventrale est
presque plane, la face dorsale, au contraire, est nettement convexe. Leur
hauteur dépasse 1 millimètre et leur plus grande largeur atteint $0^{mm},3$; ils
renferment des spores arrondies mesurant 28 μ.

Ces pinnules fructifiées sont surtout intéressantes à cause de la flore beaucoup plus ancienne au milieu de laquelle on les rencontre.

Provenance. — Quartz d'Esnost.

PECOPTERIS PENNÆFORMIS Brongniart, var. MUSENSIS,

(Pl. LXXXII, fig. 3, 4, 5.)

Portion de fronde bipinnée, rachis grêle, pennes secondaires s'échappant
latéralement sous un angle de 55 degrés; pinnules contiguës, insérées par
toute leur base, mesurant 2 millimètres et demi de largeur sur 3 millimètres
et demi de longueur, arrondies au sommet, nervures latérales peu nombreuses,
alternes, dichotomes à leur extrémité, nervure médiane légèrement sinueuse,
également dichotome à son extrémité.

Les pennes secondaires diminuent insensiblement de longueur : sur le fragment figuré, long de 49 millimètres, elles sont au nombre de douze, la
distance qui les sépare est de 6 millimètres à la partie inférieure; elle va en
diminuant régulièrement jusqu'au sommet. Les pinnules se touchent par leurs
bords d'une penne à l'autre dans cette région.

La portion de fronde que nous décrivons, au lieu de se trouver moulée
comme d'habitude par des argiles ou des grès, l'avait été par la silice. Le creux
laissé par les pinnules est assez profond, ce qui indique une certaine épaisseur
pour le limbe; les nervures sont très marquées, la nervure médiane s'échappe

du rachis sous un angle d'environ 50 degrés et les nervures secondaires s'éloignent de la nervure médiane, à peu près sous le même angle.

Les pinnules libres jusqu'à la base, si on les considère à une certaine distance de l'extrémité, se soudent peu à peu en se rapprochant du sommet de la fronde, et la division extrême formée par la réunion de sept lobes (fig. 5) est triangulaire et échancrée sur les bords. Les pinnules inférieures sont très rapprochées du rachis commun.

Entre les nervures se trouvent des loges allongées *sp* (fig. 4 et 5), de forme elliptique, creusées dans le parenchyme épais de la feuille et contenant de petites sphères arrondies qui ne peuvent être que les spores moulées par la silice. En section transversale, les pétioles présentent un faisceau vasculaire lunulé comme celui des *Pecopteris* que nous avons décrit dans notre *Cours de botanique fossile*, 3e volume.

Dans l'espèce qui nous occupe, les fructifications étaient donc contenues dans le parenchyme même de la feuille; nous avons déjà signalé [1] une disposition analogue des sporanges dans le genre *Scaphidopteris* trouvé dans les gisements silicifiés de la Péronnière, près Saint-Étienne.

Mais dans l'espèce que nous avons décrite, les pinnules sont longues de 6 à 7 millimètres et larges de 2 à 3 millimètres; les nervules secondaires sont dichotomes dès la base, et de plus, les loges contenant les spores sont placées au-dessous des nervures et non entre elles, comme dans celle que nous citons en ce moment; nous ne pouvons donc la rattacher au genre *Scaphidopteris*.

À première vue, la portion de fronde que nous avons représentée rappelle le *Pecopteris Bredovi* de Germar [2], dont les frondes, bipinnées présentent des pennes très grêles portant des pinnules contiguës, insérées par toute leur base, subelliptiques, très obtuses, à nervules peu nombreuses, étalées, bifurquées, et dont la nervure médiane sinueuse est bifurquée à l'extrémité.

Mais la longueur des pinnules est environ de 5 à 6 millimètres, et leur largeur de 3 millimètres à 3 millimètres et demi; l'épaisseur du limbe est faible, la nervure médiane s'échappe du rachis sous un angle de 70 degrés, les nervures secondaires, au nombre de trois ou quatre, partent sous un angle d'environ 60 degrés, se bifurquent, et l'une ou l'autre branche se divise à son tour

---

[1] *Cours de botanique fossile*, 3e année, p. 128, pl. XXII, fig. 5 à 7.
[2] *Versteinerungen d. Steink. v. Wettin und Löbejün*, fasc. 3, pl. XIV, fig. 1-3; p. 37.

avant d'atteindre le bord de la feuille. La pinnule terminale est ovale et petite et non triangulaire. Les fructifications attribuées par Germar au *P. Bredovi* ne se voient que sur les pennes inférieures et à leur extrémité; ce sont des sores globuleux, petits, disposés peut-être comme ceux des *Aspidium* [1].

Les différences que nous venons de signaler nous empêchent de confondre notre empreinte avec le *Pecopteris* de Wettin décrit par Germar.

Il en est de même pour le *P. Sulziana* de Brongniart, dont les pinnules, sensiblement de même taille que celles de notre échantillon, sont contiguës, subelliptiques, obtuses, mais présentent un limbe extrêmement mince et des nervures la plupart du temps bifurquées; de plus, les pennes s'écartent presque perpendiculairement au rachis.

Comme notre échantillon n'est évidemment qu'une portion de fronde, nous ne pouvons assurer que cette dernière était simplement bipinnée.

Si l'on compare ce fragment à l'extrémité des pennes secondaires du *P. pennæformis*, on ne manque pas de rencontrer quelques analogies; les pinnules contiguës sont oblongues, elliptiques, obtuses, les inférieures très rapprochées du rachis commun; les nervules fortement accusées, au nombre de quatre à cinq de chaque côté, sont seulement une fois bifurquées à peu près à la moitié de leur longueur.

La partie supérieure des pennes du *P. pennæformis* se termine sensiblement comme la portion de notre espèce que nous avons représentée figure 5. Cependant il existe certaines différences que nous devons signaler : le rachis des pennes est un peu plus robuste, les pinnules sont un peu plus longues et moins élargies, insérées moins obliquement sur le rachis, les fructifications ont été indiquées par Brongniart comme ponctiformes.

Ces différences sont assez importantes pour que, sans faire intervenir des considérations tirées de la différence des niveaux où le *P. pennæformis* et notre échantillon ont été rencontrés, nous considérions ce dernier seulement comme une variété du premier, que nous distinguerons sous le nom de *P. pennæformis, musensis.*

Provenance. — Dans les rognons siliceux des communaux de Dracy-Saint-Loup et de Muse.

---

[1] Stur a cru y voir des capsules de *Schizæa.*

Genre PTYCHOCARPUS Weiss.

Pinnules fertiles semblables aux pinnules stériles, sporanges au nombre de six à huit groupés et soudés en un *synangium* globuleux marqué de côtes et de sillons correspondant aux sporanges et à leur intervalle. *Synangium* saillants placés sur un ou deux rangs de chaque côté de la nervure médiane, sur un pédicelle très court correspondant à chaque nervure secondaire; ce pédicelle reçoit un rameau vasculaire de la nervure, lequel s'élève jusqu'au sommet du *synangium*.

Sporanges convexes sur leur face externe, plans sur les côtés qui se touchent, amincis en pointe arrondie vers le centre.

Les sporanges sont plongés entièrement dans un tissu lâche renfermé dans l'enveloppe du *synangium*. La déhiscence devait être apicale.

Le *Pecopteris* (*Goniopteris*) *unita* Brongt. peut être considéré comme le type du genre; à l'état d'empreinte, les caractères de cette espèce sont les suivants :

Fronde tripinnée, pennes linéaires, serrées, étalées, droites ou çà et là légèrement infléchies, pinnules inférieures presque égales, contiguës, arrondies à leur extrémité, insérées perpendiculairement au rachis, confluentes à la base, mesurant 4 à 5 millimètres, celles placées à la partie supérieure des pennes, de longueur moindre, soudées sur presque toute leur longueur. Nervure médiane très marquée, nervures secondaires simples, *synangium* arrondis, placés sur le milieu des nervures, quand ils sont sur deux lignes parallèles à droite et à gauche de la nervure médiane, paraissant marginaux lorsque la compression les a rabattus sur le côté.

Dans les gisements d'Autun se trouvent des fragments de pennes dont les pinnules courtes, soudées à la base, parcourues par une nervure médiane accusée, d'où partent quelques nervures simples portant vers leur milieu un sore arrondi, peuvent être regardées comme appartenant au *P. unita;* de nouveaux échantillons de très bonne conservation confirment les observations que nous avons publiées [1] autrefois et nous engagent à en donner des figures plus complètes.

La coupe représentée fig. 4 est faite perpendiculairement à l'axe d'un *synangium:* il se compose de sept sporanges *d* réunis dans un réceptacle commun *e*; chacun d'eux est muni d'une mince enveloppe *c*, composée de cel-

---

[1] *Cours de botanique fossile*, 3ᵉ année, p. 119, pl. XX, fig. 16 à 19.

lules à parois très peu épaisses, toutes semblables; il n'y a pas trace d'anneau, de plaque ou de connecticule; la dissémination des spores se faisait peut-être par des orifices particuliers comme chez les *Kaulfussia*. Ces opercules ou ces fentes devaient être placés au sommet de chacun des sporanges, car, ainsi qu'on peut le voir par les figures ci-jointes (4 et 5), ces derniers étaient entourés, sauf sur les surfaces en contact, d'un tissu cellulaire, composé d'éléments à parois minces existant non seulement à l'extérieur *f*, mais à l'intérieur *b* de la couronne formée par leur réunion. Dès lors, des fentes latérales auraient été inutiles; elles devaient exister au sommet de chaque capsule.

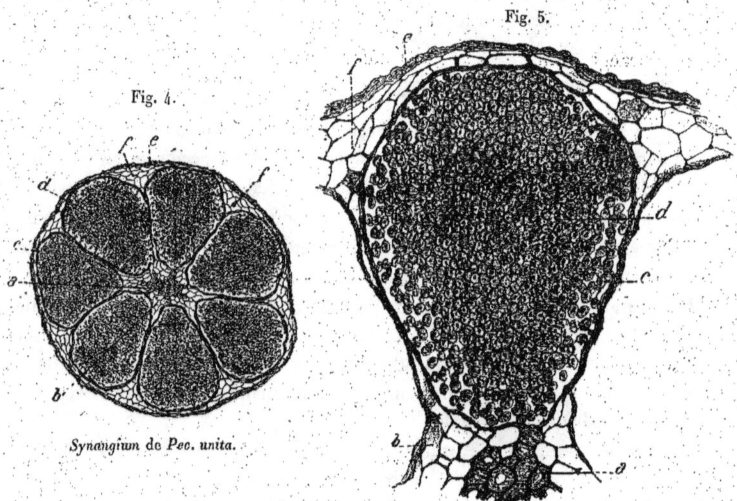

Synangium de *Pec. unita.*

Portion de *Synangium* plus grossie.

Au centre du *synangium* se remarque un axe vasculaire *a*, formé par l'extrémité redressée d'une partie de la nervure, et dont la section est étoilée.

Les capsules sont remplies de spores très petites, rondes (fig. 5, *d*), mesurant 18 à 20 μ; on distingue dans beaucoup d'entre elles l'exospore, l'endospore et un noyau de couleur foncée au milieu du protoplasma.

Les *synangium* mesurent 0^{mm},75 à 0^{mm},80; ils étaient brièvement pédicellés, se détachaient tout d'une pièce; on en rencontre souvent dans le voisinage des pinnules de *Pec. unita.*

Par leur disposition en un *synangium* en forme de couronne, ces fructifications rappellent celles des *Kaulfussia,* mais elles en diffèrent cependant beaucoup; en effet dans le genre vivant les capsules soudées latéralement forment une sorte de cupule pédicellée, creusée en godet à l'intérieur duquel, vers le haut, s'ouvrent les fentes qui doivent permettre la dissémination des spores pour chacune d'elles.

Dans le genre fossile, la couronne résultant de la soudure des capsules par leur bord est complètement plongée dans un tissu cellulaire, limité à l'extérieur par une enveloppe continue; le tissu existe tout aussi bien en dehors qu'en dedans de la couronne, celle-ci n'est pas creusée en godet, bien au contraire, sa partie centrale est occupée par un faisceau vasculaire qui s'élève jusqu'à la partie supérieure du *synangium.* La déhiscence, au lieu de se faire à l'intérieur, ne pouvait se produire que par des ouvertures en même nombre que les capsules et placées à leur sommet. Il semble donc que ces fructifications étaient d'une structure plus complexe que celle des Marattiées vivantes du genre *Kaulfussia.*

Les échantillons que nous venons de décrire ont été rencontrés dans le champ des Espargeolles, là où nous avons trouvé les pinnules fructifiées du *Pec. polymorpha.*

Pétioles et fructifications de Fougères.

Genre DIPLOLABIS, nov. gen.

Pétioles mesurant 15 à 20 millimètres de diamètre, caractérisés par la forme du faisceau vasculaire unique qui en occupe la partie centrale; en section transversale ce faisceau rappelle celle d'un ✕ couché à branches épaisses et d'égale largeur recourbées en dedans à leur extrémité, ou bien celle de deux mors de tenailles soudés entre eux. C'est cette dernière forme qui a servi à appeler ce genre [1].

PÉTIOLE. — Les pétioles ont une section circulaire, quelquefois elliptique quand ils ont été comprimés; le faisceau vasculaire est formé de trachéides ponctuées dans la partie horizontale et dans les quatre branches qui en partent

---

[1] Διπλοῦς, λαβίς, double tenaille.

deux à deux de chaque côté; ces branches sont arrondies d'une part à leur extrémité, de l'autre elles se prolongent en bec recourbé vers l'intérieur, de façon à imiter le mors d'une tenaille ouverte; la région atténuée en crochet est formée de trachéides rayées, et dans la partie extrême qui est recourbée, se trouve un amas de trachées.

Les faisceaux vasculaires qui se rendent dans les ramifications partent successivement de chaque côté du faisceau central; pour les former les deux branches voisines émettent chacune un prolongement, et ces prolongements, marchant l'un vers l'autre, se soudent et forment ainsi une lame convexe en dehors réunissant pendant quelque temps leurs deux extrémités; bientôt cette lame se sépare de l'axe pour se porter à la périphérie, mais avant d'y arriver elle se divise en deux parties, sortant l'une après l'autre.

Le liber forme une gaine continue tout autour de l'axe vasculaire central; il est constitué par deux assises : la plus interne est composée de cellules petites à parois minces, la deuxième de cellules plus grandes entremêlées de cellules grillagées.

L'écorce est fort épaisse; elle comprend deux couches, l'une présentant un tissu lâche à éléments polyédriques presque toujours desséchés ou détruits; l'autre, plus extérieure, a résisté et offre généralement une bonne conservation; on distingue, dans la couche profonde, des cellules dont la section transversale est polygonale et la section longitudinale carrée; les parois sont épaisses, et à mesure que l'on se rapproche de la périphérie, les éléments diminuent de largeur en augmentant de longueur. Les sections transversales polygonales deviennent de plus en plus petites; les sections longitudinales présentent des rectangles de plus en plus allongés et les cellules se transforment peu à peu en fibres hypodermiques.

La longueur des pétioles rencontrés à Esnost dépasse un décimètre, rarement on voit des rameaux en partir sur les côtés; par conséquent la ramification ne devenait abondante qu'à une certaine distance de la base; le rachis était nu sur une certaine étendue.

Le faisceau vasculaire qui parcourait une penne secondaire était simple, à section arquée, la convexité tournée vers le bas; les centres trachéens, au nombre de deux, étaient aux deux extrémités de l'arc; c'est de ces deux extrémités que partaient latéralement à des hauteurs inégales les faisceaux des pennes tertiaires, également de forme arquée, et orientés de la même façon. Le liber et l'écorce présentent les mêmes particularités de structure que le rachis principal. Les premiers échantillons appartenant à ce genre que nous avons examinés ont été recueillis à Andrézieux, dans les plaines du Forez[1], il y a plus de vingt ans, par M. Mayençon, professeur au lycée de Saint-Étienne. Dans le même morceau de silex se trouvaient des fragments de rachis principal, de rameaux secondaires et quelques fructifications détachées.

Cette année, à Esnost, avec M. Roche, nous avons rencontré de nombreux fragments de pétioles, de rameaux secondaires et quelques fructifications, se rapportant sans doute possible au même genre que les fragments trouvés par M. Mayençon. Ce genre ne peut être confondu avec le genre *Zygopteris* de Corda à cause de la forme du faisceau vasculaire du rachis, qui en coupe transversale ne représente ni un H ni une ancre double; de plus les faisceaux qui s'en détachent ont la forme d'une bandelette unique d'abord, qui se divise ensuite en deux lames avant de pénétrer dans les ramifications de la fronde, chacune des deux lames prenant une forme lunulée.

Les fructifications offrent également des différences caractéristiques : au lieu d'être rassemblées en glomérules plus ou moins volumineux, elles se présentent à l'état de petits groupes, formés de trois à six capsules, et qui paraissent isolés. Les sporanges sont ovoïdes, plus ou moins aigus à leur extrémité libre, soudés à un pédicelle très court, constituant ainsi des *synangium* se séparant tout d'une pièce du limbe membraneux, ou des nervures qui les portaient; à Andrézieux comme à Esnost nous avons toujours trouvé ces *synangium* détachés, composés de trois à six sporanges et accompagnant les pétioles de *Diplolabis*. Les capsules ne présentent pas d'anneau proprement dit, mais sur une coupe transversale il est facile de voir que la grandeur des cellules et l'épaisseur de leurs parois sont fort différentes suivant que l'on considère celles qui forment le côté dorsal ou extérieur et celles qui composent la face ventrale ou intérieure; en effet les cellules vont en diminuant de grandeur d'une façon régulière du milieu de la région dorsale au milieu de la région ventrale qui correspond à l'axe vertical du *synangium*. C'est du côté interne, où la résistance est moindre, que se fait la déhiscence des sporanges. Les spores sont petites, sphériques, mesurant 14 à 17 μ de diamètre; souvent elles se présentent sous la forme de polyèdres irréguliers remplissant encore les sporanges.

Nous distinguerons deux espèces, le *Diplolabis forensis* et le *Diplolabis esnostensis*.

[1] Ces échantillons étaient hors place au milieu de cailloux roulés, vainement cette année nous en avons cherché d'autres exemplaires.

DIPLOLABIS FORENSIS, n. sp.

(Fig. 6 à 10, p. 14 et 15.)

Fig. 6.

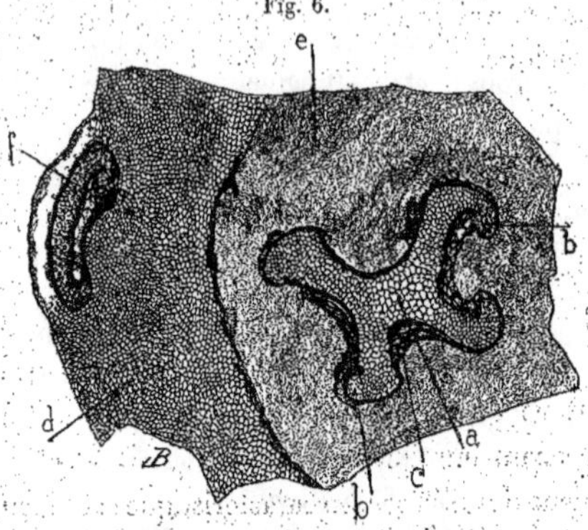

Diplolabis forensis.

Section transversale d'une portion de pétiole de *Diplolabis forensis*, grossie 5 fois.

a. Faisceau vasculaire central en forme de deux mors de tenaille ouverts et soudés.

b. Partie recourbée de l'une des branches du faisceau.

c. Assise libérienne.

d. Couche moyenne de l'écorce.

e. Couche interne généralement détruite.

f. Un des faisceaux lunulés traversant l'écorce pour se rendre dans une penne secondaire; le deuxième faisceau était déjà sorti du pétiole.

Fig. 7.

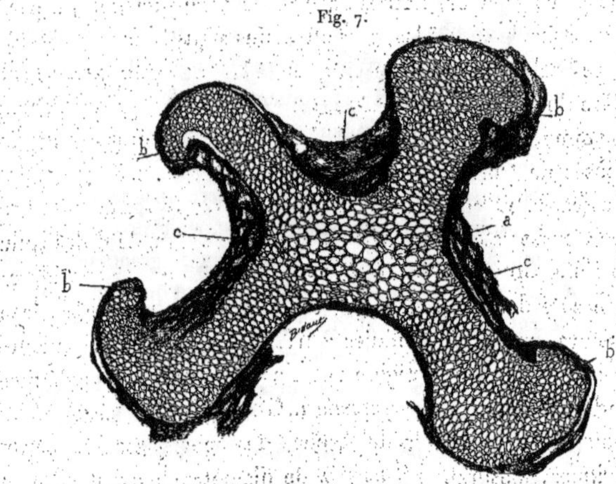

Diplolabis forensis.

Section transversale du faisceau vasculaire central du *Diplolabis forensis*, grossie 14 fois.

a. Faisceau vasculaire divisé en quatre branches.

b, *b'.* Bandes vasculaires qui, en se développant l'une vers l'autre, formeront une lame continue.

Cette lame se détache des branches du faisceau central, puis, avant de sortir du pétiole, se divise en deux cordons arqués semblables à celui représenté en *f*, fig. 6.

c. Assise libérienne mal conservée qui entoure le faisceau.

Fig. 8.

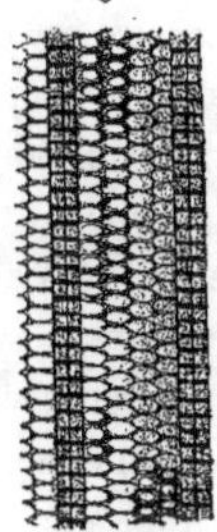

Coupe longitudinale passant à travers le faisceau vasculaire d'un pétiole de *Diplo-labis forensis*, grossie 170 fois, montrant une trachéide ponctuée.

Le pore central est elliptique et horizontal; dans quelques points, la membrane est conservée autour du pore, mais le plus souvent elle a disparu et on ne dis-tingue plus qu'un réseau à larges mailles elliptiques circonscrivant les ponctuations aréolées.

Diplolabis forensis.

Fig. 9.

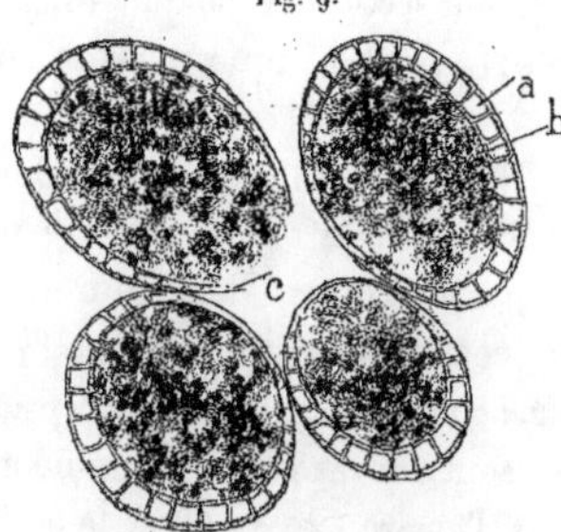

Coupe transversale dirigée suivant le milieu de la hauteur d'un groupe de sporanges, grossie 55 fois.

L'enveloppe des sporanges ne montre pas de bande élastique ou d'anneau.

Les cellules qui la composent vont en diminuant de grosseur depuis la région dorsale *a* jusqu'à la région ven-trale tournée vers l'axe commun *c;* la déhiscence était donc introrse.

La section passe au-dessus du pédicelle du *synangium*. L'ouverture des sporanges ne s'est pas encore effectuée, et leur intérieur est garni de spores *b*.

Diplolabis forensis.

Fig. 10.

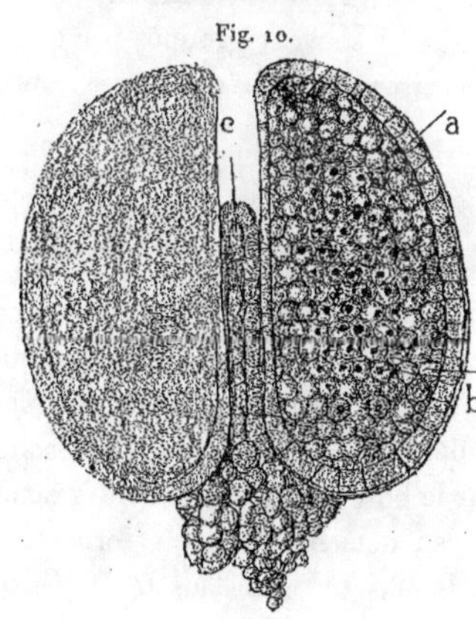

Coupe longitudinale passant par un *synangium* de *Diplolabis forensis*, grossie 60 fois.

Les sporanges mesurent 1 millimètre de hauteur et 1 demi-millimètre environ de largeur, leurs parois sont formées d'un seul rang de cellules plus grosses du côté dorsal que du côté ventral; ils sont soudés par quatre ou six à un pédicelle charnu *c*, qui se pro-longe un peu au-dessus de la moitié de leur hauteur.

Dans l'intérieur se trouvent de nombreuses spores sphériques *b*, qui ne mesurent que $0^{mm},017$ de dia-mètre.

Le sommet des sporanges est arrondi sur le côté extérieur; le *synangium* devait présenter en dessus une forme sphérique divisée par deux ou trois sillons placés en croix.

Nous n'avons rencontré dans le voisinage aucune pinnule pouvant avoir porté ces fructifications, mais seulement de très petits ramules.

Rachis cylindriques mesurant 15 à 18 millimètres de diamètre, faisceau vasculaire central ayant en coupe transversale l'aspect de deux tenailles à mors écartés, composé de trachéides ponctuées et rayées, faisceaux secondaires s'en détachant à droite et à gauche, en forme de bande arquée simple d'abord, se divisant ensuite en deux avant de traverser la zone corticale. Liber peu développé entourant le faisceau central et les faisceaux secondaires. Écorce épaisse formée : 1° d'une assise interne très peu résistante toujours détruite; 2° d'une couche moyenne composée de cellules à section transversale polygonale, et à section radiale carrée, s'allongeant peu à peu et diminuant de diamètre en se rapprochant de la périphérie, sans trace de cellules ou canaux gommeux; 3° d'une couche externe très résistante constituée par des éléments allongés, coupés carrément et formant une assise hypodermique, limitée par une couche de cellules épidermiques à section rectangulaire, plus étendue dans le sens de la longueur du pétiole, et dont quelques-unes se continuent en poils très courts.

Les rachis des pennes secondaires sont également cylindriques, parcourus par un faisceau vasculaire à section arquée; les trachées occupent les extrémités de l'arc, et c'est alternativement de chaque côté que se détache un petit faisceau vasculaire de même forme que le faisceau principal.

Les fructifications sont formées de *synangium* comprenant trois à six capsules soudées à un pédicelle commun; les capsules sont convexes extérieurement et rectilignes du côté interne, leur longueur est d'environ 0^{mm},96, et leur diamètre, dans la partie la plus large, est de 0^{mm},42; la cavité mesure 0^{mm},30; les sporanges étant arrondis à leur extrémité et souvent groupés par quatre, le *synangium* qui en résulte a une forme sensiblement sphérique.

DIPLOLABIS ESNOSTENSIS, n. sp.

(Fig. 11 à 15, p. 17 et 18.)

Rachis cylindriques mesurant 15 à 20 millimètres de diamètre, faisceau vasculaire central ayant en coupe transversale l'aspect de deux tenailles à mors rapprochés, rappelant parfois un peu le faisceau vasculaire des *Clepsydropsis*, composé de trachéides ponctuées, réticulées et rayées; les trachées, comme dans l'espèce précédente, sont placées sur le bord interne des quatre branches du faisceau; les faisceaux secondaires s'en détachent sous la forme d'une bande arquée qui se divise en deux parties plus tôt que dans le *D. forensis*.

Fig. 11.

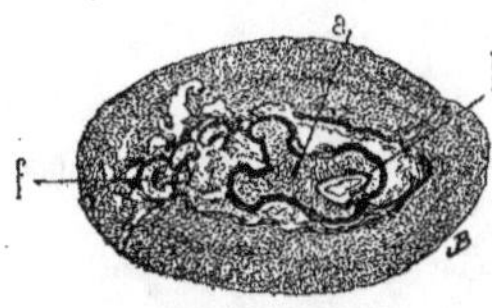

Diplolabis esnostensis.

Coupe transversale de *Diplolabis esnostensis*, grossie 2 fois. Le pétiole est aplati par compression.

a. Faisceau vasculaire central.

b. Branches du faisceau d'où partent les cordons foliaires.

f. Un cordon foliaire.

Fig. 12.

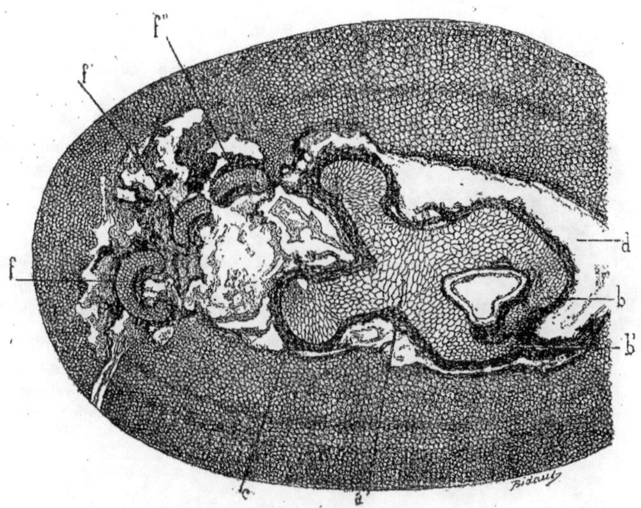

Diplolabis esnostensis.

Coupe transversale du même pétiole de *Diplolabis esnostensis*, grossie 8 fois.

a. Faisceau vasculaire central à quatre branches.

b, b'. Extrémités trachéennes des branches placées d'un même côté, qui en se réunissant formeront une lame vasculaire destinée aux pennes secondaires.

c, c. Extrémités trachéennes opposées en voie de réparation après le départ d'une lame vasculaire destinée aux pennes secondaires et que l'on voit divisée en plusieurs faisceaux *f, f', f''.*

f. Un cordon foliaire de forme arquée se préparant à sortir du pétiole, et provenant de la division en deux moitiés de la lame vasculaire primitive détachée des faisceaux *c, c.*

f', f''. Deux branches formées par division accidentelle de la deuxième moitié de la lame vasculaire et dont la sortie du pétiole est postérieure à celle de la première moitié.

Autour du faisceau vasculaire *a* du pétiole, on remarque une assise continue de liber.

La partie interne de l'écorce *d* n'est pas conservée.

Écorce épaisse formée également de trois assises distinctes, constituées de la même façon que dans l'espèce précédente.

Fig. 13.

Diplolabis esnostensis.

Coupe transversale d'un rachis secondaire de *Diplolabis esnostensis*, grossie 4 fois.

a. Faisceau vasculaire, à section lunulée ou arquée, du pétiole.

b. Un faisceau plus petit destiné à une subdivision de la fronde.

Fig. 14.

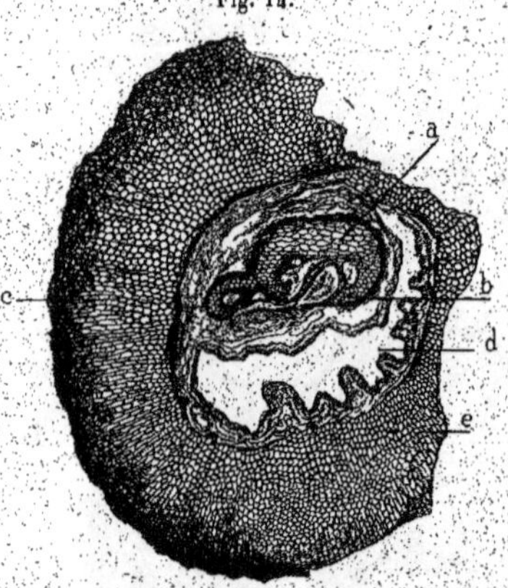

Diplolabis esnostensis.

Coupe transversale du même rachis, grossie 10 fois.

a. Faisceau vasculaire.

L'orientation du faisceau dans la fronde *étalée* horizontalement est inverse de celle du dessin, c'est-à-dire que la convexité de l'arc est en dessous, et les deux bords libres placés en dessus.

b. Extrémité occupée par les trachées se préparant à émettre un cordon latéral pour une ramification secondaire; l'extrémité opposée montre un petit faisceau lunulé en voie de se séparer.

d. Portion de l'écorce interne non conservée.

e. Assise externe de l'écorce formée de cellules allongées à section longitudinale rectangulaire passant, vers la périphérie, à l'état de cellules hypodermiques.

Fig. 15.

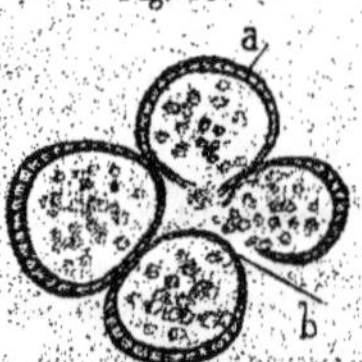

Diplolabis esnostensis.

Coupe transversale faite vers le milieu d'un *synangium*, grossie 55 fois.

Les parois des sporanges, comme dans l'espèce précédente, sont formées de cellules plus grandes *a* sur la surface dorsale; elles vont en diminuant jusque sur le côté ventral *b* où se fait la déhiscence; il n'y a également ni plaques, ni connecticule.

Les sporanges mesurent $0^{mm},27$ à $0^{mm},30$ de diamètre; ils sont donc plus petits que ceux du *Diplolabis forensis.*

Les spores ont aussi des dimensions un peu plus faibles, leur diamètre est de $0^{mm},014$.

Les rachis des pennes secondaires sont également cylindriques, parcourus par un faisceau vasculaire à section arquée et émettant par ses extrémités, tantôt à droite, tantôt à gauche, des faisceaux arqués plus petits se rendant dans les subdivisions de la fronde.

Les fructifications sont formées de *synangium* contenant quatre à six sporanges réniformes, le côté convexe du sporange étant tourné vers l'extérieur; la longueur est d'environ $0^{mm},55$ et le diamètre extérieur dans la partie la plus large est de $0^{mm},30$, la cavité mesure $0^{mm},21$; la déhiscence se faisait du côté de l'axe du *synangium*.

Dans les deux espèces, les fructifications se détachaient facilement de leur support, car nous les avons toujours trouvées isolées.

Le *D. esnostensis* se distingue du *D. forensis* par la forme plus aplatie du faisceau vasculaire du rachis, et par ses fructifications composées de capsules plus petites et plus arrondies.

Genre HYMENOPHYLLITES Goeppert.

Nous croyons pouvoir rapporter au genre *Hymenophyllites* quelques sporanges isolés que l'on rencontre très fréquemment au milieu des débris de toute sorte renfermés dans les silex d'Esnost.

On sait que ce genre renferme les fructifications de Fougères semblables à celles des *Hymenophyllum;* ceux-ci ont les sporanges insérés sur un prolongement de la nervure au delà du bord de la feuille; ils sont protégés par un *indusium* cupuliforme ou formé de deux valvules; les sporanges sont piriformes ou aplatis et presque biconvexes, munis d'un anneau transversal qui les partage en deux parties inégales, et presque sessiles. Ce type de fructification appartient uniquement aux Sphénoptéridées.

Dans les *Hymenophyllum* le limbe n'est souvent formé que d'une seule couche de cellules; cependant, dans quelques espèces, on trouve deux à quatre couches d'éléments.

α. Nous donnons dans la figure 16, p. 20, le dessin d'une coupe un peu oblique faite à travers l'anneau d'un sporange.

Le point d'attache est placé sur la verticale qui passerait au centre de la figure.

La déhiscence s'est faite latéralement. Dans le voisinage il ne se trouvait aucun fragment de feuille auquel on puisse rapporter ce sporange.

Si l'anneau ne semble pas l'envelopper en entier, c'est que la section, inclinée par rapport au plan de l'anneau, le quitte à un moment donné.

3.

β. La figure 17 se rapporte également à un sporange d'Hyménophyllée, mais plus volumineux; suivant le plus grand diamètre il mesure o^{mm},41.

Ce sporange offre la particularité d'avoir un anneau dont les cellules, au lieu de décroître régulièrement depuis le point où elles ont une taille maximum jusqu'à celui où la déchirure de la paroi s'effectue, présentent un renforcement *b*.

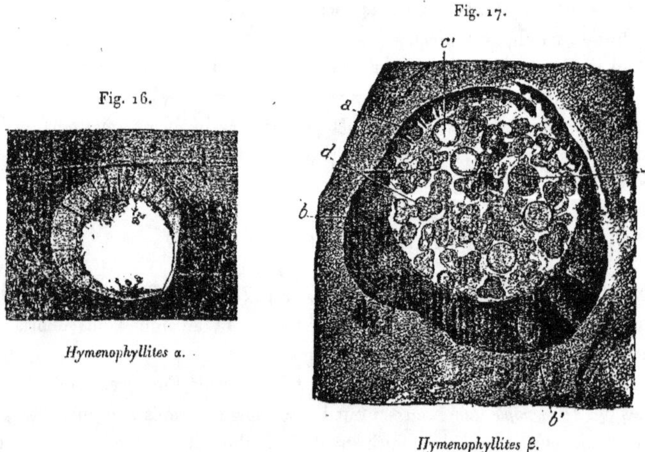

Fig. 16.

Fig. 17.

Hymenophyllites α.

Hymenophyllites β.

Le sporange est ouvert, mais il contient encore des spores de tailles et de formes diverses; les unes sont sphériques, les autres sont trigones. Il est vraisemblable que ce dernier aspect n'est dû qu'à une déformation accidentelle résultant d'une dessiccation partielle des spores; quand elles sont sphériques, elles mesurent o^{mm},o4 à o^{mm},o5 de diamètre.

γ. Nous rapportons également au genre *Hymenophyllites* le sporange représenté figure 11, pl. XXX; la coupe ne passe pas tout à fait par son plan principal, elle montre un pédicelle court, élargi, et l'anneau peu incliné sur l'axe passant par le point d'attache. Il est possible que ces différents sporanges appartiennent à des variétés, peut-être même à des espèces de *Sphenopteris* différentes; comme jusqu'ici nous n'avons pas rencontré de feuilles ayant pu porter ces fructifications, nous nous abstiendrons de créer des noms nouveaux pour les désigner, attendant des renseignements plus complets.

Genre TODEOPSIS, nov. gen.

Dans les gisements d'Esnost on trouve d'autres sporanges sur lesquels il n'existe pas d'anneau, mais simplement une plaque formée de grosses cellules. Le sporange est piriforme, muni d'un pédicelle très court, élargi; la hauteur totale est de 0^{mm},33, la largeur de 0^{mm},21 dans la région où ne se trouve pas la plaque; celle-ci se compose d'un petit nombre de cellules formant une plage ovale comprenant cinq cellules suivant le grand axe, qui est transversal, et trois suivant le petit, situé dans le plan du point d'attache.

La figure 18 représente une coupe faite perpendiculairement à l'axe du sporange, passant par ce point. La forme de ces fructifications et la disposition du connecticule rappellent celles des *Todea* actuels, mais ces caractères ne sont pas suffisants pour faire admettre l'existence de la famille des Osmondées jusque dans le Culm; nous n'avons rencontré en effet ni tige, ni pétiole, ni feuilles pouvant être comparés aux organes correspondants des *Todea* ou des Osmondes; cependant pour rappeler la forme des sporanges et de leur connecticule, ainsi que la position de ce dernier, nous donnerons à la Fougère qui portait ces fructifications le nom de *Todeopsis primæva*.

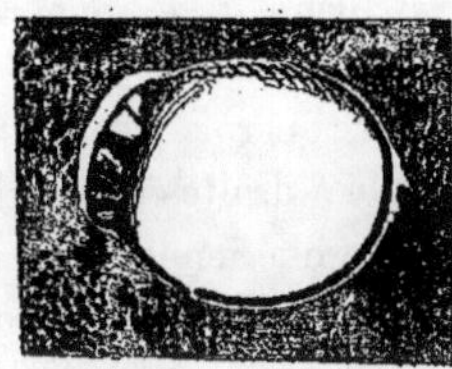

Fig. 18.

Todeopsis primæva.

Comme pétiole de Fougère accompagnant ces débris de fructifications, nous n'en avons trouvé aucun dont le faisceau vasculaire présentât en coupe transversale la figure offerte par les pétioles d'Osmonde ou de *Todea*, c'est-à-dire celle d'un arc à extrémités plus ou moins recourbées en dedans; seuls les pétioles d'ordre secondaire de *Diplolabis* offrent avec ceux-ci quelque ressemblance, mais nous avons vu que les fructifications sont complètement différentes; les sporanges, réunis par petits groupes, ne possèdent pas de connecticule proprement dit, puisque toute la paroi du sporange semble contribuer par son amincissement graduel à l'ouverture ventrale de ce dernier.

DINEURON PTEROIDES, n. sp.

(Fig. 19, p. 23.)

La Fougère que nous désignons sous ce nom n'est connue que par une section transversale de pétiole, mais d'assez bonne conservation.

La coupe est sensiblement elliptique, le grand axe mesure $4^{mm},5$ de longueur et le petit $2^{mm},5$. La figure 19 la représente avec un grossissement de 30 diamètres.

A la partie supérieure et à droite, là où le contour est complet, on voit un léger relief qui manque à gauche; de la présence de cette côte longitudinale on ne peut conclure que l'on a affaire à un pétiole et non à une tige. Il ne paraît pas y avoir de sillon ou de gouttière à la partie supérieure ou inférieure de l'organe.

Au centre, on remarque un double faisceau vasculaire $a, a,$ dont les branches sont séparées par du tissu fondamental secondaire b.

Le tissu fondamental est composé de cellules à minces parois plus hautes que larges, à section transversale polygonale; il est limité à droite et à gauche par les faisceaux ligneux, et en haut et en bas par l'assise libérienne.

Les deux faisceaux ligneux sont disposés symétriquement de chaque côté du centre de figure du pétiole; ils sont d'égale force et proviennent probablement de la division en deux branches ayant même valeur, d'un faisceau unique tétrapolaire.

Chacun de ces faisceaux est formé de deux massifs trachéens c tournés vers l'extérieur; les massifs sont recourbés en arc, de manière à rapprocher leur extrémité et à former un cercle presque complet dont l'intérieur est rempli par un tissu cellulaire extrêmement délicat; les trachées sont appliquées contre une bande mince de trachéides rayées, qui, elles-mêmes, sont continuées par des trachéides réticulées et ponctuées. Comme les deux faisceaux ligneux sont constitués exactement de la même façon, le cylindre total renferme donc quatre centres trachéens distincts.

En dehors, on remarque une assise libérienne d[1], enveloppant les deux faisceaux ligneux et le tissu fondamental qui les sépare. Le liber est formé de

[1] Marquée b par erreur à la partie supérieure de la figure.

cellules à parois minces, plus hautes que larges, disposées sur sept à huit
rangs en épaisseur; disséminées dans cette assise, on distingue un assez grand
nombre de cellules de section un peu plus grande et remplies de silice plus
foncée, qui représentent des cellules grillagées.

Fig. 19.

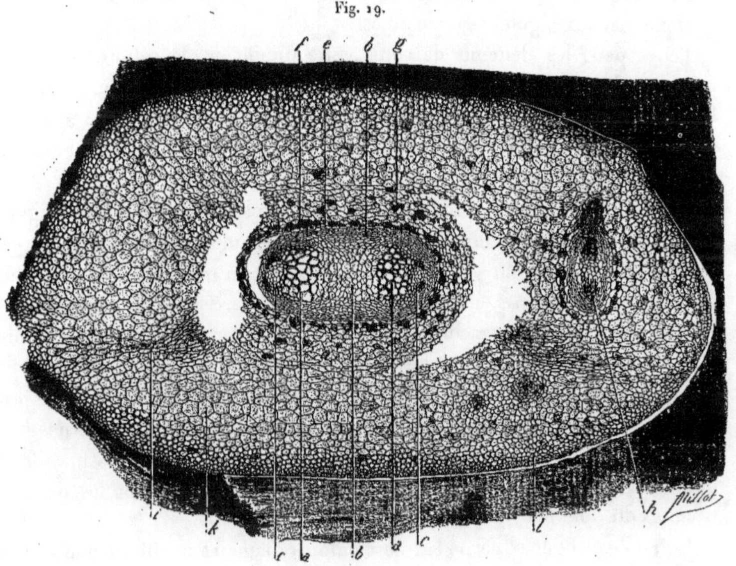

Le liber est limité extérieurement par le péricycle *e* formé d'une seule
rangée de cellules en épaisseur et par l'endoderme *f*. Sur certains points du
contour, le liber, en se contractant, s'est détaché du péricycle qui est resté
adhérent à l'endoderme.

L'écorce est composée de plusieurs assises; la plus interne, celle qui touche
à l'endoderme, est constituée par des cellules à minces parois *g*, à section polygonale allongée dans le sens tangentiel, souvent déformées par compression;
au milieu du tissu, on distingue de nombreuses cellules à parois un peu plus
épaisses, remplies d'une matière brune ou noire, et qui représentent sans

doute des cellules à gomme. C'est surtout au voisinage de l'endoderme que ces cellules sont fréquentes.

L'assise médiane est formée de cellules isodiamétrales, à section de polygone à cinq ou six côtés; leurs parois sont un peu plus épaisses que celles de la première assise et ont résisté en général à toute déformation.

Dans l'intérieur de ce tissu fondamental, on remarque quelques cellules et quelques canaux à gomme disséminés.

Peu à peu, les éléments de cette assise diminuent de calibre en se rapprochant de la périphérie, deviennent plus longs, sclérifient leurs parois et forment une couche hypodermique limitée extérieurement par un épiderme composé de petites cellules à section rectangulaire, visibles seulement sur l'un des côtés de la préparation.

Au milieu du tissu fondamental de la zone moyenne, à droite de la figure, on remarque un faisceau libéro-ligneux secondaire qui s'est détaché du faisceau central : il présente, en petit, la même organisation que ce dernier. Cependant, le bois n'est pas encore complètement séparé en deux branches distinctes. Une ligne de trachéides ponctuées les réunit d'un côté, quelques éléments plus fins se trouvent associés à ces trachéides, comme s'il se préparait deux pointements trachéens sur les faces de séparation de façon à produire deux faisceaux bicentres. On ne distingue sur les bords externes h de ces derniers qu'un seul massif trachéen; le plan passant par les massifs est perpendiculaire à celui qui passerait par le centre de figure et les deux extrémités du double cylindre central.

Le faisceau ligneux secondaire est entouré d'une assise libérienne et d'un endoderme; après son dédoublement, si l'orientation des deux branches restait la même, en pénétrant dans l'appendice, fronde ou rameau d'ordre secondaire, les subdivisions devaient s'effectuer dans un plan perpendiculaire à celui du cylindre principal.

Dans ce cas, l'échantillon étudié devrait être considéré plutôt comme une jeune tige que comme un rameau, les pennes primaires seraient alternes et distiques, leurs rachis seraient contenus dans un plan vertical passant par l'axe de figure de la tige et les deux extrémités externes des deux portions du cylindre ligneux, les pennes secondaires partiraient à droite et à gauche du plan vertical qui contiendrait ces rachis. Quoi qu'il en soit, l'échantillon d'Esnost ne se rapporte à aucune tige ou pétiole de Fougères connus. Si les deux cylindres ligneux a, a, étaient réunis et non séparés par du tissu fondamental, on pourrait le rapprocher du *Clepsydropsis* d'Unger [1], mais outre que l'existence de quatre centres trachéens ne paraît nullement démontrée dans le cylindre ligneux unique de ce dernier genre, les faisceaux vasculaires qui en partent alternativement à droite et à gauche présentent l'aspect d'une large bande en forme d'arc qui se divise en deux autres plus petites avant de sortir du pétiole pour se porter dans les ramifications du rachis.

De plus, la forme est cylindrique, tout aussi bien dans les échantillons de la Thuringe que dans ceux figurés par M. Williamson sous le nom de *Rachiopteris duplex* [2]; dans le nôtre, elle est elliptique. Nous pensons donc devoir créer un genre nouveau, ne contenant pour le moment qu'une seule espèce, *Dineuron pteroides*.

Les feuilles et les fructifications sont inconnues.

Provenance. — Silex d'Esnost.

RACHIOPTERIS ESNOSTENSIS, n. sp. [3].

(Pl. XXX, fig. 5 à 8.)

L'espèce de Fougère que nous décrivons sous ce nom n'a été rencontrée jusqu'ici que sous la forme de fragments de pétioles conservés par la silice. Ils mesurent 1 centimètre de diamètre, la surface n'a pas montré de poils comme cela se voit fréquemment dans d'autres Fougères. En section transversale, on remarque au centre un faisceau vasculaire présentant grossièrement la forme d'un E (fig. 5), la branche inférieure est amoindrie par le départ d'un faisceau vasculaire se rendant dans un appendice; ce faisceau vasculaire, d'abord arrondi, se fend et prend une forme arquée (fig. 6), avant de sortir du rachis.

Tout d'abord, nous avions pensé que le petit fragment cylindrique sans gouttière longitudinale pourrait être une tige, mais le mode de départ des cordons vasculaires se rendant dans les appendices rend cette supposition invraisemblable.

Le liber est mal conservé, l'écorce offre une assise extérieure extrêmement épaisse formée de cellules à parois sclérifiées.

[1] *Beitrag zur Palæontologie des Thüringer Waldes* (*Denkschriften der Academie der Wissenschaften*, Wien, 1856, p. 165).

[2] *On the organisation of the fossil plants* (*Phil. Transact.*, Part VI, Ferns, 1874).

[3] Désigné par erreur, à l'explication des figures de la planche XXX, sous le nom d'*Archæopteris*.

Les cordons qui se dirigent dans les appendices ont une forme lunulée ou en croissant, la partie concave est tournée du côté de l'axe du pétiole.

Ils sont formés, de même que le faisceau principal, de trachéides ponctuées et réticulées, les trachées sont massées aux deux pointes du croissant. Sur la figure 8, on voit deux cordons secondaires qui se sont séparés du cordon primaire, ils ont encore la forme arrondie qu'ils ont prise au moment de leur séparation.

Quoique les cordons vasculaires rappellent par leur forme de croissant le bois de certaines racines de Lycopodiacées, nous les regardons à cause de leur mode de division ultérieur, plutôt comme représentant des faisceaux foliaires se dirigeant alternativement dans les subdivisions du rachis.

Dans le voisinage, nous n'avons rencontré aucune feuille ni aucune fructification pouvant en être rapprochée.

M. Williamson [1] a décrit et figuré sous le nom de *Rachiopteris oldhamia* un pétiole dont le faisceau vasculaire en section transversale rappelle quelque peu celui que nous avons représenté (fig. 5); il est formé de trois bandes vasculaires plus ou moins distinctes, parallèles, reliées entre elles par une de leurs extrémités et présentant grossièrement la figure d'un E, à branches inégalement épaisses. Les trachéides qui forment ces bandes sont rayées, tandis que dans notre échantillon elles sont ponctuées et réticulées. La section du rachis est un quadrilatère au lieu d'être circulaire, mais la plus grande différence consiste dans le mode de départ des cordons foliaires, qui se détachent par paires dans les échantillons d'Oldham (fig. 25 A de M. Williamson), tandis que dans le nôtre les cordons se détachent isolément tantôt à droite, tantôt à gauche du faisceau principal.

De plus, d'après les figures de M. Williamson et leur grossissement, les échantillons anglais mesureraient 2 à 3 millimètres de diamètre, tandis que les échantillons français atteignent et dépassent 10 millimètres.

Ces différences nous ont porté à les désigner sous le nom de *Rachiopteris esnostensis*.

Provenance. — Gisements silicifiés d'Esnost.

[1] *On the organisation of the fossil plants* (*Phil. Trans. of the Royal Soc. of London*, Part VI, Ferns, pl. LIII, fig. 25).

Genre ANACHOROPTERIS Corda.

Corda, qui a créé le genre *Anachoropteris*[1], d'après l'étude de pétioles à structure conservée, lui attribue les caractères suivants : *Rachis herbacea, cortice crasso, supra canaliculata, rarius rotundata, hirsuta vel glabra; medulla continua; fasciculo vasorum simplici, margine reflexo, lobis involutis, vagina spuria; vasis amplis porosis.*

Deux espèces ont été rapportées à ce genre : 1° *A. pulchra : rachi tenui, supra late canaliculata; infra rotundata, pilosa; cortice crassiusculo; fasciculo vasorum refléxo, lobis spiraliter involutis; vasis porosis; medulla ampla, compacta; cellulis minutis;*

2° *A. rotundata : rachi minuta, supra rotundata, rarius canaliculatim impressa; cortice crassiusculo, lævi; fasciculo vasorum refléxo, incurvo; vasis inæqualibus porosis.*

Ces deux espèces se rencontrent dans les sphérosidérites de Radnitz.

ANACHOROPTERIS DECAISNEI B. R.

(Pl. XXXI, fig. 10.)

Nous n'avons figuré que la partie centrale vasculaire de la tige, renvoyant pour le reste aux figures de notre mémoire sur quelques végétaux silicifiés d'Autun[2] qui sont plus nombreuses et plus détaillées.

Le cylindre ligneux, en coupe transversale, se montre formé au centre d'une masse de tissu fondamental envoyant vers la périphérie cinq lames qui se bifurquent avant d'y arriver. La partie vasculaire du cylindre est composée de cinq gros faisceaux à coupe lunulée, présentant des trachéides rayées et des trachées à l'extrémité des branches tournées du côté de la circonférence; entre les branches formées par la bifurcation des bandes cellulaires, se trouvent cinq autres faisceaux plus petits et à section triangulaire; ils concourent avec les premiers pour donner naissance aux cordons foliaires qui se portent dans les organes appendiculaires de différente nature. L'ensemble de la section du cylindre ligneux est une étoile à cinq rayons. Dans les *Zygopteris*, la section est, comme nous le verrons, sensiblement circulaire ou prismatique.

[1] *Beiträge zur Flora der Vorwelt*, p. 84.
[2] *Annales sc. nat.*, 5ᵉ série, *Bot.*, t. XII.

4.

Le tissu fondamental diminue peu à peu, à mesure que l'on se rapproche du sommet de la tige, et finit par ne plus être distinct.

Les trachéides qui constituent les faisceaux vasculaires sont réticulées et scalariformes, celles du centre ont un plus gros calibre que celles qui occupent la périphérie.

Le liber entoure complètement le cylindre; il est formé de cellules à parois minces, arrondies sur une section transversale, et rectangulaires sur une coupe verticale; elles sont entremêlées de cellules plus grandes, remplies de silice colorée, représentant sans doute les restes de cellules grillagées.

L'écorce se compose de deux assises; la plus interne est formée de cellules polyédriques, à section horizontale hexagonale, et sensiblement rectangulaire quand la coupe est verticale; ces cellules ont des parois assez résistantes et contiennent des grains de fécule minéralisés, encore reconnaissables; l'assise la plus externe est formée d'éléments allongés qui deviennent fibreux à la périphérie.

La tige ne portait pas de poils cloisonnés à la surface; on n'en rencontre pas non plus à la base des pétioles.

Les caractères généraux des tiges d'*Anachoropteris* et de *Zygopteris* sont presque les mêmes.

Les différences portent sur la forme du cylindre vasculaire ligneux, qui est circulaire ou prismatique dans le dernier de ces genres, et creusé longitudinalement en profondes gouttières dans le premier, de manière à donner une forme d'étoile sur une section transversale.

La forme du cordon vasculaire des pétioles est toutefois plus différente dans les deux genres, comme nous le verrons.

Nous avons signalé plus haut deux espèces d'*Anachoropteris* fondées par Corda sur la constitution du cordon vasculaire des pétioles.

Le rachis de l'*A. Decaisnei* s'en distingue par l'enroulement en spirale des deux extrémités du cordon vasculaire; cet enroulement est moins prononcé que dans l'*A. pulchra* et l'*A. rotundata*.

Le pétiole est arrondi, marqué d'un sillon profond à sa partie supérieure. Les trachéides sont ponctuées et réticulées; on distingue sur la partie convexe de la bande vasculaire et à une certaine distance des bords enroulés deux masses trachéennes d'où partent les bandes vasculaires qui se rendent dans les subdivisions du rachis. L'orientation donnée dès le principe par Corda est donc exacte, la gouttière doit être placée en dessus et les bords

spiralés du cordon en dessous. Un pétiole d'*Anachoropteris* adhérant accidentellement à la tige que nous avons décrite autrefois, orienté différemment,
et que nous avons supposé en partir, a été cause de l'erreur que nous avons
faite dans la notice citée plus haut.

Cette orientation est contraire à celle que l'on remarque dans les pétioles
dont le faisceau vasculaire affecte une forme analogue. Ainsi les Osmondes,
les *Todea*, et même les espèces de *Pecopteris* qui possèdent un cordon vasculaire lunulé à bords latéraux plus ou moins enroulés, présentent sa convexité
en dessous et les extrémités en dessus.

Les masses trachéennes d'où partent les cordons qui vont aux subdivisions
de la feuille ne sont plus alors placées sur la partie convexe du cordon
comme chez les *Anachoropteris*, mais sur les bords relevés.

Le liber qui entoure le faisceau des *Anachoropteris* est composé de parenchyme libérien mou et de cellules grillagées fortement colorées qui forment
une enveloppe continue autour de lui.

L'écorce offre une assise intérieure de cellules à minces parois, un tissu
creusé de nombreuses lacunes représentant sans doute les restes de cellules
à gomme, et une assise extérieure d'éléments fins, allongés, sclérifiés.

ANACHOROPTERIS ELLIPTICA B. R.

Nous avons décrit[1], sous le nom de *Zygopteris elliptica*, un pétiole de
petite dimension, dont le faisceau vasculaire présentait en section transversale la forme d'un **H** irrégulier; nous faisions remarquer à ce sujet que la
moitié supérieure de l'**H** était moins développée que la moitié inférieure; une
étude plus complète nous a montré que la coupe du faisceau vasculaire se
rapprochait davantage de celle des *Anachoropteris;* ce que nous avions pris
pour les deux branches supérieures de l'**H** ne sont que deux cordons vasculaires très développés qui se détachent du faisceau principal pour se porter
dans les subdivisions de la fronde.

Dans cette espèce, la section du pétiole est elliptique, marquée en dessus
d'un sinus peu profond, le faisceau vasculaire a une section en forme d'arc,
les extrémités ne sont pas roulées en spirale, la partie convexe de l'arc est

____

[1] *Loc. cit.,* p. 169.

tournée en haut et présente deux masses trachéennes très abondantes, d'où partent les cordons vasculaires se rendant aux subdivisions.

Le liber est mal conservé, les trachéides du faisceau vasculaire sont ponctuées, mais scalariformes, dans les deux points où se trouvent les masses trachéennes dont nous avons parlé.

L'assise extérieure de l'écorce est épaisse et formée de cellules allongées de sclérenchyme.

Provenance. — Commun dans le champ des Borgis et dans les communaux de Saint-Martin.

Genre OPHIOGLOSSITES, nov. gen.

OPHIOGLOSSITES ANTIQUA, n. sp.

(Pl. LXXXII, fig. 7 à 9.)

L'échantillon unique que nous avons figuré ne comprend qu'une partie de la plante, c'est une portion de fronde portant des fructifications seulement sur un côté du limbe. Sa longueur est de 7 centimètres et sa largeur de 15 millimètres dans la région la plus étalée; il est vraisemblable que sa largeur était plus considérable et que le bord droit du limbe portant également des fructifications n'a pas été conservé dans cette empreinte.

Le limbe, épais, charnu, a laissé une couche très sensible de houille; il était parcouru dans sa région médiane d'une côte large, aplatie, marquée de plusieurs sillons longitudinaux. Le bord du limbe qui a été conservé montre treize fentes mesurant 6 à 7 millimètres de longueur, placées parallèlement les unes aux autres et s'ouvrant perpendiculairement à la surface du limbe. Ces fentes correspondent sans aucun doute à autant de sporanges contenus dans l'épaisseur du parenchyme, et cette conclusion est confirmée par la présence d'amas de granulations jaune orangé que l'on voit à la loupe entre les bords écartés de quelques-unes de ces fentes.

Ces sporanges étaient volumineux, longs de 5 ou 6 millimètres environ et larges de 2, et leur hauteur assez considérable, car ils ont laissé sur le schiste des dépressions très sensibles comme on peut s'en convaincre sur la figure 8 qui est la contre-empreinte de l'échantillon représenté figure 7.

Parmi les plantes vivantes actuelles, il n'y a guère que les Ophioglossées qui puissent fournir, avec quelque probabilité, des termes de comparaison.

Mais il faut admettre que l'épi fructifère appartenait à une Ophioglossée de taille plus développée que celles de nos jours. Nous n'avons rencontré dans le voisinage de cette empreinte que des rameaux de *Walchia* et des frondes d'*Odontopteris lingulata.*

Quoi qu'il en soit, nous avons pensé que les analogies avec le genre *Ophioglossum* étaient suffisantes pour justifier le nom générique d'*Ophioglossites* que nous avons donné à cet échantillon.

On sait que les Ophioglossées ne renferment que les trois genres *Ophioglossum, Helminthostachys* et *Botrychium;* c'est du premier de ces genres que, selon nous, se rapproche l'empreinte dont il s'agit.

Les Ophioglosses actuels ont une tige souterraine très courte, ne portant d'ordinaire qu'une feuille qui se subdivise à la partie supérieure; l'une de ces divisions prend la forme d'une feuille simple, ovale, allongée, avec nervures doublement réticulées, plus rarement elle est large et digitée; l'autre, le lobe fertile, est longuement pétiolée chez les espèces à feuilles entières; chez les espèces à feuilles digitées, les lobes sont multiples et sessiles à la partie supérieure du pétiole.

Dans les *Ophioglossum* les sporanges sont plongés, en deux rangées latérales, dans le tissu même du lobe fertile, l'assise pariétale des sporanges est une continuation directe de l'épiderme. A la maturité une fente, qui s'ouvre dans l'épiderme de la feuille immédiatement au-dessus de chaque sporange et transversalement, permet aux spores de s'échapper.

C'est évidemment à ce lobe fertile seulement que nous pouvons comparer le fragment d'épi que nous avons décrit plus haut.

Les plus anciennes Ophioglossées ont été signalées dans les schistes éocènes de Monte-Bolca. Peut-être le *Chiropteris digitata* de Kurr, qui offre de grandes ressemblances avec l'*Ophioglossum palmatum,* rentre-t-il dans ce genre; dans ce cas les Ophioglossées auraient été reconnues jusque dans le Keuper inférieur du Wurtemberg.

Si notre attribution est exacte, ce genre descendrait encore plus bas, puisque notre échantillon provient de la partie supérieure des schistes permiens d'Autun.

Il y a plusieurs différences à signaler toutefois entre notre épi fossile et les épis d'Ophioglosses vivants, outre que les dimensions sont fort inégales puisque, d'après ce qui a été conservé, on peut lui assurer une largeur de près de 24 millimètres et une longueur bien plus considérable. La quantité de houille laissée par le limbe dénote une épaisseur très supérieure à celle des frondes vivantes; les côtes que nous avons signalées dans la région médiane du limbe peuvent être attribuées soit à des faisceaux vasculaires, soit à des bandes d'hypoderme, dont la présence était nécessaire à cause du développement extraordinaire de l'épi.

De plus, il semble que les sporanges s'ouvraient par une fente placée d'un seul côté de la feuille, le côté inférieur probablement; elle s'arrêtait à une petite distance du bord et ne le contournait pas comme chez les Ophioglosses. Cette particularité rapprocherait notre échantillon de certaines Fougères, des *Danæa* par exemple, ce serait donc un type intermédiaire entre les Marattiées et les Ophioglossées.

Il est à regretter que nous n'ayons rencontré qu'un seul échantillon, ce qui laisse quelque doute sur sa véritable attribution.

Provenance. — Les Cheminots, à l'ouest de Monthelon, près Autun, dont la flore correspond à celle de Millery.

Botryoptéridées.

La famille des Botryoptéridées n'est connue jusqu'ici que par des préparations faites dans des échantillons silicifiés recueillis dans diverses localités, telles que les environs d'Autun, de Grand'Croix, etc., et par quelques empreintes de fructifications trouvées dans le terrain houiller de Saint-Étienne, du Mont-Pelé près Sully, etc.

Elle comprend des plantes distinctes des Fougères par un certain nombre de caractères importants que nous mentionnerons, mais cependant s'en rapprochant par d'autres.

Les frondes stériles, peu connues : *Schizopteris pinnata, Schiz. cycadina* de M. Grand'Eury, paraissent avoir un limbe extrêmement réduit; les fructifications, au lieu d'être disposées sur la face inférieure des feuilles, sont placées à l'extrémité des divisions ultimes de la fronde représentant les nervures sans parenchyme, rappelant ainsi la disposition des fructifications que l'on remarque dans les *Thyrsopteris*, les Osmondes.

Les sporanges sont volumineux, mesurant 1 à 2 millimètres de longueur, oblongs, piriformes ou courbés en arc, circulaires ou rendus polyédriques par leur pression mutuelle; l'enveloppe est composée de deux couches, l'une extérieure, constituée par des cellules allongées se transformant dans certaines régions en une lame oblique ou en deux bandes longitudinales opposées faisant l'office d'anneau élastique; la deuxième plus interne, cellulaire, molle, souvent aplatie en une mince membrane contre l'enveloppe extérieure plus résistante.

Ces sporanges sont remplis d'un nombre considérable de spores, les unes lisses, arrondies, présentant à leur surface les trois lignes radiantes caractéristiques des *macrospores*, les autres à parois plus minces, polyédriques, montrant à leur intérieur une division cellulaire très nette, mais dépourvues à la surface des trois lignes radiantes des premières.

Les Botryoptéridées devaient être des plantes herbacées ou frutescentes, aquatiques; leur tige dressée, de petite taille, était entourée souvent de nombreux pétioles serrés les uns contre les autres et lui servant de gaine sur une certaine étendue; leur port ressemblait, abstraction faite des découpures des frondes, à celui de nos Osmondes actuelles.

Un caractère qui appartient à tous les rachis est d'être cylindriques, sans gouttière, et d'avoir la partie médiane occupée par un faisceau vasculaire unique formé en partie de trachéides ponctuées ou réticulées, dont la section transversale est simple et symétrique par rapport à un plan vertical passant par l'axe du pétiole et de la tige.

Le rachis des frondes émettait des ramifications alternes parallèles entre elles et horizontales; les divisions secondaires ou tertiaires se résolvaient en un certain nombre de ramules représentant les nervures presque dépouillées de parenchyme; dans quelques cas cependant, lorsque la fronde était flottante à la surface de l'eau, le limbe persistait entre les nervures, la face supérieure portait des stomates et la face inférieure était garnie de poils.

Les frondes de la partie inférieure de la tige, quand elles devaient rester complètement immergées, n'émettaient plus de ramifications secondaires, avec trace de limbe, mais leur rachis se couvrait sur le côté inférieur d'une bande longitudinale de poils nombreux articulés. La base des pétioles était elle-même couverte des mêmes poils qui semblent avoir joué un rôle important dans la vie de ces plantes.

Grâce à de nombreuses empreintes et à de non moins nombreuses préparations tirées des échantillons silicifiés d'Autun et de Saint-Étienne, on a pu reconstituer un certain nombre de genres appartenant à cette famille, qui a vécu un temps assez long, puisque ses représentants semblent apparaître dans le Culm et se continuer jusque dans les couches permiennes.

La distinction des genres qui appartiennent à la famille des Botryoptéridées est basée sur la forme du faisceau vasculaire que l'on remarque sur une section *transversale* du rachis d'une fronde :

1° Tantôt le faisceau vasculaire affecte la forme d'un sablier ou d'une clepsydre : genre *Clepsydropsis*, Unger;

2° Tantôt celle d'un joug, ou d'un H : genre *Zygopteris*, Corda;

3° Ou bien celle de la lettre grecque ω : genre *Botryopteris*, B. R.;

Comme ce dernier genre est celui dans lequel on a pu observer pour la première fois la disposition et la nature des fructifications, composées de gros sporanges réunis en masses volumineuses, ce caractère a été choisi de préférence à celui de la forme du faisceau vasculaire pour le désigner et distinguer toute la famille;

4° Ou bien encore le faisceau vasculaire a la forme d'un trait droit épais ▬ : genre *Grammatopteris*, B. R.

Genre CLEPSYDROPSIS Unger.

Nous nous arrêterons peu sur la description de ce genre, qui jusqu'ici n'a pas encore été signalé dans les gisements d'Autun, même dans ceux d'Esnost qui cependant appartiennent par quelques-unes des plantes qu'on y a rencontrées au terrain anthracifère; nous avons souvent recueilli des pétioles de *Clepsydropsis* dans les rognons silicifiés du Roannais, mais sans aucune fructification qu'on pût leur rapporter.

Sur une section transversale le pétiole présente un faisceau vasculaire central en forme de *sablier*, le contour arrondi de chaque extrémité est creusé d'une gouttière vers son milieu; au pourtour se voient les éléments les plus déliés et les trachées; entre ces deux régions se trouve la masse un peu étranglée du faisceau, formée de trachéides ponctuées et réticulées.

C'est de ces deux extrémités opposées que partent alternativement des bandes vasculaires recourbées en arc à convexité extérieure, qui se rendent dans les subdivisions de la fronde.

Le liber, formé de parenchyme libérien et de quelques cellules grillagées, n'existe que par lambeaux mal conservés sur les côtés et par places, aux deux extrémités du faisceau vasculaire central; il entourait complètement le faisceau avant son altération. Les deux gouttières, creusées aux deux extrémités opposées, sont occupées par un tissu formé de cellules à minces parois, plus hautes que larges et terminées en biseau. Lorsqu'une bande foliaire se forme, on voit les fins vaisseaux des extrémités recouvrir la gouttière, qui se trouve alors complètement incluse; peu à peu, l'épaisseur de cette lame vasculaire va en augmentant, et le tissu cellulaire de la gouttière s'étendant latéralement découpe la lame et la sépare du faisceau principal; on peut considérer le tissu cellulaire qui remplit chacune des gouttières, comme du parenchyme libérien qui est destiné à fournir une partie de celui de la bande foliaire, celle qui se trouve à la face interne, l'autre partie provient de la couche qui entoure le faisceau principal.

La lame vasculaire foliaire est dentelée sur le bord interne, un sinus plus profond se remarque dans la région médiane; cet aspect indique que le faisceau se dichotomisera à une certaine distance de son origine; chacune des lamelles portant trois dentelures moins apparentes, se divisera plus tard elle-

5.

même en trois bandes vasculaires formant les nervures principales d'une fronde ou celles de ses divisions.

Un large espace circulaire vide existe entre le liber et l'écorce; peut-être était-il rempli par un tissu lacuneux; il ne reste de l'écorce que l'assise extérieure, formée de cellules à sections rectangulaires à minces parois à peu près aussi hautes que larges, disposées en files verticales régulières; à mesure que l'on s'approche de la périphérie, les cellules s'allongent, diminuent de diamètre, leurs parois s'épaississent et forment une gaine scléreuse résistante.

Provenance. — Combres près de Régny.

Genre ZYGOPTERIS Corda.

Pétioles des Zygopteris.

ZYGOPTERIS PRIMÆVA Corda.

Sous le nom de *Tubicaulis primarius*[1], Cotta, le premier, a donné une description sommaire de pétioles que Corda, plus tard[2], a désignés sous le nom de *Zygopteris primæva* en renvoyant à la description donnée par Cotta.

Ce sont des pétioles épais, cylindriques, entremêlés de racines, avec écorce large, et contenant au centre un faisceau vasculaire dont la coupe transversale ressemble à un I à ligne horizontale supérieure et inférieure très étendue ou à un H, ou bien encore à une ancre double. Les racines, très nombreuses, sont inégales, cylindriques ou anguleuses, à faisceau vasculaire central très petit.

L'espèce type *Zygopteris primæva*, Corda, provient du grès rouge de Chemnitz. Depuis lors de nombreux échantillons de pétioles de *Zygopteris* ont été rencontrés dans les magmas siliceux d'Autun et de Saint-Étienne; des fragments de tiges appartenant à ce genre et des fructifications bien conservées ont permis de compléter son histoire.

J'ai repris l'examen de quelques échantillons de Cotta donnés par lui aux collections du Muséum; j'en résume les résultats en quelques lignes:

Le *Z. primæva* se présente sous la forme d'une masse considérable composée de pétioles cylindriques de la grosseur du doigt, disposés régulièrement en spirales les uns à côté des autres. Entre eux se trouvent un nombre considérable de racines plus ou moins aplaties par leur pression mutuelle; chacune

---

[1] Cotta, *Dendrolithen*, p. 19, Dresden und Leipzig, 1832.
[2] *Beiträge zur Flora der Vorwelt*, p. 81, Prag, 1845.

de ces racines est munie d'un faisceau vasculaire à section transversale linéaire,
bipolaire, rarement de deux.

Dans l'échantillon de Cotta, le tissu cortical extérieur des pétioles est assez
bien conservé et souvent il est traversé par *deux* faisceaux vasculaires que l'auteur appelait des pores; le tissu cellulaire interne est généralement détruit.
Le faisceau vasculaire central a la forme d'un H, dont les deux branches latérales, au lieu d'être droites, sont le plus souvent concaves, la concavité étant
extérieure et garnie de bandes trachéennes. C'est dans cette partie extérieure
concave que l'on rencontre des petits faisceaux vasculaires qui y prennent
naissance par paires et se dirigent ensuite, en traversant l'écorce, dans la
fronde.

Les échantillons de Cotta, malgré le nombre considérable de pétioles
réunis et soudés, ne présentaient aucune trace de la tige d'où ils éma-
naient; celle-ci devait se trouver un peu au-dessous de la section étudiée.

ZYGOPTERIS LACATTEI B. R.

(Pl. XXXI, fig. 3 et 4.)

Cette espèce, que j'ai décrite ailleurs [1] avec détails, a été créée sur quelques fragments de ces pétioles bien conservés, trouvés par M. Lacatte.

La figure 3, planche XXXI, montre une section transversale de l'un de ces
pétioles. Le faisceau vasculaire central est composé d'une large bande transversale épaisse et formée de trachéides ponctuées; les pores sont elliptiques
et disposés en lignes régulières obliques par rapport à l'axe de la trachéide. Les
bandes placées en forme d'arc à ses extrémités sont également constituées par
des trachéides ponctuées dans la région concave de l'arc; mais à l'extérieur,
dans deux régions de la partie convexe placées au-dessus et au-dessous de la
bande transversale, on rencontre des trachéides scalariformes et des trachées.
Le faisceau est entouré en entier par une couche libérienne formée de parenchyme libérien à cellules très délicates et de cellules grillagées plus grosses
qui se détachent en couleur plus foncée au milieu d'elles.

À droite de la figure, en *c*, on voit deux petits faisceaux vasculaires indépendants, qui viennent de se séparer des parties convexes de la branche verticale
de droite où se trouvent les trachéides scalariformes et les trachées dont

[1] *Ann. sc. nat.*, 5ᵉ série, t. XII, p. 161.

nous avons parlé; comme le tissu qui les entoure est continu, sans rupture, et de même nature que celui qui environne le faisceau central tout entier, ce sont bien deux faisceaux distincts. Celui qui occupe la partie supérieure a une origine un peu antérieure à l'autre, car le vide laissé par sa sortie sur l'arc convexe est déjà comblé, tandis que le vide laissé par le plus inférieur ne l'est pas encore; ils se rendront, après avoir parcouru une certaine longueur du pétiole, dans les subdivisions de la fronde.

Comme tout est symétrique dans ce pétiole, il est évident qu'alternativement à droite et à gauche, il se détachait des deux arcs latéraux deux faisceaux vasculaires relativement peu développés ne portant pas d'indices de subdivisions ultérieures comme dans les *Clepsydropsis*.

En examinant avec attention les plaques minces faites dans des échantillons de Cotta, j'ai pu constater qu'à droite et à gauche de la bande horizontale de l'H, il y avait également, non seulement dans la partie corticale, mais encore dans le tissu cellulaire interne, plusieurs paires de faisceaux placées à des distances variables du centre des rachis, ce qui tenait à la différence des hauteurs auxquelles elles s'étaient détachées des deux arcs latéraux. Il est possible que ces bandes vasculaires aboutissent à des expansions écailleuses placées à droite et à gauche du rachis.

Extérieurement au faisceau central et en dehors d'une mince gaîne protectrice entourant le liber, on trouve un tissu cellulaire abondant *d*, à mailles hexagonales, et occupant l'espace qui le sépare de l'assise résistante de l'écorce; ce tissu est traversé par des cellules plus grosses et allongées, de couleur foncée, remplies autrefois de substances gommeuses comme cela se voit souvent chez les Fougères actuelles et comme cela était extrêmement fréquent dans les végétaux les plus divers de l'époque houillère. L'assise extérieure corticale très dense *e*, composée de cellules allongées plus ou moins fusiformes à parois sclérifiées, limite le pétiole extérieurement.

Provenance. — Champ des Borgis.

ZYGOPTERIS BIBRACTENSIS B. R.

Dans cette espèce [1] comme dans toutes les espèces connues, le pétiole est cylindrique; sa taille atteint presque celle du *Z. Lacattei*.

[1] Voir *loc. cit.*, p. 171.

Le faisceau vasculaire central a la forme d'un H, mais les éléments sont scalariformes, et non ponctués comme dans les espèces précédemment décrites.

En outre les deux branches latérales de l'H, au lieu d'être simples et formées d'une seule lame de trachéides, sont divisées chacune en deux bandes parallèles dont les éléments sont de grosseurs très différentes. Les deux bandes séparées par une mince lame de tissu cellulaire (parenchyme libérien) se rejoignent par leurs deux extrémités, et c'est la plus extérieure qui est formée des éléments les plus fins. Le reste du faisceau est entouré d'une couche continue de liber mou entremêlé de quelques cellules grillagées.

En dehors des bandes latérales de l'H on ne voit pas les deux cordons vasculaires qui dans les *Zygopteris* précédents s'en détachent pour se porter à l'extérieur; ici ces cordons sont remplacés par des bandes externes formées de trachéides rayées et de trachées, et dont chacune, se séparant de la bande plus interne formée de gros éléments avec laquelle elle était d'abord soudée, se porte ensuite latéralement en dehors du pétiole. Au lieu de deux cordons vasculaires distincts il y a donc ici une lame vasculaire unique qui rappelle celle des *Clepsydropsis*, mais qui dans notre préparation ne paraît pas se diviser sur son parcours dans le pétiole.

En dehors du faisceau vasculaire et de sa gaine libérienne, on rencontre une couche épaisse de parenchyme formé de cellules à minces parois, souvent déchiré, et où les cellules gommeuses se trouvent en moins grand nombre que dans le *Z. Lacattei*. Comme chez ce dernier, ces cellules s'allongent de plus en plus à la périphérie en diminuant de diamètre et en se sclérifiant de façon à former une gaine épaisse et résistante.

Provenance. — Champ des Borgis.

Tiges des Zygopteris.

ZYGOPTERIS BRONGNIARTI B. R.

(Pl. XXXI, fig. 2 et 9.)

Les tiges de *Zygopteris* [1] étaient cylindriques, larges de 4 à 5 centimètres, parcourues dans la région corticale par de nombreux pétioles montant verticalement pendant quelque temps, recouvertes extérieurement par la partie

[1] Voir *loc. cit.*, p. 164.

inférieure des frondes, de nombreuses racines adventives, des écailles provenant de frondes avortées et par des poils cloisonnés garnissant également la partie inférieure des pétioles [1].

Ces différents organes végétatifs faisaient varier considérablement le diamètre apparent de la tige proprement dite.

J'ai fait connaître autrefois l'organisation du premier échantillon de tige qui ait été rencontré; je résume ici ces premières recherches.

Au centre se trouve une moelle assez apparente à la partie inférieure, mais qui va en diminuant assez promptement à mesure que l'on s'élève et finit presque par disparaître.

Cette moelle envoie dans l'épaisseur du cylindre ligneux qui l'entoure six prolongements peu épais, qui se bifurquent à leur extrémité, de sorte que ce cylindre est formé de six bandes vasculaires principales, reliées par leur face interne au moyen de la moelle et de ses prolongements, et de six autres extérieures plus petites, périphériques; dans l'espèce que nous avons étudiée, le cylindre ligneux est composé uniquement de trachéides rayées ou scalariformes.

Le cylindre ligneux est entouré par une couche libérienne formée de parenchyme libérien contenant un assez grand nombre de cellules plus grandes, de coloration plus ou moins foncée, qui peuvent représenter les éléments grillagés. L'écorce, très épaisse, est formée de grandes cellules polyédriques plus hautes que larges, à section transversale hexagonale et très souvent remplies de granulations qui figurent sans doute des grains d'amidon minéralisés. Cette couche est traversée dans toute son épaisseur par des bandes vasculaires qui se rendent aux pétioles, aux écailles et aux racines; en se rapprochant de la surface les éléments de l'écorce s'allongent en diminuant de diamètre et prennent insensiblement la forme de fibres sclérifiées.

Les cordons vasculaires qui se dirigent dans les racines et les feuilles scarieuses sont de petite dimension, à section transversale linéaire ou elliptique; ceux au contraire qui se rendent aux pétioles paraissent plus volumineux et prennent dès l'origine, à l'intérieur de la tige, la forme de l'H caractéristique des *Zygopteris*.

Sur la figure 2, pl. XXXI, qui représente une coupe transversale polie d'une portion de tige, on distingue la moelle centrale avec ses prolongements,

---

[1] Nous retrouverons ces poils cloisonnés encore plus développés chez les *Botryopteris*.

le cylindre ligneux *a* entouré de sa couche libérienne. L'écorce est traversée par de nombreux cordons vasculaires se rendant aux feuilles scarieuses de la surface. On voit en *p* un faisceau vasculaire d'un pétiole encore inclus dans l'épaisseur de la tige latéralement, des cordons propres au pétiole et se rendant aux écailles qui garnissaient sa base, enfin en *r* une bande vasculaire bicentre appartenant à une racine.

Les écailles avaient sur la tige une base d'insertion peu étendue; elles étaient dressées et assez rapprochées pour former une enveloppe continue en se recouvrant par leurs bords; elles étaient placées à l'extérieur sur une spirale, l'écartement moyen de deux feuilles est d'environ 31 degrés, ce qui donne 11 à 12 feuilles par tour de spire, soit 23 feuilles pour deux tours, par conséquent elles seraient placées sur une spirale de $\frac{2}{21}$ ou $\frac{2}{23}$; mais on peut admettre également qu'elles étaient disposées sur deux verticilles et en alternance, chacun d'eux portant douze feuilles, en rapport multiple des faisceaux vasculaires du cylindre ligneux d'où les cordons étaient issus.

Dans certains *Zygopteris* un grand nombre de feuilles restaient à l'état d'écailles, c'est le cas offert par le *Z. Brongniarti*, un petit nombre seulement se développaient en frondes. Dans d'autres espèces, au contraire, les feuilles, plus vigoureuses, portées par un pétiole épais, prenaient presque toutes un accroissement considérable et formaient autour de la tige une sorte de fourreau composé de leurs bases rapprochées entremêlées d'écailles et de racines. Le *Tubicaulis primarius* de Cotta en est un exemple.

ZYGOPTERIS BRONGNIARTI B. R., var. QUINQUANGULA.

La figure 9, pl. XXXI, se rapporte à une portion de coupe transparente qui, par erreur, a été désignée dans l'explication accompagnant la planche XXXI, sous le nom d'*Anachoropteris* au lieu de *Zygopteris Brongniarti*.

La partie vasculaire de la tige est cylindrique ou légèrement prismatique, avec cinq faces; la masse est formée de trachéides réticulées, ponctuées; on distingue facilement la partie centrale du tissu fondamental formé de cellules à minces parois; cette moelle, assez développée, envoie vers la périphérie cinq lames qui se divisent en deux autres bandes avant d'y arriver; dans la tige précédente que nous avons décrite on compte six lames au lieu de cinq; le cylindre ligneux se trouve ici divisé en cinq faisceaux principaux et en cinq plus petits placés entre les branches du V figuré par les lames cellulaires.

IMPRIMERIE NATIONALE.

Le liber, assez épais, entoure la tige complètement; il est formé de cellules à parois minces et de cellules grillagées. Les autres parties de la tige ne diffèrent pas de celles que nous avons signalées plus haut. Les bandes vasculaires que l'on aperçoit dans l'écorce se rendent aux écailles qui entourent la tige; la section n'a rencontré aucun pétiole.

La division de la tige en cinq faisceaux au lieu de six nous paraît une particularité suffisante pour nécessiter la création d'une variété nouvelle, sous le nom de *Z. Brongniarti* var. *quinquangula*.

Fructifications des Zygopteris.

(Pl. XXXI, fig. 5 à 8.)

Les premières fructifications de *Zygopteris* ont été rencontrées au champ des Borgis : nous les avons décrites sous le nom de *Botryopteris dubius* [1]; à cette époque nous n'avions pas encore rencontré dans leur voisinage de pétioles qu'on pût leur rapporter. Voici la description que nous en avons donnée: capsules terminant les ramules, qui semblent se renfler à leur extrémité pour produire les sporanges, ceux-ci paraissant être ainsi plongés dans le tissu même de ces ramules.

Les sporanges sont obtus, réniformes; les parois épaisses, formées de plusieurs rangs de cellules. Sur ceux qui sont le mieux conservés on distingue deux couches différentes; l'une interne, composée de cellules allongées suivant le grand axe du sporange; l'autre externe, formée de cellules polyédriques de teinte plus pâle et recouverte d'une apparence d'épiderme. Les parois laissent apercevoir les traces d'un anneau dirigé suivant un plan passant par le grand axe du sporange.

Depuis lors, plusieurs groupes de ces fructifications ont été recueillis soit à Autun, soit à Saint-Étienne, et ont permis de compléter leur histoire.

Ce sont des agglomérations souvent considérables de sporanges allongés, légèrement arqués, renflés à l'une de leurs extrémités, atténués à l'autre, longs de 2ᵐᵐ,5 et larges de 1 millimètre à 1ᵐᵐ,3, fixés à de petits pédicelles très courts dont ils paraissent être la continuation; ils sont réunis au nombre de trois à huit, en petits bouquets, sur un support commun également très court. L'ensemble forme des amas traversés par des axes de différents ordres

---

[1] *Ann. sc. nat.*, 6ᵉ série, *Bot.*, t. I, p. 229.

dans lesquels, quelquefois, on peut découvrir la forme caractéristique du faisceau central. Dans quelques agglomérations semblables d'Autun et de Saint-Étienne, j'ai pu reconnaître la présence du faisceau en H des *Zygopteris*; il est donc très probable, sinon certain, que ces amas de sporanges constituent leurs fructifications.

Les figures 5 et 6, pl. XXXI, donnent la forme et la structure de ces organes. La coupe transversale de ces capsules (fig. 7) est à peu près circulaire; les parois ne paraissent formées que d'un seul rang de cellules, à cause de la destruction de la couche sous-jacente de cellules délicates que j'ai signalée plus haut. Aux extrémités d'un même diamètre on remarque deux épaississements produits par des cellules à parois plus épaisses, de dimensions plus considérables, dont le grand axe est perpendiculaire à la surface de la capsule; ces renflements existent depuis la base amincie jusqu'au sommet et proviennent d'un anneau qui fait presque le tour de la capsule; à l'intérieur on remarque quelquefois une membrane formée d'une couche de cellules à minces parois, sorte de sac rempli de nombreux corpuscules ou spores.

Une section passant dans le plan de la courbure montre que la paroi externe du sporange se compose, à la partie supérieure, d'un seul rang de cellules plus longues que larges, et qui se rétrécissent de plus en plus à mesure que l'on s'approche de la base, où elles deviennent presque fibreuses en même temps qu'elles se disposent sur plusieurs rangs en épaisseur.

Si la section passe par le plan médian du sporange, elle ne rencontre l'anneau ni dans la partie convexe ni dans la partie concave, mais seulement au sommet; si elle est perpendiculaire à cette direction, elle rencontre les cellules de l'anneau dans toute son étendue. Les deux bandes élastiques qui s'élèvent de la base pour atteindre le sommet où elles s'amincissent, occupent les deux côtés des sporanges placés entre les courbures.

Le pédicelle est parcouru jusqu'à la base du sporange par une bande vasculaire aplatie, bipolaire, entourée de liber mou et d'une couronne de grosses cellules à contenu brun, analogues à celles que j'ai signalées dans le liber des pétioles et qui peuvent être considérées comme des cellules grillagées; les ramules plus gros présentent plusieurs lames vasculaires semblables, deux à quatre, également entourées d'un cercle libérien avec couronne de cellules à contenu foncé.

Les spores renfermées dans les capsules sont les unes sphériques, lisses à la surface et mesurent 0^{mm},08 de diamètre; elles offrent deux enveloppes :

l'une épaisse marquée de trois lignes radiantes; l'autre plus mince, quelquefois plissée; leur contenu est transparent; avant leur maturité elles ne sont pas en contact, mais comme logées dans une sorte de tissu extrêmement délicat, au milieu duquel elles se sont développées; ce sont des macrospores.

Les autres, de dimensions à peu près égales, souvent polyédriques, sont formées également de deux enveloppes distinctes : l'une extérieure plus épaisse dépourvue des trois lignes radiantes, l'autre plus mince contenant souvent un certain nombre de cellules polyédriques; ces dernières sont plus fréquentes que les macrospores; on ne peut faire que des conjectures sur leur nature et leurs fonctions. En effet, ou bien ce sont des macrospores dans lesquelles, sous des influences particulières, un tissu cellulaire se serait développé, l'exospore restant dépourvue des trois lignes radiantes; ou bien ce sont des spores mâles (microspores) avec leur prothalle, qui auraient été contenues dans des sporanges identiques à ceux des macrospores et même souvent renfermées avec ces dernières dans la même enveloppe. Les figures 6 *bis* et 7 *bis* de la planche XXXI montrent l'aspect différent de ces corps reproducteurs.

Provenance. — Champ des Borgis et Grand'Croix.

ZYGOPTERIS PINNATA Gr. Eury (sp.).

Quelques empreintes fossiles semblent rentrer dans la famille des Botryoptéridées et en particulier dans le genre *Zygopteris;* elles ont été décrites par M. Grand'Eury sous le nom de *Schizostachys frondosus.* Si on examine avec soin ces fructifications, le groupement des capsules en forme de bouquets placés à l'extrémité de courts pédicelles, leur mode d'attache, leur grandeur, leur forme arquée et la disposition même de la bande élastique dont on distingue nettement les cellules sur les empreintes, on reconnaît une telle analogie avec les fructifications décrites plus haut qu'il est impossible de ne pas admettre la parenté des fructifications silicifiées avec les empreintes de *Schizostachys.*

Ces dernières fructifications appartiennent à deux formes de *Schizopteris :* le *Schizopteris pinnata* et le *Sch. cycadina,* trouvées à l'état d'empreinte.

Les *Schizopteris* comprennent des frondes flabelliformes, pinnées, plus ou moins subdivisées, parcourues par des stries nombreuses (marques laissées par les faisceaux vasculaires), charnues, ayant produit une épaisseur de houille très notable sur les empreintes.

Le *Sch. pinnata* possède des frondes pinnées; les pennes sont insérées perpendiculairement au rachis, à divisions primaires et secondaires subopposées;
les divisions secondaires sont très déchiquetées en lobes flabelliformes, pinnées, à limbe très réduit. La surface unie a un aspect coriace, cartilagineux;
le rachis paraît parcouru par de nombreux faisceaux vasculaires.

Le *Sch. cycadina* se présente sous la forme de frondes pinnées, avec rachis
épais; les pennes secondaires sont subopposées, les rachis secondaires très
développés et insérés sur le rachis principal par une base élargie.

Jusqu'ici on n'a pas rencontré à l'état silicifié les subdivisions des frondes
de *Zygopteris*, on ne connaît que des portions de rachis; il est donc impossible
de faire quelque rapprochement entre l'aspect présenté par les frondes stériles
des plantes silicifiées que nous avons décrites, et celui des frondes de *Z. pinnata*.

Les sporanges que nous avons signalés sont bien voisins de ceux du *Z. pinnata*, mais ils se rencontrent par masses plus grandes, plus serrées que dans
ce dernier; ce sont donc des fructifications qui appartiennent à une espèce
différente dont nous ne connaissons pas encore la taille ni le port.

Les *Z. pinnata* et *cycadina* sont assez communs dans plusieurs couches du
terrain houiller de Saint-Étienne.

Genre GRAMMATOPTERIS B. R.

Ce genre de Botryoptéridées[1] est caractérisé par la forme du faisceau vasculaire unique qui parcourt les pétioles; sur une coupe transversale, il présente la forme d'un trait horizontal épais ▬ formé de trachéides ponctuées
et réticulées; les trachées occupent les deux extrémités.

La tige se compose, au centre, d'un cylindre vasculaire plein, dont les éléments les plus grêles sont disposés par places à la périphérie comme dans
les tiges de *Botryopteris*, d'une couche libérienne peu épaisse entourant le
cylindre ligneux sur tout son contour.

L'écorce est surtout représentée par une assise épaisse de cellules allongées
lignifiées, traversée par de nombreux faisceaux vasculaires se rendant aux
pétioles.

Les pétioles sont nombreux, dressés contre la tige, à laquelle ils forment

[1] Nous avons cru devoir créer un genre nouveau (*Soc. d'hist. nat. d'Autun*, 4ᵉ *Bull.*, p. 362)
pour cette Botryoptéridée que nous avons désignée, dans la description des figures de l'Atlas qui
s'y rapportent, sous le nom de *Botryopteris Rigolloti*.

un fourreau épais et solide, circulaires et munis d'une assise corticale très épaisse et très résistante.

La disposition des pétioles autour de la tige rappelle celle des pétioles du *Zygopteris primæva* de Corda.

Jusqu'ici, ce genre n'est connu que par une espèce dont quelques fragments ont été recueillis la première fois par M. Rigollot, auquel elle est dédiée.

GRAMMATOPTERIS RIGOLLOTI B. R.

(Pl. XXX, fig. 9 et 10; pl. XXXI, fig. 1 et 1 *bis*.)

La figure 10, pl. **XXX**, représente une coupe transversale, grandeur naturelle, d'un fragment de tige scié et poli appartenant à cette espèce [1].

La tige proprement dite mesure de 12 à 15 millimètres de diamètre; sa longueur est inconnue, mais elle paraît assez robuste pour devenir frutescente.

Pétioles nombreux dressés contre la tige et formant un épais fourreau continu, circulaires ou rendus un peu elliptiques par la compression, munis à leur partie centrale d'un faisceau vasculaire unique, à section transversale, en forme de trait épais ▬ orienté tangentiellement à la tige; c'est le faisceau vasculaire des *Zygopteris* débarrassé des deux branches verticales. Les trachéides sont ponctuées, réticulées, et les deux extrémités de la bande vasculaire sont occupées par des trachées (pl. **XXX**, fig. 1 *bis*), point de départ des cordons qui se dirigeaient à droite et à gauche dans les appendices du rachis; le liber est mal conservé; l'écorce est formée de deux assises : l'une interne parenchymateuse; l'autre, plus extérieure, est composée de cellules allongées de sclérenchyme.

Les pétioles paraissent placés à la surface de la tige le long d'une spirale régulière, leurs plans de sortie faisant entre eux un angle de 48 degrés, l'ordre phyllotaxique serait exprimé par la fraction $\frac{2}{15}$.

Le cylindre ligneux est circulaire et plein, sans trace de tissu médullaire; il est composé de trachéides ponctuées et réticulées; les éléments les plus fins, trachéides rayées et trachées, sont disposés par groupes à la périphérie et forment les renflements de différentes grosseurs qu'on y remarque et où viennent aboutir les cordons vasculaires se rendant aux pétioles.

Les fructifications des *Grammatopteris* ne sont pas encore connues. Cependant de petits bouquets de sporanges de même forme que ceux des *Zygo-*

[1] L'échantillon figuré m'a été communiqué par M. Pautet, de Montceau-les-Mines.

pteris, également munis de deux bandes élastiques, mais mesurant seulement
1^{mm} de longueur et 0^{mm},7 de largeur, que j'ai rencontrés dans les mêmes silex
qui renfermaient des fragments de pétiole ayant le faisceau vasculaire des
Grammatopteris, pourraient leur être attribués avec quelque probabilité. Dans
ce cas, leurs fructifications auraient formé des agglomérations de capsules
analogues à celles des *Zygopteris*, mais moins volumineuses, et les sporanges,
quoique semblables de forme, auraient été de plus faibles dimensions.

Provenance. — Tranchée du chemin de fer entre Dracy et Cordesse.

Genre BOTRYOPTERIS B. R.

Tiges de 3 à 4 centimètres de diamètre, cylindriques, frutescentes, axe
ligneux plein, sans moelle incluse, formé au centre de trachéides ponctuées,
réticulées, mais à la périphérie de trachéides rayées et de trachées. Pétioles
cylindriques, épais, circulaires, possédant un faisceau vasculaire unique dont
la section transversale présente la forme de la lettre grecque ω.

Fructifications disposées en glomérules, constituant des amas considérables;
capsules piriformes, pédicellées, formées de plusieurs enveloppes, la plus extérieure composée de cellules allongées à parois épaissies, munies d'une seule
bande élastique disposée obliquement, renfermant deux sortes de spores(?).

Ce genre est fondé sur des fragments de tige, de pétioles et de frondes
trouvés dans les magmas siliceux de Grand'Croix, près Saint-Étienne, et des
environs d'Autun.

L'espèce la mieux connue est la suivante.

BOTRYOPTERIS FORENSIS B. R.

(Pl. XXXII, fig. 1 à 11.)

Les premiers fragments de *Botryopteris* ont été recueillis dans le champ
des Borgis; c'étaient un fragment de pétiole et quelques capsules isolées, débris
insuffisants pour une étude complète; plus tard je rencontrai dans les fragments de Grand'Croix des agglomérations importantes composées des mêmes
capsules qui me permirent d'en poursuivre l'examen. Ces fructifications n'étaient
pas en rapport avec la tige qui les avait portées, mais comme les capsules
étaient encore fixées à des ramules de divers ordres, j'ai pu, en dirigeant convenablement les sections, obtenir des coupes de ramules suffisamment gros

pour contenir un faisceau vasculaire à forme reconnaissable, et cette forme était celle du faisceau vasculaire des pétioles trouvés auparavant à Autun et présentant la forme d'un ω.

Un peu plus tard, un fragment de tige provenant de Grand'Croix, après avoir été réduit en préparations multiples, fit voir, en relation avec le cylindre ligneux central, des organes appendiculaires, dont le faisceau vasculaire unique avait également la forme d'un ω ; dès lors la dépendance certaine des fructifications, pétioles et tige était établie.

TIGE. — Le fragment de tige du *Botryopteris forensis*, noyé dans un magma siliceux, n'avait guère plus de 1 centimètre de longueur. Sa cassure oblique n'a pas permis d'obtenir une section transversale perpendiculaire à l'axe. Sa coupe, représentée fig. 1, pl. XXXII, est donc inclinée par rapport à ce dernier. Suivant son grand diamètre, la section est en grandeur naturelle de 17 millimètres, et seulement de $7^{mm},5$ suivant le petit.

Cette augmentation de diamètre provient tout à la fois de l'obliquité de la coupe et de la présence de deux pétioles, *b*, *b'*, dont on distingue les faisceaux vasculaires et qui vont se séparer de la tige.

La section montre également trois racines qui traversent l'épaisseur de la tige presque horizontalement.

Il est probable que, de même que chez les *Zygopteris*, la tige ne s'élevait pas beaucoup en hauteur et ne prenait jamais un diamètre bien grand, que leur taille était celle de certaines Fougères herbacées (Osmonde, *Polystichum*) et qu'elles ne devenaient jamais arborescentes.

La partie centrale de la tige est occupée par un cylindre vasculaire plein à section circulaire sans traces de tissu cellulaire.

Les éléments vasculaires qui sont en rapport avec ceux des pétioles et des racines sont groupés à la périphérie, sans qu'il soit possible, vu la pénurie d'échantillons, de préciser leur mode de formation et les points précis qu'ils occupent.

Dans le *Zygopteris Brongniarti* nous avons vu qu'il y avait six lames cellulaires qui divisaient le cylindre ligneux en six faisceaux principaux, et que les extrémités périphériques de ces six faisceaux se réunissaient deux à deux au point d'insertion du faisceau du pétiole sur le cylindre pour se mettre en rapport avec lui ; dans l'espèce qui nous occupe, s'il y a plusieurs bandes vasculaires périphériques, tangentielles au cylindre, qui s'anastomosent pour se mettre en rapport avec les cordons des pétioles (ce qui est vraisemblable), l'état de conservation de l'échantillon ne permet pas de le constater.

Le nombre des pétioles qui partent de la tige des *Botryopteris* est assez limité, beaucoup moins considérable que chez les *Grammatopteris;* la section n'en a rencontré que deux; la forme du faisceau central est caractéristique et les branches de l'ω sont *tournées* du côté de la tige.

L'axe ligneux est composé de trachéides ponctuées et réticulées; à la périphérie les éléments, qui sont plus fins, sont en grande partie rayés.

Le liber entoure complètement la tige, mais est très mal conservé.

L'assise extérieure de l'écorce seule a résisté; elle est composée de cellules allongées qui deviennent de plus en plus étroites à mesure que l'on s'approche de l'extérieur et forment une épaisse couche de sclérenchyme.

La surface, dépourvue par places d'épiderme, porte, là où il a été conservé, des cellules épidermiques, dont un certain nombre se prolongent en poils cloisonnés comme nous l'avons déjà fait remarquer pour les tiges de *Zygopteris.* La structure de ces poils nous occupera plus loin.

PÉTIOLES. — Les pétioles sont circulaires, quelquefois elliptiques par compression (fig. 4, pl. XXXII). Le faisceau central est unique et constitué par des trachéides ponctuée set réticulées; les extrémités libres des trois branches contiennent des trachéides rayées et des trachées.

C'est de l'extrémité libre de ces branches que partent les cordons vasculaires se rendant dans les subdivisions de la fronde. La figure 5, qui représente le faisceau central grossi, montre en *m* un cordon foliaire prêt à se détacher et qui ne tient plus au faisceau principal que par la bande médiane; le cordon vasculaire paraît conserver la forme générale du faisceau primitif et la même orientation, car les deux branches de l'ω, d'abord horizontales, se redressent et se portent en avant quand le cordon devient libre.

Lorsque les subdivisions du rachis deviennent moins importantes, le cordon vasculaire ne prend plus la forme d'un ω; il se réduit à deux lames vasculaires partant de deux branches latérales et qui ne sont plus réunies par les productions de la branche médiane; ces deux lames semblent se détacher au même niveau et se dirigent à droite et à gauche pour se porter dans les subdivisions de la fronde.

Autour du faisceau vasculaire se trouve une couche libérienne continue, composée d'éléments mous, parsemés de cellules plus grosses et plus allon-

7

gées, contenant une substance colorée et qui sont vraisemblablement des cellules ou des tubes criblés.

L'assise corticale interne est formée de cellules parenchymateuses un peu plus hautes que larges, parcourue par des tubes à gomme, puis les cellules s'allongent en se rapprochant de la périphérie, deviennent plus résistantes et prennent l'aspect de fibres sclérifiées.

L'épiderme est assez souvent conservé, et la surface du pétiole, au moins dans la portion aérienne, est couverte, dans tous les sens, de poils cloisonnés (fig. 4), qui s'enfoncent assez profondément au-dessous de l'épiderme.

Cette portion de penne est complètement dépourvue de feuilles; la place que ces organes auraient occupée est garnie d'un nombre considérable de poils cloisonnés équisétiformes; on doit remarquer que ces poils sont placés uniquement d'un seul côté du rachis et à sa partie inférieure si nous le supposons étalé.

Ces poils offrent une curieuse structure (fig. 6), ils sont formés d'articles cloisonnés à l'une de leurs extrémités, l'autre est dentelée sur les bords; ils sont emboîtés les uns dans les autres et l'ensemble présente l'aspect de la tige d'une prèle minuscule en voie d'évolution. Les dents de chacun des articles paraissent dressées le plus souvent contre l'article suivant, quelquefois elles sont étalées et forment une sorte de collerette dirigée normalement à la surface. Il n'est pas rare que la cloison présente à la périphérie une série de perforations de même nombre que les dents de l'article précédent, avec lesquelles elles alternent; par conséquent les loges déterminées par la superposition des articles pouvaient en certains cas communiquer librement les unes avec les autres par de très petites ouvertures.

Ces poils étaient terminés à la base par un renflement cellulaire plus ou moins considérable suivant la nature de l'organe sur lequel ils étaient insérés. Je les ai rencontrés non seulement sur les tiges et les pétioles, mais encore sur les feuilles le long des nervures et quelquefois sur le limbe lui-même.

M. Roche a trouvé dans les magmas de Grand'Croix l'extrémité d'une penne secondaire encore enroulée en crosse et que nous représentons figure 20.

Cette portion de penne paraît dépourvue de feuilles, mais la préparation ne pouvait en conserver de traces d'après sa direction. On peut remarquer que l'un des côtés du rachis est couvert d'un nombre considérable de poils cloisonnés équisétiformes; ils sont tous placés à la partie inférieure du rachis si nous supposons ce dernier déroulé.

Cette position particulière des poils amène à penser que, après le déroulement et l'élongation de la fronde, cette dernière flottait à la surface de l'eau, et que les portions de rachis en contact avec le liquide portaient de nombreux poils qui y restaient plongés; dans le cas où le rachis était totalement recou-

Fig. 20.

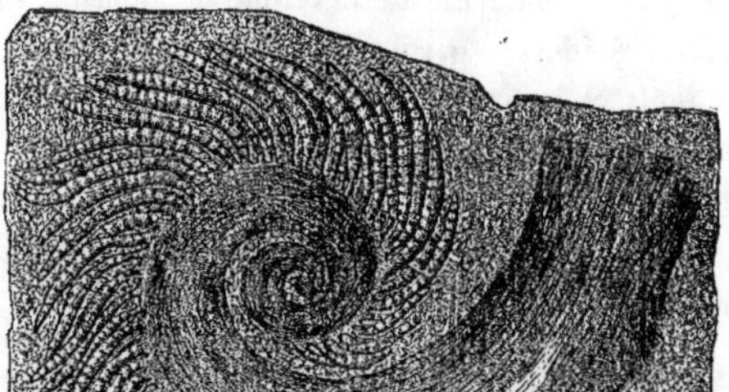

Penne secondaire de *Botryopteris*, submergée en partie, et non déroulée.

vert par l'eau, la surface entière était garnie de ces organes; la même préparation renferme, en effet, un petit fragment de pétiole environné complètement de poils. Les sections de rachis qui portent ces derniers ne montrent aucune relation entre eux et les cordons vasculaires; ils devaient servir de réservoirs, où la plante trouvait l'eau nécessaire pour traverser les nombreuses périodes de sécheresse existant à cette époque.

FEUILLES. — Jusqu'à ces derniers temps les feuilles des *Botryopteris* étaient absolument inconnues; les écailles rencontrées sur les tiges de *Zygopteris* et les empreintes n'avaient fourni aucun indice sur leur forme et leur structure.

Grâce à quelques préparations faites sur des échantillons de Saint-Étienne par M. Roche, quelques débris de pétioles présentant des feuilles encore attachées ont pu être observés et étudiés.

Les pétioles qui portent les feuilles n'ont plus un faisceau vasculaire distinct de *Botryopteris*; celui-ci se réduit à une bande vasculaire plus ou moins robuste qui se détache tantôt à droite, tantôt à gauche des deux branches de l'ω. La lame médiane n'intervient plus dans la formation du faisceau foliaire, qui reste composé de trachéides réticulées et de trachées.

Les pinnules offrent un limbe élargi, étalé, à contour lobé, et à nervures fortes et saillantes; la nervure principale se dichotomise une ou plusieurs fois; chacune des divisions pénètre dans un lobe et se bifurque elle-même une ou plusieurs fois; les branches de la dichotomie se terminent au contour arrondi du limbe. Le parenchyme de la feuille est charnu, sa face *supérieure* est recouverte d'un épiderme garni de nombreux stomates; son côté inférieur porte des poils cloisonnés équisétiformes répartis sur toute la surface, mais notamment le long des nervures; c'est la présence de ces poils à structure si étrange sur l'une des faces de ces feuilles qui m'a permis de les rapporter avec quelque certitude aux *Botryopteris*. Cette organisation toute particulière montre que ces feuilles s'étendaient à la surface de l'eau et que les poils y étaient plongés.

Fig. 21.

Feuilles de *Botryopteris* étalées à la surface de l'eau, grossies 5 fois.

l. Limbe. — *n.* Nervures. — *p.* Poils équisétiformes. — *st.* Stomates.

Ces feuilles ne sont pas les seules que les *Botryopteris* ont portées, il devait y en avoir d'autres, constituant des frondes aériennes peut-être divisées, déchiquetées comme celles du *Zygopteris pinnata;* mais jusqu'ici, ni les empreintes ni les rognons siliceux n'ont laissé soupçonner leur forme et leur structure.

FRUCTIFICATIONS. — Les fructifications de *Botryopteris forensis* forment des amas volumineux dus à l'agglomération de capsules très nombreuses (fig. 7 et 8, pl. XXXII), serrées les unes contre les autres. Le fragment contenant *une partie* seulement de la section de l'inflorescence mesurait 5 centimètres de longueur, 3 centimètres d'épaisseur et 3 à 4 de largeur. Les capsules ou sporanges constituant cette masse par leur accolement ont $1^{mm},5$ à 2^{mm} de longueur et $0^{mm},7$ à 1^{mm} de largeur dans leur plus grand diamètre.

La figure 7, pl. XXXII, représente une portion de l'inflorescence, traversée par des axes de différents ordres; sur la figure 8 plus grossie on voit en *m* la section d'un faisceau vasculaire présentant la forme caractéristique de celui des *Botryopteris*. Au bas de la figure, en *m'* on distingue un autre faisceau, mais qui n'occupe plus sa place primitive; il était situé, avant son glissement, dans l'angle resté vide à droite de la figure, et son orientation était la même que celle du faisceau inclus au milieu des sporanges[1].

Les axes très courts qui portent les capsules sont simplement parcourus par une lame vasculaire détachée latéralement de l'une des branches de l'ω et qui s'est bifurquée une ou plusieurs fois.

Les sporanges sont réunis par bouquets de deux à six, quelquefois plus; comme les points d'insertion sur les subdivisions du rachis sont fréquents, que les ramifications sont nombreuses et les capsules brièvement pédicellées, il en résulte pour l'ensemble une forme stipitée caractéristique.

Les sporanges sont piriformes, parfois légèrement arqués, à section transversale circulaire ou rendue polyédrique par leur pression mutuelle.

Leurs parois sont formées de deux couches de consistance différente; la plus extérieure ne comprend qu'une couche de cellules, à sections rectangulaires dans certaines régions, mais qui s'allongent dans d'autres, vers la base par exemple. Les coupes transversales montrent (fig. 9 *bis*) que la paroi s'épaissit d'un côté et est occupée par une bande large de cellules sclérifiées qui descend obliquement du sommet du sporange jusqu'au pédicelle; cette bande déterminait la déhiscence du sporange; les figures 9 et 9 *bis* en indiquent suffisamment la forme et la disposition.

[1] Voir *Ann. sc. nat.*, 6ᵉ série, *Bot.*, t. I, pl. X, fig. 11.

Il est à remarquer que le connecticule est simple, au lieu d'être double comme dans les *Zygopteris*.

Une couche de cellules à parois minces tapisse l'intérieur de cette enveloppe; souvent elle est aplatie et devient peu distincte; elle renferme un nombre considérable de spores, ces spores mesurent 60 à 70 μ; par conséquent elles sont un peu plus petites que celles des *Zygopteris*, qui atteignent 80 à 90 μ. Elles présentent aussi deux aspects différents : les unes sont polyédriques, occupées intérieurement par sept ou huit cellules; les autres sont sphériques, vides à l'intérieur et marquées à leur surface des trois lignes radiantes appartenant aux macrospores. Au sujet des *Botryopteris* on peut donc faire les mêmes remarques que nous avons exposées en décrivant les spores des *Zygopteris*.

Fig. 22.

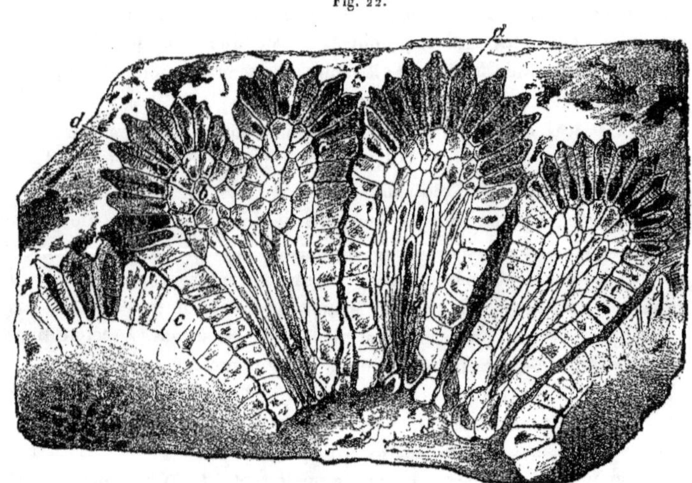

Enveloppe des fructifications de *Botryopteris forensis*.

Les inflorescences des *Botryopteris* étaient recouvertes, à la surface, d'une couche formée de capsules stériles, qui semble avoir joué un rôle protecteur important (*d*, fig. 22).

Ces capsules sont coniques, au lieu d'être piriformes comme les sporanges; serrées les unes contre les autres, elles prennent souvent la forme de pyramides à cinq ou six faces, dont le sommet est tourné vers l'intérieur et la base arrondie vers l'extérieur.

Elles forment une couche continue résistante tout autour des fructifications.

Des coupes transversales faites à différentes hauteurs montrent que leur contour est polygonal. Au centre se trouve un tissu cellulaire b formé de cellules à section également polygonale et à parois minces.

Une coupe longitudinale passant par l'axe des capsules laisse voir les cellules qui occupent l'intérieur, plus longues que larges vers le bas a, et polyédriques b dans la région supérieure. Chaque capsule est entourée d'une couche de cellules à parois très épaissies d, c, fig. 22. Celles qui recouvrent les parties contiguës c ont une section sensiblement rectangulaire, presque carrée, mais celles qui forment la partie libre, convexe, d, deviennent sensiblement plus grandes et se terminent en pointe arrondie.

Ce qu'il y a de remarquable, c'est l'épaississement des parois, très accentué surtout dans les cellules qui forment l'épiderme extérieur, fig. 23.

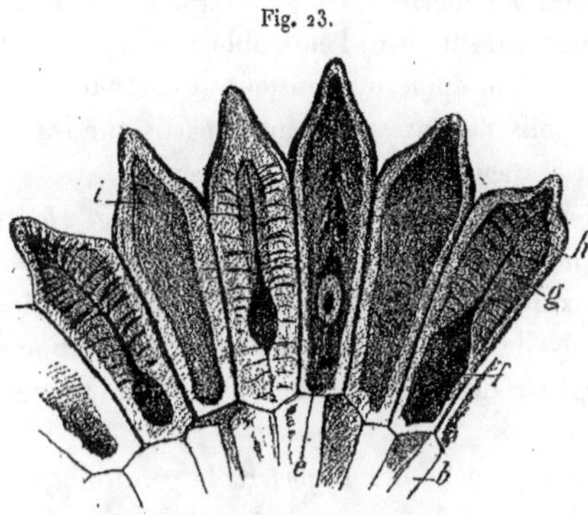

Fig. 23.

Détails grossis de l'épiderme.

La cavité f dans beaucoup d'entre elles a presque complètement disparu ; à la partie supérieure, on ne voit plus qu'un étroit canal traversant longitudinalement la région lignifiée, et auquel viennent aboutir de nombreux canalicules g, dirigés obliquement de la périphérie vers le centre de la cellule.

Dans quelques cellules, la cavité restante e renferme une masse sphérique ou ellipsoïdale, munie d'un noyau à l'intérieur, que l'on peut considérer comme le reste du protoplasma avec son *nucleus*.

Ces capsules sont plus petites que les sporanges fertiles ; elles mesurent $0^{mm},9$ de longueur et $0^{mm},4$ dans la partie la plus large ; elles en diffèrent encore par leur enveloppe, dont les éléments sont beaucoup plus épaissis, par l'absence d'anneau et par les pointes qui surmontent les cellules dans les parties libres. Malgré ces différences, nous pensons qu'elles ont une étroite connexion avec les sporanges et qu'elles représentent un certain nombre d'entre eux, arrêtés dans leur développement et transformés, grâce à certaines modifications des cellules de l'enveloppe, en organes de protection. Il est assez rare de trouver cette couche de sporanges modifiés en rapport avec les sporanges fertiles; un seul échantillon recueilli à Grand'Croix nous a offert cette particularité

On peut en conclure toutefois que les inflorescences des *Botryopteris* étaient entourées d'une enveloppe spéciale assez résistante, formée de sporanges modifiés, mais n'ayant aucune analogie avec les sporocarpes des Hydroptéridées.

De même que les tiges, les rameaux et les feuilles, les fructifications ou leurs supports sont accompagnés de poils nombreux équisétiformes; nous n'en avons pas trouvé à l'intérieur, ce qui s'explique, si, comme nous venons de le dire, l'ensemble des capsules était recouvert d'un épiderme résistant et continu.

Les poils étaient seulement répartis sur les axes portant ces agglomérations de sporanges.

Ils présentent la même organisation (fig. 24) que celle que nous avons décrite pour les poils fixés aux rameaux ou aux feuilles. La présence de ces poils est une nouvelle preuve de la justesse de l'attribution aux *Botryopteris* des fructifications que nous venons de décrire.

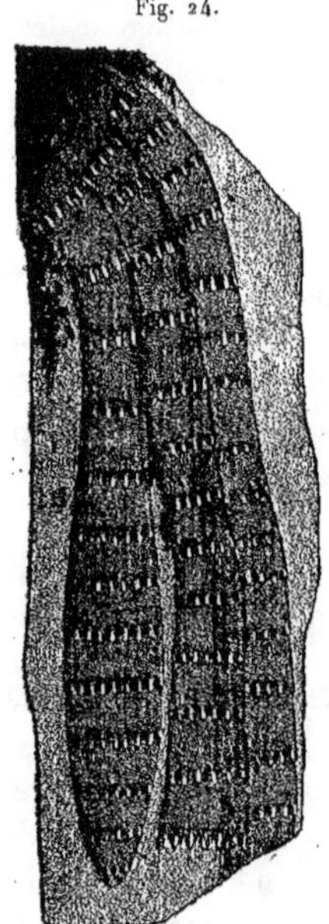

Fig. 24.

Poils équisétiformes accompagnant les fructifications des *Botryopteris*.

On a rapproché des *Zygopteris* le genre *Corynepteris*, Baily, caractérisé par des pennes fertiles semblables aux pennes stériles, ou à limbe plus ou moins réduit. Les sporanges, de grande taille, sont ovoïdes, sessiles, munis d'un anneau longitudinal complet formé de plusieurs rangs de cellules, groupés au nombre de cinq à dix autour d'un même point, composant par leur réunion un sore sphéroïdal et se touchant les uns les autres par le bord de leurs anneaux, lesquels encadrent leur face dorsale.

Dans la famille des Botryoptéridées, dont nous venons d'étudier quelques types, les fructifications sont toujours piriformes, pédicellées, placées à l'ex-

trémité de ramules, subdivisions ultimes du rachis, et forment des agglomérations plus ou moins considérables; jamais elles ne sont placées au-dessous
des pinnules, même dans les espèces où on a pu constater la présence de ces
organes. Cette famille est principalement connue par l'étude anatomique de
la tige, des pétioles et des fructifications; on ne connaît rien sur la structure
interne des parties analogues des *Corynepteris*. Si réellement les sporanges
de ces dernières plantes renfermaient des macrospores, comme nous l'avons
constaté dans les Botryoptéridées, ce que les empreintes ne peuvent montrer,
la question nous paraîtrait résolue, et ce genre devrait être retiré de la classe
des Fougères isosporées.

On sait que les Filicinées vivantes peuvent se diviser en deux sous-classes :
la première, comprenant d'une part les Fougères isosporées dans lesquelles le
sporange, généralement muni d'anneau ou de plaque élastique, procède d'une
cellule épidermique; d'autre part renfermant les Marattiées et les Ophioglossées, dont le sporange, dépourvu d'anneau ou de plaque élastique, provient d'un groupe de cellules épidermiques; les sporanges des Ophioglossées
restent plongés dans le tissu de la feuille. Ces deux familles ne possèdent
qu'une seule espèce de spores.

La deuxième sous-classe contient les Filicinées hétérosporées, c'est-à-dire
munies de deux sortes de spores produisant des prothalles unisexués. Dans
cette sous-classe se rangent les Rhizocarpées ou Hydroptéridées.

D'après la description des sporanges que j'ai donnée plus haut, les Botryoptéridées ne peuvent appartenir à la première de ces sous-classes, quoique,
par la disposition de leurs organes végétatifs, elles ne paraissent pas s'en
écarter beaucoup.

Le mode d'insertion des pétioles sur la tige, leur ramification ne présentent rien d'anormal; l'absence de parenchyme, presque constante dans les
feuilles, s'explique par le milieu extrêmement humide où elles ont vécu; la
présence d'anneaux ou de plaques élastiques sur leurs sporanges semble même
être un lien de plus; mais la présence de macrospores dans les sporanges ne
permet pas de les placer à côté des Fougères proprement dites, ni des Marattiées ou des Ophioglossées.

J'ai signalé dans l'intérieur des sporanges l'existence de macrospores sphériques bien caractérisées, mais accompagnées d'un nombre bien plus considérable de grains polyédriques, sensiblement de même grosseur, présentant
à l'intérieur une division cellulaire très nette.

IMPRIMERIE NATIONALE

Deux hypothèses se présentent à l'esprit : ou bien ces grains pluricellulaires sont simplement des macrospores altérées qui, sous l'influence de conditions spéciales, se sont cloisonnées intérieurement. Dans ce cas, les fructifications mâles ou microsporanges sont encore à trouver, malgré les nombreuses recherches que nous avons faites dans ce but.

Ou bien ces grains pluricellulaires sont les microspores elles-mêmes, dans lesquelles le prothalle mâle développé serait représenté par les huit ou dix cellules incluses; les microspores et les macrospores auraient été, dans cette hypothèse, enfermées dans un même réceptacle.

Quelle que soit celle des deux hypothèses adoptée, elle éloigne les Botryoptéridées des Rhizocarpées. En effet, on sait que chez ces dernières plantes la tige est toujours rampante, bilatérale, portant en dessus des feuilles normales et en dessous des racines ou des feuilles absorbantes, réduites à leurs simples nervures. Les sporanges sont des sacs ovoïdes, dont la paroi est formée d'une simple rangée de cellules et ne présente ni plaque, ni anneau élastique. Les uns renferment des macrospores, les autres des microspores; ces deux espèces de sporanges sont renfermées dans une enveloppe formée par une portion de feuille repliée autour d'eux, que l'on désigne sous le nom de *sporocarpe*.

Dans les Salviniées, les sporocarpes sont uniloculaires et renferment, les uns, des microsporanges, les autres, des macrosporanges. Dans les Marsiliacées, les sporocarpes sont pluriloculaires et renferment à la fois des macrosporanges et des microsporanges.

Nous avons considéré les capsules des Botryoptéridées comme des sporanges; le volume de l'inflorescence, les axes multiples de divers ordres qui les supportent, la nature de la couche externe que nous avons décrite avec détail, éloignent la possibilité d'une enveloppe commune que l'on pourrait comparer à un sporocarpe et qui aurait contenu, comme dans les Salviniées, d'une part, les macrosporanges, et de l'autre, les microsporanges; par conséquent, nous ne pouvons les rapprocher des Salviniées.

L'impossibilité de les réunir aux Marsiliacées est encore plus grande. En effet, on ne saurait admettre que chacun des sporanges puisse être considéré comme un sporocarpe contenant, comme chez les Marsiliacées, non plus des macrosporanges et des microsporanges, mais des macrospores et des microspores (grains pluricellulaires) libres dans une enveloppe commune.

Le sporocarpe des Pilulaires est divisé, comme l'on sait, en un certain nombre de loges contenant des sores; ceux qui renferment les macrosporanges sont placés à la partie inférieure; les sores mâles remplis de microsporanges occupent la partie supérieure; dans la région moyenne, les sores sont mixtes, c'est-à-dire renferment à la fois des macro- et des microsporanges.

De la discussion qui précède il ressort que les Botryoptéridées ne peuvent être admises dans aucune des subdivisions actuellement adoptées pour la classification des Filicinées vivantes.

De la sous-classe des Fougères isosporées elles se rapprochent par l'organisation de la tige, souvent frutescente et aérienne, la disposition des feuilles placées en spirales régulières, la présence d'un anneau sur les sporanges.

De celle des Fougères hétérosporées, par l'existence de deux sortes de spores, par la disposition en bouquets, de sporanges pédicellés, non placés au-dessous des pinnules comme dans les Fougères du premier groupe, par leur mode de vie qui devait être essentiellement aquatique; les feuilles nageantes munies en dessous de poils absorbants, et certaines de leurs frondes complètement submergées en sont une preuve convaincante.

Mais les caractères importants qui, d'un autre côté, les différencient de part et d'autre, forcent à les maintenir dans une famille distincte, qui servirait de trait d'union entre les Fougères isosporées, dont les Ophioglossées seraient l'un des anneaux, et les Fougères hétérosporées, dont l'autre terme serait la famille des Salviniées.

Calamariées.

Sous le nom de *Calamariées*, nous comprenons toutes les plantes fossiles cryptogames ou phanérogames qui présentent une tige calamitoïde, c'est-à-dire dont la partie centrale est occupée par une moelle relativement volumineuse, dont la longueur est partagée en une série d'articles tous semblables, et munie ou non aux articulations de gaines, de feuilles libres distinctes ou de rameaux disposés en verticilles.

Le cylindre ligneux, du moins dans les tiges où l'on a pu observer la structure, présente toujours (sauf de rares exceptions) une couronne de lacunes alternant d'un entre-nœud au suivant.

La surface des tiges ou des rameaux est marquée quelquefois de côtes et de sillons longitudinaux; souvent l'écorce est lisse, mais, même dans ce cas, les empreintes accusent toujours des cannelures plus ou moins prononcées, dues soit aux bandes hypodermiques longitudinales de l'écorce, soit, et c'est le cas le plus fréquent, aux faisceaux ligneux de la tige.

Les tiges aériennes étaient insérées fréquemment sur les articulations de tiges souterraines, de rhizomes présentant la même organisation que les tiges aériennes; parfois, elles paraissent issues de sorte de *stolons*.

Le genre *Equisetum*, le seul représentant actuel des Calamariées, reproduit assez bien le port et les traits principaux de l'organisation de ces plantes. Dans ce genre, les épis ne possèdent qu'une seule espèce de spores, qui, cependant, donnent naissance, les unes à des prothalles mâles, les autres, à des prothalles femelles, sans qu'aucun caractère extérieur ait été signalé pour leur distinction. Certaines Calamariées fossiles présentent, au contraire, des microspores et des macrospores réunies dans un même épi ou portées par des épis séparés.

Les faisceaux qui forment le cylindre ligneux des tiges et des rameaux sont très grêles et ne s'augmentent jamais par l'addition de bois secondaire. D'autres Calamariées, au contraire, d'après la plupart des paléontologistes, offriraient tantôt uniquement un bois primaire sans trace de bois secondaire, tantôt un bois secondaire rayonnant, analogue à celui des Gymnospermes, c'est-à-dire sans vaisseaux et pouvant atteindre dans certains types, *Calamites gigas*, entre autres, plus de 20 centimètres d'épaisseur, de la sur-

face interne entourant la moelle à la surface externe se terminant au liber;
dans les deux cas, ces végétaux se seraient reproduits au moyen de spores à
la manière des Cryptogames.

Comme jusqu'ici les fructifications appartenant aux différents genres de
Calamariées sont loin d'être toutes connues, que leur organisation sur les
empreintes laisse le plus souvent des doutes sur leur nature cryptogamique
ou phanérogamique, que les Cryptogames actuelles offrant du bois secondaire
sont extrêmement rares, que les raisons données pour faire de toutes les Calamariées des Cryptogames sont tirées le plus souvent de leur aspect équisétiforme et que ces raisons sont quelquefois si peu convaincantes que dans des
ouvrages classiques on voit les *mêmes* Calamariées rangées parmi les Cryptogames, et plus loin parmi les Phanérogames, nous croyons inutile d'entrer
dans de nouvelles discussions à ce propos. Il en sera de même pour les
Sigillaires et nous nous sommes décidé à conserver notre ancienne division.

Nous grouperons donc, comme par le passé, les Calamariées en deux sections :

La première renfermant des plantes articulées, munies seulement de bois
primaire, se reproduisant au moyen de spores simples, comme nos *Equisetum*,
ou au moyen de microspores et de macrospores, *Annularia*, *Asterophyllites*, etc.;

La seconde comprenant celles qui offrent du bois secondaire plus ou moins
développé. Nous exposerons quelques faits relatifs aux fructifications et à
d'autres moyens de reproduction qui paraissent militer en faveur de la nature
phanérogamique de cette dernière section.

1re Section. — *Équisétinées.*

Plantes frutescentes, herbacées ou arborescentes, à tiges aériennes dressées,
le plus souvent partant de rhizomes offrant, à peu de chose près, la même
organisation que les tiges, à surface lisse (*Annularia*, *Asterophyllites*) ou
marquée de cannelures longitudinales. Organes appendiculaires, feuilles, racines ou rameaux, disposés en verticilles sur les articulations; tige présentant
au centre une moelle ou une cavité médullaire relativement considérable et
souvent des diaphragmes transversaux tendus aux nœuds en forme de cloisons. Cylindre ligneux composé d'une couronne de faisceaux vasculaires, verticaux, parallèles dans chaque entre-nœud et alternant d'un entre-nœud au
suivant, munis à l'extrémité tournée du côté de la moelle d'un canal aérien,

présentant également le même phénomène d'alternance que les faisceaux ligneux; sur le bord externe de la lacune, on remarque deux groupes assez grêles de trachées et de trachéides séparés par un amas de cellules libériennes. Ces bandes vasculaires, qui sont peu développées dans l'entre-nœud, prennent beaucoup plus d'importance aux articulations de la tige et surtout des épis.

Feuilles simples, uninerviées, libres jusqu'à la base ou plus ou moins soudées en forme de collerette étalée ou de gaine dressée contre la tige ou le rameau.

Fructifications généralement spiciformes, formées tantôt d'une série de bractées disposées en verticilles tous fertiles, tantôt de deux séries également disposées en verticilles fertiles et stériles alternant entre eux. Les bractées stériles sont peu modifiées, les bractées fertiles ou sporangiophores sont souvent peltiformes et portent sur la face interne un nombre pair de sporanges. Ces derniers sont ou adhérents à la partie horizontale du sporangiophore ou engagés assez profondément dans la partie du disque peltiforme. Les sporanges ont une enveloppe résistante, formée de cellules dont les parois s'engrènent avec celles des cellules voisines.

Les corps qu'ils renferment peuvent être ou des spores qui donnent naissance en germant à un prothalle mâle ou femelle, ou des microspores et des macrospores tantôt réunies sur un même épi, tantôt renfermées dans des épis séparés.

On sait que les *Equisetum* vivants sont isosporés, c'est-à-dire ne renferment qu'une seule espèce de spores produisant, les unes des prothalles mâles, les autres des prothalles femelles, rarement des prothalles portant à la fois des anthéridies et des archégones. Les *Equisetum* du Lias, du Trias et du terrain houiller, et probablement les Calamites peuvent être rangés parmi les Calamariées isosporées.

Équisétinées isosporées.

Genre CALAMITES Schlotheim.

Nous n'avons pas cru devoir figurer les tiges qui rentrent dans ce genre si connu, et qui se rencontrent fréquemment dans les couches d'Épinac, du Grand-Moloy et dans les assises les plus anciennes des schistes bitumineux, celles d'Igornay, Lally, Cordesse, etc.; nous nous contenterons d'en donner la diagnose :

Tiges cylindriques, articulées, portant, à la surface, des côtes[1] séparées par des sillons alternant aux articulations; aux angles supérieurs formés par l'extrémité des côtes, on remarque souvent des mamelons arrondis ou ovales; quelquefois ces mamelons se retrouvent également aux angles inférieurs. Aux articulations, il n'est pas rare de voir des cicatrices discoïdes, marquées de sillons rayonnants, solitaires ou disposées en nombre variable en verticilles; ce sont les traces laissées par des rameaux caducs.

L'intérieur de la tige est creux, la moelle disparaissant de bonne heure; à son pourtour, les empreintes ont conservé les traces des faisceaux vasculaires, souvent houillifiés, constituant le cylindre ligneux. L'écorce, épaisse, mais entièrement cellulaire et lacuneuse, n'est indiquée fréquemment que par son épiderme.

Quelles que soient les dimensions des Calamites, dont quelques-uns, comme les *C. Suckowi*, ont pu atteindre plusieurs décimètres de diamètre, la quantité de houille laissée par ces plantes n'est représentée que par une faible pellicule, ce qui prouve que le système ligneux est toujours resté sans accroissement secondaire, et que l'écorce était dépourvue de couche subéreuse ou hypodermique présentant quelque importance.

La partie inférieure des tiges allait en s'atténuant en pointe plus ou moins recourbée et s'insérait sur un rhizome souterrain également articulé; les radicelles plus ou moins nombreuses, très grêles, verticillées, partaient au-dessous des articulations. Le genre *Calamites* se distingue du genre *Equisetum* par l'absence complète de gaine aux articulations des tiges aériennes, des rhizomes et des rameaux.

CALAMITES SUCKOWI Brongniart.

Tiges le plus souvent comprimées, variant de 5 à 20 centimètres de diamètre, articulées; les entre-nœuds inférieurs ont 3 à 6 centimètres de haut; ceux de la partie supérieure atteignent 6 à 20 centimètres; striés en long, mais peu profondément; les côtes sont plates, larges de $1^{mm},5$ à 2^{mm}, alternant

---

[1] Les côtes, sur les empreintes, correspondent à l'intervalle compris entre deux faisceaux ligneux, et occupé par du tissu parenchymateux.

d'un entre-nœud à l'autre; les sillons qui les séparent ont à peine o^{mm},5 de largeur; sur le moule interne, ils sont souvent limités par deux stries longitudinales, très nettes, courant le long des côtes; peut-être est-ce la trace de deux bandes vasculaires parallèles, qui composent le faisceau ligneux, et placées de chaque côté des lacunes comme chez les Équisétacées.

Les mamelons placés à l'angle supérieur, un peu arrondi, de l'extrémité des côtes, sont circulaires, peu saillants, mais bien limités; ceux qui se trouvent à leur base, au point de la bifurcation des faisceaux ligneux, sont ponctiformes et moins visibles.

Les tiges, renflées à une petite distance de leur origine, s'amincissent en se recourbant plus ou moins pour venir s'attacher à un rhizome,

Lorsque les tiges subissaient un envasement, des tiges secondaires pouvaient prendre naissance aux articulations envasées, et après avoir augmenté peu à peu de diamètre s'élever verticalement autour de la première.

Cette espèce de Calamite présente des rhizomes définis, traçants, émettant des tiges qui deviennent aériennes, susceptibles elles-mêmes de fournir de nouvelles tiges partant des articulations enterrées.

Malgré la grandeur des tiges, la quantité de houille que les systèmes ligneux et cortical ont laissée est extrêmement faible et ne dépasse guère o^{mm},5 en épaisseur. Dans les échantillons bien conservés, on reconnaît l'épiderme extérieur lisse qui recouvre actuellement les filets de houille produits par le système vasculaire.

Les radicelles ne sont plus représentées que par une mince pellicule de houille fournie par les couches superficielles et qui a la forme d'un ruban; vers le milieu, on remarque la trace très grêle, sinueuse, du cylindre ligneux; elles ont de 5 à 15 millimètres de largeur et leur longueur est de 10 à 30 centimètres.

La pellicule charbonneuse laisse voir des mailles rectangulaires disposées par files longitudinales assez régulières, qui représentent les cuticules des cellules épidermiques ou une mince couche de tissu subéreux.

Les radicelles simples ou ramifiées partent, sur les rhizomes et à la partie inférieure des tiges, des tubercules ou mamelons placés au-dessous des articulations; elles s'étendent horizontalement.

Par suite de son mode de développement souterrain le *C. Suckowi* se pliait facilement à la surélévation des terrains où il végétait, en se reproduisant sans cesse à des niveaux de plus en plus élevés.

La surface de ce Calamite ne porte aucune empreinte pouvant être rapportée à des feuilles ou à des rameaux; il faut donc se représenter ces plantes développées comme des tiges longuement atténuées en pointe à la partie supérieure, très rapidement décroissantes et recourbées à la base, hautes de 4 à 5 mètres; les articulations inférieures seules portaient des organes appendiculaires verticillés, qui étaient des racines ou de jeunes tiges secondaires.

Provenance. — Couches d'Épinac, du Grand-Moloy; route des Châtaigniers à Auxy, Cortecloux, le Foulon près Autun, Dracy-Saint-Loup, etc.

CALAMITES CISTI Brongniart.

Cette espèce, trouvée pour la première fois à Wilkesbarre, en Pensylvanie, par Ciste, a été rencontrée depuis dans un grand nombre de localités appartenant soit au terrain houiller moyen ou *Westphalien*, soit au terrain houiller supérieur ou *Stéphanien*.

Le *Calamites Cisti* se distingue facilement du *C. Suckowi* par des articles plus longs, comparativement au diamètre, par ses dimensions plus petites en largeur, par ses côtes et ses sillons plus étroits et par les mamelons plus allongés, elliptiques, placés au-dessus des articulations.

Les tiges de *C. Cisti* développées ont 10 à 12 centimètres de diamètre, les entre-nœuds, relativement plus allongés que dans l'espèce précédente, mesurent 7 à 18 centimètres. Les côtes atteignent à peine un millimètre en largeur, sont aiguës à leurs extrémités et portent au sommet de l'angle qui les termine à l'articulation, des mamelons allongés verticalement, moins accusés que dans le *C. Suckowi;* quelquefois on distingue des mamelons plus petits que les précédents et alternant au-dessus de l'articulation.

Le sommet des tiges était pourvu de nombreux rameaux disposés en verticilles; eux-mêmes portaient des ramules aux articulations, mais, de même que les tiges, les rameaux et les ramules étaient dépourvus de gaine et de feuilles.

Les tiges étaient cylindriques, non contractées aux articulations, et conservaient le même diamètre pendant un certain temps; elles s'atténuaient en haut et en bas beaucoup moins vite que le *C. Suckowi.* Leur partie inférieure paraît également moins recourbée; elles semblent avoir poussé plus particulièrement par touffes partant de rhizomes souterrains.

M. Grand'Eury a désigné sous le nom de *C. foliosus* des empreintes de rameaux calamitoïdes qu'il rapproche du *C. Cisti,* et sous celui de *Calamostachys* des épis grêles délicats tenant encore à des rameaux de *Calamites Cisti* sans feuilles; ce seraient là les vrais épis de Calamites.

Ces épis, longs de 20 à 22 millimètres et larges de 3 millimètres, sont articulés, disposés en assez grand nombre aux articulations; ils paraissent formés uniquement de verticilles de bractées fertiles; ces bractées, d'une forme peltoïde, ont porté en dessous des sacs sporifères, mais que l'on n'a pas encore vus nettement à cause de leur petitesse et du mode de conservation.

Provenance. — Épinac, Cortecloux, Mont-Pelé, etc.

Équisétinées hétérosporées.

Les Calamariées qui rentrent dans ce groupe sont des plantes qui ne paraissent pas avoir atteint des dimensions aussi considérables que les Calamites. Leur tige équisétiforme était tantôt aérienne, tantôt inondée ou flottante; aux articulations s'inséraient des rameaux disposés en verticilles si la tige était aérienne, ou dans un plan horizontal si elle était flottante.

Les feuilles, développées aux articulations de la tige et des rameaux, étaient soudées en gaine ou libres, linéaires ou elliptiques, parcourues par un seul cordon vasculaire.

Les fructifications avaient la forme d'épis souvent d'une longueur considérable, formés de verticilles de bractées alternativement fertiles et stériles; les bractées fertiles ou sporangiophores étaient munies de deux à quatre sporanges; ces sporanges renfermaient soit des microspores, soit des macrospores.

Genre ANNULARIA Sternberg.

Les *Annularia* forment un petit groupe de plantes fort intéressant tout à la fois par l'élégance de sa ramification et de son feuillage, différant par là complètement des Calamites dont nous venons de parler, et par cette particularité importante que les fructifications contiennent deux sortes de spores : des spores mâles ou *microspores,* et des spores femelles ou *macrospores.* Ce dernier caractère détermine leur place parmi les Équisétinées hétérosporées; les tiges pouvaient atteindre 7 à 8 centimètres de diamètre, elles étaient articulées, les articulations distantes de 2 à 5 centimètres. Tiges offrant peu de résistance à cause du faible développement de leur système ligneux et cortical; moelle considérable disparaissant rapidement, mais laissant aux nœuds un diaphragme qui contribuait à donner à cette partie de la plante un peu de solidité.

Les tiges paraissent avoir été partie immergées, partie aériennes; elles portaient alors des épis placés hors de l'eau.

Les rameaux stériles arrivés à la surface s'étalaient en émettant à chaque articulation des ramules opposés placés tous dans un même plan. Les feuilles, nombreuses, variables de dimension, sont verticillées, étalées dans un plan très oblique par rapport à l'axe du ramule; l'articulation qui les porte est elle-même plus ou moins oblique et apparaît nettement sous la forme d'un anneau circulaire. Les feuilles latérales du verticille sont généralement plus longues que celles d'avant en arrière; elles sont allongées lancéolées, parcourues par une nervure médiane et tantôt terminées en pointe longuement atténuée, tantôt s'élargissant et brusquement mucronées. Les fructifications qu'on leur rapporte sont désignées sous le nom de *Bruckmannia* ou de *Stachannularia*.

ANNULARIA STELLATA Schlotheim (sp.).

(Pl. XXVIII, fig. 1.)

Tiges. — Les tiges d'*Annularia stellata*, désignées par Germar sous le nom d'*Equisetites lingulatus*[1], sont des tiges articulées; quand elles sont *aériennes*, les articulations sont distantes de 15 à 28 millimètres et portent chacune une gaine formée de feuilles découpées en languettes, longues de 6 millimètres dans leur partie libre et soudées à la base sur une hauteur de 2 à 3 millimètres. Les articulations portent en outre sur tout leur contour, soit des cicatrices laissées par des rameaux tombés, soit des verticilles de rameaux encore fixés aux tiges.

Les entre-nœuds se renflent aux articulations; ils sont striés longitudinalement; les stries, distantes d'un millimètre, proviennent des traces laissées par les faisceaux vasculaires grêles qui parcouraient la tige et offrent la même disposition alternante, d'un entre-nœud au suivant, que l'on remarque chez les Prêles. En dehors du cercle formé par les faisceaux ligneux se trouve une série de lacunes rappelant les lacunes corticales de ces mêmes plantes.

---

[1] *Die Versteinerungen des Steinkohlengebirges von Wettin und Löbejun*, 1845, p. 27, pl. X.

Les tiges n'ont laissé qu'une faible épaisseur de houille sur les empreintes, ce qui s'explique par leur constitution essentiellement parenchymateuse, leur système ligneux très peu développé eu égard à leurs dimensions; l'écorce ne paraît pas avoir renfermé de fibres lignifiées ou de tissu subéreux qui auraient pu donner une certaine quantité de cette substance.

RAMEAUX. — Les rameaux sont souvent séparés des tiges qui les ont portés. Tantôt, comme nous l'avons déjà dit, ils sont disposés en verticille, tantôt ils naissent latéralement d'un rameau principal. Aux articulations se trouvent insérées des feuilles nombreuses, disposées en verticilles perpendiculaires à l'axe du rameau (aérien), ou dirigés sensiblement dans le même plan, de sorte que la circonférence formée par les bases d'insertion des feuilles est disposée très obliquement par rapport à l'axe du rameau et se présente sous la forme d'une ellipse dont le grand axe est dirigé dans le sens de la longueur. Comme cette espèce d'anneau est très apparent sur les empreintes, cette particularité leur a valu le nom d'*Annularia*.

Cette dernière disposition des branches et des feuilles dans un même plan est due au mode de végétation de certaines parties de ces plantes. La portion de tige plongée dans l'eau émettait des rameaux qui, arrivés à la surface, s'étalaient comme le font beaucoup de plantes actuelles et couvraient de larges espaces. Les feuilles, nombreuses, dix à trente par verticille, sont linéaires-lancéolées, à nervure unique, médiane, généralement nette, assez rigides, libres jusqu'à la base; la longueur des feuilles varie entre des limites assez larges : sur les petits rameaux, elles sont longues de 1 à 1,5 centimètre et larges de 2 à 3 millimètres; sur les rameaux plus gros, elles atteignent 5, 6 et même 7 centimètres de longueur sur 2 à 5 millimètres de largeur.

La consistance de la lame foliaire paraît avoir été assez solide; la seule nervure qui existe est forte et se relève en demi-cylindre sur le dos de la feuille.

L'échantillon que nous avons représenté (pl. XXVIII, fig. 1) nous paraît une variété de l'*A. stellata;* elle s'en distingue par sa nervure médiane, qui est à peine visible, par le peu de consistance des feuilles, qui paraissent avoir été molles et peu épaisses; nous l'avons rencontrée dans les schistes du Poizot et de Millery.

Les figures 5 et 7 représentent un petit fragment de rameau silicifié, coupé transversalement et longitudinalement, que nous rapportons à l'*Annularia stel-*

lata; son diamètre est de 2 à 2,5 millimètres. La coupe transversale passe par un verticille de feuilles stériles; le cylindre ligneux paraît formé de 14 faisceaux ayant chacun une lacune; de ce cylindre partent 28 cordons qui se rendent dans les feuilles; les trachéides qui ont persisté sont rayées, annelées ou spiralées avec tissu cellulaire intercalé (fig. 8).

La région corticale est formée de cellules parenchymateuses parcourues par des lacunes et limitée par une assise de tissu hypodermique.

La figure 7 montre que la moelle, assez volumineuse, avait disparu en grande partie, laissant une cavité continue même aux articulations. La surface n'est pas cannelée comme celle des Prêles, et si quelquefois les empreintes indiquent des cannelures, celles-ci proviennent des faisceaux libéro-ligneux qui accompagnent les lacunes intérieures et dont le tissu plus résistant s'est moulé sur l'argile.

Fructifications. — Les épis, longs de 15 à 20 centimètres et larges de 15 à 20 millimètres, sont placés en verticilles sur les tiges ou les rameaux aériens; ils sont formés d'un axe articulé mesurant 4 à 5 millimètres de diamètre; les entre-nœuds présentent une longueur de 3 à 5 millimètres et sont marqués sur les empreintes de côtes et de sillons longitudinaux. Aux articulations se trouvent des bractées stériles, d'abord étalées et horizontales, puis dressées; entre les verticilles stériles se voit, à peu près à la moitié de l'entre-nœud, un verticille fertile composé de pédicelles ou sporangiophores insérés sur les faisceaux ligneux de l'axe; il y a donc autant de sporangiophores que l'on compte de bandes ligneuses verticales; les pédicelles se détachent normalement de l'axe et portent sur leur longueur un groupe de quatre sporanges ovoïdes, deux placés au-dessus, deux autres au-dessous. Le nombre des sporangiophores est moitié de celui des bractées stériles.

La figure 3 représente l'empreinte de deux portions d'épis d'*Annularia stellata* recueillies à Igornay, qui montrent les principales particularités que nous venons de signaler.

La figure 4 se rapporte à une portion d'épi silicifié réduit en lame mince. L'axe de l'épi mesure 3 à 4 millimètres de diamètre; il est articulé, marqué de côtes longitudinales provenant du système ligneux interne; la partie corticale manquait.

Aux articulations s'insèrent des bractées stériles, d'abord étalées horizontalement, puis dressées; elles sont lancéolées, épaisses, uninerviées; la nervure est saillante, le limbe étroit, quoique s'élargissant un peu dans la partie relevée pour mieux recouvrir les sporanges; beaucoup ont été brisées, mais sont restées en place.

Les pédicelles qui portent les sporanges sont insérés au milieu de l'entre-nœud, sur les côtes saillantes formées par les faisceaux ligneux, tous munis d'une lacune du côté interne. Comme sur les empreintes, les sporangiophores sont en nombre moitié moindre que celui des bractées stériles.

Les sporangiophores sont cylindriques, terminés en pointe; s'il a existé un disque peltoïde comme chez les Prêles et les Astérophyllites, ce disque a tou-jours disparu dans les échantillons silicifiés soumis à l'examen; ils sont fixés aux coins ligneux plus solidement que les bractées stériles, car ils sont encore en place quand celles-ci ont été brisées et détachées. A chacun d'eux sont attachées deux paires de sporanges, tantôt pleins de spores, tantôt, plus fré-quemment, déchirés et vides.

Le sporange garni de ses spores (fig. 4 et 11) se présente sous la forme d'un petit sac à sections transversale et longitudinale rectangulaires; sa hau-teur est à peu près de 2 millimètres, son épaisseur de $0^{mm},7$ et sa longueur diamétrale de $1^{mm},3$; les spores qui y sont contenues sont sphériques, quel-quefois encore groupées par quatre dans leur cellule mère (fig. 13); libres, elles mesurent 40 μ; ce sont les microspores.

Mais à la partie inférieure de l'épi il existe des sporanges renfermant des spores de dimensions plus considérables atteignant 90 à 100 μ; ces sporanges ne diffèrent pas par leur forme des précédents, mais les spores qui y sont contenues sont isolées, douze à quinze fois plus volumineuses, marquées de trois lignes radiantes (fig. 14), et par conséquent peuvent être considérées comme des macrospores.

Les épis d'*Annularia* ont donc renfermé des microspores et des macro-spores, ce qui les place parmi les Équisétinées hétérosporées. L'enveloppe des micro- et macrosporanges est délicate, formée d'une seule couche de cellules rectangulaires dont les faces latérales sont engrenées solidement aux faces contiguës des cellules voisines au moyen d'un repli médian de la membrane.

La structure de l'axe qui porte l'inflorescence est sensiblement la même que celle des rameaux décrits précédemment. Le nombre des lacunes des coins ligneux est de seize, celui des sporangiophores de seize également, les bractées stériles sont au nombre de trente-deux.

La surface de l'épi ne présente ni écorce, ni épiderme conservés, ce qui fait qu'il parait cannelé, grâce à la disposition des coins ligneux qui constituent le cylindre solide de l'épi.

Aux articulations on ne voit pas de cloisons transversales, soit parce que les épis différaient en cela des rameaux et des tiges, soit, ce qui est plus vraisemblable, que toute trace en aurait été enlevée par la macération.

Provenance. — Les différents échantillons silicifiés figurés proviennent du champ des Borgis.

ANNULARIA SPHENOPHYLLOIDES Zenker (sp.), var.

(Pl. XXVIII, fig. 2.)

Le fragment représenté (fig. 2) comprend deux portions de rameaux portant quelques verticilles de feuilles.

Les feuilles qui constituent les rosettes sont libres, spatulées, terminées en coin à la base, élargies au sommet qui est arrondi, puis terminées plus ou moins en pointe, longues de 5 à 7 millimètres et larges de 1 à 2 millimètres dans la partie du limbe la plus étalée; elles sont parcourues par une seule nervure médiane saillante se terminant dans la pointe par laquelle finit la partie arrondie du limbe.

Les verticilles des feuilles d'*A. sphenophylloides* se distinguent facilement des verticilles de l'*A. stellata* par leur développement moins considérable, par leurs feuilles plus serrées et qui recouvrent souvent celles du verticille voisin, les entre-nœuds étant plus courts, par la forme même de ces feuilles, qui ne sont ni aussi grandes, ni aussi longuement lancéolées que celles de l'*A. stellata*.

Sous le nom de *Stachannularia calathifera*, Weiss a décrit des rameaux fertiles se rapportant à cette espèce; ce sont des épis distiques, opposés par paires, presque sessiles, cylindriques, longs de 4 à 8 centimètres, portant des verticilles alternants de bractées stériles et de bractées fertiles.

Les bractées stériles sont linéaires, terminées en pointe au sommet, longues de 3 à 4 millimètres, dressées dès la base et non subperpendiculaires comme celles des épis d'*Annularia stellata*.

Les sporangiophores naissent perpendiculairement à l'axe au milieu de l'intervalle de deux verticilles stériles, portent quatre sporanges et semblent alterner avec les bractées stériles.

Provenance. — Nous avons rencontré l'*Annularia sphenophylloides* à Corte-cloux, au Mont-Pelé, et tout à fait à la base du terrain permien dans les couches inférieures d'Igornay.

Genre ASTEROPHYLLITES Brongniart.

Les Astérophyllites sont des plantes à tiges et rameaux articulés ; ils se distinguent des *Annularia* par le port de leur tige, qui indique des plantes toujours aériennes, d'une solidité plus grande, et par leurs feuilles aciculaires.

L'épiderme des tiges et des rameaux est lisse ; quand il est marqué de côtes longitudinales, c'est que l'écorce a pris le moule du cylindre ligneux interne. Les tiges et les rameaux sont munis aux articulations de feuilles linéaires, dressées, raides, parcourues par une seule nervure, égales entre elles ; elles sont ordinairement nombreuses à chaque verticille et laissent une cicatricule après leur chute.

Les tiges portent également leurs rameaux en verticilles, ou des cicatrices assez développées qui leur correspondent.

Les fructifications ont la forme d'épis composés de verticilles successifs et alternants de bractées stériles et de bractées fertiles. Les sporanges sont ordinairement au nombre de quatre, soudés à l'extrémité peltoïde du sporange ; le nombre des sporangiophores est moitié de celui des bractées stériles.

Tiges. — Sous le nom de *Calamophyllites,* M. Grand'Eury a décrit des tiges ayant porté des rameaux d'Astérophyllite. Ce genre peut être conservé tant qu'on n'aura pas rencontré les tiges de tous les rameaux d'Astérophyllites connus.

Ce sont des tiges cylindriques articulées, à surface lisse, à articulations munies de cicatricules foliaires circulaires ou elliptiques, rapprochées, marquées au centre d'une dépression ponctiforme correspondant au faisceau foliaire. La tige porte en outre de grosses cicatrices discoïdales, disposées en verticilles, presque contiguës. Les articles qui portent ces cicatrices raméales sont plus courts que ceux qui ne sont munis que de cicatrices foliaires, et sur une tige on trouve souvent quatre ou cinq verticilles successifs à courts entre-nœuds, séparés par un certain nombre de verticilles plus espacés, mais n'ayant porté que des feuilles ; tout entre-nœud qui suit une articulation ramifère est plus court que celui qui succède à un verticille foliaire, comme si l'élongation de la tige avait subi un moment d'arrêt pendant l'émission d'une couronne de rameaux; nous retrouverons cette particularité plus loin, à propos des Calamodendrées.

Les tiges conservent sensiblement le même diamètre sur toute leur longueur et ne s'effilent pas au sommet comme celles des Calamites.

Le moule interne est calamitoïde, muni de côtes et de sillons provenant du moulage des faisceaux du cylindre ligneux et, par conséquent, alternant d'un entre-nœud à l'autre.

L'écorce des Calamophyllites est très épaisse, mais le tissu parenchymateux et probablement lacuneux qui formait son assise interne, facile à détruire, a déterminé, par sa disparition, la séparation du moule calamitoïde interne du cylindre ligneux, de l'assise corticale externe plus résistante, qui a conservé les cicatrices laissées par la chute des feuilles ou des rameaux.

ASTEROPHYLLITES EQUISETIFORMIS Schlotheim (sp.).

Nous n'avons pas cru devoir figurer les rameaux de cette espèce, répandue dans tous les terrains houillers; nous rappellerons seulement leurs caractères principaux :

Rameaux mesurant 4 à 15 millimètres de diamètre, entre-nœuds longs de 10 à 30 millimètres finement striés; feuilles linéaires, terminées en pointe aiguë, longues de 10 à 30 millimètres et larges de $0^{mm},5$ à 1 millimètre sur les petits rameaux, atteignant 2 à 4 centimètres de longueur et 1,5 à 2 millimètres de largeur sur les rameaux de plus grandes dimensions, et 6 à 7 centimètres de longueur et 2 à 3 millimètres de large aux articulations des tiges (Calamophyllites). Elles sont droites ou arquées, plus longues que l'entre-nœud, empiétant plus ou moins sur le verticille supérieur, contiguës, uninerviées.

Ramules opposés distiques, droits ou flexueux, larges de 1 à 3 millimètres, longs de 10 à 25 centimètres; feuilles linéaires aiguës, longues de 7 à 15 millimètres, contiguës, uninerviées, au nombre de dix à quinze par verticille. Sous l'influence de la pression, il n'est pas rare de voir les articulations en empreinte prendre la forme d'une ellipse saillante, aux bords de laquelle les feuilless ont disposées en couronne; cet aspect, accidentel chez les Astérophyllites, fréquent au contraire dans les *Annularia*, ne peut pourtant pas établir de confusion entre les deux groupes, à cause des différences frappantes qui existent entre les feuilles.

IMPRIMERIE NATIONALE.

Provenance. — Nous avons rencontré cette espèce à Épinac, au Mont-Pelé, à Igornay, le Poizot, etc.

FRUCTIFICATIONS. — On a souvent désigné sous le nom de *Volkmannia* des épis rapportés par divers auteurs aux Astérophyllites; nous citerons les suivants :

VOLKMANNIA (PALÆOSTACHYA) ELONGATA PRESL.

Tige calamitoïde, rameaux disposés en verticilles, articulations offrant des cicatrices arrondies, marquées d'une dépression centrale, correspondant à la région médullaire des rameaux caducs. L'axe fructifère est légèrement strié longitudinalement, articulé; à chaque nœud se trouve une couronne de bractées stériles s'écartant d'abord presque horizontalement, puis se redressant et atteignant, quelquefois dépassant, le verticille immédiatement supérieur; la partie dressée est rigide, coriace, terminée en pointe; elles sont libres jusqu'à la base; entre les bractées et un peu au-dessus, de deux en deux, s'écartent obliquement de bas en haut des bractées fertiles ou sporangiophores, raides, terminées en pointe; chacun de ces sporangiophores porte quatre sacs remplis de spores.

Provenance. — Swina (Bohême).

VOLKMANNIA GRACILIS STERNBERG, var.

(Pl. XXIX, fig. 1 à 7.)

Le sommet de l'axe de cet épi est terminé en cône tronqué recouvert par les derniers verticilles de bractées stériles, qui, en se réunissant et se rapprochant, donnent à l'extrémité une forme obtuse.

Le diamètre total est de 8 à 9 millimètres et celui de l'axe de $2^{mm},5$. Sa partie ligneuse est formée de bandes vasculaires verticales distinctes, disposées parallèlement comme chez les Équisétacées, alternant d'un entre-nœud à l'autre, constituant un cylindre entourant la moelle; chacune de ces bandes est munie, du côté de l'axe, d'une lacune; ces lacunes sont limitées par une gaîne de cellules plus hautes que larges, à sections longitudinales rectangulaires destinées à donner de la rigidité à l'axe de l'épi, *a* (fig. 2).

La moelle est composée de cellules plus hautes que larges, disposées sans interruption aux articulations, par files verticales.

Le nombre des sporangiophores correspond à celui des faisceaux vasculaires.

L'axe porte alternativement des verticilles stériles (fig. 1, 4, 5) distants de 2 millimètres et des verticilles fertiles. Les premiers se composent de vingt bractées libres jusqu'à la base; elles s'éloignent de leur point d'insertion en se recourbant un peu vers le bas, puis elles se relèvent verticalement et leur extrémité dépasse le verticille stérile suivant. La partie de la bractée où se trouve la courbure est renflée et se prolonge en dessous en forme d'onglet plus ou moins proéminent dans l'entre-nœud inférieur.

Une coupe verticale des bractées dans la partie où elles forment une sorte de plancher discontinu (fig. 5, *br*) montre qu'elles sont planes en dessus, mais munies d'une côte saillante en dessous, elle-même parcourue longitudinalement vers son milieu par une sorte de sillon; les bractées se rejoignent en dessus par leurs bords, mais sans se souder; leur section transversale à différentes hauteurs dans la partie redressée montre qu'elles sont raides, uninerviées, subulées, non lancéolées comme celles des fructifications d'*Annularia*, mais diminuant de largeur régulièrement depuis la partie coudée jusqu'au sommet terminé en pointe.

Entre les bractées stériles, de deux en deux sur un même verticille et un peu au-dessus, s'insèrent les sporangiophores *p* (fig. 1 et 4); ceux-ci ont, comme on le voit, un mode d'insertion différent de celui des sporangiophores des *Annularia*; ils s'élèvent obliquement en s'écartant de l'axe; leur extrémité se dilate en forme de disque épais dans le tissu duquel sont plongés partiellement quatre sporanges, dont la pointe regarde le côté de l'axe; leur longueur est de 7 millimètres et leur diamètre de 3 millimètres.

L'enveloppe des sporanges n'est formée que d'une seule assise de cellules dont les parois latérales s'engrènent par un prolongement lamellaire comme chez les *Annularia*; ses bords se soudent à l'épiderme du disque peltoïde et semblent en être la continuation; de même la base du sporange se continue, du moins à l'état jeune, directement avec le tissu du disque; les sporanges n'étaient donc pas caducs comme ceux du genre précédent. Cette circonstance fait que les épis présentent fréquemment des verticilles portant le nombre des sporanges au complet. On voit au bas et à droite de la figure 5 le faisceau vasculaire du sporangiophore se diviser en quatre branches se rendant chacune à la base d'un sporange.

Les sporanges renferment des granulations très petites mesurant 20 à 30 μ, soit parce que l'épi était très jeune, soit parce qu'elles appartenaient à sa partie supérieure et qu'elles représenteraient alors des microspores.

Provenance. — Champ des Borgis.

VOLKMANNIA EQUISETIFORMIS B. R.

Plusieurs fois déjà [1] nous avons figuré et décrit ce fragment d'épi; nous rappellerons seulement en quelques lignes son organisation.

La portion étudiée appartient à la région moyenne de l'épi, sa surface libre et débarrassée de silice présente une portion des bractées bien conservée; celles-ci sont droites dans la partie verticale de leur longueur, hautes de 7 à 8 millimètres sur $1^{mm},3$ de large, en contact par leurs bords à la partie inférieure; au tiers de leur hauteur la largeur diminue régulièrement jusqu'à l'extrémité terminée en pointe aiguë qui atteint presque la deuxième articulation située au-dessus. Leurs sections transversales présentent les mêmes variations de forme que nous avons signalées précédemment dans la description du *Volkmannia gracilis.*

L'épi est cylindrique, son diamètre mesure 18 millimètres, celui de l'axe est de 5 millimètres.

La longueur des sporanges, qui sont comprimés sur les faces latérales par leur pression mutuelle et arrondis sur les autres côtés, est de 4 à 5 millimètres.

La distance des verticilles stériles est de 4 millimètres et demi; ils se composent de vingt-huit bractées, qui s'éloignent de l'axe en se recourbant légèrement en bas, puis se relèvent verticalement après s'être renflées à la partie coudée et avoir formé un court prolongement dans l'entre-nœud inférieur.

Le nombre des sporangiophores est de quatorze; ils partent de l'intervalle des bractées stériles, de deux en deux, et un peu au-dessus du point d'attache de celles-ci. Ils se dirigent obliquement en s'éloignant de l'axe; leur extrémité n'offre aucun renflement discoïde, soit que ce renflement charnu ait servi au développement des sporanges et se soit desséché, soit qu'il ait disparu lors de la pétrification.

Quoi qu'il en soit, les sporanges sont disposés par quatre autour du sporangio-

---

[1] *Cours de bot. fos.*, 2ᵉ année, 1882, *Végétaux silicifiés d'Autun et de Saint-Étienne,* p. 56, et *Ann. sc. nat.*, *loc. cit.*

phore, deux au-dessus, deux au-dessous; ceux placés à la partie inférieure reposent chacun sur une des deux bractées entre lesquelles la base du sporangiophore est insérée, comme cela a lieu pour le *Volk. gracilis*.

Les spores atteignent 100 μ; on distingue sur quelques-unes les trois lignes radiantes caractéristiques; elles ne se présentent pas comme les microspores ordinaires groupées par quatre, mais isolées dans le parenchyme du sporange: on peut les considérer comme des macrospores.

Provenance. — J'ai rencontré ce fragment d'épi dans le champ des Espargeolles.

VOLKMANNIA sp.

La figure 6 de la planche XXIX représente une coupe longitudinale, un peu oblique, d'un épi d'Astérophyllite; elle rencontre l'axe qui est fistuleux, trois verticilles de bractées stériles brisées, et entre eux le microscope montre des débris de sporanges et des spores.

La figure 7 montre, sous un grossissement de 60 diamètres, deux sporanges voisins d'un même entre-nœud; l'un renferme des granulations polyédriques nombreuses, quelques-unes sont arrondies et mesurent 60 μ de diamètre, ce sont des microspores; l'autre contient des corps sphériques beaucoup plus gros, ils mesurent 140 μ en diamètre; quelques-uns sont orientés de façon à montrer trois lignes radiantes, ce sont des macrospores; on ne remarque aucune division cellulaire dans ces deux espèces de spores.

Le voisinage de deux sporanges renfermant des microspores et des macrospores dans le même entre-nœud est certainement intéressant et prouve que les organes mâles et les organes femelles n'étaient pas seulement localisés les premiers au sommet de l'épi, les seconds à la base, mais qu'il y avait une région intermédiaire dans laquelle, sur le même verticille fertile, se trouvaient réunis des sporangiophores mâles et des sporangiophores femelles.

Sur une coupe transversale faite plus près du sommet, je n'ai rencontré que des microsporanges.

Provenance. — Champ des Borgis.

Genre MACROSTACHYA Schimper.

Ce sont des plantes arborescentes de 12 à 15 centimètres de diamètre, à tige articulée, à entre-nœuds très courts, inégaux, mesurant 7 à 12 millimètres de longueur, recouverts d'une écorce lisse ou légèrement striée; elles ont laissé une couche épaisse de houille.

Des préparations faites dans la *houille* produite par les troncs de *Macrostachya* nous ont montré un bois analogue à celui des *Arthropitus*.

Les coins ligneux ont laissé, sur le moule argileux central, des sillons étroits alternant avec des côtes plus larges produites par les rayons cellulaires séparant les coins ligneux; les sillons étroits alternent entre eux d'un entre-nœud au suivant.

Les feuilles sont traversées par une côte médiane saillante; elles semblent soudées sur une partie de leur longueur et former une espèce de gaine; il en résulte que les cicatrices laissées aux articulations, allongées transversalement, simulent une sorte de chaînette continue.

Les feuilles sont souvent insérées sur cinq ou six articulations qui se suivent et ne portent que ces organes.

La série des verticilles foliaires est ensuite interrompue par un verticille unique, portant de grosses cicatrices raméales. Ces cicatrices raméales, dépassant 3 millimètres de diamètre, sont circulaires, marquées au milieu d'une empreinte discoïde, large de 12 à 15 millimètres, creusée au milieu d'une fossette de 5 à 6 millimètres de diamètre; quelquefois la fossette est remplacée, suivant les empreintes, par un relief circulaire proéminent. La zone extérieure de la cicatrice provient de l'assise corticale élargie à la base des rameaux; la zone plus interne a été produite par le cylindre ligneux; enfin la fossette ou le relief central, suivant que l'on a l'empreinte ou la contre-empreinte, doit son origine au cylindre médullaire.

Au verticille ramifère succède une autre série de verticilles foliaires (cinq à six), interrompue par un verticille unique, portant des cicatrices circulaires de même aspect que les cicatrices raméales, mais plus petites. Ces cicatrices mesurent 12 à 15 millimètres de diamètre; elles offrent les mêmes particularités que les cicatrices raméales; mais leur nombre est plus grand; elles correspondent aux points d'insertion des épis de reproduction. Ce verticille est ensuite suivi de cinq à six articulations portant des feuilles, et l'on peut suivre sur un même tronc une assez longue succession et une alternance très régulières de ces trois sortes de verticilles.

Les épis qui leur appartiennent, désignés sous le nom d'*Equisetites* ou *Macrostachya infundibuliformis,* sont de grands épis longs de 15 à 20 centimètres, larges de 3 centimètres, courbés à la base, arrondis au sommet, composés de verticilles de bractées imbriquées, soudées les unes aux autres sur une grande partie de leur longueur, étalées à la base, puis redressées verticalement. Les entre-nœuds sont très courts; la partie libre des bractées, terminée brusquement en pointe à bords latéraux légèrement concaves, dépasse un peu l'entre-nœud supérieur. La forme recourbée de la base des épis indiquait déjà qu'ils devaient être attachés sur de gros rameaux ou plutôt sur les troncs mêmes.

Nous n'avons rencontré aucun tronc de *Macrostachya* dans le bassin d'Autun, mais les épis se trouvent assez fréquemment à Épinac, au Mont-Pelé, à l'état isolé.

Un fragment d'épi silicifié trouvé aux environs d'Autun peut-être rapproché de ces fructifications (pl. XXIX, fig. 8 à 14). Le diamètre extérieur mesure 25 à 26 millimètres; l'axe, qui est articulé, a 5 millimètres environ de largeur, il paraît cannelé sur une coupe transversale; ces cannelures correspondent aux intervalles de dix faisceaux qui composent l'axe ligneux; le cylindre entoure une moelle assez mal conservée; chacun des faisceaux présente une lacune à l'extrémité tournée vers le centre, celle-ci est en partie occupée par des trachées; le bois secondaire est très peu développé et formé de trachéides rayées et ponctuées.

Les bractées des verticilles stériles paraissent être au nombre de vingt; elles sont soudées entre elles dans la partie horizontale et constituent des disques distants les uns des autres d'environ 4 millimètres et demi. Sur une coupe tangentielle parallèle à l'axe, ces disques forment des lames continues (fig. 12), dans lesquelles il n'est pas possible de reconnaître les différentes bractées qui les composent, peut-être à cause du mauvais état de l'échantillon.

Le disque plan qui en résulte se relève sur les bords et se termine par de petites dents, vraisemblablement en même nombre que les bractées et appliquées contre un prolongement lamelliforme du verticille supérieur, sorte de lame élastique qui servait en même temps à protéger les sporanges et à déterminer leur rupture.

Les sporanges, volumineux, sont disposés sur un seul rang entre deux verticilles stériles, isolés ou groupés par deux de chaque côté du sporangiophore et non réunis par quatre, comme dans les *Bruckmannia* et les *Volkmannia;* leur grand axe est dirigé dans le sens du rayon; ils reposent sur le plancher formé par le verticille de bractées placé au-dessous. Leur enveloppe, composée d'une couche de cellules à parois latérales engrenées, renferme des corps volumineux atteignant $0^{mm},3$ à $0^{mm},4$, dispersés dans le tissu du sporange; leur membrane extérieure brune est plissée irrégulièrement comme si, le contenu étant sorti par exosmose, le vide résultant avait déterminé les plissements de cette dernière; un certain nombre de ces corps sont pluricellulaires. Nous n'avons pas rencontré sur l'enveloppe les trois lignes radiantes qui caractérisent les macrospores. Il serait possible que ces corps, que nous avons considérés comme des macrospores, fussent plutôt de gros grains de pollen pluricellulaires.

Provenance. — Champ des Espargcolles.

2ᵉ Section. — *Calamodendrées.*

Dans cette section nous réunissons les plantes équisétiformes présentant un bois secondaire souvent très développé, non seulement dans leurs tiges, mais encore dans leurs racines, bois secondaire qui, dans certains cas, ne diffère pas essentiellement, comme nous le verrons, du bois secondaire des Gymnospermes; quelques fructifications que nous décrirons sont comparables avec celles des plantes appartenant à cet embranchement si on en rapproche les Gnétacées.

Nous avons signalé dans les *Macrostachya* un bois secondaire analogue à celui des *Arthropitus*, et des fructifications essentiellement différentes de celles des *Annularia* et des Astérophyllites; mais la structure du bois ne nous est connue que par des préparations faites dans la houille, par conséquent n'offre pas une précision suffisante; les fructifications sont elles-mêmes imparfaitement étudiées; ce sont les raisons pour lesquelles nous avons laissé en dehors de la deuxième section ce genre curieux, qu'une étude plus complète amènera vraisemblablement à y figurer un jour.

Pour le moment nous ne comprendrons dans la famille des Calamodendrées que les trois genres suivants : Genre *Bornia* Sternberg; Genre *Arthropitus* Goeppert; Genre *Calamodendron* Brongniart.

Genre BORNIA Sternberg (*pars*).

Le genre *Bornia*, l'un des plus caractéristiques du Culm et du Dévonien supérieur, présente les caractères suivants : tiges arborescentes, articulées; aux articulations, la plupart des côtes n'alternent pas et semblent se continuer

verticalement d'un entre-nœud au suivant, séparés seulement par une dépression circulaire au niveau de l'articulation. Sur les tiges et les rameaux,
absence complète de gaines; sur les jeunes tiges, on voit, aux nœuds, des
feuilles libres, linéaires, lancéolées; sur les rameaux, également articulés, on
remarque d'autres feuilles plus longues, linéaires, plusieurs fois dichotomes.
Bois secondaire très développé dans les tiges, les rameaux et les racines,
rappelant celui des *Arthropitus*.

BORNIA RADIATA Brongniart (sp.).

(Pl. XLII, fig. 1 à 4.)

Tige dressée, large de 2 à 10 centimètres, plus ou moins longuement
articulée, munie de bois secondaire; les sillons et les côtes se continuent d'un
entre-nœud au suivant; tiges quelquefois dichotomes (fig. 1), portant des
feuilles linéaires, libres; les articulations inférieures de la tige émettent des
racines cylindriques (fig. 4), volumineuses, qui acquièrent en vieillissant une
épaisse couche de bois secondaire.

Fructifications mâles terminant les rameaux ou les ramules (fig. 6), spiciformes, longues de 13 à 45 millimètres et plus, larges de 5 à 12 millimètres, simples ou interrompues dans leur longueur par des verticilles de
feuilles qui rendent pour ainsi dire l'épi lui-même articulé, et de taille très
variable.

Les épis que nous avons figurés sont simples; ils proviennent des couches
anthracifères de la Vendée, leur longueur est de 13 à 15 millimètres, leur
diamètre de 5 millimètres, l'axe mesure $1^{mm},5$ de largeur.

On ne remarque aucune trace de verticilles stériles entre les verticilles fertiles; ceux-ci sont distants de $0^{mm},9$.

Les bractées, toutes fertiles, sont cylindriques, linéaires, rigides, insérées
perpendiculairement à l'axe de l'épi, au nombre de huit à dix par verticille,
dilatées en disques peltoïdes amincis et ombiliqués au centre; sous le disque
se trouvent disposés quatre sacs allongés, adhérents en partie à la portion
horizontale de la bractée; leur longueur est de 1 millimètre et leur hauteur
de $0^{mm},35$; l'enveloppe présente un aspect réticulé analogue à celui de la
membrane des sacs reproducteurs des Calamodendrées.

La protection des sacs était assurée par la rigidité des bractées et par la
juxtaposition complète des parties discoïdes; l'épi avait une forme prisma-

tique; le nombre des faces correspondait à celui des sacs, qui étaient disposés en lignes verticales[1].

BORNIA ESNOSTENSIS, n. sp.

(Pl. XLIII, fig. 1 à 10.)

Tous les paléontologistes qui se sont occupés des *Bornia* sous différents noms, Brongniart (1828-1836), Goeppert (1852), Roemer (1854), Ettingshausen (1866), Stur (1875), etc., se sont accordés pour les ranger parmi les plantes cryptogames, à côté des Calamites. Cependant certaines empreintes accusent un relief dans les côtes et une profondeur dans les sillons peu compatibles avec les faisceaux vasculaires si grêles des Calamites, et souvent elles ont conservé une épaisseur de houille indiquant une organisation beaucoup plus ligneuse que celle des plantes que nous avons signalées dans notre première section.

L'étude d'échantillons que nous avons recueillis dans le gisement d'Esnost et que nous avons cru pouvoir rapporter aux *Bornia* avec une certaine vraisemblance leur attribue une organisation supérieure à celle des Calamites, et les rapproche des *Arthropitus*.

Comme nous l'avons dit, le gisement d'Esnost forme une bande dirigée du nord-est au sud-ouest, enclavée dans des tufs orthophyriques de l'époque du Culm.

Nous avons rencontré une empreinte de *Bornia* silicifié dans un fragment détaché de ces mêmes tufs. L'ancienneté de ce gisement est confirmée par la présence d'écorces et de tiges silicifiées de *Lepidodendron* à structure identique à celle du *L. rhodumnense* et par des empreintes houillifiées de *Cardiopteris polymorpha*.

Sur une coupe transversale d'un fragment de *Bornia*, le cylindre ligneux, assez développé, mesure 23 millimètres et entoure une moelle volumineuse; le diamètre de la tige dépourvue d'écorce devait atteindre 5 à 6 centimètres. Le cylindre ligneux est continu, formé de lames rayonnantes de trachéides comprenant une à quatre files juxtaposées en épaisseur.

Les coins de bois sont munis, vers leur extrémité médullaire, d'une lacune aérienne (pl. XLIII, fig. 1, 2), mais ne sont pas séparés par des lames cellu-

[1] Les fructifications des *Bornia* ont été décrites par Roemer dans les *Palæontographica*, tome III; Stur, *Die Culm-Flora*; R. Kidston, *Annals of natural history*, etc.

laires ou fibreuses comme ceux des *Arthropitus* et des *Calamodendron;* à chaque articulation ils forment un léger relief saillant du côté de la moelle. Les lacunes aériennes sont distantes les unes des autres de 3 à 4 millimètres, mais les coins de bois sont arrondis à leur extrémité et l'empreinte qu'ils auraient produite serait très analogue au *Bornia laticostata* Ettingsh. [1].

Les trachéides portent sur les faces latérales de fines ponctuations aréolées, disposées en files verticales sur un à trois rangs et en alternance; le pore est elliptique et son grand axe incliné de 45 degrés environ sur celui de la trachéide. Les files de trachéides sont séparées par des rayons médullaires composés d'une à vingt-trois cellules en hauteur, et une rangée, quelquefois deux, en épaisseur; ces cellules peuvent atteindre $0^{mm},22$ de longueur et $0^{mm},06$ de largeur; elles présentent donc le caractère essentiel des cellules des rayons ligneux des *Arthropitus* et des *Calamodendron,* qui est d'être plus hautes que larges. Au contact des trachéides, elles sont marquées de ponctuations larges, irrégulières, disposées quelquefois en réseau. Leurs parois supérieure et inférieure sont également ponctuées, mais plus finement et d'une façon plus régulière.

Les racines naissent en verticilles aux articulations, elles se divisent parfois (fig. 7) en deux branches presque égales qui simulent une sorte de dichotomie.

Les faisceaux de bois primaire centripète, dans une racine dépourvue de son écorce et mesurant 3 millimètres de diamètre, sont nombreux, non enclavés dans le bois secondaire, comme cela se voit dans les stolons de *Calamodendron* ou d'*Arthropitus*. Le tissu fondamental secondaire qui les entoure est formé de cellules beaucoup plus hautes que larges et disposées en files verticales. Dans les racines ayant les dimensions que nous venons d'indiquer, les faisceaux centripètes n'atteignent pas le centre de l'organe; ils sont formés de trachéides rayées à la périphérie et de quelques trachéides ponctuées du côté de l'axe; les trachées se trouvent entre les deux bois (fig. 10).

Le bois secondaire est très développé, sans lacunes aériennes, composé de trachéides ponctuées comme celles de la tige, mais plus courtes, marquées de ponctuations aréolées à pore elliptique oblique et disposées sur une ou plusieurs files suivant la largeur de la paroi latérale de la trachéide; les rayons médullaires sont également formés de cellules plus hautes que larges, placées sur un ou deux rangs en épaisseur.

[1] *Foss. Fl. d. Mähr. Schles. Dachsch.* (*Denkschr. Akad. Wiss. Wien,* XXV), pl. III, fig. 1.

Les figures 5 et 6 sont des coupes tangentielles faites dans des tiges de *Bornia* et rencontrant des racines qu'elles coupent transversalement; elles présentent déjà l'organisation que nous venons de signaler dans les portions de racines placées à une certaine distance de la tige, par conséquent plus âgées. Dans la figure 6, on peut voir en *c* la couche de liber et la zone génératrice qui entourent le cylindre ligneux.

L'écorce des racines et des tiges est inconnue.

Provenance. — Tous les échantillons figurés proviennent d'Esnost.

BORNIA LATIXYLON, n. sp.

De nouveaux échantillons recueillis dans cette localité nous ont prouvé que les tiges de *Bornia* pouvaient atteindre des dimensions assez considérables. Sur l'un d'eux, les distances des lacunes qui accompagnent les coins de bois sont de 6 à 7 millimètres, les coins de bois sont beaucoup plus épais que dans l'espèce que nous avons décrite. Dans le sens du rayon, ils mesurent près de 6 centimètres de longueur. Les rayons cellulaires primaires, ceux qui séparent les coins de bois, ne sont pas plus distincts que dans le *B. esnostensis;* les rayons secondaires ligneux sont formés de cellules à sections rectangulaires deux fois plus hautes que larges, disposées très régulièrement en files radiales, sur deux ou trois rangées en épaisseur.

Les parois des cellules en contact avec les trachéides ponctuées sont vaguement réticulées.

Sur une coupe tangentielle faite près de l'extrémité interne des coins ligneux, on reconnaît facilement qu'ils ne se séparent pas en deux branches, comme chez les *Arthropitus,* à chaque articulation; les coins ligneux font seulement une légère saillie du côté de la moelle, et sont réunis entre eux dans cette région par des bandes de trachéides qui s'étendent d'un coin au voisin; à une distance plus grande de la moelle, ils ne sont plus séparés que par des rayons cellulaires un peu plus épais que ceux qui existent à l'intérieur de chaque coin.

Sur le fragment étudié, les cordons foliaires partent de la région interne des coins ligneux à chaque articulation, et les parcourent horizontalement dans leur milieu pour se porter au dehors.

Il y a donc autant de cordons foliaires que de coins ligneux.

Les rameaux, disposés en verticilles, sont placés de trois en trois coins de bois sur quelques articulations du même fragment.

Graines.

Dans les échantillons qui renferment des fragments de tiges et de racines que nous attribuons aux *Bornia,* se trouvent des graines ovoïdes mesurant 3 millimètres et demi de longueur, à section longitudinale elliptique surmontée d'un bec micropylaire (pl. XLII, fig. 8 à 12). La section transversale est également elliptique; le grand axe possède 2 millimètres et demi de longueur, tandis que le petit atteint 2 millimètres. Elles étaient bicarénées, comme le montrent des coupes transversales faites dans la région micropylaire (fig. 9).

Le tégument est formé de deux enveloppes : l'une, intérieure, *endotesta,* composée de cellules allongées dirigées suivant le grand axe de la graine, à parois épaissies et portant de nombreuses et fines ponctuations; l'*endotesta* est formée de plusieurs assises de ces cellules qui s'entrecroisent; l'autre, extérieure, *sarcotesta,* le plus souvent détruite; les cellules qui la constituent sont à parois minces, polyédriques et marquées de réticulations très déliées; deux faisceaux vasculaires la parcourent suivant les carènes en partant de la chalaze.

Rarement le sac embryonnaire est conservé; sa paroi est généralement déchirée et flotte dans la cavité.

La forme et la grosseur de ces graines les rapprochent de celles que nous décrirons plus loin et que l'on rencontre au milieu d'épis d'*Arthropitus;* jusqu'ici nous n'avons trouvé dans les quartz d'Esnost aucune plante phanérogame à laquelle on pût rapporter ces graines.

Le même fait se représente pour les couches du Culm de la Baconnière dans la Mayenne, dans lesquelles on rencontre assez fréquemment de petites graines, *Gnetopsis primæva,* cylindriques, mucronées au sommet, quelquefois costulées, mesurant les unes $4^{mm},5$ de longueur et $1^{mm},7$ de diamètre, les autres près de 7 millimètres de longueur sur 3 millimètres de largeur, dans les mêmes bancs que des rameaux et des feuilles de *Bornia,* sans aucune autre plante phanérogame.

Les graines d'Esnost peuvent rentrer dans notre genre *Gnetopsis.*

Nous les désignons sous le nom de *Gnetopsis esnostensis,* en les rapportant aux *Bornia* jusqu'à preuve contraire.

Genre ARTHROPITUS Goeppert.

Les plantes qui font partie de ce genre ont souvent atteint des dimensions considérables. La tige et les rameaux sont articulés : la distance des articulations varie beaucoup suivant les espèces, depuis 1 centimètre (*A. approximata*) jusqu'à 15 à 20 centimètres (*A. major*), et aussi avec la position des articulations, l'entre-nœud immédiatement supérieur à un verticille de rameaux étant très fréquemment plus court que les entre-nœuds placés entre deux verticilles foliaires. Les rameaux, les feuilles, souvent même les racines, sont disposés en verticilles. Les rameaux partent soit d'articulations isolées, soit plus rarement de quelques articulations successives rapprochées, plus courtes que les autres, mais toujours en très petit nombre; il semble que pendant l'émission d'un verticille de rameaux, l'élongation de la tige ait, comme chez les Calamites, subi un ralentissement; les entre-nœuds reprennent ensuite leur allure habituelle jusqu'à une nouvelle émission de rameau.

La tige était lisse à l'extérieur; le moulage de l'écorce ne présente donc pas de cannelures longitudinales. Le moulage du cylindre ligneux offre au contraire des côtes et des sillons extrêmement accusés dans certaines espèces (*Arthropitus gigas, A. major*). Le moule de l'étui medullaire est toujours de forme calamitoïde; les sillons et les côtes sont très nets, beaucoup plus marqués que dans les moules de la moelle des Calamites ou des *Equisetum* et de celle des *Calamodendron*.

Lorsque la houille produite par le bois n'est pas détachée, elle forme une couche épaisse autour du moulage calamitoïde de la moelle, et des préparations suffisamment minces peuvent en montrer la structure.

Le cylindre ligneux est généralement formé de coins distincts séparés par une lame de tissu fondamental secondaire, très visible dans les *Arthropitus bistriata, A. communis, A. gigas*, moins apparente dans les *A. lineata, A. gallica, A. medullata*, etc. Le bois n'a pas de vaisseaux, les trachéides qui constituent l'élément vasculaire du bois sont rayées, réticulées ou ponctuées suivant les espèces; les rayons cellulaires ligneux qui séparent les trachéides sont toujours formés de cellules plus hautes que larges; ce caractère est constant, comme nous l'avons déjà dit, dans toute la famille des Calamodendrées. Les rayons de tissu fondamental secondaire qui séparent les coins de bois sont également formés de cellules souvent un peu plus hautes que larges.

Les coins ligneux sont munis presque toujours d'une lacune placée à leur extrémité médullaire. Aux articulations, chacun d'eux se divise en deux lames qui se réunissent de part et d'autre à deux lames ligneuses provenant d'une division semblable effectuée dans les coins ligneux voisins; les bandes ligneuses qui en résultent forment les coins ligneux de l'entre-nœud supérieur et restent séparées par la lame cellulaire de tissu fondamental dont nous avons parlé.

Les fructifications mâles, les seules qui soient connues avec quelque certitude, étaient constituées par des épis très analogues extérieurement à ceux des *Annularia*. Les racines présentent toujours un bois secondaire fort développé, sans articulations; le bois centripète s'y montre composé de lames tantôt séparées et n'atteignant pas le centre de l'organe, tantôt suffisamment serrées pour produire un cylindre continu.

Un certain nombre d'*Arthropitus*, sinon tous, paraissent avoir possédé des stolons, se développant dans la vase ou dans l'eau et capables de reproduire la plante; ces stolons naissaient irrégulièrement à la base des tiges plongées dans un terrain humide; ces organes ont été décrits comme genre distinct sous le nom d'*Astromyelon*.

Les fructifications femelles ne sont pas encore connues avec certitude; cependant nous exposerons plus loin celles qui pourraient être rapportées aux *Arthropitus*.

ARTHROPITUS BISTRIATA Goeppert.

(Pl. XLIV, XLV, XLVI, XLVII.)

Cette espèce et ses variétés sont très répandues; elle a été décrite par Cotta, *die Dendrolithen* (pl. XV, fig. 3 et 4), sous le nom de *Calamitea bistriata*, sous celui de *Calamodendron striatum* par Mougeot, *Essai d'une Flore du nouveau grès rouge*, et sous celui d'*Arthropitus bistriata* par Goeppert, *Palæontogr.*, *Die fossile Flora der permischen Formation*, Cassel, 1864, p. 185.

Nous-même, dans différents recueils, nous avons fait connaître ses principaux caractères [1].

Tiges arborescentes de plusieurs décimètres de diamètre, articulations distantes de 3 à 6 centimètres, plus rapprochées (1 à 2 centimètres) dans les portions de la tige où l'articulation suit une émission de rameau; le plus

[1] *Comptes rendus de l'Institut*, 4 et 11 septembre 1876. *Congrès scientifique de France*, 42ᵉ session, Autun, 1877.

souvent le verticille qui les porte est isolé, très rarement on en trouve plusieurs se succédant (pl. XLVI, fig. 1).

Cette espèce, dont nous représentons de très belles sections polies (pl. XLIV, fig. 1 et 2) en grandeur naturelle, est caractérisée par la présence entre les coins de bois de lames de tissu fondamental secondaire bien distinctes s'étendant sans interruption d'une articulation à l'autre et du centre à la périphérie. Ces lames se distinguent non seulement dans les échantillons silicifiés à structure conservée, mais encore sur les empreintes qui n'ont pas été dépouillées de la couche de houille produite par le cylindre ligneux, on peut aussi les mettre en évidence en faisant des préparations transparentes dans cette houille.

Le cylindre ligneux entoure une moelle volumineuse et est formé de coins ligneux toujours terminés à leur extrémité par une lacune aérienne. Dans les jeunes rameaux on trouve une cloison transversale correspondant aux articulations (pl. XLVII, fig. 5, *cl*).

Dans cette espèce, les trachéides du cylindre ligneux sont rayées et réticulées sur leurs faces latérales; elles forment des séries rayonnantes comptant une à trois rangées juxtaposées de trachéides (pl. XLVI, fig. 8); les rayons cellulaires ligneux sont composés de cellules deux à cinq fois plus hautes que larges (pl. XLVI, fig. 9 et 10), et les parois en contact avec les trachéides sont marquées de ponctuations arrondies irrégulièrement distribuées.

Les bandes de tissu fondamental secondaire sont formées de cellules un peu plus hautes que larges seulement.

Les lacunes aériennes placées à l'extrémité des coins ligneux, tournée vers l'axe, renferment des trachées déroulables (fig. 10, *tr*), en contact avec les trachéides du bois; du côté de la moelle, les parois des lacunes sont formées par des cellules allongées, prismatiques, à parois lisses, venant se raccorder (fig. 7, *g*) avec les côtés du coin ligneux; souvent ces cellules sont sclérifiées, aussi les lacunes restent-elles visibles quand les trachées et les éléments ligneux sont devenus méconnaissables.

Les trachées que l'on remarque dans les canaux aériens deviennent beaucoup plus nombreuses au voisinage des articulations; sur la figure 5, pl. XLVII, qui représente une section passant dans l'intervalle de deux coins ligneux, on voit en *r* les cellules d'un rayon ligneux, en *g* les cellules de la gaine, et en *f* une masse trachéenne au point où la lame ligneuse se bifurque en deux branches allant se souder avec deux autres provenant également du dédoublement de deux coins ligneux voisins. La figure 6, qui montre une coupe passant par une lacune *l* dans la région inférieure de la figure, intéresse aussi le faisceau trachéen *tr*, qui va en croissant jusqu'à l'articulation. On voit ce faisceau réduit en tronçons superposés; cette rupture provient sans doute de ce que les tiges continuaient à croître en hauteur pendant quelque temps.

Les lames de tissu fondamental qui séparent les coins ligneux s'élargissent à leur partie supérieure *o* (pl. XLVII, fig. 7, 8 [1]), et forment une sorte de gouttière ou de canal allant de la moelle à la périphérie; en coupe transversale, ces organes ont une section elliptique; il n'est pas rare de trouver une cavité dans leur région centrale, produite par la disparition de cellules polyédriques qui forment une sorte de moelle [2]; les cellules qui composent la couche périphérique sont allongées dans le sens radial, prismatiques, polygonales sur une coupe transversale et rectangulaires sur une section faite suivant leur longueur; leurs parois portent des ornements ponctués (fig. 9); il est assez fréquent de voir des trachéides se détacher des coins ligneux, pénétrer au milieu de ce tissu particulier et se confondre avec lui; leur nombre est égal à celui des lames de tissu fondamental secondaire qui séparent les coins ligneux. Les racines adventives, quand elles se développaient, étaient en rapport avec ces organes que nous considérons comme des organes particuliers expectants, que nous distinguerons sous le nom d'*organes rhizifères*.

La zone génératrice existe tout autour du cylindre ligneux; quelques échantillons la montrent assez bien conservée (fig. 2 *c*).

Le liber ne présente que deux sortes d'éléments, des cellules à parois minces, plus hautes que larges, à sections rectangulaires *l'* (fig. 4), et des tubes grillagés *l* dont parfois on peut distinguer les cribles; ces cribles sont irréguliers de forme et de dimensions et rappellent ceux des *Poroxylon*.

L'écorce est peu épaisse, en grande partie cellulaire, lisse à la surface, parcourue par des bandes longitudinales d'hypoderme que j'ai rencontrées non seulement dans les échantillons silicifiés, mais encore dans ceux qui ont été transformés en houille; on trouve plus en dehors une assise subéreuse *d* (pl. XLVI, fig. 6) et un épiderme.

L'examen des tiges d'*Arthropitus bistriata* nous a conduit à établir plusieurs variétés, assez communes dans les gisements d'Autun.

L'*Arthropitus bistriata valdajolensis*, appartenant au type du Val-d'Ajol que nous avons figuré (pl. XLV, fig. 1), est caractérisé en section transversale par

[1] Ces deux figures doivent être vues retournées.

[2] M. Williamson les a désignés sous le nom de *infranodal canals*.

la forme des coins ligneux : ils sont nettement séparés les uns des autres par les lames de tissu fondamental dirigées du centre à la périphérie; ils sont nombreux, minces, terminés en pointe aiguë longuement atténuée, à section souvent ondulée. Nous rapportons à ce type l'échantillon figuré pl. XLV, fig. 2 et fig. 3 : cette dernière montre avec un grossissement de 20 diamètres une portion de la région centrale de la figure 2, qui est de grandeur naturelle; on y voit nettement les lames de tissu fondamental, l'aspect serpentiforme des extrémités des coins ligneux, tous terminés par une lacune aérienne dont les parois sont formées par une couche assez épaisse de cellules allongées et sclérifiées en partie.

L'échantillon représenté pl. XLIV, fig. 2, appartient également au même type. Mais il en existe d'autres dans lesquels les coins ligneux sont plus épais, dont la section transversale, lancéolée, se termine plus brusquement; l'épaisseur de la lame de tissu fondamental est moins grande, les coins sont droits et non ondulés comme dans l'espèce type. Nous désignons cette variété sous le nom d'*A. bistriata augustodunensis*. La figure 1, pl. XLIV, représente une section transversale polie de cette variété. On pourrait penser que peut-être l'épaisseur des coins ligneux est en relation avec le diamètre de la tige ou du rameau et que ce caractère n'a pas l'importance que nous lui attribuons; nous avons représenté pl. XLVI, fig. 2, 3, 4, des sections d'une tige plus petite et de deux rameaux dans lesquels les coins ligneux ont une épaisseur relativement considérable.

Les échantillons 2 et 4 ont été recueillis dans le champ des Borgis, et l'échantillon 3 au champ des Espargeolles.

La troisième variété que nous croyons devoir établir est celle représentée fig. 1, pl. XLVII. C'est un rameau grossi quatre fois dans lequel les coins ligneux sont épais, arrondis à leur extrémité, relativement peu nombreux : on n'en compte que vingt-deux, tandis que dans celui représenté pl. XLVI, fig. 3, leur nombre est de plus du triple. Dans le petit rameau vu sur la figure 4, de taille moindre que celui dont nous nous occupons, leur nombre est également notablement supérieur; les lames de tissu fondamental sont beaucoup plus épaisses; nous lui avons donné le nom d'*A. bistriata*, var. *borgiensis* [1].

---

[1] Par erreur, dans la description des planches, cet *Arthropitus* a été porté sous le nom d'*augustodunensis*. Nous l'avions déjà signalé dans notre Cours de l'année 1883 et dans la *Flore de Commentry*, p. 430 et *Atlas*, pl. LIV, fig. 2 (voir l'explication des planches du même ouvrage, p. 2), sous celui d'*A. bistriata*, var. *borgiensis*.

C'est un des rares échantillons qui ont offert une écorce à peu près conservée. Le bois présente la structure générale que nous avons exposée pour l'*A. bistriata*. La coupe transversale (fig. 2, pl. XLVII) montre les parties suivantes : en *b* le bord périphérique du cylindre ligneux, en *c* la zone génératrice, en *l* le liber composé de cellules à parois minces, à sections rectangulaires, entremêlées de tubes grillagés, souvent remplies de substance brune. En dehors du liber se trouve l'écorce formée de tissu cellulaire dont les éléments sont polyédriques en section transversale *d* (fig. 2), et rectangulaires en section longitudinale *e* (fig. 3); beaucoup d'entre eux renferment une matière colorée en brun. Ce tissu envoie des prolongements en forme de rayons *d* (fig. 2); cette disposition est due à la présence de bandes d'hypoderme *e* (fig. 2) et *d* (fig. 3), à section elliptique, rangées en faisceaux parallèles à la périphérie; une mince couche de liège forme l'assise extérieure de l'échantillon.

Ce fragment provient du champ des Borgis.

Les rameaux des *Arthropitus* étaient, comme nous l'avons dit, placés sur des verticilles généralement isolés; ils étaient caducs, et tantôt les tiges en ont conservé les traces, tantôt toute marque extérieure a disparu, c'est ce qui se présente fort souvent sur les troncs âgés ou à la base des tiges; en effet, les rameaux étant caducs, après leur chute, le bois, continuant à s'accroître en épaisseur par le fonctionnement de la zone cambiale, recouvrait petit à petit la cicatrice et en faisait disparaître complètement la trace; plusieurs fois nous avons constaté la présence de rameaux à une certaine profondeur en faisant une section tangentielle; la même opération exécutée sur le prolongement du même rameau, mais plus près de la périphérie, n'en montrait plus de trace; dans l'intervalle compris entre les deux sections le vide laissé s'était peu à peu comblé par la production de tissu ligneux : nous donnons pl. XLV, fig. 6, le dessin d'une coupe tangentielle faite dans l'intervalle en question et montrant les tissus réparateurs en voie de faire disparaître les traces laissées par le rameau tombé.

Si la section est assez profonde pour rencontrer la portion qui est restée engagée dans le bois, on reconnaît dans les rameaux la même organisation que dans les tiges. Les figures 4 et 5, pl. XLV, qui représentent une coupe tangentielle faite près de la région médullaire, montrent les lacunes aériennes disposées en cercle *l* (fig. 5). La moelle est assez bien conservée et semblable à celle des tiges. Le bord extérieur des lacunes est occupé par un îlot de trachées et dans quelques points on distingue un commencement de bois secondaire; dans le cas où la section est faite plus près de la périphérie, toutes les lacunes sont munies extérieurement d'un coin de bois secondaire plus ou moins important.

Il est à remarquer que le rameau a pris naissance sur l'articulation un peu au-dessus des cordons foliaires; on voit la section de l'un de ces cordons en f.

b désigne les coins ligneux avec lesquels les faisceaux du rameau se mettent en rapport et d l'extrémité de l'une des lames de tissu fondamental qui les séparent.

L'écorce des rameaux en dehors des tiges est fort simple : si on se reporte à la figure 6 de la planche XLVI, on remarque, en effet, en a les bords extérieurs du cylindre ligneux, en b la zone génératrice, en c le liber formé d'éléments mous et de cellules grillagées; l'écorce proprement dite présente en d une assise parenchymateuse, recouverte par une mince couche hypodermique et par l'épiderme.

Les troncs et les rameaux d'$A.$ $bistriata$ ont porté des feuilles linéaires peut-être bifurquées, parcourues par une seule nervure; le faisceau vasculaire est étalé en forme d'arc, le liber est extérieur, l'accroissement est centrifuge. On retrouve les traces des feuilles aux articulations des rameaux et des tiges, sous l'aspect de cicatricules indiquant le point de sortie du faisceau vasculaire pénétrant dans les feuilles.

On peut suivre sur des coupes convenablement faites le cordon vasculaire depuis son origine jusqu'à sa sortie.

Ce cordon est toujours placé dans l'épaisseur d'un coin ligneux d'un entre-nœud et à la partie supérieure voisine de l'articulation. La couronne de feuilles termine donc chaque entre-nœud.

La figure 6, pl. XLVII, montre en f un faisceau foliaire dirigé horizontalement. Ses éléments vasculaires, formés de trachées et de trachéides rayées et de cellules allongées prismatiques sans ornements, viennent se mettre en rapport avec les éléments correspondants du bois et de la lacune; comme nous l'avons déjà fait remarquer, les trachées tr sont en contact avec l'extrémité des coins ligneux, la lacune est limitée par des cellules allongées à section longitudinale rectangulaire et à parois légèrement sclérifiées.

Dans l'intérieur de la tige une coupe transversale du cordon foliaire, qui est sensiblement cylindrique, ne peut donner aucune notion sur sa nature phanérogamique ou cryptogamique : il n'est pas encore défini.

Les cordons foliaires dans les *A. bistriata* ne sont pas insérés aux articulations sur tous les coins ligneux; on peut remarquer, en effet, sur la figure 25 ci-dessous, qui représente une section tangentielle intéressant deux articulations distantes de 13 millimètres, avec un grossissement de six diamètres, que les cordons foliaires *c, c* sont placés de deux en deux sur les coins ligneux *a;* les coins intermédiaires en sont dépourvus.

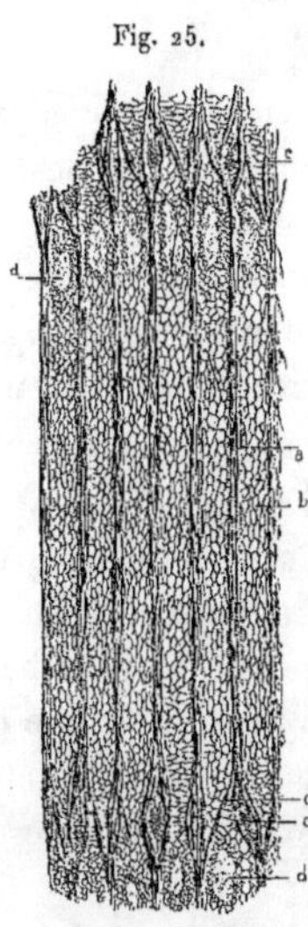

Coupe tangentielle
d'*Arthropitus bistriata.*

On peut voir de plus que d'une articulation à l'autre ce sont les mêmes coins ligneux qui sont le point de départ de ces cordons ligneux.

A propos de la structure de la tige des Calamodendrées nous avons dit que les coins ligneux se bifurquaient à chaque articulation, mais on peut voir dans cette figure que les deux branches de la bifurcation sont inégales, que l'une d'elles *e* semble simplement être un cordon reliant un des coins de l'entre-nœud avec son voisin dans l'entre-nœud suivant; la dichotomie est donc moins réelle que dans les Équisétacées. Nous avons signalé déjà dans les *Bornia* ce fait que les coins ligneux paraissaient la continuation les uns des autres d'un entre-nœud à l'autre; il est probable que cela résulte de ce que les cordons de jonction sont tout simplement encore plus faibles que dans les *Arthropitus bistriata.* Nous retrouverons du reste cette même disposition très accusée quand nous nous occuperons de l'*A. gigas.*

Au-dessous de l'articulation on voit en *d* les organes rhizifères décrits plus haut et qui sont en même nombre que les lames cellulaires. La préparation précédente a été tirée d'un échantillon du champ des Borgis. Les trachéides mesurent environ 45 μ dans le sens du rayon et 40 μ dans le sens tangentiel; la distance des raies sur les parois est de 8,5 μ. Les cellules des rayons ligneux ont une moyenne de 45 μ et une épaisseur de 30 μ.

Comme nous n'avons pas trouvé de racines ni de fructifications en continuité de tissu avec les tiges et les rameaux d'*A. bistriata*, nous parlerons plus loin de ces organes, dans un paragraphe spécial.

ARTHROPITUS COMMUNIS Binney (sp.) (non Ettingsh.).

(Pl. XLVIII, fig. 1 à 7.)

Calamodendron commune Binney, 1868.
Arthropitus communis Renault, 1876 [1].

Dans cette espèce, les faisceaux ligneux pénètrent en coins obtus dans le tissu de la moelle; ils sont munis, même dans les rameaux très jeunes, d'une lacune entourée d'une gaine épaisse.

Au contact de la moelle, les lames de tissu fondamental secondaire qui séparent les coins de bois sont larges, mais à mesure que l'on s'éloigne de l'axe elles diminuent rapidement d'épaisseur et au lieu de se présenter en bandes continues d'une articulation à l'autre, elles se montrent entrecoupées fréquemment dans le sens de la hauteur par des bandes de trachéides.

Sur une coupe tangentielle les bandes cellulaires n'en restent pas moins distinctes, quoique moins épaisses que celles de l'*Arthropitus bistriata;* elles sont formées de trois à quatre rangs de cellules juxtaposées, dont la hauteur dépasse sensiblement la largeur. La figure 4, pl. XLVIII, qui est une coupe tangentielle faite vers l'extrémité interne des coins ligneux, présente ces lames deux ou trois fois plus épaisses que si on les examine plus près de la périphérie.

Les rayons ligneux qui séparent les séries de trachéides sont formés par des cellules moins allongées en hauteur que dans l'*A. bistriata;* les trachéides sont rayées et présentent sur leur longueur quelques cloisons transversales.

Les articulations sur les troncs de 15 à 20 centimètres de diamètre étaient distantes de 12 à 15 centimètres; les entre-nœuds sont donc beaucoup plus longs que dans l'*A. bistriata* et les lames de tissu cellulaire séparant les coins de bois ne se continuent pas d'une manière visible jusqu'à la périphérie.

Le moule calamitoïde de la moelle porte à sa surface des cannelures longitudinales parfaitement distinctes; les sillons formés par l'extrémité des coins ligneux offrent la même largeur que les reliefs déterminés par le moulage des lames de tissu fondamental qui les séparent; ils sont arrondis et mesurent un millimètre environ.

---

[1] *Comptes rendus de l'Académie des sciences,* 4 et 11 septembre 1876.

Sur une coupe transversale, en face de chaque coin ligneux, on distingue un arc libérien l (fig. 2, pl. XLVIII) présentant la forme d'un secteur, dans lequel on peut reconnaître du parenchyme libérien sans traces de fibres, et des cellules grillagées.

L'écorce, sur les troncs de 0 m. 12 à 0 m. 15 de diamètre, ne dépassait pas un centimètre; elle était entièrement cellulaire, sans lacunes; quelques cellules sont remplies d'une substance noire comme si elles avaient servi de réservoirs à gomme ou à résine; à la périphérie, les cellules diminuent de diamètre en s'allongeant et forment une sorte de gaine hypodermique; elle ne présente aucune strie ni aucune côte à la surface.

L'*Arthropitus communis* paraît avoir été d'assez grande taille; son diamètre pouvait atteindre plusieurs décimètres; il se distingue de l'*A. bistriata* par la longueur plus grande des entre-nœuds, la saillie et la largeur plus forte des côtes longitudinales sur les empreintes, lesquelles sont dues au moulage des bandes parenchymateuses séparant les coins de bois du côté de la moelle. Lorsque le cylindre médullaire est encore revêtu de la couche de houille provenant du cylindre ligneux, on ne distingue que très vaguement à la surface *extérieure* les bandes de houille provenant des bandes parenchymateuses intercalées entre celles qui ont pour origine la houillification des coins ligneux; cette distinction est au contraire facile sur la houille provenant du cylindre ligneux de l'*A. bistriata*.

Les tiges comme les rameaux de l'*A. communis* présentent des cloisons aux articulations; dans les tiges, elles sont rarement conservées; dans les rameaux, au contraire, on les rencontre fréquemment.

Nous avons représenté pl. XLVIII, fig. 5, 6 et 7, des coupes faites dans un rameau qui nous a été adressé autrefois par M. Binney comme un *Calamodendron commune*. La figure 5 est une coupe longitudinale passant par deux entre-nœuds; aux articulations se trouvent des diaphragmes plus ou moins complets. Les articulations sont distantes de 7 à 8 millimètres; les trachéides du bois sont rayées. On compte vingt-deux coins ligneux sur une coupe transversale de ce rameau, qui mesure seulement 10 à 12 millimètres de diamètre; les lames cellulaires qui les séparent disparaissent un peu avant d'arriver à la périphérie. Comme dans les *A. bistriata*, les rameaux naissent au-dessus des cordons foliaires, et ces derniers, dans l'échantillon que nous décrivons, étaient en même nombre que les coins de bois, c'est-à-dire *deux* fois plus nombreux que dans les rameaux d'*A. bistriata*.

La coupe, fig. 6, montre la forme lancéolée des coins de bois, les lacunes aériennes environnées d'une gaine épaisse, et les larges rayons médullaires rapidement décroissants qui les séparent.

Cet échantillon provient des environs de Halifax.

Les sections représentées fig. 1, 2, 3 et 4 ont été tirées d'un échantillon d'Autun; la figure 1 est de grandeur naturelle; la figure 2 est une portion de la même grossie cinq fois; la section des coins de bois est elliptique; la lacune est entourée d'une gaine épaisse; les lames de tissu fondamental secondaire sont larges et divisées par quelques lignes de trachéides. L'écorce est assez bien conservée et c'est sur cet échantillon que nous avons pris les détails de structure exposés plus haut.

Sur la coupe longitudinale représentée figure 3, on distingue facilement la lacune *la*, bordée du côté du bois par des trachéides rayées; les rayons ligneux *b'* formés de cellules rectangulaires plus hautes que larges, çà et là les trachéides rayées du bois, la zone cambiale *c*, le liber *l*, le parenchyme cortical *e* et la couche subéreuse et épidermique *d*.

Cet échantillon provient du champ des Borgis.

ARTHROPITUS GIGAS Brongniart (sp.).

(Pl. XLIX, L, LI.)

Calamites gigas Brongniart, 1828.
Arthropitus gigas B. Renault, 1890 [1].

Cette espèce a été décrite sous le nom générique de *Calamites* par tous les auteurs : Brongniart, Schimper, Geinitz, Gutbier, etc.; nous ne voulons pas discuter la valeur des motifs qui ont déterminé l'opinion de ces divers savants, nous nous contenterons d'exposer les faits qui nous font regarder le *Calamites gigas* comme un *Arthropitus*, par conséquent comme une plante phanérogame.

L'*Arthropitus gigas* est la plus grande des espèces connues appartenant à ce genre.

Le tronc a quelquefois un diamètre de plus de o m. 50; l'écorce manque régulièrement.

Cette espèce est commune dans les différentes couches du terrain permien; on la rencontre dans le grès rouge inférieur de Saarbrück, dans les grès à

---

[1] *Flore fossile du terrain houiller de Commentry*, p. 436.

Walchia d'Altenstadt, dans les grès cuivreux de Nidji-Troisk district de Bje-
lebey, de Piskork gouvernement d'Orenbourg, aux environs de Perm, dans
les couches moyennes du terrain permien d'Autun, etc. Elle se rencontre, mais
beaucoup plus rarement, dans les couches supérieures du terrain houiller, où
elle fait son apparition, déjà avec sa taille remarquable; on la trouve à la partie
supérieure du terrain houiller de Saint-Étienne, de Commentry et du bassin
d'Autun.

Voici la diagnose de cette espèce : tiges d'une grosseur considérable, coniques à la base comme la plupart des autres *Arthropitus,* articulations distantes de 5 à 13 centimètres, entre-nœuds sillonnés de côtes convexes, larges
de 5 à 10 millimètres, terminées en pointe aiguë aux deux extrémités, dépourvues souvent, mais pas toujours, de mamelons, soit au-dessus, soit au-
dessous de l'articulation; il n'est pas rare de trouver des bases de tiges portant
au-dessous des nœuds des verticilles de racines.

La partie supérieure du tronc seule a conservé les traces de verticilles
de rameaux; ces traces ont disparu plus bas, parce qu'elles ont été recouvertes par la production de bois secondaire. La couche de houille laissée
par le cylindre ligneux est très épaisse et dépasse fréquemment un centimètre.

La moelle est souvent fort développée : dans certains échantillons de Commentry, elle atteint 93 centimètres de circonférence, recouverte d'une couche
de houille à structure conservée, épaisse de 12 millimètres, correspondant,
comme nous le verrons plus loin, à un cylindre ligneux de près de 20 centimètres d'épaisseur. Ces échantillons auraient eu 70 centimètres de diamètre
environ, ou plus de 2 mètres de tour, en ne tenant compte que du cylindre
ligneux proprement dit et négligeant l'épaisseur de l'écorce.

Les tiges, coniques à la base, paraissent avoir été complètement indépendantes, c'est-à-dire non fixées à des rhizomes. Les racines ont souvent laissé
sur les articulations des cicatrices circulaires très nettes et très larges; ces
organes sont cylindriques; leur diamètre reste sensiblement constant, sauf au
point d'attache où l'extrémité s'atténue. On distingue facilement l'empreinte
produite par leur cylindre ligneux, dont la surface est parcourue par des sillons
et des côtes parallèles sans aucune trace d'articulations, ce qui les différencie
des empreintes laissées par les rameaux. Le bois secondaire était également
très développé dans les racines et a laissé une quantité considérable de houille;
de chaque côté se trouve ordinairement une bande moins apparente formée

par l'écorce, celle-ci, dans les racines des *Arthropitus,* étant composée de tissu parenchymateux, creusé souvent de nombreuses lacunes aériennes. Les côtes et les sillons que l'on remarque sur les empreintes du bois secondaire des racines sont dus aux lames de parenchyme et coins ligneux qui forment le cylindre.

Nous avons figuré pl. XLIX, fig. 1, une empreinte d'*A. gigas* trouvée dans les schistes de Dracy-Saint-Loup, qui appartiennent à la zone moyenne du terrain permien dans le bassin d'Autun.

La tige mesure 32 à 33 centimètres de diamètre; les articulations sont distantes de 4 à 5 centimètres, les côtes sont larges de 5 millimètres, terminées en pointe aux deux bouts; on ne distingue aucune cicatrice pouvant appartenir soit à des rameaux, soit à des racines, ni aucun mamelon aux extrémités des côtes; cette portion d'échantillon appartenait vraisemblablement à la région moyenne de la tige, là où les racines ne pouvaient se développer et où les cicatrices raméales étaient effacées; nous pensons que c'est le moulage par de l'argile du cylindre ligneux; les côtes sont dues aux lames cellulaires séparant les coins de bois, et les sillons au bois lui-même; la mince couche de houille que l'on voit par places provient de l'écorce.

Les figures 2 et 3 se rapportent à un échantillon trouvé dans la carrière du Foulon, près Autun, appartenant par conséquent au terrain houiller de l'horizon du Grand-Moloy. C'est une base de tige conique, rapidement décroissante; les côtes et les sillons sont très apparents; les articulations inférieures étaient munies de racines; les côtes offrent, à leur sommet, un peu au-dessous des articulations, un mamelon elliptique haut de 3 millimètres et large de 2 millimètres; ce sont les traces des organes expectants dont nous avons déjà parlé. Dans la région médiane de la tige la longueur des entre-nœuds est d'environ 5 centimètres. Comme pour l'échantillon précédent, nous pensons que cette empreinte représente le moule interne du cylindre ligneux.

La tige était droite; par conséquent elle semble avoir crû isolément et non avoir été insérée sur un rhizome.

L'échantillon représenté figure 4 provient de couches de grès appartenant au terrain permien de la vallée de la Dioma (Russie). Les entre-nœuds mesurent 9 centimètres; les côtes, larges de 10 millimètres, sont terminées en biseau très aigu; les côtés du biseau atteignent 12 à 13 millimètres de longueur; chacune des côtes porte dans sa région supérieure les traces de

volumineux organes rhizifères; celles-ci sont donc dues encore aux lames
de tissu fondamental secondaire, tandis que les sillons correspondent aux
coins de bois.

La structure des tiges d'*Arthropitus gigas* nous est assez bien connue. Sur une
coupe transversale (fig. 1 et 2, pl. L), les coins ligneux sont terminés du côté
de la moelle en pointe triangulaire allongée *sans lacune aérienne* à leur extrémité interne. La présence des lacunes a été invoquée par beaucoup de botanistes pour rapprocher les *Arthropitus* des Équisétacées. Ils sont séparés par
d'épaisses lames de tissu fondamental, elles-mêmes parcourues par des lamelles
ligneuses détachées des coins voisins; c'est à la compression de ce tissu cellulaire moins résistant que sont dues les côtes longitudinales si larges et si marquées qui caractérisent les moulages *interne* et *externe* de cette espèce, tandis
que la forme triangulaire aiguë des coins ligneux donnait naissance aux sillons
profonds qui les séparent.

Les trachéides formant les coins de bois portent sur leurs parois latérales
des ponctuations aréolées, disposées en quinconce sur plusieurs files verticales b'
(fig. 3, pl. L). Du côté de la moelle, les trachéides deviennent rayées b.
Elles occupent trois ou quatre rangées, et les trachées t sont immédiatement
en contact avec elles. La moelle est composée de cellules à section transversale polygonale (fig. 2) et à section verticale rectangulaire, le grand côté étant
horizontal; souvent elles sont disposées en files régulières; on peut remarquer
que la moelle vient en contact avec les trachées. Dans les *Arthropitus* que
nous avons décrits, elle venait au contraire aboutir à un groupe de cellules
allongées à parois plus ou moins épaissies, disposées en gaine autour de la
lacune.

Les trachéides sont rangées en séries radiales qui se réunissent pour
former des lames comprenant deux ou trois séries; elles sont séparées par des
rayons ligneux formés de cellules plus hautes que larges disposées sur un à
trois rangs en épaisseur et un à vingt-deux en hauteur; dans le voisinage de
la moelle, les bandes de tissu fondamental sont très épaisses (pl. L, fig. 5, r);
dans l'épaisseur du cylindre ligneux elles sont traversées par des cordons de
trachéides qui relient obliquement deux lames ligneuses voisines (fig. 6, r). Les
lames cellulaires présentent à leur partie supérieure des organes rhizifères
(fig. 6 et fig. 7, o; cette dernière figure doit être vue retournée); dans l'intérieur de ces organes viennent se perdre un certain nombre de trachéides; de
même que dans les *A. bistriata*, ils sont formés (fig. 2, pl. LI) de cellules à

section rectangulaire *o* dont le grand axe est dirigé dans le sens du rayon. Les parois portaient des ornements ponctués.

Aux articulations, les coins ligneux se bifurquaient souvent en deux branches très inégales (pl. LI, fig. 5), de sorte que, dans certains cas, comme pour les *Bornia* et les *Arthropitus bistriata,* les bandes ligneuses peuvent paraître se continuer d'un entre-nœud à l'autre.

Les rameaux comme les racines étaient disposés en verticilles; les rameaux avaient la même constitution que les tiges, et les coins ligneux ne présentaient pas de lacunes aériennes.

La figure 5, grossie dix fois, montre un rameau coupé transversalement dans l'épaisseur du cylindre ligneux et se dirigeant vers la périphérie en suivant l'épaisseur d'un coin de bois; dans l'intérieur de la moelle du jeune rameau se trouvent des radicelles qui s'y sont développées accidentellement.

Les racines des *A. gigas* pouvaient atteindre en diamètre des dimensions assez considérables, à cause de la zone génératrice qui formait comme dans les tiges un bois secondaire abondant.

Nous donnons (fig. 7, pl. LI) une coupe longitudinale d'une racine appartenant à cette espèce; en *m* se trouve la moelle, en *c* le bois primaire centripète formé de trachéides rayées; en dehors on voit le bois centrifuge secondaire avec ses éléments ponctués et ses rayons ligneux. Une radicelle *ra* se détache un peu obliquement de la racine principale.

Les dimensions des trachéides silicifiées sont assez considérables dans les *A. gigas;* elles mesurent dans le sens radial 53 μ, dans le sens tangentiel 40 μ; la distance des ponctuations est de 14 μ.

Nous avons pu faire des préparations dans de la houille de cette espèce détachée d'empreintes déterminables; en mesurant les mêmes éléments on trouve dans le sens radial 8 μ, dans le sens tangentiel 26 μ; la distance des ponctuations est de 8 μ; la contraction des éléments est donc de 16/17 environ du volume primitif; mais il ne faut pas oublier que les dimensions relativement considérables des trachéides de l'*A. gigas* supposent un vide intérieur assez grand, et par conséquent la houillification, qui est due à la fois à une disparition d'une partie des éléments de la cellulose, et à une compression ultérieure, a dû produire ici une diminution de volume plus sensible que pour beaucoup d'autres plantes à bois plus compact et à éléments cellulaires plus petits.

Dans la figure 3, pl. LI, qui est une coupe transversale d'un bois d'*A. gigas* houillifié, on voit les trachéides serrées les unes contre les autres; un mince filet plus clair sépare les séries de trachéides et représente les rayons cellulaires ligneux. Les parois de chaque trachéide se touchent; la cavité interne a complètement disparu et leur section actuelle est une ellipse aplatie à contour sinueux.

ARTHROPITUS ROCHEI, n. sp.

(Pl. LII, fig. 1 à 3.)

Cette espèce n'est connue que par des échantillons silicifiés, trouvés par M. Roche, à qui nous la dédions.

La tige aplatie mesure 85 millimètres dans sa plus grande largeur et 28 millimètres dans sa hauteur. Nous en avons donné (fig. 2) une section transversale polie.

A l'extérieur la surface présente une alternance de côtes très saillantes et de sillons profonds qu'on pourrait confondre à première vue avec une empreinte d'*A. gigas*. Mais ici les côtes sont dues aux coins ligneux et les sillons aux lames de tissu fondamental secondaire qui les séparent; chacun d'eux est surmonté d'une dépression correspondant aux organes rhizifères.

Les côtes mesurent 3 à 4 millimètres d'épaisseur, les sillons 2 à 3 millimètres, les entre-nœuds ont une longueur de 36 à 38 millimètres. Du côté de la moelle les coins ligneux sont, sur une coupe transversale, longuement atténués en pointe, terminés par une lacune très nette, et séparés par des rayons cellulaires épais qui restent visibles presque jusqu'à la périphérie.

Les coins de bois sont formés de trachéides rayées, réticulées, et principalement ponctuées; ces dernières ont des ponctuations aréolées, tantôt disposées sur une seule rangée, tantôt sur plusieurs et placées en quinconce. Les trachéides mesurent dans le sens radial 50 μ et dans le sens tangentiel 40 μ; celles qui sont scalariformes ont leurs raies distantes de 8 μ. Les centres de ponctuations sont également distants de 8 μ; les parois des trachéides sont assez fortement lignifiées.

Les lames rayonnantes de trachéides sont épaisses d'une à trois rangées; les rayons cellulaires ligneux sont composés d'une à trois rangées de cellules en épaisseur sur une à dix-sept en hauteur; elles sont trois à quatre fois plus hautes que larges.

Les lames qui séparent les coins de bois sont accusées, formées de sept à dix rangées de cellules en épaisseur; leur section radiale est rectangulaire et seulement un peu plus haute que large; de même que dans l'*A. gigas*, ces lames de tissu secondaire sont traversées par de petites bandes de trachéides qui se détachent des coins ligneux voisins; elles sont terminées en dessus par des organes rhizifères très développés qui rappellent beaucoup ceux de l'espèce précédente; dans l'échantillon étudié leur section transversale est elliptique, le grand axe mesure 2 millimètres, et le petit, qui est horizontal, 1 millimètre seulement; on voit également un certain nombre de trachéides à course sinueuse se détacher du bois voisin et se perdre dans la masse de cellules à parois ponctuées qui constituent ces organes. Les cordons foliaires ne sont pas visibles.

L'*Arthropitus Rochei* se distingue de l'*A. gigas* par les lacunes aériennes qui se trouvent à l'extrémité des coins ligneux, par la forme plus élancée, plus grêle de ces derniers, par la présence d'un certain nombre de trachéides rayées qui entrent dans la composition du bois.

Les trachéides ponctuées qui se trouvent en abondance dans le tissu ligneux le différencient des autres *Arthropitus* que nous avons déjà décrits, et de plus, comme les rayons secondaires sont très épais, les empreintes laissées par le bois sont caractérisées par des côtes saillantes et des sillons profonds qui rappellent ceux de l'*A. gigas*.

Provenance. — Cet échantillon a été rencontré par M. Roche dans le champ des Borgis.

ARTHROPITUS POROSA, n. sp.

(Pl. LII, fig. 4 à 8.)

Cette espèce intéressante n'est malheureusement connue que par un petit fragment qui, réduit en préparations, a fourni les caractères suivants :

Tige ligneuse, arborescente, articulée; une coupe transversale montre les coins ligneux formés de quinze à dix-huit séries radiales de trachéides, séparés par des lames de tissu fondamental secondaire composées de cinq à dix couches de cellules en épaisseur; ces lames vont du centre à la périphérie comme dans les différentes variétés d'*A. bistriata* et occupent presque toute la hauteur d'un entre-nœud; les cellules qui les forment sont prismatiques, plus *longues,* dans le sens radial, que hautes, contrairement à ce qui existe dans les autres *Arthropitus;* les faces supérieure et inférieure portent de nombreuses ponctuations, les faces latérales en portent également, mais sur les bords seulement. Elles ressemblent beaucoup aux cellules des organes rhizifères que nous avons décrits plus haut; ces organes n'en subsistent pas moins (fig. 7 et 8), mais seulement de trois en trois bandes de tissu fondamental, et leur intérieur est rempli de cellules de même forme et ornementées de la même façon; des trachéides détachées des coins ligneux voisins viennent se mettre en rapport avec elles; mais ce qu'il y a de remarquable, c'est la présence, au milieu du tissu, de bandes vasculaires r (fig. 7, 8), lamelliformes, formées de cinq et six trachéides dont les plus grêles sont aux extrémités; cette bande rappelle le bois centripète d'une racine réduit à une seule lame vasculaire; il est à remarquer que le plan de cette lame est vertical et parallèle à l'axe de la tige. Si notre interprétation est juste, on peut en conclure que les racines verticillées, adventives, grêles, qui prenaient naissance à la partie inférieure des tiges au-dessous des articulations, avaient comme point de départ les organes en question, de plus que le plan du bois centripète était orienté comme il convient à une plante phanérogame. Les trachéides formant les coins ligneux sont rayées à l'extrémité tournée du côté de la moelle, mais elles sont ponctuées en dehors de cette zone, les ponctuations sont aréolées, le pore central est elliptique, souvent très allongé; le grand axe étant dirigé presque normalement à la trachéide, elles sont placées sur cinq ou six rangées verticales disposées en quinconce. Le passage entre la partie du bois formée de trachéides rayées et celle occupée par les trachéides ponctuées se fait par l'intermédiaire de trachéides aréolées b_1 (fig. 6).

Les trachéides du coin ligneux sont séparées par des rayons formés de cellules quatre à cinq fois plus *hautes* que larges, portant également des ornements ponctués sur leurs parois; elles sont disposées sur une à trois rangées verticales et on peut en compter d'une à vingt-huit en hauteur.

Sur une coupe radiale les trachéides ponctuées mesurent 70 μ de largeur, les parois sont épaisses et la lumière atteint seulement 28 μ. Sur une coupe tangentielle l'épaisseur moyenne est de 40 μ. La distance des raies et des centres des ponctuations sur les trachéides rayées et ponctuées est sensiblement la même et égale à 8 μ; les cellules des rayons ligneux peuvent atteindre 80 μ de hauteur et 20 μ de largeur.

Sur les articulations il nous a été impossible de trouver les traces des cordons foliaires; elles avaient été sans doute recouvertes par le bois secondaire; le fragment étudié appartenait à la partie inférieure de la tige.

Provenance. — Champ des Borgis.

ARTHROPITUS LINEATA, B. R.

(Pl. LIII, fig. 1 à 7.)

Arthropitus lineata B. Renault, 1876 [1].

Tiges arborescentes, articulées, atteignant plusieurs décimètres de diamètre. Surface extérieure lisse, sans cannelures.

La moelle est volumineuse, comme dans la plupart des Calamodendrées, formée de cellules polyédriques dont le diamètre vertical l'emporte sur le diamètre transversal; elle envoie des prolongements peu distincts entre les faisceaux ligneux; ceux-ci, dans les rameaux jeunes ou à la base des tiges, ne sont pas munis de lacunes; ils en présentent dans les autres régions; leur extrémité est sensiblement obtuse (fig. 3, pl. LIII) et se termine brusquement en coin. Les lames de tissu fondamental qui séparent les bandes ligneuses, d'abord assez larges, se réduisent promptement; des trachéides assez nombreuses partant des coins voisins viennent bientôt les subdiviser, de sorte qu'il est difficile de les suivre vers la périphérie; sur une tranche transversale le bois prend un aspect uniforme et semble simplement parcouru par des lignes régulières de trachéides et de rayons ligneux allant du centre à la circonférence. Sur une coupe tangentielle les mêmes lames apparaissent, comme celles de l'*A. gigas*, formées de plusieurs bandes composées de trois à quatre rangs de cellules, plus ou moins nombreuses en hauteur et placées entre les coins ligneux.

Ceux-ci sont produits par des séries rayonnantes de trachéides isolées ou réunies par deux ou par trois en épaisseur, les trachéides sont rayées et réticulées; les séries de trachéides sont séparées par des rayons cellulaires ligneux assez étendus en hauteur et formés par un ou trois rangs de cellules deux à quatre fois plus hautes que larges.

La coupe tangentielle indique un bois moins dense, plus cellulaire que celui des *A. bistriata* ou *A. communis.*

Le liber ne renferme que du parenchyme libérien et des cellules grillagées. L'écorce, même dans les échantillons de plus d'un décimètre de diamètre, ne dépasse pas un centimètre; elle est entièrement parenchymateuse; on y remarque une assise cellulaire dont les éléments ont une section transverse polygonale et isodiamétrale; une coupe longitudinale les montre disposés par

---

[1] *Comptes rendus de l'Académie des sciences*, 11 septembre.

files verticales régulières et à section sensiblement rectangulaire; au côté interne de cette assise en contact avec le liber, de distance en distance, vis-à-vis de chacun des faisceaux ligneux, se trouve un groupe de canaux isolés formés par la superposition de cellules plus hautes que larges, dont les parois horizontales qui se trouvent en contact sont perforées; l'intérieur est plein d'une substance brune. Le nombre de ces tubes varie de sept à dix. Peut-être doit-on les considérer comme des tubes grillagés hypertrophiés ou mal conservés.

De l'assise cellulaire dont nous venons de parler partent en rayonnant des lames de cellules, petites, prismatiques, dont le grand axe est dirigé radialement et qui aboutissent à une deuxième assise cellulaire extérieure. Les lames ne sont pas parallèles dans le sens vertical, mais s'entrecroisent de manière à présenter sur une section tangentielle un réseau à mailles irrégulières; celles-ci sont occupées par un tissu lâche de cellules presque sphériques.

Les lamelles se réunissent à la couche cellulaire extérieure à gros éléments, polyédriques, recouverte par un tissu formé de cellules alignées à sections rectangulaires que l'on peut considérer comme une couche subéreuse.

Les échantillons ayant conservé leur écorce sont très rares; nous n'en avons rencontré que deux, dont voici les dimensions respectives :

ÉCHANTILLON N° 1.

	Millimètres.
Moelle..	10
Cylindre ligneux composé de vingt-deux faisceaux ligneux ..	1,5
Zone cambiale et libérienne....................................	1
Espace occupé par la partie lacuneuse de l'écorce...........	3
Couche cellulaire et subéreuse...............................	2
Diamètre total du rameau....................................	25

ÉCHANTILLON N° 2.

Moelle..	30
Cylindre ligneux....	30
Zone cambiale et libérienne..................................	1,5
Espace occupé par la partie lacuneuse de l'écorce..........	3,5
Couche cellulaire et subéreuse...............................	3
Diamètre total de la tige.................................	106

Dans le premier échantillon la partie extérieure au bois, comprenant la zone génératrice, le liber et l'écorce, mesure 6 millimètres.

Dans le second les mêmes parties atteignent seulement 8 millimètres. Cet exemple montre que, tout au moins pour certains *Arthropitus,* l'écorce ne prenait pas une bien grande épaisseur en vieillissant.

RACINES. — Nous avons représenté (fig. 1 et 2, pl. LIII) un fragment de tronc d'*Arthropitus lineata* muni d'un nombre remarquable de racines de différentes grandeurs; elles paraissent disposées irrégulièrement autour de la tige. Cependant elles partent de verticilles successifs rapprochés; mais les racines d'un même verticille sont loin de s'être toutes développées; on n'en compte qu'une ou deux seulement sur chacun, partant au-dessous de l'articulation. Les racines avortées ne sont représentées que par les organes rhizifères dont nous avons déjà plusieurs fois parlé; dans l'échantillon qui nous occupe ces organes sont bien conservés; ils sont dirigés du centre à la périphérie en s'abaissant un peu dans leur course; leur section transversale est elliptique; ils sont nettement formés d'une partie centrale composée de cellules polyédriques à minces parois, et d'une gaine de cellules prismatiques allongées dans le sens de l'organe et dont les parois portent de nombreuses ponctuations; là où les racines se sont développées les organes rhizifères n'existent plus.

Une section transversale de la tige (fig. 1) montre que les faisceaux ligneux sont brusquement terminés en coin du côté de la moelle; aucun d'eux ne présente de lacunes aériennes.

L'étude des racines qui s'échappent de cette tige est fort curieuse; nous l'exposerons en quelques lignes pour y revenir un peu plus loin. La figure 5 représente une portion du bois d'une des racines, sciée et polie; on peut remarquer que du côté de la moelle le cylindre ligneux est cannelé comme le bois des tiges; mais les côtes saillantes sont arrondies et non terminées en pointe aiguë, il n'y a pas en outre de lacunes aériennes du côté de la moelle.

En examinant avec attention l'extrémité des coins de bois, on voit tout à fait à la pointe arrondie un faisceau triangulaire; la base du triangle, arrondie, est tournée du côté de l'axe de la racine, et le sommet du triangle pénètre dans le coin ligneux; les éléments sont disposés sans ordre, et ceux qui sont les plus fins occupent le sommet du triangle; ce faisceau est donc un bois primaire centripète; en face des trachées qui occupent la pointe se trouve un rayon cellulaire assez net, et de chaque côté de ce rayon les lignes de trachéides viennent se terminer en se courbant légèrement à leur extrémité interne contre les deux côtés du prisme formé par le bois centripète. De là cette forme arrondie que présentent les coins ligneux constituant le cylindre de la racine.

Ces organes ont été décrits comme genre distinct sous le nom d'*Astromyelon*, par M. Williamson.

L'*Arthropitus lineata* se distingue facilement des *A. gigas*, *A. Rochei*, *A. porosa*, par la nature des ornements des trachéides, qui sont rayées au lieu d'être ponctuées, de l'*A. bistriata* par l'absence *apparente* de bandes cellulaires entre les coins de bois et par son écorce dépourvue de faisceaux hypodermiques.

L'espèce avec laquelle il a le plus de rapport est l'*A. communis*, et certaines parties du bois des deux espèces peuvent facilement être confondues, les différences portent sur le mode de terminaison des coins ligneux : ils finissent en pointe beaucoup plus courte que dans l'*A. communis*; la bande de tissu fondamental, d'abord très marquée, se perd beaucoup plus rapidement à cause de la pénétration de lamelles de trachéides partant des coins ligneux voisins, de façon que, sur une coupe transversale, le bois paraît homogène; dans l'*A. communis*, on peut suivre beaucoup plus loin la lame cellulaire qui sépare les faisceaux ligneux.

L'écorce est continue et ne présente pas de cloisons cellulaires dans l'*A. communis*, tandis que nous avons rencontré une sorte de réseau irrégulier et des lacunes dans la région corticale moyenne des *A. lineata*.

ARTHROPITUS MEDULLATA, n. sp.

(Pl. LIV et LV.)

L'*A. medullata* est l'une des espèces les plus fréquentes dans les gisements silicifiés d'Autun. Ce sont des tiges articulées, à entre-nœuds de longueur variable, et irrégulière sur un même individu, mesurant 10 centimètres, quelquefois plus, de diamètre.

La moelle est ici moins développée que dans les autres *Arthropitus*, son moulage donne une tige calamitoïde rappelant le *Calamites varians*. La loupe montre, soit sur une coupe radiale, soit sur une coupe tangentielle, des rayons cellulaires ligneux extrêmement épais.

Les faisceaux ligneux sont munis de lacunes aériennes; les trachéides sont rayées, elles forment des séries rayonnantes, isolées ou réunies par deux, et séparées par des rayons cellulaires composés de quatre à cinq rangées de cellules en épaisseur, et d'une à quinze en hauteur; les lames de parenchyme séparant les coins de bois sont épaisses et découpées en lames plus petites par les trachéides provenant des lames ligneuses voisines. Sur une coupe tangentielle, le bois a un aspect très cellulaire, et les séries de trachéides décrivent des sinuosités marquées à cause de l'épaisseur considérable des rayons qui les séparent.

Les tiges portent souvent des verticilles de cicatrices raméales arrondies; chaque cicatrice est placée au-dessus d'un cordon foliaire.

Les cordons foliaires, au lieu de sortir des coins ligneux de deux en deux, comme dans l'*Arthropitus bistriata*, sont en nombre égal. Les organes rhizifères semblent beaucoup moins apparents que dans les espèces que nous avons citées, mais cela tient peut-être à la région de la tige d'où provenaient les échantillons examinés.

Nous avons représenté pl. LIV plusieurs fragments d'*A. medullata;* la figure 1 se rapporte à une portion de tige mesurant 7 centimètres de diamètre et portant un verticille de dix rameaux tombés; les cicatrices sont arrondies, un peu proéminentes, larges de 1 centimètre environ. La surface porte des stries longitudinales dues à l'alternance des coins ligneux et des bandes cellulaires qui les séparent. L'écorce avait disparu.

La figure 2 est une section transversale polie d'une tige plus petite, mesurant seulement 3 centimètres, de la collection du Muséum.

La tige représentée fig. 3 est une section incomplète d'une tige aplatie. Ces trois échantillons proviennent du champ des Borgis.

Les figures 6 et 7 sont : la première une coupe transversale d'un *A. medullata* scié et poli, montrant les dentelures produites par les coins ligneux : la deuxième la cavité interne du cylindre; les articulations sont d'inégale grandeur, contractées, les sillons et les côtes fortement accusés.

La figure 8 est le dessin d'un moulage de cette même cavité médullaire. La netteté des côtes rappelle le *Calamites varians* de Germar [1], mais les entre-nœuds n'offrent pas la régularité de décroissance en longueur de cet échantillon.

La figure 9, pl. LIV, représente un *C. varians* de Saint-Étienne, avec des entre-nœuds de dimensions variables et irrégulières; on sait du reste que cette irrégularité dépend souvent de l'émission de rameaux, qui fait diminuer la longueur des entre-nœuds supérieurs au verticille ramifère.

---

[1] *Die Versteinerungen d. Steinkohlengeb. v. Wettin u. Löbejun,* fasc. 4, pl. XX. Halle, 1844.

A droite et à gauche du moule de la moelle, on voit en *h* l'empreinte laissée par la houille provenant du bois et de l'écorce et qui s'étend à près d'un centimètre. Nous ne voulons pas affirmer que le *Calamites varians* soit la même plante que l'*Arthropitus medullata*, notre intention seulement est d'appeler l'attention sur l'analogie qui existe entre les empreintes de la partie médullaire des *Arthropitus* et d'un certain nombre de végétaux désignés sous le nom de *Calamites*.

Il n'est pas rare dans cette espèce, en dirigeant une section tangentielle à la hauteur d'une articulation, de rencontrer des rameaux inclus, munis d'une quantité variable de bois secondaire; sur la figure 2, pl. LV, on voit l'un de ces rameaux avec sa moelle relativement volumineuse, une couronne de lacunes aériennes, et plus en dehors, une mince assise de bois secondaire. Le rameau est immédiatement placé au-dessus d'un cordon foliaire *f*; il est entouré par le tissu ligneux formé de lames minces de trachéides séparées par des rayons ligneux très épais.

Les tiges d'*Arthropitus medullata* étaient munies à leur base de grosses racines d'allure assez irrégulière (fig. 4, pl. LIV), cependant, insérées immédiatement au-dessous des articulations; mais comme le nombre des racines qui se développaient était loin d'être constant et que beaucoup d'entre elles avortaient, il en résulte un aspect rappelant l'extrémité inférieure des plantes phanérogames ordinaires, construites sur un plan moins symétrique que celui des Calamodendrées.

Souvent, sur la surface décortiquée, on distingue (fig. 1, pl. LV, et fig. 2 et 3, pl. LVI), des mamelons saillants, arrondis, qui, examinés à un grossissement suffisant, se montrent formés de trachéides contournées, recourbées en boucles ou en anneaux; ce sont vraisemblablement les cicatrices laissées par de petites racines développées irrégulièrement et en partie recouvertes, comme nous l'avons expliqué précédemment, par des productions secondaires. Sur la figure 1, pl. LVI, qui est une coupe longitudinale de grandeur naturelle de l'échantillon représenté fig. 2, on distingue la marche des trachéides ligneuses se dirigeant du centre à la périphérie dans cette région tourmentée du bois.

Si l'on fait une section tangentielle dans le tissu ligneux d'une tige sur le trajet interne d'une petite racine, on remarque sur la coupe transversale de la région profonde (fig. 3, pl. LV), que le cylindre vasculaire, formé d'un certain nombre de lames ligneuses centripètes, paraît plein; ces lames, très voisines, se touchent par leurs bords et semblent aller jusqu'au centre; cependant il existe un cylindre médullaire axial, qu'une section un peu moins profonde (fig. 4) met en évidence, le tissu cellulaire central commençant à se détruire à quelques millimètres de la première section.

Cette remarque est confirmée par l'étude des portions de racines sorties de la tige, comme celle de la figure 5, pl. LV, dont on voit en coupe une petite partie de la région centrale. Les lames de tissu fondamental secondaire séparant les coins ligneux sont représentées par la lettre *m;* les coins ligneux sont formés de deux parties distinctes, l'une composée de bois centripète *f,* et l'autre, la plus considérable, de bois centrifuge; les trachéides sont groupées en séries radiales, isolées ou réunies par deux *a,* et séparées par des rayons cellulaires épais; celui qui correspond à la pointe du bois centripète est ordinairement plus volumineux que les autres; la moelle est formée de cellules polyédriques un peu plus hautes que larges. Ces racines offrent la même organisation que celles de l'*A. major,* de l'*A. bistriata,* à cette différence près que les rayons cellulaires ligneux, comme ceux de la tige, sont plus épais que dans ces derniers et que les trachéides sont toujours rayées.

Les racines primaires pouvaient se ramifier (fig. 4, pl. LVI); les branches s'échappaient irrégulièrement de la racine principale et pouvaient elles-mêmes en fournir d'autres. L'échantillon en question porte quatre racines secondaires; on n'en a figuré que trois, elles sont de grosseurs inégales.

La coupe transversale de la branche principale présente cinq zones d'accroissement bien nettes. La plus grosse des racines secondaires n'en présente que quatre, et les deux autres, trois et deux.

Il est rare que sur les tiges on puisse reconnaître des zones semblables.

La présence des racines d'*A. medullata* est extrêmement fréquente dans les gisements d'Autun, surtout dans les champs où se rencontrent les tiges.

Plusieurs fragments de troncs ont été recueillis avec leur écorce assez bien conservée; elle est lisse à l'extérieur, comme nous l'avons dit. La figure 6, pl. LV, montre une section transversale du bois, du liber et de l'écorce; *a, b,* sont les éléments vasculaires et les rayons ligneux; *z,* la zone génératrice; *g,* des cellules grillagées, dont quelques-unes, hypertrophiées, paraissent être transformées en réservoirs à gomme au milieu du parenchyme libérien *l;* en *c* commence la partie parenchymateuse de l'écorce, recouverte à l'extérieur d'une assise subéreuse.

Sur la coupe longitudinale radiale, fig. 7, on reconnaît facilement, en *c,* le parenchyme cortical, en *g'* quelques cellules à gomme, et en *s*, l'assise assez épaisse de liège.

L'*A. medullata* se distingue facilement à la loupe de tous les *Arthropitus* précédents: sur une cassure radiale, par le relief des rayons ligneux, très épais, dont on distingue les cellules; les trachéides ne se voient pas ou seulement par places; sur une cassure tangentielle, par l'épaisseur de ces mêmes rayons coupés transversalement et entre lesquels on suit la course sinueuse des trachéides; sur une cassure transversale, par les lignes rayonnantes très inégales formées par les rayons cellulaires, plus larges que les séries de trachéides qu'ils séparent.

Racines d'Arthropitus isolées.

On rencontre assez souvent des racines d'*Arthropitus* isolées, quelques-unes entourées de leur écorce. Nous en avons décrit, sous le nom d'*Astromyelon*, quatre espèces[1], leur conservant le nom générique créé par M. Williamson; ce nom disparaîtra à mesure que l'attribution de ces racines à leur plante respective pourra être faite.

Les espèces que nous avons décrites sont : *Astromyelon. augustodunense*, *A. dadoxylinum*, *A. nodosum* et *A. reticulatum*.

Parmi ces espèces, l'*A. dadoxylinum* et l'*A. nodosum* sont à rejeter génériquement; l'*A. dadoxylinum* est une racine décortiquée de *Calamodendron* et l'*A. nodosum* une racine d'*Arthropitus medullata* qui a également perdu son écorce.

De nos quatre espèces, il ne reste plus que l'*Astromyelon augustodunense* et l'*A. reticulatum* qui pourraient bien être elles-mêmes des racines d'*Arthropitus bistriata* et de ses variétés.

Cependant, comme nous ne les avons pas trouvées en rapport avec les tiges, nous avons préféré les décrire à part et à la suite, sous les noms que nous leur avons anciennement donnés.

Racines isolées d'Arthropitus medullata.

L'étude des fragments isolés d'*Astromyelon nodosum*, qui sont des racines d'*Arthropitus medullata*, nous a fourni[2] les résultats suivants. Les dimensions des trachéides rayées qui forment le bois centripète mesurent en moyenne

[1] *Ann. sc. géol.*, t. XVII, art. 3.

[2] *Loc. cit.*

65 μ en largeur. La région commune au bois centripète et au bois centrifuge constituée par des trachées possède des éléments mesurant seulement 10 μ.

Le bois centrifuge est composé de trachéides rayées disposées en lames rayonnantes, légèrement recourbées en s'approchant du bois centripète; leurs dimensions, d'abord de 20 à 30 μ, s'accroissent peu à peu, et dans la région moyenne du coin ligneux mesurent 60 à 70 μ. Leur section est presque carrée, et chaque lame ligneuse résulte de la juxtaposition de deux ou trois séries de trachéides, chacune séparée de la suivante par un rayon cellulaire, épais de deux à quatre rangs de cellules.

Nous n'avons trouvé qu'un seul échantillon possédant quelques lambeaux d'écorce; les portions conservées sont aplaties, il n'est donc pas possible de préciser la forme et l'importance des lacunes corticales. On peut constater toutefois dans la région voisine du liber que la répartition des canaux à gomme est uniforme dans toute cette région et non localisée en face des coins ligneux comme dans les rameaux. Les coins ligneux sont peu distincts sur une coupe transversale et aussi difficiles à distinguer que ceux du bois des tiges. La surface extérieure de l'écorce ne porte aucune cannelure.

Cette espèce se distingue, comme nous l'avons dit, par la fréquence des racines secondaires, qui ont laissé de nombreuses nodosités à la surface de la racine principale; ces nodosités sont de grandeurs très inégales; elles ne sont pas distribuées d'une manière uniforme autour de la racine principale, mais de préférence sur une face, comme si la racine maîtresse avait couru à la surface du sol et émis des racines en dessous et sur les côtés.

La description que nous venons de faire de ces organes prouve surabondamment que le genre *Astromyelon* n'est pas un genre véritable, que peu à peu les espèces qu'il renferme retourneront aux espèces d'*Arthropitus* auxquelles elles appartiennent; certains *Astromyelon* décrits par MM. Binney et Williamson deviendront les racines d'*Arthropitus communis*.

La ressemblance entre la structure des *Astromyelon* et celle des *Arthropitus* est assez grande pour que l'on ait pu sur une coupe transversale confondre deux parties d'une même plante[1].

Au premier abord, sur une coupe de cette nature bien conservée (fig. 6, pl. LVI, et fig. 1, pl. LVII), les coins ligneux, formés des deux bois centripète

[1] Schenk, *Handbuch der Palæontologie*, 1884, p. 237; les figures *nach der Natur*, 169, 170, représentent des coupes d'*Astromyelon*, et non de *tiges d'Arthropitus*; il en est de même, p. 230, pour les fig. 169, 170, de l'édition française, 1891.

et centrifuge, rappellent ceux d'une tige diploxylée; cependant, on peut remarquer que dans les Sigillaires à écorce lisse, les Poroxylons, le bois primaire est simplement appliqué contre le bois secondaire, que souvent même
il en est détaché et épars dans la cavité laissée par la moelle; dans les racines
d'*Arthropitus*, au contraire, le bois centripète est enclavé et recouvert en
partie par le bois centrifuge, jamais il ne s'en détache.

ASTROMYELON AUGUSTODUNENSE B. Renault.

(Pl. LVI, fig. 5, 6, 7; pl. LVII, fig. 1.)

Cette racine est sensiblement cylindrique; suivant sa plus grande largeur,
elle mesure 27 millimètres, et suivant son plus petit diamètre, 23 millimètres.
Débarrassée de toute espèce de gangue à l'extérieur, elle atteignait 5 à 6 centimètres de longueur et présentait des cannelures régulières, continues, plus
nombreuses que les coins ligneux du bois intérieur, mais moins que les bandes
cellulaires qui forment les lacunes dont nous allons parler.

Sur une coupe transversale, on distingue les parties suivantes :

1° Une moelle très développée relativement au diamètre de l'échantillon;

2° Une couronne ligneuse, régulière, résultant de la réunion, en forme de
cylindre, de coins ligneux distincts et faisant saillie du côté de la moelle par
leur extrémité interne;

Une zone libérienne continue peu épaisse à l'extérieur du cylindre ligneux;

3° Une écorce très développée, dans laquelle nous distinguerons l'assise
interne, l'assise lacuneuse et l'assise externe.

Moelle. — Le diamètre de cette partie du végétal est de 10 millimètres; détruite ou déchirée au centre, elle forme une zone continue, adhérente au
cylindre ligneux et se montre bien conservée dans cette région; elle envoie
des prolongements distincts entre les coins de bois.

Les cellules qui la composent sont variables en dimensions : les plus intérieures sont visibles à l'œil nu et mesurent $0^{mm},32$; les plus externes ne sont
pas distinctes et atteignent à peine $40\ \mu$ autour des extrémités des coins
ligneux; là, elles sont disposées avec quelque symétrie et simulent une sorte
d'étui analogue à celui qui entoure la lacune placée à l'extrémité des coins
ligneux des *Arthropitus* (pl. LVI, fig. 6).

IMPRIMERIE NATIONALE.

Les cellules qui pénètrent entre les coins de bois ont une section transversale rectangulaire dont la grande dimension est dirigée dans le sens tangentiel, elles deviennent de plus en plus petites à mesure que le rayon médullaire pénètre davantage entre les deux coins ligneux.

Le plus souvent, dans toutes les parties de la moelle, au milieu comme à la périphérie, les cellules sont superposées régulièrement en files verticales; quelques-unes sont plus colorées, comme si elles avaient contenu quelque matière gommeuse ou résineuse.

Aux nœuds, on ne constate jamais de contraction de la moelle indiquant l'existence de cloisons comme dans les tiges.

Bois. — Dans l'échantillon figuré pl. LVI, fig. 5 (grossie deux fois), l'épaisseur du cylindre ligneux est assez peu développée, les coins qui le forment ne mesurent que 1 millimètre à 1 millimètre et demi dans le sens du rayon, ils sont au nombre de vingt et un; dans un autre fragment, presque de même dimension, on en compte au contraire vingt-neuf. Composés de lamelles ligneuses variables en nombre, ils offrent une épaisseur inégale sur le pourtour du cylindre, par conséquent paraissent plus ou moins aigus ou arrondis du côté de la moelle.

Il est facile de reconnaître sur une coupe transversale (fig. 6) que chaque coin ligneux est formé de deux parties distinctes, l'une composée de séries rayonnantes de trachéides b (fig. 1, pl. LVII) séparées par des rayons cellulaires ligneux a, l'autre, au contraire, présentant des éléments b' disposés sans ordre et sans cellules intercalées; cette dernière partie est enclavée en forme de coin dans l'extrémité de la première, qui l'entoure sur les côtés.

La région commune est occupée par des trachées qui mesurent 10 μ.

Du côté du centre, les éléments ligneux vont en augmentant peu à peu de diamètre et dépassent 50 μ. Le bois qui forme cette partie doit être considéré comme un bois centripète; son mode d'union avec le bois extérieur centrifuge et en quelque sorte la gaine cellulaire dont il est entouré font que, dans aucun cas, même lors de la disparition complète de la moelle, on ne trouve les faisceaux de bois centripète séparés de leur coin ligneux et flottant dans la cavité médullaire, comme cela arrive si fréquemment dans les Sigillaires à écorce lisse.

La partie extérieure est formée de séries rayonnantes de trachéides, mais qui s'incurvent en se rapprochant du bois centripète. Les trachéides ont une section transversale, rectangulaire, et vont en augmentant de dimensions du centre à la périphérie. Suivant la hauteur transversale de la section, on rencontre deux ou trois séries rayonnantes en contact; d'autres fois, chaque lame vasculaire est séparée de sa voisine par un rayon cellulaire qui, lui-même, peut être formé d'une ou deux rangées de cellules en épaisseur. Le cylindre ligneux est limité extérieurement par une couche cambiale et par une assise continue de tissu libérien, uniquement formé de parenchyme et de cellules grillagées.

Sur une coupe longitudinale radiale passant par l'extrémité d'un coin de bois (fig. 7, pl. LVII), on trouve du côté de l'axe : 1° le faisceau ligneux centripète composé de trachées et de trachéides rayées, dont le diamètre va grandissant en se rapprochant du centre; il est limité par une gaine de cellules plus étroites et allongées. Les lames de bois centrifuge sont formées d'éléments courts, rayés; la distance de deux raies voisines est de 4 μ. L'aspect du bois est le même que celui de certains *Arthropitus : A. bistriata, A. lineata,* et cette analogie persiste dans les rayons cellulaires ligneux; ces rayons sont composés, en effet, de plusieurs rangées de cellules en épaisseur, et d'un à dix-sept rangs en hauteur; toutes sont plus hautes que larges. Les dimensions moyennes de ces éléments sont de 50 μ en largeur et 160 μ en hauteur; souvent, elles sont régulièrement alignées dans le sens du rayon.

La couche libérienne produit une zone continue, composée uniquement de tissu mou, dans lequel on distingue des éléments à section rectangulaire presque d'égal diamètre et quelques cellules grillagées; elle est limitée extérieurement par deux ou trois rangs de cellules rectangulaires plus hautes que larges; la dernière rangée est formée d'éléments plus courts, à parois plus épaisses et présente quelque analogie avec un *endoderme (en,* fig. 6 et 7, pl. LVI).

L'écorce, dans notre échantillon, mesure 7 millimètres d'épaisseur; la couche la plus interne se distingue facilement, sur une coupe transversale, de l'endoderme et des cellules du péricycle par les dimensions des éléments à sections rectangulaires qui la constituent. En effet, tandis que les cellules de l'endoderme mesurent 40 μ en épaisseur et 50 μ en largeur, et que les cellules du péricycle atteignent 50 μ et 60 μ, les premières rangées de cellules de l'écorce atteignent 100 μ et 120 μ pour les dimensions correspondantes.

Les premières rangées de cellules sont placées par files verticales, avec assez de régularité; elles sont traversées en face des coins ligneux par huit ou dix canaux ou cellules à gomme, qui se détachent nettement sur la coupe, grâce à leur contenu coloré.

Extérieurement, les cellules de cette zone deviennent plus petites en se rapprochant de l'assise qui renferme la partie lacuneuse; dans cette région, tantôt les cellules, de parallélépipédiques qu'elles étaient, s'arrondissent, deviennent globuleuses et cessent bientôt en déterminant une lacune; tantôt et en alternant avec les premières, elles s'allongent dans le sens du rayon en conservant leur section rectangulaire et forment une sorte de lame qui limite latéralement la lacune; ces lames sont composées de cinq à sept rangées en épaisseur de cellules présentant les dimensions suivantes : 60 μ en largeur, 70 μ en hauteur et 300 μ en longueur dirigée suivant le rayon; le nombre des lames ne paraît pas avoir de relation avec celui des coins de bois; on en compte trois à cinq dans l'intervalle angulaire mesuré par l'épaisseur d'un de ces coins.

Leur longueur, dans le sens du rayon, est d'environ 3 millimètres; les lacunes qu'elles délimitent sont irrégulières de grandeur et de forme; à cause de l'absence de parallélisme vertical des lames, ces dernières se soudent en se rapprochant de temps à autre, non pas au même niveau pour toutes à la fois, mais leurs points de contact semblent suivre une ligne spirale irrégulière contournant la tige.

Sur une coupe tangentielle passant par cette région, les lacunes paraîtront comme des espaces rhomboïdaux irréguliers, échelonnés verticalement en hélice; sur une coupe transversale, elles se présenteront au contraire sous la forme de quadrilatères ou de triangles irréguliers, dont la grande dimension sera dirigée dans le sens du rayon.

Les lames cellulaires aboutissent extérieurement à une assise parenchymateuse exactement conformée comme celle d'où émerge leur extrémité interne. Les éléments qui la composent produisent toutefois une couche plus épaisse; ils se continuent vers la périphérie par des cellules à section rectangulaire, plus petites, alignées dans le sens du rayon, et que l'on peut considérer comme une gaine subéreuse épaisse disposée tout autour de la racine.

Sur une coupe transversale, on remarque un contour ondulé résultant de la section des cannelures que nous avons indiquées; la différence de niveau des côtes et des sillons est de près de 1 millimètre, la distance de deux sillons est de 2^{mm},5. Les cannelures sont très visibles sur la longueur de l'échantillon; les empreintes de ces racines peuvent présenter, par conséquent, des stries longitudinales, mais sans articulations.

La nature entièrement cellulaire de l'écorce explique sa désorganisation rapide et son absence presque constante autour du cylindre ligneux de la plupart des fragments que l'on rencontre.

Les racines dont nous nous occupons émettaient des radicelles partant de hauteurs différentes, par conséquent n'étant pas disposées en verticilles. Nous donnons (fig. 7, pl. LVII) une coupe longitudinale passant par l'une de ces radicelles *r*; on y voit : 1° que la moelle est continue et non diaphragmatique comme cela se présente au niveau d'une articulation dans les tiges; 2° que le bois centripète de la racine principale n'éprouve pas de déviation, mais qu'au contraire la région commune au bois centripète et au bois centrifuge est fortement dérangée au point d'insertion de la radicelle; 3° que les éléments rayés les plus fins et les trachées se mettent en contact et se mélangent avec les éléments analogues de cette radicelle.

Plusieurs échantillons décortiqués ont été trouvés dans les environs d'Autun, offrant des dimensions plus considérables, mesurant par exemple 3 centimètres de diamètre de moelle et une épaisseur de cylindre ligneux égale à 13 et 25 millimètres, le diamètre total étant de 56 et 60 millimètres.

Nous ne pensons pas que ces dimensions soient les limites supérieures des échantillons que l'on peut rencontrer. La structure générale de ces racines nous porte à croire qu'elles ont appartenu à l'*Arthopitus bistriata*. Il en est de même de celle que nous avons décrite autrefois sous le nom d'*Astromyelon reticulatum* et qui pourrait se rattacher à l'une des variétés d'*Arthropitus bistriata* que nous avons signalées plus haut.

ASTROMYELON RETICULATUM B. Renault.

(Pl. LVII, fig. 5 et 6.)

Cette espèce est fondée sur une organisation particulière de la région lacuneuse corticale. Deux échantillons ont été rencontrés présentant cette même particularité, mais incomplètement recouverts de leur écorce.

Le diamètre extérieur du cylindre ligneux est de 17 millimètres, son épaisseur de 1^{mm},5; les coins ligneux, fortement étalés en éventail sur une coupe transversale, sont triangulaires; la base extérieure du triangle mesure en moyenne 2^{mm},5 et la hauteur 1^{mm},5. La moelle, presque complètement détruite, était large de 14 millimètres. Les coins de bois ont l'organisation que nous ont offerte ceux de l'espèce précédente, nous n'y insisterons pas.

La région la plus intéressante et la plus caractéristique est offerte par l'écorce. L'assise cellulaire interne, que nous avons vue si développée dans l'espèce précédente, est extrêmement réduite et formée de deux ou trois rangées de petites cellules; il semble que les canaux ou cellules à gomme font ici défaut, car ils ne sont pas reconnaissables. La région lacuneuse, épaisse de $3^{mm},5$, est composée d'une assise cellulaire dont les éléments très grêles sont aplatis; de cette assise partent des lames rayonnantes extrêmement minces, ne renfermant qu'un seul rang de cellules allongées dans le sens du rayon; ces lames aboutissent, vers la périphérie, à une couche peu épaisse de tissu cellulaire à éléments très petits, dont les dimensions linéaires sont la moitié de celles que présentent les éléments de la partie correspondante de l'*Astr. augustodunense;* la partie extérieure n'est pas conservée.

Sur une coupe tangentielle faite dans la partie lacuneuse (pl. LVII, fig. 6), les lacunes se présentent sous la forme de mailles rhomboïdales assez régulières, disposées suivant des lignes héliçoïdales autour de la racine; le réseau qui limite ces mailles est très mince, puisque les lames cellulaires qui le constituent n'ont qu'un seul rang de cellules en épaisseur; ces lames, vues sur une coupe transversale, sont presque parallèles et déterminent des espaces vides sensiblement rectangulaires dont la longueur dans le sens du rayon est égale à près de 3 millimètres; leur autre dimension varie entre $0^{mm},1$ et $0^{mm},7$.

Les mailles rhomboïdales que l'on aperçoit sur une coupe tangentielle varient entre 2 et 8 millimètres de hauteur et $0^{mm},5$ et 1 millimètre dans leur plus grande largeur.

Les éléments cellulaires qui forment les lames du réseau sont moins allongés que dans l'*A. augustodunense;* ils mesurent en longueur suivant le rayon $160\,\mu$, et $80\,\mu$ suivant leurs autres dimensions.

Nous avons dit que certains *Arthropitus* (*A. medullata*) possédaient sur leur tige et dans l'intérieur du bois (fig. 3 et 4, pl. LV) des organes appendiculaires présentant la structure ordinaire des racines, c'est-à-dire un bois centripète constitué par sept à onze faisceaux, tantôt isolés, tantôt réunis en forme de cylindre à section étoilée. Chaque faisceau isolé ou chaque rayon de l'étoile correspond à l'intervalle de deux coins ligneux et ne se trouve pas enclavé dans l'extrémité même de ces derniers, comme cela se présente dans les espèces groupées dans le genre *Astromyelon*.

La plupart des racines de *Calamodendron*, que nous étudierons plus loin, se trouvent également dans ce dernier cas.

Nous sommes donc amenés à reconnaître que certains représentants de la famille des Calamodendrées, sinon tous, ont porté à leur base deux sortes d'organes, les uns possédant l'organisation générale des racines des plantes phanérogames gymnospermes, les autres offrant une structure un peu différente, caractérisée par la soudure intime du bois primaire et secondaire en un seul faisceau et constituant alors un coin ligneux indépendant diploxylé, séparé de ses voisins par une lame de tissu secondaire plus ou moins apparente ; toutefois nous avons fait remarquer que le bois secondaire était muni, en face de la pointe trachéenne du bois primaire, d'un rayon cellulaire épais et constant.

Cette deuxième espèce de racines pourrait être regardée comme intermédiaire entre les racines proprement dites et les tiges, comme des sortes de *stolons*.

Nous avons à plusieurs reprises fait ressortir l'analogie de la structure du cylindre ligneux des *Stigmaria* (rhizomes) avec celle des tiges d'où provenaient ces *Stigmaria* et les avons décrites non comme des racines, mais comme des rhizomes, ne différant des tiges que par la forme des cicatrices.

Dans le cas présent, les fragments de plantes désignés sous le nom d'*Astromyelon* ne représenteraient pas les vraies racines des Calamodendrées, mais des sortes de *stolons* courant sur le sol humide ou en partie enterrés, émettant irrégulièrement des branches, surtout sur les côtés et sur la face inférieure touchant le sol, capables, à une certaine distance de la plante mère, de donner naissance à un végétal semblable. Il suffit d'admettre pour cela que le bois centripète s'atténue peu à peu et disparaisse en laissant à sa place la lacune caractéristique de la plupart des tiges, qui, devenant aériennes et émettant des feuilles et des rameaux disposés en verticilles, prenaient en conséquence la forme articulée que nous leur connaissons.

Genre CALAMODENDRON Brongniart.

Tiges articulées cylindriques pouvant atteindre plusieurs décimètres de diamètre et une grande hauteur, 25 à 30 mètres, diminuant lentement d'épaisseur de la base au sommet. La longueur des entre-nœuds est très variable, même sur un seul individu ; dans certaines espèces la distance qui sépare deux

articulations non ramifères atteint o m. 5o, tandis que celle qui sépare deux
verticilles de rameaux se réduit à 1 ou 1,5 centimètre. Les articulations ramifères ainsi rapprochées se succèdent quelquefois sans interruption sur une
grande longueur et peuvent dépasser le nombre de cinquante-cinq, elles reprennent ensuite leur écartement primitif pour se rapprocher encore, lors
d'une nouvelle émission de rameaux. Ces derniers sont tantôt disposés régulièrement en quinconce sur de nombreuses articulations rapprochées qui se
suivent, tantôt sur un nombre beaucoup plus restreint; mais, dans tous les
cas, l'entre-nœud qui suit la dernière articulation ramifère est court, quoique
ne portant pas de rameaux.

Les rameaux des *Calamodendron,* comme ceux des *Arthropitus,* que l'on ne
peut pas rapporter aux troncs sur lesquels ils ont poussé, portent le nom
générique d'Astérophyllites.

La partie inférieure de la tige se termine fréquemment en pivot allongé,
articulé; de chacune des articulations partent des racines dirigées obliquement de bas en haut, cylindriques, ligneuses, qui ont laissé dans les argiles
et les schistes une couche de houille assez épaisse. Le noyau pierreux qui
correspond à la moelle est cannelé à la surface; les sillons et les côtes sont
longitudinaux, parallèles, sans aucune trace d'articulations; les sillons correspondent aux faisceaux de bois centripète de la racine; ils sont moins serrés
que sur les noyaux calamitoïdes articulés qui représentent le cylindre de la
moelle des petites tiges ou des rameaux de même dimension.

Les rameaux étaient caducs; ils se détachaient assez promptement des tiges;
dès lors la quantité de bois secondaire qu'ils ont pu acquérir est assez restreinte et ils peuvent être confondus assez facilement avec d'autres rameaux
articulés, équisétiformes, de même aspect, mais appartenant à des familles
éloignées telles que celles des Annulariées et des Calamophyllites, etc.

Les cicatrices laissées par les rameaux sont discoïdes, marquées à la périphérie de stries rayonnantes correspondant aux coins ligneux; autour de la
cicatrice, sur les empreintes, on voit l'extrémité des coins ligneux s'infléchir
au-dessus et au-dessous de l'articulation et prendre une direction rayonnante
très accusée pour venir se mettre en rapport avec les jeunes faisceaux ligneux
du rameau.

Le bois des Calamodendrons conservé par la silice ou transformé en houille
est facile à distinguer du bois des *Arthropitus.* En effet, les coins ligneux des
rameaux et des tiges sont entourés dans tous les sens, sauf sur leur face péri-

phérique, d'une gaine prosenchymateuse qui s'accroît en même temps que la lame ligneuse, du centre à la périphérie; entre les gaines de ce tissu mécanique appartenant à deux coins voisins, se trouve une couche mince *m* (fig. 4, pl. LVIII) de tissu fondamental secondaire. Sur une coupe transversale, par conséquent, les gaines latérales de deux coins ligneux voisins paraissant fréquemment n'en former qu'une, leur aspect tranche sur celui des deux coins ligneux contigus, dont les éléments constitutifs sont différents et d'un plus gros calibre.

Sur une coupe transversale ou tangentielle, le bois des Calamodendrons semble donc résulter de bandes rayonnantes ou parallèles alternant régulièrement, d'aspect différent, les unes constituées par le tissu ligneux, les autres par les gaines prosenchymateuses; chaque coin ligneux est muni à son extrémité interne d'un canal longitudinal ou lacune aérienne.

Les éléments anatomiques du bois sont des trachéides rayées ou ponctuées, quelquefois réticulées.

Les rayons cellulaires ligneux sont toujours formés de cellules parallélipipédiques plus hautes que larges.

Les gaines prosenchymateuses ou libériformes sont composées de cellules allongées de petit diamètre, huit à dix fois plus hautes que larges et (sur une section tangentielle à la tige) terminées en pointe aux deux bouts. La lame de tissu parenchymateux qui les sépare comprend des cellules à sections rectangulaires un peu plus hautes que larges et disposées sur deux ou trois rangs en épaisseur.

Le liber ne possède que des éléments mous, tels que parenchyme libérien et cellules grillagées.

L'écorce, peu épaisse, est entièrement cellulaire, et lisse à la surface.

Les racines adventives renferment sept à quinze faisceaux primaires centripètes; elles acquièrent souvent un bois secondaire considérable ne présentant pas d'une façon aussi nette les bandes de trachéides et de tissu mécanique que l'on trouve dans les tiges; elles sont recouvertes d'une écorce épaisse, cellulaire, creusée de lacunes disposées comme les rayons d'une roue, et limitée par plusieurs assises de tissu subéreux.

Les feuilles des rameaux sont verticillées, linéaires, terminées en pointe acérée, parcourues par une, quelquefois plusieurs nervures, rarement bifurquées à leur extrémité; elles sont libres ou soudées à la base en gaine de grandeur variable avec les espèces.

Les fructifications des Calamodendrées ne sont connues que d'une manière bien incomplète; les empreintes fournissent rarement des fructifications attachées à des rameaux déterminables, et encore dans ce cas, l'organisation interne échappe à l'investigation. Celles qui ont été conservées par la silice ne sont rapportées à ces plantes qu'à cause de la présence simultanée, dans les mêmes rognons, de rameaux et d'épis dont la structure interne présente quelque ressemblance avec celle des Calamodendrons et des *Arthropitus*.

CALAMODENDRON STRIATUM Brongniart.

(Pl. LVIII, fig. 1 à 5.)

Troncs cylindriques articulés, dépassant 10 mètres de hauteur, mesurant plusieurs décimètres de diamètre.

Les articulations inférieures sont le point de départ de racines adventives, ligneuses, disposées en verticilles; celles de la partie supérieure, de couronnes de rameaux caducs. Les entre-nœuds mesurent 1 à 2 centimètres quand les articulations sont ramifères et dépassent plusieurs décimètres quand elles sont dépourvues de rameaux; le nombre des articulations ramifères superposées n'est jamais bien considérable, cinq à onze; on rencontre aussi, mais plus rarement, des verticilles isolés; quand les rameaux sont nombreux, l'articulation suivante est notablement raccourcie.

Sur la coupe transversale d'un rameau ou d'une tige, le cylindre ligneux se montre formé de bandes rayonnantes, alternativement plus foncées ou plus claires, d'inégale épaisseur; les plus larges correspondent au *bois,* les plus étroites à du tissu libériforme qui leur sert de gaine. Le bois est composé de trachéides rayées, quelquefois réticulées, séparées par des rayons ligneux, dont les cellules sont plus hautes que larges, disposées sur un ou deux rangs en épaisseur et d'un à vingt-cinq en hauteur. Les coins ligneux sont munis, vers l'extrémité interne, d'une lacune occupée partiellement par un faisceau de trachées adhérant, dans les échantillons bien conservés, aux premiers éléments du bois secondaire; les parois de la lacune sont formées du côté de la moelle par deux ou trois couches de cellules allongées résistantes, sorte de liber interne qui a protégé la lacune.

Chaque coin ligneux est garni latéralement d'une couche de cellules prosenchymateuses allongées, terminées en pointe aux deux bouts, à parois épaissies, disposées sur plusieurs rangs sans interposition de rayons cellulaires et dont le diamètre moyen est plus petit que celui des trachéides ligneuses.

Entre deux coins ligneux il y a donc deux lames prosenchymateuses appartenant chacune à deux coins voisins; elles sont séparées l'une de l'autre par une bande de tissu fondamental secondaire.

Il n'y a pas de lacune au bord interne des bandes prosenchymateuses. La moelle, volumineuse, a généralement disparu; le plus souvent son moulage a l'aspect d'une tige calamitoïde contractée aux articulations; cette particularité est due à ce que les coins ligneux, d'abord verticaux, s'infléchissent vers l'axe de la tige en s'approchant de l'articulation comme chez les *Arthropitus* (pl. XLVII, fig. 5 et 6), puis s'en éloignent au-dessus pour reprendre leur direction verticale.

Chaque coin ligneux, comme cela se voit dans toutes les tiges de la famille, se divise, à la hauteur de l'articulation, en deux branches qui s'écartent l'une de l'autre pour aller se souder à l'une des branches du faisceau voisin, qui a subi la même division; les deux branches réunies forment le coin ligneux de l'entre-nœud suivant; par conséquent, les coins ligneux alternent régulièrement d'un article au suivant.

Lorsque l'articulation porte des rameaux, on voit un certain nombre de faisceaux ligneux s'infléchir, au-dessus et au-dessous, de manière que les extrémités semblent rayonner autour des rameaux et *concourir* à leur formation; il est presque toujours possible de découvrir au-dessous de l'insertion du rameau une bande vasculaire correspondant à une feuille.

Le liber est formé d'éléments mous; quelques cellules dissociées remplies d'une matière brune peuvent représenter soit des cellules grillagées, soit des cellules à gomme.

L'écorce du *Calamodendron striatum* est peu épaisse; elle est constituée par une couche de cellules à parois minces, mais allongées, quelques assises de tissu subéreux, enfin un épiderme que l'on distingue assez facilement.

Le moulage extérieur de l'écorce ne peut pas présenter de stries longitudinales; la quantité de houille qu'elle a laissée n'est guère appréciable; le bois, au contraire, en a produit de notables proportions qui ont conservé l'organisation ligneuse primitive; sans le secours de préparations, à la loupe, on distingue facilement la houille due à la partie ligneuse vasculaire, et celle formée par les bandes prosenchymateuses.

Le *C. striatum* conservé par la silice se reconnaît, soit sur une cassure transversale, soit sur une cassure longitudinale, par les bandes rayonnantes qui sont d'épaisseur inégale, celles constituant le bois étant plus épaisses que celles qui représentent le tissu libériforme. Ce caractère se retrouve également sur les empreintes qui ont conservé un peu de la houille produite par le bois.

De plus, si l'empreinte intéresse une région ramifère, le nombre des articulations portant les cicatrices de rameaux disposés en quinconce (*Calamites cruciatus*) est toujours restreint et beaucoup plus petit que celui de l'espèce que nous décrirons plus loin[1].

Provenance. — Champ des Borgis et Margenne.

CALAMODENDRON CONGENIUM Grand'Eury.

(Pl. LIX, fig. 1.)

Quelques fragments silicifiés d'Autun nous paraissent pouvoir être rapportés à cette espèce, si commune dans le terrain houiller de Saint-Étienne et dans les silex des environs de Grand'Croix.

La tige est articulée; les articulations sont, tantôt presque égales en longueur dans certaines parties de la tige, tantôt inégales. La distance de deux articulations peut dépasser 6o centimètres. Dans les parties du tronc portant les rameaux, les entre-nœuds sont extrêmement courts : 1 centimètre et demi à 2 centimètres; les articulations se succèdent nombreuses et riches en rameaux, dont les cicatrices sont disposées régulièrement en quinconce. Les *Calamites cruciatus* var. *encarpatus, oculatus, densatus,* ne sont que des portions, ramifiées ou non, des tiges de *Calamodendron congenium.*

Le bois du *C. congenium* a la même structure que le *C. striatum,* sauf que les bandes ligneuses sont plus étroites que les bandes prosenchymateuses qui les accompagnent, à l'inverse de ce qui a lieu dans le *C. striatum.*

La différence d'épaisseur entre les bandes ligneuses et les bandes prosenchymateuses, qui distingue ces deux espèces, se conserve dans la houille provenant de leur bois, que ces bandes soient restées dans leur position rayonnante naturelle ou que, par suite de la pression des terrains environnants, elles se soient repliées diversement en zigzag.

---

[1] Une empreinte de *Calamites cruciatus* se rattache toujours à un *Calamodendron;* les *Arthropitus,* ayant leurs articulations isolées, ne peuvent fournir une empreinte analogue; l'*A. approximata,* dans sa région ramifère, pourrait seul porter à une confusion, mais la distance des articulations, ramifères ou non, reste sensiblement constante dans cette espèce.

L'épaisseur de la couche de houille peut atteindre 4 à 5 centimètres dans la première de ces espèces; elle est un peu plus faible dans la dernière qui ne paraît pas avoir atteint une taille aussi grande.

Nous avons représenté (fig. 1, pl. LIX) une coupe longitudinale un peu oblique d'une portion de coin ligneux et des bandes prosenchymateuses qui doublent ces lames ligneuses.

En *a a'* on voit les trachéides ponctuées de deux coins ligneux voisins; en *b b'* les bandes prosenchymateuses à éléments libériformes qui bordent les deux coins ligneux; en *m* la bande de tissu fondamental secondaire qui sépare les bandes de prosenchyme.

Il n'est pas rare, quand ces bandes atteignent une certaine largeur, de voir des rayons cellulaires former de nouvelles séparations dans leur épaisseur.

Le *Calamodendron congenium* se distingue donc facilement du *C. striatum* par la grande longueur des entre-nœuds, par le nombre considérable d'articulations ramifères qui se succèdent sans interruption, par l'épaisseur plus grande des lames prosenchymateuses, qui l'emporte sur celle des lames ligneuses, enfin par la nature des trachéides, qui sont ponctuées au lieu d'être rayées.

Provenance. — Le *C. congenium*, commun à Saint-Étienne, est très rare dans le bassin d'Autun, même à Épinac.

<h2 style="text-align:center">CALAMODENDRON INTERMEDIUM, n. sp.</h2>

(Pl. LIX, fig. 2 et 3.)

Cette espèce est fondée seulement sur quelques fragments silicifiés.

Les coins ligneux sont accompagnés de lames prosenchymateuses relativement larges; chacune d'elles atteint l'épaisseur de la lame ligneuse. Les séries de trachéides rayonnantes sont tantôt isolées, tantôt réunies par deux; leurs parois sont rayées ou ponctuées; elles sont séparées par des rayons cellulaires formés de cellules trois à quatre fois plus hautes que larges, disposées sur un ou deux rangs en épaisseur. A l'extrémité des coins ligneux se trouve une lacune large limitée par des cellules libériformes, et dans laquelle se voient quelques trachées adhérentes au bois secondaire.

La moelle est bien conservée et composée de cellules à parois minces, à section transversale polygonale, et à section longitudinale rectangulaire, un peu plus haute que large.

Les bandes de tissu fondamental qui séparent les lames prosenchymateuses sont larges et formées de quatre à cinq rangées de cellules en épaisseur. Cette espèce rappelle le *Calamodendron congenium* par la prédominance des bandes prosenchymateuses sur les bandes vasculaires; mais, d'un autre côté, les trachéides, au lieu d'être uniquement ponctuées, comme dans cette espèce, sont rayées et ponctuées; les ponctuations sont allongées transversalement, comme dans le *C. striatum*. De là le nom spécifique d'*intermedium* que nous lui avons donné.

Nous n'avons trouvé cette espèce que sous la forme de petits fragments sur lesquels il a été impossible de découvrir aucun organe appendiculaire.

Provenance. — Champ des Borgis.

Racines des Calamodendrons.

Les racines des Calamodendrons possèdent une structure rappelant celle des racines d'*Arthropitus*. Sur la figure 4, pl. LIX, nous représentons une coupe tangentielle faite à travers le bois d'un *Calamodendron congenium* et intéressant une racine adventive encore incluse dans ce bois, qu'elle traverse radialement.

Les coins ligneux de la racine sont également formés d'un bois primaire centripète et d'un bois centrifuge secondaire; ils sont séparés par des lames de tissu fondamental, épaisses, analogues à celles qui séparent les coins ligneux dans les tiges; les trachéides composant les bandes ligneuses sont tantôt ponctuées, tantôt rayées, suivant l'espèce de *Calamodendron* dont ces racines ont fait partie.

Elles ne présentent aucune trace d'articulation, et sur les schistes leurs empreintes consistent, si elles sont peu développées, en une longue lame de houille en forme de ruban, occupée dans la région médiane par une bande de houille plus épaisse qui représente le cylindre ligneux; cette bande peut être rejetée plus ou moins vers les bords, ce dont on peut facilement se rendre compte par l'inspection de la figure 5, pl. LIX, qui représente la section transversale d'une racine sous le grossissement de cinq diamètres.

Le contour de la racine est conservé; on voit en *ep* l'épiderme recouvrant une assise subéreuse formée de quatre à cinq rangs de cellules; leur intérieur est rempli d'un *mycelium* de Champignon dont les filaments rameux sont de nature coriace et que nous étudierons plus tard; pour le moment, nous le désignerons seulement sous le nom de *Phloiomycetes spinosa*.

En deux points f et f' on voit deux cylindres ligneux, dont l'un, plus considérable, paraît être le vrai cylindre de la racine; le deuxième semble en être issu; tous deux, du reste, présentent exactement l'organisation que nous avons indiquée plus haut.

Tout le tissu compris entre la région subéreuse et ces cylindres est complètement détruit; ils sont donc flottants dans la cavité qui en est résultée et n'occupent certainement pas leur position originelle.

Le diamètre total de la racine, dans l'exemple choisi, est de 22 millimètres environ; celui du plus gros cylindre n'est que de 3 millimètres; si la houillification s'était effectuée dans l'état actuel de la racine, il est clair que l'empreinte se composerait d'une mince pellicule de houille en forme de ruban parcourue suivant sa longueur par un cordon de houille placé soit au milieu, soit près des bords et provenant du cylindre ligneux.

Si, au contraire, le bois secondaire a pris un notable développement, l'empreinte apparaîtra comme un cylindre plus ou moins aplati, bordé latéralement d'une mince pellicule de houille et parcouru longitudinalement par des cannelures provenant des coins ligneux et des lames prosenchymateuses qui les séparent.

La structure de l'écorce a la plus grande analogie avec celle des racines des *Arthropitus*. Nous donnons (fig. 2, pl. LX) la section transversale d'une racine de Calamodendron; au centre se trouve le cylindre ligneux formé de six faisceaux composés de bois primaire et secondaire et de liber mou; l'écorce offre les particularités que nous avons signalées plus haut; en c on voit les lacunes de la région médiane et les bandes rayonnantes qui les limitent; on conçoit que cette structure a dû souvent, lorsque la racine était soumise à une macération prolongée, amener l'état représenté par la figure 5., pl. LIX, dans lequel les tissus cellulaires et lacuneux de l'écorce ont disparu en laissant le cylindre ligneux libre dans l'enveloppe subéreuse extérieure plus résistante.

Deux radicelles r, r' s'échappent latéralement, presque à la même hauteur, mais non en verticille.

Nous avons rencontré des radicelles dont le cylindre ligneux, épais, de 1 millimètre de diamètre, est entouré d'une écorce atteignant 3 et demi à 4 millimètres de diamètre extérieur; à la périphérie celle-ci est limitée par une couche subéreuse formée de trois à quatre rangées de cellules et par un épiderme conservé. Par places, on reconnaît les cloisons rayonnantes qui limitent les lacunes corticales.

La figure 1, pl. LX, représente une coupe tangentielle passant immédiatement au-dessous de l'assise subéreuse dont on voit la section latérale en *s*; les cloisons qui limitent les lacunes sont en partie déchirées et on ne peut juger de leur forme dans le sens vertical; en *r* se trouve une radicelle qui s'échappe sur le côté; elle est contractée à son point d'insertion; en *r'* se trouvent les sections transversales de deux autres de ces organes.

Le bois centripète, à cause de la petitesse de la radicelle, forme un cylindre unique entouré d'une couche de bois secondaire.

Racines décortiquées de Calamodendron.

Les fragments isolés que nous avons examinés ont varié en diamètre de 3 à 50 millimètres, et dans tous les échantillons nous avons constaté l'existence des deux sortes de bois dans chaque coin ligneux.

Les éléments trachéens communs, représentés par cinq à six trachées, mesurent 20 μ environ. Les trachéides rayées et réticulées les plus internes du bois centripète atteignent 60 μ, les cellules périphériques de la moelle 180 μ; cette dernière est assez développée; dans un échantillon de 28 millimètres de diamètre, elle présente 17 millimètres de largeur; le plus souvent elle est déchirée à la partie centrale et ne subsiste qu'à la périphérie.

Les coins ligneux sont terminés en pointe arrondie du côté de la moelle, et le bois centrifuge se compose de lames ligneuses résultant de l'arrangement en séries rayonnantes de trachéides ponctuées; ces dernières, sur une coupe transversale, mesurent 20 μ à l'extrémité interne de la lame ligneuse et 70 μ dans la région moyenne. Chaque lame ligneuse est formée en épaisseur d'une à trois séries rayonnantes de trachéides et séparée de sa voisine par un rayon ligneux composé ordinairement d'une rangée de cellules superposées, plus hautes que larges.

Quelquefois le rayon cellulaire comprend deux ou trois rangées de cellules, mais alors est moins développé en hauteur; il en résulte, pour les séries de trachéides, des déviations et des inflexions très prononcées.

Sur une coupe longitudinale radiale, les trachéides portent sur leurs parois des ornements ponctués, aréolés. Les ponctuations, rangées tantôt en une seule ligne verticale, tantôt sur deux à cinq, suivant la dimension des parois latérales, sont elliptiques, disposées en quinconce; leur grand axe est dirigé obliquement par rapport à l'axe de la trachéide.

Le pore central est également elliptique et plus ou moins régulier; lorsque
la destruction de la partie aréolée est presque complète, la trachéide prend
un aspect réticulé, les mailles sont nombreuses, obliques, larges de 10 μ et
hautes de 20 μ.

Les rayons cellulaires qui séparent les lames ligneuses sont formés de cellules à section rectangulaire, plus haute que large, mesurant quelquefois en
hauteur 220 μ et en largeur 60 μ, d'autres fois 70 μ et 60 μ; leurs parois
latérales sont marquées de ponctuations fines non aréolées.

Les racines secondaires ont la même structure que la racine principale;
elles naissent par places et sont irrégulièrement espacées; dans aucun cas,
elles ne sont disposées en verticille.

Les analogies que nous venons de signaler entre les racines de *Calamodendron* et d'*Arthropitus* nous permettent de leur appliquer les remarques que
nous avons faites à propos de ces derniers, et de penser que, dans beaucoup
de cas, les racines adventives ont pu jouer le rôle de stolons et reproduire
une plante semblable à celle d'où elles étaient issues.

Fructifications des Calamodendrées.

Nous avons voulu traiter, dans un paragraphe spécial, de la nature des
fructifications des Calamodendrées parce que ces organes sont connus d'une
manière bien incomplète et qu'il n'est pas possible pour le moment de rapporter à une espèce, peut-être même à un genre de Calamodendrée, une
fructification qui lui ait appartenu avec certitude.

Les fragments silicifiés ne se présentent généralement que fort incomplets,
toujours détachés du rameau qui les a portés, et ce n'est que la structure
anatomique de l'axe qui peut guider sur l'attribution probable de ces fragments, mais ils ont l'avantage de donner des indications précieuses sur l'organisation interne.

Les empreintes fournissent bien quelquefois des fructifications encore
attachées à des rameaux, mais, malheureusement, leur composition intime
échappe à l'investigation, de façon que le doute peut encore exister sur
la place systématique que doivent occuper les Calamodendrées dans la classification botanique.

Quoi qu'il en soit, nous allons donner la description de quelques fructifications que nous croyons pouvoir rattacher à ces plantes.

Fructifications mâles des Calamodendrons.

CALAMODENDROSTACHYS Zeilleri, n. sp.

(Pl. LX, fig. 3 à 8.)

Les épis mâles que nous rapportons avec quelques doutes aux Calamodendrons, sont très rares dans les gisements silicifiés. Celui que nous représentons pl. LX, fig. 3, en coupe tangentielle provient des environs de Grand'Croix, près Saint-Étienne. Ce fragment d'épi mesure plus de 6 centimètres de longueur et possède un diamètre extérieur à peu près uniforme de 9 millimètres.

Il y en a d'autres beaucoup plus petits, plus grêles, comparables comme taille au *Calamostachys Binneyana* de Halifax, mesurant 1 à 2 centimètres de longueur, mais ce dernier doit plutôt être rapporté aux *Arthropitus*.

L'axe articulé offre en petit la structure des rameaux de *Calamodendron*, c'est-à-dire est formé de coins de bois secondaire, alternant avec des bandes de tissu fondamental secondaire à cellules allongées. Chaque coin ligneux est muni, vers sa pointe interne, d'une lacune occupée partiellement par des trachées déroulées et est constitué par des trachéides rayées et ponctuées.

Dans l'espèce que nous avons figurée on compte quatorze coins ligneux, chacun muni d'une lacune l (fig. 5 et 6); de chaque côté se trouvent de petits faisceaux ligneux, munis ou non de lacunes l', qui après s'être élevés dans l'entre-nœud, au-dessus des points d'insertion des sporangiophores sp, redescendent pour y pénétrer en restant à la partie supérieure de la portion horizontale de ces organes. Les petits faisceaux dont nous venons de parler sont au nombre de quatorze et forment dans une grande portion de l'entre-nœud une couronne très grêle discontinue en dehors du cercle des faisceaux principaux; ils se séparent de ces derniers au-dessus du verticille de bractées stériles immédiatement placé au-dessous du verticille fertile que l'on considère, s'élèvent verticalement dans l'entre-nœud, puis redescendent pour pénétrer dans les pédicelles des bractées fertiles.

Le long de l'axe se trouvent disposées très régulièrement à chaque articulation des bractées stériles au nombre de vingt-huit; là les faisceaux ligneux principaux envoient deux branches vasculaires qui pénètrent dans ces feuilles stériles; celles-ci, d'abord horizontales, se redressent verticalement à une

distance de 4 millimètres environ de l'axe, atteignent une longueur de
10 millimètres, dépassant le niveau de plusieurs verticilles superposés, la
distance de deux articulations étant de 4 millimètres environ ; elles sont
linéaires, lancéolées, aiguës, parcourues par une seule nervure. Leur limbe
est extrêmement réduit en largeur et en grande partie formé de cellules
allongées transversalement, ce qui permettait à cette portion de la bractée
d'exécuter certains mouvements favorables à la dissémination des corpuscules
fécondateurs.

Les bractées fertiles, dont le nombre est moitié de celui des bractées stériles, se composent d'une partie cylindrique formée de cellules allongées sclérifiées, occupant la partie inférieure et jouant le rôle de tissu mécanique, et
d'une partie vasculaire placée à la partie supérieure ; le pédicelle de la bractée
se dilate à son extrémité en disque peltoïde (fig. 6) composé d'une partie
charnue n recouverte extérieurement de cellules prismatiques p dont le grand
axe est perpendiculaire à la surface extérieure de la bractée ; ce tissu particulier, élastique, devait concourir au déchirement des sacs et à la dissémination des corpuscules fécondants. Chaque bractée fertile porte ordinairement
quatre sacs (fig. 3, 4), deux en dessus, deux en dessous du pédicelle, formant
ainsi deux verticilles superposés ; souvent le verticille supérieur est incomplet.
Les sacs étaient adhérents d'un côté à l'axe, de l'autre à la partie charnue de
la bractée ; c'est de cette partie qu'ils recevaient les aliments ; le faisceau vasculaire unique du pédicelle se divisait en arrivant à la partie charnue en quatre
branches correspondant à l'insertion des quatre sacs.

Leur hauteur est de 1^{mm},6, leur épaisseur moyenne de 500 μ et leur
longueur dans le sens du rayon de 2 millimètres.

L'épiderme qui recouvre ces sacs est formé de cellules rectangulaires allongées suivant une de leurs dimensions. Chacune d'elles est munie sur un
ou plusieurs côtés d'un prolongement lamellaire qui pénètre dans une fente
correspondante de la cellule voisine dont les parois se moulent sur ce prolongement ; cette sorte d'engrènement assez compliqué devait donner à l'enveloppe
une grande solidité. Son intérieur est tapissé par une couche de cellules à
parois minces et généralement aplaties.

Les sacs renferment un grand nombre de grains arrondis ou polyédriques
soudés par quatre (fig. 8) ; presque toujours protégés par les parois de la
cellule-mère qui se sont cuticularisées. Chaque grain est entouré de deux enveloppes que l'on peut considérer, suivant le point de vue où on se place, soit

comme une exine et une intine, soit comme une exospore et une endospore. L'intine du grain renferme huit à dix cellules polyédriques toutes de même grandeur. Les grains mesurent 45 μ et la cellule-mère 90 μ de diamètre; à la rupture des sacs les grains s'échappaient par tétrades contenues dans leurs cellules-mères.

Ces groupes se rencontrent non seulement autour des épis des *Calamodendrons*, mais encore dans le canal micropylaire du *Trigonocarpus pusillus*, dans la chambre pollinique du *Gnetopsis elliptica*, etc.

Fructifications femelles des Calamodendrons.

Jusqu'ici nous n'avons pas encore rencontré d'épis femelles de *Calamodendron* incontestables : ce n'est donc qu'avec une certaine réserve que nous allons signaler les faits suivants.

Dans les gisements de Grand'Croix, là où les débris de *Calamodendron congenium* sont en assez grand nombre, se rencontrent des graines de faibles dimensions, cylindriques, longues de 2^{mm},5 et larges de 1^{mm},2, surmontées d'un appareil disséminateur divisé en plusieurs branches garnies de poils. La chambre pollinique de ces graines renferme des grains de pollen arrondis mesurant 50 μ de diamètre, rappelant, comme nous venons de le dire, les grains contenus dans les tétrades, dont quelques-unes sont encore visibles au milieu des poils de l'appareil disséminateur. Le *testa* de ces graines, que nous avons désignées sous le nom de *Gnetopsis elliptica*, présente dans son épaisseur et à différentes régions des lacunes aériennes, fournissant à la graine un deuxième moyen de dissémination, aquatique au lieu d'être aérien, comme le précédent.

En empreinte nous avons rencontré un fragment de rameau de *Calamodendron* d'Eschweiler portant quatre articulations. A chacune d'elles se trouvent des feuilles aiguës, longuement triangulaires, libres dans la plus grande partie de leur étendue, mais soudées à la base en une courte gaine entourant l'articulation; à côté se trouvent un certain nombre de graines appartenant au genre *Gnetopsis*.

Nous serions porté à croire que certaines espèces de *Gnetopsis*, celles qui ont un appareil disséminateur, auraient appartenu aux Calamodendrons.

Fructifications mâles des Arthropitus.

Les fructifications mâles des *Arthropitus* sont plus nombreuses à Autun et à Saint-Étienne dans les gisements silicifiés que celles des Calamodendrons. Nous en décrirons quelques espèces déjà connues et communes à ces deux localités.

ARTHROPITYOSTACHYS BORGIENSIS, n. sp.

(Pl. LXI, fig. 1 à 4.)

Ce sont des épis cylindriques de dimension assez considérable, atteignant près d'un décimètre de longueur, composés, comme ceux des Calamodendrons, de verticilles alternativement fertiles ou stériles, mais les bractées, au lieu d'être libres sur toute leur longueur, se soudent dans la partie horizontale en une sorte de plancher continu et ne deviennent libres que dans leur partie dressée, verticale, dont la longueur dépasse le verticille suivant.

La portion d'épi figurée a 18 millimètres de long sur 7 millimètres de diamètre; elle se rapporte à la partie supérieure et comprend sept articulations.

L'épi cylindrique, d'un diamètre sensiblement uniforme, est terminé assez rapidement en pointe arrondie; l'axe robuste est renflé aux articulations sur lesquelles sont placées les bractées stériles; celles-ci se composent d'une partie horizontale étalée de façon à produire un plancher circulaire presque continu, et d'une partie verticale épaisse s'étendant au-dessus et au-dessous de ce plancher; la partie peltoïde de la bractée s'étale donc à la fois sur l'entre-nœud inférieur et sur l'entre-nœud supérieur, qu'elle dépasse, recouvrant ainsi une portion de l'entre-nœud suivant. Le limbe épaissi est formé de deux assises distinctes : l'assise interne est charnue et l'assise externe est composée de cellules prismatiques, dont la grande longueur est perpendiculaire à sa surface dans la région médiane, et parallèle à cette surface en se rapprochant des bords.

Les bractées fertiles sont insérées sensiblement au milieu de l'entre-nœud. Le pédicelle s'élargit en disque à la périphérie; cette région est charnue et les sacs reproducteurs y sont engagés par leur base. Leurs parois offrent la même disposition de cellules que nous avons décrite plus haut; la plupart d'entre eux sont encore en place, mais ne renferment plus de granulations; celles-ci ont été facilement détruites pendant la macération à cause de la jeunesse de cette région de l'épi. Il y a quatre sacs par bractée.

Sur un autre fragment mieux conservé nous avons obtenu la portion de coupe représentée figure 2; elle passe par le milieu d'un verticille inférieur de sacs; en *a* se voit un coin ligneux avec sa lacune; en *b* la partie supérieure horizontale d'une bractée stérile; la section rencontre trois de ces bractées qui s'élargissent et se touchent presque par leurs bords en s'engageant sous les sacs; chacune d'elles reçoit un faisceau vasculaire d'un coin ligneux qui dessert deux bractées voisines.

Les sacs ont une forme semblable à celle que nous avons déjà indiquée pour les fructifications de *Calamodendron* et ils sont remplis de granulations réunies également par quatre.

Sur la figure 3 nous avons représenté une section tangentielle de l'axe, passant par un verticille stérile; on reconnaît facilement les traces laissées par le passage des cordons vasculaires se rendant dans chaque bractée. Les trachéides sont rayées et séparées par des rayons dont les cellules sont plus hautes que larges.

La figure 4 représente une section longitudinale passant par une bractée dans la région relevée, verticale.

La partie supérieure est composée de cellules allongées analogues à des fibres hypodermiques; plus en dehors on remarque les trachéides du bois *tr* et le liber *g* où on peut distinguer des tubes grillagés.

Ces différents échantillons viennent du champ des Borgis.

Tous les épis mâles que l'on peut rapporter aux *Arthropitus* n'ont pas les dimensions de celui que nous venons de décrire. Ainsi le *Calamostachys Binneyana*, si commun en Angleterre au milieu des ramules d'*Arthropitus communis*, mesure à peine 10 millimètres en longueur et 2 millimètres en largeur. Les bractées stériles soudées dans leur partie horizontale en plancher continu, et dilatées à leur extrémité en disque peltoïde, portent sur la face interne quatre sacs disposés comme ceux que nous avons décrits, contenant également des cellules-mères avec quatre grains soudés; mais comme les échantillons du Lancashire sont calcifiés, ce n'est qu'exceptionnellement que l'on peut constater les détails internes, si visibles dans les échantillons silicifiés.

ARTHROPITYOSTACHYS DECAISNEI B. R.

Nous rappellerons en quelques lignes l'organisation de l'*Arthropityostachys Decaisnei* que nous avons déjà fait connaître[1] et qui est l'un des plus complets que l'on ait trouvés jusqu'ici.

Cet épi offre les dimensions de l'*A. borgiensis*, mais il en diffère par quelques détails. Le cylindre est composé de douze coins ligneux principaux, chacun présentant une lacune parfaitement nette. De chaque côté de ces coins ligneux, un peu en dehors, se trouve un faisceau vasculaire plus grêle, muni également d'une lacune, mais souvent peu distincte.

Le cylindre ligneux est donc formé de douze faisceaux ligneux principaux et de douze autres plus petits; c'est en regard de ces douze derniers que se trouvent insérées les douze bractées fertiles; le cordon vasculaire que chacune reçoit, a son point de départ dans la portion de l'entre-nœud placée immédiatement au-dessus d'elle; il se divise en quatre branches en arrivant dans la région peltoïde de la bractée.

Les bractées stériles, qui sont au nombre de vingt-quatre, reçoivent leur cordon vasculaire des faisceaux principaux de la tige : chacun en fournit deux.

Tous ces faisceaux sont formés de trachéides disposées en séries rayonnantes plus ou moins développées; les trachéides ont des ornements rayés et les trachées sont placées à l'extrémité interne de ces séries.

ARTHROPITYOSTACHYS GRAND'EURYI B. R.

(Pl. LXII, fig. 1 à 6.)

Bruckmannia Grand'Euryi, B. Renault, *Végét. silic. d'Autun et de Saint-Étienne*, p. 41.

Cet épi mesurait 7 à 8 centimètres de long sur 10 à 12 millimètres de large. Le diamètre de l'axe est de 2,5 à 3 millimètres. La distance des verticilles stériles entre eux est de 5,5 millimètres.

Le verticille stérile se compose de trente-six bractées, et le verticille fertile, de dix-huit.

La partie centrale de l'axe est occupée par une moelle continue dont les

[1] *Végétaux silicifiés d'Autun et de Saint-Étienne* (*Mémoires de la Société Éduenne*, 1878).

cellules plus hautes que larges sont disposées en files verticales sans dérangement dans le voisinage des articulations.

Sur une coupe transversale le cylindre ligneux est épais de $0^{mm},3$ dans les entre-nœuds et de $0^{mm},6$ aux articulations; il est formé de dix-huit faisceaux ligneux munis de lacunes assez visibles; un peu en dehors se trouvent dix-huit faisceaux plus petits, munis ou non de lacunes; ce sont ces petits faisceaux qui se mettent en rapport avec les cordons qui pénètrent, à la manière que nous avons déjà exposée, dans les bractées fertiles. Les bractées stériles, au nombre de trente-six, reçoivent les leurs des coins ligneux; chacun fournit deux cordons après s'être divisé en deux branches, comme cela a lieu à chaque articulation de la tige (fig. 6).

Les bractées s'éloignent horizontalement de l'axe, et à une distance de $2^{mm},5$ se redressent presque verticalement.

Les bractées stériles sont formées d'un tissu fibreux en dessus et sont parcourues par un faisceau vasculaire qui en occupe la région médiane. La figure 5 représente une section transversale d'une bractée prise dans sa partie redressée; la face tournée du côté de l'axe de l'épi est marquée d'une côte saillante produite par un faisceau hypodermique; il est recouvert, ainsi que tout le reste de la feuille, d'un épiderme composé de cellules petites à sections rectangulaires. Dans la région médiane, on remarque une lame vasculaire étalée entourée de liber mou; le mésophylle est formé de cellules polyédriques à parois minces; enfin sur le dos, immédiatement au-dessous de l'épiderme, on aperçoit une couche de cellules à parois épaissies, rectangulaires, leur grande direction étant perpendiculaire à la surface de la feuille, sorte de tissu mécanique destiné à produire l'enroulement et le déroulement des bords de la bractée. Dans les coupes représentées fig. 1 et 2, les bractées stériles que l'on aperçoit en dehors du verticille fertile, disposées en cercle sur un ou deux rangs, ne sont indiquées que par la côte médiane formée de cellules hypodermiques; les autres tissus n'ont pas été conservés. Lorsque la bractée est entière, elle peut atteindre le haut du deuxième entre-nœud placé au-dessus d'elle.

Les bractées sont soudées entre elles dans leur partie horizontale et constituent une sorte de plancher cellulaire; de ce plancher (fig. 3) descendent verticalement et en forme de lames rayonnantes, à partir de l'axe, des prolongements qui s'étendent comme des cloisons jusqu'aux bractées fertiles placées au-dessous. Il y a donc dix-huit cloisons verticales partant du plancher cellulaire formé par les bractées stériles et allant aux sporangiophores; quelquefois elles les dépassent un peu, mais ne semblent pas s'être prolongées jusqu'au verticille inférieur.

C'est dans l'intervalle compris entre ces lames que se trouvent logés les sacs polliniques *ou* les sporanges selon que les corpuscules contenus seront regardés comme des grains de pollen ou des spores.

Les bractées fertiles sont composées d'un pédicelle horizontal et d'une partie peltoïde verticale; le pédicelle est cylindrique et parcouru par un faisceau de trachées; la partie peltoïde est charnue (fig. 4), dilatée, de forme rectangulaire, et c'est du côté interne que quatre sacs sont insérés dans le tissu de la bractée, deux à droite, deux à gauche de chacune des lames rayonnantes.

Le faisceau vasculaire qui parcourt le pédicelle, arrivé dans la partie charnue, se partage en deux branches horizontales, très courtes, qui se subdivisent ensuite chacune en deux autres branches qui s'écartent obliquement; ces quatre faisceaux s'arrêtent à la base des sacs placés par paires de chaque côté de la cloison.

La partie charnue de la bractée était recouverte d'une couche de cellules à parois épaissies, allongées perpendiculairement à la surface et paraissant avoir joué le rôle de tissu élastique; les cloisons rayonnantes étaient elles-mêmes recouvertes extérieurement par un tissu analogue, qui reliait la partie dilatée de la bractée stérile au verticille stérile supérieur.

Il n'est pas rare de trouver, entre les cloisons, des sacs, soit encore remplis de leurs corpuscules, soit vides. Sur la figure 4, on voit quatre enveloppes brunes, déchirées longitudinalement du côté du pédicelle et encore en place; elles sont vides, mais tout autour se trouvent les nombreuses tétrades dont nous avons parlé à plusieurs reprises.

Provenance. — Grand'Croix, près Saint-Étienne.

Fructifications femelles des Arthropitus.

ARTHROPITYOSTACHYS WILLIAMSONIS, n. sp.

(Pl. LXIII, fig. 1 à 9.)

La présence de petites graines au milieu de débris d'*Arthropitus* est assez fréquente dans les magmas silicifiés d'Autun; ces débris sont des fragments de rameaux, de feuilles, quelquefois même d'épis.

Nous représentons (fig. 1) une portion d'épi écrasé; l'axe montre deux articulations saillantes, mais dépourvues de bractées; celles-ci, qui ont été brisées, se voient à une petite distance, formant trois groupes qui, détachés de l'axe, semblent pourtant avoir conservé sensiblement leur direction et leur distance relative. Il n'y a pas de doute que ces bractées ne fussent attachées aux articulations voisines, et que l'écrasement de l'épi n'ait été la cause de leur séparation.

D'après ce qu'il en reste, il semble que le pédicelle assez court de ces bractées s'incurve presque immédiatement vers le haut, s'étale en limbe plus ou moins élargi, parcouru par *plusieurs* nervures; ces nervures sont produites par des bandes hypodermiques et des cordons vasculaires; entre les bandes hypodermiques (fig. 3), on remarque des lignes de stomates; l'épiderme qui recouvre le limbe est formé de cellules rectangulaires à parois peu épaissies; très fréquemment, au-dessous de cet épiderme, on rencontre des corps ovoïdes, disposés irrégulièrement, sans structure apparente, qui semblent dus à des piqûres d'insectes.

Ces bractées lamelliformes sont certainement différentes par leur organisation de celles que nous avons décrites plus haut; entre leurs verticilles où on ne voit aucun indice de sporangiophores ou de leurs points d'insertion, la préparation a rencontré un certain nombre de graines détachées de leur support, et des sacs ayant renfermé des corpuscules mâles.

Doit-on admettre que la présence de ces graines et de ces sacs ne soit ici qu'accidentelle et que les uns et les autres aient été amenés par l'eau dans la situation qu'ils occupent entre les verticilles de bractées? Mais les bractées, détachées de l'axe de l'épi, auraient été enlevées par un courant capable d'entraîner des graines; ce qu'il y a de plus probable, c'est que les épis d'*Arthropitus* portaient à leur partie supérieure des sacs remplis de corpuscules mâles, et à leur base, des verticilles chargés de graines.

Presque toutes les fois que nous avons rencontré un groupe de graines, il y avait dans le voisinage des enveloppes de sacs déchirées, ou des bractées d'*Arthropitus*.

La figure 8 représente des fragments de bractées disposées en verticille et quatre graines en contact; le voisinage si fréquent de graines de même espèce avec des débris d'*Arthropitus* est remarquable et confirme l'opinion que nous avons toujours soutenue, à savoir que les Calamodendrées étaient des végétaux phanérogames se rapprochant des Gnétacées.

Un fait qui vient encore à l'appui de cette manière de voir, est celui de la continuité de tissu entre une graine et une bractée lamelliforme d'*Arthropitus*, représenté par la figure 2. On peut suivre sur la préparation un lambeau d'épiderme appartenant à la graine et qui se continue sur la bractée ; celle-ci n'est pas adhérente à l'axe de l'épi, mais la même préparation contient un fragment de ce dernier.

Nous avons créé le genre *Gnetopsis* pour réunir provisoirement les graines que nous rapportons à la famille des Calamodendrées.

Celles qui se groupent autour du *Gnetopsis primæva* B. R. appartiendraient aux différentes espèces de *Bornia*.

Les Calamodendrons auraient comme type de graines, le *Gnetopsis elliptica* B. R. et R. Z., et le *Stephanospermum* de Brongniart.

Enfin, le *Gnetopsis augustodunensis* représenterait les semences des *Arthropitus*.

GNETOPSIS AUGUSTODUNENSIS, n. sp.

(Pl. LXIII, fig. 1 à 9.)

Ce sont des graines petites, cylindriques, ovoïdes, longues de $3^{mm},5$ à $4^{mm},5$, larges de 1 millimètre et demi, à sommet arrondi, quelquefois surmonté d'un bec micropylaire.

Testa muni de deux enveloppes, l'une extérieure, *sarcotesta*, laquelle se prolonge en couronne (fig. 9) dans la région micropylaire, en se détachant du tégument interne ; le *sarcotesta* est charnu, le plus souvent il a été détruit par la macération et on ne rencontre que l'*endotesta* qui représente la deuxième enveloppe ; celle-ci est dure, formée de petites cellules allongées, à parois fortement épaissies, disposées en plusieurs couches qui s'entrecroisent.

L'extrémité chalazienne est traversée par un faisceau vasculaire qui se divise en plusieurs branches s'élevant, entre l'épiderme du nucelle et le sac embryonnaire, jusqu'à la chambre pollinique.

Le nucelle, dans les graines que nous avons rencontrées, est réduit à un épiderme *ep* (fig. 7) qui tapisse la face interne de l'*endotesta*, et à la chambre pollinique ; suivant les espèces, celle-ci se prolonge simplement en une sorte de tube conique qui pénètre dans le canal micropylaire de l'*endotesta*, ou bien est surmontée d'une sorte de renflement arrondi, terminé par un canal très court s'engageant également dans l'ouverture de l'*endotesta*.

Il n'est pas rare de trouver des grains de pollen dans la chambre pollinique, plus ou moins bien conservés. On y rencontre aussi quelquefois des *mycelium* de Champignon (fig. 6, *my*), qui non seulement remplissent la chambre pollinique, mais se sont glissés entre l'épiderme du nucelle et la membrane du sac embryonnaire qu'ils enveloppent.

Ces graines diffèrent des *Stephanospermum* en ce que la couronne qui surmonte la graine appartient au *sarcotesta* et non à l'*endotesta*, le premier tégument charnu manquant aux *Stephanospermum*; de plus, elles ne sont pas surmontées d'un prolongement micropylaire aussi développé que dans ce dernier genre.

Provenance. — Tous les échantillons figurés proviennent du champ des Borgis.

PLACE À ATTRIBUER AUX CALAMODENDRÉES.

Si on met en parallèle les caractères phanérogamiques et cryptogamiques relatifs aux Calamodendrées, que nous venons d'exposer, nous voyons pour les premiers une zone cambiale fonctionnant régulièrement et uniformément pendant toute la vie de la plante, augmentant sans cesse le bois secondaire des tiges, des rameaux et des racines. Les coins ligneux, dans les tiges et les rameaux, n'ont qu'un centre de différenciation et leur accroissement est toujours centrifuge; certaines espèces, comme l'*Arthropitus gigas*, n'ont pas de lacunes et leurs trachéides sont ponctuées comme celles des Araucariées.

Sauf les rayons cellulaires ligneux, qui sont toujours composés, le bois présente l'organisation générale d'une Gymnosperme.

Les fructifications mâles que nous leur avons rapportées peuvent être interprétées comme renfermant soit des microspores, soit des grains de pollen.

Parmi les nombreuses fructifications de Cryptogames répandues dans les silex d'Autun, de Saint-Étienne, de Saint-Hilaire, nous n'avons jamais observé la dispersion en tétrades des microspores encore renfermées dans leur cellule-mère, cette dernière se déchirant toujours avant la dissémination.

Chez les Cryptogames vivantes, les microspores ne se disséminent pas non plus de cette façon. Ce mode de groupement des grains de pollen, et leur dissémination par tétrade, se rencontrent assez fréquemment, au contraire, parmi les plantes phanérogames actuelles; il suffit de rappeler les *Periploca*, les *Epacris*, les *Rhododendron*, les *Typha*, les *Leschenaultia*, etc.

Du reste, si l'on parvient jamais à établir que les corpuscules mâles des Calamodendrées sont des microspores, chaque grain, comme nous l'avons fait remarquer, renfermant huit à dix cellules toutes semblables, pourrait être considéré comme étant déjà un prothalle mâle capable de donner directement des anthérozoïdes dans la chambre pollinique des graines.

Quant aux fructifications femelles, si les épis ont porté des *Gnetopsis*, ces graines rappellent par leur organisation celles des Gnétacées plus que celles des Conifères, surtout si on se rappelle que le *Gnetopsis elliptica* est renfermé dans un ovaire aussi parfait que celui des *Gnetum* actuels.

Les caractères cryptogamiques se réduisent à bien peu de chose.

Les lacunes que l'on trouve à l'extrémité des coins de bois ne sont pas indispensables, puisque l'*Arthropitus gigas* n'en possède pas; les coins ligneux ne se divisent pas nécessairement en deux branches égales à chaque articulation comme chez les Prêles; le *Bornia esnostensis*, l'*Arthropitus gigas* et même l'*A. bistriata* présentent des coins ligneux rectilignes, envoyant seulement des lames de trachéides, d'importance variable, se souder aux coins voisins.

Reste la forme du faisceau vasculaire que nous avons signalée dans les bractées des épis, qui est celle d'une lame à deux centres de différenciation, par conséquent rappelle celle de certaines Cryptogames; en admettant que ce caractère fût réellement cryptogamique, cela ne prouverait qu'une chose, c'est que, de même que pour nos Cycadées actuelles, qui montrent du bois centripète dans leur faisceau foliaire, les Calamodendrées, tout en ayant acquis une somme de caractères phanérogamiques importante comme les Cycadées, avaient conservé encore dans les feuilles un caractère cryptogamique que l'on ne voit plus dans les Gnétacées actuelles. Ces dernières plantes semblent former la famille vivante la plus rapprochée de nos plantes fossiles, mais plus élevée en organisation, puisque dans leurs tiges on voit apparaître déjà des caractères appartenant aux Angiospermes, et que les feuilles ont perdu les caractères cryptogamiques.

Au point de vue botanique, nous sommes donc disposé à considérer les Calamodendrées comme une famille de Gymnospermes intermédiaire entre les Calamariées cryptogames et les Gnétacées, dont elle ne réunirait pas encore tous les caractères phanérogamiques.

Caractères distinctifs des tiges d'*Arthropitus* et de *Calamodendron*.

En quelques lignes, nous allons résumer les caractères qui permettent, sur les empreintes, de reconnaître les genres *Arthropitus* et *Calamodendron*, caractères tirés principalement de l'organisation des tiges.

Rarement l'écorce a été conservée; elle était d'une faible épaisseur dans les tiges appartenant à ces deux genres; le plus souvent, elle est formée de tissus mous, et par conséquent, lorsqu'elle existe encore à l'état de houille, la mince pellicule qu'elle a produite ne peut être d'une grande utilité pour la distinction qui nous occupe.

Le cylindre ligneux, au contraire, a pris un accroissement considérable; c'est lui qui a produit la presque totalité de la houille qui entoure fréquemment le moule calamitoïde des tiges et que l'on a souvent décrit comme écorce.

Si l'on se reporte à l'une des figures qui représentent un *Arthropitus*, pl. XLIV, fig. 1, par exemple, on reconnaît facilement que l'empreinte laissée par le cylindre ligneux sur sa face interne doit être constituée par des séries parallèles de sillons et de côtes; les sillons correspondent à l'impression de l'extrémité des coins de bois dans les sables ou les argiles; les côtes, au contraire, proviennent de l'introduction de la matière minérale entre les coins de bois, la lame cellulaire qui les sépare étant obligée de céder sous la pression.

Dans les *Arthropitus*, quelle que soit l'épaisseur relative des sillons et des côtes, les reliefs et les creux seront fortement accusés.

Les entre-nœuds des tiges sont beaucoup plus courts que ceux des Calamodendrons. Les articulations ramifères sont généralement isolées ou en très petit nombre; l'entre-nœud qui suit une de ces articulations est plus court que ceux qui séparent les articulations à feuilles.

Le bois secondaire a pris dans ces plantes un développement considérable, et les tiges atteignent un diamètre plus grand. Aux articulations, à l'extrémité supérieure des coins ligneux, on distingue souvent sur les empreintes d'*Arthropitus* des cicatrices correspondant au passage des faisceaux foliaires; ces cicatricules, qu'il ne faut pas confondre avec les mamelons plus apparents qui se trouvent au-dessous des articulations, placés à l'angle supérieur de la lame parenchymateuse séparant les coins de bois et d'où partent les racines adventives, se rencontrent sur les coins ligneux mêmes et placées souvent de deux en deux.

Dans les Calamodendrons, l'organisation différente de la tige amène des modifications très appréciables dans leurs empreintes. Les coins ligneux (pl. LVIII, fig. 4), munis d'une lacune, sont obtus à leur extrémité; ils sont séparés par des bandes de cellules prosenchymateuses, séparées elles-mêmes par une couche de cellules parenchymateuses; il résulte de cette organisation que le moulage de la surface interne du cylindre ligneux donnera bien une empreinte cannelée, mais dont les sillons et les côtes seront aplatis et beaucoup moins marqués que dans les *Arthropitus*.

Les coins ligneux formeront les sillons; les côtes seront dues aux lames prosenchymateuses plus résistantes.

Les entre-nœuds sont bien plus longs que chez les *Arthropitus;* par conséquent, on en rencontre moins sur les empreintes; les articulations ramifères, au lieu d'être isolées, se succèdent immédiatement en grand nombre et produisent les empreintes de *Calamites cruciatus*.

Les Calamodendrons paraissent avoir eu une croissance plus rapide en hauteur que les *Arthropitus*, les entre-nœuds sont plus inégaux; le bois secondaire n'a pas eu un développement aussi considérable, comme l'indique la couche de houille généralement plus mince qui recouvre le noyau calamitoïde; de là, un port différent de celui des *Arthropitus*.

Ces derniers ont pu acquérir un tronc d'un diamètre considérable, s'atténuant peu à peu en cône. Les Calamodendrons, au contraire, d'une grosseur moindre, étaient plus élancés, en forme de colonne cylindrique, à peu près d'égal diamètre sur toute leur longueur, mais pouvant atteindre une hauteur semblable, sinon supérieure à celle des *Arthropitus*.

Nous croyons utile de résumer dans un tableau synoptique les caractères des différentes espèces que nous avons signalées et qui appartiennent aux trois genres de la famille des Calamodendrées.

CALAMODENDRÉES.

Tiges articulées, faisceaux ligneux séparés par des rayons cellulaires de tissu fondamental, plus ou moins apparents; rayons secondaires (ou ligneux) des coins de bois, formés toujours de cellules plus hautes que larges, extrémité des faisceaux ligneux généralement munie d'une lacune du côté de la moelle. Bois secondaire rayonnant et une cambiale distincte dans les tiges, rameaux et racines; — les rameaux et les racines disposés en verticilles.

Genre	Trachéides	Rayons ligneux	Caractère	Espèce	Auteur
G. Bornia. — Faisceaux ligneux séparés par des rayons cellulaires du tissu fondamental peu visibles, coins ligneux se continuant d'une articulation à l'autre sans bifurcation sensible.	Trachéides ponctuées.		Coins de bois peu épais, extrémité médullaire aiguë.	*Bornia einnosiensis*	R. R.
			Coins de bois très épais, extrémité médullaire arrondie.	*Bornia laticylon*	R. R.
G. Arthropitus. — Faisceaux ligneux séparés par des rayons cellulaires primaires parenchymateux accusés; articulations rapprochées; écorce lisse, cellulaire, renfermant quelquefois des bandes hypodermiques.	Trachéides rayées.	Rayons ligneux formés généralement d'un seul rang de cellules.	Rayons cellulaires de tissu fondamental très apparents allant d'un entre-nœud au suivant. Rayons ligneux à cellules quatre ou cinq fois plus hautes que larges, bandes d'hypoderme dans l'écorce.	*Arthropitus histriata*	GOEPPERT.
			Rayons de tissu fondamental moins distincts en hauteur et en coupe transversale. — Rayons ligneux à cellules deux ou trois fois plus hautes que larges.	*Arthropitus comunnis*	BINNEY.
		Rayons ligneux formés de deux à trois rangées de cellules en épaisseur.	Rayons de tissu fondamental peu étendus et peu apparents, rayons ligneux de deux à trois rangs de cellules.	*Arthropitus lineata*	R. R.
			Rayons de tissu fondamental très épais composés de cinq à six rangées de cellules en épaisseur. — Rayons ligneux épais formés de trois à quatre rangées de cellules.	*Arthropitus medullata*	B. R.
	Trachéides ponctuées.	Rayons ligneux formés de trois à quatre rangées de cellules en épaisseur.	Rayons de tissu fondamental développés en hauteur et en épaisseur, coins ligneux sans lacune et très épais.	*Arthropitus gigas*	BRONGT.
			Rayons de tissu fondamental développés en hauteur et en épaisseur, coins ligneux munis de lacune et à section effilée du côté de la moelle.	*Arthropitus Hookei*	R. R.
		Rayons ligneux formés d'une à deux rangées de cellules en épaisseur.	Rayons de tissu fondamental peu étendus en hauteur et peu apparents. — Rayons ligneux composés d'une à deux rangées de cellules.	*Arthropitus punctata*	R. R.
			Rayons de tissu fondamental occupant la hauteur de l'entre-nœud, rayons ligneux formés de cellules à parois ponctuées.	*Arthropitus porosa*	B. R.
G. Calamodendron. — Faisceaux ligneux séparés par des rayons fibreux plus ou moins épais, articulations espacées, écorce lisse, cellulaire.	Trachéides rayées.	Trachéides rayées.	Bandes prosenchymateuses plus petites que les bandes ligneuses.	*Calamodendron striatum*	BRONGT.
			Bandes prosenchymateuses égales aux bandes ligneuses.	*Calamodendron æquale*	B. R.
	Trachéides ponctuées.	Trachéides rayées et ponctuées.	Bandes prosenchymateuses dépassent un peu en épaisseur les bandes ligneuses.	*Calamodendron intermedium*	R. R.
		Trachéides ponctuées.	Bandes prosenchymateuses plus épaisses que les bandes ligneuses.	*Calamodendron congenium*	GR. EURY.

Sphénophyllées.

Genre SPHENOPHYLLUM Brongniart.

Établi par Brongniart en 1822, le genre *Sphenophyllum* renferme des plantes sans analogues immédiats parmi celles de nos jours. Voici la diagnose du genre :

Plantes herbacées, tiges simples ou rameuses, à surface lisse ou cannelée. Sur les articulations, fortement accusées, sont placées des feuilles disposées en verticille, sessiles, rarement pédicellées, en forme de coin, dépourvues de nervure médiane, mais parcourues par des nervures de même force, dichotomes. Le nombre de feuilles par verticille est un multiple de trois. Les épis sont cylindriques; les bractées et les fructifications sont disposées également en verticille et leur nombre est un multiple de trois.

Le centre de la tige est occupé par un axe triangulaire, formé de trois faisceaux vasculaires centripètes accolés par leur face ventrale, entouré par une gaine de gros tubes aquifères à croissance *latérale tangentielle*, comme le bois centripète. Souvent, les cellules paraissent alignées radialement et simulent un bois rayonnant centrifuge.

Écorce épaisse, lisse ou cannelée à la surface dans les entre-nœuds, renflée aux articulations, sur lesquelles on distingue, après la chute des feuilles, un cercle de petites cicatrices linéaires indiquant leur insertion.

Rameaux solitaires aux articulations, constitués comme les tiges et partant de l'un des angles du cylindre triangulaire central.

Feuilles stipales différentes de celles des rameaux, surtout au bas des tiges, soudées en gaine, profondément divisées en lanières, comme cela se présente pour les feuilles vivantes immergées, et rappelant quelque peu les gaines des Astérophyllites; fructifications verticillées, formées de macrosporanges et de microsporanges monoïques ou dioïques?

Racines cylindriques, composées d'un bois primaire bipolaire et d'une gaine de tubes aquifères rappelant ceux de la tige; écorce lacuneuse, généralement mal conservée.

Ce genre est répandu depuis le Culm jusque dans le terrain permien.

Les *Sphenophyllum* sont assez fréquents dans le terrain houiller d'Autun à Épinac, au Grand-Moloy, au Mont-Pelé, dans les schistes permiens à différents niveaux. Nous ne décrirons que les deux espèces suivantes :

SPHENOPHYLLUM ANGUSTIFOLIUM Germar, var. BIFIDUM Grand'Eury.

(Pl. LXIV, fig. 1.)

Tiges assez robustes, mesurant 6 à 7 millimètres de diamètre, nœuds moins accusés que dans le *Sph. oblongifolium,* articulations distantes de $1^{mm},5$ à $1^{mm},8$, entre-nœuds marqués de sillons et de côtes larges (à cause de la dessiccation des tissus de la tige), mais peu profonds.

Rameaux solitaires aux articulations, grêles, larges de 1 millimètre à $1^{mm},5$, articulés; nœuds distants de 2 à 3 millimètres seulement; entre-nœuds finement striés. Les rameaux, à cause de leur petit diamètre et de leur longueur relative, sont flexueux; quelques-uns présentent une sorte de dichotomie, et à leur extrémité les articulations deviennent tellement rapprochées, qu'il est impossible de les distinguer au milieu des verticilles ornés de feuilles beaucoup plus longues que les entre-nœuds et qui se recouvrent mutuellement.

Feuilles cunéiformes, étalées à la base des rameaux, dressées à leur extrémité, délicates, étroites, longues de 4 à 5 millimètres, divisées nettement vers la moitié de leur longueur en deux lobes s'écartant l'un de l'autre et terminés en pointe aiguë. La feuille reçoit à sa base deux faisceaux vasculaires; chacun monte sans se diviser jusqu'à l'extrémité des deux lobes; elle dépasse de beaucoup l'entre-nœud qui la suit.

Les épis sont terminaux, grêles, à bractées linéaires, divisées en deux lobes à leur extrémité; les sporanges sont oblongs, fixés par leur extrémité antérieure à un pédicelle partant de la base de la bractée; c'est à la hauteur de l'insertion apparente du sporange que la bractée se divise en deux.

L'échantillon figuré appartient à la partie inférieure de la tige, où les feuilles sont étalées.

Provenance. — Schistes permiens d'Igornay.

SPHENOPHYLLUM OBLONGIFOLIUM Germar et Kaulfuss (sp.).

(Pl. XLIV, fig. 2.)

Tiges robustes, articulées; nœuds saillants; entre-nœuds offrant des côtes marquées et des sillons profonds, rendus plus apparents à la suite de la dessiccation. Aux articulations se trouvent insérées des feuilles linéaires complètement différentes de celles que l'on trouve sur les rameaux; elles sont soudées à la base sur une hauteur de 2 à 3 millimètres; leur partie libre est dressée, raide, droite ou légèrement recourbée en arc vers le milieu de la hauteur, terminée en pointe aiguë et longue de 6 à 7 millimètres; elles sont assez semblables à des feuilles d'Astérophyllite. Cet aspect des feuilles caulinaires de certains *Sphenophyllum* explique la confusion faite, par certains paléobotanistes, de deux genres si différents l'un de l'autre par tous les autres organes.

Aux nœuds se trouvent insérés, de distance en distance, des rameaux articulés, renflés aux articulations, marqués dans les entre-nœuds de côtes et de sillons. La couche de houille laissée par les rameaux et les tiges est épaisse et peut atteindre 3 à 4 dixièmes de millimètre.

Les articulations des rameaux portent des feuilles verticillées, au nombre de six; elles sont obovées, divisées en deux lobes dont les bords offrent des dents aiguës; chacun des lobes, qui souvent sont inégaux, est lui-même divisé par une petite échancrure.

Feuilles longues de 7 à 14 millimètres; nervures sortant en un faisceau à la base, se divisant ensuite en deux branches, qui elles-mêmes se résolvent par dichotomies successives en nervules, toutes égales, allant se terminer chacune dans une dent. La distance des verticilles est de 6 à 7 millimètres.

Les bractées des épis sont ovales, lancéolées, profondément lobées, et les sporanges volumineux. Les rameaux portent quelquefois des feuilles très inégales, plus allongées latéralement qu'en avant ou en arrière, comme si elles avaient été étalées à la surface des eaux.

Provenance. — Mont-Pelé, près Sully.

Nous croyons utile de rappeler ici l'organisation, si remarquable, des tiges de *Sphenophyllum.*

Structure des Sphenophyllum.

Structure de la tige des *Sphenophyllum*. — Sur une coupe transversale d'une jeune tige de *Sphenophyllum*, pl. LXIV, fig. 3, 6, 7, on distingue les tissus suivants :

1° Une masse ligneuse centrale, de forme triangulaire, dont les angles sont occupés par deux groupes de trachées;

2° Autour de cette masse ligneuse centrale, une ceinture de gros tubes ponctués;

3° Une assise plus externe de tissus ordinairement mal conservés;

4° Une couche subéreuse correspondant à la gaine protectrice du massif libéro-ligneux;

5° Une couche de tissu fondamental dont les éléments extérieurs sont transformés en hypoderme;

6° Une couche superficielle de cellules épidermiques.

1° La masse ligneuse centrale triangulaire, dont nous avons fait connaître la structure pour la première fois en 1870[1], consiste en vaisseaux ponctués et aréolés de grand diamètre; les plus grands occupent la région centrale de la tige; le calibre diminue en s'approchant du sommet du triangle; leurs parois portent des ornements réticulés et rayés; chaque sommet est occupé par deux cordons trachéens ordinairement séparés l'un de l'autre par une *lacune* qui rappelle la lacune antérieure que l'on voit devant chacun des doubles centres trachéens d'un pétiole d'Osmonde; les trachées sont extrêmement grêles.

On reconnaît facilement que chacun de ces centres trachéens est un centre de différenciation, et que de chacun de ces points part une ligne de vaisseaux qui se rapproche du centre de la tige sans y passer.

Les deux lames ligneuses issues de deux centres trachéens voisins se rapprochent du centre, en même temps qu'elles s'épaississent, forment bientôt une bande unique qui devient coalescente avec les deux autres bandes issues des quatre autres centres trachéens voisins.

[1] *Comptes rendus,* 1870, t. LXX, p. 1158.

Les trois lames en contact par leur face interne forment les trois côtés concaves d'un triangle équilatéral. Les deux centres trachéens de chaque sommet du triangle ligneux primaire appartiennent ainsi à deux bandes ligneuses différentes qui sont soudées.

On remarque ordinairement, sur les flancs de la masse des grands vaisseaux primaires, des vaisseaux plus grêles à parois plus ou moins épaissies, portant les mêmes ponctuations que les grands vaisseaux.

Les trachéides du cylindre ligneux se touchent face à face, leur ornementation consiste en ponctuations elliptiques, aréolées, contiguës. Les trachées grêles ont une spirale quelquefois déroulée; parfois, elles sont remplacées par des vaisseaux annelés; entre les trachées initiales et les trachéides ponctuées du centre, on remarque des trachéides rayées.

La masse ligneuse centrale est reliée aux tissus voisins par une assise de deux ou trois rangs de cellules allongées, grêles, à parois minces : ce sont des cellules procambiales non différenciées; le même fait existe encore aujourd'hui sur les flancs des lames ligneuses primaires un peu importantes de beaucoup de Cryptogames vasculaires.

En comparant la région centrale des rameaux de grand diamètre à celle des rameaux grêles, on reconnaît que l'allongement et l'élargissement de la masse ligneuse primaire sont dus, non à l'accroissement du nombre de ses éléments qui ne change pas, mais à l'hypertrophie de chaque élément en particulier.

2° Dans la gaine de tubes ponctués b (pl. LXIV, fig. 3) qui enveloppe le bois primaire central, nous distinguerons deux groupes de régions : les régions des faces, au nombre de trois, qui correspondent aux trois faces de la masse ligneuse primaire, et les régions des angles, qui correspondent aux trois angles de la même masse ligneuse.

Dans une région de face, la gaine des tubes ponctués consiste en une masse de gros tubes, très allongés, non *terminés en pointe* comme les trachéides ordinaires, à parois épaisses, couvertes sur toutes leurs faces de ponctuations aréolées, contiguës, à pore central, généralement elliptique; ces tubes sont disposés à la fois en files radiales et en files tangentielles régulières. Les tubes d'une même file tangentielle sont plus gros au milieu de la file qu'à ses extrémités; il en résulte que, dès que la gaine a cinq ou six rangs, l'ensemble devient cylindrique extérieurement.

Si par des coupes convenablement dirigées, on étudie la forme des tubes de la gaine, on reconnaît que chacun de ces tubes, pris isolément, a la forme d'un parallélipipède droit, à base carrée, de longueur indéfinie; les arêtes verticales sont coupées et remplacées par une sorte de facette; il en résulte qu'une section transversale les montre contigus radialement et tangentiellement (fig. 8), sauf aux angles, où il existe souvent un vide occupé par un tissu cellulaire *c*.

Une section tangentielle donnerait la même figure, à cela près que les cloisons cellulaires horizontales font défaut entre les tubes. Les cellules qui remplissent les espaces libres entre les tubes sont petites, à parois minces, lisses, sans ponctuations, allongées verticalement ou radialement (fig. 9). L'ensemble de ce dernier tissu forme donc une série de réseaux à mailles rectangulaires, disposés dans des plans verticaux rayonnants. Il peut arriver parfois qu'un tube soit remplacé par ce tissu; une section tangentielle montre des rayons cellulaires analogues entre les files verticales de tubes ponctués.

Cette disposition générale des gros tubes aréolés et du réseau cellulaire qui les sépare radialement et tangentiellement est caractéristique des *Sphenophyllum*.

Dans certains échantillons, on remarque que la dernière rangée tangentielle des grands tubes est incomplète; cette assise, très nette vers les extrémités de la file, où elle est indiquée par des tubes entièrement développés, est représentée au milieu de cette file soit par des tubes plus petits à parois épaissies, isolés les uns des autres, soit par des éléments également grêles, à parois minces, déjà plus grands que les éléments qui les avoisinent. Cette dernière file tangentielle a donc été saisie au moment où elle était en voie de formation; d'où cette conclusion que la gaine de tubes croissait en épaisseur par la périphérie, et que la différenciation, au lieu d'être rayonnante comme dans les Phanérogames à bois centrifuge, partait de deux centres distincts et était tangentielle. Il en résulte que le nombre de ces files tangentielles n'est pas nécessairement le même sur les trois faces du bois centripète, et en effet, sur la figure 3, on peut compter quatre, six et sept files sur les trois côtés du cylindre central; il y avait donc une certaine indépendance dans le fonctionnement des zones de différenciation correspondantes.

Dans une région d'angle, la structure de la gaine du tube est la même que dans une région de face, si ce n'est que :

Les files tangentielles sont concaves au lieu d'être convexes du côté du centre de la tige, et les tubes ponctués sont très grêles comparativement à ceux du milieu des faces; les sections des vaisseaux peuvent varier de 1 à 36.

. 3° Ce tissu de tubes ponctués est limité extérieurement par une assise épaisse de tissu écrasé, à la suite duquel on reconnaît de grandes cellules ou des tubes grillagés, très irréguliers, à parois minces et ayant subi un commencement d'écrasement. Les cellules grillagées, dont les ornements paraissent mal conservés, sont séparées de la gaine subéreuse par une couche de parenchyme.

Le liber est représenté par deux assises de grands tubes grillagés, séparées l'une de l'autre par une zone de tissu corné qui semble dû à l'écrasement de petites cellules grillagées également. L'assise interne des tubes grillagés est séparée de la zone génératrice des tubes par une plaque du même tissu corné.

4° La masse libérienne des rameaux grêles non décortiqués est limitée par une assise de cellules subéreuses à parois minces, très aplaties radialement et disposées nettement en séries rayonnantes.

L'assise génératrice de cette zone est comprise entre elle et le liber; ce tissu secondaire est donc placé entre la surface de l'organe et sa zone génératrice. Par la position de cette assise subéreuse, nous sommes porté à croire que le phellogène simple qui lui a donné naissance occupe la place de la gaine protectrice. Dans les rameaux de gros diamètre il y a plusieurs couches subéreuses séparées les unes des autres par des plaques de tissu corné. La dernière de ces assises présente les particularités suivantes : le cambiforme qui l'a produite est double, vers l'extérieur il se continue avec une couche de liège dont les cellules aplaties radialement se distinguent par leurs minces parois. Vers l'intérieur, la zone génératrice de ce liège se poursuit avec des cellules de tissu fondamental secondaire. Les tiges de *Sphenophyllum* offrent donc l'exemple d'une zone génératrice phellogène à double activité.

5° et 6° Le tissu fondamental comprend trois régions : une région profonde, qui fait suite à la dernière assise subéreuse et qui est formée de cellules petites, à minces parois, puis vient une zone moyenne formée de gros éléments, à parois plus épaisses; en approchant de la surface, les éléments de la zone moyenne du tissu fondamental deviennent plus petits, durcissent leurs parois et passent insensiblement à la zone externe ou hypodermique du tissu fondamental, absolument comme dans le tissu correspondant d'un pétiole de Fougère actuelle.

Selon les échantillons, la masse hypodermique était plus ou moins épaisse; les fibres sont très allongées, terminées carrément à leurs deux extrémités.

L'épiderme de la tige est formé de petites cellules à parois très épaisses, allongées, atténuées à leurs extrémités, à arêtes rectilignes.

Si, sur un même échantillon, on passe d'un entre-nœud au suivant, on observe :

1° Que la masse ligneuse primaire centrale traverse la région des nœuds sans aucune modification.

2° Qu'il en est de même pour la gaine de tubes, sinon que de temps à autre le nombre des files tangentielles est plus faible d'une rangée à mesure que l'on s'approche de l'extrémité du rameau.

3° Que les files trachéennes de chaque angle arrivées aux nœuds donnent brusquement, presque à angle droit, un groupe de six à douze trachées très grêles, qui traversent la gaine de tubes ponctués dans une sorte de sillon formé d'un petit groupe de cellules allongées dans le sens du rayon, mais ce ne sont pas des éléments *sortants*. Chaque cordon, en passant du liber dans le tissu fondamental, consiste en un petit groupe de trachées qu'entourent un ou deux rangs de cellules allongées, à parois minces, lisses, qui représentent le liber de ce petit faisceau libéro-ligneux.

Chaque cordon sortant se partage en un certain nombre de branches, deux, trois, quatre. . . , selon que la feuille présentera dès son insertion deux, trois, quatre. . . nervures. Il sort ainsi du bois primaire six cordons trachéens à chaque nœud.

4° Qu'au delà de la région nodale, les centres trachéens sont immédiatement reconstitués, de sorte que les appendices des *Sphenophyllum* sont verticillés d'après un multiple du nombre 3, que les termes consécutifs de deux verticilles successifs n'alternent pas, mais sont verticalement superposés.

5° Que la région de la gaine de tubes a des rayons plus volumineux, surtout dans les points de jonction des régions de faces et des régions d'angles, qu'ailleurs.

6° La zone génératrice de la gaine de tubes et le liber ne sont pas modifiés quand ils traversent une articulation, sauf dans le voisinage immédiat des faisceaux sortants, où les éléments du tissu traversé se disposent en une sorte de gouttière.

7° Le tissu fondamental au voisinage des nœuds des tiges grêles est formé de cellules plus courtes, à parois minces; c'est dans une sorte de plancher composé de ces cellules que les faisceaux foliaires quittent la tige pour se rendre dans les feuilles.

La forme extérieure des *Sphenophyllum* est liée à la structure que nous venons de décrire.

Les gros nœuds renflés aux articulations correspondent aux points de sortie des faisceaux foliaires et aux épaississements immédiatement supérieur et inférieur qui en résultent pour le cylindre central, la gaine de tubes ponctués, et *surtout* pour le revêtement superficiel.

Les trois grands sillons que l'on remarque quelquefois dans les entre-nœuds correspondent au milieu des faces des trois bandes primitives de la masse ligneuse centrale. Les petits sillons qui existent entre les premiers correspondent aux angles de ce cylindre.

Structure des feuilles. — Une section pratiquée vers le milieu d'une feuille de *Sphenophyllum* montre :

1° Une assise épidermique supérieure et inférieure.

2° Une masse de tissu fondamental formant un cordon hypodermique au-dessus et au-dessous de chaque faisceau libéro-ligneux. Le cordon hypodermique supérieur est peu étalé; il s'étend sans discontinuité du faisceau libéro-ligneux à l'épiderme; le cordon hypodermique inférieur est étalé en une sorte de bande qui s'étend sans discontinuité du faisceau jusqu'à l'épiderme.

3° Quelques faisceaux libéro-ligneux, dont le nombre varie suivant l'espèce de *Sphenophyllum* et le niveau de la feuille où la section transversale a été faite.

L'épiderme de la face inférieure de la feuille consiste en cellules à parois épaisses, atténuées à leurs deux extrémités. Les stomates sont mal conservés. L'épiderme de la face supérieure est formé de cellules à parois moins épaisses; au niveau des nervures, les cellules épidermiques sont beaucoup plus étroites que sur le reste du limbe; vues de face, elles restent rectangulaires, crénelées sur les bords, le grand diamètre étant dirigé suivant la longueur de la feuille; mais elles deviennent plus allongées et plus étroites dans les parties qui correspondent aux nervures.

Le tissu fondamental consiste en grandes cellules à parois minces, qui laissent

entre elles de grands méats. Auprès des faisceaux, les cellules de tissu fondamental sont plus petites, allongées en fibres; les parois de ces éléments sont
sclérifiées; près des faisceaux, le tissu fondamental forme donc l'hypoderme.
Des coupes convenablement dirigées montrent que, de même que l'épiderme
est la continuation directe de l'épiderme de la tige, de même l'hypoderme
des feuilles est relié directement à l'hypoderme de la tige.

Il n'y a nulle part de tissus écrasés soit entre les épidermes et les bandes
hypodermiques, soit dans les faisceaux hypodermiques, soit entre les faisceaux
hypodermiques et la surface des faisceaux libéro-ligneux.

Chaque faisceau libéro-ligneux foliaire de *Sphenophyllum* comprend une
petite masse ligneuse réduite à une mince bande parallèle à la surface de la
feuille; cette masse est entourée d'une mince couche de liber; le faisceau est
limité par une sorte de gaine souvent mal caractérisée. Le bois du faisceau
est formé de sept à huit trachées; le liber consiste en cellules allongées très
grêles directement appliquées sur les trachées; il y a un ou deux rangs d'éléments libériens appliqués contre le bois. Au delà du liber, vient un rang de
cellules plus grosses qui représentent la gaine protectrice du faisceau ou l'endoderme, autant qu'on en peut juger en l'absence des cadres d'épaississement
qui caractérisent ordinairement cette assise.

D'après cette description, le faisceau foliaire des *Sphenophyllum* est très
réduit; il ne présente qu'une petite bande de bois primaire qu'entoure une
mince couche libérienne primaire; il n'y a rien de plus dans ce faisceau, ni
bois centripète, ni bois secondaire centrifuge, ni zone génératrice cambiale
ou autre. Ils n'ont en rien la structure diploxylée que le premier nous
avons signalée dans le faisceau des Sigillaires et des Poroxylées; ils rappellent la structure des faisceaux de très petites frondes de Cryptogames vasculaires.

Racines. — Une section transversale d'une racine de *Sphenophyllum* adulte
montre :

1° Au centre, un faisceau ligneux grêle (pl. LXIV, fig. 11 *f*), en forme de
lame;

2° Autour, une gaine puissante de gros tubes ponctués aréolés;

3° Plus extérieurement, une masse de tissus écrasés, différenciés en plusieurs zones.

Le bois primaire forme une petite lame aplatie, amincie à ses deux extrémités; le milieu de la lame coïncide avec le centre de la racine; les extrémités de la lame sont donc symétriques par rapport à ce centre.

Les extrémités sont occupées par de fines trachées; ce sont les pôles de cette lame ligneuse.

Entre les trachées et le centre, on voit des vaisseaux dont le calibre va en augmentant à mesure qu'on se rapproche du centre; les premiers de ces vaisseaux sont encore des trachées plus grosses que les précédentes, les plus voisines du centre des vaisseaux rayés; la lame ligneuse est donc un faisceau unique bicentre.

Entre cette lame ligneuse et la gaine de tubes ponctués se trouvent quelques éléments à parois minces.

La gaine de tubes ponctués a la même structure tout autour de la lame ligneuse primaire; il n'y a pas à y distinguer des régions d'angles et des régions de face. La structure des éléments de la gaine est la même que celle des éléments de la gaine de tubes ponctués de la tige; il en est de même de la disposition relative des tubes ponctués et des cellules parenchymateuses intercalées. Remarquons, toutefois, que les éléments d'une couche circulaire ont tous le même calibre; il en résulte des couches concentriques très régulières. La gaine de tubes ponctués pouvait avoir onze à quinze rangées; les éléments du liber sont mal conservés.

Plus en dehors se trouvait une couche de parenchyme lacuneux, rarement en bon état, limité par une assise subéreuse; la surface des grosses racines laisse voir des traces évidentes d'exfoliation.

Russow, puis Holle, ont reconnu que la tige souterraine des *Botrychium, Helminthostachys,* pouvait croître en épaisseur par l'action d'une zone cambiale; auparavant, Hofmeister avait signalé quelque chose d'analogue chez les *Isoëtes.* Malgré ces observations, nous hésitons cependant à regarder comme du *bois* secondaire et comme une zone cambiale véritable, la gaine de tubes ponctués et leur assise génératrice chez les *Sphenophyllum.*

Quel rôle pouvaient jouer ces gros tubes de la tige et des racines? Ces plantes vivaient le pied dans la vase ou en partie submergées, comme le prouve la forme déchiquetée des feuilles placées au bas de la tige. Si, d'après leur grand diamètre, on assigne aux tubes de la gaine le rôle de tubes *aquifères,* on peut se demander quel rapport il y aurait eu entre la masse d'eau contenue dans la plante et sa surface feuillée relativement si minime; cette eau n'aurait pu aller que très lentement aux feuilles, qui ne reçoivent que quelques fines trachées alimentées par le bois primaire central.

La surface de la feuille avec son épiderme durci, ses larges faisceaux hypodermiques, ses très petits stomates, l'absence de lacunes, de glandes aquifères, excluent l'idée d'une évaporation d'eau exagérée par les feuilles; l'eau serait donc alors restée dans les racines et les tiges comme dans des réservoirs naturels.

L'étude approfondie de certains bassins houillers ou permiens montre que les cours d'eau, les lacs, les lagunes, étaient soumis à des variations fréquentes dans leur débit ou leur niveau; les plantes placées sur leurs rives ou à moitié envasées étaient soumises à des alternatives nombreuses d'humidité et de sécheresse; il n'y aurait donc rien d'étonnant à voir les plantes qui étaient exposées à des périodes de dessiccation plus ou moins fréquentes et prolongées se munir, pour y résister, de réservoirs à eau importants et multipliés. Nous avons déjà fait remarquer ailleurs à propos des Lépidodendrons et des Sigillaires que certaines parties des tiges et des feuilles contenaient un tissu différent de structure, mais ayant rempli des fonctions analogues.

Fructifications. — Les fructifications des *Sphenophyllum* ont la forme d'épis cylindriques longs de 2 à 5 centimètres et larges de 7 à 15 millimètres; les sacs reproducteurs verticillés sont disposés en rangées longitudinales dont le nombre, comme celui des feuilles, est 3 ou un multiple de 3.

Les sporanges, globuleux ou ovoïdes, sont portés par une bractée fertile ou par un pédicelle plus ou moins allongé qui vient embrasser la base du sporange après s'être recourbé à son extrémité vers l'axe de l'épi; les sporanges ont donc l'extrémité opposée à leur point d'attache, tournée vers ce dernier; les sporangiophores partent tantôt à l'aisselle de la bractée, tantôt s'en détachent à une certaine distance de sa base d'insertion; ils sont en nombre variable, de longueurs inégales, de façon que, au-dessus d'un même verticille de bractées stériles, on peut avoir plusieurs verticilles de sporanges inégalement distants de l'axe.

L'enveloppe des sporanges est formée en grande partie de grosses cellules, qui souvent sur les empreintes offrent l'aspect d'une membrane réticulée très nette. Cette enveloppe renferme, soit des macrospores, soit des microspores.

Jusqu'ici nous n'avons rencontré à l'état silicifié que deux fragments d'épis de *Sphenophyllum*, tous deux incomplets, et provenant de Grand'Croix, près Saint-Étienne.

L'un d'eux, long seulement de 4 millimètres, est bien insuffisant pour donner les détails indispensables à la connaissance des épis de *Sphenophyllum*.

Les raisons qui motivent l'attribution de cet épi aux *Sphenophyllum* sont, comme nous l'avons exposé ailleurs, les suivantes :

Les bractées sont disposées en verticilles qui se correspondent verticalement. Un peu au-dessus de chaque bractée, on remarque le renflement particulier occupant la même place sur les rameaux et les tiges; à l'intérieur, autour du faisceau triangulaire central, on voit une gaine de cellules rectangulaires à parois épaissies superposées en files verticales, premiers rudiments de la gaine de tubes ponctués.

L'épi représenté fig. 14, pl. LXIV, a été fortement comprimé; il porte des bractées dont les unes ont été brisées, les autres plus ou moins déformées; quelques-unes sont encore en place et portent des sporanges.

A l'aisselle de l'une des bractées du verticille inférieur se trouve un sporange *m* renfermant une masse cellulaire *n*, de couleur plus foncée, qui, vu l'extrême jeunesse de l'épi, pourrait être considéré comme le reste du tissu dans lequel les macrospores se seraient développées plus tard. Au-dessus de la bractée rompue *br*, fig. 12, la section montre à la base un faisceau vasculaire que l'on peut suivre en faisant varier la position de l'objectif, jusqu'à la partie supérieure, mais qui dans le dessin, représentant un autre plan de vision, n'a pas été figuré jusque-là; ce faisceau pénètre dans le tissu recouvert immédiatement par la portion *m* de l'enveloppe, qui paraît être une dépendance du pédicelle. Pendant la croissance de l'épi, le funicule *f* pouvait s'allonger et le sporange devenir pédicellé; quelquefois le pédicelle restait soudé à la bractée sur une certaine longueur, et lorsque le nombre des pédicelles venait à s'accroître, comme ils quittaient la bractée à différentes distances de la base, ils formaient deux ou trois étages de sporanges par verticille [1].

L'enveloppe, sorte de sporocarpe, est composée de grosses cellules à parois épaissies qui, dans les empreintes, ont fourni le réseau que l'on remarque sur la pellicule de houille que les sporanges ont laissée.

[1] Voir les figures de Williamson dans R. Zeiller, *Mémoires de la Société géologique de France, Paléontologie*, Mémoire n° 11, pages 7 et suivantes, 1893.

Sur d'autres verticilles se trouvent des organes reproducteurs *mi*, d'aspect très différent; l'enveloppe présente bien la même organisation, mais l'intérieur, au lieu d'être occupé par un tissu cellulaire homogène, formant une masse indépendante, est rempli de fines granulations (fig. 13, pl. LXIV), arrondies ou polyédriques, de couleur très claire ainsi que leur enveloppe, contrastant par là avec l'aspect du sporange représenté *mn* (fig. 12); ces granulations ne peuvent être regardées que comme des microspores. Nous avons donc affaire à des microsporanges épiphylles, placés au coude que fait la bractée dans les échantillons non déformés rappelant ceux figurés depuis longtemps par M. Grand'Eury [1].

Nous donnons (fig. 26) le dessin du deuxième épi de *Sphenophyllum* silicifié recueilli à Grand'Croix dont nous avons parlé, grossi 7 fois.

Fig. 26.

Épi de *Sphenophyllum.*

On compte cinq verticilles de bractées, entre lesquelles on aperçoit des enveloppes de sporanges détachés.

La longueur du fragment d'épi est d'environ 11 millimètres, la largeur de l'axe au milieu de l'entre-nœud seulement de 1 millimètre, le diamètre total avec les bractées, de 5 millimètres et demi.

La préparation passe par l'axe ligneux, à la partie supérieure, et seulement à travers l'écorce, à la partie inférieure; au-dessus de chaque articulation, l'écorce a été rompue par une sorte de traction, mais l'axe ligneux se continue sans rupture d'un entre-nœud au suivant; il est formé de trachéides rayées et de trachées. On ne distingue pas la gaine de tubes aquifères; à l'extérieur, on aperçoit des groupes de cellules tantôt adhérentes à l'axe, tantôt collées à la face interne de l'écorce, qui paraissent être des cellules grillagées; leur contenu est de couleur foncée.

[1] *Fl. carb. du Dép. de la Loire,* Atlas, pl. VI, fig. 9, 11.

L'écorce est formée de deux assises; l'assise profonde présente des cellules à minces parois à sections rectangulaires, plus hautes que larges; en allant vers la périphérie les éléments du tissu fondamental donnent naissance à la deuxième assise, en allongeant et épaississant leurs parois, et en se transformant peu à peu en fibres hypodermiques; la section étant oblique, ils paraissent fréquemment terminés en pointe.

Les bractées étaient insérées normalement à l'axe de l'épi; elles ont été infléchies de haut en bas par une cause étrangère; à une distance de $1^{mm},5$, elles se redressent à angle droit, en faisant un coude arrondi. La partie horizontale de la bractée est cylindrique ou un peu aplatie; la partie relevée s'étale en limbe charnu; ce limbe est recouvert par un épiderme dont les cellules rectangulaires vues de face présentent des bords ondulés ou crénelés; c'est près de la région coudée et relevée que l'on aperçoit entre les verticilles des débris d'enveloppes qui ont appartenu aux sporanges, et non à l'aisselle des bractées, comme nous l'avons indiqué pour certains sporanges dans l'épi précédent.

Au-dessus des bractées stériles, à leur aisselle, on remarque un petit prolongement qui est en relation *vasculaire* avec l'un des angles du faisceau ligneux triangulaire de l'épi; c'est, sans aucun doute, un reste du pédicelle sporangifère.

Les enveloppes rencontrées par la préparation sont groupées par deux ou isolées g, g' (fig. 26), entre les verticilles de bractées; mais on ne peut rien en déduire sur le nombre réel et la disposition des sporanges, l'épi ayant subi de nombreux froissements, comme le prouvent les ruptures multiples de l'axe et celles des bractées.

Les parois présentent deux couches distinctes et très différentes :

La première, la plus extérieure, formée d'un seul rang de cellules, ne présente pas partout la même épaisseur. Les cellules voisines du point d'attache sur le pédicelle (fig. 27) étaient très grandes et à parois épaissies; elles allaient en diminuant régulièrement de grandeur jusqu'au point opposé; là, on voit, comme l'a fait remarquer M. Zeiller, une sorte de sillon au fond duquel se trouve une rangée de quatre à cinq files de cellules étroites, allongées, marquant, sans aucun doute, la ligne de déhiscence, tournée du côté de l'axe de l'épi.

Fig. 27.

Pédicelle et fragment
d'enveloppe.

Lorsque les cellules du sporange sont coupées normalement, leur section est rectangulaire, plus ou moins large, suivant la partie du sporange qui est intéressée (fig. 29); mais si la section est tangente à la surface (fig. 28, 30), les cellules paraissent polygonales, rectangulaires, ou en forme de losange; les bords sont souvent ondulés comme ceux des cellules épidermiques.

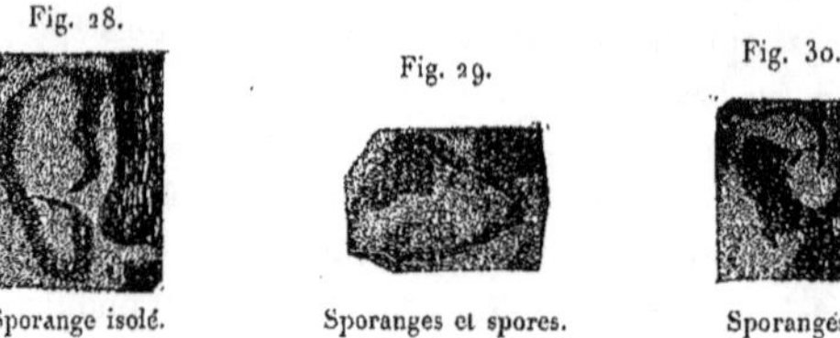

Fig. 28.

Fig. 29.

Fig. 30.

Sporange isolé.

Sporanges et spores.

Sporangés.

La seconde enveloppe, la plus interne, est composée de deux ou trois rangées de cellules à parois minces (fig. 31), à sections rectangulaires, et beaucoup plus petites que celles qui composent la couche externe *s*.

Tous les sporanges sont ouverts; on en pourrait conclure que l'épi était parvenu à sa maturité; la plupart sont vides, cependant quelques-uns (fig. 31) ont retenu contre leurs parois un certain nombre de granulations polyédriques; ces corpuscules mesurent 27 μ à 30 μ; leurs parois sont minces. Comme ces corps ont été conservés par la silice, ils ont sensiblement leur taille primitive; avec un grossissement suffisant, on distingue une formation *cellulaire* dans leur intérieur *sp* (fig. 31); on peut donc les considérer comme des prothalles mâles ou microspores.

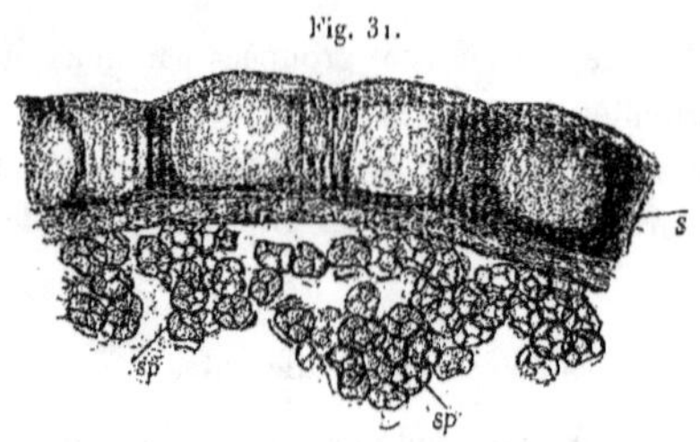

Fig. 31.

Prothalles mâles pluricellulaires de *Sphenophyllum*.

sp. Prothalles renfermant 8 à 10 cellules.

s. Enveloppe du sporange doublée intérieurement d'une couche formée de plusieurs assises de cellules.

Ces corpuscules ont à peu de chose près les dimensions de ceux figurés par M. Zeiller; ces derniers sont elliptiques et mesurent 30 μ à 50 μ, suivant leur petit et leur grand diamètre; ils ont été houillifiés et retirés de sporanges comprimés; leurs dimensions apparentes un peu plus fortes peuvent provenir d'un simple écrasement. Pas plus que les granulations contenues dans l'épi silicifié figuré plus haut, ils ne présentent de piquants ou de crêtes à la surface.

Nous avons admis, d'après les considérations tirées de l'examen de l'épi représenté (pl. LXIV, fig. 14), que les *Sphenophyllum* possédaient deux sortes de spores, par conséquent devaient être classés parmi les Cryptogames vasculaires hétérosporées.

Cette opinion a été combattue par M. Zeiller [1]; nous croyons devoir ajouter quelques mots à ce sujet, en renvoyant le lecteur à son important mémoire pour les détails complémentaires.

La figure 12, pl. LXIV de notre atlas, représente ce que nous regardons comme un macrosporange, lorsque la lentille de l'objectif est placée de façon à montrer le plan médian de l'organe, plan qui est indiqué par le faisceau vasculaire *f*, pénétrant dans le pédicelle du sporange, mais que l'on retrouve jusqu'en haut de ce dernier, en enfonçant un peu plus la lentille. Dans la première position, on n'aperçoit que la section de l'enveloppe *m*, formée par la bractée fertile, et le corps cellulaire *n*, que M. Zeiller croit être un sporange.

Si l'objectif est moins enfoncé, on reconnaît que les parois de l'enveloppe *m* se continuent sur le corps *n*.

Les cellules qui constituent l'enveloppe *m* sont extrêmement transparentes et la même transparence se remarque dans les cellules qui forment les membranes des microsporanges *mi* (fig. 14). Ce ne sont donc pas les replis du limbe du pédicelle qui ont pu donner naissance à la fois à l'enveloppe *m* et au corps *n*. Ce corps pluricellulaire est un sporange d'après M. Zeiller; dans cette hypothèse, c'est ou l'enveloppe ou son contenu.

Ce ne peut être l'enveloppe, car si nous nous reportons à la figure 13, nous voyons que nos microspores sont immédiatement en contact avec la paroi du microsporange formée par les grosses cellules appartenant au pédicelle ou à la bractée fertile; c'est cette dernière qui fournit l'enveloppe du sporange; de plus, si c'était une enveloppe, comme elle est déchirée à la partie supérieure, on verrait dans l'ouverture les spores, comme on les distingue bien, malgré leur faible coloration, dans les microsporanges *mi* (fig. 13 et 14). Il n'y en a pas de traces.

Ce ne peut être le contenu d'un sporange analogue à celui de *mi*, dont les spores sont claires, transparentes et ne présentent pas l'aspect de cellules

---

[1] *Mémoires de la Société géologique de France, Paléontologie*, Mémoire n° 11, p. 34 et suivantes.

à parois épaissies et à contenu foncé comme celles qui constituent le corps *n* (fig. 12). Nous croyons donc devoir continuer à regarder le sporange *m* (fig. 14) comme différent de ceux que nous avons désignés sous le nom de *microsporanges*.

Nous reproduisons (fig. 32), d'après M. Zeiller lui-même, des spores de *Sphenophyllum oblongifolium*, de Saint-Étienne, de forme arrondie ou ovale, mesurant 30 µ à 50 µ, suivant leur petit et leur grand diamètre; ces spores

Fig. 32.

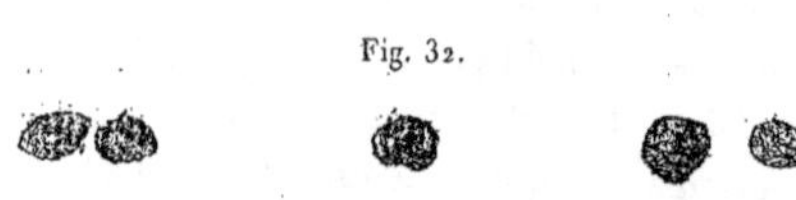

Spores de *Sphenophyllum oblongifolium*, d'après M. Zeiller.

sont, comme nous l'avons déjà dit, à parois très minces, aplaties, par conséquent plissées à la surface; ces plis ne peuvent être confondus avec les arêtes des spores des *Bowmanites* anglais.

Les spores que nous avons rencontrées dans le *Sphenophyllum* silicifié de Grand'Croix (fig. 31) ne mesurent que 27 µ à 30 µ, un peu inférieures en grandeur à celles qui sont représentées ci-dessus; elles sont *cloisonnées* à l'intérieur.

Nous rappellerons que les microspores des *Annularia*, des Astérophyllites, mesurent 40 µ et 70 µ, que leurs macrospores possèdent 90 µ à 100 µ, et 180 µ en diamètre. Dans les premiers, les macrospores sont douze à quinze fois plus grosses que les microspores; dans les seconds, elles sont seize fois plus grandes.

Nous donnons, fig. 33, des spores de *Bowmanites Dawsoni*.

Fig. 33.

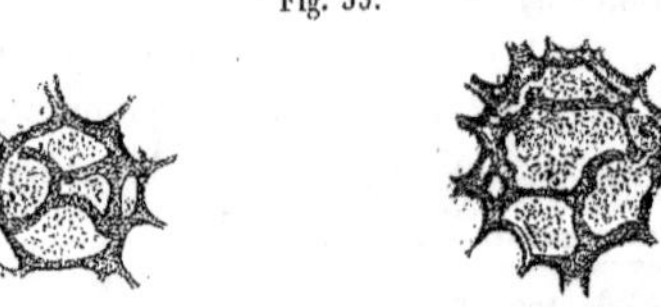

Spores de *Bowmanites Dawsoni*, d'après Williamson.

D'après M. Zeiller, les *Bowmanites* doivent être considérés comme des épis de *Sphenophyllum*. Ces spores mesurent 80 µ à 120 µ de diamètre sans les crêtes; ces dernières atteignent 40 μ à 60 μ; elles sont disposées en réseau irrégulier à la surface de la spore, qui est *sphérique*.

On peut considérer ces crêtes, soit comme des épaississements réels de l'exospore, soit comme des plis provenant de ce que cette dernière enveloppe se serait moulée sur un contenu ayant diminué de volume.

Dans cette dernière hypothèse, les dimensions des spores seraient bien supérieures à celles que nous avons indiquées plus haut, et il serait bien difficile de justifier un rapprochement entre elles et les spores conservées par la silice ou la houille, dont nous avons parlé; il n'y aurait aucune ressemblance dans la forme de ces spores, leurs dimensions et l'épaisseur de l'exospore.

Mais il est tout aussi difficile, en admettant la première supposition, de voir la même nature de spores dans les corps à surface lisse et à enveloppe mince, *pluricellulaires,* que l'on rencontre dans certains épis silicifiés, et ceux à exospore ornée de crêtes saillantes disposées en réseau et munie de piquants aux points d'entrecroisement.

Nous croyons donc qu'on ne peut identifier les spores décrites par M. Zeiller et appartenant au *Sphenophyllum oblongifolium*, qui sont quinze à vingt fois plus petites, sans crêtes ni piquants, avec les spores figurées par M. Williamson pour le *Bowmanites Dawsoni*, et encore moins avec ces dernières, les spores de notre *Sphenophyllum* de Grand'Croix, qui sont vingt-cinq à trente fois moins volumineuses, lisses et *pluricellulaires*.

Des remarques qui précèdent il résulte que les organes reproducteurs décrits par M. Williamson pourraient être considérés comme des macrospores rappelant les macrospores de *Selaginella inæqualifolia,* ainsi que le fait observer M. Zeiller, mais plus petites, tandis que les granulations houillifiées de Saint-Étienne et silicifiées de Grand'Croix devraient être regardées comme des microspores.

Les Lépidodendrées offrent assez fréquemment l'exemple d'épis renfermant uniquement des macrospores ou des microspores, d'autres au contraire contenant des microspores au sommet et des macrospores à la base. Il n'y a rien d'impossible à ce que les *Sphenophyllum* aient présenté la même particularité.

Admettant que les *Sphenophyllum* sont isosporés, M. Zeiller estime : « que la constitution de leur appareil fructificateur doit faire rapprocher ces plantes des Filicinées, à cause des analogies remarquables qu'il dénote, d'un côté avec les Hydroptéridées, d'un autre côté avec les Ophioglossées, analogies plus étroites avec celles-ci qu'avec celles-là; toutefois les différences qui existent entre la conformation générale de leur appareil végétatif et celui des Hydroptéridées et des Fougères empêchent de les faire rentrer dans la classe des Filicinées pour y constituer un ordre ou une sous-classe.

« Certains caractères communs les rapprochent à ce dernier point de vue des Équisétinées et des Lycopodinées; ils ressemblent extérieurement aux premières par leurs tiges articulées et par la disposition verticillée de leurs feuilles, mais avec un mode de ramification et une structure bien distincts; ils rappellent les dernières par leur bois primaire centripète, entouré, comme celui des Lépidodendrées et des Sigillaires, de formations secondaires à développement centrifuge. »

M. Zeiller persiste en conséquence, comme par le passé [1], à considérer les *Sphenophyllum* comme devant constituer une classe spéciale de Cryptogames vasculaires; seulement il les place aujourd'hui non plus entre les Équisétacées et les Lycopodinées, mais bien à côté des Filicinées, en raison des affinités marquées qu'ils offrent avec quelques-unes des plantes de cette classe, à savoir avec les Marsiliacées et avec les Ophioglossées, par le mode de constitution de leur appareil fructificateur.

Nous avons vu plus haut les motifs qui nous faisaient croire que les *Sphenophyllum* étaient hétérosporés, comme les *Annularia*, les Astérophyllites, les Lépidodendrées, les Marsiliacées, etc.; par conséquent nous n'avons qu'à rappeler ici ce que nous avons écrit autrefois [2].

Quelle place peuvent occuper les *Sphenophyllum* dans la classification? Ce que nous en avons dit les range dans l'embranchement des Cryptogames; on pourrait objecter que les racines des *Sphenophyllum* présentent la même gaine de tubes ponctués que les tiges; par conséquent, l'interprétation de ce tissu devant être la même dans les deux organes, si la gaine est du bois secondaire dans la tige, elle est encore du bois secondaire dans les racines; les racines de certaines Cryptogames vasculaires auraient donc eu du bois secondaire; mais nous avons exposé les raisons qui nous faisaient penser que ces tubes constituaient un appareil spécial permettant aux *Sphenophyllum*, plantes aquatiques, de pouvoir traverser les périodes de sécheresse; de plus la différen-

[1] *Bassin houiller de Valenciennes, Flore foss.*, p. 406-407, 1886.
[2] *Cours de botanique fossile*, 1882-1883.

ciation des tubes est tangentielle au lieu d'être rayonnante comme chez les Phanérogames [1].

On a rapproché les *Sphenophyllum* des Lycopodiacées, des Sigillaires, des Calamariées; nous ne discuterons que les deux premiers rapprochements, le troisième tombant de lui-même.

Chez les Lépidodendrons, la tige est simple, ramifiée par dichotomie, à feuilles ligulées, linéaires, plus ou moins allongées, disposées sur des coussinets rhomboïdaux formant, à la surface de la tige, deux systèmes de réseaux croisés; les feuilles ne sont ni alternes ni superposées; elles sont parcourues par un faisceau vasculaire unique.

Chez les *Sphenophyllum*, les tiges sont rameuses, mais non par dichotomie; les nœuds sont renflés, articulés. Les feuilles sont verticillées d'après un multiple de trois. Chaque feuille reçoit un faisceau qui se divise ensuite en plusieurs nervures dichotomes. La feuille est sans ligule; son limbe est triangulaire, inséré par sa pointe. La ramification est extra-axillaire.

Les tiges de Lépidodendrons ont une masse ligneuse primaire à un grand nombre de centres de développement non groupés deux à deux comme chez les *Sphenophyllum*. Chaque centre de développement émet alternativement à sa droite et à sa gauche un cordon sortant, dont le trajet pour se rendre à la feuille est plus ou moins convexe vers le haut.

La différenciation des éléments ligneux primaires des Lépidodendrons a lieu de chaque centre de développement vers le centre de la tige. Le faisceau foliaire sortant est simple; il comprend une bande trachéenne entourée d'éléments libériens; le cordon foliaire tout entier est enveloppé, comme nous le verrons, par une gaine de cellules vasiformes ou vaisseaux aquifères; les tiges un peu grosses présentent une masse subéreuse hypodermique puissante et de nombreuses décortications. Les racines non bifurquées ont un seul faisceau de bois primaire bicentre environné d'une couche de liber et n'offrent pas de trace de bois secondaire; l'ensemble était plongé dans une couche épaisse de parenchyme cellulaire, charnue, molle, que nous avons vue occupée souvent par un nombre considérable d'œufs d'insectes dans les Lépidodendrons du Culm.

Dans les *Sphenophyllum*, le bois primaire de la tige présente six centres de

_____

[1] Nous trouverons plus loin, autour des faisceaux foliaires des Lépidodendrons et des Sigillaires, des productions vasculaires secondaires remplissant le même rôle.

développement formant trois bandes accolées par leurs faces ventrales. Le bois primaire est entouré d'une gaine de tubes ponctués différant par sa structure de tous les tissus connus jusqu'ici et à accroissement tangentiel.

Aux nœuds, chacun des centres de développement émet quelques trachées qui s'engagent dans un rayon parenchymateux de la gaine; le cordon foliaire se bifurque une ou deux fois; il ne comprend que quelques trachées enveloppées par une faible assise libérienne. A chaque nœud il y a six appendices formant trois groupes de deux feuilles placées à la fois en verticille et sur une même verticale.

Dans les épis de *Lepidodendron*, les macrosporanges à la base de l'épi et les microsporanges au sommet (quand ces deux organes sont réunis) sont placés longitudinalement sur la partie horizontale de la bractée, plus ou moins étalée.

Dans les *Sphenophyllum*, les macrosporanges et les microsporanges sont portés par des bractées fertiles de différentes longueurs sur plusieurs cercles d'inégal rayon à chaque verticille de feuilles; ils sont renversés du côté de la tige, le point d'attache sur le pédicelle étant extérieur et en dessus.

Les différences entre les Lépidodendrons et les *Sphenophyllum*, que nous pourrions préciser encore plus, sont trop grandes pour qu'on puisse songer à les rapprocher.

Si nous comparons les Sigillaires cannelées les plus favorables aux *Sphenophyllum*, nous arrivons aux résultats suivants :

Dans les Sigillaires cannelées, les appendices de la tige sont nettement disposés en files verticales, mais les termes de deux verticilles consécutifs alternent entre eux et ne sont pas groupés deux à deux ni contigus. La ramification des Sigillaires est très rare et dichotome.

Chaque feuille reçoit une seule nervure; elle est triangulaire, longue, étroite.

La feuille caduque laissait une cicatrice avec une trace vasculaire centrale et deux appareils sécréteurs arqués placés de chaque côté. Le nombre des appendices fructifères est extrêmement variable suivant les espèces et non un multiple de 6.

Les Sigillaires ont des rhizomes pourvus de feuilles modifiées spéciales et de racines de même aspect extérieur.

En somme, il n'y a aucun caractère commun entre les Sigillaires et les *Sphenophyllum*.

Au point de vue anatomique, considérée plus spécialement chez les Sigillaires de la section des Léiodermariées, la masse ligneuse consiste en un certain nombre de faisceaux à un seul centre de développement, diploxylés, contigus. Chaque faisceau présente une masse secondaire puissante, dont la structure est très sensiblement celle du bois secondaire des Cycadées actuelles. Cette zone ligneuse est produite par une zone cambiale externe. Celle-ci donne sur son autre face du liber secondaire externe; l'accroissement se fait dans le sens *radial*, et non dans le sens tangentiel comme chez les *Sphenophyllum*.

Les faisceaux qui se rendent dans les feuilles partent de la région commune au bois centripète et au bois centrifuge; chacun d'eux est diploxylé dans tout son trajet à travers la tige, toutefois le bois centripète l'emporte sur le bois centrifuge dans son parcours à travers le bois secondaire de la tige; c'est le contraire dans la région subéreuse de l'écorce, où il se réduit à une simple lame arquée; la portion centrifuge disparaît dans les feuilles.

Les faisceaux diploxylés de la tige sont de deux sortes : les uns, permanents, réparateurs, constituent le cylindre de la tige; les autres sont uniquement destinés aux feuilles.

La structure des rhizomes de Sigillaires à écorce lisse est la même que celle des tiges; toutefois les faisceaux de bois centripète sont plus développés et se soudent quelquefois entre eux pour former une couronne continue. Dans les Sigillaires à écorce cannelée, les faisceaux de bois centripète s'atténuent considérablement et finissent par disparaître de façon à peu près complète.

Les feuilles des rhizomes ont un bois rayonnant centrifuge bien plus tranché que celui des feuilles aériennes, chez lesquelles il est absent ou douteux.

Certaines différences existent dans les tissus superficiels, différences provenant du milieu dans lequel le rhizome et les feuilles étaient plongés.

Les petites racines de ces rhizomes ont un faisceau primaire tricentre.

La structure des Sigillaires et des Lépidodendrons ne ressemble donc nullement à celle des *Sphenophyllum*.

Quant aux affinités des *Sphenophyllum* avec les végétaux vivants, l'axe des premiers diffère de celui des Lycopodiacées par l'orientation des faisceaux bicentres, par les centres d'accroissement soudés deux à deux et non sensiblement distants, comme dans les Lycopodiacées.

Les *Sphenophyllum* diffèrent très nettement des Lycopodiacées par leur structure interne, par leur mode de ramification, et par leurs feuilles plus ou moins incisées, parcourues par de nombreuses nervures dichotomes.

Dans son *Tableau des genres de végétaux fossiles*, Brongniart dit : « La disposition générale annonce des plantes herbacées ou frutescentes, aquatiques. Doivent-elles se rapprocher des Marsiliacées et des Équisétacées, réunissant les folioles triangulaires tronquées au sommet, ou dentées et lobées quelquefois très profondément, de quelques *Marsilia*, à la disposition verticillaire des feuilles des *Equisetum*; ou au contraire seraient-elles, ainsi que les autres Astérophyllitées, des Phanérogames gymnospermes à feuilles verticillées, comme celles de certaines Conifères et se rapprochant par leur forme de celle du *Ginkgo biloba*; c'est ce que l'on ne pourra décider que lorsque les fructifications de ces plantes singulières seront étudiées plus complètement. »

Dans le *Prodrome d'une Histoire des végétaux fossiles*, Brongniart avait paru plus affirmatif; il range les *Sphenophyllum* dans sa sixième famille, celle des Marsiliacées, à côté des *Pilularia* ou mieux des *Marsilia* dont les feuilles présentent quelque analogie de forme avec celles de certains *Sphenophyllum*.

Mais la tige grêle et rampante des *Marsilia* porte en dessous des racines et en dessus deux rangées de feuilles alternes pétiolées se divisant en quatre folioles, elle renferme un cylindre libéro-ligneux continu ayant un liber interne et externe séparé de l'écorce par un endoderme normal, et de la moelle par un endoderme surnuméraire.

La zone externe de l'écorce est creusée d'un cercle de larges canaux aérifères.

Le cylindre ligneux est formé de cinq faisceaux distincts au sommet, deux sur lesquels s'attachent les racines et trois sur lesquels s'insèrent les feuilles.

Il est assez difficile d'établir des analogies précises entre les sporocarpes pédicellés des *Marsilia* qui proviennent d'un segment de feuille portant un certain nombre de *sores* et ayant formé l'enveloppe même du sporocarpe, et les sporanges simples pédicellés mâles ou femelles contenus dans le même épi ou dioïques, chez les *Sphenophyllum*.

Depuis longtemps nous avons rapproché ces plantes des Hydroptéridées, mais ne pouvant établir de comparaison détaillée entre les épis des *Sphenophyllum* et les sporocarpes des *Marsilia*, des Pilulaires, des *Azolla* et des *Salvinia*, nous nous sommes borné à faire ressortir quelques analogies entre les appareils végétatifs des *Sphenophyllum* et des *Salvinia*.

Dans ces dernières plantes, la tige présente une série de verticilles ternaires, alternants; une des feuilles, réduite à une touffe de radicelles, plonge complètement dans l'eau, les deux autres flottent horizontalement à la surface.

IMPRIMERIE NATIONALE

L'axe ligneux se compose de *trois* faisceaux vasculaires extrêmement grêles, soudés.

Le cylindre ligneux est entouré d'une couche de grandes cellules à section sensiblement rectangulaire, comme dans les très jeunes rameaux du genre fossile.

En dehors se trouve, dans les *Salvinia*, un cercle de lacunes qui manque dans les *Sphenophyllum*.

Les rameaux des *Salvinia* naissent entre une feuille immergée et une feuille flottante.

Dans les *Sphenophyllum,* un rameau naît dans le prolongement même de l'un des rayons du bois centripète, par conséquent entre deux feuilles contiguës; nous avons vu en effet que, par le mode de sortie des faisceaux vasculaires de la tige en pénétrant à la base des feuilles, ces dernières étaient rejetées de chaque côté du plan passant par le centre du bois primaire et un de ses angles ; les bourgeons ne pouvaient pas être axillaires.

Nous persistons donc à voir dans les *Sphenophyllum* une forme de végétaux complètement éteinte, ne devant être rapprochée ni des Sigillaires, ni des Lépidodendrons, ni des Calamariées, ayant quelques rapports avec la famille des Rhizocarpées, se rapprochant des Salviniées par quelques détails de leur appareil végétatif, mais constituant un type à part sans analogue dans le monde vivant ou fossile.

Lycopodinées.

Les Lycopodinées ont été divisées en deux familles, l'une renfermant les plantes chez lesquelles on a observé deux espèces de spores, telles que les Lépidodendrées, les Sélaginellées et les Isoétées; l'autre où se trouvent celles qui ne possèdent qu'une seule espèce de spores, telles que les *Lycopodium*, *Tmesipteris*, *Phylloglossum*, *Psilotum*.

Dans la première de ces familles, les Lépidodendrées l'emportent de beaucoup en variété et en dimension sur les Sélaginellées et les Isoétées; elles sont aussi nombreuses que les Sigillariées dans le terrain houiller moyen, les précèdent dans le terrain houiller inférieur, mais perdent presque toute leur importance dans le terrain houiller supérieur.

Les Lépidodendrées se montrent dès la formation des couches dévoniennes inférieures, mais ce n'est que dans le Dévonien supérieur qu'on rencontre d'assez nombreuses espèces, telles que les *Lepidodendron nothum*, *L. truncatum*, *L. acuminatum*, *L. Veltheimianum*, etc. Après avoir augmenté en nombre et en espèces pendant les dépôts du Calcaire carbonifère et du Culm, elles deviennent prépondérantes dans la Grauwacke supérieure sous les formes de *Lepidodendron*, *Knorria*, *Ulodendron*, *Halonia*; elles se maintiennent nombreuses et variées pendant la formation du terrain houiller inférieur, commencent à diminuer à la partie supérieure du terrain houiller moyen, et la décadence s'achève dans le terrain houiller supérieur; la famille, d'abord si puissante, s'éteint complètement vers le milieu de l'époque permienne.

Le terrain permien d'Autun n'a pas fourni à notre connaissance d'empreintes de *Lepidodendron*; le terrain houiller d'Épinac, plus ancien, pourrait en renfermer, mais ils n'ont pas été signalés. Celui d'Esnost, outre de nombreuses écorces formant en grande partie l'anthracite de cette localité, contient des rognons siliceux dans lesquels nous avons rencontré des tiges, rameaux, écorces, feuilles, racines et fructifications de *Lepidodendron*; les autres genres que nous venons de citer, *Knorria*, *Ulodendron*, *Halonia*, ne paraissent pas y avoir laissé de traces.

Genre LEPIDODENDRON Sternberg.

Le genre *Lepidodendron* est caractérisé par la forme des cicatrices qui recouvrent la surface des écorces.

Généralement les mamelons [1] sont contigus, ils sont occupés presque entièrement par un coussinet plus ou moins charnu et proéminent, bien plus longs que larges sur les troncs, franchement rhomboïdaux sur les rameaux. A la partie supérieure du coussinet se trouve la cicatrice laissée par la chute de la feuille; cette cicatrice, qui n'occupe sur les tiges qu'une faible portion de la surface totale du mamelon, est moins développée que celle laissée par la chute des feuilles de Sigillaires; elle a une forme rhomboïdale transverse; les variations qu'elle présente dans la forme de son contour et dans la position sur le coussinet ont fourni de bons caractères pour distinguer les espèces. Sur les empreintes suffisamment nettes on reconnaît la présence de trois cicatricules, l'une centrale, allongée transversalement, recourbée en arc à convexité tournée vers le bas, les deux autres, latérales, toujours ponctiformes et non disposées en forme de parenthèse comme celles des Sigillaires; la cicatricule centrale seule livrait passage à un faisceau vasculaire. Au-dessous de la cicatrice foliaire, sur le coussinet, se voient très fréquemment deux autres cicatricules placées de chaque côté d'une carène longitudinale qui parcourt souvent le coussinet suivant sa longueur; ces deux cicatricules sont quelquefois confluentes comme celles des cicatrices foliaires des Sigillaires. Assez fréquemment la carène est marquée de plis transversaux, dus en général à un plissement résultant de la compression qu'a subie le coussinet charnu lors de la fossilisation.

La disposition des feuilles des Lépidodendrons a beaucoup de rapports avec celle des *Lycopodium*, mais les circonvolutions de la spire génératrice sont beaucoup plus nombreuses. Les parastiques se voient assez facilement et servent à reconnaître les orthostiques bien plus difficiles à distinguer quand la portion du tronc est assez grande pour permettre le retour des parastiques. Le grand tronc du *Lepidodendron dichotomum* de Prague offre la disposition $\frac{89}{233}$, d'après Max Braun. La même divergence se retrouverait dans le

[1] On entend par mamelon, l'ensemble des traces laissées par l'insertion de la feuille proprement dite, par son coussinet et par les appendices liguliformes qui étaient souvent au-dessus de la feuille et plus ou moins saillants.

L. Veltheimianum, d'après Stur; elle serait, d'après le même auteur, de $\frac{144}{377}$ pour le *L. Volkmannianum* et de $\frac{34}{89}$ chez le *L. Haidingeri*. L'arrangement des feuilles, d'après les rapports $\frac{21}{55}$ et $\frac{8}{21}$, se rencontrerait fréquemment dans les Lépidodendrons du type *aculeatum*.

On connaît la structure interne de plusieurs tiges de *Lepidodendron*, *L. nothum*, *L. Harcourti*, *L. rhodumnense* [1], etc. Nous avons admis autrefois, pour ces tiges, trois types distincts, offerts respectivement par le *L. rhodumnense*, le *L. Harcourti* et le *L. Jutieri*; il y a lieu de les réduire à deux, l'étude microscopique du *L. Jutieri*, faite depuis, nous ayant montré une organisation qui s'éloigne de celle des Lépidodendrons; nous reviendrons plus tard sur ce nouveau type de tige.

LEPIDODENDRON HARCOURTI Witham.

Le *Lepidodendron Harcourti* du terrain houiller inférieur de Hesley-Heat dans le Northumberland peut être pris comme exemple de l'un des deux types. Voici en quelques lignes ses caractères principaux : l'échantillon décrit par Witham mesure, suivant son plus grand diamètre, 42 millimètres et suivant le plus petit 35 millimètres; les mamelons sont ovales, rhomboïdaux, aigus aux deux extrémités, parcourus par une carène médiane.

Le cylindre ligneux ne dépasse pas 1 millimètre en épaisseur, il forme un anneau continu renfermant une moelle relativement volumineuse, il est composé de trachéides rayées dont le diamètre va croissant de la périphérie au centre; ces trachéides sont disposées sans ordre et ne contiennent aucun tissu cellulaire interposé. Sur son bord extérieur on remarque des dentelures formées par des faisceaux de trachéides de très petit diamètre qui sont les centres de différenciation et en même temps le point de départ des cordons foliaires; ces faisceaux périphériques ne sont pas rectilignes et parallèles aux génératrices d'un cylindre, mais forment un réseau à mailles verticales très allongées, et c'est aux points d'anastomose de ces faisceaux que se détachent les cordons qui se rendent dans les feuilles; ceux-ci s'écartent d'abord lentement de l'axe, puis se recourbent et se dirigent presque horizontalement vers les cicatrices extérieures; la coupe transversale de l'un d'eux offre une section

---

[1] Nous laissons de côté le *Lepidodendron selaginoides*, ce type n'ayant pas été rencontré dans le bassin d'Autun.

un peu arquée, des cellules spiralées se remarquent aux deux extrémités latérales et sur le contour extérieur du faisceau; en dehors se trouve le liber composé de cellules à minces parois et de cellules grillagées. Le cylindre ligneux est entouré d'un tissu cellulaire très peu résistant, lacuneux, dont il ne reste que quelques débris; plus extérieurement l'écorce est formée de cellules plus épaissies, en grande partie conservées, polygonales, un peu plus hautes que larges, puis d'une assise de cellules plus étroites, allongées, disposées en séries régulières, représentant une couche subéreuse plus ou moins épaisse, mais ne formant pas un réseau à mailles allongées, comme cela se voit dans le *L. rhodumnense.*

Dans le *L. Harcourti,* il n'existe aucune production ligneuse exogène en dehors du cercle vasculaire d'où partent les cordons foliaires. Le système ligneux se réduit donc dans ce type de Lépidodendron à un anneau de trachéides dont le développement s'est effectué de la périphérie vers le centre et qui entoure une moelle très large; cette structure se retrouve dans les rameaux appartenant à ce type, mais beaucoup plus petits, et dans lesquels le diamètre de l'anneau ligneux n'est plus que de 5 millimètres. On peut en conclure que la différence de diamètre dans les rameaux et les tiges de ces Lépidodendrons n'apporte d'autre changement, dans les tissus, que celui qui résulte d'un accroissement plus considérable du nombre d'éléments qui les forment et qu'à aucun moment de la vie de ces plantes il n'apparaît de bois rayonnant secondaire, comme cela se voit dans le *L. selaginoides.*

Nous rapportons au type représenté par le *L. Harcourti* un petit rameau provenant des tufs orthophyriques de Polroy; ces tufs renferment, comme l'on sait, des veines d'anthracite peu puissantes, et qui à diverses reprises ont été l'objet de tentatives d'exploitation. La figure 3, planche XXXIV, représente une coupe transversale du cylindre ligneux de ce rameau qui seul a été conservé; le diamètre est d'environ 8 millimètres, la couronne ligneuse est dentelée à l'extérieur, les dentelures résultent des massifs d'où partent les cordons foliaires et qui ont été les centres de différenciation; le nombre en est considérable et annonce des feuilles petites et très rapprochées. Ce fragment est trop incomplet pour que nous croyions utile de le spécifier; nous avons cependant tenu à le signaler à cause de la rareté des fragments de plantes déterminables dans l'anthracite de Polroy.

LEPIDODENDRON BAYLEI n. sp.

(Pl. XXXIV, fig. 2.)

Le fragment qui a servi à créer cette espèce a été rencontré par M. l'ingénieur Bayle dans les silex d'Esnost : c'était un fragment de rameau dépourvu de son écorce et ne présentant que sa couronne ligneuse légèrement aplatie; suivant son grand diamètre elle mesure 5 millimètres; la différenciation a été centripète, et à la périphérie on remarque un certain nombre de bandes qui se détachent de la couronne vasculaire pour se porter vers les feuilles. Les centres de différenciation sont certainement beaucoup moins nombreux que dans l'espèce précédente.

Les deux espèces que nous venons de mentionner prouvent donc l'existence des Lépidodendrons du type *Harcourti* dans le Culm d'Autun et dans deux localités différentes, Polroy et Esnost.

Mais les débris les plus communs appartiennent au type du *L. rhodumnense* trouvé également à Esnost et dont on a rencontré tous les organes.

LÉPIDODENDRON ESNOSTENSE n. sp.

(Pl. XXXIII et pl. XXXIV, fig. 1 et 4-18.)

Tige. — Tige ou rameaux cylindriques, de diamètre très variable, recouverts de cicatrices rhomboïdales allongées en pointe aux extrémités supérieure et inférieure, arrondies sur les bords latéraux, rapprochées; coussinet épais, charnu, faisant saillie à la surface, le contour débordant sur la base d'attache, muni d'une carène longitudinale aiguë, portant une fossette médiane bifurquée en dessus, remplie de tissu lacuneux traversant la partie subéreuse de l'écorce; cicatricule foliaire placée au tiers supérieur de la hauteur du coussinet, rhomboïdale, transverse, petite, parcourue à son centre par le faisceau vasculaire arqué pénétrant dans la feuille.

Écorce épaisse, formée de deux régions, l'une interne, cellulaire, probablement lacuneuse, toujours détruite, l'autre extérieure, de nature subéreuse, composée de deux sortes d'éléments, les uns allongés, à section radiale rectangulaire, terminés au contraire en biseau sur une coupe tangentielle, disposés en séries rayonnantes et formant des bandes longitudinales, radiales, sinueuses, déterminant par leur rapprochement et leur soudure un réseau, à mailles verticales remplies de la deuxième sorte d'éléments, qui sont de forme parallélépipédique, à sections rectangulaires et à parois beaucoup moins épaisses que celles des cellules du réseau; quelquefois ce tissu a disparu ou est mal conservé. Sur une coupe transversale on voit une série de zones concentriques suivant lesquelles la décortication se faisait successivement. Cette couche subéreuse est en tout point semblable à celle du *Lepidodendron rhodumnense* de Combres, et rappelle également le liège des Sigillaires à écorce lisse, *Leiodermaria lepidodendrifolia* et *Leio. spinulosa.*

Les fragments détachés de liège sont extrêmement fréquents dans les silex d'Esnost; souvent les cellules ont été envahies par des Champignons dont on retrouve les *myceliums* et les fructifications.

Nous donnons (fig. 11, 12, 15, pl. XXXIII, et 1, pl. XXXIV) des coupes tangentielles faites dans les coussinets de divers échantillons; on peut remarquer les changements qui proviennent, les uns de l'élongation de la tige, les autres de la profondeur à laquelle le coussinet a été coupé; la cicatricule due au cordon foliaire est toujours accompagnée un peu en dessous d'une cavité longitudinale bifurquée, quelquefois encore garnie d'un tissu (*l*, fig. 15) dont les cellules très petites sont disposées en réseau et déterminent ainsi des lacunes nombreuses; ce tissu traverse toute la partie subéreuse et va se mettre en relation avec celui qui constitue l'assise interne de l'écorce.

On sait que dans beaucoup de Lépidodendrons, le coussinet présente deux fossettes ovales placées très près de la carène; la surface en est souvent ponctuée ou chagrinée; elles sont très visibles dans les *Lepidodendron aculeatum, L. obovatum, L. distans, L. rimosum,* etc., quelquefois confluentes, comme dans la dernière espèce citée, disposées sur la carène même et paraissant n'en former qu'une seule : c'est précisément le cas offert par les *L. esnostense* et *L. rhodumnense* où les deux fossettes sont confluentes dans la plus grande partie de leur étendue et ne paraissent séparées que vers le haut.

Dans les Sigillaires nous verrons que les deux arcs latéraux qui embrassent la cicatrice foliaire et qui deviennent des appareils sécréteurs présentent la même particularité, c'est-à-dire que sur les vieilles tiges il arrive que ces organes deviennent confluents et ne forment plus qu'un seul appareil occupant la place du cordon foliaire.

Sur les figures 7, 8, 9, 10, pl. XXXIII, on peut suivre les variations que le coussinet éprouve suivant le point de la hauteur par où passe la section; quelques-unes des cicatrices foliaires ont conservé des débris du cordon et du limbe de la feuille.

Le centre de la tige est occupé par un cylindre ligneux à section circulaire, complètement plein et absolument dépourvu de tissu cellulaire, les éléments les plus fins occupent la périphérie, la différenciation a été centripète; sur le contour on remarque un certain nombre de centres trachéens qui ont servi de centres de différenciation et de point de départ aux cordons foliaires.

Ces centres sont formés de trachées et de petites trachéides rayées. En se rapprochant du centre, les trachéides rayées augmentent considérablement de diamètre, et entre les raies ordinaires des vaisseaux scalariformes on en remarque d'autres plus fines dirigées perpendiculairement aux premières, comme dans le *L. rhodumnense*.

Le rameau que nous avons représenté (fig. 1, 2) ne mesurait que 2 centimètres suivant son grand axe et 1 centimètre suivant le petit, sa section est elliptique.

Le cylindre vasculaire central mesure à peine 3 millimètres de diamètre; son tissu est généralement bien conservé, sauf dans les points où la cavité des trachéides a été envahie par un grand nombre de Chytridinées que nous décrirons dans un chapitre spécial. Dans ces régions, les parois sont déchiquetées, les trachéides communiquent librement les unes avec les autres, et les Chytridinées sont mélangées aux débris des parois.

Les cordons foliaires qui partent du cylindre ligneux sont nombreux, 25 à 27 sur une section transversale, de sorte que ce dernier semble entouré d'une couche continue peu épaisse d'éléments très grêles. Un cordon foliaire débute par une lame extrêmement mince adhérente au cylindre; peu à peu ses éléments augmentent de nombre et de calibre sur les côtés et en avant : il offre alors une section elliptique et se détache du cylindre. Jamais le cordon ne prend d'accroissement de la périphérie vers le centre et ne pénètre en forme de coin à l'intérieur du bois centripète, comme cela arrive au début pour la portion primaire du cordon foliaire des Sigillaires; à aucun moment dans son parcours à travers l'écorce, il ne se garnit extérieurement de bois secondaire.

Dans le *Lepidodendron esnostense*, comme dans le *L. Harcourti*, le *L. rho-*

IMPRIMERIE NATIONALE.

dumnense, les *Lomatophloios*, il n'y a aucune production de bois secondaire soit autour du cylindre ligneux centripète, soit autour ou sur les côtés des cordons foliaires. Le diamètre des tiges étudiées a varié de 2 à 12 centimètres; elles étaient d'âge très différent; par conséquent on peut affirmer que lorsqu'elles vieillissaient, il ne se produisait aucun bois rayonnant centrifuge comme dans les Sigillaires, ni de bois à différenciation tangentielle comme dans le *Lepidodendron selaginoides*.

Feuilles. — Nous n'avons pas rencontré de feuilles entières encore attachées à des rameaux de *L. esnostense*, mais c'est seulement dans leur voisinage qu'elles ont été recueillies; nous avons pu en étudier l'organisation; elles sont petites, larges de $1^{mm},5$ à 2 millimètres à la base, longues de quelques centimètres, assez semblables à de petites feuilles de Sigillaires, mais s'en distinguant par l'absence de gouttière ou par son peu de développement à la face supérieure.

Près de son point d'attache la feuille offre une section transversale sub-rhomboïdale; latéralement le limbe s'étale en deux courtes ailes, et la région médiane est parcourue en dessous par une côte ou carène saillante qui s'atténue en s'approchant du sommet (fig. 4, 5, 6, pl. XXXIV), en même temps que les ailes, de façon que la section devient sensiblement circulaire.

Entre les ailes et la côte médiane en *f*, on remarque à droite et à gauche de celle-ci deux sillons longitudinaux (fig. 4), dans lesquels se trouvent localisés les stomates comme dans les feuilles de Sigillaires. La figure 8 donne une coupe longitudinale passant par le fond de l'un des sillons : on aperçoit nettement les cellules arquées et l'ostiole des stomates; l'assise qui les renferme repose immédiatement au-dessus du tissu lacuneux dont il sera question tout à l'heure.

Sur une coupe transversale d'ensemble (fig. 4) on reconnaît au centre un faisceau vasculaire *a* allongé transversalement, formé de trachéides rayées et de trachées; ces derniers éléments paraissent plus nombreux sur le contour extérieur du faisceau et aux extrémités. Le liber forme une couche continue comprenant deux assises : l'une interne, composée de cellules à très minces parois; l'autre externe, plus résistante, qui constitue une gaine au faisceau. Puis vient une couche épaisse d'une sorte de tissu *aquifère c*; ce tissu, qui se retrouve, mais moins abondamment, chez les Sigillaires, est composé de cellules allongées à section transversale polyédrique *c* et à section longitudinale fusiforme ; leurs parois sont ornées d'épaississements rectilignes rappelant ceux des trachéides rayées ; ces cellules sont disposées sans ordre, et la gaine qu'elles produisent, d'abord triangulaire, devient peu à peu circulaire en gagnant l'extrémité de la feuille (fig. 6) ; elle se continue vers l'extérieur (fig. 7) par des cellules de même forme, mais plus petites et sans ornements. En dehors on voit une couche *d*, composée de files rayonnantes de cellules parallélipipédiques placées bout à bout ; ces files sont réunies par des branches courtes transversales laissant entre elles de nombreux méats (fig. 8, *g*). Souvent ce tissu lacuneux est déchiré ou parcouru de galeries creusées par des larves d'insectes (acariens?) (fig. 4, 5 et 6) ; il est limité par une mince assise hypodermique recouverte par l'épiderme.

Les feuilles de *Lepidodendron esnostense*, comme celles du *L. rhodumnense*, ne se désarticulaient et ne se détachaient pas tout d'une pièce ; on trouve souvent, en effet, des coussinets encore garnis de portions plus ou moins importantes de feuilles (fig. 8 et 10, pl. XXXIII) : ces organes se détruisaient par leur extrémité et la décomposition gagnait peu à peu la base.

Il est vraisemblable que la région lacuneuse des feuilles devait être en relation avec celle que nous avons signalée dans les coussinets et qui traversait toute l'assise subéreuse ; nous avons rencontré cette dernière plus ou moins altérée dans les écorces âgées, son rôle ne paraît pas avoir survécu à la disparition des feuilles, et elle n'a jamais été le siège d'organes sécréteurs comme ceux que nous avons signalés dans les vieilles écorces de Sigillaires.

RACINES. — Jusqu'ici nous n'avons rencontré à Esnost aucun *Stigmaria* ou rhizome pouvant être rapporté aux Lépidodendrons. Nous n'avons trouvé que des radicelles isolées, ou encore fixées à des fragments d'écorce appartenant à la base des tiges de ces végétaux.

La figure 17, pl. XXXIV, représente une section tangentielle faite dans un de ces fragments. On voit en *ec* le tissu parenchymateux qui remplit les mailles du réseau formé par les cellules subéreuses proprement dites, et en *r* le faisceau vasculaire de la racine entouré d'une mince couche de liber.

Les radicelles étaient cylindriques, longues de plusieurs décimètres et larges de 7 à 8 millimètres ; le plus souvent elles sont aplaties.

La figure 34 ci-dessous représente une section transversale d'une radicelle sensiblement déformée. Au centre *a* on remarque un faisceau vasculaire de section elliptique, offrant deux centres de différenciation placés à droite et à gauche de la figure.

Il n'est pas rare de rencontrer dans certaines radicelles une forme un peu différente (fig. 14, pl. XXXIV, *f*), presque triangulaire, présentant un seul pointement trachéen; dans quelques cas (fig. 16), on remarque deux pointements voisins, ce qui indique une bifurcation prochaine; cette disposition d'un faisceau vasculaire unique, dans les radicelles de *Lepidodendron*, et son mode de division rappellent ce que l'on observe dans les racines des Sélagi-

Fig. 34.

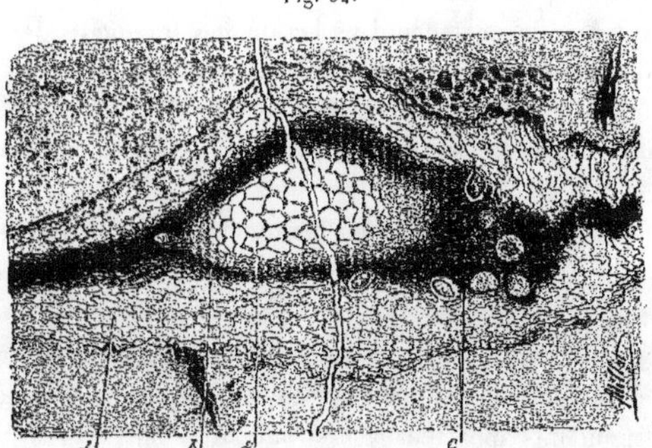

Coupe transversale d'une radicelle de *Lepidodendron esnostense*.

nelles. Les trachéides présentent des ornements rayés sur leurs parois et entre les épaississements, de fines lignes rapprochées qui leur sont perpendiculaires; nous avons déjà signalé cette particularité dans le bois des tiges. Le cylindre ligneux (fig. 34, *a*) est entouré complètement de parenchyme libérien *b*, dont les cellules, plus hautes que larges, sont à très minces parois; la couche est assez épaisse, mais le plus souvent cette assise libérienne peu résistante est écrasée contre le cylindre central; plus extérieurement se trouve une couche très large *d*, composée de grosses cellules à section transversale polyédrique, rectangulaire au contraire sur une coupe longitudinale; les parois, de faible épaisseur, sont généralement froissées ou plissées; cette couche est limitée au dehors par une assise d'un seul rang de cellules plus petites en longueur et en épaisseur. Nous n'avons jamais rencontré d'autre tissu recouvrant ce dernier; si donc la structure des radicelles de *Lepidodendron* se bornait à la description que nous venons d'en faire, il est évident qu'elles devaient s'écraser avec la plus grande facilité, et que cette fragilité explique la rareté des fragments bien conservés; elle explique aussi la présence très fréquente d'œufs *c*, d'Arthropodes (insectes ou acariens), introduits sans doute après la mort de la plante entre le liber et le parenchyme cortical; le tissu mou et charnu extérieur offrait peu d'obstacles aux attaques venant du dehors.

Nous venons d'indiquer deux sortes de racines pour le *Lepidodendron esnostense :* les unes renfermant un cylindre vasculaire bicentre, les autres un faisceau monocentre; il est à remarquer que les premières sont plus volumineuses, plus charnues que les secondes.

On peut expliquer la présence dans les mêmes fragments des deux sortes de racines, en admettant que les plus grosses ont formé les petites en se dédoublant; le faisceau vasculaire bicentre s'est divisé en deux cordons monocentres, suivant un plan passant par le centre de figure et perpendiculaire au grand axe de la section elliptique.

Les deux cordons monocentres, en continuant de se diviser, se sont partagés suivant leur plan principal, passant par le massif trachéen et le centre de figure du faisceau.

Nous n'avons pas trouvé une aussi grande complexité dans la structure de l'écorce de ces radicelles, que celle que nous observerons plus loin dans les organes correspondants appartenant aux Sigillaires. Ici l'écorce parenchymateuse qui est immédiatement en contact avec l'assise libérienne conserve la même structure dans toute son épaisseur; elle est limitée extérieurement par une mince couche épidermique.

Dans les racines des Sigillaires, comme nous l'observerons, l'écorce comprend une assise interne, une assise moyenne lacuneuse et une assise externe résistante limitée par un épiderme très net.

Fructifications. — Les fructifications du *Lepidodendron esnostense* sont connues; ce sont des cônes de grandes dimensions mesurant plus de 7 centimètres de diamètre sur une longueur encore incertaine.

Au centre se trouve un axe cylindrique plein comme celui des rameaux ou des tiges, atteignant 4 millimètres, et constitué de la même façon; il est entouré d'une couche continue de liber et d'une écorce épaisse, mais dont l'assise subéreuse, assez mince, a été seule conservée.

Dans la région moyenne les sporanges mesurent 16 millimètres de longueur et 6 de hauteur; ceux qui sont placés dans la moitié supérieure contiennent des microspores (pl. XXXIV, fig. 12 et 13) ayant 50 à 60 μ de largeur et réunies en tétrades; ceux au contraire qui occupent la région inférieure sont remplis de macrospores (fig. 9, 10, 11).

Les macrospores ont exactement les mêmes dimensions que celles du *L. rhodumnense*, que nous avons décrites autrefois, c'est-à-dire 700 à 800 μ de diamètre; comme elles, elles sont munies d'un bec en forme de pyramide triangulaire à arêtes courbes et dont les faces correspondent aux trois valves

Fig. 35.

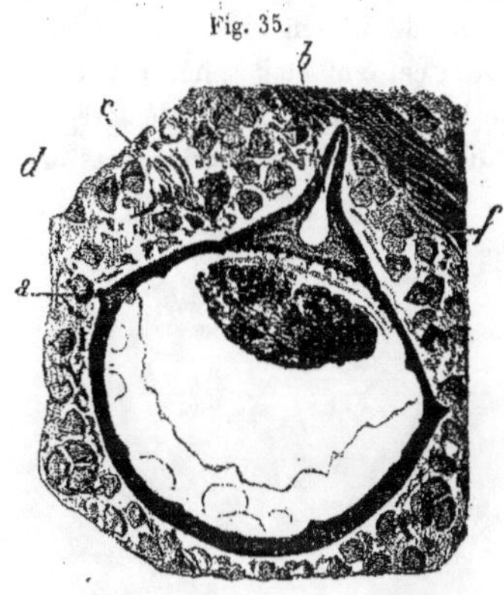

Macrospore de *Lepidodendron esnostense*.

a. Enveloppe épaisse cuticularisée de la macrospore.
b. Section longitudinale du bec triangulaire qui surmonte la macrospore et du canal micropylaire.
c. Sorte de cloison qui apparaît après la fécondation.
f. Microspores entourant la macrospore de tous les côtés.

Fig. 36.

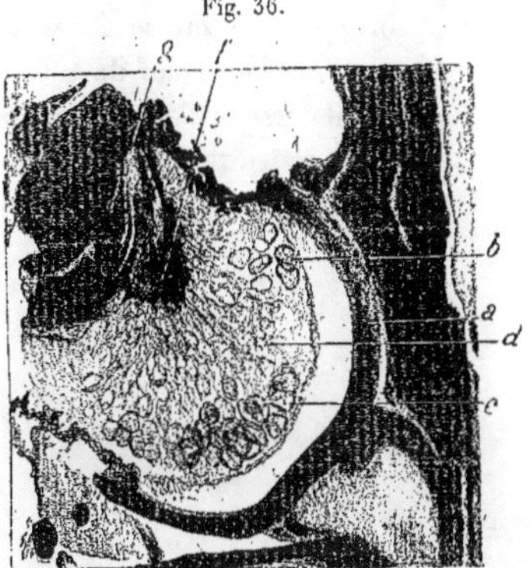

Macrospore de *Lepidodendron*, renfermant un archégone, grossie 65 fois.

a. Enveloppe dure et coriace de la macrospore.
b. Partie supérieure du prothalle femelle.
d, e. Partie inférieure du prothalle renfermant de grandes cellules, destinées à alimenter l'embryon pendant son premier développement.
f. Archégone unique formé au sommet du prothalle.
g. Bec allongé du prothalle entourant le col de l'archégone.

que l'on remarque dans les macrospores ordinaires, mais qui, au lieu de se toucher simplement en conservant la forme sphérique de la macrospore, se relèvent ici en prenant une certaine extension, et produisent ce relief à section transversale triangulaire caractéristique que nous avons signalé.

Dans l'intérieur de la macrospore, dont l'enveloppe est dure et coriace, on voit (pl. XXXIV, fig. 10 et 11) le prothalle femelle rétracté sensiblement; à l'intérieur des grosses cellules qui le composent en partie, on distingue le protoplasma et le noyau.

Dans quelques cas le prothalle femelle contient à la partie supérieure un archégone (fig. 36); le col de l'archégone s'engageait plus ou moins dans le canal micropylaire qui, au moment de la fécondation, pouvait s'ouvrir par l'écartement des trois valves, et permettre soit à des anthérozoïdes, soit même à des microspores, d'y pénétrer et peut-être d'y séjourner, à la façon des grains de pollen dans la chambre pollinique de certaines Gymnospermes.

Dans un certain nombre de macrospores, on voit qu'après la fécondation, une sorte de cloison se formait au-dessous de la chambre micropylaire (fig. 35, c), isolant l'œuf du milieu extérieur; cet œuf était sphérique, et se développait lorsque l'enveloppe coriace de la macrospore s'était désagrégée.

On peut remarquer la faible analogie qui existe entre les macrospores des Lépidodendrons et celles des Isoëtes.

Sigillariées.

Les Sigillaires [1], si communes dans presque toutes les couches du terrain houiller moyen et supérieur, étaient de grands végétaux, dressés, s'élevant en colonne cylindrique assez brusquement terminée à une hauteur de 8 à 10 mètres. La partie inférieure de la tige était complètement dépourvue de feuilles; le sommet seul, sur une certaine étendue, restait garni pendant quelque temps de ces organes qui se détachaient d'une pièce à mesure que la plante s'allongeait.

Tantôt le tronc demeurait simple, tantôt il se bifurquait par une apparente dichotomie, *Favularia elegans*, *Clathraria Brardi*, qui pouvait se répéter à plusieurs reprises dans des plans rectangulaires.

La tige, couverte de cicatrices plus ou moins voisines, présentait soit une surface lisse non ondulée, soit des cannelures longitudinales, allant en s'écartant les unes des autres à mesure qu'elles s'éloignaient du sommet; cet écartement était la conséquence de l'augmentation du diamètre de la tige dans les parties les plus âgées. L'écorce restait vivante pendant presque toute la durée de la plante et permettait sur les tiges lisses, comme sur les tiges cannelées, non seulement l'écartement des cicatrices et des cannelures les unes des autres, mais encore l'augmentation de surface des cicatrices elles-mêmes.

Le tronc se terminait par de grosses racines, souvent au nombre de quatre, se divisant par dichotomies successives, et dont les branches étaient recouvertes de radicelles insérées très régulièrement en quinconce sur toute sa superficie. Les racines des Sigillaires sont connues sous le nom de *Stigmaria*, mais nous verrons que ce nom comprend plusieurs sortes d'organes.

La présence ou l'absence des sillons longitudinaux à la surface de l'écorce a fait diviser la famille des Sigillaires en deux grandes sections : 1° celle des Sigillaires à écorce lisse, comprenant les genres *Clathraria*, Brongniart, et *Leiodermaria*, Goldenberg; 2° celle des Sigillaires à écorce cannelée, renfermant également deux genres, savoir : *Rhytidolepis*, Sternberg, et *Favularia*, Sternberg.

[1] De *sigillum*, « sceau, écusson », à cause de la forme des cicatrices laissées par les feuilles tombées.

Ces deux grandes divisions sont assez naturelles, en ce sens que la structure interne des tiges paraît différer pour chacune et que l'âge géologique pendant lequel elles ont eu leur maximum de développement n'est pas le même. Les Sigillaires cannelées sont prédominantes, en effet, dans le terrain houiller moyen; celles qui ont l'écorce dépourvue de cannelures sont de beaucoup plus nombreuses dans le terrain houiller supérieur.

Cette dernière division a son histoire plus complète que la première et les données suivantes se rapportent plus spécialement aux Sigillaires de ce groupe.

Jusqu'ici ce sont les gisements silicifiés des environs d'Autun qui ont fourni les renseignements et les détails les plus précis sur la structure des différentes parties de ces végétaux, placés par les uns dans l'ordre descendant à la suite des Cycadées, rangés par les autres dans l'ordre ascendant à la suite des Isoétées, et qui établissent certainement une transition remarquable entre les plantes phanérogames et les plantes cryptogames, dont elles possèdent en même temps certains caractères associés dans plusieurs de leurs organes.

Sigillaires à écorce cannelée.

STRUCTURE DES SIGILLAIRES À ÉCORCE CANNELÉE. — La structure des Sigillaires cannelées est encore entourée de quelque incertitude, car jusqu'ici on n'a pas rencontré, comme pour les Sigillaires à écorce lisse, de troncs conservés par le carbonate de chaux ou la silice, encore revêtus de leur écorce, portant des cicatrices foliaires déterminables et appartenant à des Sigillaires connues.

Un certain nombre de paléontologistes admettent que le genre *Diploxylon* de Corda renferme des tiges ou des rameaux de Sigillaires cannelées; on peut légitimer cette opinion par les considérations suivantes :

Jusqu'ici les tiges de *Diploxylon* n'ont été découvertes que dans le terrain houiller moyen, là où les genres *Favularia* et *Rhytidolepis* abondent; ils n'ont jamais été trouvés dans le terrain houiller supérieur, où les Sigillaires à écorce lisse sont les plus nombreuses.

Le tronc de *Diploxylon cycadeoideum* décortiqué figuré par Corda [1] montre à la surface des sillons et des reliefs longitudinaux qui paraissent reproduire

____

[1] *Beiträge zur Flora der Vorwelt*, pl. X, fig. 1.

le moulage de la surface interne de l'assise subéreuse d'une écorce cannelée, mais indéterminable spécifiquement.

Si l'on admet que les tiges de *Diploxylon* représentent des tiges de Sigillaires cannelées, voici en quelques mots quelle serait l'organisation interne de ces dernières plantes.

Troncs élevés, épais, cylindriques, cannelés à la surface, droits, recouverts d'une écorce épaisse, à cicatrices contiguës ou distantes, rangées en lignes verticales, tiges se ramifiant par dichotomies successives.

Le cylindre ligneux est formé de deux zones concentriques; celle qui est extérieure est composée de lames rayonnantes séparées par des rayons médullaires peu épais, comptant un à deux rangs de cellules en largeur et quinze à vingt en hauteur; il ne diffère pas notablement du cylindre correspondant observé dans les Sigillaires à écorce lisse. Le bois n'offre que des trachéides rayées, et paraît avoir pris un développement peu en rapport avec le diamètre de la tige. M. Dawson a signalé, en effet, dans la formation houillère de la Nouvelle-Écosse, un tronc de *Diploxylon* mesurant 4 m. 70 en hauteur, et 5o centimètres de diamètre à la base, dans lequel le double cylindre ligneux n'atteignait que 6 à 7 centimètres d'épaisseur. Le bois, entièrement formé de trachéides rayées sur toutes leurs faces, portait sur une coupe transversale des lignes concentriques, comme s'il y avait eu dans la croissance de cet arbre des périodes d'activité diverses.

Ce qui distingue essentiellement les *Diploxylon* des Sigillaires à écorce lisse, c'est l'existence d'un bois centripète continu, formant un cylindre complet en contact avec le bois extérieur; il est composé comme ce dernier de trachéides rayées, dont le diamètre va croissant de la périphérie vers l'axe, disposées sans ordre et sans trace de tissu cellulaire.

La cavité centrale est généralement vide, la moelle n'ayant presque jamais été conservée.

Les cordons foliaires partent de l'intervalle compris entre les deux bois; M. Williamson a pu reconnaître sur des échantillons provenant du Burntisland qu'ils se détachent de la surface *extérieure* du cylindre de bois centripète. Sur une coupe tangentielle faite dans le bois secondaire, on voit ces nombreux faisceaux foliaires disposés d'après un ordre phyllotaxique très régulier.

L'*Anabathra pulcherrima* de Witham, qui doit être rangé dans le genre *Diploxylon*, présente, sur la section transversale des cordons foliaires, un faisceau unique correspondant au bois centripète; il n'y a pas de bois secondaire [1].

Les coupes tangentielles du bois secondaire de *Diploxylon* figurées par M. Williamson [2] montrent également que ces faisceaux foliaires ne contenaient qu'une seule espèce de bois entourée d'une mince couche de liber, qu'ils étaient donc monoxylés.

Jusqu'ici on n'a pas eu occasion de trouver d'épis dont la structure interne fût bien conservée; les empreintes seules ont fourni quelques détails sur leur organisation.

Ce sont des épis pédicellés, strobiliformes, cylindriques, allongés, portant des bractées lancéolées, parcourues par une côte médiane saillante, coriaces, rétrécies brusquement à la base en un pédicelle triangulaire; les corps reproducteurs sont fixés à la base des bractées.

MM. Goldenberg, Zeiller ont reconnu que ces corps reproducteurs étaient des macrospores.

Les épis ont laissé à la surface de l'écorce des cicatrices arrondies, souvent rendues elliptiques par les compressions latérales qu'elles ont subies de la part des tissus voisins.

Dans les Sigillaires cannelées, ces cicatrices sont toujours placées entre les lignes de cicatrices foliaires; les rameaux fertiles ne semblent donc pas avoir été axillaires.

Tantôt ils sont placés en verticille entre les côtes : *Favularia elegans* Brongniart, fig. 37. Si le rameau est jeune, les cicatrices foliaires voisines sont peu dérangées; sur les rameaux d'un certain âge, au contraire, on remarque une perturbation profonde.

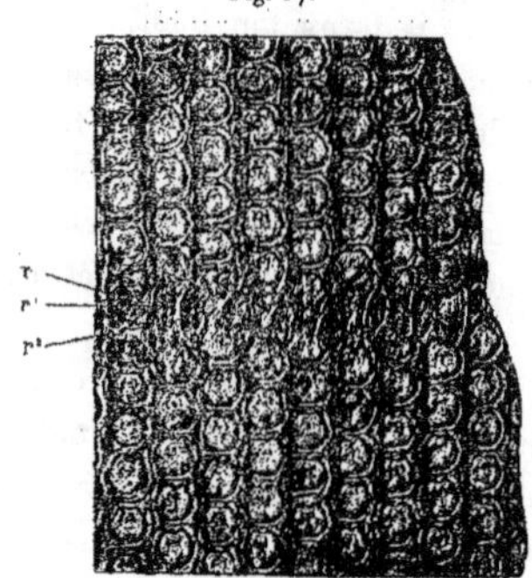

Fig. 37.

Favularia elegans.

r, r', r". Cicatrices laissées par les épis reproducteurs et placées entre les lignes verticales de cicatrices foliaires.

[1] Nous avons cru jadis, d'après une préparation d'*Anabathra pulcherrima* assez mal conservée, pouvoir admettre l'existence d'une couronne de bois secondaire; depuis lors, de meilleures préparations que nous avons faites, nous ont convaincu que le cordon était simplement monoxylé.

[2] *On the fossil plants of the coal measures. Phil. Trans.*, part III, pl. XLII, fig. 12 et 13.

Tantôt ils sont disposés en rangées verticales : *Rhytidolepis elongata*, *Rhytidolepis scutellata*, etc., dans les sillons qui séparent les côtes portant les cicatrices.

Genre FAVULARIA Brongniart.

Ce genre est caractérisé par des côtes plus ou moins saillantes, contiguës, sur lesquelles sont placées des cicatrices, également contiguës, laissées par la chute des feuilles.

FAVULARIA TESSELLATA Brongniart.

(Pl. XXXV, fig. 2.)

Nous rapportons au genre *Favularia* l'échantillon silicifié, décortiqué en partie, représenté pl. XXXV, fig. 2. Les coussinets et les cicatrices foliaires ont disparu, il ne reste plus que les mamelons sur lesquels ils étaient placés; on distingue encore les faisceaux foliaires et les arcs latéraux qui les accompagnent. Cet échantillon nous rappelle le *Favularia tessellata* Brongt., dont les caractères sont les suivants : côtes plus ou moins saillantes, contiguës; cicatrices hexagonales, régulières, disposées en quinconce, hautes de 8 à 10 millimètres et larges de 6 à 8 millimètres; les trois cicatricules sont ordinairement très visibles.

Le *Fav. microstigma* et le *Syringodendron pachyderma* ne sont que des portions de tronc de cette Sigillaire, dont les coussinets se sont détachés complètement, ou dont l'écorce en vieillissant n'a conservé que les empreintes correspondant aux deux appareils sécréteurs des cicatrices foliaires.

Provenance. — Champ de la Justice. Très rare.

Genre RHYTIDOLEPIS Sternberg.

Dans le genre *Rhytidolepis*, les côtes sont contiguës ou distantes, droites ou étranglées entre les cicatrices, qui sont plus ou moins écartées sur les côtes et placées en quinconce.

Ce genre se trouve répandu dans le terrain houiller moyen; cependant nous en avons rencontré quelques débris, à Igornay et au Poizot (couches permiennes inférieures), à l'état de *Syringodendron*, mais non déterminables spécifiquement.

Sigillaires à écorce lisse.

Les Sigillaires à écorce lisse sont assez fréquentes dans le bassin d'Autun Les deux genres *Clathraria* et *Leiodermaria* y sont bien représentés, soit à l'état d'empreintes, soit à l'état silicifié.

Les Sigillaires qui appartiennent à cette section sont les seules jusqu'ici dont on connaisse, avec certitude, l'organisation interne; les exemplaires trouvés à l'état silicifié dans les environs d'Autun et présentant à la fois les cicatrices superficielles déterminables et la structure interne conservée, sont cependant en très petit nombre et rentrent les uns dans le genre *Clathraria*, les autres dans le genre *Leiodermaria.*

Nous conservons ces deux genres parce que nous ne croyons pas que l'on puisse toujours passer d'une Sigillaire à cicatrices rapprochées à une Sigillaire correspondante qui présenterait des cicatrices écartées, l'écartement n'étant dû alors qu'à l'accroissement de la tige. En effet, si nous prenons comme exemple le *Clathraria Menardi*, à structure conservée, représenté pl. XXXVI, fig. 8 et 9, chez lequel les cicatrices sont contiguës et qui est un jeune rameau, nous trouvons, pour l'épaisseur de la région subéreuse placée au-dessous des coussinets, 2 millimètres environ; les cellules de liège sont contiguës et non disposées en un réseau dont les mailles seraient occupées par du tissu cellulaire, comme cela arrive pour la partie subéreuse du *Leiodermaria spinulosa* ou *Leio. denudata.*

Si on objecte que ce réseau n'apparaît que lors de l'agrandissement de la tige et favorise l'augmentation de son diamètre et l'écartement en hauteur et en largeur des cicatrices foliaires, nous citerons l'échantillon silicifié représenté pl. XXXVI, fig. 2, qui est également un jeune rameau, comme l'attestent la petitesse des cicatrices et l'assise subéreuse qui mesure seulement $2^{mm},3$, comme celle du premier échantillon; les cellules de liège sont disposées *en réseau* à mailles occupées par du tissu parenchymateux sur toute son épaisseur; on ne voit aucune trace de la couche uniforme de liège que nous avons rencontrée sur le premier; il n'y a pas eu d'exfoliation : la première écorce ne pourrait donc, en vieillissant, fournir la seconde qui offre sensiblement la même épaisseur et sur laquelle se trouvent de petites cicatrices foliaires déjà distantes de 20 millimètres en hauteur et 28 millimètres en largeur. Cette écorce offre donc, malgré sa jeunesse, les caractères du genre *Leiodermaria* et n'a pu présenter, à aucun moment, ceux du genre *Clathraria.*

Tous les échantillons de *Leiodermaria spinulosa* que nous avons rencontrés, portant des cicatrices, ont présenté cette organisation; aucun n'a montré d'assise subéreuse analogue à celle du *Clathraria Menardi*.

Structure des Sigillaires à écorce lisse. — La structure des Sigillaires à écorce lisse est connue avec plus de certitude que celle des Sigillaires de la première section. Ces plantes offraient des tiges cylindriques, larges, élevées, droites, se ramifiant par dichotomies successives, munies d'une écorce épaisse non cannelée, portant des cicatrices contiguës ou distantes, mais non placées sur des côtes verticales distinctes.

Le cylindre ligneux est formé de deux zones concentriques : celle qui est extérieure est constituée par des coins ligneux composés de trachéides rayées sur toutes leurs faces; elles sont disposées en séries rayonnantes séparées par des rayons médullaires épais de 1 à 2 rangées de cellules et hauts de 15 à 20. Le diamètre de ce cylindre ligneux paraît avoir atteint des dimensions plus considérables que celui des Sigillaires cannelées.

Le bois intérieur ou centripète ne forme pas une couronne continue, mais est divisé en faisceaux distincts; leur section transversale est celle d'un segment de cercle dont la corde légèrement concave est appliquée contre l'extrémité interne de l'un des coins ligneux du cylindre extérieur. Les éléments trachéens sont placés entre les deux bois. C'est de cette région commune et non de la surface du bois centripète seulement, comme cela arrive pour les Sigillaires cannelées, que partent les cordons foliaires qui sont *diploxylés;* la partie centripète du cordon se perd dans le bois primaire, et la portion centrifuge dans le bois rayonnant secondaire de la tige.

Jusqu'ici on n'a pas encore rencontré d'épis à structure conservée pouvant appartenir à des Sigillaires à écorce lisse; leur organisation interne est donc inconnue.

Nous avons cru pouvoir rapporter à une Sigillaire de cette section[1] une empreinte trouvée à Montceau-les-Mines, qui présentait, entre les écailles composant l'épi, des corps reproducteurs différents des macrospores, et que nous avons regardés comme des sacs polliniques; on a objecté que les grains de pollen qui se rencontrent autour des sacs pouvaient avoir été apportés par le vent ou par d'autres causes; si on admet cette hypothèse, on reste dans le

[1] *Bulletin de la Société d'histoire naturelle d'Autun*, 1888, pl. III, fig. 1 à 7.

doute sur la nature de ces corps reproducteurs, qui par leur forme d'ellipsoïde aplati et l'absence des trois lignes radiantes s'éloignent des macrospores rencontrées dans les épis des Sigillaires cannelées. Toutefois, la découverte dans les disques fertiles des Dolérophyllées de gros grains de pollen de forme, de dimensions et de consistance analogues à celles des sacs en question, permet maintenant d'adopter cette autre opinion, que les corps dont il s'agit seraient, non des anthères sessiles renfermant des grains de pollen, mais les grains euxmêmes qui offriraient, comme nous le verrons plus loin, une organisation des plus curieuses et des plus intéressantes.

Quoi qu'il en soit, les traces laissées sur les tiges par la chute des épis sont souvent très nettes.

Ces traces, disposées quelquefois en verticille, souvent en hélice autour de la tige, présentent cette particularité importante d'être axillaires.

Dans le *Clathraria Brardi* on peut voir sur les jeunes tiges, au-dessous de chaque insertion d'épi, une cicatrice plus petite que les cicatrices des feuilles voisines, rejetée quelquefois un peu de côté par l'accroissement du rameau fertile; cette cicatrice appartient à une série normale des feuilles.

Sur le *Clat. Menardi* [1], le *Clat. catenaria*, on peut remarquer la même disposition relative des feuilles et des rameaux fertiles.

Le *Clat. approximata*, Fontaine et White, montre souvent au-dessus d'une cicatrice foliaire plusieurs cicatricules d'épis, disposées symétriquement ou asymétriquement par rapport au centre de figure de la feuille, suivant le nombre d'épis qui s'est développé [2].

Au-dessous des pédoncules fertiles du *Leiodermaria spinulosa*, on peut observer, dans un grand nombre de cas, la présence d'une petite cicatrice qui paraît également appartenir à une feuille, à l'aisselle de laquelle le rameau fertile se serait développé.

En résumé, les Sigillaires cannelées différeraient, si l'on regarde les troncs de *Diploxylon* comme leur appartenant, des Sigillaires lisses, non seulement par les caractères tirés de la forme ondulée de l'assise subéreuse, mais par l'organisation du bois primaire cylindrique, qui est épais et continu dans les premières, divisé au contraire en faisceaux petits, séparés et distincts, dans les secondes; par la composition du cordon foliaire, *monoxylé* dans la tige d'une

---

[1] Weiss et Sterzel, *Die Sigillarien der preussischen Steinkohlen- und Rothliegenden-Gebiete*, Berlin, 1893, pl. XVIII, fig. 68.

[2] R. Zeiller, *Bassin houiller et permien de Brives*, fasc. II, pl. XIV, fig. 2.

part, *diploxylé*, de l'autre ; par la disposition des rameaux fertiles, placés entre les lignes verticales des cicatrices foliaires chez les Sigillaires cannelées, et qui sont axillaires chez les Sigillaires lisses ; enfin par la présence de macrospores dans les épis femelles des premières, et de grains de pollen de taille considérable dans les épis mâles des secondes.

Genre CLATHRARIA Brongniart.

Coussinets contigus, sillons placés entre les coussinets formant deux spirales croisées à angles aigus.

CLATHRARIA BRARDI Brongniart.

(Pl. XXXV, fig. 1 ; pl. XXXVI, fig. 6, 7 ; pl. XXXVII, fig. 1 et 2, et fig. 38, 39.)

Coussinets rhomboïdaux allongés transversalement, les angles latéraux aigus, les angles supérieurs ou inférieurs arrondis ou obtus, placés un peu obliquement sur la tige, à dimensions très variables suivant qu'on examine le sommet ou la base de la tige, dont elles suivent l'accroissement ; l'intervalle existant entre les cicatrices peut lui-même augmenter suffisamment pour que la tige offre l'apparence du *Leiodermaria spinulosa*[1].

Cicatrices foliaires rhomboïdales arrondies en dessous, échancrées en dessus, occupant la partie supérieure du coussinet et présentant comme lui des dimensions extrêmement variables. En outre on trouve fréquemment à la surface de la tige d'autres cicatrices, arrondies, disposées en spirale à tours écartés, qui ont été laissées par les pédoncules des épis reproducteurs.

Les épis du *Clathraria Brardi* sont disposés sur les lignes mêmes des cicatrices foliaires. Chacun semble occuper sur ces lignes, de deux en deux, la place d'une cicatrice de feuille, mais il est facile de reconnaître que la feuille existe, qu'elle a été simplement écartée ; elle est représentée par une cicatrice plus petite f, f^1 (fig. 38), que l'on retrouve immédiatement au-dessous du rameau fertile ou déviée un peu de côté par le développement de celui-ci.

Provenance. — L'échantillon représenté fig. 38 provient du terrain houiller de Commentry.

---

[1] Zeiller, *Bassin houiller et permien de Brives*, pl. XIV, fig. 1.

Sur les troncs plus âgés on peut observer également les particularités que nous venons de signaler. La figure 39 montre un échantillon sur lequel les cicatrices se sont un peu écartées; les coussinets sont pourtant encore contigus, les feuilles paraissent moins serrées au-dessus des épis qu'au-dessous,

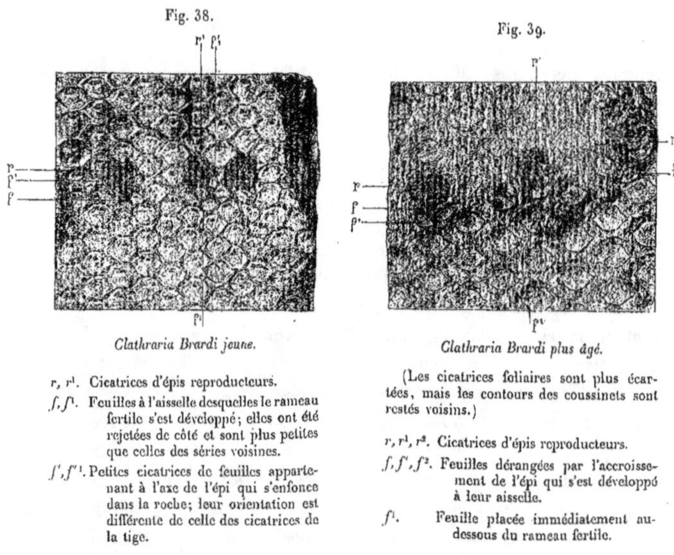

Fig. 38.

Clathraria Brardi jeune.

r, r¹. Cicatrices d'épis reproducteurs.

f, f¹. Feuilles à l'aisselle desquelles le rameau fertile s'est développé; elles ont été rejetées de côté et sont plus petites que celles des séries voisines.

f', f'¹. Petites cicatrices de feuilles appartenant à l'axe de l'épi qui s'enfonce dans la roche; leur orientation est différente de celle des cicatrices de la tige.

Fig. 39.

Clathraria Brardi plus âgé.

(Les cicatrices foliaires sont plus écartées, mais les contours des coussinets sont restés voisins.)

r, r¹, r². Cicatrices d'épis reproducteurs.

f, f', f². Feuilles dérangées par l'accroissement de l'épi qui s'est développé à leur aisselle.

f¹. Feuille placée immédiatement au-dessous du rameau fertile.

comme si plusieurs faisceaux ligneux avaient concouru à la formation de leur cylindre ligneux, et que leur réunion momentanée ne cessant pas immédiatement après l'émission du rameau, le nombre des feuilles avait dû se restreindre en proportion.

Provenance. — L'échantillon représenté fig. 39 provient des couches permiennes d'Igornay.

Cette espèce offre assez souvent à son extrémité l'exemple de dichotomies multiples, dont les rameaux portent encore des feuilles et des épis.

L'échantillon représenté pl. XXXV, fig. 1, fait partie de la collection donnée au Muséum par M. A. Roche.

Les portions de troncs de *Clathraria Brardi* sont communes à Igornay, Dracy-Saint-Loup, la Comaille, le Ruet, les Thélots, etc., près Autun, soit à l'état d'empreintes, soit plus rarement conservées par la silice, comme à Dracy; les figures 6 et 7, pl. XXXVI, représentent des fragments d'écorce avec cicatrices, engagés au milieu d'un amas de feuilles de Sigillaires également silicifiées; ils rappellent la portion de *Clat. Brardi* figurée par Germar [1], et prise dans la région inférieure de l'échantillon. L'aspect chagriné que présente la surface des coussinets (fig. 7) provient de la rupture des cellules sous-épidermiques, dont la partie superficielle est restée sur la contre-empreinte.

Nous avons décrit sous le nom de *Stigmaria flexuosa* [2], des portions de Sigillaires que l'association de feuilles et de fragments d'écorce munis de cicatrices déterminables nous engage aujourd'hui à rattacher au *Clathraria Brardi*.

Ces échantillons ont été rencontrés dans la tranchée et *sous la voie* du chemin de fer d'Autun à Laroche, au delà de Dracy, à l'intérieur d'un banc de grès silico-calcaire où se trouvent des rognons siliceux renfermant de grandes quantités de feuilles de Sigillaires.

Parmi ces *Stigmaria*, les uns se présentent en empreinte dans les grès et ont laissé une couche de houille de plusieurs millimètres d'épaisseur d'où partent de nombreux appendices : ils sont donc encore en place; les autres, beaucoup plus rares, sont engagés dans des blocs silico-calcaires, qui forment des sortes de lentilles éparses dans les bancs de grès; ils sont également munis de leurs appendices (pl. XXXVIII, fig. 5, *b*), lesquels restent engagés en partie dans la roche lorsqu'on essaye d'en séparer la tige.

Cette tige est bien un *Stigmaria*, puisque sa surface porte une série de cicatrices, circulaires, ombiliquées, très régulièrement disposées, auxquelles viennent s'attacher des appendices cylindriques ou aplatis (fig. 5 et 10, *b*), caractéristiques des *Stigmaria;* elle a dû être silicifiée sur place, non encore dépouillée de ses radicelles ou de ses feuilles.

Le fragment du *Stigmaria* était placé verticalement au milieu d'une lentille volumineuse engagée elle-même dans le banc de grès; il mesure 7 à 8 centimètres de diamètre; lorsqu'il a été dégagé du bloc silico-calcaire où il était inclus, le corps seul du *Stigmaria* a été retiré en partie, les appendices sont restés noyés dans la masse extérieure.

---

[1] *Versteinerungen des Steinkohl. von Wettin u. Löbejün*, fasc. 3, pl. XI, fig. 2. Halle, 1845.
[2] *Bulletin de la Société d'histoire naturelle d'Autun*, 1888.

A la surface on remarque une série de cicatrices petites, parfaitement circulaires, présentant un diamètre total de 2^{mm},5; au centre de chaque cicatrice, on voit la cicatricule vasculaire qui mesure 0^{mm},5.

Les cicatrices sont placées sur deux lignes spirales croisées faisant entre elles un angle d'environ 65 degrés et distantes de 8 à 9 millimètres; les cicatrices étant disposées en quinconce, les losanges qui en résultent mesurent, suivant la petite diagonale, 9 millimètres, et suivant la grande, 15 à 16 millimètres.

Les appendices sont cylindriques, subconiques à l'extrémité qui vient s'articuler à la cicatrice placée dans une faible dépression de l'écorce; leur diamètre pris à 2 ou 3 centimètres de leur point d'insertion est de 5 millimètres; ils atteignent plusieurs décimètres de longueur et se bifurquent deux ou trois fois à leur extrémité périphérique en diminuant de diamètre à chaque bifurcation; un faisceau vasculaire unique les parcourt dans toute leur longueur.

L'écorce du *Stigmaria* est formée de plusieurs parties : l'une, interne, parenchymateuse, n'a pas été conservée; l'autre, plus externe, porte les cicatrices. Celle-ci, épaisse à peine de 2 à 3 millimètres, est creusée des dépressions dont nous avons parlé, au fond desquelles se trouvent les cicatrices laissées par les appendices.

L'aspect de la surface est celui du *Stigmaria rimosa*[1] de Goldenberg, c'est-à-dire que de nombreuses lignes saillantes, flexueuses et s'entrecroisant, courent de haut en bas entre les cicatrices ou y aboutissent.

Sur une coupe tangentielle (pl. XXXIX, fig. 12 et 14), on voit que cette partie de l'écorce est formée de cellules allongées fusiformes, à parois minces et ornées de réticulations; ces cellules sont alignées en séries radiales ondulées qui se soudent et s'écartent : ce mode de jonction et d'écartement produit l'aspect réticulé que l'on remarque à la surface. Les mailles du réseau sont remplies par des cellules polyédriques irrégulières à sections subrectangulaires, de grandeurs inégales, à minces parois et portant également une ornementation réticulée.

Sur une coupe transversale, toutes les cellules, celles qui forment les mailles comme celles qui les remplissent, sont alignées dans le sens radial; par conséquent l'ensemble ne présente pas l'aspect d'un réseau à mailles al-

---

[1] Goldenberg, *Flora saraepontana fossilis*, pl. XII, fig. 7, 1862.

longées dans le sens du rayon comparable à celui que l'on voit sur les coupes des écorces des *Leiodermaria spinulosa* et *L. lepidodendrifolia*. Des prolongements dirigés vers l'intérieur et flottants paraissent s'être rattachés à un tissu lâche ou lacuneux qui n'a pas été conservé.

La partie centrale du tronc est occupée par un cylindre ligneux (pl. XXXVIII, fig. 6, *b*), à section elliptique (pl. XXXIX, fig. 1 à 4), mesurant 26 millimètres suivant le grand axe et 8 millimètres suivant le petit.

Les différentes sections faites dans son tissu montrent les éléments contractés, aplatis, plissés, de couleur brun foncé, tels qu'on les observe dans les bois transformés en lignite et laisseraient supposer que la silicification n'a eu lieu qu'après cette transformation préalable des tissus.

Le cylindre ligneux est formé, sans qu'on puisse élever le moindre doute, de deux parties distinctes :

L'une, *centrifuge,* composée de lames rayonnantes de trachéides rayées (pl. XXXIX, fig. 10), séparées par des rayons médullaires, et traversées par de nombreux faisceaux foliaires (fig. 8), se rendant dans les appendices;

L'autre, *centripète,* constituée par des faisceaux à section lunulée assez développés (fig. 5, 6, 7, *a*), rappelant par leur forme, leur situation, leur constitution, ceux que nous trouverons plus loin dans les tiges de Sigillaires *munies* de leurs *cicatrices foliaires.*

Cependant ces faisceaux vasculaires sont plus étalés; ils se touchent par leurs bords amincis et forment une sorte de couronne qui peut se détacher, sur une certaine étendue, du cylindre extérieur (fig. 6) sans se déchirer.

Cette disposition du bois centripète rappelle quelque peu celle offerte par le bois correspondant des *Diploxylon,* mais avec ces différences importantes, qu'il est beaucoup moins développé que dans ce dernier genre, et que les différents faisceaux vasculaires qui le constituent sont parfaitement reconnaissables par les saillies très marquées qu'ils forment du côté de la moelle.

Les cordons qui se dirigent à travers le bois centrifuge vers les appendices sont nombreux; ils aboutissent dans *l'intervalle des deux bois,* exactement comme ceux observés dans les troncs de Sigillaires aériennes, c'est-à-dire dans la région *médiane extérieure* d'un faisceau centripète; mais au lieu de se différencier suivant un prisme triangulaire, ayant sa pointe en contact avec la région commune et sa base plongée dans le faisceau centripète, les éléments ont apparu suivant une orientation inverse; la base du prisme se trouve en contact avec la région commune aux deux bois et la pointe est plongée dans le faisceau centripète correspóndant. Les éléments les plus fins en occupent la base.

Le bois rayonnant ou centrifuge s'y développe plus rapidement et plus complètement que dans le cas des cordons des tiges aériennes; aussi, à leur sortie du cylindre ligneux et dans leur course longitudinale ascendante à travers le tissu parenchymateux de l'écorce, la distinction des deux bois est parfaitement nette. Le bois centripète, disposé sans ordre, donne une section transversale triangulaire dont la pointe est tournée du côté de l'axe du tronc et dont la base, formée des éléments les plus fins, est dirigée vers la périphérie et garnie de bois centrifuge composé de lames rayonnantes disposées en éventail (fig. 9) et présentant des éléments parfaitement lignifiés.

Souvent on observe plusieurs cordons alignés suivant un plan longitudinal passant par l'axe du *Stigmaria;* il faut en conclure que dans l'échantillon en question, les cordons disposés dans une coupe transversale sur plusieurs circonférences concentriques ont subi peu de changements dans leur position primitive et qu'ils parcouraient de bas en haut une certaine longueur de la tige dans la partie parenchymateuse avant de pénétrer dans les appendices : cette marche n'est pas celle de faisceaux de racines, mais bien plutôt celle de cordons foliaires.

On trouve quelquefois, dans les sections transversales, de petits cylindres ligneux (fig. 11, pl. XXXIX), formés d'une partie centrale *c* de bois primaire centripète et d'une partie extérieure *b* de bois secondaire rayonnant centrifuge ; ce sont probablement des branches de dichotomie arrêtées dans leur développement et s'éteignant rapidement : la petitesse du cylindre primaire a amené la soudure en un cylindre plein des faisceaux vasculaires dont il est formé [1].

L'organisation du *Stigmaria* décrit ci-dessus se rapproche tellement, si l'on considère seulement le cylindre ligneux central et les cordons vasculaires qui en partent, de l'organisation du cylindre ligneux et des cordons foliaires des Sigillaires à écorce lisse, *Clathraria Menardi, Leiodermaria spinulosa,* étudiées plus loin, que nous pouvons conclure que la tige aérienne du *Clathraria Brardi* ne doit pas différer sensiblement de son *Stigmaria,* et qu'il est impossible de considérer ce dernier comme une racine; dès lors on est amené à le regarder comme une véritable tige ou un rhizome.

[1] Si les Stigmarhizomes ont porté des organes de reproduction, ce pourrait être la portion interne des pédoncules fructifères.

Mais, d'un autre côté, la forme des cicatrices parfaitement caractéristique, celle des appendices qui y sont encore attachés, la structure du cordon vasculaire qui les parcourt en font certainement un *Stigmaria*.

Nous regardons donc cet échantillon comme une preuve irréfutable de l'existence de Sigillaires non aériennes ayant vécu dans la vase ou dans l'eau, forme que nous avons désignée depuis longtemps sous le nom de *Stigmarhizomes*.

La portion de tronc silicifié que nous avons recueillie appartenait à la partie antérieure de la plante, comme le prouve la régularité des cicatrices corticales, dont l'ordre n'avait pas encore été troublé par l'apparition de racines adventives.

La longueur des branches de la même espèce que nous avons vues à l'état d'empreintes, exclut pour elles la possibilité d'une station *aérienne* verticale, car le faible développement du cylindre ligneux et la minceur (quelques millimètres seulement) du liège, l'unique partie résistante de l'écorce, n'auraient pas permis à la plante de se tenir debout avec les appendices charnus longs de plusieurs décimètres qui les entouraient dans tous les sens : ceux-ci, plus débiles encore que les tiges, se seraient affaissés sous leur propre poids.

D'où nous concluons qu'il a existé des Sigillaires vivant complètement plongées dans l'eau, ayant pu, comme nous l'avons dit souvent, conserver une indépendance propre et rester telles, ou bien donner naissance, dans certaines conditions favorables, à des troncs aériens présentant une structure interne analogue à celle des rhizomes d'où ils provenaient, n'en différant que par un accroissement considérable des parties de l'écorce, et un changement de forme dans les cicatrices destinées à porter uniquement des appendices aériens.

Le changement de vie apportait nécessairement des variations notables dans la structure des organes appendiculaires. Nous reviendrons plus loin sur cette question.

Feuilles. — Les fragments d'écorce portant des cicatrices, que nous avons représentés pl. XXXVI, fig. 6 et 7, étaient accompagnés, comme nous l'avons dit, de feuilles nombreuses de Sigillaires; ces feuilles appartiennent, selon toute vraisemblance, au *Clathraria Brardi*; elles sont longues de plusieurs décimètres, linéaires, élargies à la base, comme il convient aux cicatrices de cette espèce, diminuant lentement de largeur (fig. 11, pl. XXXVIII); elles présentent en dessous un relief longitudinal médian très accusé, et sur les bords deux gouttières que l'on peut suivre jusqu'à l'extrémité.

Nous donnons (pl. XLI, fig. 12, 16 et 15) trois sections faites à la base, dans la partie la plus élargie du limbe, dans la région moyenne et près de l'extrémité.

Le relief inférieur de la feuille est dû au faisceau vasculaire assez complexe qui la parcourt dans toute sa longueur; ce faisceau se compose d'une bande vasculaire bicentre *a,* entourée d'une assise libérienne, de quelques léments de bois secondaire(?), d'une assise de cellules vasiformes *i* et d'une gaine sclérenchymateuse *l.*

Les deux gouttières latérales visibles à la partie inférieure de la feuille sont formées par deux sillons *g* creusés dans le parenchyme et garnis de stomates et de poils (fig. 22).

Au milieu des stomates *st* on distingue des cellules à section rectangulaire *p* qui sont des coupes passant par la base de poils.

Le limbe de la feuille est formé, dans sa région moyenne *m,* de cellules allongées transversalement, et qui peuvent avoir contribué à l'enroulement des bords de la feuille de façon à fermer, dans certaines circonstances, les gouttières stomatifères.

A la partie supérieure on remarque une rainure longitudinale très accusée; cette rainure devient de moins en moins marquée en s'éloignant de la base de la feuille (fig. 16) et est remplacée par un épaississement du limbe vers l'extrémité (fig. 15).

La feuille était recouverte d'un épiderme *ep* qui s'étendait sur toute la surface supérieure et inférieure, mais qui s'arrêtait aux deux gouttières *g;* dans certaines régions, des bandes d'hypoderme donnaient à la feuille la rigidité et la solidité nécessaires.

Sur la figure 17, qui représente le faisceau vasculaire central de la figure 15 plus grossi, on distingue les détails suivants : en *a,* le faisceau vasculaire, réduit à une lame, concave en dessus, formée d'une seule rangée de vaisseaux rayés; les éléments trachéens sont placés aux deux extrémités; cette lame est entourée d'une couche continue de cellules libériennes à minces parois; ce faisceau ne diffère pas sensiblement d'un faisceau de Cryptogame.

En *l,* se trouve une gaine sclérenchymateuse composée de trois lames circonscrivant un espace triangulaire rempli d'un tissu cellulaire extrêmement délicat *K.*

Plus en dehors, on remarque une couche de cellules allongées, prismatiques, à parois grêles, au milieu desquelles on distingue quelques trachéide et des cellules vasiformes que nous rencontrerons dans d'autres espèces, et qui sont les analogues de celles que nous avons décrites autour du faisceau foliaire des feuilles des Lépidodendrons.

Nous ne connaissons pas encore la structure de la tige aérienne du *Clathraria Brardi*, mais ce que nous avons dit de son rhizome permet de supposer qu'elle ne différait pas beaucoup de l'organisation des tiges de *Clat. Menardi* et *Leiodermaria spinulosa* que nous étudions plus loin; quant à son écorce, partiellement représentée pl. XXXVII, fig. 1 et 2, elle se montre, comme celle de ses rhizomes, formée de bandes subéreuses *a* (fig. 2), se réunissant et s'écartant à de longs intervalles, formant ainsi un réseau à mailles allongées remplies d'un tissu cellulaire dont les éléments sont à parois beaucoup plus minces; il en résulte que la surface paraît striée longitudinalement et réticulée, particularité qui ne se présente pas pour l'écorce du *Clathraria Menardi*.

CLATHRARIA MENARDI Brongniart [1].

(Pl. XXXVI, fig. 8 à 11; pl. XXXVII, fig. 3 à 7 et fig. 40.)

Dans cette espèce, les coussinets sont plus petits que dans le *Clathraria Brardi*, rhomboïdaux, allongés dans le sens transversal, angles latéraux aigus, angles supérieur et inférieur arrondis, disposés sur deux spirales croisées à angles aigus, séparés par un sillon étroit, mais très marqué.

Cicatrices foliaires recouvrant une grande partie du coussinet, rhomboïdales et allongées transversalement, angles latéraux aigus, angle inférieur arrondi, angle supérieur légèrement échancré.

Le *Clathraria Menardi* peut être considéré comme une variété du *Clat. Brardi*, dont il diffère cependant par quelques particularités d'organisation.

M. Zeiller et moi [2] avons appelé l'attention sur ce fait que la Sigillaire décrite par Brongniart sous le nom de *Sigillaria elegans*, la première qui eût offert une structure interne conservée, n'était pas le *S. elegans* de la section des Sigillaires cannelées (*Genre Favularia*), mais appartenait à la section des Sigillaires à écorce lisse et rentrait dans le genre *Clathraria*, pour se placer à côté du *Clat. Brardi*.

[1] Cette Sigillaire a été décrite par Brongniart sous le nom de *Sigillaria elegans* dans les *Archives du Muséum* (1839).

[2] *Comptes rendus de l'Institut*, 7 décembre 1885.

Nous donnons (fig. 8) la copie de la figure de Brongniart[1] qui représente le type de l'espèce rencontrée à Wilkesbarre et au Muddy-Creek (Pensylvanie); l'empreinte est en creux. La figure 9 représente l'échantillon décrit par Brongniart sous le nom de *Sigillaria elegans*[2] et trouvé par M. Landriot dans le Champ de la Justice, et la figure 10 montre le dessin d'un moulage pris sur cet échantillon.

De l'examen attentif de ce dernier il résulte que sur les 23 cicatrices complètes et conservées qui s'y trouvent actuellement, il est impossible de découvrir, comme dans le *Favularia elegans*, un périmètre *hexagonal* ni dans le contour du coussinet, ni dans celui de la cicatrice foliaire. Le contour du coussinet est *rhomboïdal*, allongé transversalement, à angles latéraux très aigus; les angles inférieur et supérieur sont franchement arrondis; son diamètre transversal est de $5^{mm},3$, sa hauteur de $2^{mm},6$.

Entre les coussinets on remarque de légères bandes en relief (contre-partie des sillons très nets du *Clathraria Menardi*) qui, en s'entrecroisant, forment un réseau à mailles rhomboïdales, larges de six millimètres et hautes de trois.

Les cicatrices foliaires complètes couvrent la plus grande partie du coussinet; leur contour est sensiblement rhomboïdal, à angles latéraux plus ou moins aigus; l'angle inférieur est arrondi, l'angle supérieur présente sur certaines d'entre elles une légère échancrure. Le plan de la base d'insertion est oblique à cause de la saillie du coussinet, qui est plus considérable sur son contour inférieur que sur son bord supérieur.

Les trois cicatricules sont très nettes sur un certain nombre de cicatrices, placées un peu au-dessus de la moitié de leur hauteur; celle du milieu est allongée transversalement en forme d'arc concave en dessus; les deux latérales sont arquées et un peu plus rapprochées l'une de l'autre par leur extrémité supérieure.

Les coussinets et les cicatrices foliaires ne sont pas placés sur des lignes verticales *parallèles* à l'axe de la tige, mais en files légèrement inclinées de droite à gauche quand on regarde la surface de l'échantillon; on peut encore les comprendre dans deux systèmes de lignes spirales entrecroisées, formant entre elles un angle de 45 à 47 degrés.

L'épaisseur totale de l'écorce est de 4 millimètres, celle de la partie subéreuse est de 2 millimètres seulement; les côtes *apparentes* superficielles, qui ne

[1] *Hist. végét. fos.*, fig. 6, pl. CVIII.
[2] *Arch. du Muséum*, t. I, p. 405.

sont dues qu'aux reliefs des coussinets, ne se retrouvent pas sur la surface interne, qui est régulièrement cylindrique.

Dans les Sigillaires cannelées, *Favularia tessellata, Fav. Saullii*, les côtes longitudinales dues à de vraies cannelures sont très appréciables sur la surface interne de la zone subéreuse.

Cette description ne permet pas d'assimiler la Sigillaire en question à une Sigillaire cannelée, mais la place dans le genre *Clathraria*, dans le voisinage du *Clat. Menardi*, si même elle ne l'identifie pas avec ce dernier. Le moulage de la surface de cette Sigillaire donne une empreinte parfaitement semblable à la figure 8, type du *Clat. Menardi*. Les lignes spirales croisées qui comprennent les cicatrices de cette figure font entre elles un angle de 55 degrés. Ce rameau plus âgé porte des cicatrices un peu plus grandes que celles de l'échantillon silicifié; les coussinets offrent en effet 7 millimètres de largeur et 3,5 millimètres en hauteur, ce qui explique la différence angulaire des deux lignes spirales.

Nous pensons que l'analogie entre l'échantillon silicifié et la figure du *Clat. Menardi* type est assez grande pour rendre inutile la création, en faveur de la Sigillaire d'Autun, d'un nom nouveau, création que s'est empressé de faire un savant allemand en recevant un simple dessin de l'échantillon de Brongniart.

Nous ajouterons cette remarque, que le *Sigillaria elegans* est surtout abondant dans le terrain houiller moyen, devient de plus en plus rare en s'élevant dans le terrain houiller supérieur et ne se rencontre plus dans le terrain permien.

Or l'échantillon a été trouvé dans le Champ de la Justice, comme nous l'avons dit, gisement le plus connu des végétaux pétrifiés de la région et placé immédiatement sous les couches exploitées du boghead, lesquelles terminent la formation permienne des environs d'Autun.

STRUCTURE DE LA TIGE DU *CLATHRARIA MENARDI* (*SIGILLARIA ELEGANS* DE BRONGNIART). — Nous renvoyons pour les détails de structure aux excellentes figures données par Brongniart[1], en rappelant ici sommairement la structure de cette Sigillaire.

Le fragment de tige ou de rameau mesurait 4 centimètres environ de dia-

---

[1] *Arch. du Muséum, loc. cit.*

mètre, une portion seule de la surface avait conservé son écorce épaisse de
10 à 12 millimètres et portait les cicatrices; on distingue dans l'écorce plusieurs assises : la plus interne, parenchymateuse, n'a été que vaguement
conservée dans certaines régions où l'on reconnaît des portions de tissu composé de cellules polyédriques isodiamétrales à minces parois.

L'assise la plus résistante est à l'extérieur; épaisse de 4 millimètres, elle
est constituée par des cellules allongées, disposées en bandes rayonnantes,
sans traces d'ornements; sur les parois en coupe tangentielle, ces cellules ont
leurs deux extrémités terminées en biseau (pl. XXXVII, fig. 4); elles forment
une couche *continue* et non un réseau à mailles allongées, comme cela se présente dans le *Clathraria Brardi* (pl. XXXVII, fig. 2); cette différence dans la
structure de la partie subéreuse de l'écorce suffirait à elle seule pour séparer
les deux Sigillaires et en faire deux variétés, sinon deux espèces.

Les arêtes rectilignes des biseaux s'alignent en files verticales rayonnantes;
il en résulte, sur les coupes, des bandes de cellules d'apparence rectangulaire
dirigées du centre à la périphérie. Cette assise peut être considérée comme
une sorte de liège dont les éléments ont pris un accroissement considérable
en hauteur.

La partie extérieure de cette assise est recouverte par une couche de cellules polyédriques, parenchymateuses, sur laquelle reposent les coussinets
foliaires, charnus et limités par un épiderme à cellules très serrées. Nous donnons (pl. XXXVII, fig. 3) une coupe tangentielle passant par neuf coussinets;
à ce niveau leur section est sensiblement rhomboïdale, la grande diagonale est
horizontale, les angles latéraux sont aigus, l'angle inférieur arrondi, l'angle
supérieur marqué d'une échancrure plus ou moins accusée. Le tissu du coussinet est formé de cellules polyédriques isodiamétrales, à minces parois; vers
la périphérie les cellules s'alignent, épaississent faiblement leurs parois et constituent une sorte de tissu subéreux.

Dans la région médiane, on reconnaît souvent le faisceau foliaire à section
presque triangulaire *a*, formé de deux parties : l'une primaire, dont les éléments sont placés sans ordre; l'autre secondaire, dont les trachéides sont au
contraire disposées en série rayonnante; le liber est extérieur à ce dernier; une
gaine protectrice entoure l'ensemble et en dehors, en *b*, on aperçoit les deux
arcs latéraux caractéristiques dont nous étudierons plus loin le rôle.

Une section faite plus profondément dans la partie subéreuse de l'écorce
(fig. 4) montre les cellules beaucoup plus allongées que les cellules de liège

ordinaire et se terminant en biseau aux deux bouts; elles ne sont pas disposées par bandes formant réseau, comme dans le *Clathraria Brardi;* il n'y a pas de tissu cellulaire à minces parois intercalé.

En *a* se montrent les sections des cordons foliaires diploxylés, et en *b* les arcs latéraux qui accompagnent chaque faisceau dans toute l'épaisseur de la couche de liège.

Bois. — Le cylindre ligneux, non déformé, circulaire, mesure 16 millimètres de diamètre; son épaisseur n'est que de 1 millimètre; il comprend :

1° Un bois centrifuge secondaire, formé de lames rayonnantes de trachéides, séparées par des rayons médullaires d'un à deux rangs de cellules en épaisseur, et d'un à quatorze en hauteur. Les trachéides sont rayées ou réticulées sur toutes leurs faces et varient de 30 à 40 μ en largeur. Le cylindre ligneux est constitué par quarante-deux coins distincts étroitement réunis.

Ce bois centrifuge représente chez les Sigillaires le bois rayonnant des Phanérogames gymnospermes.

2° Un bois centripète formé de faisceaux vasculaires à section transversale lunulée, en nombre égal à celui des coins ligneux centrifuges. Chacun des faisceaux centripètes est accolé à l'extrémité interne du coin ligneux centrifuge qui lui correspond. Les éléments qui constituent ces faisceaux vont en augmentant de diamètre, de la partie qui touche au bois centrifuge à celle qui se trouve en contact avec la moelle; ils sont formés de trachéides rayées et réticulées sans interposition de rayons médullaires, par conséquent sont disposés sans ordre; leur calibre est plus considérable que celui des trachéides du bois secondaire.

L'ensemble de ces faisceaux forme une sorte de couronne, festonnée du côté de la moelle, qui est caractéristique dans les Sigillaires à écorce lisse. Les faisceaux ne se soudent pas par leurs bords; ils restent indépendants; par conséquent, le cercle ligneux qu'ils formeraient s'ils étaient seuls serait discontinu [1]. Les trachées se trouvent entre les deux bois.

Ce bois, à accroissement centripète, représente chez les Sigillaires le bois non rayonnant, dépourvu de rayons médullaires, que l'on rencontre dans certaines Cryptogames vasculaires. Il peut être comparé, dans une certaine mesure,

[1] Dans le *Clathraria Brardi,* il semblerait, d'après la structure de son rhizome, que les faisceaux du bois centripète sont faiblement soudés par leurs bords.

au bois des tiges de quelques Lépidodendrons. Mais, dans ces derniers, les bandes vasculaires verticales ne sont pas *parallèles*, leur course est sinueuse et elles se soudent de temps à autre, par leurs bords, aux points où viennent aboutir les cordons foliaires.

Quoi qu'il en soit, le bois d'une tige ou d'un rameau de Sigillaire du genre *Clathraria* peut être considéré comme renfermant deux bois bien distincts : un bois de Phanérogame et un bois de Cryptogame. Cette dualité du bois de la tige se poursuit presque dans tous les organes de la plante.

Dans le spécimen, unique jusqu'à présent, de *Clathraria Menardi*, il a été impossible de reconnaître, sur les sections qui en existent, la présence du liber, cette partie des faisceaux étant le plus souvent détruite dans les échantillons pétrifiés; mais la régularité d'épaisseur du bois secondaire sur tout son contour permet de supposer que la zone génératrice était continue et qu'elle a fonctionné uniformément pendant toute la durée du jeune rameau, après avoir commencé en même temps sur toute la périphérie; on sait, d'après les travaux de M. Hovelacque, que dans le *Lepidodendron selaginoides* Sternberg, il n'en est pas de même, et que la zone cambiale apparaît irrégulièrement et successivement autour du cylindre ligneux qui représente le bois primaire.

Cordons foliaires. — Les éléments trachéens des cordons foliaires sont placés, à leur origine, entre les deux bois, formant plusieurs petits groupes de deux ou trois trachées.

Comme une coupe transversale intéresse un grand nombre de coins ligneux, que les feuilles sont contiguës dans le genre *Clathraria,* elle rencontre encore en place dans le bois un certain nombre de cordons foliaires coupés à des hauteurs très variées; on peut donc les suivre sur tout leur parcours et étudier leur développement à mesure qu'ils s'éloignent de l'axe.

Les cordons foliaires partent de deux en deux coins ligneux (pl. XXXVII, fig. 5).

A son origine, le cordon foliaire débute par *un* groupe de deux ou trois trachées *actuellement* placées entre les deux bois; un peu plus haut, *du côté du bois centripète*, il se renforce de trachéides rayées et réticulées; la section du cordon se détache alors en éléments plus fins dans le faisceau centripète qui l'entoure en partie, et dont elle occupe la région *médiane*.

Le cordon foliaire a donc d'abord un accroissement centripète; les trachées se trouvent tournées du côté extérieur; les éléments les plus volumineux, au contraire, sont placés du côté du centre du rameau, mais légèrement aplatis au contact du faisceau centripète [1].

Après s'être élevé verticalement pendant quelque temps, en s'accroissant par la face interne (fig. 5 et 6), le cordon se recourbe; les quelques trachées placées à la face externe se recouvrent d'un petit nombre de trachéides rayées, courtes, contournées, entre lesquelles on distingue des cellules parenchymateuses, rudiments des rayons médullaires; cette partie du cordon constitue le bois centrifuge dont la portion libérienne n'est actuellement que vaguement représentée. Le cordon, après s'être dirigé obliquement dans le bois de la tige, se redresse verticalement pour traverser la partie parenchymateuse de l'écorce, puis se recourbe de nouveau en pénétrant dans la couche subéreuse, qu'il parcourt presque horizontalement.

Dans leur course à travers le bois rayonnant de la tige et à travers la zone parenchymateuse de l'écorce, les éléments du bois centrifuge se lignifient moins que ceux du bois centripète; aussi certains cordons paraissent-ils ne posséder que ce dernier bois, le premier ayant été détruit avant la silicification. Quand le bois centrifuge existe, il entoure, comme nous l'avons fait voir [2], la partie antérieure et les deux faces latérales du bois primaire.

La portion du cordon qui parcourt la zone subéreuse de l'écorce, mieux protégée, à conservé au contraire tous ses éléments distinctifs (pl. XXXVII, fig. 4). Le bois centripète s'est étalé; le bois centrifuge, disposé en éventail au-dessous de lui, offre une série de lames rayonnantes parfaitement distinctes; et plus en dehors, le liber se montre formé de parenchyme libérien dont les cellules sont très grêles et à minces parois et mélangées de cellules grillagées.

Le faisceau est entouré d'une gaine de cellules arrondies dans leur section transversale, rectangulaires en coupe longitudinale, et à parois sclérifiées.

Dans la couche profonde du coussinet, les changements indiqués s'accentuent davantage : la partie cryptogamique ou centripète du faisceau continue à s'étaler transversalement; un tissu cellulaire à éléments plus longs que larges le sépare de la gaine; vers la surface même du coussinet ce faisceau se réduit

---

[1] Les cordons foliaires des Lépidodendrons ont à leur origine une disposition et une orientation différentes, comme nous l'avons vu.

[2] Notice sur les Sigillaires, *Mémoires de la Société d'histoire naturelle d'Autun*, 1888, pl. VI, fig. 8.

à une mince bande, formée en épaisseur de deux, trois au plus, rangées de trachéides.

Les éléments du bois phanérogamique conservent la même disposition, mais sont de moins en moins lignifiés et paraissent s'atrophier à la surface ou changer de nature.

Nous voyons donc que dans le *Clathraria Menardi*, sur tout leur parcours dans la tige, les cordons sont formés comme celle-ci d'un bois cryptogamique centripète, et d'un bois phanérogamique centrifuge. Ce dernier bois apparaît dans le cordon au moment où celui-ci se sépare du bois centripète et pénètre dans le bois secondaire de la tige, et semble disparaître ou se transformer lorsque le cordon va pénétrer dans la feuille.

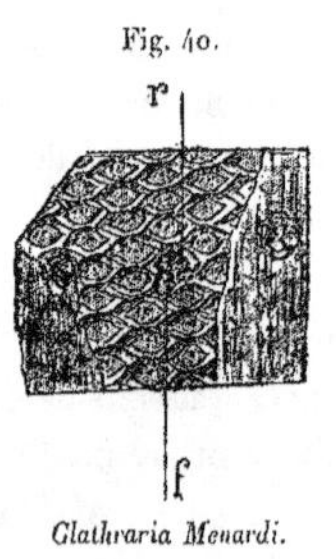

Fig. 40.

Clathraria Menardi.

r. Cicatrices d'épis reproducteurs.

f. Cicatrice de feuille placée au-dessous du rameau et déviée un peu à gauche.

Les tiges de *Clat. Menardi* portent fréquemment des cicatrices laissées par les rameaux fertiles, disposées en hélice. De même que pour le *Clat. Brardi*, ces cicatrices occupent sur les lignes spirales la place d'une cicatrice foliaire; la cicatrice déplacée, plus petite que les autres, est rejetée de côté *f* (fig. 40). Il est clair que si le rameau ne paraît pas placé à l'aisselle de cette petite feuille, c'est que celle-ci a été dérangée par la croissance même du rameau. On peut remarquer que les feuilles sont restées aussi nombreuses et aussi régulièrement disposées au-dessus qu'au-dessous de la ligne d'insertion des épis. La figure 40 représente une portion de *Clat. Menardi* du Wettin, d'après Weiss et Sterzel.

Genre LEIODERMARIA Goldenberg.

Dans le genre *Leiodermaria*, comme nous l'avons déjà dit, l'écorce est lisse, c'est-à-dire sans cannelures, et les cicatrices, écartées, sont placées régulièrement en quinconce; la partie subéreuse de l'écorce ne présente aucune ondulation sur sa face interne comparable à celles des Sigillaires faisant partie du genre *Rhytidolepis* et qui ont également les cicatrices écartées.

La surface est quelquefois marquée de rides qui contournent plus ou moins les cicatrices, ou qui courent longitudinalement entre elles; elles sont dues soit à l'écrasement des coussinets charnus, soit aux bandes subéreuses sous-jacentes disposées en forme de réseau; les mailles, très allongées, sont occupées par des cellules de moindre résistance; en cédant à une pression extérieure, elles ont ainsi donné naissance à des sillons superficiels plus ou moins réguliers.

Les Sigillaires du groupe des Léiodermariécs sont fréquentes dans le bassin d'Autun :

Le *Leiodermaria lepidodendrifolia* se rencontre à Épinac, Aubigny-la-Ronce, le Grand-Moloy, Igornay, dans les gisements silicifiés d'Autun, etc.

Le *Leio. spinulosa* se touve à Igornay, Lally, le Poizot, et dans les gisements silicifiés d'Autun.

Comme ces espèces sont bien connues, nous n'avons pas cru utile d'en figurer les empreintes, mais seulement quelques fragments silicifiés.

LEIODERMARIA LEPIDODENDRIFOLIA Brongniart.

(Pl. XXXVI, fig. 1.)

Écorce sillonnée assez irrégulièrement, cicatrices distantes, rhomboïdales, arrondies en dessus et en dessous, bords latéraux rapprochés vers le bas et terminés en pointe; les cicatrices sont placées sur des coussinets assez saillants et bordés de rides parallèles au contour inférieur.

Dans les tiges adultes, elles mesurent environ 8 millimètres en hauteur et 9 millimètres dans la plus grande largeur; leur distance verticale est plus grande que celle qui les sépare horizontalement.

Il n'est pas rare de trouver des extrémités de tiges encore accompagnées de leurs feuilles longues de plus de 30 centimètres.

Le fragment que nous avons figuré ne montre qu'une cicatrice en partie noyée dans le tissu subéreux qui s'est développé tout autour. Comme l'organisation de ce tissu est la même que celle du *Leiodermaria spinulosa,* nous renvoyons à la description de ce dernier. Une partie des écorces désignées par Brongniart sous le nom de *Dictyoxylon* appartient à cette espèce.

LEIODERMARIA SPINULOSA Germar.

(Pl. XXXVI, fig. 2 à 5; pl. XLI, fig. 4 à 11, 18 à 21 et 23 à 26.)

Écorce portant des stries sinueuses dans les tiges adultes, contournant les cicatrices; celles-ci sont également distantes en hauteur et en largeur sur les tiges âgées, mais plus rapprochées dans le sens de la hauteur sur les parties jeunes, disposées régulièrement en quinconce, rhomboïdales, arrondies en dessous, légèrement échancrées en dessus, terminées en pointe latéralement; les bords supérieurs de la cicatrice sont souvent renflés en bourrelet, les deux arcs lunulés leur sont presque parallèles, la cicatrice du faisceau est nette, arquée, convexe en dessous.

Fréquemment on remarque, placés assez irrégulièrement entre les cicatrices, de petits tubercules arrondis, qui paraissent être des traces laissées par des épines ou de petites racines adventives.

Il n'est pas rare non plus de trouver des cicatrices arrondies laissées par l'insertion d'organes reproducteurs; l'ordre phyllotaxique des feuilles est troublé par l'apparition de ces épis.

Les cicatrices foliaires sont d'abord un peu plus distantes immédiatement au-dessus du cycle, mais plus haut elles sont plus rapprochées comme si la végétation en hauteur de la tige avait été ralentie; elles reprennent ensuite leur distance primitive sur le reste de l'échantillon.

Les épis semblent avoir été placés en verticille, au lieu de se trouver sur une ligne spirale, comme dans le *Clathraria Brardi*.

STRUCTURE DE LA TIGE. — Dans les échantillons silicifiés examinés, les cicatrices foliaires recouvrent entièrement le coussinet qui fait une légère saillie lorsqu'il n'a pas été comprimé; elles sont disposées en quinconce. Pour quelques-unes la distance transversale des deux cicatrices voisines est de 35 à 40 millimètres et la distance verticale seulement de 25 à 30 millimètres; dans d'autres on trouve pour les mesures semblables 30 à 32 et 17 à 18 millimètres. Ces variations proviennent, sans aucun doute, de ce que les fragments appartenaient à des tiges d'âges différents. La surface de l'écorce est marquée de stries longitudinales plus ou moins accusées; les cicatrices sont subrhomboïdales, tantôt plus hautes que larges dans les échantillons développés, tantôt plus larges que hautes dans les échantillons jeunes, les angles latéraux sont aigus et placés un peu au-dessus du milieu de la cicatrice, le bord inférieur arrondi, l'angle supérieur échancré.

La trace vasculaire est arquée, concave en dessus; les cicatricules latérales sont elliptiques, leurs bords supérieurs plus rapprochés que les bords inférieurs et presque parallèles aux côtés de la cicatrice dans les jeunes tiges (pl. XXXVI, fig. 2). L'échantillon figuré rappelle le *Leiodermaria denudata* de Goeppert, mais il en diffère par la disposition des arcs sécréteurs qui sont placés très obliquement, comme dans le *Leiodermaria spinulosa,* par la distance des cicatrices foliaires qui sont plus voisines dans le sens de la hauteur que dans celui de la largeur, également comme dans ce dernier genre; c'est le contraire dans le *Leio. denudata* de Goeppert et le *Leio. halensis* de Weiss.

Aucun des fragments examinés ne présentait de cicatricules ombiliquées de piquants ou de racines adventives, mais cette particularité tient à ce que tous appartenaient aux parties supérieures de la plante, si on en juge par le peu d'épaisseur de l'écorce et le faible développement du cylindre ligneux.

Bois. — Le cylindre ligneux du *Leiodermaria spinulosa* est également formé de deux parties bien distinctes, savoir :

1° Un bois centrifuge plus ou moins épais, 5 à 7 millimètres, mesuré dans deux échantillons différents, entourant une large moelle et formé de lames rayonnantes de trachéides rayées, disposées en séries, épaisses de deux à quatre rangées, séparées par de minces rayons cellulaires ligneux. Ceux-ci sont assez étendus longitudinalement et renferment une à quinze cellules en hauteur et une à deux en épaisseur.

Comme dans le *Clathraria Menardi,* l'observation des rayons cellulaires ligneux dans le sens radial est assez difficile, parce que souvent ils n'ont qu'une seule rangée de cellules dont les parois, en se superposant optiquement sur les trachéides, peuvent se confondre avec les raies de ces dernières; ces cellules sont à sections rectangulaires, plus étendues dans le sens radial que hautes. En coupe tangentielle il est impossible de les confondre avec les sections des faisceaux foliaires comme certains paléobotanistes l'ont avancé.

Ce premier cylindre constitue le bois secondaire de la tige, dont l'accroissement en diamètre ne semble pas limité.

2° Un bois centripète représenté, comme dans le *Clat. Menardi,* par une couronne de faisceaux à section transversale lunulée, isolés les uns des autres; la face de chaque faisceau qui se trouve en contact avec le coin ligneux centrifuge correspondant contient les éléments les plus fins rayés et trachéens; la partie convexe, tournée du côté de la moelle, renferme au contraire les éléments rayés et réticulés les plus développés.

On voit que, sauf les dimensions plus considérables du cylindre ligneux, la structure du bois correspond en tous points à celle du *Clat. Menardi.*

Écorce. — Deux assises distinctes composent l'écorce. La partie la plus interne, en contact avec les éléments libériens mous et les cellules grillagées assez mal conservées, est formée de cellules parenchymateuses volumineuses à parois minces; elle est traversée verticalement par les cordons foliaires et par des bandes de cellules à gomme alternant avec ces derniers. Le plus souvent cette assise est détruite, et c'est à sa facile destruction qu'est due la séparation presque constante de la portion extérieure qui porte les cicatrices d'une part et le cylindre ligneux de l'autre.

La deuxième assise, beaucoup plus résistante, se rencontre quelquefois dans les gisements d'Autun portant encore des cicatrices déterminables.

L'aspect de son tissu, formé de bandes qui s'entrecroisent dans toute son épaisseur et produisent dans leur marche sinueuse de nombreuses mailles remplies de tissu cellulaire, lui a fait donner par Brongniart le nom de *Dictyoxylon*.

Les cellules sclérifiées qui forment les mailles sont allongées, prismatiques, à parois résistantes, épaisses, lisses, disposées dans le sens radial suivant des lignes assez régulières (pl. XLI, fig. 26, *su*). Leur longueur est de 500 à 600 μ, et leur largeur de 30 à 40 μ; elles sont terminées en biseau à leurs deux extrémités, ce qui leur donne un aspect prosenchymateux (fig. 6 *y*); ce sont des cellules subéreuses de forme particulière. Les cellules qui remplissent les mailles du réseau sont prismatiques à section rectangulaire ou hexagonale; les bandes qu'elles forment, par conséquent les mailles qui les contiennent, s'élargissent, de la région interne à la surface, et sont dirigées obliquement de bas en haut.

Cette couche subéreuse de l'écorce est recouverte d'une mince couche cellulaire limitée par des cellules épidermiques de forme polyédrique régulière. Cette couche recouvre les cellules subéreuses disposées en forme de réseau, et en même temps le tissu qui en remplit les mailles. Celui-ci, moins résistant, a laissé souvent le réseau seul se dessiner à la surface des empreintes, sous la forme de stries longitudinales entrecroisées.

Les bandes du réseau se rapprochent de plus en plus en allant vers l'intérieur, et finissent par ne plus être entremêlées de tissu cellulaire. Les empreintes laissées par la face interne de cette partie de l'écorce sont lisses, finement striées longitudinalement, et, de distance en distance, on distingue, disposées en quinconce, les cicatricules produites par les faisceaux foliaires et les arcs latéraux qui correspondent aux cicatricules de la surface extérieure.

L'épaisseur du liège des Sigillaires pouvait devenir très grande; il n'est pas rare, en effet, de trouver à l'état silicifié des fragments qui mesurent 7 à 8 centimètres d'épaisseur, et les surfaces libres indiquent que ce ne sont que des portions exfoliées provenant d'écorces plus épaisses.

CORDONS FOLIAIRES. — Dans le *Leiodermaria spinulosa*, les premiers rudiments des cordons foliaires se retrouvent actuellement, comme dans le *Clathraria Menardi*, entre les deux bois et placés au milieu de la face extérieure du faisceau centripète.

Après s'être élevé verticalement pendant quelque temps, le bois primaire se recourbe vers l'extérieur en se recouvrant sur le côté externe d'une petite quantité de bois secondaire; le parcours à travers le bois et la partie parenchymateuse de l'écorce s'effectue comme chez le *Clat. Menardi*, et à mesure que le cordon traverse les parties de plus en plus lâches du liège, il s'élargit horizontalement. Le bois extérieur rayonnant s'étale (pl. XLI, fig. 7, *b*); il s'incurve en arc, enveloppant tout le côté extérieur du bois centripète; celui-ci présente la forme d'un arc *a*, tournant sa concavité en haut; les éléments les plus fins se sont rapprochés des deux extrémités. Le faisceau primaire n'est donc plus, dans le voisinage des coussinets, qu'une lame vasculaire étroite, *bicentre*, composée en épaisseur de deux ou trois rangées de trachéides; sur ses deux faces, il est recouvert par une mince couche de *liber* mou qui en fait le tour. Cette constitution du bois centripète rappelle, comme nous l'avons déjà fait remarquer, l'organisation de certains faisceaux de Cryptogames vasculaires.

Le bois rayonnant secondaire *b* est formé de lames ligneuses, dont les éléments sont disposés sur un ou deux rangs, en séries linéaires séparées par des rayons cellulaires.

La couche libérienne *c*, composée de parenchyme libérien et de cellules grillagées, est bien distincte. Le liber primaire renferme, en *d*, des cellules à gomme, peut-être une dégénérescence de cellules criblées; la figure 8 montre trois de ces réservoirs plus fortement grossis.

L'ensemble des deux bois est enveloppé par une couche de parenchyme dans lequel, vers le bas de la figure, en *e*, on voit un îlot de cellules à parois plus épaissies et plus colorées, entourant une petite lacune. Enfin une gaine *f* de cellules sclérenchymateuses, plus épaisse à la partie inférieure, sépare le cordon, de la couche subéreuse.

Les figures 25 et 26 de la planche XLI représentent une coupe longitudinale du cordon foliaire dans sa course à travers une partie de la zone subéreuse; on voit en *su* les cellules de liège, rangées par files assez régulières, diminuer de longueur à mesure qu'elles se rapprochent du faisceau vasculaire.

La gaine sclérenchymateuse est à l'extérieur; en *l*, se trouve la région occupée par le parenchyme libérien, les cellules grillagées et les cellules à gomme; entre *l* et la gaine de sclérenchyme, on voit une bande de cellules, peut-être chlorophylliennes; *b* est la portion centrifuge du cordon, dont les trachéides sont rectilignes et diminuent en nombre moins rapidement que les trachéides du bois centripète. En *a*, on rencontre le bois centripète dont les éléments sont, à l'origine, nombreux, contournés, puis prennent moins d'importance en se rapprochant de la surface; en *v*, se voient quelques cellules de la partie charnue du coussinet; elles sont polyédriques, à parois minces finement ponctuées et réticulées.

De cet exposé il résulte que le cordon foliaire du *Leiodermaria spinulosa*, et par suite, sans aucun doute, celui de toutes les Sigillaires du genre *Leiodermaria*, est formé, comme dans le *Clathraria Menardi*, de deux bois :

1° L'un, cryptogamique, centripète, dont l'épaisseur va en diminuant de l'intérieur de la tige à la surface; d'abord à section triangulaire dans le bois, il change peu à peu de forme, s'étend en arc dans la région subéreuse de l'écorce et conserve cette disposition jusqu'à la sortie. Cette remarque nous servira de caractère pour l'attribution aux Sigillaires de certaines feuilles détachées.

2° L'autre, phanérogamique, centrifuge, n'existant à l'origine que sur le côté extérieur du bois centripète, mais se développant ensuite dans la région subéreuse de l'écorce, en arc concave en dessus, débordant sur les côtés le bois centripète.

Dans les deux genres *Clathraria* et *Leiodermaria*, il y a donc une conformité remarquable dans l'organisation de la tige et celle des cordons foliaires, jusqu'à leur sortie.

Feuilles. — Les feuilles étaient longues, rigides, dressées contre la tige, dont elles garnissaient l'extrémité supérieure pendant un temps plus ou moins long; leur chute était déterminée, comme de nos jours, par une sorte de tissu

subériforme, qui s'étendait sur toute la surface d'insertion : nous l'avons re-
trouvé sur le faisceau vasculaire central et même sur les deux arcs latéraux [1].

La forme de la base des feuilles est donc très sensiblement celle de la cicatrice qu'elles ont laissée sur le coussinet; cependant nous avons rencontré
des feuilles qui, outre cette cicatrice, présentaient quelques lambeaux d'épiderme voisin (pl. XLI, fig. 24; *ep*).

On peut en conclure que le méristème séparateur se développait tardivement, et qu'alors les feuilles arrachées accidentellement ne se détachaient pas
nettement, suivant leur base d'insertion sur le coussinet, mais pouvaient entraîner quelque peu du tissu environnant.

Elles étaient sensiblement triangulaires presque dès la base, munies d'une
arête saillante *en dessous* et d'une gouttière longitudinale *en dessus*.

De part et d'autre de la nervure médiane, à la face *inférieure*, on remarque
une rainure stomatifère *r*, qui parcourt la feuille dans toute sa longueur et
qui vient aboutir au dehors, par une courbe assez brusque, de chaque côté
de la base d'insertion et non aux cicatricules latérales qui accompagnent le
cordon foliaire.

Structure anatomique. — Dans le gisement des Borgis, où l'on a rencontré
des écorces de *Leiodermaria spinulosa* portant des cicatrices, se trouvent des
feuilles longues à section subtriangulaire, canaliculées en dessus, carénées en
dessous, munies, de chaque côté de la nervure médiane, de deux gouttières
parcourant toute la longueur de la face inférieure de la feuille. Ces caractères
sont suffisants pour légitimer leur attribution à la famille des Sigillaires, et,
comme nous n'avons trouvé que des écorces de *Leio. spinulosa* dans le gisement indiqué, nous rapportons les feuilles en question à cette espèce.

La figure 13 de la planche XLI est la section de l'une de ces feuilles faite
à une certaine distance de la base. On remarque, en dessus, la gouttière longitudinale; en dessous, la carène médiane légèrement rejetée à gauche par
un effet de compression, les deux rainures latérales *n* garnies de poils, enfin
dans la région médiane un faisceau vasculaire unique.

Ce faisceau se compose (fig. 18 et 19) d'une bande à section transversale
arquée *a*, formée d'une seule rangée de trachéides rayées ou réticulées; aux

[1] Nous avons vu que pour les *Lepidodendron rhodumnense* et *L. esnostense* la chute des feuilles
était moins rapide et que les coussinets portaient, pendant un certain temps, des portions rési-
duelles de ces organes.

extrémités les trachéides se disposent sur deux rangées en devenant beaucoup plus grêles; les trachées occupent ces deux extrémités. La bande vasculaire est enveloppée de tout côté par du liber mou, sans cellules grillagées apparentes.

La forme et l'organisation de cette bande vasculaire sont semblables à celles que nous avons décrites dans le cordon foliaire, traversant la partie subéreuse de l'écorce des Sigillaires, immédiatement au-dessous et dans l'épaisseur du coussinet, et que nous avons représentées pl. XLI, fig. 7.

La bande en question est donc la portion centripète primaire du cordon que l'on retrouve dans la feuille même; elle n'a pas changé dans son parcours depuis ce point jusque dans la région moyenne de la feuille.

Quant au bois centrifuge secondaire, il a subi d'assez grandes modifications : à la place qu'il devrait occuper en l (fig. 18), on trouve une sorte de gaine brune de forme subtriangulaire; le côté supérieur est disposé en ligne courbe, étroite, p; les côtés sont légèrement convexes en dehors et plus épais. Les cellules qui constituent cette gaine sont à parois un peu épaissies, plus hautes que larges, rectangulaires sur une section longitudinale, arrondies, au contraire, en coupe transversale; cette gaine limite au centre un tissu formé de cellules de même forme, mais à parois extrêmement grêles.

En dehors, on voit une couche i formée de cellules cambiformes, au milieu desquelles se détachent des trachéides rayées courtes, ou plutôt des cellules vasiformes, quelquefois disposées en lignes rayonnantes. Ce tissu, que nous avions d'abord considéré comme représentant un rudiment de bois rayonnant secondaire, correspondrait plutôt à la gaine vasculaire entourant le faisceau foliaire des Lépidodendrons; ce tissu pourrait alors être regardé comme devant servir à retenir l'eau dans les feuilles pendant les périodes de sécheresse [1].

Si cette interprétation est exacte, le bois secondaire phanérogamique s'arrêterait dans les tiges et ne pénétrerait pas dans les feuilles; l'absence de liber et d'assise génératrice ou leur existence douteuse, en dehors de cette couche, viendrait confirmer cette manière de voir.

Le cordon est entouré par une couche de tissu formé de cellules à parois épaissies m, n (fig. 18), constituant une sorte de gaine à tout l'ensemble.

---

[1] Cette assise se distingue de l'assise correspondante des feuilles de Lépidodendrons par une différenciation beaucoup moins avancée, et par la disposition rayonnante des éléments lignifiés; c'est cette dernière considération qui nous avait porté à la regarder comme du bois secondaire, qui aurait été la continuation de celui du cordon dans la tige.

Plus en dehors, le tissu de la feuille est mou, lacuneux, très souvent écrasé ou détruit; par places on distingue des cellules rameuses qui le composaient.

La feuille était limitée à l'extérieur par un épiderme formé de cellules petites à parois épaissies, à section rectangulaire ou carrée, doublé intérieurement par une couche, plus ou moins épaisse et continue, de tissu hypodermique (fig. 20, 21).

Sur tout le contour de la feuille on suit ce tissu, généralement plus épaissi aux angles, mais il cesse brusquement au bord des rainures placées de part et d'autre de la côte médiane; l'épiderme, devenu lui-même moins épais, se continue seul dans la gouttière. Certaines cellules de cet épiderme se prolongent en poils cloisonnés, et, entre ces poils, on distingue l'ouverture de nombreux stomates.

Sur une coupe passant par l'épiderme même, les cellules qui se prolongent en poils, de couleur légèrement plus foncée et coupées transversalement, peuvent facilement être confondues avec les ostioles des stomates, de couleur également plus foncée; la forme carrée des premières et la forme oblongue des secondes permettent de les distinguer; immédiatement en dessous des stomates se trouve un tissu lacuneux m, lui-même recouvert par le parenchyme mou de la feuille.

Les stomates sont localisés dans les deux gouttières qui existent sur toute la longueur de la feuille, débouchent des deux côtés à mi-hauteur de la cicatrice portée par le coussinet, et ne sont nullement en relation, comme on l'a vu, avec les arcs latéraux qui accompagnent la cicatrice vasculaire. Aucune des feuilles que nous avons examinées ne présente de région dont la structure soit analogue à celle de ces derniers organes; si l'on voulait chercher une relation entre les arcs latéraux jeunes (la gaine qui les entoure) et quelque partie de la feuille, ce serait avec la couche renfermant des cellules rameuses périphériques que l'on aurait quelque chance de la rencontrer.

Dans le gisement de Dracy-Saint-Loup, où les lentilles siliceuses sont intercalées dans les grès et encore en place, les feuilles de Sigillaires se rencontrent nombreuses, formant quelquefois des couches de 10 à 12 centimètres d'épaisseur; mais elles sont aplaties et d'une conservation médiocre.

Le plus grand nombre de ces feuilles appartiennent, sans doute, au *Clathraria Brardi*, mais au milieu d'elles on en distingue qui offrent quelques différences; nous avons figuré, pl. XLI, fig. 14, la section transversale de l'une d'elles : la rainure supérieure est bien plus profonde que dans l'espèce citée; l'arête infé-

rieure plus vive et plus développée, le limbe plus large, la couche d'hypoderme plus épaisse surtout à l'arête inférieure, le développement du tissu de
soutien laissent supposer des feuilles plus robustes et plus longues que celles
du *Clathraria Brardi*. L'hypoderme se trouve en contact avec un mésophylle à
cellules plus grosses que celles du reste du parenchyme; ce dernier est composé de cellules allongées transversalement et à parois épaissies dans la région
limbaire : son rôle devait être surtout mécanique. Nous ne connaissons pas la
forme des cicatrices laissées par ces feuilles; elles devaient être plus élargies,
moins arrondies que celles du *Clat. Brardi*. Nous désignerons cette espèce,
sinon cette variété, sous le nom de *Clat. latifolia*.

En résumé, l'organisation des différentes espèces de feuilles que nous avons
examinées est fort semblable, dans ses traits principaux; elle varie peu d'un
genre à l'autre et présente les caractères suivants :

1° Une gouttière profonde longitudinale à la face supérieure;

2° Une arête inférieure saillante;

3° Deux rainures creusées dans le tissu du limbe, à droite et à gauche de
l'arête inférieure où sont localisés les stomates;

4° Un cordon foliaire unique formé d'un bois primaire cryptogamique bicentre;

5° Une gaine composée de cellules cambiformes et vasiformes, remplaçant le bois secondaire centrifuge; les éléments différenciés sont parfois
disposés en série rayonnante.

COMPARAISON DES FEUILLES DE SIGILLAIRES ET DE LÉPIDODENDRONS.

D'après cet exposé, on voit qu'il existe un certain nombre d'analogies entre
les feuilles de Sigillaires et celles de Lépidodendrons : au centre d'une section transversale d'une feuille, de part et d'autre, on trouve un faisceau vasculaire unique entouré d'une couche continue de liber; mais chez les Sigillaires
le bois est représenté par une simple bande de trachéides disposées sur un seul
rang, tandis que chez les Lépidodendrons la section de ce faisceau est elliptique et formée, dans la région médiane, d'une couche épaisse de trois à
quatre rangées de trachéides.

Chez ces derniers l'assise libérienne est enveloppée par une gaine scléreuse
très mince, composée de cellules allongées à sections rectangulaires; immé-

diatement en contact, en dehors, se trouve une couche épaisse de cellules vasiformes.

Chez les Sigillaires, la gaine scléreuse n'existe que d'un côté du liber, à sa partie inférieure; elle forme une couche continue, concave en dessus, et disposée en coin au-dessous.

L'assise de cellules vasiformes se trouve en contact immédiat avec le liber en haut, et s'en trouve séparée en bas par la double paroi de la gaine scléreuse. En outre, cette assise est beaucoup moins différenciée chez les Sigillaires que chez les Lépidodendrons; les cellules vasiformes différenciées affectent parfois chez les premières une disposition rayonnante qui nous avait porté à les regarder comme un bois rayonnant secondaire; mais, comme nous l'avons déjà dit, l'absence d'une zone génératrice nous engage à abandonner cette première opinion; plus extérieurement se trouve le mésophylle limité par un tissu formé de cellules à minces parois recouvrant dans le voisinage des rainures stomatifères un parenchyme lacuneux.

Dans les feuilles de Lépidodendrons, la gaine de cellules vasiformes, très nette, est entourée immédiatement par une assise fort épaisse d'un tissu lâche lacuneux, dont les éléments sont dirigés perpendiculairement à la surface de la feuille; ce tissu n'est que faiblement représenté dans les feuilles de Sigillaires : il est remplacé, dans la partie limbaire, par des cellules, dont la grande longueur est transversale et a contribué sans doute, comme nous l'avons fait remarquer, à l'enroulement ou au déroulement des bords latéraux du limbe. Au point de vue de la structure, comme on le voit, les feuilles des deux types diffèrent sensiblement malgré certaines analogies.

Elles diffèrent encore par leur aspect extérieur. En effet, les feuilles de Sigillaires présentent à la face supérieure une gouttière profonde, beaucoup moins apparente dans les feuilles de Lépidodendrons; quelle que soit la hauteur à laquelle on fasse une section transversale dans les premières, le limbe est développé transversalement, moins épais que large, tandis que dans les seconds la section tend rapidement à devenir circulaire. Les feuilles de Sigillaires se détachaient tout d'une pièce, plus ou moins tardivement : jusqu'ici, en effet, je n'ai rencontré sur les cicatrices aucun fragment de feuille; celles des Lépidodendrons au contraire se détachaient partiellement, car beaucoup de cicatrices portent encore des résidus très apparents de ces organes.

Syringodendrons.

Les troncs de Sigillaires pouvaient prendre un développement considérable en vieillissant; les troncs trouvés en place et moulés par les sables, soit à Bessèges, au Treuil (Saint-Étienne), à Saarbruck, etc., en sont de nombreux témoins. Plusieurs questions intéressantes se présentent à l'esprit. Le cylindre ligneux acquérait-il un accroissement proportionnel au diamètre total, ou restait-il stationnaire à partir d'une certaine époque de la vie du végétal, l'augmentation de diamètre étant due uniquement à l'épaississement de l'écorce?

Que devenaient les cicatrices foliaires, si nettes à la partie supérieure, de la tige, lorsque cette dernière, en vieillissant, finissait par acquérir une épaisseur considérable?

A la première question, les empreintes, pas plus que les moulages des troncs par les argiles et les grès ne sauraient répondre. Le bois des Sigillaires, tendre et mou, ne résistait pas longtemps à la macération; les écorces, au contraire, formées en grande partie de tissu subéreux, bien autrement difficile à désorganiser, ont persisté après la destruction complète du bois et seules ont été moulées.

Les gisements silicifiés ou carbonatés n'ont malheureusement conservé qu'une minime portion des végétaux qui ont vécu en si grand nombre pendant les temps primaires, et les Sigillaires, en particulier, y sont peu communes. Jusqu'ici nous n'avons rencontré aucune trace de Sigillaires dans les quartz des environs de Saint-Étienne. Dans les gisements d'Autun, où ces plantes sont moins rares, les plus grands fragments de bois que nous ayons vus ne paraissent pas avoir appartenu à des tiges dont le *cylindre ligneux* fût supérieur à un décimètre de diamètre. Cependant on ne peut pas conclure de là que ce cylindre ne fût pas susceptible de suivre le développement général du tronc.

Quant aux écorces, elles sont beaucoup plus fréquentes, mais la partie que l'on rencontre appartient à la zone subéreuse seule. Leur structure est celle que nous avons décrite à plusieurs reprises.

Lorsque l'épaisseur du liège ne dépasse pas un centimètre, on peut y rencontrer des cicatrices plus ou moins nettes; mais quand l'épaisseur atteint plusieurs centimètres, les cicatrices foliaires sont devenues méconnaissables, les coussinets présentent de nombreuses gerçures ou se sont détachés. Sur les écorces plus épaisses encore, il ne reste plus aucune trace des coussinets, le faisceau vasculaire lui-même disparaît; on ne voit plus que les deux arcs latéraux qui, en revanche, suivant le même développement que l'écorce, prennent un accroissement extraordinaire.

Nous devons à M. A. Roche plusieurs écorces de Sigillaires, à structure conservée et offrant à la surface des sortes de mamelons convexes (pl. XXXVI, fig. 17 *b*; pl. XLI, fig. 1 *a*) de forme elliptique, hauts de 22 millimètres, larges de 9 millimètres, marqués de nombreuses dépressions ponctiformes à leur surface. Ces mamelons sont géminés, tantôt placés à la même hauteur, tantôt placés à des hauteurs différentes, entourés d'une bordure saillante; quelquefois ces mamelons sont solitaires. Leur aspect est exactement le même que celui des mamelons que l'on trouve sur les troncs désignés autrefois sous le nom de *Syringodendron*. On sait que ce genre avait été établi par Sternberg pour des tiges cannelées, à écorce épaisse marquée de cicatrices, tantôt simples, ovales, tantôt géminées, isolées ou confluentes.

Brongniart, après avoir douté de l'existence de plantes présentant le caractère des Syringodendrons, reconnaissait plus tard que l'on trouve des tiges cannelées encore couvertes de leur écorce et offrant à leur surface, non plus des cicatrices traversées par des faisceaux distincts, comme on l'observe dans les Sigillaires, mais des cicatrices plus ou moins larges, sans traces de passage de faisceaux vasculaires et qui semblaient indiquer l'insertion d'un organe tel qu'une épine ou une écaille. Toutefois l'analogie de forme générale qui existe entre les Sigillaires et les Syringodendrons ne permettait pas de les éloigner les uns des autres, et, d'après l'illustre savant, ces derniers devaient suivre le sort des premières, quelle que fût la famille où on jugerait convenable de les placer; les Syringodendrons représenteraient des Sigillaires dont les feuilles se sont réduites à l'état d'écailles ou d'épines. Schimper regardait les Syringodendrons comme des bases de tiges de Sigillaires, et cette opinion était appuyée par plusieurs observations de troncs, portant en haut des cicatrices de Sigillaires et à la base des cicatrices de Syringodendrons.

Dans sa *Flore carbonifère*, M. Grand'Eury dit : « Les Syringodendrons sont nombreux à Saint-Étienne; ils y ont peut-être la prépondérance du nombre sur les Sigillaires; il y en a de deux sortes : les uns à cicatrices simples ou monostigmés, les autres à cicatrices géminées ou diplostigmés. Dans ces derniers, comment interpréter les cicatrices doubles? Proviennent-elles de stipules ou de racines? Il nous est impossible de prévoir quels organes ont porté les Syringodendrons, que nous connaissons bien pour avoir eu des *Stigmariopsis* pour racines. »

La question des Syringodendrons offrait donc quelques obscurités que les échantillons trouvés par M. Roche ont fait complètement disparaître.

Tout d'abord, en examinant un assez grand nombre de Syringodendrons, on reconnaît que ceux qui sont monostigmés appartiennent, plus généralement, aux Sigillaires à écorce cannelée; les cicatrices, disposées en séries linéaires verticales, sont arrondies, elliptiques, plus ou moins *complètement* simples, suivant l'âge et l'épaisseur de l'écorce qui a fourni l'empreinte. On peut facilement suivre, sur les échantillons d'une certaine étendue, la confluence des deux cicatrices primitives.

La figure 2, pl. XLI, prise sur un Syringodendron monostigmé, le *Sy. reniformis,* montre au premier aspect une cicatrice arrondie, mais la loupe y fait reconnaître les deux arcs latéraux d'une cicatrice de Sigillaire, qui se sont soudés par leurs bords supérieur et inférieur. Le même échantillon présente à la fois des cicatrices simples, d'autres, au contraire, où la soudure n'est pas encore complète.

Les dimensions des cicatrices des Syringodendrons monostigmés atteignent rarement celles des Syringodendrons diplostigmés, ce qui ferait croire que les troncs des Sigillaires à écorce lisse ont été généralement plus volumineux que les troncs des Sigillaires à écorce cannelée.

Les Syringodendrons diplostigmés sont plus fréquents, au contraire, parmi les Sigillaires à écorce lisse. Plusieurs échantillons de *Sy. alternans* (pl. XLI, fig. 3) ne présentent pas de côtes; le *Sy. pes caprae* possède une écorce lisse. Chez eux, la confluence des deux cicatrices et leur fusion en une seule ne se produit que rarement; tantôt les deux cicatrices, écartées par le développement de la portion d'écorce intercalée, sont à la même hauteur, tantôt l'une est plus haute que l'autre (fig. 3). Elles atteignent ou dépassent même 3 centimètres de longueur, sur 2 centimètres de largeur.

Les cicatrices géminées peuvent conserver leur disposition quinconciale; d'autres fois, cet ordre est profondément troublé.

Les échantillons silicifiés d'Autun appartiennent à des Sigillaires lisses; ils ont été trouvés dans les mêmes gisements qui renferment les *Leiodermaria spinulosa, Leio. lepidodendrifolia.* Il serait possible que ces fragments, dont la partie subéreuse mesure 7 à 8 centimètres d'épaisseur, fussent des morceaux d'écorce provenant de vieux troncs de ces Sigillaires.

La figure 1, pl. XLI, représente un mamelon elliptique, haut de 22 millimètres et large de 9 millimètres. Sa surface est marquée de ponctuations analogues à celles que l'on découvre à la surface des cicatrices des Syringodendrons, en empreinte, quand ils sont bien conservés.

Sur la figure 17, pl. XXXVI, on voit deux mamelons placés à des hauteurs inégales et inégalement développés, dont la surface présente aussi des ponctuations nombreuses, correspondant, comme nous allons le voir, à des canaux sécréteurs.

Nous donnons la coupe transversale de deux de ces organes (fig. 16), prise dans l'intérieur de l'écorce, car ces mamelons sont loin d'être seulement superficiels; on peut suivre leur prolongement dans toute l'épaisseur du liège (fig. 13 *b*); ils correspondent à des sortes de cylindres de section elliptique, qui la traversent de part en part et dont la structure est assez complexe.

Ces organes occupant la place des arcs latéraux des cicatrices foliaires, il était naturel de rechercher si on trouverait, malgré la disproportion, des intermédiaires entre ces arcs si exigus et les mamelons si étendus des Syringodendrons.

Nos recherches ont porté sur un grand nombre de fragments d'écorces silicifiées et présentant ces organes à des états très divers de développement.

Voici un tableau contenant les mesures faites sur les différents tissus rencontrés par une coupe transversale.

Sur une cicatrice de *Leiodermaria spinulosa* jeune :

Distance des deux arcs latéraux . . . . $1^{mm},7$
Hauteur des arcs . . . . $1^{mm},2$
Épaisseur des arcs . . . . $0^{mm},5$

Sur une écorce, dont la partie subéreuse avait un centimètre d'épaisseur et un peu au-dessous de la cicatrice :

	I	II
Distance des deux arcs	$2^{mm},3$	$2^{mm},5$
Hauteur	$2^{mm},8$	$2^{mm},9$
Tissu sécréteur	$1^{mm},3$	$1^{mm},3$
Gaine	$0^{mm},6$	$0^{mm},6$

Sur une écorce dont la partie subéreuse était de 3 centimètres :

Distance des arcs.................................... $6^{mm},5$
Hauteur.. $5^{mm},0$
Tissu sécréteur...................................... $2^{mm},0$
Gaine.. $0^{mm},6$

Sur une écorce de 4 à 5 centimètres d'épaisseur, les deux arcs sont à la même hauteur à l'intérieur :

Distance des arcs.................................... $11^{mm},0$
Hauteur.. $9^{mm},0$
Tissu sécréteur...................................... $3^{mm},4$
Gaine.. $0^{mm},7$

A l'extérieur de la même écorce, les deux arcs sont à des hauteurs différentes :

Distance des arcs.................................... $13^{mm},0$
Hauteur.. $12^{mm},0$
Tissu sécréteur...................................... $4^{mm},0$
Gaine.. $0^{mm},7$

Sur une écorce de 7 à 8 centimètres d'épaisseur, les deux mamelons extérieurs sont à des hauteurs très inégales :

Distance des arcs.................................... $15^{mm},0$
Hauteur.. $22^{mm},0$
Tissu sécréteur...................................... $8^{mm},0$
Gaine.. $1^{mm},0$

Nous trouvons donc tous les passages entre les dimensions des arcs latéraux pris sur les cicatrices foliaires et les mamelons développés des écorces de Syringodendrons. Les figures 3, 4, 14, 15, 17 de la planche XXXVI offrent quelques-uns de ces exemples.

Une coupe transversale, avec un grossissement de trente-cinq fois (fig. 10 et 11, pl. XLI), montre que ces organes sont composés d'une masse de tissu parenchymateux *a*, dont les éléments sont à section polygonale dans le sens transversal, et rectangulaire dans le sens longitudinal *a* (fig. 10 *bis*).

Au milieu de ce tissu parenchymateux on distingue de nombreux canaux, de couleur foncée, qui courent parallèlement les uns aux autres, suivant la longueur de l'organe qui traverse toute l'épaisseur de l'écorce. Ces canaux sont formés d'une gaine de cellules, à sections rectangulaires *e*, limitant un cylindre de cellules *b* plus petites, contenant un résidu brun produisant la couleur foncée de l'ensemble. Souvent les cellules de l'axe du cylindre ont été détruites ou résorbées; il en résulte une sorte de tube continu.

D'autres fois le cylindre cellulaire central reste plein.

Ce sont les extrémités de ces cylindres ou les orifices de ces canaux qui produisent les dépressions ponctiformes que l'on remarque à la surface des mamelons silicifiés (fig. 1), ou à l'état d'empreinte (fig. 3). Le parenchyme cellulaire présente quelquefois l'aspect figuré en *a* (fig. 11). Les éléments en sont allongés et à section rhomboïdale; il n'est pas rare de rencontrer isolés les cylindres de cellules brunes, le tissu environnant ayant été détruit (fig. 11 *bis*), comme si leur contenu résinoïde les avait protégés contre la destruction.

Sur la figure 10 *bis*, qui est une coupe longitudinale d'un cylindre sécréteur, on voit en *e* les cellules sécrétrices, en *b* une certaine épaisseur de cellules imbibées du produit sécrété, gomme ou résine, de couleur foncée; l'axe du cylindre *a* est occupé par des cellules à parois minces qui se détruisent souvent et forment les canaux dont nous avons parlé.

D'après l'organisation qui vient d'être exposée, on ne peut guère assigner à ces appareils d'autres fonctions physiologiques que celle de sécréter soit des matières gommeuses, soit de la résine, etc.

L'existence d'appendices quelconques, épine, stipule, rameau ou feuille avortés, ne saurait s'accommoder avec la structure anatomique de ces organes. Nous les regardons comme des appareils particuliers prenant un développement proportionnel à celui de la partie subéreuse de l'écorce dans laquelle ils étaient plongés. Le nombre de ces appareils placés sur un tronc de Sigillaire était très grand, la quantité de produit sécrété a dû être considérable et jouer un rôle important dans la formation des eaux brunes et par suite de la houille non organisée.

Il était important de rechercher si les cicatrices arquées, placées de chaque côté du faisceau vasculaire des cicatrices foliaires, présenteraient des indices d'une organisation analogue.

La figure 6 de la planche XLI donne une section tangentielle passant par un cordon foliaire et les deux arcs latéraux qui l'accompagnent, vue avec un grossissement de dix diamètres.

Ces arcs présentent la grandeur normale mesurée sur les cicatrices foliaires du *Leiodermaria spinulosa*.

La figure 5 montre la partie inférieure de l'un de ces arcs avec un grossissement de 35 diamètres. Le parenchyme *a* est formé de cellules exactement de la même forme que celles désignées par la lettre *a* (fig. 10 et 10 *bis*), mais plus petites. La masse de ce tissu est traversée par des sortes de tubes parallèles entre eux *b*, les uns vides, les autres renfermant par place un résidu noirâtre. On peut voir dans ces canaux les premiers rudiments des cylindres à coloration brune désignés par la lettre *b* (fig. 10 et 11).

L'appareil est enveloppé sur toute sa longueur d'une gaine de structure spéciale *c* (fig. 5). Cette gaine est formée de cellules prismatiques allongées dans le sens transversal et subperpendiculaires à l'organe; elle ne sont pas parallèles entre elles, mais présentent un certain enchevêtrement; leurs parois portent des ornements rayés, le tissu qui en résulte est peut-être l'homologue de celui qui environne le faisceau libéro-ligneux des feuilles, c'est-à-dire un tissu aquifère. On retrouve les indices de cette gaine autour des appareils plus développés conservés par la silice et sur les *empreintes* des cicatrices des Syringodendrons (fig. 3).

La hauteur des arcs, représentés partiellement (fig. 6), est de 2 millimètres environ; leur distance moyenne est également de 2 millimètres. Le cordon foliaire y est encore très net.

Dans une autre écorce, dont la partie subéreuse dépasse 3 centimètres en épaisseur, nous trouvons, pour la hauteur des deux arcs, 5 millimètres, et pour leur distance, 8 millimètres; leur forme est devenue elliptique. Le faisceau foliaire médian s'est effacé. Dans les écorces plus âgées encore, même absence de cordon foliaire, et développement considérable des arcs, dont la section reste elliptique, mais qui se déplacent soit à cause du développement irrégulier de l'écorce, soit à cause d'une déviation accidentelle.

Il ne peut donc y avoir de doutes sur l'origine des grands mamelons des Syringodendrons : ce sont les arcs latéraux bordant la cicatricule du cordon foliaire des Sigillaires qui prennent un développement extraordinaire, suivant en cela la partie corticale où ils se trouvent, et deviennent peu à peu des appareils sécréteurs importants.

RACINES DES SIGILLAIRES.

Les troncs de Sigillaires atteignaient de fortes dimensions. Les collections paléontologiques du Muséum possèdent la partie inférieure de l'un de ces troncs de grande taille, non déformé, trouvé debout dans les grès houillers de Bessèges, ayant 2 m. 80 de circonférence au-dessus des racines. A leur pourtour il mesure 4 m. 70.

Dans certaines régions on distingue des cicatrices de *Syringodendron alternans*. Neuf racines principales, dont quelques-unes ont un diamètre de plus de 30 centimètres, s'en échappent obliquement *en rayonnant;* à une courte distance elles se divisent par une sorte de dichotomie à branches inégales; ces branches se subdivisent à leur tour, et lorsqu'elles ont atteint assez rapidement le diamètre de 10 centimètres environ, leur surface se montre creusée de cavités arrondies, disposées régulièrement en quinconce, ombiliquées au centre. Ces cavités sont les cicatrices laissées par les organes appendiculaires ou radicelles disposés sur toute la surface de la branche. Cette partie couverte de radicelles placées en spirales plus ou moins régulières est désignée, comme l'on sait, sous le nom de *Stigmaria.*

Les *Stigmaria* sont répandus dans les terrains primaires seulement, on n'en rencontre plus après l'époque permienne. Leur présence dans les grès, les schistes houillers, dans la houille même, est fréquente; mais ils sont plus nombreux au toit et au mur des couches.

Les espèces de *Stigmaria* ont dû être très variées, puisque les Sigillaires présentaient elles-mêmes une grande diversité; mais, la plupart du temps, les caractères superficiels sont trop peu nets et trop peu différents pour qu'ils puissent servir à leur distinction.

Certaines formes grêles, à petites cicatrices, comme les *St. pusilla, St. perlata, St. areolata* appartiennent aux couches dévoniennes supérieures; le *St. ficoides* se rencontre, mais avec de faibles dimensions et en petite quantité, dans le terrain houiller inférieur, il est plus fréquent dans le terrain houiller moyen et diminue dans les couches supérieures.

Quelques-unes de ses variétés, comme le *St. undulata,* se trouvent dans la Grauwacke des Vosges, tandis que le *St. stellata* se montre dans la partie supérieure du terrain houiller et dans les couches permiennes.

Leurs dimensions extrêmement variables, tantôt relativement courtes et coniques, tantôt d'une longueur extraordinaire, 15 à 20 mètres, *sans variation* de diamètre, avec une surface portant de nombreux appendices cylindriques longs de 12 à 15 centimètres disposés normalement à la surface en spirales régulières, engagés partiellement dans l'épaisseur de l'écorce et se désarticulant cependant avec la plus grande facilité, incapables de se soutenir par eux-mêmes à cause de la fragilité de leurs tissus : toute leur organisation présente un ensemble de caractères insolites parmi les plantes vivantes et fossiles.

Il est difficile de concilier entre elles la forme des *Stigmaria* attachés aux troncs de Sigillaires, dont nous avons parlé plus haut, et celle de ces longs cylindres presque indéfinis qui présentent des cicatrices superficielles analogues.

Aussi doit-on admettre, comme nous l'avons fait remarquer à propos du *Clathraria Brardi*, l'existence de plusieurs types de *Stigmaria* : l'un, comprenant les souches de racines composées de branches inégales se détachant du tronc obliquement, plongeantes la plupart du temps, énormes à l'origine, se divisant par une dichotomie irrégulière, rapidement décroissantes et courtes. Les cicatrices, réparties sur des lignes spirales plus ou moins régulières, sont arrondies, placées au milieu de légères dépressions. Sur les grosses branches, elles sont plus espacées, moins distinctes, comme si l'écorce dans laquelle elles sont creusées avait pris un accroissement en diamètre. Les radicelles insérées sur les cicatrices sont simples, longues de quelques centimètres, larges de 4 à 5 millimètres, obtuses, presque toujours aplaties, parcourues par une côte longitudinale médiane correspondant au faisceau central, se recouvrant partiellement, couchées les unes sur les autres dans la direction de l'extrémité de l'organe.

Le second type, de beaucoup le plus fréquent, comprend les longues branches que certains paléontologistes ont vu rayonner horizontalement autour d'un corps central, branches non plongeantes, rampantes et bifurquées, de diamètre et d'aspect superficiel presque invariables, quoiqu'on en ait suivi s'étendant au delà de 15 mètres, pourvues à leur extrémité en voie d'élongation active, d'appendices subperpendiculaires allongés, charnus, cylindriques, simples, quelquefois bifurqués et même rameux, laissant par leur désarticulation des cicatrices gironnées. Il devait y avoir au centre d'où elles rayonnent quelque organe caulinaire important, comme le tronc d'une Sigillaire ou d'une Lépidodendrée? *Knorria* ou *Lepidodendron*, affectant la forme de cylindre, de cône ou de dôme, dont le diamètre variait de 20 centimètres à 1 mètre.

Mais il arrive aussi, fréquemment, comme nous l'avons fait déjà remarquer, que l'on rencontre des fragments de *Stigmaria* de 5 à 8 mètres ne tenant à aucun tronc. Goeppert en a suivi sur une longueur de 10 mètres et plus, sans dichotomie et sans diminution sensible de diamètre.

Il est un autre fait à noter, c'est la présence du *St. ficoides* dans des couches où il n'existe aucune trace de Sigillaires, telles que la Grauwacke des Vosges, le Grès jaune d'Irlande, le Culm du Roannais, etc., et la présence du même fossile dans les couches permiennes, telles que celles du *Rothliegende*, là où les Lépidodendrons et les Sigillaires n'existent plus ou sont devenues rares.

De plus, les organes appendiculaires de ces *Stigmaria* offrent certains caractères de feuilles charnues; ils sont disposés souvent suivant un ordre phyllotaxique très régulier, se désarticulant comme elles à leur base, en laissant une cicatrice circulaire ou ovale entourée d'un rebord saillant et occupée dans son intérieur par un mamelon percé au centre d'une cicatricule ponctiforme, correspondant au faisceau vasculaire qui traverse l'écorce pour former la nervure axile.

Le diamètre constant que conservent ces grands cylindres, la grande régularité des organes appendiculaires, leur caducité, donnent à certains *Stigmaria* un caractère tout particulier qui ne se rencontre dans le système radiculaire d'aucun autre végétal et vient étendre et généraliser le fait que nous avons signalé à propos du *Clathraria Brardi*, c'est-à-dire l'existence pendant la période houillère de Stigmarhizomes. Du reste la structure anatomique observée dans quelques échantillons silicifiés ou carbonatés confirme les déductions tirées des empreintes que nous avons exposées.

Structure des Stigmaria rhizomes. — Les échantillons de *Stigmaria* isolés recueillis dans le champ des Borgis appartiennent à une partie jeune de la plante; le plus petit diamètre du cylindre ligneux observé a été de 3 millimètres, et le plus grand de 11 millimètres. Sur une coupe transversale (pl. XL, fig. 4 et 5), on voit que l'épaisseur du cylindre ligneux est inégale. Dans l'un des échantillons large de 9 millimètres, d'un côté, l'épaisseur du cylindre est de 5 millimètres et de l'autre de 2 à 3 millimètres seulement, la région qu'il circonscrit offrant 1 à 2 millimètres.

Le bois est composé de sept coins formés de trachéides rayées sur toutes leurs faces, disposées en séries rayonnantes et séparées par de nombreux rayons médullaires (fig. 6, 7), eux-mêmes composés d'une à trois rangées de cellules en épaisseur, et d'une à trente en hauteur. En coupe tangentielle les trachéides ont une course sinueuse assez marquée, à cause des rayons médullaires et des nombreux faisceaux vasculaires qui passent entre elles.

La partie centrale, large de 1 à 2 millimètres, est occupée entièrement par des trachéides rayées, plus délicates et plus grêles que celles qui constituent le cylindre ligneux; les diamètres moyens des deux sortes de vaisseaux sont respectivement 21 μ et 50 μ.

Il n'y a pas de tissu cellulaire intercalé entre ces trachéides, le peu d'épaisseur de leurs parois est la cause probable de leur disparition presque constante, car deux exemplaires seulement parmi beaucoup d'autres ont présenté la portion centrale encore occupée par ce tissu vasculaire qui représente dans cette variété de *Stigmaria* l'analogue du bois centripète des Sigillaires et des Diploxylons. Il n'est pas divisé en faisceaux distincts comme Goeppert l'a signalé pour l'un de ses échantillons, mais forme un cylindre continu en contact immédiat avec le bois rayonnant extérieur, entre les coins duquel il s'engage plus ou moins profondément. Le nombre des rayons qui en résultent a varié, suivant les échantillons, de trois à sept.

L'axe même du bois centripète, d'ailleurs très réduit, ne paraît pas être occupé par du tissu cellulaire.

En dehors du cylindre ligneux centrifuge, la coupe rencontre de nombreux faisceaux vasculaires disposés plus ou moins régulièrement dans l'intervalle annulaire, actuellement sans organisation, qui séparait le bois de la partie extérieure de l'écorce.

Ces faisceaux présentent tous une section triangulaire, et la pointe du triangle, plus ou moins obtuse, est *toujours* tournée du côté de l'axe; cette orientation est inverse de celle des faisceaux vasculaires des Sigillaires dont la pointe, comme nous l'avons vu, est tournée vers l'extérieur.

Toutefois l'organisation reste la même. En effet, on y distingue : une partie centripète dont les éléments sont de petites dimensions, peu nombreux et disposés sans ordre, et une portion centrifuge dans laquelle les trachéides plus volumineuses sont rangées en séries rayonnantes et séparées par de larges rayons médullaires. C'est suivant le rayon médian, plus développé, que s'effectuent les divisions dichotomes que l'on remarque quelquefois dans le cordon avant sa sortie de la tige.

Ce bois rayonnant est déjà parfaitement formé et lignifié en traversant le cylindre ligneux ; il se développe en continuation directe du bois centripète, et comme il est prépondérant en sortant, c'est lui qui donne la figure générale du faisceau.

Suivant les échantillons et le degré de conservation, le bois centripète est plus ou moins apparent ; souvent il a entièrement disparu et il ne reste plus pour représenter le cordon que le bois centrifuge disposé en éventail dont la partie étalée est à l'extérieur.

Le cordon foliaire des Sigillaires contenu dans la tige est, comme nous le savons également, diploxylé ; la partie du faisceau qui a pris d'abord le plus de développement, et dont la lignification est la plus complète, est celle qui représente le bois centripète. A sa sortie du bois de la tige, cette portion prend une forme subtriangulaire, la base du triangle restant comme au moment de sa formation tournée du côté de l'axe ; le bois centrifuge, au lieu de se former en prolongement même du premier, se produit sur les côtés du triangle et en contourne le sommet. Comme ce bois peu lignifié est moins résistant que la première partie du cordon, souvent il a été détruit ; c'est donc le bois centripète qui dans ce cas donnera la figure apparente au faisceau foliaire.

En résumé, les deux cordons sont formés, de part et d'autre, de deux bois distincts ; mais dans les *Stigmaria,* que nous décrivons en ce moment, la forme du faisceau est due principalement au bois centrifuge, qui prédomine. Dans les Sigillaires, au contraire, elle provient du bois centripète plus résistant et le premier différencié.

Si, dans un *Stigmaria,* on suit un des cordons jusqu'à son origine actuelle dans l'intérieur de la tige, on voit qu'il part de la région comprise entre les deux bois (fig. 8 et 9, pl. XL). La portion centripète, formée de trachéides grêles, se juxtapose à la partie centrale centripète du *Stigmaria ;* la portion centrifuge, au contraire, s'applique contre le bois rayonnant extérieur qui s'ouvre largement pour lui livrer passage. En coupe tangentielle, le bois centripète occupe la partie supérieure du cordon (fig. 6 et 7), tandis que le bois centrifuge en occupe le côté inférieur.

C'est exactement ce que nous avons constaté pour le point de départ des cordons foliaires des Sigillaires ; mais les premiers éléments trachéens du bois centripète du cordon se trouvent placés, comme nous l'avons vu, dans la région médiane de la face extérieure d'un faisceau centripète de la tige.

Ici, les cordons semblent aboutir dans l'intervalle de deux coins de bois
occupé par un prolongement du bois centripète; si les cordons paraissent
avoir cette origine, cela tient à ce que le bois centripète forme un tout continu et n'est pas disposé en faisceaux distincts indiquant le nombre de ces
coins et leurs limites exactes, comme cela s'est présenté dans le *Stigmaria
Brardi.*

L'analogie de constitution que nous venons de constater dans les faisceaux
vasculaires de ce *Stigmaria* et dans ceux des cordons foliaires contenus dans
la tige des Sigillaires, entraîne ces conclusions déjà citées plus haut :

1° Qu'il y a des *Stigmaria* qui ne sont pas des racines, mais des rhizomes;

2° Que l'axe de certains *Stigmaria* était occupé par un cylindre vasculaire
continu, représentant le bois centripète des Sigillaires, facile à désorganiser,
et pour cela même rencontré si rarement à l'intérieur du bois centrifuge;

3° Que les cordons foliaires prenaient naissance entre les deux bois, semblant leur emprunter inégalement les trachéides qui entraient dans leur constitution, et que la forme des sections transversales, différente de celle des
cordons des Sigillaires, était la conséquence de cette organisation et de la
résistance inverse à la destruction de chacun des deux bois.

Stigmaria de Falkenberg, de Lower foat mine (Shaw), de Halifax.

Les *Stigmaria* recueillis aux environs de Falkenberg dans le comté de Glatz,
de Shaw dans le Lancashire, et de Halifax, que nous avons eu l'occasion d'examiner, offrent quelques différences, quant à leur organisation interne, d'avec
les *Stigmaria* d'Autun. Ces différences sont assez grandes pour attirer quelque
temps notre attention.

Sur une coupe transversale, on voit que la partie centrale du cylindre ligneux
n'est plus occupée entièrement par du bois centripète, mais en partie par du
tissu cellulaire généralement détruit.

Le bois centrifuge est formé de coins composés de trachéides rayées sur
toutes leurs faces, disposées en séries radiales séparées par des rayons médullaires. Le diamètre moyen des trachéides est de $72\,\mu$ vers leur extrémité interne, c'est-à-dire tournée du côté de l'axe; les séries radiales de trachéides sont *séparées*, non plus par des rayons cellulaires, mais par de minces
bandes vasculaires, qui pénètrent plus ou moins profondément entre les lames

du bois centrifuge. Ces bandes vasculaires, dont les éléments les plus grêles sont enclavés dans le bois rayonnant centrifuge, forment, en s'élargissant et se touchant du côté de l'axe, une couronne peu épaisse, discontinue, intimement unie au bois extérieur; on pourrait considérer ces lames vasculaires comme les restes d'un bois centripète peu développé; les trachéides rayées de ce bois *centripète* mesurent, en moyenne, 3o μ de diamètre. Le bois centripète de ces *Stigmaria* différerait donc du même bois, pris dans les *Stigmaria* d'Autun, par les côtés suivants :

1° La masse de ce bois est beaucoup plus faible; au lieu de former un cylindre axial plein, il ne constitue qu'une mince bordure interrompue, de deux ou trois rangées de trachéides placées sur le contour interne du cylindre ligneux centrifuge.

2° Il envoie des rayons très grêles, mais nombreux, entre les lames du bois extérieur, tandis que dans certains *Stigmaria* d'Autun, nous avons vu que le cylindre de bois centripète n'envoyait qu'un petit nombre de lames vasculaires dans le bois secondaire.

Un certain nombre de lames de bois centripète de la tige se mettent en rapport avec la partie centripète des cordons foliaires, la portion centrifuge de ces derniers étant en contact avec le bois rayonnant extérieur.

Les échantillons de *Stigmaria* recueillis à Falkenberg, et que nous avons étudiés, mesuraient, dans leur partie ligneuse, 2 centimètres à 2,5 centimètres de diamètre, par conséquent étaient plus âgés que ceux provenant des environs d'Autun.

Ceux des environs de Shaw offraient à peu près les mêmes dimensions pour le cylindre ligneux; ils avaient conservé un certain nombre des appendices cylindriques s'insérant sur les cicatrices placées à l'extérieur de l'écorce.

Des coupes multiples, faites perpendiculairement à ces appendices, et renfermant jusqu'à sept sections d'organes coupés transversalement (pl. XL, fig. 1o), nous ont montré des différences caractéristiques dans la forme du faisceau vasculaire axile qui les parcourt. Ces organes, qui se touchent, sont à fort peu de chose près du même âge; ils sont dans leur position normale; par conséquent, les différences qui peuvent exister ne sont pas dues à un développement plus ou moins avancé, ni à l'intercalation d'organes étrangers.

Parmi ces appendices, les uns possèdent un faisceau vasculaire central dont la section transversale est celle d'un triangle isocèle [1], composé manifestement de deux parties d'origine différente (fig. 13). Le sommet du triangle est occupé, en effet, par une masse de trachéides rayées, disposées sans ordre, et à cette portion subtriangulaire du cordon se trouvent associées des lames rayonnantes de trachéides rayées. Il existe des trachées *t* entre ces deux bois différents (centripète et centrifuge); sur une des coupes, une lame de bois centrifuge, lors de la pétrification écartée accidentellement de ses voisines et du bois centripète, a déchiré, dans ce léger déplacement, une trachée dont quelques tours de spire ont été déroulés et sont devenus visibles.

Les appendices qui renferment les cordons de cette sorte doivent donc être considérés comme des organes foliaires, au même titre que ceux que renferment les organes similaires du *Stigmaria Brardi* d'Autun.

Les autres appendices contiennent un faisceau triangulaire, souvent incomplet (fig. 12), à trois centres de différenciation. Les trachéides qui forment le corps central du faisceau mesurent 70 μ; celles qui se trouvent au milieu de la région centripète du cordon foliaire, précédemment décrit, ne mesurent que 30 à 40 μ, par conséquent ont un diamètre plus faible de moitié.

Sur plusieurs de nos préparations, faites sur les échantillons de Shaw, on distingue, partant d'un des angles du faisceau central, une lamelle de trachéides venant se mettre en rapport avec une *radicelle latérale,* insérée perpendiculairement au faisceau principal et dont l'axe est occupé par une trachée.

Il n'y a donc pas de doute que cette deuxième catégorie d'appendices ne comprenne des racines de *Stigmaria,* racines qui émettaient *latéralement,* tantôt à l'un des angles, tantôt à l'autre, des radicelles très grêles insérées perpendiculairement au faisceau central.

La première catégorie d'organes, comprenant les feuilles, pouvait présenter des dichotomies favorisées par les rayons cellulaires existant entre les lames ligneuses rayonnantes des trachéides, mais non émettre latéralement des radicelles, comme les appendices que nous venons de mentionner.

Dans un *Stigmaria* de Halifax, offrant une très bonne conservation, nous avons relevé les détails suivants : le cylindre ligneux rayonnant secondaire est divisé, du côté du centre, par de minces lamelles de bois centripète, comme les *Stigmaria* de Shaw et de Falkenberg. La figure 10, pl. XXXVII, repré-

[1] Cette section rappelle celle des faisceaux vasculaires que nous avons décrits précédemment, et qui appartiennent au *Stigmaria Brardi.*

sente une coupe tangentielle faite à l'extrémité interne du cylindre ligneux; en *a* se voient les trachéides du bois secondaire; en *a'* les éléments beaucoup plus fins qui constituent les restes du bois centripète. Les coins ligneux sont très distincts (fig. 8), et c'est dans leur intervalle que l'on voit les cordons vasculaires *b* qui se rendent dans les appendices; ces cordons se mettent en rapport avec un certain nombre de lamelles de bois centripète.

Sur la figure 9 on peut reconnaître différents faisceaux vasculaires, isolés ou contenus dans une gaine plus ou moins bien conservée; en *r* se trouve une racine qui s'échappe perpendiculairement à la surface du *Stigmaria*.

Nous avons représenté (fig. 11) une coupe de racine très jeune; la partie axile est occupée par un faisceau vasculaire triangulaire; il se compose au centre de trois trachéides rayées accolées mesurant environ 30 μ.

Trois autres trachéides, plus petites, sont placées extérieurement, alternant avec les trois premières et correspondant aux angles du faisceau. Leur diamètre moyen est de 20 μ. Le faisceau s'appuie, par l'un de ses angles, contre la membrane périphérique; *cinq* trachées [1] sont accolées à l'une des trois petites trachéides précédentes; les deux autres petites trachéides, placées aux deux autres angles, sont également accompagnées, l'une de *trois*, l'autre de *deux* trachées en contact ou très voisines. Les trachées mesurent environ 4 μ.

Il est évident que l'on a bien là un faisceau de racine tricentre, et que si les cinq trachées de l'un des angles avaient seules persisté, tandis que les autres, si grêles, placées par deux et par trois aux autres angles cités en dernier lieu, avaient disparu ou étaient devenues méconnaissables, ce qui est assez fréquent, on retomberait sur les racines, en apparence monocentres, de M. Williamson.

L'existence de deux sortes d'appendices, sortant des souches de *Stigmaria*, est encore confirmée par l'examen de la portion d'écorce représentée, pl. XL, fig. 1, coupée tangentiellement; elle montre trois cicatrices dont deux, *a* et *b*, sont occupées par les restes de deux cordons vasculaires; la troisième *c* est vide.

Le faisceau de la cicatrice *a* (fig. 2), coupé transversalement, est formé de deux parties différentes; l'une *a*, est composée de trachéides rayées disposées sans ordre; l'autre de trachéides rayées et réticulées formant des lames rayon-

---

[1] Non indiquées par le dessinateur.

nantes; nous avons donc affaire à un cordon diploxylé analogue à ceux décrits précédemment.

Le faisceau de la cicatrice *b* (fig. 3) est constitué par un axe vasculaire à section triangulaire; les trachéides sont rayées et réticulées; ici le bois centripète primaire présente trois centres de différenciation. En dehors du bois centripète se trouvent quelques lamelles de bois secondaire centrifuge à trachéides ponctuées.

La portion d'écorce dont nous parlons porte donc deux cicatrices distinctes, dont l'une est traversée par un cordon vasculaire de feuille, et l'autre par un cordon vasculaire de racine possédant du bois *secondaire,* fait que nous n'avons pas observé dans les *Stigmaria* de Falkenberg, de Shaw et de Halifax [1].

Ces différences dans l'organisation de ces *Stigmaria* pourraient s'expliquer, en admettant que la comparaison porte sur des organes de divers âges.

Dans les échantillons d'Autun, encore jeunes, comme l'indique la petitesse de leur cylindre ligneux, la partie centrale est entièrement vasculaire et en rapport avec les nombreux faisceaux diploxylés qui se rendent à une seule sorte d'organe, c'est-à-dire à des feuilles. Nous aurions dans ces échantillons des parties antérieures de rhizomes.

Dans les échantillons de Shaw, au contraire, l'examen porterait sur la partie moyenne; les cordons foliaires se trouvent mélangés à quelques faisceaux de racines, et, comme les deux sortes d'appendices sont exactement placés dans les mêmes conditions de milieu, ils ont *extérieurement* exactement le même aspect et la même forme.

La partie postérieure du *Stigmaria* ne devait porter que des racines sans traces d'appendices foliaires, ceux-ci s'étant désarticulés. Nous possédons des préparations qui ne présentent, en effet, que des sections d'appendices radiculaires.

Les pages qui précèdent appuient la distinction que nous avons faite, depuis longtemps, pour les *Stigmaria* appartenant à la famille des Sigillaires, et autorisent à admettre qu'après la germination la plante pouvait se développer en long rhizome croissant dans les sables humides, dans la vase, ou même flottant dans l'eau. Les organes foliaires se montraient principalement à l'extrémité des branches, tandis qu'un mélange de racines et de feuilles apparaissait dans les régions moyennes; ces deux sortes d'organes, faiblement fixés au corps du

[1] Ce fragment d'écorce avec ses deux appendices pourrait appartenir aux *Sigillariopsis* (voir p. 245), et non à une vraie Sigillaire, à cause de ses trachéides secondaires à ponctuations aréolées.

Stigmaria, faciles à désarticuler, avaient besoin de trouver, dans le milieu où ils se développaient, un soutien sans lequel ils se seraient affaissés sous leur propre poids. Le tissu lacuneux, dont on rencontre les restes entre le cylindre et l'assise extérieure de l'écorce, leur donnait de la légèreté et leur permettait de se soutenir dans l'eau à la manière de beaucoup de nos plantes aquatiques.

La vie du *Stigmaria* s'est bornée, sans doute pendant longtemps, à la production, presque illimitée, de ramifications dichotomes. M. Grand'Eury a constaté, dans les environs de Dombrova (Galicie), que sur une grande étendue de grès houiller, de nombreux *Stigmaria* pénétraient la roche en tous sens, sans aboutir à aucune tige. Nous-même nous avons pu constater le même fait dans l'agglomération de *Stigmaria,* à l'état d'empreinte, de Dracy-Saint-Loup.

Il est vraisemblable que dans les couches des terrains les plus anciens, là où se rencontrent des *Stigmaria ficoides,* comme à Falkenberg (Calcaire carbonifère), des *St. pusilla, St. areolata* (Dévonien supérieur d'Amérique), des *St. perlata* (Dévonien de Saint-John d'Irlande), etc., sans trace aucune de tronc de Sigillaires, ce mode de végétation seul a existé. Les Sigillaires restaient à l'état de rhizomes ou de Stigmarhizomes.

Mais à un moment donné de l'existence de cette famille, rarement d'abord, dans les premiers temps géologiques, plus fréquemment ensuite, quand les terres furent moins inondées et le milieu aérien plus favorable, l'extrémité se relevait en bourgeon, prenait un rapide accroissement en diamètre, et alors se dressaient hors des eaux ces longues colonnes à surface cannelée ou à écorce lisse, recouvertes à leur sommet de feuilles triangulaires rigides aiguës, ressemblant à des lames de fleuret.

Des épis reproducteurs apparaissaient le long de la tige, entre les feuilles, tantôt disposés en verticilles successifs; *Favularia elegans,* tantôt disposés en spirale, *Clathraria Brardi.*

Quand le rhizome se continuait en Sigillaire ou que, les circonstances étant favorables, la germination donnait immédiatement naissance, sans passer par l'état de rhizome, à une tige aérienne, cette dernière émettait peu à peu, pour son propre compte, des racines volumineuses, rapidement plongeantes, dichotomes de forme stigmarioïde (Stigmarhizes), sur lesquelles il ne se développait que des appendices radiculaires. Ces appendices, comme ceux qui portaient les rhizomes, plongés constamment dans un milieu toujours humide, n'étant pas destinés, comme les branches d'où ils sortaient, à maintenir la plante dans le sol, restaient courts et n'avaient qu'un développement de bois secondaire extrêmement limité, à la manière de nos plantes phanérogames aquatiques.

Des troncs de Sigillaires enracinées partaient de nombreux stolons qui pouvaient prendre un grand développement, et dont l'élongation ne s'arrêtait que lorsque, rencontrant des conditions favorables, ils pouvaient se redresser en tiges aériennes. Les stolons ou Stigmarhizomes avaient, comme nous l'avons démontré, la même structure que les tiges aériennes.

Les Sigillaires, pour se propager, avaient donc deux moyens différents : celui offert par la germination de corps reproducteurs et celui résultant de l'émission incessante de nombreux stolons.

SIGILLARIA XYLINA B. Renault.

(Pl. XXXVIII, fig. 1 à 3.)

Le *Sigillaria xylina* se rencontre fréquemment dans les mêmes gisements que le *Leiodermaria spinulosa* sous la forme de fragments cylindriques d'une parfaite conservation; jusqu'ici l'écorce n'a pas encore été rencontrée adhérente au cylindre, par conséquent son attribution spécifique à une Sigillaire connue n'est pas possible.

Le nom spécifique de *xylina* vient du développement considérable du bois comparativement à celui de la moelle. Celle-ci, sur des échantillons dans lesquels le cylindre ligneux atteint 4 à 5 centimètres de diamètre, ne dépasse pas 4 à 5 millimètres en largeur; quelquefois elle mesure à peine 2 millimètres dans certains d'entre eux.

Le cylindre est formé de coins ligneux peu distincts les uns des autres, composés de trachéides rayées sur toutes leurs faces, disposées en séries rayonnantes séparées par des rayons médullaires.

Le bois centrifuge est parcouru par des cordons foliaires peu nombreux, dont l'organisation est la même que celle des cordons foliaires que nous avons décrits plus haut. Ils aboutissent tous entre le bois centripète et le bois centrifuge; le premier est formé de faisceaux grêles à section transversale lunulée, dont les éléments les plus fins sont en contact avec le bois centrifuge. Le nombre de ces faisceaux est d'environ 20 à 22 dans les échantillons dont la moelle mesure 4 à 5 millimètres, et se réduit à 6 ou 8 dans ceux où la moelle n'est plus que de 1^{mm},5 à 2 millimètres de large. Dans le *Clathraria Menardi*, dont la moelle atteint 13 à 14 millimètres de diamètre, on compte 42 faisceaux vasculaires, comme nous l'avons dit. Le nombre des éléments vasculaires qui constituent chacun d'eux est quatre à cinq fois moins considérable que celui des faisceaux centripètes du *Clat. Menardi* ou du *Leiodermaria spinulosa*. Il n'est pas rare d'en trouver plusieurs réunis par leurs bords et formant une continue.

Provenance. — Champ des Borgis.

COMPARAISON ENTRE LES FEUILLES DES SIGILLAIRES ET DES STIGMARHIZOMES.

La discussion étendue à laquelle nous nous sommes livré à propos des *Stigmaria* d'Autun, de Falkenberg, de Halifax et de Shaw, et les nombreux exemples que nous avons rappelés, prouvent suffisamment, nous le croyons, l'existence de Stigmarhizomes, portant des organes foliaires et des organes radicellaires de même forme extérieure, mais parcourus par des faisceaux de nature différente; en effet, il est impossible d'admettre que du bois secondaire ajouté à un faisceau de racine tricentre puisse faire un faisceau vasculaire diploxylé sur une seule face, analogue à ceux que nous avons signalés dans tous les *Stigmaria* cités plus haut.

Si nous comparons le faisceau ligneux foliaire *dans la tige* d'une Sigillaire à écorce lisse et celui d'un Stigmarhizome, nous voyons que sur une section transversale, dans la première, le bois primaire est triangulaire, la base du triangle tournée du côté de l'axe, le bois secondaire apparaît sur les côtés et au sommet; dans le second, la section du bois primaire est subtriangulaire, la base est tournée vers l'extérieur et c'est sur cette base que se développe le bois secondaire. Les deux bois restent en contact jusqu'à la surface de la tige.

Au moment où il pénètre dans la feuille de la Sigillaire, le bois primaire se réduit à un arc formé d'un seul rang de trachéides, le bois secondaire disparaît ou est remplacé par des cellules cambiformes entremêlées de cellules à parois rayées ou réticulées.

La feuille du Stigmarhizome reçoit au contraire de la tige le faisceau diploxylé sans aucun changement, le bois primaire et le bois secondaire restent soudés l'un à l'autre et conservent la même forme et les mêmes proportions relatives.

Nous n'avons jamais vu de faisceaux latéraux partir des angles de ce faisceau diploxylé, comme cela se présente dans les organes que nous regardons comme des racines. La division, quand elle s'effectue, se fait par une sorte de dichotomie qui partage le faisceau diploxylé en deux branches égales par rapport à un plan vertical.

Le faisceau de la feuille du Stigmarhizome est plus complet et plus élevé en organisation que celui de la feuille de la Sigillaire.

CLASSIFICATION DES SIGILLAIRES.

Les plantes dicotylédones angiospermes sont reliées aux plantes cryptogames par plusieurs groupes importants, tels que les Gnétacées, les Conifères, les Cycadées, etc. D'un autre côté, parmi les plantes cryptogames, les Lycopodinées hétérosporées, telles que les Sélaginellées et les Isoétées, semblent être celles qui sont le moins éloignées des plantes gymnospermes.

Mais il existe encore entre ces différents groupes une distance considérable que les recherches paléontologiques sont destinées à faire disparaître en reconstituant peu à peu, dans toutes leurs parties, des végétaux qui ont entièrement disparu, soit parce qu'ils se sont transformés peu à peu par voie de filiation, soit plutôt parce qu'ils n'ont pu se plier aux changements lents, mais continus et par cela même importants, qui se sont produits à la surface du globe.

Les Sigillaires à écorce lisse et à surface cannelée forment précisément un de ces groupes intermédiaires; elles viennent se placer entre les Cycadées et les Isoétées, et les discussions portent sur le point de savoir si elles sont plus voisines des Cycadées que des Isoétées.

Cycadées. — Les Cycadées se reproduisent par graines; jusqu'ici on n'a pas rencontré d'épis de Sigillaire contenant des graines, mais seulement des épis renfermant des macrospores; ces épis appartiennent aux Sigillaires cannelées, celles qui semblent se rapprocher le plus des Cryptogames. Mais les graines des Cycadées, comme celles des Gymnospermes et des Gnétacées, peuvent être rapprochées des macrospores des Cryptogames à cause des archégones qu'elles renferment.

Dans les Cycadées, le sommet du nucelle est toujours creusé d'une cavité (chambre pollinique), destinée à recevoir et à conserver plus ou moins longtemps les grains de pollen; ceux-ci présentent quelques divisions cellulaires dans leur intérieur.

Les ovules ont un double système vasculaire, l'un extérieur par rapport au noyau ligneux, l'autre qui lui est intérieur. Ce dernier se distribue à la base du nucelle qu'il embrasse en s'irradiant dans la région où ce dernier est soudé au tégument, mais ne s'élève pas au delà.

On a signalé, comme on le sait, dans quelques espèces de Cycadées un fait important, c'est celui de la formation de l'embryon seulement après que les graines ont été semées; jusque-là dans leur intérieur il ne s'est formé que le tube proembryonnaire, malgré la pénétration des grains de pollen dans la chambre pollinique plus de cinq mois auparavant.

Sur plus de trois cents graines silicifiées trouvées dans les silex de Saint-Étienne et d'Autun, et que nous avons étudiées, nous n'avons reconnu aucune trace d'embryon; cependant dans beaucoup d'entre elles on peut constater la présence d'archégones, celle de grains de pollen dans la chambre pollinique et les cellules de l'endosperme. Le fait particulier cité plus haut paraît avoir été un fait général à l'époque houillère. Les graines dans lesquelles l'embryon *aurait apparu* au moment de la germination, étant tombées ou ayant été entraînées dans les eaux siliceuses, ont subi un arrêt immédiat dans leur développement; elles sont restées dans l'état où elles étaient au moment de la minéralisation.

L'intérieur de la tige des Cycadées est occupé par une large moelle entourée d'un cylindre ligneux simple ou de plusieurs anneaux concentriques, eux-mêmes composés alternativement de bois et de liber. Les lames vasculaires, qui constituent les anneaux ligneux, sont séparées par de larges rayons médullaires; vers la moelle elles sont formées de trachéides spiralées et annelées; plus en dehors, de quelques éléments rayés; enfin, à l'extérieur, les trachéides de la masse du bois secondaire portent, sur leurs faces latérales, plusieurs rangées de ponctuations aréolées dont le pore central est allongé, de forme elliptique et disposé obliquement.

Les anneaux ligneux surnuméraires et extérieurs sont uniquement formés de trachéides ponctuées et de liber.

En dehors du bois se trouve une couche corticale parenchymateuse, très épaisse relativement à l'épaisseur du cylindre ligneux. La surface des tiges reste couverte par les bases persistantes (coussinets) des pétioles, qui, par leur soudure et un accroissement propre ultérieur, forment une enveloppe épaisse et continue. Souvent il se développe, entre ces bases de feuilles, des lames de liège qui, en remplissant tous les intervalles, rendent la surface extérieure lisse et unie.

Les cordons foliaires sont composés de deux parties, l'une centripète, l'autre centrifuge. La première contient des trachéides réticulées et ponctuées disposées sans ordre, dont les plus grêles, les premières formées, sont en contact avec la deuxième portion; celle-ci, composée de trachéides réticulées et ponctuées, s'est développée en sens contraire de la première, par conséquent en direction centrifuge.

Entre ces deux portions du cordon foliaire se trouvent les éléments spiralés, tantôt en contact, tantôt séparés par quelques cellules à parois minces. Le liber de la portion centrifuge du cordon est représenté par du parenchyme libérien et par quelques cellules grillagées. Cette structure double du faisceau s'arrête à la portion accrescente corticale et ne se retrouve plus dans aucune partie de la tige.

Les Cycadées conservent donc les caractères cryptogamiques dans leur appareil reproducteur femelle et dans leur cordon foliaire diploxylé, dont la partie la plus développée est centripète.

Isoétées. — Dans les *Isoëtes*, la tige, extrêmement *courte*, est occupée à son centre par un cylindre ligneux plein, de petit diamètre, formé de trachéides spiralées et rayées dont l'accroissement s'est fait de la périphérie vers le centre; le cylindre ligneux est donc *centripète*. Dans les tiges adultes, en dehors du cylindre ligneux, une zone génératrice produit vers l'extérieur une couche épaisse d'écorce secondaire, et vers l'intérieur une couche *mince* d'un mélange d'éléments libériens criblés, de cellules remplies d'amidon et quelquefois de trachéides isolées ou groupées en petit nombre. Cette couche mince serait, pour certains botanistes, l'analogue du bois centrifuge si développé des Sigillaires.

Les feuilles des *Isoëtes* sont allongées, subtriangulaires, terminées en pointe, dilatées à la base, parcourues dans toute leur longueur par quatre lacunes aérifères coupées par des diaphragmes. Quand il y a des stomates, c'est le long de ces lacunes qu'ils sont localisés.

La feuille n'a qu'un seul faisceau vasculaire, la section en est triangulaire, le cordon n'est composé que de bois centripète à liber extérieur.

La tige bulbiforme des *Isoëtes* est entourée de feuilles fertiles; celles-ci portent à leur base du côté de la tige, placés dans l'épaisseur du limbe, des microsporanges et des macrosporanges. L'ordre de succession de ces trois espèces de feuilles est le suivant : celles à macrospores, les premières formées, sont placées à la base, par conséquent elles sont les plus extérieures; puis au-dessus d'elles, les feuilles à microspores, enfin au sommet une touffe de feuilles stériles.

Le développement des cellules-mères des microspores et des macrospores présente les mêmes phases que celui des cellules-mères des grains de pollen dans l'anthère, et du sac embryonnaire dans le nucelle des plantes phanérogames.

Au moment de la germination la microspore se divise en deux cellules très inégales; la plus petite reste stérile (prothalle mâle extrêmement réduit). La plus grande, par développement ultérieur, produit quatre anthérozoïdes spiralés.

La macrospore en germant se remplit de cellules (prothalle femelle), qui en se multipliant rompent l'enveloppe suivant les trois lignes radiantes de la macrospore. Un premier archégone apparaît sur la partie du prothalle qui fait saillie; s'il n'est pas fécondé par les anthérozoïdes, d'autres apparaissent successivement. L'oosphère contenue dans l'archégone, après sa fécondation, se partage par cloisonnement en huit cellules dont, par division successive, deux forment la première racine, deux le pied, deux autres la tige; enfin les deux dernières produisent la première feuille.

Par le court résumé qui précède, nous voyons que l'intervalle qui sépare les Cycadées des Isoétées est assez considérable.

Les Cycadées ne possèdent du bois centripète que dans leur cordon foliaire, la tige n'a que du bois centrifuge; les *Isoëtes* au contraire ont du bois centripète dans leur cordon foliaire et dans la tige, mais n'ont pas de bois centrifuge; car on ne peut guère considérer comme du bois centrifuge la couche mince citée plus haut et formée de cellules pleines d'amidon, d'éléments libériens criblés et quelquefois de trachéides.

Les grains de pollen (prothalle mâle) des Cycadées éprouvent bien une division cellulaire interne, mais la plus grosse des cellules produit un tube pollinique et non des anthérozoïdes comme les microspores des *Isoëtes*.

L'ovule des Cycadées, dans lequel le sac embryonnaire est le prothalle femelle renfermant les archégones, en se transformant en graine acquiert, avant de quitter la plante, tous les éléments nécessaires à sa fécondation; les archégones s'y sont développés, les grains de pollen ont pénétré dans la chambre pollinique, et la fécondation, qu'elle ait lieu dans un temps très court ou qu'elle soit tardive, n'en est pas moins assurée dans un organe complètement clos qui est la graine.

Dans les *Isoëtes*, au contraire, ce n'est qu'après la germination de la macrospore que les archégones se développent et sont fécondés par les anthérozoïdes. Si la macrospore quitte la plante-mère, comme cela arrive dans beaucoup de Cryptogames, elle n'emporte pas avec elle les anthérozoïdes fécondateurs.

En ne considérant que l'une des voies par lesquelles les Cycadées peuvent se relier avec les Cryptogames, c'est-à-dire celle qui aboutit aux *Isoëtes*, on peut se demander si l'intervalle est suffisamment rempli par les Sigillaires; ce que nous en connaissons ne permet pas de l'affirmer. Il existe certains genres dont l'organisation commence à être assez bien connue, tels que les *Poroxylon*, les *Medullosa*, les *Colpoxylon*, les *Cycadoxylon*, etc.; tous ces genres viennent se placer comme nous le verrons entre les Sigillaires et les Cycadées. Mais il reste encore entre les Sigillaires et les *Isoëtes* un vide assez considérable, dans lequel on pourrait mettre les *Heterangium*, le *Lepidodendron selaginoides* et les vrais *Lepidodendron* du type *Harcourti* et *esnostense*; si on se reporte à la description que nous avons donnée plus haut de la tige, des feuilles et des fructifications de ce dernier végétal, on reconnaîtra facilement, comme nous l'avons déjà fait remarquer, qu'il représente un type voisin des *Isoëtes*, mais toutefois plus élevé en organisation.

Au point de vue des organes végétatifs, l'examen des tiges de Sigillaires à écorce lisse nous a montré que le bois centripète du faisceau diploxylé, qui s'arrêtait à la base des feuilles dans les Cycadées, se continuait dans la tige des Sigillaires de ce groupe.

La présence d'un bois centripète dans la tige est-elle liée nécessairement à celle de microspores et de macrospores? Nous ne le croyons pas. Nous avons donné ailleurs [1] la description d'épis de Sigillaires, qui renfermaient des sacs reproducteurs et, en même temps, les raisons qui nous faisaient pencher à regarder ces corps comme des sacs polliniques ou de gros grains de pollen, plutôt que comme des microsporanges.

Il est vrai que l'un des degrés de rapprochement vers les végétaux inférieurs serait le cas où les grains de pollen fossiles du terrain houiller, qui présentent une division cellulaire beaucoup plus frappante que ceux des Gymnospermes actuels, eussent produit, non pas un tube pollinique, mais des anthérozoïdes: jusqu'ici rien n'a encore prouvé que ce fût le cas des Sigillaires.

____

[1] *Bulletin de la Société d'histoire naturelle d'Autun*, 1888.

La fécondation tardive, dont nous avons parlé plus haut, bien plus fréquente dans les plantes fossiles que dans les plantes vivantes, rendra peut-être impossible l'observation d'un fait semblable, assurément intéressant, de graines à archégones fécondés par des anthérozoïdes. Cependant, dans certaines graines silicifiées de Saint-Étienne appartenant à différents genres, entre autres au genre *Aetheotesta*, de gros grains de pollen contenus dans la chambre pollinique montrent, ainsi que nous le verrons, de nombreuses cellules à peu près d'égale grandeur qui se sont développées dans l'intine; elles sont vides, mais les parois assez épaisses de ces cellules portent de curieuses perforations qui ne paraissent pas accidentelles et auraient pu servir de passage à des anthérozoïdes.

D'un autre côté, si les épis à macrospores décrits par Goldenberg et par M. Zeiller sont bien des épis de Sigillaires, la section à laquelle appartiennent ces Sigillaires est celle qui possède des écorces cannelées; nous ne connaissons pas complètement la structure des tiges et des feuilles de cette catégorie de Sigillaires, dont les deux genres, *Favularia* et *Rhytidolepis*, pourraient se rapprocher inégalement des Cryptogames; toutefois elle présente des caractères d'organisation interne sensiblement différents de ceux offerts par les Sigillaires à écorce lisse.

En résumé, il résulte de l'étude précédente :

1° Que les Sigillaires divisées en deux grandes sections se sont multipliées au moyen de rhizomes, en même temps que par des organes reproducteurs, macrospores, et grains de pollen?, les autres organes associés, microspores et graines, restant encore inconnus;

2° Que la section des Sigillaires cannelées possède un bois primaire[1] centripète beaucoup plus développé que celui des Sigillaires à écorce lisse, qu'il est continu et que c'est à sa périphérie qu'aboutissent les cordons foliaires;

3° Que ces cordons foliaires sont monoxylés et uniquement formés de bois primaire;

4° Que les épis sont insérés entre les rangées verticales des feuilles et non à leur aisselle;

5° Que les Sigillaires à écorce lisse ont un bois primaire relativement mi-

[1] Si l'on admet que les Diploxylons représentent les tiges conservées des Sigillaires à écorce cannelée.

nime et divisé en faisceaux distincts accolés aux coins correspondants du bois secondaire;

6° Que les cordons foliaires partent de l'intervalle des deux bois; qu'ils sont diploxylés dans toute l'épaisseur du bois et de l'écorce;

7° Que les épis sont insérés au-dessus des feuilles et non entre elles; qu'ils sont axillaires;

8° Que les Sigillaires cannelées « les plus anciennes » se rapprochent des Cryptogames, telles que les *Isoëtes*, mais qu'elles en sont encore séparées par les Lépidodendrons diploxylés [1], les *Heterangium*, les Lépidodendrons monoxylés [2];

9° Que les Sigillaires à écorce lisse « les plus récentes » tendent vers les Cycadées, mais que l'intervalle qui existe entre elles, et qui est assez grand, peut être plus ou moins rempli par de nombreux genres, que nous étudierons plus loin, tels que les genres *Sigillariopsis, Medullosa, Colpoxylon*, etc.;

10° Que dans les deux sections les rhizomes sont plus élevés en organisation que les tiges aériennes.

Genre SIGILLARIOPSIS B. Renault [3].

SIGILLARIOPSIS DECAISNEI B. R.

Ce genre est fondé sur un fragment de rameau ou de tige dont on n'a recueilli, depuis, aucun autre exemplaire; cet échantillon, assez mal conservé du reste, n'a pu être étudié en détail; nous ne ferons ici que rappeler la structure que nous avons donnée autrefois en renvoyant le lecteur pour l'examen des figures à l'ouvrage cité ci-dessous.

Sur une section transversale on remarque un cylindre ligneux, peu épais, légèrement aplati; son grand diamètre est de 8 millimètres et son petit de 5 millimètres environ. Il est formé de coins ligneux, serrés les uns contre les autres, dont les éléments sont disposés en séries rayonnantes. Du côté de la moelle se trouvent des faisceaux vasculaires mal conservés, mais qui, par

[1] *Lepidodendron selaginoides.*

[2] *Lepidodendron Harcourti, L. esnostense.*

[3] *Nouvelles archives du Muséum*, 2ᵉ série, p. 270, pl. XII, fig. 15 à 18.

leur position et leur mode d'accroissement centripète, rappellent ceux du *Clathraria Menardi.*

Les trachéides qui composent l'intérieur du cylindre de bois secondaire sont en grande partie rayées; celles de l'extérieur sont à ponctuations aréolées, mais en petit nombre. Les faisceaux du bois centripète sont formés de trachéides rayées et réticulées; entre eux et les coins ligneux du cylindre extérieur, on remarque quelques trachées déroulées.

Le liber a complètement disparu, ainsi que la plus grande partie de l'écorce; l'assise subéreuse de cette dernière, seule, a résisté dans quelques régions, elle est lisse et sans cannelure.

Le fragment en question porte un certain nombre de feuilles, disposées en lignes spirales. Les coupes transversales, faites à différentes hauteurs, montrent qu'elles étaient épaisses, à limbe peu élargi, plan en dessus, convexe en dessous, à bords aigus, s'atténuant peu à peu à l'extrémité, en pointe triangulaire.

Les sections transversales faites au milieu de la longueur de la feuille, là où elle est le plus large, montrent au milieu du mésophylle deux faisceaux vasculaires; plus haut, là où la section devient triangulaire, il n'y en a plus qu'un seul.

Chacun des faisceaux est formé de deux parties distinctes superposées; l'une offre une section triangulaire, elle est composée d'éléments de grandeurs différentes, les plus petits sont tournés vers la face supérieure de la feuille; cette partie du cordon foliaire, qui a son origine dans l'intérieur du bois de la tige, vient se mettre en relation avec un faisceau primaire de celle-ci et s'est accrue en direction centripète; l'autre, plus en dehors, apparaît sous la forme d'un arc composé de vaisseaux rayés et ponctués, représentant la portion du cordon afférente au cylindre ligneux secondaire de la tige; les deux parties du cordon sont entourées par des cellules à parois ponctuées, disposées sur un ou deux rangs, et que l'on peut considérer comme la gaine protectrice du faisceau. A droite et à gauche des deux cordons foliaires on remarque un groupe de cellules à parois poreuses qui sont probablement les représentants du tissu vasiforme que nous avons signalé autour des faisceaux des feuilles des Sigillaires et des Lépidodendrons.

A la partie supérieure de la feuille le cordon unique est constitué de la même façon, à cela près que le bois centripète est relativement plus développé que le bois centrifuge; dans aucun cas le liber ne s'est trouvé conservé.

Le mésophylle est composé de grosses cellules, dont quelques-unes, de couleur plus foncée, paraissent s'être transformées en réservoirs à gomme. Plus en dehors, le parenchyme est constitué par des cellules de plus en plus petites et limité par des bandes hypodermiques rappelant celles des feuilles des Sigillaires ou des Cordaïtes.

Le genre *Sigillariopsis* établit un passage entre les Sigillaires appartenant aux genres *Clathraria* et *Leiodermaria* et les Cordaïtes. En effet, des premiers, il offre le système ligneux composé : 1º d'une couronne de faisceaux primaires, isolés, centripètes; 2º d'un cylindre de bois secondaire rayonnant, dont les coins ligneux correspondent chacun à un faisceau centripète. Mais la constitution des éléments du bois est différente; en effet, dans les Sigillaires que nous avons décrites, *Clathraria Menardi*, *Leiodermaria spinulosa*, *Sigillaria xylina*, etc., le cylindre secondaire s'est montré toujours formé de trachéides rayées, tandis que dans les *Sigillariopsis* nous avons signalé, à la périphérie, des trachéides ponctuées. Sous ce rapport le bois secondaire de ce dernier genre se rapproche beaucoup plus de celui des Cordaïtes que de celui des Sigillaires.

Les feuilles de *Sigillariopsis* sont charnues, à limbe étroit, à section triangulaire plus ou moins aiguë vers leur extrémité; leur forme extérieure rappelle plus celles des Sigillaires que celles des Cordaïtes qui sont larges, lamellaires et enroulées par leurs bords quand elles sont jeunes; mais, d'un autre côté, elles ne présentent pas les deux gouttières caractéristiques placées au-dessous des feuilles de Sigillaires; sur une certaine étendue le limbe présente deux cordons courant parallèlement à l'intérieur du parenchyme; au sommet de la feuille seulement, il n'y a plus qu'un seul d'entre eux; les feuilles de Sigillaires n'en possèdent qu'un seul sur toute leur longueur.

Il est vrai d'autre part que les feuilles de Cordaïtes en ont un grand nombre contenus dans l'épaisseur de leur limbe large et aplati, mais la constitution de chacun d'eux se rapproche beaucoup de celle des faisceaux de *Sigillariopsis*.

Des quelques remarques qui précèdent il résulte que ce genre doit être considéré comme établissant un trait d'union entre les Sigillaires à écorce lisse et les Cordaïtes, mais que sa place est peut-être plus voisine de ces derniers que des premières.

Provenance. — Champ des Espargeolles, très rare.

Genres à place indéterminée.

Genre HETERANGIUM Corda.

Le genre *Heterangium*, établi par Corda, n'est connu que par des fragments à structure conservée, recueillis dans un grand nombre de localités et à des niveaux très différents.

D'après Corda, les fragments figurés par lui [1] étaient dispersés dans les rognons de sphérosidérite du terrain houiller des environs de Radnitz (Bohême), et dépassaient souvent 6 centimètres en longueur et 3 centimètres en largeur; au microscope ce savant a cru voir que leur tissu était formé de grands et de petits vaisseaux, ces derniers disposés d'une manière variée autour des grands, dont le diamètre était dix à trente fois plus considérable.

Les grands vaisseaux, rarement isolés, forment au milieu des petits des groupes diversement recourbés.

Sur une coupe longitudinale les grands et les petits vaisseaux se montrent avec des parois munies de ponctuations disposées en spirale.

Avec un fort grossissement on voit que la paroi est ornée de mailles rhomboïdales contiguës, placées en spirale et dont le milieu est occupé par un pore ovale, disposé horizontalement ou peu oblique.

Dans les échantillons étudiés par Corda, le cylindre ligneux est incomplet, l'écorce manque, et aucun tissu cellulaire n'est signalé entre les groupes des grands et des petits vaisseaux.

Il est possible que les petits vaisseaux entourant les grands ne soient autre chose que du tissu cellulaire; la figure 9 de Corda montre, à droite des gros vaisseaux, deux rangées de cellules et non des petits vaisseaux.

M. Williamson [2], de son côté, sous le nom de *Heterangium Grievii*, a décrit quelques fragments de Burntisland beaucoup plus complets que ceux de

---

[1] *Beiträge zur Flora der Vorwelt*, 1845. *Heterangium paradoxum*, p. 22, tab. XVI.
[2] *On the fossil Plants of the Coal-measures*, part IV, Phil. Trans., 1873, pl. XXVIII.

Corda et fait connaître la structure de l'écorce; plus tard[1], une nouvelle espèce, l'*Heterangium tiliæoides* provenant de Halifax, lui a fourni l'occasion de donner des détails étendus sur l'organisation de ce genre curieux.

Nous-même[2], sous le nom générique de *Poroxylon*, nous avons décrit un fragment de tige, le *P. Duchartrei*, qui par certains détails de structure de la tige se rattache aux *Heterangium*, tandis que par d'autres, tirés de l'organisation du liber et de l'écorce, il se rapproche des Poroxylées.

Les portions de tiges ou de rameaux, rapportées par nous aux Lycopodiacées[3], sous le nom de *Lycopodium punctatum* et *Ly. Renaulti*, pourraient également rentrer dans le genre *Heterangium*, si on regardait ces petits fragments comme un état jeune de ces dernières plantes.

Nous avons réuni un certain nombre d'échantillons, recueillis dans les environs d'Autun, de Grand'Croix, de Halifax, de Pettycur, etc.; l'étude détaillée de ces différents échantillons fera l'objet d'un mémoire spécial.

Nous nous contenterons en ce moment d'indiquer les caractères sommaires du genre, tirés de l'examen de ces échantillons :

Tiges variant de 5 à 40 millimètres de diamètre, circulaires, montrant sur une coupe transversale, si la tige est jeune, un cylindre ligneux formé d'une masse de tissu fondamental, dans lequel se trouvent plongés des faisceaux vasculaires, de forme variée, linéaires, recourbés en arc, ou réunis en massifs plus ou moins fournis; la plupart renferment de grands et de petits vaisseaux, ces derniers placés à l'extérieur des premiers, souvent en deux points opposés, de manière à constituer des faisceaux bicentres. On trouve çà et là des vaisseaux isolés, entourés par le tissu fondamental. Les trachéides, ou vaisseaux, portent sur leurs parois des ponctuations aréolées, disposées en quinconce sur deux à huit rangées verticales, suivant le calibre; le pore central est elliptique, le grand axe est horizontal ou légèrement incliné.

Le tissu fondamental secondaire est constitué par des cellules plus hautes que larges, polyédriques sur une coupe transversale, rectangulaires sur une section longitudinale, disposées sur deux à six rangées entre les groupes de vaisseaux.

A la périphérie les faisceaux vasculaires ont leurs pointes terminées par des trachéides rayées et des trachées.

[1] *Loc. cit.*, part XIII, pl. XXI, XXII, XXIII, 1887.
[2] *Nouvelles archives du Muséum*, II, 2ᵉ série, p. 276, pl. XIV, fig. 4 à 8.
[3] *Annales des sciences naturelles*, 5ᵉ série, t. XII.

IMPRIMERIE NATIONALE.

Les cordons foliaires partent de l'extérieur du cylindre ligneux primaire centripète; leur section transversale est elliptique; simples d'abord, ils se bifurquent ensuite. Le liber est peu développé, formé de parenchyme et de cellules grillagées; l'écorce, assez épaisse, est constituée en grande partie par des cellules à parois minces, polyédriques, plus hautes que larges, souvent mal conservées; des bandes horizontales de cellules plus petites et plus foncées la traversent radialement suivant des plans verticaux; en dehors de cette assise les cellules diminuent de taille, et à la périphérie on remarque de nombreux îlots de tissu hypodermique séparés par du tissu cellulaire fondamental.

Si la tige est plus âgée, le cylindre ligneux primaire s'entoure d'une zone cambiale produisant du bois secondaire vers l'intérieur et du liber secondaire à l'extérieur; la formation du bois exogène est régulière, rayonnante, centrifuge, et non tangentielle comme cela se voit dans le *Lepidodendron selaginoides* et les *Sphenophyllum*. Les trachéides sont ponctuées, les pores sont elliptiques et horizontaux, leur diamètre mesure 5o à 6o μ tandis que celui des trachéides primaires atteint 15o μ.

Les séries radiales des trachéides sont séparées par des rayons cellulaires très étendus en hauteur et composés de trois à quatre rangées de cellules, deux ou trois fois plus allongées dans le sens radial que hautes. Suivant sa grosseur le cylindre ligneux secondaire est divisé en 9, 11, 13, 15...... coins distincts, entre lesquels se trouvent des lames épaisses de tissu cellulaire; de temps à autre des lamelles de trachéides les relient entre eux.

Le liber secondaire est constitué par des arcs concentriques de cellules grillagées et de cellules parenchymateuses, alternant dans le sens radial avec la plus grande régularité; en passant d'un cercle à l'autre en suivant un rayon, on rencontre deux cellules grillagées, puis quatre cellules de parenchyme, deux cellules grillagées, etc. Cette disposition du liber rappelle celle signalée dans le liber secondaire des Poroxylons. Les lames de tissu fondamental qui séparent les coins ligneux traversent en s'élargissant cette partie du liber, le recouvrent extérieurement et forment en se soudant par leurs bords une assise continue qui contient en face de chaque coin ligneux un massif de cellules grillagées et de cellules de parenchyme.

L'écorce est constituée comme nous l'avons vu plus haut; mais, en outre, il se développe dans certaines espèces une assise subéreuse qui semble s'être détachée par plaques.

A la base des tiges il n'est pas rare de rencontrer des faisceaux de racines encore *inclus* dans leur intérieur; celles qui sont de petite taille possèdent un bois primaire bipolaire, les plus grosses au contraire ont un faisceau tétrapolaire. Aucune ne présente de trace de bois secondaire.

HETERANGIUM DUCHARTREI B. Renault.

(Pl. LXV, fig. 1 et 2.)

Tiges de $6^{mm},5$ environ de diamètre, cylindriques, bois primaire mesurant 2 millimètres, et bois secondaire $0^{mm},7$ d'épaisseur.

Le bois primaire est formé de trachéides à ponctuations aréolées avec un pore central elliptique, dont le grand axe est horizontal ou faiblement incliné. Les trachéides par leur réunion composent, sur une coupe transversale, des groupes de forme variée tantôt linéaires, droits ou arqués, tantôt disposés en ilots plus ou moins importants; quelquefois les vaisseaux sont isolés. Les éléments de plus petit calibre sont toujours placés aux extrémités des bandes rectilignes ou recourbées aboutissant généralement à la périphérie; les gros éléments atteignent $180\ \mu$ et portent sur leurs parois cinq à huit rangées de ponctuations très rapprochées et alternant régulièrement sur des lignes verticales; les éléments plus fins de la périphérie sont formés par quelques trachéides rayées et des trachées. Les différents groupes vasculaires dont nous venons de parler sont plongés dans le tissu fondamental, composé de cellules à section transversale polyédrique et à section longitudinale rectangulaire, deux à trois fois plus haute que large.

Le bois secondaire est représenté par une couronne composée de quinze massifs ligneux séparés par d'épaisses lames cellulaires qui s'étendent jusqu'au delà du liber. Chacun de ces massifs comprend un nombre variable de séries rayonnantes de trachéides ponctuées séparées par des rayons cellulaires peu épais, mais très étendus en hauteur; ces trachéides sont plus petites que celles du bois centripète; elles ne mesurent que 50 à $60\ \mu$ en largeur, et ne présentent que quatre à cinq rangées de ponctuations aréolées, sur leurs parois latérales. On peut constater sur la figure 2 plusieurs zones concentriques d'accroissement.

Le liber est mal conservé et en certains points seulement, *d*, on reconnaît les traces des couches concentriques alternantes, de cellules grillagées et de cellules de parenchyme.

Les lames verticales qui séparent les coins ligneux sont formées de trois à quatre rangées de cellules, allongées dans le sens du rayon et à sections rectangulaires ; ces lames divisent l'assise libérienne en autant de portions qu'il y a de coins ligneux distincts. C'est en traversant ces lames cellulaires que les cordons vasculaires se rendaient dans les appendices. Car on les trouve généralement à l'extérieur du cylindre ligneux en face de l'intervalle de deux massifs, c (fig. 1, pl. LXV).

Provenance. — Champ des Borgis.

HETERANGIUM BIBRACTENSE, n. sp. [1]

(Pl. LXV, fig. 3 à 6.)

Tiges cylindriques de 16 à 17 millimètres de diamètre, bois primaire mesurant 1 millimètre à 1^{mm},5, moins développé que dans l'espèce précédente, bois secondaire atteignant 5^{mm},5 d'épaisseur; liber primaire et secondaire en partie conservé. Écorce peu nette.

Le bois primaire est composé de trachéides portant des ponctuations aréolées avec un pore central elliptique; les ponctuations existent sur toute la surface des trachéides. Les groupes des vaisseaux affectent les mêmes formes, mais sont moins nombreux que dans l'*Heterangium Duchartrei;* leurs extrémités, composées d'éléments rayés et spiralés, occupent la partie périphérique du bois centripète. Les groupes de trachéides et les vaisseaux isolés sont entourés de tissu fondamental formé également de cellules, plus hautes que larges, rectangulaires sur une section longitudinale.

Le bois secondaire est constitué par la réunion de quatorze ou quinze massifs ligneux, séparés par des lames épaisses de parenchyme secondaire, qui s'étendent au delà du liber. Les coins ligneux sont traversés par des rayons ligneux, épais de trois à cinq rangées de cellules qui, quelquefois, peuvent être confondus avec les lames de tissu fondamental qui séparent les coins eux-mêmes.

Les trachéides du bois centrifuge sont disposées en séries radiales, rectangulaires sur une coupe transversale, plus allongées dans le sens du rayon que dans le sens tangentiel; elles mesurent dans le premier cas 150 μ et dans le second 100 μ. Les gros vaisseaux du bois primaire peuvent atteindre 220 μ.

---

[1] Le fragment de tige ayant servi à l'étude de cette espèce appartient à M. Rigollot.

Les ponctuations aréolées sont disposées sur les faces latérales en quatre à huit rangées contiguës.

Les cellules des rayons ligneux et des lames de tissu fondamental sont polyédriques sur une section tangentielle, et rectangulaires sur une coupe radiale, quatre à cinq fois plus allongées dans ce sens que dans celui de la hauteur.

Il n'est pas rare de trouver dans leur intérieur des filaments mycéliens qui traversent les parois de plusieurs cellules.

Dans quelques points de la préparation le liber est conservé; il est composé de couches concentriques, de cellules grillagées et de cellules de parenchyme alternant très régulièrement; des rayons cellulaires du liber coupent les zones concentriques de façon à comprendre entre eux deux cellules grillagées disposées côte à côte; en dehors de cette rangée vient une ligne de quatre cellules de parenchyme correspondant deux à deux, en épaisseur, à une des cellules grillagées, puis deux cellules grillagées et quatre cellules de parenchyme, et ainsi de suite. Quelquefois les cellules de parenchyme se sont dédoublées et l'on compte deux rangées successives de quatre cellules. Le liber secondaire ainsi constitué comprend dix à douze couches distinctes.

L'écorce n'a pas été conservée; à l'extérieur on remarque seulement en certains endroits des groupes de cellules cubiques qui appartiennent à une assise subéreuse.

Cette espèce diffère de l'*Heterangium Duchartrei* par les dimensions du cylindre de bois primaire, qui est plus petit, par le diamètre plus considérable de ses trachéides, par le grand développement du bois secondaire, des rayons ligneux et des lames de tissu fondamental.

Le liber n'étant pas conservé dans l'*H. Duchartrei*, il est impossible de le comparer avec celui de notre deuxième espèce.

Provenance. — Champ des Borgis.

HETERANGIUM PUNCTATUM [1] B. Renault.

Petites tiges mesurant 5^{mm},5 à 6 millimètres de diamètre, cylindriques, renfermant un bois primaire de 1 millimètre de largeur environ, et un bois secondaire de 0^{mm},5 d'épaisseur.

---

[1] Nous avons décrit cette espèce d'après un échantillon mal conservé, sous le nom de *Lycopodium punctatum*, *Annales des sciences naturelles*, 5ᵉ série, t. XII.

Le bois primaire est formé de trachéides à ponctuations aréolées présentant un pore central *arrondi;* le contour des aréoles est hexagonal. Les trachéides les plus grosses mesurent 210 μ et l'on compte sept à huit rangées de ponctuations sur une seule face; il y en a sur tout leur contour; ces vaisseaux plongés dans le tissu fondamental sont réunis par groupes, plus ou moins nombreux, ou disséminés dans la masse du tissu cellulaire; ils rappellent, sur une coupe transversale, la disposition offerte par les *Lycopodium cernuum, L. phlegmaria, L. mirabile,* etc. Les cellules du tissu fondamental, plus hautes que larges, sont marquées de fines ponctuations.

Les extrémités atténuées des groupes vasculaires, tournées vers la périphérie, sont occupées par des trachéides rayées et par des trachées.

Le bois secondaire, peu développé, est composé de treize massifs ligneux séparés par des lames cellulaires beaucoup moins épaisses que dans l'espèce précédente. Les trachéides sont ponctuées, à section transversale rectangulaire, les grands côtés du rectangle étant dirigés dans le sens tangentiel; les autres côtés sont de fort petites dimensions, car ils ne mesurent que 20 μ et 30 μ. On ne compte guère que deux à trois rangées de ponctuations sur leurs faces latérales.

Le liber est composé, comme celui de l'*Heterangium bibractense,* d'une série d'arcs concentriques, formés alternativement de cellules grillagées et de cellules de parenchyme, deux de ces dernières faisant suite à une cellule grillagée. Le liber est découpé en dehors de chaque coin ligneux en un massif correspondant par les lames cellulaires de tissu fondamental qui séparent les coins de bois; c'est en face de ces mêmes lames cellulaires que se trouvent les faisceaux vasculaires qui se rendent dans les appendices.

L'écorce est mal conservée; cependant on peut y reconnaître une assise parenchymateuse, formée de cellules polyédriques, un peu plus hautes que larges; cette assise est traversée par des bandes parallèles de cellules à parois épaissies, de couleur foncée, qui se dirigent presque horizontalement dans des plans verticaux, paraissant correspondre aux lames cellulaires situées entre les coins ligneux.

En se rapprochant de la périphérie, les cellules de l'écorce deviennent prismatiques, leur section longitudinale est rectangulaire; une couche continue d'hypoderme la termine extérieurement.

Cette espèce se rapproche beaucoup de l'*Heterangium Duchartrei,* mais en l'absence du liber et de l'écorce, dans ce dernier, on ne peut décider de l'identité.

HETERANGIUM RENAULTI Brongniart [1].

Petite tige mesurant comme la précédente 5^{mm},5 à 6 millimètres de diamètre cylindrique, formée seulement de bois primaire, de liber primaire et d'une écorce.

Le bois primaire atteint 2 millimètres de largeur; il est constitué exactement comme celui des espèces précédentes, à cela près que les groupes de trachéides sont plus nombreux, que les vaisseaux isolés sont plus multipliés à la périphérie, ainsi que les trachéides rayées et les trachées.

Les ponctuations se réduisent à leur contour hexagonal.

Le liber primaire est représenté par des cellules grillagées qui se distinguent par leur teinte plus foncée au milieu des cellules de parenchyme; ces deux sortes d'éléments ne sont pas distribués avec l'ordre que nous avons signalé dans le liber secondaire des espèces précédentes. Plus à l'extérieur on remarque une membrane continue, qui est l'endoderme.

L'écorce est composée d'une assise épaisse de tissu parenchymateux, constitué par des cellules à minces parois, dont la section transversale est polygonale, plus hautes que larges; cette couche est traversée par les bandes de cellules foncées, allongées dans le sens du rayon, que nous avons signalées plus haut.

Plus en dehors, se trouve une assise dont les éléments, allongés dans le sens tangentiel, sont disjoints ou écrasés. L'écorce est limitée par une zone continue de tissu hypodermique qui envoie de nombreux prolongements vers l'intérieur.

L'absence de bois secondaire indique un très jeune rameau, et le fragment appartient à la région d'où partaient les faisceaux vasculaires se rendant aux organes appendiculaires.

Sur la section transversale, on remarque, d'un côté du cylindre ligneux, deux faisceaux qui vont se séparer de l'axe, et dans la partie parenchymateuse de l'écorce, deux autres qui l'ont quitté depuis un certain temps.

La section de ces faisceaux est elliptique; les différents éléments qui les composent se distribuent de façon à faire prévoir une dichotomie qui, dans certains échantillons, s'effectue avant la sortie de la tige.

[1] *Annales des sciences naturelles*, *loc. cit.*

Le liber est extérieur dans les branches de la dichotomie; il est placé latéralement avant la division.

Ces cordons vasculaires partent de la tige à une hauteur à laquelle il n'y a pas encore de bois secondaire; eux-mêmes en sont dépourvus.

Il est possible que cette dernière espèce ne soit que l'état, plus jeune, de l'*Heterangium punctatum*.

HETERANGIUM TILIÆOIDES Williamson.

Nous croyons utile de donner le dessin (fig. 41) d'une coupe d'*Heterangium* faite dans un échantillon venant de Halifax, et qui se rapporte, sans doute, à l'*Heterangium tiliæoides* de Williamson.

La tige ne mesure que 7 millimètres de diamètre et offre une assez bonne conservation.

Le cylindre ligneux *a* présente une largeur de $2^{mm},5$; le bois rayonnant secondaire extérieur *b* atteint seulement $1^{mm},5$; le liber et l'écorce 1 millimètre.

La tige est incomplète et fortement entamée d'un côté; cette rupture a provoqué d'assez grandes déchirures dans les tissus restants, et des écrasements.

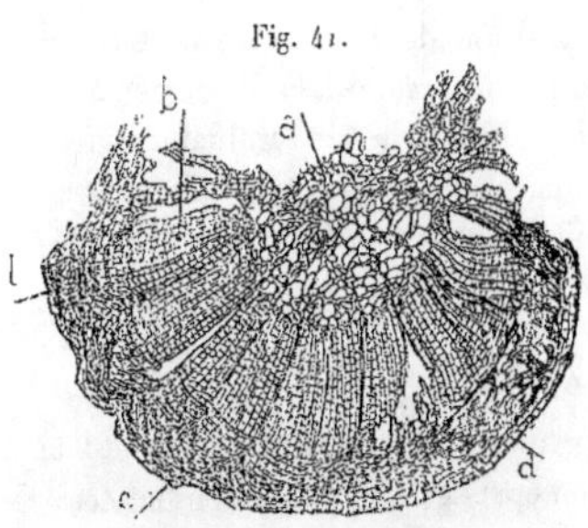

Fig. 41.

Heterangium tiliæoides.
(Coupe transversale grossie 8 fois.)

a. Bois primaire.
b. Bois secondaire.
c. Liber secondaire.
d. Partie subéreuse de l'écorce.
l. Faisceau vasculaire se rendant dans un appendice.

Voici les détails que nous avons pu observer sur cette coupe transversale :

Bois primaire. — Le bois primaire est constitué par de gros vaisseaux ponctués, disposés en groupes de formes variées, dont les extrémités tournées vers la périphérie sont occupées par les éléments les plus fins.

Les groupes de vaisseaux sont entourés par du tissu cellulaire fondamental, dont les éléments sont plus hauts que larges.

On peut remarquer que de larges bandes de tissu fondamental en prolongement de celles du bois secondaire divisent les éléments vasculaires du bois primaire en masses distinctes, de façon que les massifs centrifuges du bois secondaire paraissent la continuation extérieure d'autant de masses vasculaires centripètes; à chaque coin ligneux secondaire correspond donc une masse distincte de bois primaire.

Bois secondaire. — Le bois secondaire est composé de trachéides ponctuées, disposées en séries rayonnantes; les séries, isolées ou réunies par deux ou trois, sont séparées par des rayons cellulaires, dont les éléments à sections rectangulaires sont plus allongés dans le sens radial qu'en hauteur.

Les coins ligneux, formés par la juxtaposition de neuf à dix-huit séries rayonnantes de trachéides, sont séparés par des lames de tissu fondamental d, qui sont, comme nous l'avons dit, la continuation de lames semblables, divisant en groupes distincts les éléments vasculaires du bois centripète.

Plus en dehors, se trouve la zone cambiale e, dont le fonctionnement régulier produit, d'un côté, le bois secondaire, et, de l'autre, le liber secondaire.

Liber. — Le liber se compose de deux assises distinctes; l'une, g, est le liber primaire dont les éléments à parois peu épaisses sont généralement écrasés, mais cependant reconnaissables.

Le liber secondaire est traversé par le prolongement des rayons cellulaires ligneux, qui séparent les séries ligneuses, isolées ou groupées par deux ou par trois; les portions de liber ainsi découpées sont elles-mêmes plus ou moins épaisses. Ordinairement à une série ligneuse correspond une cellule grillagée; à deux, trois séries ligneuses, deux, trois cellules grillagées, juxtaposées sur un même arc de circonférence. Si nous suivons radialement la portion de liber comprise entre deux rayons cellulaires voisins, en admettant que ces rayons renferment entre eux trois séries radiales de trachéides, nous trouvons, pour le liber correspondant, trois cellules grillagées; plus extérieurement, six cellules de parenchyme; puis trois cellules grillagées, six cellules de parenchyme, et ainsi de suite sans discontinuité jusqu'au liber primaire; on compte sur notre échantillon sept rangées consécutives de cellules grillagées et de cellules de parenchyme. Comme le fonctionnement de la zone génératrice est régulier sur tout le pourtour, on aurait donc des cellules grillagées et des cellules de parenchyme disposées alternativement sur des cercles concentriques; mais les lames de tissu fondamental, qui séparent les coins ligneux, prennent, à mesure qu'elles traversent le liber, une épaisseur de plus en plus grande (fig. 42), et on n'a plus que des arcs concentriques disposés régulière-

Fig. 42.

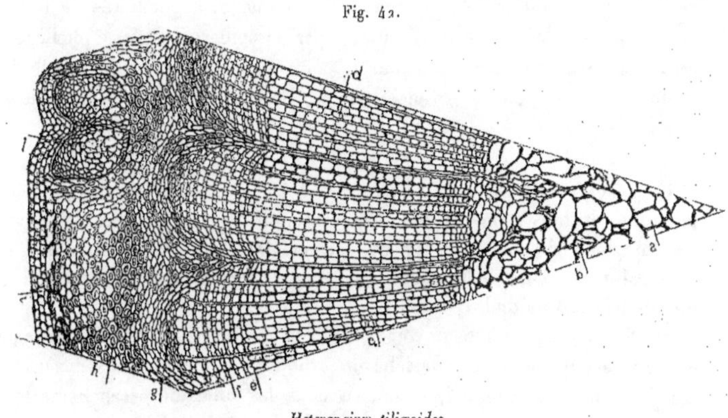

Heterangium tiliæoides.
(Portion grossie.)

a. Bois primaire.
b. Tissu fondamental.
d. Lames du tissu fondamental séparant les coins ligneux secondaires.
e. Zone génératrice.
f. Liber secondaire.
g. Liber primaire.
h. Écorce.
i. Suber.
l. Faisceau vasculaire se rendant à un appendice.

ment, en dehors des coins ligneux, et dont l'importance correspond à l'épaisseur du coin ligneux lui-même. Les grillages sont rapprochés et prennent fréquemment la forme de bandes irrégulières, allongées perpendiculairement à l'axe de la cellule.

ÉCORCE. — La constitution de l'écorce est assez simple : l'assise principale, *h*, parenchymateuse, est formée de cellules, à section transversale elliptique, allongées tangentiellement. La plupart renferment une masse protoplasmique contractée, dans laquelle on distingue quelquefois un noyau ; cette couche interne de l'écorce vient se rattacher à l'extrémité élargie des bandes de tissu fondamental qui séparent les coins ligneux et circonscrit les masses de liber primaire.

Dans notre échantillon elle ne contient aucune bande d'hypoderme. Vers l'extérieur, elle est limitée par une couche de liège, *i*, composée de trois à quatre rangées de cellules et recouverte par un épiderme; l'assise phellogène est mal conservée et dans beaucoup de points sa destruction a déterminé des lacunes entre la couche parenchymateuse de l'écorce et l'enveloppe subéreuse.

Faisceaux foliaires. — Les faisceaux foliaires quittent les massifs périphériques du bois primaire avant l'apparition du bois secondaire; ils ne présentent donc aucune trace de ce dernier. Dans les Poroxylons, le bois secondaire se montre de bonne heure; aussi les cordons qui se dirigent dans les feuilles sont-ils diploxylés.

Sur la figure 42 on peut voir un faisceau foliaire *l*, formé uniquement de bois centripète; il s'est détaché du cylindre de bois primaire beaucoup plus bas, de massifs primaires compris entre les lames de parenchyme fondamental; une déviation accidentelle l'a rejeté un peu en dehors du plan vertical passant par ces massifs et le centre de figure de la tige. Le faisceau *l* a ses éléments les plus fins ou trachéens tournés vers l'extérieur; un sillon très net indique qu'il est en voie de division dichotomique.

Rapports et différences des *Heterangium* et des *Poroxylons*. — Le bois primaire des *Heterangium* comprend deux sortes de massifs vasculaires : les uns, propres à la tige; les autres, communs à la tige et aux feuilles. Dans les Poroxylons tous les faisceaux sont communs à la tige et aux feuilles. Le bois secondaire est divisé, chez les premiers, en coins très distincts, par d'épais rayons de tissu fondamental, qui pénètrent jusque dans le bois primaire. Les coins ligneux secondaires des Poroxylons sont beaucoup moins apparents, et les lames de tissu fondamental peu visibles.

Le liber secondaire offre, au contraire, une très grande analogie, et c'est ce qui nous avait porté à décrire certains *Heterangium* comme des Poroxylons; mais dans ceux-ci, les couches alternatives de cellules grillagées et de cellules de parenchyme forment des circonférences concentriques continues; tandis que dans ceux-là, les couches sont disposées en arcs alternatifs décroissants en face des différents coins ligneux.

33.

Les cordons foliaires des *Heterangium* sont composés uniquement de bois primaire se bifurquant presque à leur sortie de la tige; ceux des Poroxylons sont diploxylés; ils montrent dans la tige des indices d'une dichotomie ultérieure.

Si par la constitution du bois et du liber secondaires, les *Heterangium* se rapprochent des Poroxylons, qui sont des Gymnospermes fossiles inférieures, ils s'en écartent par l'organisation du bois primaire plus développé et renfermant deux ordres de faisceaux; à ce double point de vue, les *Heterangium* se rapprochent davantage des Cryptogames et doivent être classés au-dessous des Poroxylons. Le faisceau foliaire simple, formé seulement de bois primaire, n'avait pas encore acquis le bois secondaire que nous rencontrons dans celui des Poroxylons; donc, encore à cet égard, le genre qui nous occupe offre un stade moins perfectionné. Sous beaucoup de rapports, les *Heterangium* sont aux Poroxylons ce que les Sigillaires cannelées sont à l'égard des Sigillaires à écorce lisse.

Quant à en faire des Fougères, comme le pense M. Williamson, les échantillons que nous avons recueillis jusqu'ici ne nous permettent pas de nous ranger à cette opinion.

Genre DOLEROPHYLLUM Saporta.

Doleropteris Grand'Eury.

Le genre *Dolerophyllum* est caractérisé par des feuilles circulaires, entières, variant peu dans leur forme, avec nervation très distincte. Chaque nervure est accompagnée de nombreux filaments, déliés, sinueux, noirs, brillants, produits par des canaux gommeux, visibles sur les empreintes qui ont conservé leur houille. Les feuilles sont presque toujours de dimensions considérables, sessiles ou pédonculées, quelquefois divisées par fissuration; d'abord oblongues, le développement latéral du limbe les rend circulaires, et souvent même les bords empiètent l'un sur l'autre, de façon à leur donner un aspect peltiforme.

Si les différentes portions de végétaux qu'on peut leur rapporter leur appartenaient bien, leur histoire serait assez complète. Les feuilles dans leur jeunesse forment de gros bourgeons coniques qui, après leur épanouissement, auraient donné naissance à un bouquet de feuilles très rapprochées, presque sessiles, à limbe épais, charnu et circulaire.

Les fructifications mâles auraient été de forme elliptique, peltées ou peltiformes, composées d'un disque très épais, à tissu lacuneux, creusé normalement d'un nombre considérable de tubes rangés en lignes courbes du centre à la périphérie; ces tubes renferment un grand nombre de grains volumineux, ovoïdes, marqués de deux sillons longitudinaux; l'exine, très épaisse, est lisse; l'intine est divisée en un certain nombre de cellules, dont les parois perforées paraissent avoir mis en communication ces cellules entre elles et avec l'extérieur.

Les graines qu'on pourrait leur attribuer, d'après les grains de pollen semblables à ceux que nous venons de signaler, contenus dans la chambre pollinique, sont ellipsoïdales, longues de 3 centimètres, larges de 15 à 16 millimètres, formées de deux enveloppes, l'une scléreuse, l'autre charnue, munies de flotteurs aériens. La chambre pollinique renferme des grains de pollen constitués comme ceux des *Dolerophyllum*.

DOLEROPHYLLUM PSEUDOPELTATUM Saporta et Marion [1].

Doleropteris pseudopeltata Grand'Eury [2].

Dans cette espèce de *Dolerophyllum*, le développement marginal des feuilles est tel que les bords, superposés sur une assez grande étendue, leur donnent un aspect discoïde, pelté, de manière à faire croire que l'insertion se faisait vers le centre du limbe. Le mésophylle, épais, parenchymateux, est parcouru par de nombreuses nervures, accompagnées de filets cylindriques, brillants, partant du point d'attache assez élargi, et se dirigeant en lignes courbes, plusieurs fois dichotomes, jusqu'à la périphérie.

Les bords sont entiers et la forme de la feuille est presque celle d'un cercle; cependant, avec un peu d'attention, on distingue la région où les bords de la feuille se recouvrent; cette région présente, en effet, deux séries de nervures superposées qui se coupent en formant des losanges à côtés curvilignes.

[1] *Évolution du règne végétal*, p. 68, fig. 33 à 36, 1885.
[2] *Fl. carbonifère du département de la Loire*, p. 195, pl. XVI, C. L., 1877.

Les feuilles développées atteignent facilement 12 centimètres de diamètre;
quand elles sont jeunes, leur limbe se rapproche plus ou moins de la forme
ovale ou circulaire, et présente souvent une échancrure lorsque les bords ne
se sont pas encore rejoints.

Provenance. — Cette espèce a été rencontrée au Grand-Moloy et au Mont-
Pelé près Sully.

DOLEROPHYLLUM BERTHIERI n. sp.

(Pl. LXXII, fig. 1.)

Feuilles ayant atteint 18 à 20 centimètres de diamètre, parcourues par des
nervures très marquées, distantes de 1^{mm}, 5 à 2 millimètres, plusieurs fois
dichotomes, plus nombreuses et plus serrées dans la région médiane de la
feuille quand elle n'est pas complètement développée.

Nous avons représenté (pl. LXXII, fig. 1), l'extrémité d'un rameau portant plusieurs feuilles; celles-ci, encore jeunes, sont contiguës; leur base
d'insertion est étendue, et montre une décurrence assez nette. Les nervures,
très visibles, sont plusieurs fois dichotomes et assez écartées.

Leur support est également marqué de nombreuses stries longitudinales
dues aux faisceaux vasculaires distincts qui s'en détachaient pour se porter
dans les feuilles, en s'écartant en éventail; son diamètre est d'environ 5 millimètres.

Cette espèce diffère du *Dolerophyllum pseudopeltatum* par les dimensions
plus considérables du limbe et par l'écartement plus grand des nervures.

Provenance. — Mont-Pelé.

DOLEROPHYLLUM GOEPPERTI Saporta [1].

(Pl. LXXII, fig. 2 à 6 et fig. 9.)

Le *Dolerophyllum Gœpperti* a été décrit par MM. de Saporta et Marion; il a
été trouvé par M. Tournouër dans le permien rouge de l'Oural; la silice fer-
rugineuse, qui a conservé quelques détails de structure, en a laissé échapper

____

[1] Saporta et Marion, *loc. cit.,* fig. 32, 34, p. 71, 73.

un grand nombre, et malgré les nombreuses préparations que nous avons faites, bien des points restent encore à éclaircir.

Il se présente sous la forme de gros bourgeons coniques, longs de 75 millimètres et larges de 40 millimètres.

Les feuilles, enroulées, sont marquées entièrement de nombreuses nervures, offrant la netteté et la disposition que l'on remarque sur les empreintes des *Dolerophyllum;* c'est ce qui a permis d'attribuer à ces derniers les bourgeons qui, rencontrés d'abord par Kutorga, avaient été comparés par Gœppert à des bourgeons floraux de Musacées [1].

Les bourgeons représentés par Eichwald [2] et par Gœppert sont ovoïdes, non terminés en pointe conique, comme celui que nous avons représenté (pl. LXXII, fig. 2); ils sont un peu plus gros : ils mesurent, en effet, 88 à 90 millimètres de longueur et 45 millimètres de largeur; mais ces différences, dues, sans doute, à l'âge et à l'état plus ou moins complet des échantillons, ne sont pas suffisantes pour qu'on doive les considérer comme n'appartenant pas à la même espèce de plantes.

De part et d'autre les faisceaux des nervures ont le plus souvent disparu; ce sont des vides en forme de canaux qui en suivent exactement la direction et les ont remplacés. Sur une cassure transversale (pl. LXXII, fig. 5), on aperçoit sur la tranche des feuilles les nombreuses cavités qui occupent la place des nervures; cependant, en multipliant les coupes, nous avons rencontré quelques régions mieux conservées qui nous ont permis de reconnaître les détails donnés plus loin.

Le bourgeon est formé d'un grand nombre de feuilles enroulées, dont la largeur est telle qu'elles peuvent se recouvrir par leurs bords, et permettent de reconnaître que la vernation était convolutive. Leur épaisseur dans la région médiane atteint 2 millimètres; elles vont en s'atténuant lentement vers leurs bords très amincis, et on peut compter facilement quarante nervures dans cette partie élargie de la feuille.

Le limbe est charnu, sa face *supérieure* est recouverte d'un épiderme *g* (fig. 44); les éléments aplatis ne se prolongent pas en pointe comme ceux de la face inférieure [3]. Leur section verticale est rectangulaire (fig. 44), et,

[1] Gœppert, *Die Fossile Flora der permischen Formation*, p. 154, pl. LXII, 1864-1865.

[2] Eichwald, *Leth. Rossica,* pl. XVIII, fig. 1 et 2.

[3] C'est à tort que la figure 6, pl. LXXII, reproduction de celle dessinée p. 73, *Évolution du règne végétal* (Phanérogames), montre un épiderme supérieur formé de cellules terminées en pointe.

vus en dessus, ils affectent la forme de polygones irréguliers (fig. 43, *b*), au milieu desquels on distingue un certain nombre de stomates *a*, disposés sans

Fig. 43.

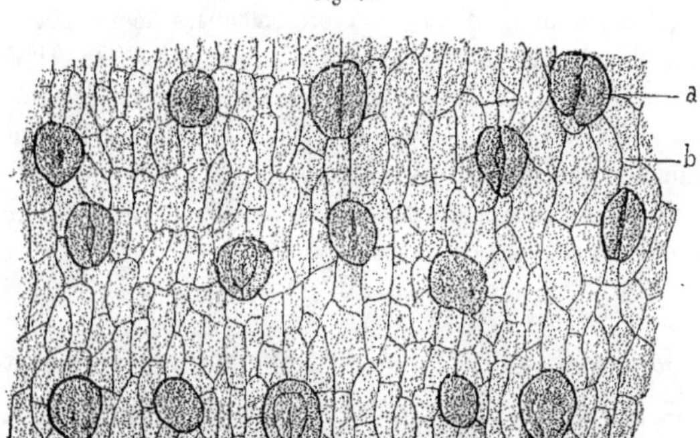

Face supérieure d'une feuille de *Dolerophyllum* avec ses stomates.

ordre; leur distance moyenne est de 3oo *μ* et on en compte 9oo à 1,ooo par centimètre carré.

Ils paraissent occuper chacun une dépression creusée dans le parenchyme de la feuille, mais leur mauvais état de conservation n'a pas permis de pénétrer plus avant dans les détails de leur structure.

Au-dessous on remarque une assise de cellules palissadiques peu élevées *f* (fig. 44).

Les nervures volumineuses sont composées à l'extérieur de cellules plus ou moins sclérifiées formant une gaine *l* incomplète, ou du moins que l'on ne peut suivre sur tout son contour.

Au centre de la nervure, on remarque un cordon ligneux qui est diploxylé; les éléments trachéens occupent la région médiane; au-dessus d'eux, du côté de la face supérieure de la feuille, se trouve un groupe de vaisseaux scalariformes *a*, que l'on peut considérer comme un bois primaire ou centripète; au-dessous se voit un massif plus important *b*, de vaisseaux rayés et ponctués, ceux-ci plus extérieurs. Les ponctuations sont placées sur une seule ligne, le pore central est elliptique; ce deuxième bois, assez grêle, représente le bois secondaire ou centrifuge.

Le liber, qui est extérieur, est formé de parenchyme libérien, dont les cellules sont prismatiques *c*, quatre à cinq fois plus longues que larges, et à parois minces; on distingue au milieu d'elles quelques cellules remplies de substance un peu plus colorée, qui représentent les éléments criblés.

L'ensemble du faisceau (fig. 44) est plongé dans un tissu cellulaire *e*, assez délicat, qui s'étend, en dessus, jusqu'à la gaine de cellules sclérifiées, et en dessous, jusqu'à un groupe de grosses cellules *h*, remplies de matières brunes; ces cellules sont disposées bout à bout (pl. LXXII, fig. 9), et constituent, dans les feuilles développées, les canaux remplis de houille brillante qui accompagnent les nervures sur les empreintes.

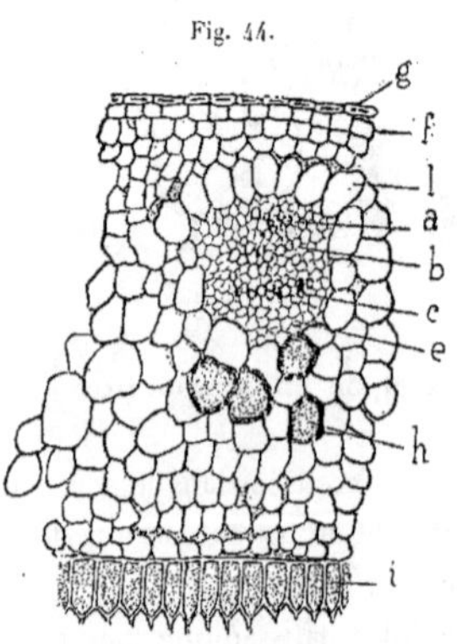

Fig. 44.

Coupe transversale
d'une nervure de feuille de *Dolerophyllum*.

g. Épiderme supérieur.
f. Cellules palissadiques.
l. Gaine du faisceau.
a. Bois centripète.
b. Bois centrifuge.
c. Liber.
e. Tissu conjonctif.
h. Cellules gommeuses.
i. Épiderme inférieur.

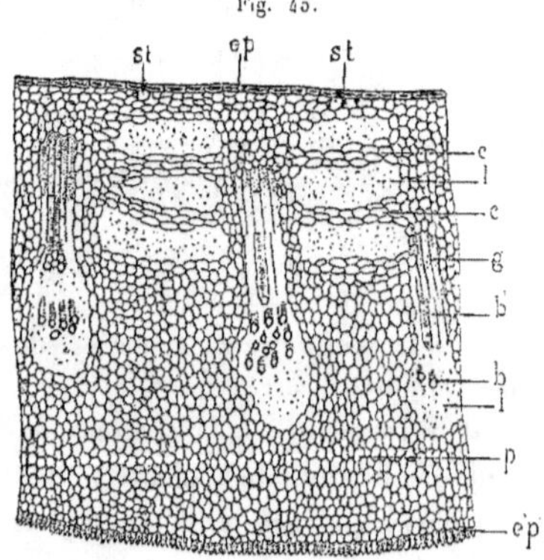

Fig. 45.

Coupe oblique
du limbe d'une très jeune feuille de *Dolerophyllum*.

ep. Épiderme supérieur formé d'éléments aplatis.
st. Stomates.
c. Bandes de cellules allongées allant d'une nervure à l'autre.
l. Vide laissé par la destruction d'un tissu lâche et lacuneux.
g. Cellules de la gaine.
b'. Bois primaire centripète.
b. Bois secondaire centrifuge.
l'. Lacune laissée par la destruction du liber et des cellules à gomme.
p. Parenchyme cellulaire.
e'p'. Épiderme inférieur.

Au-dessous de l'épiderme supérieur et des stomates, le tissu de la feuille est lacuneux, des bandes cellulaires *c c* (fig. 45) s'étendent en forme de cloisons entre les nervures et rappellent un peu celles que nous avons signalées dans les feuilles de Cordaïtes, mais à la face inférieure; les lacunes qu'elles délimitaient étaient en relation avec les stomates.

L'épiderme inférieur seul est formé de cellules prismatiques *e p*, serrées les unes contre les autres, allongées dans le sens perpendiculaire au limbe, et prolongées en pointe conique, quelquefois cloisonnée.

Lorsque les jeunes feuilles se déroulaient et se développaient, elles s'étalaient sur l'eau en flottant à la surface, comme le prouvent la structure lacuneuse de la partie supérieure du limbe et la position des stomates.

FRUCTIFICATIONS DES DOLÉROPHYLLÉES. — Au Mont-Pelé, là où les feuilles de *Dolerophyllum Berthieri* sont assez fréquentes en empreintes, nous avons souvent rencontré, dans les lits schisteux qui séparent les bancs de grès, des disques de forme elliptique (pl. LXXII, fig. 13), constitués par une couche de houille de 1 millimètre à 1^{mm},5 d'épaisseur. Au milieu de cette houille, on remarque des chapelets de grains jaunes, elliptiques (fig. 10), mesurant 410 μ suivant leur grande longueur, et 280 μ suivant leur petit diamètre; ils portent deux sillons longitudinaux, qui se rejoignent à leurs extrémités, découpant une sorte d'opercule, convexe extérieurement, à bords curvilignes et arrondi aux deux bouts. La surface est recouverte d'un fin pointillé, très régulier et caractéristique. Ces corps étaient de nature assez coriace, car les parois qui les forment ne sont pas complètement aplaties, comme cela arrive pour les corps analogues houillifiés, grains de pollen, macrospores, etc.

La couleur jaune orangé des grains permet de suivre à travers la couche de houille les lignes formées par les chapelets : ces lignes sont droites ou sinueuses, souvent rayonnantes et imbriquées, comme si elles avaient été à l'origine placées obliquement dans le parenchyme du disque et dirigées du centre à la périphérie; mais nous regardons cette disposition comme accidentelle et due à la compression que l'organe a subie. Primitivement, ces chapelets de corps reproducteurs devaient être dirigés normalement au limbe; ils en occupaient la surface presque entière, car les bords seuls en étaient dépourvus et cette dernière partie formait une bande marginale large de 7 à 8 millimètres autour de la masse des fructifications.

Cette sorte de plateau fructifère, elliptique, mesurait environ 6 centimètres suivant son grand diamètre, et 5 centimètres suivant le petit; il paraît avoir été fixé un peu excentriquement sur un pédicelle assez robuste, peut-être plongé dans l'eau, le disque seul flottant à la surface. Des portions de disques fertiles *silicifiés* provenant de Grand'Croix, et que nous rapportons également aux *Dolerophyllum*, nous ont fourni quelques détails d'organisation complémentaires que nous allons exposer.

DOLEROPHYLLUM FERTILE, n. sp.

(Pl. LXXII, fig. 7, 8, 11, 12; et fig. 46, 47, 48 du texte.)

Disques peltoïdes, charnus, épais, de dimensions inconnues, composés d'un parenchyme cellulaire creusé de nombreuses logettes cylindriques ou elliptiques renfermant des grains de pollen.

A l'extérieur on remarque un épiderme *ep* (fig. 7), formé de cellules prismatiques dont la grande dimension est normale à la surface; elles se prolongent en poils deux ou trois fois cloisonnés; elles rappellent les cellules épidermiques de la face inférieure des feuilles de *Dolerophyllum*.

Sur une coupe perpendiculaire au limbe (fig. 8), la préparation rencontre de nombreuses logettes cylindriques, parallèles entre elles. Leur surface interne est tapissée par un épiderme dont les éléments présentent des sections rectangulaires; les cellules, souvent aplaties, ont leur grande longueur dirigée suivant l'axe de la cavité.

Le parenchyme qui entoure les logettes (fig. 46) est constitué par des cellules rameuses, présentant cinq à six prolongements, se soudant aux prolongements semblables des cellules voisines; le tissu qui en résulte est donc essentiellement lacuneux; en se rapprochant de la surface inférieure le parenchyme devient de moins en moins lacuneux et présente des cellules polyédriques, plus hautes que larges, disposées en lignes verticales assez régulières.

Sur toute son épaisseur, qui peut atteindre 15 à 18 millimètres, le disque charnu est parcouru par de nombreux faisceaux vasculaires, où l'on remarque des trachées, des trachéides rayées et réticulées sans trace de trachéides ponctuées; ils se dirigent entre les logettes parallèlement à celles-ci. Le liber renferme du parenchyme libérien et des cellules grillagées disposées régulièrement; çà et là, dispersées dans le tissu fondamental, on distingue des files de cellules superposées, remplies d'une substance colorée, qui peuvent être considérées comme des cellules gommeuses.

Une coupe transversale montre que les sections des logettes sont circulaires ou elliptiques (fig. 46), souvent déformées et irrégulières (fig. 7, pl. LXXII).

34.

Les grains sont libres dans chacune d'elles, sans aucun tissu interposé; par conséquent ils se présentent dans les positions les plus variées.

Ils ont l'aspect, quand ils ne sont pas déformés, d'un ellipsoïde de révolution dont le grand axe serait de 460 μ et le petit de 330 μ environ.

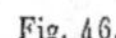

Fig. 46.

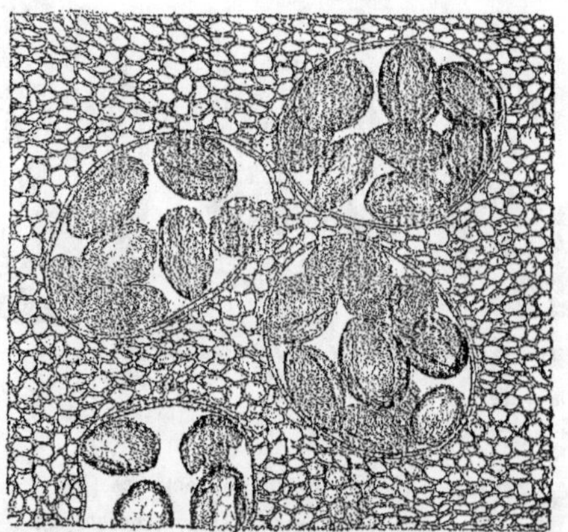

Coupe transversale d'une portion de disque fructifère de *Dolerophyllum* montrant les prépollinies dans leurs loges.

On remarque sur l'un des côtés deux sillons profonds (fig. 11 et 12, pl. LXXII), semblables à ceux que nous avons signalés sur les grains analogues des fructifications du Mont-Pelé; ces deux sillons, se rejoignant à une de leurs extrémités, découpaient dans l'enveloppe un opercule en forme d'ellipse allongée. La déhiscence des grains paraît avoir commencé dans l'intérieur même des logettes, car on en trouve quelques-uns qui sont ouverts; leur intérieur est vide ou occupé par l'intine, mais la plus grande partie s'échappaient encore fermés, si on en juge par ceux qui sont mélangés aux débris environnants, et dont l'opercule est adhérent. Dans le sens de la grande longueur de l'opercule, les parois étaient plus épaisses au milieu que sur les bords, E,F, fig. 48, une augmentation de courbure de l'opercule déterminait le rapprochement de ses bords vers l'intérieur, et le déchirement de l'enveloppe suivant deux lignes méridiennes.

L'enveloppe extérieure est coriace, épaisse, de couleur brun foncé; la surface est lisse, mais, sous un fort grossissement, elle est marquée d'une granulation très fine et régulière; il n'est pas rare de rencontrer des régions

Fig. 47.

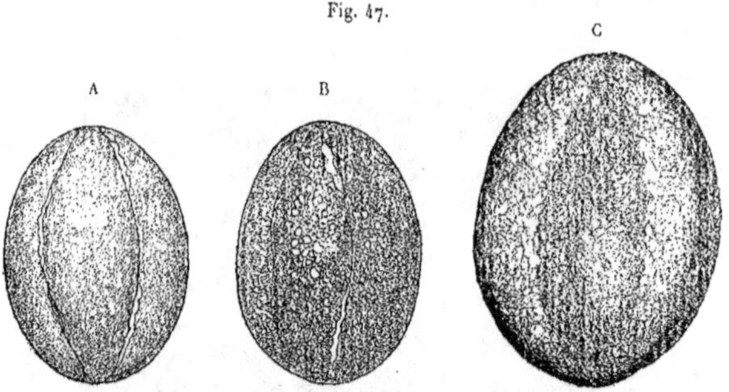

Grains de pollen ou prépollinies de *Dolerophyllum* munis de leur opercule.

A.   Grain avec surface finement chagrinée.
B, C. Grains avec surface corrodée par des bactéries.

sculptées irrégulièrement par le travail de bactéries (fig. 47, B et C); nous avons rencontré dans toutes les régions du *Dolerophyllum fertile* un assez grand nombre de ces organismes que nous décrirons plus loin.

Fig. 48.

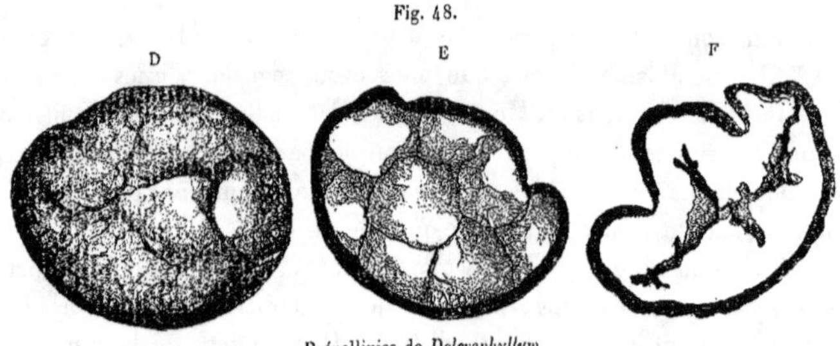

Prépollinies de *Dolerophyllum.*

D, E. Intine des grains de pollen avec ses cellules irrégulières et ses cloisons munies de plissements variés.
F.   Grain avec son intine desséchée.

L'intérieur est occupé par une deuxième enveloppe, intine, divisée en huit ou dix cellules à parois minces, de grandeurs inégales et portant sur leurs faces en contact, des plissements irréguliers de forme, de disposition et d'importance. De même que l'exine, l'intine porte les traces très apparentes d'un travail bactérien qui, dans quelques endroits, a déterminé des perforations.

Les parois semblent ainsi revêtues d'un réseau à mailles inégales et dont le relief est plus ou moins marqué (fig. 48, D, E).

On voit assez fréquemment cette intine comme desséchée à l'intérieur du grain, et les cellules, dont les parois sont venues en contact, forment une masse à branches multiples, F.

Nous désignerons ces grains de pollen, d'une structure si bizarre, sous le nom de *prépollinie;* beaucoup de graines de Grand'Croix, telles que celles qui appartiennent aux genres *Stephanospermum, Trigonocarpus, Polylophospermum, Codonospermum,* etc., offrent, dans la chambre pollinique, des grains qui rappellent ces prépollinies, mais sans opercule.

Nous croyons pouvoir rapprocher ces fructifications de celles du Mont-Pelé à cause du tissu épais, charnu, qui entoure les logettes et qui, dans les empreintes, aurait fourni la quantité importante de houille que nous avons signalée autour des chapelets de grains; en outre on trouve pour ces grains à peu près les mêmes dimensions de part et d'autre; en effet, les grains houillifiés mesurent 410 μ et 280 μ, comme nous l'avons dit, tandis que les grains silicifiés atteignent 460 μ et 330 μ; ces différences de taille sont assez faibles pour qu'elles soient dues uniquement au mode de conservation. De plus, chaque espèce de grain porte deux sillons déterminant, à un moment donné, la séparation d'un opercule, en forme de lame arrondie à l'une de ses extrémités; le contenu du grain pouvait donc s'échapper par cette large ouverture, accrue peut-être encore par l'écartement des bords. En outre, la surface des grains silicifiés, comme celle des grains houillifiés, montre, sous un grossissement suffisant, un pointillé parfaitement régulier et identique des deux côtés.

Dans les fructifications du Mont-Pelé, comme on l'a vu, les grains se présentent souvent rangés en lignes courbes, allant du centre à la périphérie; mais cette position peut être due à la compression qu'elles ont subie; les logettes, d'abord normales à la surface convexe du disque, ont été couchées et rejetées sur les bords tout en restant entourées d'une quantité considérable de tissu parenchymateux maintenant transformé en houille; ce changement de position a eu comme conséquences la disposition imbriquée que l'on remarque dans les chapelets qui se recouvrent partiellement, et cette direction rayonnante dont nous avons parlé.

L'épiderme qui a persisté dans certaines parties des fructifications, et qui ne manque pas d'une certaine analogie avec celui des feuilles de *Dolerophyllum Gœpperti*, permet de les rapprocher de ce dernier genre.

On conçoit pourtant que nous gardions une certaine réserve, le nombre des caractères communs observés n'étant pas suffisant pour permettre une assimilation plus complète entre les deux espèces.

FRUCTIFICATIONS FEMELLES DES DOLÉROPHYLLÉES. — Les faits constatés jusqu'ici autorisant à attribuer aux Dolérophyllées des organes femelles sont encore moins précis que ceux que nous avons cités et qui se rapportent à leur appareil reproducteur mâle.

D'après MM. de Saporta et Grand'Eury[1], l'appareil fructificateur femelle des Dolérophyllées consisterait en une bractée orbiculaire et coriace (fig. 14, pl. LXXII), atténuée en un onglet d'insertion à la base et présentant au milieu, un peu au-dessus de cette base, une partie creusée en alvéole où se trouvait une graine ovale, épaisse, à tégument filamenteux qui rappelle celui des *Rhabdocarpus* (fig. 15, même planche).

Mais ces deux organes n'ont été trouvés en relation avec aucune portion de plante pouvant être rapprochée des Dolérophyllées; il y a donc quelque doute à conserver sur la justesse de leur attribution; de plus la structure des *Rhabdocarpus* est bien connue, nous la rappelons plus loin, et cette structure se rapproche plutôt de celle des graines de Cordaïtées que de celle des graines des plantes moins élevées en organisation, auxquelles devaient appartenir les Dolérophyllées.

Dans l'étude des nombreux genres de graines que nous avons rencontrés dans les gisements de Grand'Croix et d'Autun, nous avons porté notre attention sur les grains de pollen rassemblés dans la chambre pollinique, dont la présence est presque constante dans les graines de l'époque primaire, pensant qu'il était vraisemblable que ces grains de pollen appartinssent à la graine où ils se trouvaient plutôt qu'à toute autre.

Parmi les différents genres que nous avons examinés, le genre *Ætheotesta* de Brongniart nous a offert une espèce dans laquelle la chambre pollinique contenait des grains de pollen semblables sous quelques rapports aux prépollinies des *Dolerophyllum*. Cette espèce, nous l'avons décrite autrefois[2] sous le nom d'*Ætheotesta elliptica*.

[1] *Évolution du règne végétal, Phanérogames*, p. 76.
[2] *Mémoires de la Société d'histoire naturelle de Saône-et-Loire*, septembre 1887.

ÆTHEOTESTA ELLIPTICA B. Renault.

(Fig. 49.)

La hauteur de la graine est d'environ 3 centimètres, son diamètre de 15 à 16 millimètres; la forme, sensiblement régulière, est celle d'un ellipsoïde de révolution.

Comme cela se présente fréquemment pour les graines silicifiées appartenant à cette époque lointaine, certaines parties seules de la graine ont été

Fig. 49.

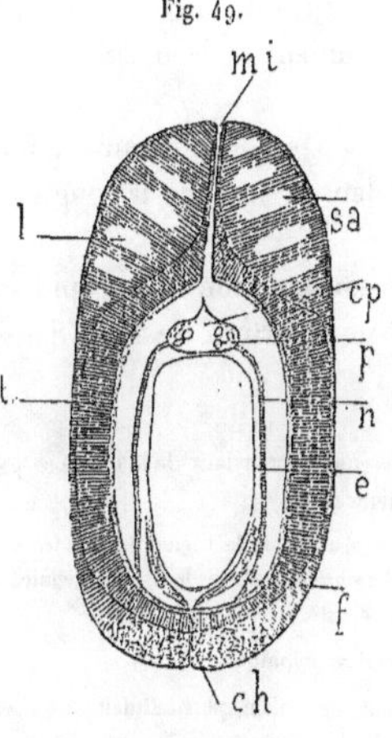

t. Endotesta ou coque dure.

sa. Sarcotesta ou enveloppe charnue.

l. Lacunes aérifères.

mi. Canal micropylaire.

ch. Chalaze.

n. Nucelle réduit à sa membrane épidermique.

f. Faisceau chalazien qui, après avoir traversé le testa, pénètre à l'intérieur du nucelle.

e. Sac embryonnaire.

cp. Chambre pollinique.

p. Grains de pollen.

Ætheotesta elliptica.
(Coupe longitudinale. Gross. $\frac{2}{1}$.)

conservées. En allant de l'extérieur à l'intérieur, on trouve les parties suivantes :

L'enveloppe de la graine ou *testa* se compose de deux assises, l'une extérieure, surtout développée à la base et au sommet, mais très amincie dans la région médiane. Elle est formée de cellules à parois peu épaisses, très allongées dans certaines régions; le tissu constituant cette enveloppe extérieure, ou *sarcotesta,* était charnu, mou, peu résistant, souvent détruit. Quand il a résisté, il se montre creusé, vers le sommet, de lacunes aérifères, ayant joué un rôle important dans la dissémination des graines.

Celles-ci en effet, tombant dans l'eau des lacs, des étangs où ces plantes aimaient à vivre, étaient soutenues par ces sortes de flotteurs, et pouvaient facilement être transportées au loin.

L'enveloppe plus interne, ou *endotesta,* était dure, résistante; elle seule le plus souvent a été conservée, la partie extérieure charnue s'étant décomposée ou ayant servi de nourriture à quelques animaux de l'époque.

Les cellules qui la composent sont prismatiques, très allongées, à section transversale quadrilatère, dirigées perpendiculairement à la surface et présentant une course flexueuse dans la région supérieure de la graine; l'*endotesta* se prolonge en un long tube micropylaire au milieu de la masse charnue du *sarcotesta.*

L'*endotesta* est tapissé intérieurement par un épiderme mince, formé de cellules à section rectangulaire, allongées dans le sens de la longueur de la graine et à parois épaissies.

Le nucelle est réduit dans presque toute son étendue à son épiderme; au sommet seulement (fig. 5o), il a conservé une portion du tissu dans lequel

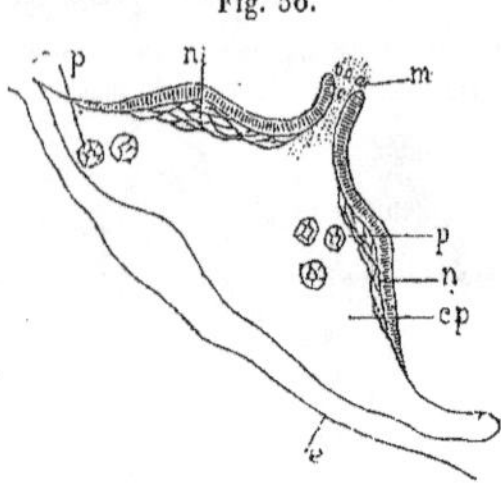

Fig. 5o.

Section de la chambre pollinique
de l'*Æthcotesta elliptica.*

m. Ouverture micropylaire de la chambre pollinique.

n. Paroi épaissie de la région supérieure de la
chambre et portion de tissu nucellaire qui
a persisté.

cp. Chambre pollinique.

p. Grains de pollen pluricellulaires ou prépollinies.

e. Membrane du sac embryonnaire.

a été creusée la chambre pollinique, très développée dans cette espèce; celle-ci renferme un certain nombre de grains de pollen, la section en a rencontré cinq.

L'ouverture micropylaire de la chambre laisse voir une certaine quantité de mucilage obstruant l'ouverture et ayant retenu quelques grains plus petits, et d'une espèce de plante différente.

Dans l'intérieur de la cavité du nucelle, au-dessous de la chambre pollinique, se voit le sac embryonnaire *e,* réduit lui aussi à sa membrane, le tissu intérieur ayant été détruit à peu près en entier par une macération prolongée.

La région chalazienne est traversée par un faisceau vasculaire qui, après avoir traversé le *sarcotesta* et l'*endotesta,* pénètre dans l'*intérieur* du nucelle. Là, après avoir formé une sorte de cupule enveloppant la base du sac embryonnaire, il se divise en un grand nombre de branches *f* (fig. 49); chacune de ces branches s'élève le long du sac et y reste adhérente.

On sait que dans les graines vivantes appartenant aux Cycadées, aux Gnétacées, le faisceau chalazien ne pénètre jamais à l'intérieur du nucelle, tandis que dans les graines fossiles des temps primaires, cette pénétration est presque constante; nous signalerons plus loin les rares exceptions.

Fig. 51.

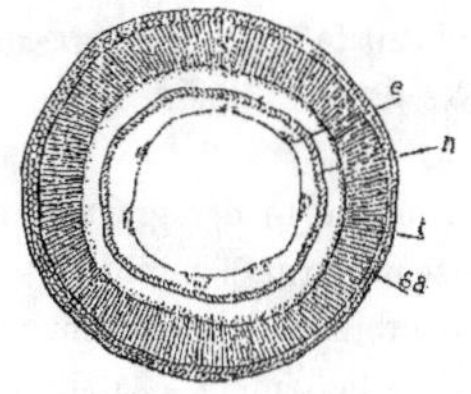

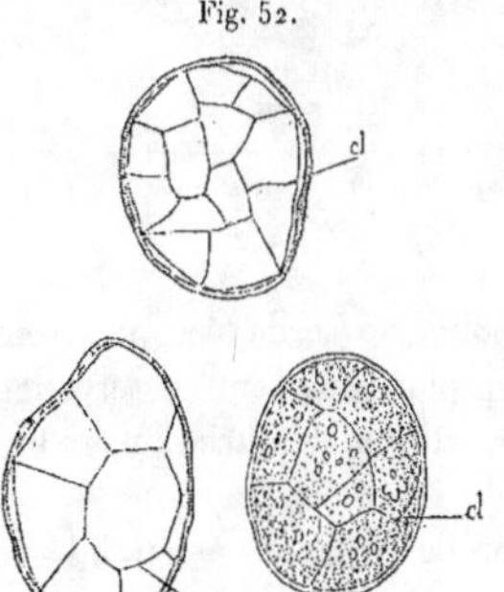

Coupe transversale.
d'un *Æthcotesta elliptica*
faite à mi-hauteur de la graine.

sa. Sarcotesta.
t. Endotesta.
n. Épiderme du nucelle.
e. Faisceaux vasculaires adhérents à la membrane du sac embryonnaire.

Les corpuscules ou archégones qui devaient exister dans le sac embryonnaire, et que l'on retrouve dans beaucoup d'autres graines, n'ont pas été conservés dans notre échantillon; le tissu du sac embryonnaire a complètement disparu comme nous l'avons dit, sauf en quelques points voisins de la membrane du sac.

Les grains de pollen devaient être assez nombreux dans la chambre pollinique, puisque la coupe, qui n'a que quelques dixièmes de millimètre d'épaisseur, en a retenu cinq. (D'autres plus petits se remarquent également dans la chambre pollinique, mais ils se rapportent à différentes espèces de Cordaïtes.) Les grains en question semblent donc bien appartenir à l'*Æthcotesta.*

Fig. 52.

Prépollinics diversement coupées
d'*Æthcotesta elliptica.*

Ces grains sont volumineux; quand ils ne sont pas déformés, ils présentent l'aspect d'un ellipsoïde plus ou moins régulier dont le grand axe mesure 320 μ à 400 μ et le petit 270 μ à 310 μ.

On voit à l'intérieur de nombreuses cloisons qui partagent la cavité en un certain nombre de cellules.

Ces cloisons sont minces, flexueuses (fig. 53); elles présentent, sur leurs parois en contact, des plissements nombreux dessinant les mailles de réseaux irréguliers, rappelant ceux que nous avons signalés dans les grains de pollen des *Dolerophyllum* de Grand'Croix.

Mais une particularité importante à noter, c'est qu'aucun des grains dont nous nous occupons ne présente d'exine; l'intine seule forme l'enveloppe extérieure; les cloisons internes partent de cette membrane et produisent par leur rencontre la réticulation que l'on aperçoit très nettement à la surface (fig. 53 et 54). Le réseau un peu en relief que l'on y distingue est donc dû aux

Fig. 53.

Prépollinie d'*Ætheotesta* grossie 100 fois, montrant les cellules de l'intine.

Fig. 54.

Prépollinie d'*Ætheotesta* vue en dessus et présentant un réseau superficiel dû aux cloisons des cellules intérieures.

cloisons de ces cellules. Les petits grains de pollen de Cordaïtées qui accompagnent ces gros grains, dont nous avons parlé plus haut, ont conservé leur exine chagrinée caractéristique, et à l'intérieur, leur intine pluricellulaire bien connue.

On ne peut donc pas attribuer la disparition de l'exine à un travail bactérien qui se serait produit dans la chambre pollinique et qui se serait porté plus particulièrement sur cette membrane.

Mais si on se reporte à ce qui a été dit sur l'organisation des grains de pollen du Mont-Pelé et de Grand'Croix, sur leur déhiscence curieuse déterminée par la séparation de leur opercule, déhiscence qui, s'étendant d'un pôle à l'autre du grain, permettait à l'intine de sortir sans difficulté de son enveloppe, on peut admettre que, débarrassée de sa lourde carapace, elle était facilement transportée sur les graines, et pénétrait dans la chambre pollinique par un canal souvent plus petit que sa propre section, mais que sa flexibilité lui permettait de franchir; il n'est pourtant pas impossible que la sortie de l'intine n'ait eu lieu que sur l'extrémité micropylaire de la graine elle-même, favorisée par le mucilage qui s'y accumulait et l'attirait ensuite à l'intérieur.

Les dimensions que nous avons données plus haut pour les grains du *Dolerophyllum fertile* sont de 460 μ et de 330 μ; elles se rapportent au grand et au petit axe de l'exine et dépassent légèrement celles du grain de pollen des *Ætheotesta,* ce qui doit être, si réellement ce dernier en représente seulement l'intine.

Aucune des cellules intérieures ne paraît prendre de prépondérance marquée sur les autres et devoir être le point de départ spécial d'un tube pollinique; dans les figures polygonales irrégulières qui sont à la surface (fig. 54) et résultant du relief produit par les parois des cellules sous-jacentes, on remarque des ouvertures rondes ou elliptiques à bords réguliers, quelquefois déchiquetés, qui mettent en communication chacune des cellules du grain avec l'extérieur.

Si ces ouvertures ne sont pas accidentelles ou dues simplement à des bacilles, comme nous l'avons indiqué ci-dessus, on pourrait supposer que ce sont les traces laissées par les insertions de tubes polliniques *multiples,* ou bien qu'elles ont servi de passage à des corps mobiles analogues à des *anthérozoïdes.*

Nous n'avons jamais rencontré, dans plus de trois cents graines silicifiées, provenant des environs de Saint-Étienne ou d'Autun, de traces de tube pollinique et à plus forte raison de traces d'anthérozoïdes.

Si les ouvertures en question correspondaient à la sortie de tubes polliniques, il en résulterait que le pollen, ou prothalle mâle des *Ætheotesta,* après un développement mis hors de doute par le nombre des cellules que le grain renferme et par son volume, qui actuellement est bien supérieur au diamètre du canal par où il a pénétré dans la chambre pollinique, aurait émis un nombre considérable de tubes pendant son séjour dans cette cavité, lorsque les archégones étaient devenus adultes.

La plupart des graines houillères se détachaient de la plante avant d'être aptes à être fécondées, mais en emportant prudemment avec elles dans la chambre pollinique les prothalles mâles nécessaires à la fécondation; ceux-ci eux-mêmes avaient besoin de séjourner un certain temps dans cet abri protecteur et nourricier pour atteindre leur maturité.

Quant à la deuxième hypothèse, si elle était justifiée par des observations plus nombreuses et plus complètes, elle correspondrait à une phase des plus intéressantes de l'évolution des plantes, celle où les grains de pollen, au lieu de produire la fécondation au moyen d'un tube, comme cela arrive dans les Gymnospermes actuelles, auraient laissé échapper dans la chambre pollinique de graines appropriées, des anthérozoïdes capables d'accomplir cette œuvre.

Si le rapprochement que nous avons fait de différents organes recueillis dans plusieurs localités distinctes était confirmé, l'étude des Dolérophyllées deviendrait des plus intéressantes, car ces plantes établiraient un lien plus direct entre les Cycadées et les Cryptogames vasculaires.

Les Cycadées, on le sait, présentent un bois cryptogamique centripète dans les faisceaux des pétioles et des feuilles en même temps que du bois centrifuge ordinaire, de même que les feuilles des Dolérophyllées.

Nous n'avons étudié chez ces plantes que les faisceaux vasculaires des feuilles; les pétioles, les tiges ou les rhizomes nous sont totalement inconnus; on ne peut dire si le cylindre ligneux était simple comme celui des Conifères ou double comme celui des Sigillaires ou des *Heterangium*.

Quant aux graines, leur double tégument d'une part, et la chambre pollinique de l'autre, les rapprocheraient des graines de Cycadées qui sont munies également de deux coques : l'une extérieure, charnue, et l'autre intérieure, dure et lignifiée; la présence d'une chambre pollinique y est également constante, mais, comme nous l'avons fait remarquer, le faisceau chalazien ne dépasse pas la région commune au tégument et à la graine, tandis que dans les graines d'*Ætheotesta*, les nombreuses branches de ce faisceau s'élèvent presque jusqu'au sommet du sac embryonnaire après être entrées dans l'intérieur du nucelle.

Les grains de pollen contenus dans la chambre pollinique sont quelques milliers de fois plus volumineux que les grains de pollen des Cycadées; ceux-ci mesurent 27 μ, tandis que ceux-là atteignent près de 400 μ; ce sont ces énormes prothalles mâles formés d'un grand nombre de cellules semblables qui peut-être ont contenu des anthérozoïdes.

Beaucoup de graines tombaient dans les eaux et en particulier les graines d'*Ætheotesta*, comme le prouve le tissu lacuneux de la région micropylaire.

Cette sorte de flotteur les soutenait à la surface et favorisait leur dissémination, mais en même temps, l'humidité constante dans laquelle elles étaient maintenues rendait possibles les mouvements des anthérozoïdes et la fécondation de l'oosphère des archégones [1].

Les recherches de la botanique fossile tendent à combler peu à peu les vides qui existent entre les grandes coupes actuelles du règne végétal; elles établissent des liens nombreux entre les familles et les classes qui paraissent actuellement assez éloignées les unes des autres et font connaître les pertes que le monde des plantes a éprouvées.

Nous ne regardons donc pas comme impossible l'existence dans le passé de prothalles mâles produisant des anthérozoïdes, se débarrassant à un moment donné de l'épaisse enveloppe (exine) qui les entourait, comme les grains de pollen des *Dolerophyllum* que nous avons décrits plus haut, et, portés par les vents, allant féconder les graines de plantes aquatiques du voisinage.

Les Dolérophyllées, à ce point de vue, serviraient donc bien de lien étroit entre les Cryptogames vasculaires les plus élevées en organisation et les Cycadées.

Provenance. — La graine d'*Æltheotesta*, le *Dolerophyllum fertile*, ont été rencontrés dans les magmas silicifiés de Grand'Croix.

Les empreintes reproduites fig. 14 et 15, pl. LXXII, ont été recueillies par M. Grand'Eury dans les couches houillères de Saint-Étienne.

Les empreintes représentées fig. 1, 10 et 13, même planche, proviennent des grès schisteux du Mont-Pelé (horizon du Grand-Moloy).

---

[1] On pourrait admettre également que la présence d'anthérozoïdes n'était pas nécessaire et que le contenu du grain se déversait dans la chambre pollinique, dont la paroi en contact avec celle du sac embryonnaire se serait gélifiée aux points correspondants aux cols des archégones, et aurait permis au liquide fécondant d'y pénétrer; mais outre que l'on n'a jamais observé de fait de ce genre, on ne comprendrait pas l'utilité du nombre et du développement si considérable des cellules du grain.

Poroxylées.

Genre POROXYLON B. Renault.

Les Poroxylons ne sont connus que par les fragments de tige, rameaux, feuilles et racines, trouvés pétrifiés par la silice, dans les gisements permiens d'Autun et houillers des environs de Grand'Croix.

On reconnaît facilement dans les magmas siliceux la présence de ces débris aux caractères suivants :

S'il s'agit d'une tige en coupe transversale, la moelle, de dimension moyenne, souvent bien conservée et continue, est entourée par des masses de bois centripète à section lunulée, inégales, non convergentes au centre de la tige; deux de ces masses paraissent toujours plus développées que les autres; le bois secondaire centrifuge extérieur forme un cylindre continu; les séries radiales de trachéides sont très visibles; souvent, si la tige est un peu épaisse, on distingue des zones concentriques correspondant à des périodes d'inégale activité de végétation.

Le bois secondaire est enveloppé par une couche libérienne secondaire importante, d'une régularité caractéristique; l'écorce est limitée extérieurement par une assise subéreuse plus ou moins épaisse et sous l'épiderme on remarque un nombre considérable d'îlots hypodermiques, qui courent longitudinalement tout le long de la tige ou des rameaux, de façon que l'aspect de la surface, si le fragment est isolé de sa gangue, est finement cannelé sur toute sa longueur. Aux nœuds, les tiges de Poroxylon ne portent qu'une feuille; celle-ci reçoit de la tige un seul faisceau étalé en arc. Les nœuds sont saillants et les entre-nœuds bien distincts.

Les feuilles de Poroxylon sont pétiolées; le pétiole s'insère sur un coussinet renflé; fréquemment à l'aisselle du pétiole on trouve un rameau axillaire. Dans sa partie supérieure, le pétiole passe insensiblement au limbe en s'étalant de plus en plus. Sur une section transversale cet organe présente dans sa région médiane un grand arc libéro-ligneux bi- ou tétralobé, diploxylé; la portion centripète est très épaisse; la périphérie de l'arc libéro-ligneux présente de nombreux tubes gommeux visibles à la loupe; l'épiderme est soutenu par des cordons de fibres hypodermiques.

Les régions limbaires sont rares à Autun, relativement fréquentes à Grand'Croix; le limbe des Poroxylons est très épais, ses nervures sont séparées des épidermes par une couche épaisse de tissu fondamental et ne font pas saillie à la surface de la feuille; elles sont libres dans le voisinage des bords du limbe; dans la région médiane elles sont reliées par des diaphragmes aquifères. Dans les grosses nervures on reconnaît un arc de bois primaire centripète et un arc de bois centrifuge qui peut être très épais.

Les racines de Poroxylon ont un faisceau bipolaire; le bois secondaire et le liber ont la même organisation que dans la tige; aussi l'épaisseur considérable du liber secondaire et sa disposition en lignes rayonnantes parfaitement régulières permettent-elles de reconnaître immédiatement une racine de Poroxylon.

POROXYLON EDWARDSI B. Renault.

(Pl. LXXIV, fig. 1 à 14.)

Nous allons décrire en quelques lignes l'organisation de la tige.

Moelle. — La moelle est composée de cellules deux à quatre fois plus hautes que larges, disposées en files verticales régulières, carrées à leurs extrémités, à section transversale circulaire. Les parois de ces cellules étaient minces, couvertes de ponctuations elliptiques peu profondes. Les cellules de la moelle les plus proches du centre sont les plus grandes. Elle présente souvent à sa périphérie des tubes gommeux verticaux rectilignes; ces tubes ont une paroi propre qui ressemble aux parois des cellules voisines. La longueur des tubes gommeux atteint et dépasse celle d'un segment de tige; ils traversent les régions nodales sans modification; ils sont remplis d'une matière brune qui rappelle la gomme concrète. Les tubes gommeux semblent résulter de la fusion de plusieurs cellules médullaires placées bout à bout et dont les cloisons transversales ont disparu après dégénérescence de leur contenu. La moelle des Poroxylons ne se divise pas en diaphragmes comme celle des Cordaïtes.

Couronne libéro-ligneuse. — Le cylindre ligneux est formé par un certain nombre de faisceaux ou de coins diploxylés étroitement soudés qui ne se

distinguent que par leurs pointements contre la moelle; ils envoient alternativement des cordons vasculaires aux feuilles des nœuds successifs; en les
désignant par des numéros correspondant à la feuille où le cordon se rend,
les coins successivement rencontrés porteraient, en allant vers la gauche, les
numéros 1 g, 9, 4 d, 4 g, 12, 7, 2 d, 2 g, 10, 5, 13, 8, 3 d, 3 g, 11, 6,
1 d. Les faisceaux 1, 2, 3, 4 sont représentés par deux lobes qu'on distingue
par les indices d ou g. L'angle de divergence des faisceaux 1 et 2 mesure
138 degrés, il est compté à gauche; le cycle de la tige est donc

$$C = \frac{5}{13} \longleftarrow$$

Il est toujours facile de reconnaître sur une section la position des
faisceaux 1 et 2, c'est-à-dire de ceux qui se rendent à la première et à la
deuxième feuille, au-dessus de la section; le faisceau 1 est fortement en retrait
vers l'extérieur, il est très large et bilobé; sa masse ligneuse centripète est
divisée en deux lobes possédant chacun deux pointements trachéens.

Le faisceau 2 est également en retrait vers l'extérieur, très large. Son
bois centripète forme deux grosses masses contiguës dont chacune a un seul
pointement trachéen, quelquefois dédoublé; connaissant les faisceaux 1 et 2, il
est facile de déterminer la place des autres faisceaux. Le bois centripète affecte
la forme de coins à pointements extérieurs; ils vont en s'élargissant en éventail vers la moelle sans converger vers le centre de la tige; ce bois représente
le bois primaire et il est d'autant plus volumineux dans le faisceau que celui-ci
est plus près de sa sortie dans la feuille; il consiste en trachées grêles disposées en file; les trachées les plus fines sont extérieures; plus en dedans les
éléments primaires sont des trachéides rayées, puis de grands vaisseaux à
ponctuations aréolées. Dans les parties où les masses ligneuses centripètes se
réduisent, ce sont d'abord les trachéides ponctuées qui disparaissent; les trachéides rayées et les trachées peuvent disparaître à leur tour; le faisceau se
réduit alors à son liber primaire et à ses productions secondaires.

Le bois secondaire est formé de grosses trachéides disposées en files radiales, à section transversale rectangulaire, portant sur leurs faces radiales
quatre à sept rangées longitudinales parallèles contiguës de ponctuations aréolées; le pore central est elliptique, incliné par rapport à l'axe de la trachéide;
quelquefois réduites à un réseau à mailles hexagonales, les parois antérieures
et postérieures des trachéides sont sans ponctuations.

Les files radiales de fibres ponctuées sont séparées les unes des autres par des rayons cellulaires de deux à trois rangs d'éléments; parfois deux files sont directement contiguës, rarement trois.

Les rayons sont formés de petites cellules allongées radialement, deux ou trois fois plus longues que larges, peu hautes. Ces rayons, très nombreux, forment de grandes lames verticales ayant jusqu'à soixante rangs en hauteur.

La zone cambiale est mince, réduite à un ou trois rangs d'éléments; elle est formée en face des lignes de trachéides de cellules rectangulaires aplaties radialement dont la largeur tangentielle est égale à la largeur d'une fibre ligneuse. Les cellules de la zone cambiale se cloisonnaient tangentiellement donnant du bois secondaire vers le bois et du liber secondaire vers le liber (fig. 9, pl. LXXIV, *zc*).

Du côté du liber, les cellules issues de la zone cambiale sont d'abord toutes semblables; mais alternativement l'une d'elles grandit radialement, devient très grosse, puis se recloisonne transversalement pour donner des cellules parenchymateuses, alors que l'autre se cloisonne une ou deux fois radialement et donne deux ou trois cellules grillagées contiguës (fig. 9 *l* et fig. 12 *y*).

Les cellules parenchymateuses sont plus allongées dans le sens radial que les cellules grillagées. Celles-ci sont au contraire plus hautes que les premières. Les parois radiales communes à deux cellules grillagées portent des plages grillagées ressemblant beaucoup aux plages criblées du liber des *Encephalartos* (fig. 11 *y*).

Les cellules cambiales qui donnent les rayons sont plus épaisses dans le sens radial que leurs voisines; elles sont au contraire plus étroites tangentiellement.

On ne retrouve le liber primaire que dans les très jeunes tiges; ailleurs il est exfolié et écrasé par les tissus de décortication.

Tissu fondamental secondaire. — Dans les tiges déjà décortiquées, le tissu fondamental secondaire consiste en cellules à section transversale hexagonale, à section radiale rectangulaire; ordinairement le parenchyme secondaire passe insensiblement au tissu des rayons libériens, il contient des tubes à gomme ou à tannin.

Liège. — Le liège consiste en une couche épaisse de cellules aplaties radialement, à sections transversale et radiale rectangulaires, à parois minces, lisses; ces éléments conservent toujours leur disposition en files radiales bien régulières;. vues de face, les cellules subéreuses paraissent hexagonales. Le liège des Poroxylons pouvait atteindre une certaine épaisseur, cependant bien inférieure à celle du liège des Sigillaires (fig. 13).

Le cambiforme double qui provoquait la décortication apparaissait à la limite du liber primaire; le rhytidome ainsi isolé ne tombait pas immédiate-ment; il se composait (fig. 14) d'une assise épidermique externe à petits élé-ments plats, rectangulaires, allongés dans le sens de la longueur du rameau; cet épiderme est soutenu par des bandes hypodermiques séparées par un parenchyme homogène. En général, on trouve un canal gommeux à la face interne de chacun des cordons hypodermiques.

Du milieu de l'entre-nœud à la base de la région nodale, la tige des Po-roxylons conserve la même structure. Au nœud, le faisceau 1 sort dans la feuille, la base d'une branche axillaire s'insère sur les faisceaux 9 et 14, c'est-à-dire sur les faisceaux qui comprennent entre eux le faisceau sortant. Le faisceau 2 prend l'aspect qu'avait précédemment le faisceau 1; de même le faisceau 3 celui du faisceau 2, il en est de même des autres faisceaux, c'est-à-dire que dans l'entre-nœud qui va suivre, chaque faisceau prendra la struc-ture et la position relative qu'avait dans l'entre-nœud précédent le faisceau qui le précède immédiatement; tous les faisceaux de la tige jouent donc le même rôle successivement; foliaires dans leur partie supérieure, ils sont répa-rateurs dans leur partie inférieure.

L'âge provoque les changements suivants :

La destruction totale ou partielle de la moelle;
L'épaississement du bois secondaire même dans la trace foliaire;
L'épaississement du liber secondaire;
La chute et la rénovation des tissus superficiels de la tige.

Provenance. — Champ des Borgis.

POROXYLON BOYSSETI B. Renault.

(Pl. LXXV, fig. 1 à 3.)

Ce que nous venons de dire du *Poroxylon Edwardsi* nous dispense d'entrer dans de grands détails pour le *P. Boysseti.*

Tiges et rameaux cylindriques, marqués extérieurement de stries longitu-dinales, composés d'une moelle formée de cellules à section transversale poly-

36.

gonale et à section longitudinale rectangulaire, disposées par files verticales régulières.

La couronne libéro-ligneuse est composée de treize faisceaux juxtaposés,
diploxylés. Chacun des faisceaux est exactement constitué comme celui du
P. Edwardsi : même forme, même structure; par conséquent on peut se re-
porter à ce que nous avons dit plus haut à ce sujet.

Ce qui distingue cette espèce de la précédente est la constitution de son
liber. Nous avons vu que les cellules cambiformes, quand elles avaient atteint
des dimensions suffisantes se cloisonnaient de façon à donner des cellules de
parenchyme libérien, et des cellules grillagées dans un ordre parfaitement
régulier; l'assise formée par ces couches régulières de parenchyme et de cellules grillagées était fort épaisse.

Ici il n'y a rien de semblable; les cellules cambiformes donnent naissance
irrégulièrement à des cellules de parenchyme libérien et de temps à autre à
des cellules grillagées.

Sur une coupe transversale il est donc facile de distinguer un rameau ou
un pétiole de *P. Boysseti,* parce que son assise libérienne est beaucoup moins
épaisse et ne présente pas ces cercles concentriques alternativement plus
minces et plus épais, formés de cellules parenchymateuses et de cellules criblées, interrompues par le passage des rayons médullaires.

Plus à l'extérieur se trouve l'écorce formée d'un tissu fondamental secondaire composé de cellules à section transversale polygonale, et à section longitudinale rectangulaire; il renferme une assez grande quantité de cellules à
gomme ou à tannin. Le tissu s'allonge peu à peu en arrivant à la périphérie
qui présente une assise mince de tissu subéreux et des bandes hypodermiques
rapprochées.

FEUILLES. — La section transversale du pétiole de la feuille des Poroxylons
a la forme d'une demi-ellipse dont le diamètre est tourné vers le rameau
(pl. LXXV, fig. 1). On y distingue les régions suivantes :

1° Un arc libéro-ligneux épais, placé à égale distance des deux faces du
pétiole; cet arc est divisé par trois rayons dont un médian plus grand;

2° Une masse épaisse de parenchyme fondamental qui présente vers la périphérie de nombreux tubes gommeux : cette zone émet vers la surface des prolongements plus ou moins épais qui séparent les cordons hypodermiques;

3° De gros faisceaux hypodermiques rayonnant vers la partie centrale du pétiole;

4° Une assise épidermique.

Les quatre lobes de l'arc libéro-ligneux du pétiole correspondent aux quatre lobes que présentait le faisceau foliaire à sa sortie de la tige. Les lobes externes se sont étalés; on y voit six à huit pôles trachéens d'autant plus grêles qu'ils sont plus extérieurs.

Le bois centripète est extrêmement développé (V, fig. 2 et 3). Ce bois centripète est tapissé antérieurement par une couche plus ou moins épaisse de fibres primitives. A la jonction de ce tissu avec le tissu fondamental, on voit surtout dans le plan médian un grand nombre de tubes gommeux. Le bois secondaire forme une lame assez mince dans les Poroxylons d'Autun.

Le bois secondaire est tapissé extérieurement par un arc libérien à structure identique à celle de la tige. La partie extérieure du liber secondaire et le liber primaire contiennent un grand nombre de tubes gommeux très volumineux également comme ceux des tiges.

A la jonction des fibres primitives antérieures du faisceau avec le tissu fondamental, on trouve de nombreux tubes gommeux dont la course est très sinueuse.

Provenance. — Champ des Borgis.

POROXYLON STEPHANENSE C.-E. Bertrand et B. Renault.

(Pl. LXXV, fig. 4 à 10.)

Jusqu'ici nous n'avons rencontré dans les gisements silicifiés d'Autun aucun limbe de feuille pouvant se rapporter aux Poroxylons; nous avons trouvé celui dont il va être question dans les gisements de Grand'Croix.

La région du limbe correspondant aux nervures médianes montre les assises suivantes :

1° Une large plage libéro-ligneuse, continue, formée de grosses nervures rapprochées, largement reliées entre elles par des masses diaphragmatiques aussi épaisses qu'elles;

2° Une couche épaisse de tissu fondamental antérieur;

3° Une couche épaisse de tissu fondamental postérieur;

4° Des cordons hypodermiques antérieurs formant de larges plaques irrégulières ou des cordons sinueux appliqués contre l'épiderme antérieur;

5° Des cordons hypodermiques postérieurs très gros, irréguliers, distribués sans ordre;

6° Une assise épidermique antérieure et postérieure.

Le bois centripète des nervures est extrêmement développé (V, fig. 10, pl. LXXV); il est appliqué contre le bois secondaire, sauf dans les régions polaires où le pôle est uni au bois secondaire par des fibres primitives peu nombreuses. Les plus extérieurs des vaisseaux centripètes ont des ponctuations aréolées; ils sont reliés au tissu fondamental antérieur par des fibres primitives dans lesquelles pouvait s'établir une zone cambiale tardive lorsque la feuille venait à être blessée.

Le bois secondaire, très épais chez le *P. Stephanense,* porte parfois l'indication de deux périodes d'accroissement. Ce bois secondaire présente la même organisation que celui de la tige; ses éléments sont plus grêles, par conséquent ne présentent que deux à trois rangées de ponctuations sur leurs faces radiales. Les diaphragmes qui unissent les nervures sont formés en avant d'une masse épaisse primaire d'éléments ligneux, courts, très larges, irréguliers, aréolés, qui relient les bois centripètes des nervures voisines, et plus en arrière d'éléments ligneux secondaires allongés horizontalement, disposés en séries régulières, plus épais que les fibres ligneuses; cette partie secondaire relie les bois secondaires des faisceaux voisins. Extérieurement ce tissu est tapissé par une zone cambiale et par des éléments libériens diaphragmatiques.

Le tissu fondamental tapisse directement la bande ligneuse sans interposition de gaine protectrice; il est formé de cellules palissadiformes *t* (fig. 7). On n'y trouve ni tubes gommeux ni lacunes. Les cordons hypodermiques ont la même structure que ceux de la jeune tige.

L'épiderme a la même organisation sur les deux faces de la feuille; il consiste en cellules rectangulaires, plates, étroites, disposées en files rectilignes parallèles aux nervures; dans l'intervalle des cordons hypodermiques, là où les cellules en palissade touchent l'épiderme, on trouve des files de stomates; l'ostiole est parallèle à la longueur de la feuille et limité par deux cellules.

Entre la région moyenne que nous venons de décrire et les bords de la feuille, on remarque (fig. 4) : de gros faisceaux libéro-ligneux avec bois centripète et bois centrifuge, ce dernier d'autant plus réduit que l'on s'approche plus

du bord; ils sont dépourvus de gaine protectrice; une masse de tissu fondamental homogène palissadiforme qui isole les faisceaux les uns des autres
et des faces du limbe; des cordons hypodermiques; une assise épidermique
antérieure stomatifère et une assise épidermique postérieure également
stomatifère.

Dans la région marginale (fig. 5 et 6) les faisceaux sont réduits à leurs
productions primaires, les cordons hypodermiques internervulaires existent
seuls.

Le bord même du limbe se recourbe vers la face postérieure de la feuille;
il est soutenu par un cordon hypodermique.

Cette structure type des feuilles de Poroxylon pouvait être modifiée par
suite de la formation de tissus cicatriciels ou de tissu tardif.

La figure 8 montre une section transversale d'une grosse nervure et de la
face antérieure du limbe présentant des productions secondaires tardives. La
feuille en question a été blessée, la blessure a été cicatrisée; B_3 est le bois
tardif développé entre le bois centripète V et le tissu fondamental; Z_1, la zone
cambiale tardive et le liber tardif ordinairement écrasés et mal conservés; tf est
une portion du tissu fondamental contiguë à la nervure et recloisonnée tardivement.

La figure 9 fournit un autre exemple de plaie cicatrisée par l'apparition
de tissus se développant après la blessure; elle montre une coupe transversale
d'un bois secondaire tardif B_3 ajouté en avant de la plage diaphragmatique
qui relie deux nervures d'une feuille blessée. Les deux nervures figurées font
partie du groupe des nervures médianes, la zone cambiale tardive et le liber
secondaire tardif sont complètement écrasés.

Ainsi une piqûre d'insecte, une légère irritation provoquait dans le limbe
des jeunes feuilles de Poroxylons comme chez les Cycadées actuelles l'épaississement du tissu fondamental et la formation de tissus libéro-ligneux secondaires tardifs dont le bois s'accolait au bois centripète des faisceaux voisins.

Dans aucun échantillon nous n'avons vu le parenchyme postérieur parti-
ciper à cet accroissement tardif des tissus.

RACINES. — La structure des radicelles des Poroxylons est la structure type
des petites racines de Phanérogames à croissance secondaire et à faisceau bipolaire grêle; elle rappelle beaucoup celle des petites racines des Gymnospermes.

La section transversale moyenne montre les régions suivantes :

1° Une lame ligneuse primaire à deux centres de différenciation (B_1, fig. 11; tr, fig. 12). Cette lame primaire est formée dans sa région médiane de grands vaisseaux aréolés contigus; elle indique la trace du plan principal de symétrie de la racine;

2° Deux coins de bois secondaires séparés l'un de l'autre par deux grands rayons;

3° Deux arcs cambiaux zc opposés, reliés entre eux par une zone cambiforme qui devenait seulement plus tard, en totalité ou en partie, une zone cambiale;

4° Deux arcs libériens secondaires à structure très régulière, semblable à celle des tiges de *Poroxylon Edwardsi*. A la périphérie de ces arcs, on voit deux amas libériens l_1 (fig. 11) primaires, écrasés et transformés en parenchyme corné; ce liber renferme de nombreux tubes gommeux g;

5° Une zone de tissu fondamental secondaire;

6° Une assise de liège.

Ces deux derniers tissus, développés dans la région péricambiale aux dépens d'une même assise génératrice, ont déterminé la chute des tissus superficiels de la racine.

Les grosses racines ne diffèrent des racines grêles que par l'épaisseur plus grande de leurs productions libéro-ligneuses secondaires et par la décortication des parties superficielles du liber.

L'insertion des radicelles sur les racines d'ordre moindre se fait de manière que le plan de la lame ligneuse primaire de la radicelle passe par la lame ligneuse de la racine support.

En résumé, les principaux caractères des Poroxylons sont les suivants :

Chaque nœud ne porte qu'une feuille dont l'insertion est large, mais non embrassante; les pétioles se prolongent par une sorte de côte qui s'atténue en se rapprochant du nœud suivant. Les feuilles sont alternes et placées sur une hélice génératrice sénestre. La ramification est très nettement axillaire.

La décortication des tiges commençait de très bonne heure; en se détachant, le premier rhytidome mettait à nu la zone subéreuse; celle-ci était mince comparativement à celle des Sigillaires.

Chaque feuille reçoit de la tige un faisceau volumineux, déjà bilobé à la base du pétiole. Le pétiole, allongé, s'élargit peu à peu en limbe; au milieu est un groupe de nervures nombreuses; les nervures latérales se ramifient dichotomiquement; elles décroissent régulièrement en se rapprochant des bords. Le limbe est très épais; les cordons n'ont pas de gaine et ne font pas saillie à sa surface; à la base les faisceaux possèdent un accroissement secondaire considérable.

Les faisceaux de la tige y jouent tous le même rôle; ils sont réparateurs dans leur partie inférieure et foliaires dans leur partie supérieure. La réparation des vides laissés par les faisceaux sortants se fait, comme dans les tiges hélicoïdales, à faisceaux d'une seule espèce; ces faisceaux sont unipolaires et diploxylés. Le bois centripète existe, non seulement dans toute leur région foliaire, mais dans la tige, jusqu'à huit et onze entre-nœuds au-dessous de leur sortie; dans la partie foliaire du faisceau le bois centripète est d'autant plus prédominant, par rapport au bois secondaire, qu'on est plus près de sa terminaison. La structure de la région centrale de la tige ne se modifiait pas par l'adjonction de nouveaux vaisseaux centripètes; les grands éléments centripètes sont aréolés et ponctués. Le bois secondaire ou centrifuge est composé de grandes trachéides, ponctuées sur leurs faces radiales, lisses sur leurs faces tangentielles. Ces fibres sont disposées en files radiales, séparées par des rayons étroits et très hauts. La croissance diamétrale des tiges présente de nombreuses périodes d'accélération et de ralentissement.

Le liber acquérait une grande épaisseur; sa structure spéciale est caractéristique; entre les rayons libériens on observe une alternance régulière de grandes cellules parenchymateuses et de tubes grillagés analogues à ceux des *Encephalartos;* le liber peut présenter des tubes gommeux. Le cambiforme exfoliateur des tiges est double; il produit du liège sur sa face externe en même temps qu'il donne du tissu fondamental secondaire sur sa face interne; dans ce tissu se trouvent de nombreux cordons gommeux; l'épiderme des jeunes tiges est soutenu par de nombreux cordons hypodermiques.

Le pétiole est caractérisé par un grand arc libéro-ligneux plus ou moins lobé; les fibres primitives qui tapissent antérieurement le bois centripète pouvaient se recloisonner et donner une zone cambiale capable de produire une bande libéro-ligneuse secondaire, tardive, antérieure.

Le limbe est plurinervié, les nervures médianes sont reliées par des planchers diaphragmatiques; leurs productions libéro-ligneuses sont très épaisses; les nervures marginales sont libres, elles n'ont pas de gaines protectrices. Le tissu herbacé du limbe est homogène palissadique. Des cordons hypodermiques correspondent à chaque nervure, l'un antérieur, l'autre postérieur. Il y a de plus un gros cordon hypodermique postérieur, entre deux nervures consécutives; ces cordons hypodermiques touchent les nervures. Les épidermes sont semblables sur les deux faces et stomatifères.

Les racines, grêles, ont un faisceau primaire bipolaire; elles possèdent un grand accroissement secondaire; le plan du bois primaire passe par la lame ligneuse primaire sur laquelle elles s'insèrent. La première zone exfoliatrice apparaissait entre le liber primaire et la gaine, par conséquent dans l'assise péricambiale, comme chez les Gymnospermes actuelles.

AFFINITÉS DES POROXYLONS. — Les appareils reproducteurs des Poroxylons sont inconnus; ce n'est donc que par les organes végétatifs qu'on peut essayer de les classer.

Les faisceaux de la tige, tous équivalents entre eux, sont unipolaires et diploxylés. Dans la nature actuelle les Cycadées sont les seules plantes qui possèdent les traces de faisceaux unipolaires diploxylés. Leurs faisceaux foliaires, qui sont unipolaires normaux dans la tige, deviennent diploxylés dans les feuilles. Parmi les plantes fossiles contemporaines des Poroxylons, les Cycadoxylées, les Cordaïtées, présentent, comme nos Cycadées, des faisceaux unipolaires normaux dans la tige, diploxylés dans leur partie foliaire.

Nous en concluons que les Poroxylons ont une certaine affinité, affinité éloignée, avec les Cycadées. Dans l'état actuel de nos connaissances il faut donc ranger les Poroxylons parmi les Phanérogames gymnospermes, au-dessous des Cycadées actuelles et des Cordaïtées.

Notre rapprochement est justifié et confirmé par les caractères suivants :

1° L'agencement des faisceaux de l'axe des Poroxylons est celui des faisceaux des tiges hélicoïdes à faisceaux d'une seule espèce.

2° L'orientation des faisceaux est celle des faisceaux d'une tige.

3° La ramification de l'axe des Poroxylons est axillaire. Les rapports de la couronne libéro-ligneuse de la branche avec les faisceaux du rameau support sont ceux des tiges et des branches chez les Phanérogames.

4° La structure du bois secondaire est celle du bois secondaire de la grande majorité des Gymnospermes; les ponctuations sont localisées sur les faces radiales des trachéides. Le liber secondaire possède une structure très analogue à celle du liber des Gymnospermes à liber régulier. Les grillages sont identiques à ceux des gros tubes criblés des *Encephalartos*, des vieux *Ginkgo*, etc.

5° L'extinction des tissus secondaires, dans les faisceaux sortants, et le développement du bois centripète, sont analogues à ce que nous voyons encore dans les Cycadées.

6° L'appendice des Poroxylons reçoit de la tige un faisceau entier ; le plan de symétrie de cet appendice passe par l'axe de figure du rameau.

7° Le faisceau de la racine des Poroxylons n'a qu'un petit nombre de pôles ; il présente un accroissement secondaire considérable. Le plan des lames primaires d'une racine à faisceau bipolaire coïncide avec le plan d'une lame ligneuse primaire de la racine support.

De ces caractères nous concluons que les Poroxylons sont des Phanérogames gymnospermes inférieures, mais avec des tiges et des feuilles parfaitement caractérisées comme axe et comme appendice de plantes phanérogames.

A l'inverse de ce qui se passe dans les tiges ordinaires, le bois primaire des faisceaux s'y différencie des pôles trachéens vers le centre de la tige, comme si toutes ces masses ligneuses faisaient partie d'une même masse libéroligneuse de grand diamètre, radiée, ayant son centre de figure au centre de figure de l'axe. De telles masses libéro-ligneuses n'existent que dans les stipes de certaines Cryptogames vasculaires, telles que les Lycopodiées, les Phylloglossées, les Lépidodendrées. On trouve donc chez les Poroxylons des traces d'une organisation qui rappelle celle de certaines Cryptogames vasculaires à structure radiée ; c'est le seul caractère cryptogamique, isolé au milieu de tout un ensemble de caractères phanérogamiques ; ce sont donc des plantes plus voisines des Centradesmides que nos Cycadées, mais montrant déjà les caractères de l'organisation des Phanérogames et n'ayant conservé qu'un reste de l'organisation cryptogamique.

La feuille des Poroxylons n'est pas aciculaire, comme celle des Sigillaires et des Lépidodendrons ; sa nervation rappelle celle des folioles de *Bowenia*. Les nœuds des rameaux et des tiges sont très développés ; à la localisation et à l'écartement des nœuds et des entre-nœuds, à l'importance plus grande que prend l'appendice qui y est attaché, correspondent une délimitation plus précise des faisceaux de la tige, une localisation plus grande du bois centripète et un moindre développement relatif de ce bois.

Les Poroxylons sont un type fossile sans représentants dans la nature actuelle; ce sont des Phanérogames gymnospermes inférieures, plus voisines des Cryptogames vasculaires à structure radiée que nos Cycadées, mais supérieures aux Sigillaires, aux *Sigillariopsis*, aux *Lyginodendron* et aux *Heterangium*. Ils n'ont aucun rapport avec les Filicinées.

Les genres fossiles dont nous allons nous occuper dans les pages suivantes réunissent un nombre de caractères cycadéens plus grands et diffèrent moins par conséquent des plantes qui existent de nos jours.

Cycadoxylées.

Genre MEDULLOSA Cotta [1].

Le genre *Medullosa* a été établi par Cotta; il faisait partie, comme on sait, d'une famille dont les représentants étaient caractérisés par une disposition rayonnante des éléments ligneux et désignés sous le nom de *Radiati*. Cette famille comprenait les genres *Medullosa* et *Calamitea*. J'ai démontré [2] que dans le genre *Medullosa* de Cotta se trouvaient compris des pétioles de Fougères marattioïdes (*M. elegans*), et en même temps des rameaux et des tiges de Cycadées (*M. stellata, M. porosa*).

J'ai désigné les premiers par le nom de *Myelopteris* (*Myeloxylon* de Brongniart), et pour les seconds, j'ai conservé le nom donné par Cotta, celui de *Medullosa*.

En ce qui concerne le deuxième genre de la famille, le genre *Calamitea*, comprenant les espèces figurées par ce savant sous les noms de *C. striata, C. bistriata, C. lineata, C. concentrica*, j'ai décrit ces espèces, pour la plupart, dans les pages qui précèdent, en les rangeant dans la famille des Calamodendrées [3].

Les *Medullosa* jusqu'ici ne sont connus que par leurs tiges de dimensions très variables et pouvant atteindre 45 à 50 centimètres de diamètre.

Les fragments de troncs sont assez fréquents dans les gisements d'Autun et ont été désignés, par Brongniart, sous le nom de *Palæoxylon*.

En coupe transversale, les tiges de *Medullosa* montrent au centre une moelle assez volumineuse, renfermant, au milieu du parenchyme fondamental, un nombre variable de productions ligneuses, tantôt circulaires ou elliptiques, quelquefois étalées en forme de ruban; la présence de ces cylindres ligneux est caractéristique du genre.

La moelle est enveloppée par deux cercles ligneux concentriques, tantôt libres, continus, tantôt réunis en un point de leur contour, de façon que le

[1] *Die Dendrolithen. . . .*, Leipzig, 1892, p. 59.
[2] *Mémoires des savants étrangers à l'Académie*, t. XXII, 1875.
[3] Voir également *Mémoires du Congrès scientifique de France*, XLII° session Autun, 1876, p. 291.

plus extérieur semble se replier en dedans et former une large boucle constituant le deuxième cylindre; celui-ci comprend le tissu fondamental dans lequel se développent les productions ligneuses de forme variée dont nous avons parlé, et de petits faisceaux vasculaires isolés.

Le cylindre ligneux extérieur est composé de trachéides ponctuées à ponctuations aréolées, multisériées, alternes, disposées en lames rayonnantes à accroissement centrifuge, séparées par des rayons cellulaires composés. Le liber est extérieur.

Le cylindre ligneux interne est également formé de trachéides ponctuées, disposées en séries rayonnantes, séparées par des rayons cellulaires composés, mais la différenciation est centripète et le liber est intérieur.

Rarement l'écorce est conservée; quand elle l'est, elle porte des cicatrices subrhomboïdales disposées en spirales autour de la tige.

Les cercles ligneux concentriques sont séparés par du tissu fondamental, traversé par des faisceaux vasculaires, à direction tantôt verticale, tantôt sinueuse.

MEDULLOSA STELLATA Cotta.

(Pl. LXX, fig. 1 à 9.)

Les fragments de tiges de *Medullosa stellata* sont assez nombreux dans les gisements silicifiés d'Autun; mais rarement la section transversale est complète et nous n'avons jamais eu l'occasion de trouver de tronc muni de son écorce avec cicatrices foliaires.

Quelquefois ils se présentent sous la forme de cylindres, plus ou moins aplatis, dont le plus grand diamètre atteint 20 centimètres et le petit 9 à 10 centimètres. L'échantillon représenté (fig. 1), qui est incomplet, mesure 12 centimètres de diamètre; il atteindrait 16 centimètres en y comprenant la partie détachée; quelques lambeaux d'écorce, mal conservés, sont encore adhérents à la tige.

Le cylindre ligneux se compose d'une portion extérieure a, repliée en dedans et en connexion avec le cylindre intérieur a'.

Les trachéides portent des ponctuations aréolées, plurisériées, alternes, souvent réduites à leur contour polygonal; le pore central, quand il existe, est elliptique et le grand axe est horizontal ou faiblement incliné par rapport à cette direction; les séries radiales qu'elles forment ont un accroissement centrifuge (fig. 2, a); leur course verticale est sinueuse à cause des épais

rayons cellulaires qui les séparent (fig. 5 et 7). Ces rayons sont constitués par
des cellules à section radiale rectangulaire (fig. 6), plus allongées dans le sens
horizontal qu'en hauteur, et polygonales en section tangentielle. Leurs parois
latérales en contact avec les trachéides présentent quatre à cinq pores, quelquefois réunis en un seul par destruction de la paroi.

Les séries de trachéides qui composent la boucle ont un accroissement
centripète (fig. 2, a'), avec liber interne; ce liber, comme celui du cylindre
extérieur, est formé de parenchyme libérien, de cellules grillagées et de longs
tubes cloisonnés, constitués par des cellules à parois fortement sclérifiées.
L'intervalle compris entre les deux cylindres est occupé par du tissu fondamental d, dans lequel on remarque de nombreux cordons vasculaires à course
sinueuse, quelquefois horizontale.

Le parenchyme médullaire central est traversé par un certain nombre de
productions ligneuses, elliptiques ou en forme de bande allongée, c (fig. 1,
pl. LXX).

Elles sont constituées par des séries rayonnantes de trachéides, ponctuées
à la périphérie, mais rayées du côté de la moelle, disposées sur deux ou trois
rangs (fig. 4); chaque série est séparée de sa voisine par des lames cellulaires,
analogues à celles du cylindre ligneux extérieur.

Le tissu fondamental contenu dans ces petits cylindres est formé de cellules à section rectangulaire, plus haute que large, sur une coupe longitudinale, et polyédrique sur une coupe tranversale; il est parcouru verticalement
par des cordons vasculaires rectilignes ou légèrement sinueux, composés de
trachéides rayées et réticulées.

L'écorce est formée d'un parenchyme cellulaire, dont les éléments sont à
minces parois d' (fig. 2), et qui est traversé par des canaux à gomme et par
les cordons foliaires assez nombreux; elle est limitée extérieurement par des
bandes hypodermiques b (fig. 1 et 2), disposées parallèlement et dont la section est une ellipse allongée dans le sens du rayon.

Il n'est pas rare de rencontrer, sur des coupes tangentielles (fig. 5), des sections transversales de rameaux traversant le cylindre ligneux extérieur; ces rameaux présentent un bois formé d'une couronne unique de lames rayonnantes
de trachéides, séparées par des rayons cellulaires et entourant une moelle
dans laquelle on remarque plusieurs faisceaux vasculaires isolés; cette structure rappelle celle des productions ligneuses que nous avons décrites, et qui
sont contenues dans le parenchyme fondamental. Si l'on suit un de ces ra-

meaux, en dedans de la tige, on voit qu'il vient aboutir là où le cylindre
ligneux se divise pour se rattacher à la boucle intérieure; l'union entre cette
dernière et le cylindre extérieur n'est donc que momentanée; on peut se convaincre de cette particularité en jetant les yeux sur les figures 8 et 9. Dans la
figure 8 la boucle interne a' forme un cylindre complet, isolé, sur tout son
contour, du cylindre extérieur a; sur l'autre face de l'échantillon, qui n'a pas
été représentée, l'union sur un point de la circonférence entre les deux cylindres ligneux est manifeste, et le plus interne paraît être une dépendance, en
forme de boucle, du cylindre extérieur.

Cette union des deux cylindres au point de départ des rameaux avait pour
but évident de mettre en relation aussi complète que possible les parties vasculaires des rameaux et des tiges. Entre les points d'émergence des rameaux,
les deux cylindres étaient séparés.

Les feuilles étaient nombreuses, disposées en spirale autour de la tige. Sur
un échantillon [1] dépourvu de son écorce, ayant 350 millimètres de circonférence, dont la section elliptique mesure 185 millimètres suivant le grand diamètre, et 72 millimètres suivant le petit, on distingue à la surface extérieure
du bois des cicatricules hautes de 6 millimètres et larges de 2 millimètres,
distantes environ de 29 millimètres dans le sens horizontal; les lignes spirales
qui comprennent ces cicatrices sont éloignées dans le sens vertical d'environ
15 à 20 millimètres. Sur la section horizontale on peut suivre, pendant
quelque temps, les cordons foliaires qui, en sortant du cylindre ligneux, ont
donné naissance à ces cicatricules; ces cordons en passant à travers l'écorce
commencent à se dédoubler (fig. 8); ils sont formés d'un seul bois à accroissement centrifuge et à liber externe l.

Nous représentons (fig. 8 et 9) la coupe d'un échantillon de *Medullosa
stellata*, provenant du Val-d'Ajol, et donné aux collections du Muséum par
M. Mougeot; il présente, suivant sa grande longueur, 8 centimètres environ,
et 5 à 6 centimètres suivant sa largeur; on distingue deux cylindres ligneux
concentriques indépendants; le plus extérieur, a, est formé de lames de trachéides à accroissement centrifuge; le second, a', de séries centripètes, et le
troisième, beaucoup moins épais, est composé de faisceaux libériens, constitués par des rayons cellulaires ligneux, quelques tubes grillagés et des files
verticales de cellules rectangulaires sclérifiées.

[1] Collection de M. Rigollot, adjoint au maire de la ville d'Autun.

Le tissu fondamental central renferme quatre petits cylindres ligneux, à contour elliptique, ainsi qu'un certain nombre de ces mêmes tubes cloisonnés résultant de la superposition en ligne verticale de cellules à parois épaissies, dont la section longitudinale est rectangulaire, et la coupe horizontale circulaire; on les retrouve également dispersés dans les deux intervalles annulaires qui séparent les cylindres ligneux.

L'autre face de l'échantillon présente, comme nous l'avons dit plus haut, les deux cylindres extérieurs en connexion sur un point de leur circonférence. Il est clair que d'après le mode d'accroissement des cylindres ligneux, celui qui occupe l'extérieur pouvait seul prendre une épaisseur considérable; en effet, si l'on mesure, sur l'échantillon figuré, le diamètre du cylindre interne, on le trouve égal à 38 millimètres en longueur, sur 15 millimètres environ de largeur; son épaisseur est de 5 millimètres, tandis que celle du cylindre enveloppant est de 16 à 18 millimètres; or dans d'autres échantillons provenant également du Val-d'Ajol, mais de plus fortes dimensions, nous trouvons, pour le cylindre interne, 45 millimètres de longueur pour 25 millimètres de largeur et 6 millimètres en épaisseur, tandis que le cylindre enveloppant atteint 90 millimètres d'épaisseur.

Malgré cette forte proportion de bois on ne peut distinguer dans ce dernier cylindre aucune zone concentrique d'accroissement.

Provenance. — Champ des Espargeolles.

MEDULLOSA GIGAS, n. sp.

(Pl. LXXI, fig. 1 à 6.)

Sous ce nom spécifique nous groupons un grand nombre de fragments de bois provenant des champs de la Justice et des Espargeolles, réunis par Brongniart, sous le nom générique de *Palæoxylon*, avec les *Pinites Withami* de Lindley et Hutton et *Pinites medullaris* Witham[1].

Les caractères du genre *Palæoxylon* de Brongniart sont[2] : rayons médullaires composés, c'est-à-dire formés de nombreuses rangées verticales de cellules disposées en séries superposées et ayant sur une coupe tangentielle perpendiculaire à leur direction une forme ovale ou lancéolée.

[1] Figurés par Witham, *Internal structure of fossil Vegetables*, pl. VI et VII, Édimbourg, 1833.

[2] *Tableau des genres de végétaux fossiles*, p. 77.

Les trachéides portent sur leurs faces latérales des ponctuations aréolées, disposées en séries alternantes.

Nous-mêmes, nous avons décrit, sous le nom de *Palæoxylon Saportanum*[1], des fragments de tige larges de près de 3 décimètres de diamètre, mais dépourvus de partie centrale, comme des fragments de *Palæoxylon* de Brongniart.

Sur une coupe transversale polie on distingue des bandes rayonnantes formées de deux à quatre rangées de trachéides; sur une coupe tangentielle on voit un réseau à mailles nombreuses, ovales, lancéolées, occupées par des rayons cellulaires, composés de quatre à sept rangées en épaisseur de cellules petites, prismatiques, ayant la grande longueur dirigée suivant le rayon.

Le réseau est formé par les trachéides flexueuses, dont les parois latérales sont occupées par des ponctuations aréolées, disposées sur deux à cinq rangées alternes, contiguës.

Depuis lors nous avons eu l'occasion de rencontrer ou d'examiner de nombreux fragments montrant une structure analogue, mais dont quelques-uns étaient accompagnés de leur partie centrale; cette région renfermait dans le parenchyme fondamental des productions ligneuses, circulaires ou elliptiques; par conséquent nous ne doutons pas que les bois d'Autun, classés sous le nom de *Palæoxylon,* n'appartiennent à des *Medullosa* de grande taille.

Nous représentons (fig. 1, pl. LXXI) une portion centrale polie de *Medullosa gigas.*

Le bois extérieur, *d,* est extrêmement développé, et peut atteindre, dans certains échantillons, 45 à 50 centimètres de diamètre; la figure 2 n'intéresse qu'une minime portion d'un tronc de cette espèce[2]. Sur une coupe transversale les bandes de trachéides ligneuses peuvent s'observer du centre à la périphérie sans interruption; on voit qu'en s'éloignant du centre elles gagnent en largeur, par l'addition de nouvelles séries de trachéides; d'abord composées de deux ou trois rangées en épaisseur, elles augmentent jusqu'à six; puis un rayon ligneux apparaît, divisant chaque bande en deux branches formées de trois rangées qui, grandissant à leur tour en épaisseur, se divisent ensuite de la même façon.

En coupe tangentielle (fig. 3 à 5), les mailles du réseau formé par les lames de trachéides sont plus développées que dans le *Medullosa stellata* et augmentent en longueur du centre à la périphérie (fig. 4 et 5).

[1] *Cours de botanique fossile,* 4ᵉ année, p. 169.
[2] Il en existe un bel exemplaire au musée de la ville d'Autun.

Les trachéides. ont également des dimensions plus considérables dans le sens radial; en effet, dans cette dernière espèce on compte environ trois à quatre séries alternes de ponctuations sur les parois latérales, tandis que sur les mêmes éléments, pris dans le *Medullosa gigas*, on peut en compter normalement cinq ou six.

Le cylindre ligneux interne est peu développé, quelquefois à peine distinct comme dans l'échantillon (fig. 1).

Les productions ligneuses contenues dans le tissu fondamental sont peu nombreuses, nous n'en avons reconnu qu'une seule *c* (fig. 1).

Le *Palæoxylon Saportanum*, que nous avons cité plus haut, est voisin du *Medullosa gigas* et pourrait peut-être n'être qu'une variété de celui-ci.

Malgré l'accroissement considérable en épaisseur qu'a pris le cylindre ligneux extérieur, il ne paraît pas y avoir eu de zones distinctes d'épaississement.

La portion de tige examinée ne portait aucun indice de rameaux ou de traces foliaires traversant le cylindre ligneux; il est vraisemblable que ces indices extérieurs avaient disparu complètement sous les couches successives périphériques surajoutées pendant la croissance remarquable de cette espèce.

Provenance. — Champs de la Justice et des Espargeolles.

Genre COLPOXYLON Brongniart.

Le genre *Colpoxylon* a été créé par Brongniart[1] sur quelques fragments de tiges recueillis à la surface des champs de la Justice et des Espargeolles; ce savant n'en a pas donné de figures, il est vrai, mais la description est assez complète pour qu'on doive considérer le genre dont il s'agit comme parfaitement établi depuis cette publication.

Nous transcrirons ici les caractères donnés par Brongniart :

« Moelle volumineuse parcourue par de petits faisceaux vasculaires, flexueux, obliques, quelquefois presque horizontaux, entourée d'un cylindre ligneux, *simple*, replié et sinueux, formant des festons profonds; des rayons médullaires, dont le tissu est détruit, le divisent en lames rayonnantes assez espacées, composées chacune d'une à trois rangées de trachéides de forme presque prismatique, à section quadrangulaire, toutes semblables comme dans les Cyca-

---

[1] *Tableau des genres de végétaux fossiles*, p. 60, 1849.

décs, mais offrant cette structure très particulière que leurs faces interne et externe, dirigées vers la moelle et l'écorce, sont unies et lisses; leurs faces latérales, lorsqu'elles touchent aux rayons médullaires, sont marquées d'un réseau lâche, transversal, qui correspond aux lignes de jonction des rayons médullaires qui sont grandes et irrégulières; enfin leurs faces latérales, contiguës à une autre rangée de vaisseaux, sont marquées d'un réseau fin et assez régulier, hexagonal, dont les aréoles ne sont disposées ni en séries transversales, ni en séries longitudinales régulières.

« Ces tiges devaient être dichotomes, car un fragment long de 7 à 8 centimètres montre le cylindre ligneux simple d'un côté, et à l'autre face le bois est formé de deux cylindres ligneux distincts continus.

« Le parenchyme cortical, épais, est parcouru par des faisceaux vasculaires très nombreux qui se portaient probablement dans les feuilles, mais il ne reste à l'extérieur aucune trace de celles-ci. »

Nous ajouterons que le parenchyme fondamental de la moelle ne renferme que des faisceaux vasculaires isolés sans productions ligneuses en forme d'étoiles circulaires ou elliptiques, caractéristiques des *Medullosa;* que le cylindre ligneux au sommet de la tige se résolvait en un grand nombre de petits cylindres, qui probablement se rendaient dans les ramifications ; que les faisceaux vasculaires allant aux feuilles étaient diploxylés, qu'ils montaient verticalement pendant assez longtemps dans l'écorce et qu'ils en sortaient pour entrer dans les feuilles en formant avec la tige un angle aigu.

Le genre n'étant connu que par une espèce, le *Colpoxylon œduense*, la description de ce dernier donnera une idée plus complète du genre.

Nous citerons à ce propos, pour mémoire et sans commentaires, l'opinion de quelques savants allemands [1] :

« Mit den Stämmen, welche als *Medullosa* bezeichnet sind, fällt *Colpoxylon œduense* Brongt. zusammen. Von Brongniart zuerst beschrieben, ist sie von Renault [2] nochmals untersucht und abgebildet. Es ist ein, wie Solms, *Einleitung in die Phytopalæontologie,* p. 171, welcher die Originale gesehen, richtig bemerkt, mit *Medullosa Leuckarti,* Göpp. und Stenzel, verwandter Stammrest, welcher in seinem Stammarke kleine Tracheidenbündel einschliesst, wie dies auch bei IV, V der Fall ist. Was Renault als Bast und Holz

---

[1] *Ueber Medullosa Cotta und Tubicaulis Cotta,* Schenk. *Abhandl. der Königl. Sächs. Gesellschaft der Wissenschaften,* vol. XV, p. 552. Leipzig, 1889.

[2] *Cours de bot. fos.,* t. 1, p. 77, tab. 11, fig. 8 à 10.

bezeichnet, sind die beiden Zonen des Schlangenringes, in der Rinde Blatt-
spurbündel und Sclerenchymplatten, der Fig. 10 abgebildete Querschnitt
verräth die Verwandtschaft mit *Myeloxylon* Brongt. »

COLPOXYLON ÆDUENSE Brongniart [1].

(Pl. LXVI, LXVII, LXVIII.)

Tiges arborescentes dépassant 15 centimètres de diamètre, munies ordinairement de la plus grande partie de leur écorce; toutefois la partie la plus
superficielle manque, et la surface dépourvue d'épiderme, se montre sillonnée
irrégulièrement de lignes saillantes dues aux faisceaux vasculaires et aux bandes
d'hypoderme qui parcouraient longitudinalement la partie externe de l'écorce.
De distance en distance, se voient des mamelons plus étendus dans le sens
transversal qu'en hauteur et vers lesquels se recourbent une partie de ces
bandes vasculaires et hypodermiques; ce sont les résidus de feuilles charnues
et épaisses.

Sur une coupe transversale on aperçoit une moelle volumineuse formée de
cellules isodiamétrales, parcourue en tous sens par de petits faisceaux vasculaires flexueux, composés de trachéides rayées; le mauvais état des échantillons recueillis jusqu'à présent n'a pas permis de reconnaître leur mode d'accroissement; ces faisceaux ne se trouvent réunis que dans le parenchyme qui
est entouré par du bois secondaire; ils représentent sans doute le bois primaire de la tige.

Le bois secondaire est constitué par un cylindre *unique*, continu, replié sur
son contour en boucles ou festons nombreux, inégaux et plus ou moins accusés. Il peut de temps à autre se diviser en deux branches sensiblement
égales.

Dans le voisinage d'une dichotomie, l'une des boucles prend des dimensions
plus grandes (fig. 1, pl. LXVII) et vient se souder à un feston opposé pour
donner naissance, un peu plus haut (fig. 2), à deux cylindres ligneux séparés,
pénétrant chacun dans une des branches de la bifurcation. La moelle circon-
scrite par ces deux zones ligneuses seule renferme les faisceaux vasculaires
dont il vient d'être question; le parenchyme qui leur est extérieur n'en renferme pas.

[1] *Tab. des genres de végétaux fossiles*, loc. cit.. et *Cours de bot. fos.*, 1ʳᵉ année, p. 77, dont
nous reproduisons en grande partie la description.

Le bois est composé de lames rayonnantes contenant chacune deux ou trois assises de trachéides ponctuées qui mesurent dans le sens rayonnant 100 μ. Les ponctuations, qui sont aréolées et disposées en quatre ou cinq rangées alternes sur les faces latérales des trachéides, ne se voient plus généralement que sous la forme d'un réseau hexagonal régulier; lorsque le pore est conservé, il est elliptique et sa grande longueur est horizontale; l'apothème du réseau hexagonal mesure 8 μ.

Les lames ligneuses sont séparées par des rayons cellulaires très allongés en hauteur (fig. 4, pl. LXVIII) et composés de nombreuses assises cellulaires *m* (les trachéides ont été figurées rayées à tort par le dessinateur, elles sont lisses sur leurs faces interne et externe); les cellules des rayons ligneux ont un contour polygonal en coupe tangentielle, mais sur une coupe radiale (fig. 3), elles sont rectangulaires, mesurent environ 100 μ, suivant leur grand côté qui est horizontal, et seulement 40 à 50 μ suivant le petit; leur face en contact avec les trachéides porte quatre à six pores, mais le plus souvent les cellules des rayons sont détruites, et on ne voit plus que les traces laissées par les côtés horizontaux de celles qui étaient contiguës aux trachéides; ces dernières présentent alors l'aspect de trachéides rayées à ornements écartés.

Le liber se présente sous la forme de lames rayonnantes en prolongement de celles du bois et séparées par des rayons cellulaires; ces lames sont vraisemblablement constituées comme celles des *Ptychoxylon*, c'est-à-dire par des tubes grillagés et par des cellules de parenchyme disposés régulièrement.

Le tissu qui environne le cylindre ligneux ou qui sépare les deux cylindres, quand il y a dichotomie, est formé de cellules isodiamétrales à minces parois; il est traversé par de nombreux canaux à gomme ou à résine *g* (fig. 2, pl. LXVIII), par les cordons vasculaires qui se rendent aux feuilles et par des productions ligneuses à section sensiblement circulaire *d* (fig. 1, 2, pl. LXVII).

L'écorce, très épaisse, formée en grande partie de parenchyme, est également parcourue par un grand nombre de faisceaux vasculaires et par des bandes d'hypoderme. D'abord rares à une certaine profondeur, ces derniers deviennent très nombreux à la périphérie (fig. 7, 9, pl. LXVIII); ils se composent d'une masse de cellules allongées, prismatiques, fortement lignifiées, à section circulaire, elliptique ou rendue irrégulière par compression *i*; au centre, ou sur les bords, se trouve un canal longitudinal *k* rempli d'une substance brune qui peut être une gomme ou une résine fossile; fréquemment la cavité du canal n'est pas complètement remplie de cette substance, et il reste un canalicule *l* occupé par de la silice incolore.

Entre ces faisceaux hypodermiques se trouve un tissu cellulaire *h*, disposé en forme de réseau, dont les cellules, sensiblement rectangulaires en coupe longitudinale, sont plus hautes que larges, et se montrent allongées et comme étirées dans le sens transversal *h* (fig. 7).

Il est évident que la présence de ces faisceaux accumulés à la périphérie devait contribuer à donner de la solidité à la tige, dont le système ligneux présentait toujours un faible développement. Nous avons signalé autrefois [1] l'analogie que présentait cette portion de l'écorce dans les *Colpoxylon æduense* et le *Myelopteris Landrioti;* il serait peut-être difficile de distinguer ces écorces l'une de l'autre si on n'avait à sa disposition que des fragments de petite dimension et sans cordons vasculaires.

La plupart des faisceaux vasculaires qui montent longitudinalement dans l'écorce et se dirigent assez lentement vers la périphérie ne sont formés que de bois centripète, avec liber extérieur; les éléments qui composent le faisceau sont, en allant de la périphérie vers le centre : le liber, constitué par du parenchyme libérien à cellules plus hautes que larges, et des cellules grillagées portant sur leurs parois des traces de cribles encore visibles; le bois, formé de trachées, de trachéides rayées au nombre de cinq à onze, dont le diamètre va croissant du côté tourné vers le centre, enfin de quelques trachéides *ponctuées*.

Les cylindres ligneux, circulaires, *d* (fig. 1, 2, pl. LXVII) dont nous avons parlé plus haut sont constitués par plusieurs groupes de faisceaux rangés en forme de secteur de cercle plus ou moins complet et séparés par des rayons cellulaires; on peut les considérer comme des portions d'axes d'épis reproducteurs encore engagés dans l'écorce; ces épis n'auraient pas été verticillés.

Quelquefois la conservation est assez bonne pour qu'on puisse observer dans certains faisceaux foliaires une différenciation un peu plus avancée; ainsi sur la coupe représentée (fig. 5, pl. LXVIII) on voit en *a'* le bois centripète présentant la composition que nous avons signalée plus haut, mais entre le liber *b* et ce bois primaire se trouve une assise de cellules cambiformes *a* dont quelquesunes, celles tournées du côté du bois primaire, ont leurs parois latérales ornées de ponctuations aréolées; il y a là le commencement d'un bois secondaire centrifuge qui peut-être prenait plus d'importance dans les feuilles. Sur

[1] *Loc. cit.,* p. 79.

la figure 6, on peut voir une portion du bois centripète *a'* composée de trachéides rayées, le bois centrifuge ou secondaire *a*, avec quelques cellules cambiformes, enfin le liber *b* formé de cellules de parenchyme et de quelques cellules grillagées. Les éléments du bois secondaire sont notablement plus petits que ceux du bois primaire.

Dans la plupart des cas, les cellules cambiformes et les cellules du liber ont disparu; les produits de la décomposition colorent en brun la place qu'elles occupaient ainsi que les éléments du bois primaire voisin. On peut dès lors confondre, à première vue, ces faisceaux formés uniquement de bois centripète avec ceux des pétioles des *Myeloxylon;* cependant la présence de trachéides ponctuées dans les faisceaux des *Colpoxylon*, et leur absence complète dans les faisceaux des *Myeloxylon*, permettent d'établir une distinction entre les cordons mal conservés des premiers et ceux des seconds.

À l'extrémité de la tige, le cylindre ligneux, qui était d'abord simple, se subdivise peu à peu en un certain nombre de cylindres ligneux plus petits et indépendants; nous avons une section qui montre sept de ces cylindres plus ou moins importants; il est donc vraisemblable que vers le haut, la tige principale se subdivisait en un certain nombre de rameaux, chacun ne possédant qu'un seul cylindre ligneux.

Quant aux feuilles, elles ont laissé quelques traces de leur existence sur la tige elle-même; nous avons représenté (pl. LXVI, fig. 1) une portion de tronc en grandeur naturelle qui montre en *a* les stries longitudinales produites par les bandes hypodermiques, et en *f* des mamelons allongés transversalement, larges environ de 3 centimètres et hauts de 7 à 8 millimètres : nous regardons ces mamelons comme les résidus laissés par des feuilles persistantes qui, se détruisant peu à peu par leur extrémité, laissaient sur la tige des traces irrégulières de leur base d'attache.

Des sections longitudinales radiales faites dans plusieurs de ces mamelons (fig. 3, 4, 5) montrent qu'un certain nombre de faisceaux vasculaires et hypodermiques s'échappaient de la tige sous un angle aigu, pour pénétrer dans l'intérieur de ces mamelons. La figure 2, qui représente une section transversale de la tige, dirigée un peu au-dessous de ces derniers, indique en *f, f', f''* la forme et l'accroissement successifs des reliefs qu'ils produisaient à la surface de la tige.

Il est donc certain que les tiges de *Colpoxylon æduense* portaient à leur surface et au-dessous de la ramification terminale des appendices disposés sans doute en spirale; nous pensons que ce sont des feuilles à base d'insertion élargie transversalement et non des pétioles, qui, eux, auraient laissé des cicatrices ou des mamelons de forme circulaire ou elliptique, à grand axe vertical; il ne peut donc être ici question de pétioles de *Myeloxylon*, de *My. Landrioti*, par exemple.

Si ces organes appendiculaires sont bien des feuilles, elles devaient être dressées contre la tige d'après la direction très nette des faisceaux hypodermiques et vasculaires qui y pénètrent; on peut suivre pendant un certain temps les traces de l'origine de la feuille dans *l'intérieur* de la tige; en effet, ces traces se reconnaissent sur des coupes transversales, par une disposition particulière des bandes d'hypoderme qui se rangent en ligne droite et forment une corde venant aboutir par ses extrémités à la circonférence et rejoindre les bandes de même nature disposées à la périphérie; elles découpent à l'intérieur de la tige la portion de tissu afférente à la feuille. Le secteur ainsi produit, d'abord plus large que la base d'insertion, diminue peu à peu de surface jusqu'à cette base.

Les feuilles devaient être espacées, épaisses, charnues, parcourues par des nervures toutes égales, munies, au-dessous de l'épiderme, de bandes fortes, accusées, parallèles, provenant des nombreux faisceaux hypodermiques.

Les feuilles que nous avons décrites sous le nom de *Titanophyllum* [1], et qui présentent les caractères de genre suivants, pourraient en être rapprochées : ce sont des feuilles de très grande taille, mesurant 70 à 75 centimètres de longueur sur 20 à 25 centimètres de largeur, à surface supérieure lisse et brillante, parcourues par des bandes hypodermiques longitudinales, parallèles, non bifurquées, à limbe épais, insérées par une base elliptique élargie, de forme rectangulaire, légèrement atténuées à l'extrémité supérieure qui souvent est fissurée.

Les bandes et les nervures, qui sont parallèles sur presque toute la longueur de la feuille, s'incurvent pour aboutir à la surface d'insertion; une cuticule épaisse et lisse recouvrait l'épiderme.

Nous ne serions donc pas surpris que les feuilles en question appartinssent à une tige cycadéenne analogue à celle des *Colpoxylon*.

Si l'on prend comme caractères de genre, pour les *Medullosa*, ceux donnés par Cotta, savoir : « Caulis horizontaliter perscissus in peripheria duos ex striis

[1] Renault et Zeiller, *Flore fossile de Commentry, Bulletin de la Société de l'industrie minérale*, 3e série, t. IV, 2e livraison, 1890.

radialibus compositos ostendit annulos, qui complures longius distentas co-
lumnas angulosas æque ac radiata externa peripheria compositas complectuntur »,
c'est-à-dire un double cylindre ligneux secondaire extérieur, et des productions ligneuses composées de lames rayonnantes de forme variée, dispersées dans la moelle, il.est clair que les *Colpoxylon*, qui ne possèdent ni l'un ni
l'autre de ces caractères, ne doivent pas être rangés dans le genre *Medullosa*.

L'attribution du *Medullosa Leuckarti* par Gœppert et Stenzel[1] aux *Medullosa* a élargi les limites du genre, dont la diagnose serait notablement modifiée : « Trunci arborei, e medulla ampla parenchymatosa et annulis lignosis
tum per medullam sparsis, tum in annulum duplicem periphericum plus minus
confluentibus; annuli e cellulis lignosis radiatim dispositis absque vasis, et
e radiis medullaribus compositi. Cortex plerumque obsoletus, rarissime con-
servatus stigmatibus rhomboideis spiraliter dispositis insignitus. »

Le *M. Leuckarti* offre plusieurs cylindres ligneux répartis à la périphérie et
dans la région médiane du tronc; ceux de la périphérie ont un contour sinueux
ou aplati; ceux du centre, plus petits, sont circulaires ou elliptiques; quelques-
uns ont une forme étoilée.

Nous avons dit que les troncs de *Colpoxylon* ne contenaient qu'un seul
cylindre ligneux, sauf dans le voisinage d'une bifurcation; que le parenchyme
fondamental ne présentait d'autres productions ligneuses que des bandes vasculaires isolées et non réunies en cylindre. Par conséquent, si le *Medullosa
Leuckarti* est un tronc et non la partie supérieure d'une tige qui se prépare à
émettre un certain nombre de rameaux, les *Colpoxylon* ne peuvent être réunis
à ce dernier; dans le cas contraire, et si la structure anatomique *mieux connue*
n'y mettait alors obstacle, on pourrait considérer le *Medullosa Leuckarti* comme
appartenant à la région de la tige d'un *Colpoxylon* qui se divisait en un certain
nombre de rameaux. Les *Colpoxylon,* malgré les dimensions considérables de
leur tige qui dépasse 15 centimètres de diamètre, n'étaient pas susceptibles
d'acquérir un cylindre ligneux d'une bien grande épaisseur : dans les échantillons appartenant aux troncs les plus gros, le bois et le liber réunis atteignent
à peine 15 millimètres et ne paraissent pas avoir dépassé ces dimensions.

Les *Medullosa*, au contraire, avaient une croissance en diamètre presque
indéfinie; le *M. gigas* que nous avons décrit en est un exemple.

---

[1] *Palæontographica. Beiträge zur Naturgeschichte der Vorzeit,* vol. XXVII, Cassel, 1881,
p. 123.

Une autre raison nous paraît encore éloigner les plantes en question, c'est la forme des résidus laissés sur le tronc par les feuilles. Dans les *Medullosa*, les cicatrices sont rhomboïdales, tandis que dans les *Colpoxylon* les mamelons dont nous avons parlé ont une forme toute différente, allongée transversalement et décurrente, et ressemblent plutôt à des résidus de feuilles désorganisées à la longue qu'à des cicatrices de feuilles caduques.

Selon nous les *Colpoxylon* doivent former un genre distinct des *Medullosa*, auquel pourrait se rattacher le *M. Leuckarti*.

Provenance. — Champs de la Justice et des Espargeolles.

Genre CYCADOXYLON B. Renault.

Le genre *Cycadoxylon* comprend de petites tiges, se rapprochant par leur organisation des *Ptychoxylon*, mais en différant suffisamment pour que nous ayons pensé à en faire un genre distinct.

Sur une section transversale le système ligneux est composé d'un cylindre extérieur continu, d'arcs ligneux dispersés dans la moelle en nombre variable. Le cylindre extérieur est formé de séries rayonnantes de trachéides ponctuées, à accroissement centrifuge; les bandes ligneuses intérieures sont constituées par des séries rayonnantes semblables, mais dont l'accroissement est centripète. Ce qui distingue ce genre du genre *Ptychoxylon* et du genre *Medullosa*, c'est que le cylindre extérieur ne se replie pas en dedans pour se souder avec les lames ligneuses contenues dans la moelle, et que l'on ne remarque aucune tendance de celles-ci à se rapprocher du premier.

De plus le liber présente également quelques différences dans la disposition relative des éléments qui le composent. En effet :

Les cellules de la zone génératrice se cloisonnent tangentiellement de façon à produire, en face de chaque série de trachéides, une cellule qui deviendra un tube grillagé, puis une autre cellule en dedans de la première, laquelle, se cloisonnant dans le sens radial, formera deux cellules de parenchyme libérien; une nouvelle division des cellules cambiales formera un tube grillagé, puis deux cellules de parenchyme, et ainsi de suite.

Les tubes grillagés et les cellules de parenchyme, se succédant régulièrement, forment des bandes rayonnantes composées d'autant de lignes que les bandes ligneuses en face desquelles elles ont pris naissance en contiennent.

De larges rayons cellulaires libériens, en continuation de ceux du bois, séparent les tubes grillagés et les cellules de parenchyme. La description de l'espèce suivante, la seule connue, complétera l'histoire de ce genre.

CYCADOXYLON FREMYI B. Renault [1].

(Fig. 55 et 56.)

Rameaux cylindriques mesurant 20 à 25 millimètres de diamètre.

Sur une coupe transversale le système ligneux comprend (fig. 55) un cylindre ligneux extérieur continu d, et plusieurs bandes ligneuses b, c, éparses dans le tissu fondamental.

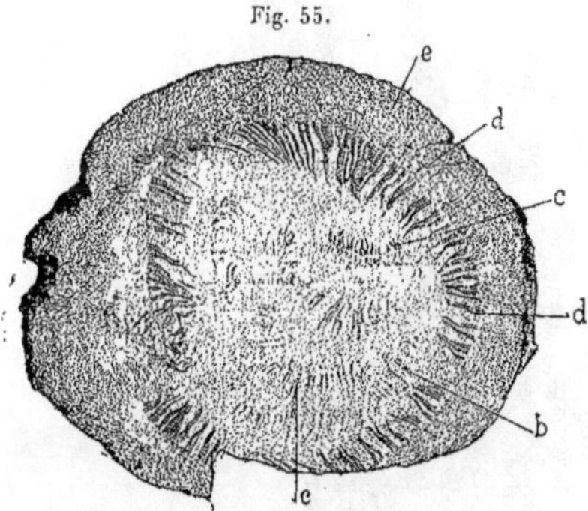

Fig. 55.

Cycadoxylon Fremyi. (Coupe transversale.)

c. Premières bandes ligneuses internes centripètes.
b. Deuxièmes bandes ligneuses internes centripètes.
d. Cylindre ligneux extérieur centrifuge.
e. Écorce.

Le cylindre extérieur est formé de séries de trachéides ponctuées, isolées ou réunies sur deux à quatre rangées en épaisseur. Les ponctuations aréolées ont un pore en forme de fente horizontale ou un peu oblique, par rapport à la direction de la trachéide; on en compte quatre à six sur les parois latérales; le plus souvent les ponctuations se réduisent à leur contour hexagonal.

Les séries de trachéides se terminent du côté de l'axe par deux ou trois trachéides rayées et par une ou deux trachées.

Les rayons cellulaires ligneux qui séparent les séries de trachéides sont épais, formés de cellules à section radiale, rectangulaire, allongées dans le sens horizontal; les cellules en contact avec les trachéides portent sur les parois quatre à six pores irréguliers.

Les bandes ligneuses, éparses dans la moelle a^1 (fig. 56), sont constituées de la même façon que celles du bois extérieur, c'est-à-dire de séries de

[1] *Nouvelles archives du Muséum,* 2ᵉ série, t. II. *Mémoires,* p. 283, pl. XIV, fig. 9 à 16.

Fig. 56.

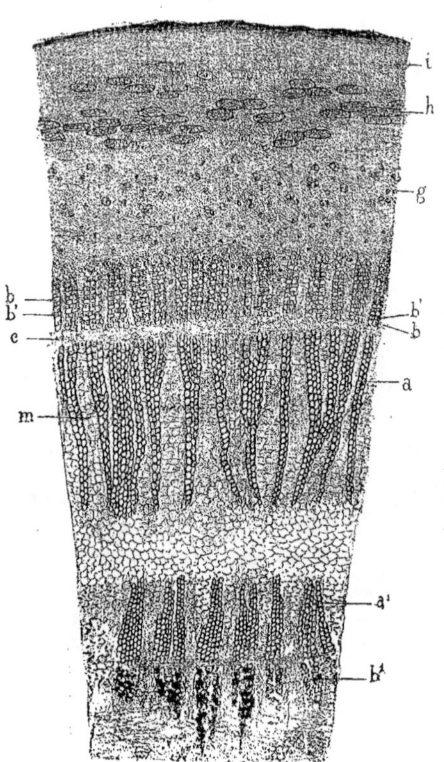

Coupe transversale du *Cycadoxylon Fremyi* grossie.

a. Bois secondaire centrifuge.

a¹. Bois secondaire centripète.

b. Tubes grillagés du liber.

b'. Cellules parenchymateuses du liber alternant avec les tubes grillagés.

b¹. Liber du bois secondaire centripète.

c. Zone génératrice.

m. Rayon cellulaire de tissu fondamental.

g. Tubes à gomme dans le parenchyme cortical.

h. Ceinture de cellules poreuses allongées transversalement.

i. Région corticale mal conservée.

trachéides ponctuées, séparées par des rayons cellulaires composés, mais leur accroissement est *centripète*, avec liber interne b^1. Nous n'avons pas constaté sur les sections transversales que le cylindre extérieur vînt se réunir à ces bandes.

Le liber offre la disposition que nous avons déjà signalée, c'est-à-dire qu'il se présente avec l'aspect de bandes rayonnantes (fig. 56); chaque bande est en continuation des bandes ligneuses du cylindre, et formée d'une, deux, trois séries comme celles-ci.

Les tubes criblés et le parenchyme libérien se succèdent régulièrement. Lorsque la bande ne renferme qu'une rangée d'éléments en épaisseur, à la suite d'un tube criblé se trouvent deux cellules de parenchyme, puis un tube criblé, deux cellules de parenchyme, et ainsi de suite. Si la bande renferme deux rangées d'éléments, pour deux tubes criblés b juxtaposés tangentiellement, on rencontre, à la suite, quatre cellules de parenchyme b', puis deux tubes criblés, etc. Chaque bande est séparée de sa voisine par un épais rayon cellulaire libérien en continuation de ceux du bois du rameau.

Sur une coupe tangentielle, les trachéides ligneuses présentent de nombreux exemples de contournements entre les coins ligneux; ces trachéides forment des anses, des anastomoses, des boucles au milieu du tissu conjonctif où elles semblent se terminer brusquement [1].

L'écorce, assez épaisse, est composée d'un parenchyme mal conservé au milieu duquel on distingue un assez grand nombre de canaux à gomme g. A la périphérie se trouvent des cellules à parois poreuses, allongées dans le sens de la circonférence h; quelquefois placées bout à bout et formant une sorte de ceinture autour de la tige, sur une coupe radiale, elles sont circulaires ou elliptiques; la région qu'elles occupent est également parcourue par quelques canaux à gomme.

L'échantillon sur lequel les observations précédentes ont été faites avait subi une assez longue macération; une grande partie des tissus mous du liber et de l'écorce a disparu; les cellules disjointes et leurs intervalles ont été envahis par des spores de champignons divers, dont quelques-unes ont germé et produit un *mycelium*.

Le genre *Cycadoxylon* se rapproche, comme on pourra le voir, du genre suivant *Ptychoxylon*, par son cylindre ligneux périphérique et par ses bandes

---

[1] *Loc. cit.*, pl. XIV, fig. 13, f', et fig. 14, o.

ligneuses intra médullaires, constitués et orientés de la même façon, mais il en diffère par l'absence de soudure des bandes internes avec le bois extérieur, donnant l'apparence de replis de ce dernier vers le centre de la tige, par la rareté des rameaux et des cordons foliaires.

Dans le liber, la disposition des tubes criblés et des cellules parenchymateuses offre également des différences assez notables sur lesquelles nous insisterons.

Enfin l'écorce, dans le genre *Cycadoxylon*, présente des anneaux circumvecteurs de cellules poreuses que l'on ne rencontre pas dans celle des *Ptychoxylon*.

Provenance. — Champ des Borgis.

Genre PTYCHOXYLON B. Renault [1].

Le genre *Ptychoxylon* n'a été rencontré que sous la forme de tiges assez rares, conservées par la silice.

Ce sont des fragments cylindriques, portant extérieurement les marques laissées par les bases de feuilles ou de rameaux, disposées en lignes spirales.

La caractéristique du genre réside dans la disposition du système ligneux, composé de plusieurs parties distinctes.

Sur une section transversale, on remarque un cylindre ligneux peu épais, continu, interrompu cependant de temps à autre, à la sortie d'un cordon de feuille ou d'un rameau. Ce cylindre entoure une moelle très volumineuse, à l'intérieur de laquelle se trouvent plusieurs larges bandes ligneuses, concentriques (arcs réparateurs), dont l'accroissement, inverse de celui du cercle extérieur, est *centripète*. Le nombre de ces lames varie suivant la hauteur de la section.

A chaque sortie de faisceaux de feuille ou de rameau, là où se trouve une interruption du cylindre extérieur, les deux bords de ce dernier se replient vers l'intérieur et se soudent chacun à une des bandes ligneuses de la moelle, pour former deux arcs concaves qui, pendant quelque temps, peuvent en se réunissant produire un second cylindre doublant le premier. Mais ce deuxième

---

[1] *Sur un nouveau genre fossile de tige cycadéenne* (*Comptes rendus des séances de l'Académie des sciences*, 20 mai 1889).

cercle ligneux ne se complète pas, si à peu près au même niveau se trouve une autre émission de feuille entraînant une interruption dans le premier cylindre extérieur, car les deux bords nouveaux, se repliant comme précédemment vers l'intérieur, se soudent également à deux autres bandes ligneuses de la moelle pour produire momentanément deux arcs concaves et, par suite, un troisième cercle ligneux intérieur plus ou moins complet.

L'accroissement de ce troisième cylindre est également centripète.

Le cylindre ligneux périphérique est composé de lames de trachéides à ponctuations aréolées, alternes, plurisériées, séparées par des rayons ligneux épais, dont les éléments à sections rectangulaires sont allongés dans le sens du rayon; les lames de trachéides ont leur pointement trachéen tourné vers l'axe de la tige.

Les bandes ligneuses contenues dans la moelle sont formées de trachéides tout à fait semblables, disposées en séries rayonnantes séparées par des rayons cellulaires épais, mais ayant leur pointement trachéen tourné vers l'extérieur. Le liber forme une assise épaisse, composée de parenchyme libérien, de tubes grillagés disposés régulièrement, et de rayons cellulaires ligneux; il est extérieur pour le bois périphérique, intérieur au contraire pour les lames ligneuses de la moelle.

L'écorce de la tige et des rameaux est relativement épaisse, charnue, sans aucune trace de bandes hypodermiques.

La tige porte des rameaux et des feuilles disposées en spirale, d'après le cycle $\frac{3}{8}$. Suivant leur grosseur, les rameaux présentent tantôt un seul cylindre fermé, tantôt un cylindre extérieur et une ou deux lames ligneuses contenues dans la moelle.

Ce genre s'éloigne du genre *Medullosa* par le peu d'épaisseur de la couche de bois extérieur, l'absence de productions ligneuses, de forme elliptique, aplatie ou étoilée dans la moelle et de bandes hypodermiques dans l'écorce, et surtout par la disposition toute particulière de l'ensemble du système ligneux.

Il diffère du genre *Colpoxylon* par la régularité du cylindre ligneux extérieur, la présence de grands arcs ligneux dans la moelle, l'absence de bandes hypodermiques dans l'écorce, la structure des cordons foliaires; de plus, la moelle ne présente aucun des petits faisceaux vasculaires isolés, si nombreux au contraire chez les *Medullosa* et les *Colpoxylon*.

PTYCHOXYLON LEVYI, n. sp.

(Pl. LXIX de l'atlas et fig. 57 à 63.)

Tiges cylindriques, larges de 5 à 6 centimètres, présentant à la surface des traces laissées par les feuilles et les rameaux, disposées en ligne spirale; composées d'une moelle volumineuse, d'un cylindre ligneux extérieur, de plusieurs bandes ligneuses incluses dans la moelle, et d'une écorce épaisse et charnue.

Le tissu fondamental qui forme la moelle est généralement conservé; il montre pourtant assez souvent des déchirures profondes, remplies de silice transparente et amorphe. Dans les parties intactes, le tissu est composé de cellules isodiamétrales m (fig. 4, pl. LXIX), à sections transversale et longitudinale polygonales; çà et là on remarque des cellules et des canaux remplis d'une matière brune, qui représentent sans doute des réservoirs à gomme ou à résine.

Au milieu de la moelle se trouvent des bandes ligneuses, dont les unes sont libres (fig. 57), les autres soudées avec le cylindre ligneux extérieur (fig. 60), ou en partie libres et en partie soudées avec ce dernier (fig. 58 et 59).

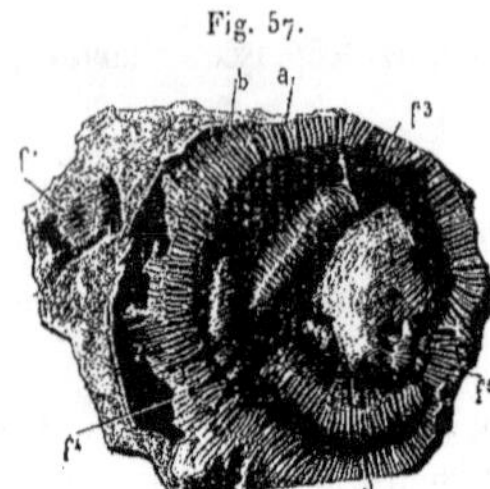

Fig. 57.

Ptychoxylon Levyi.

a. Cylindre ligneux extérieur.
b. Liber.
f^1, f^2, f^3, f^4, f^5. Projections sur un même plan des sorties de cinq feuilles successives.

Dès lors les sections transversales du système ligneux offrent des aspects assez variables, dont cependant on peut se rendre compte sans difficulté.

Les figures 57, 59, 61 représentent les surfaces polies de trois rondelles successives, détachées du même fragment; la rondelle 59 est celle du milieu; les rondelles 57 et 61 sont celles situées au-dessus et au-dessous de cette dernière.

Les figures 58, 60, 62 sont les dessins des faces opposées de chacune d'elles; les parties qui étaient à droite dans le premier groupe sont placées à gauche dans le second. On peut facilement en passant d'une figure à l'autre suivre les variations qu'éprouve le système ligneux sur une longueur de 4 à 5 centimètres environ.

La figure 57 montre un cylindre extérieur à peu près continu, sauf en f^5 où se trouve un vide en voie de se combler comme on le verra plus loin.

Au centre de la moelle on remarque trois bandes ligneuses, deux vers le haut de la figure, dont l'une à droite est en partie masquée par une déchirure remplie de silice amorphe. La troisième, un peu plus large, est placée au bas; ces trois bandes sont indépendantes les unes des autres, ainsi que du cylindre ligneux extérieur; comme ce dernier, elles sont formées de lames de trachéides rayonnantes, mais à accroissement centripète et à liber tourné du côté de l'axe de la tige.

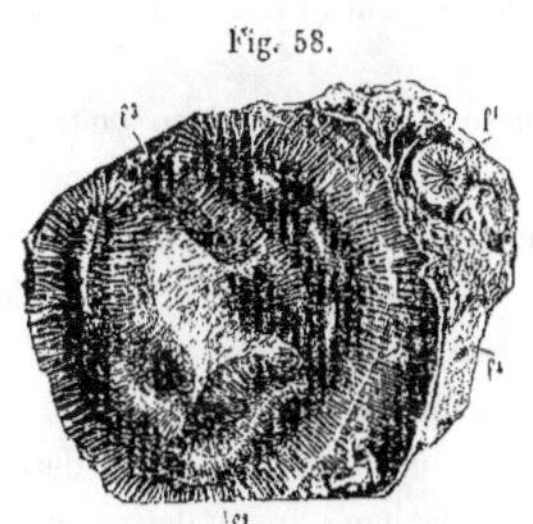

Ptychoxylon Levyi.

f^1, f^2, f^3, f^4. Projections sur un même plan des sorties de quatre feuilles successives.

Sur la figure 58, qui représente la face inférieure de la même rondelle, le rameau f^1, qui était à gauche dans la première figure, est venu se placer à droite.

Les bandes ligneuses ont pris une disposition tout autre que dans la coupe précédente.

Le cylindre ligneux, à peine ouvert en f^3 de la première figure, l'est beaucoup plus, et ses bords, repliés vers l'intérieur, sont venus se souder aux deux bandes isolées et indépendantes que nous avons signalées dans la première section. La figure qui en résulte est celle d'un v dont les deux branches seraient recourbées en dedans, v.

En f^3 se trouve la sortie d'un faisceau foliaire, et le vide laissé est en partie déjà comblé, sur la face opposée.

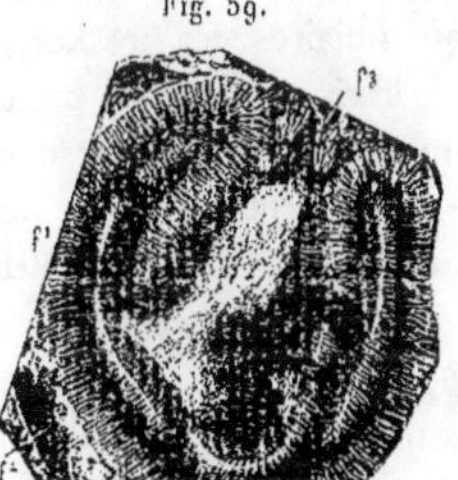

Ptychoxylon Levyi.

f^1, f^2, f^3, f^4. Projections sur un même plan des sorties de quatre feuilles successives.

Quant à la troisième bande ligneuse, placée au bas de la figure 57, elle s'est considérablement développée sur ses bords, et forme un arc dont les extrémités discontinues se glissent dans l'intervalle existant entre le cylindre extérieur et les deux bandes ligneuses qui sont venues se souder à lui.

La figure 59, qui représente la face supérieure polie de la deuxième rondelle, offre sensiblement l'aspect de la face inférieure de la première, à cette différence près que l'arc dont nous venons de parler est moins morcelé, et que en f^3 on voit les deux faisceaux qui constituent le cordon foliaire.

Le rameau f^1 a été détaché pour en étudier l'organisation, à son point de sortie du cylindre ligneux extérieur.

La figure 60, face inférieure de la deuxième rondelle, indique un accroissement notable dans les branches internes a'' du v.

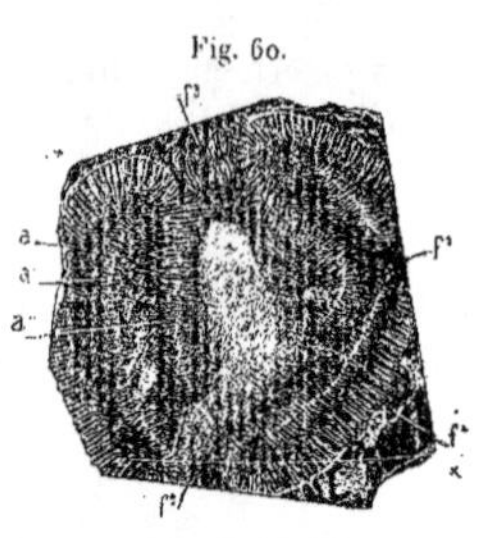

Fig. 60.

Ptychoxylon Levyi.

a. Cylindre ligneux externe.

a'. Bandes ligneuses soudées au cylindre externe.

a''. Bandes ligneuses moins âgées soudées au cylindre externe.

f^1, f^2, f^3, f^4. Projections sur un même plan des sorties de quatre feuilles successives.

L'arc vasculaire a' s'est séparé en deux portions qui sont venues se joindre chacune aux bords repliés en dedans du cylindre extérieur.

L'ouverture f^2 laisse passage aux faisceaux foliaires d'une deuxième feuille.

Comme la brèche du cylindre n'est pas encore réparée en f^3, il en résulte que ce dernier semble divisé, à cette hauteur, en deux tronçons inégaux dont les deux bords, repliés vers l'intérieur et se recouvrant, figurent deux spirales aplaties.

C'est à cette particularité, qui ne se rencontre dans aucune tige connue, que nous avons fait allusion en créant le genre *Ptychoxylon*. Cette disposition du cylindre externe et des bandes ligneuses internes en deux tronçons principaux est assez fréquente; dans le cas que nous venons de citer, elle est due à la sortie de deux cordons foliaires, les brèches produites n'ayant pas encore eu le temps de se réparer; mais elle se présente encore plus nettement lors de la sortie d'un rameau, car ici le vide à combler étant plus considérable, l'émission d'une feuille, peut-être de deux, aura le temps de se produire avant son effacement et de déterminer la division du cylindre ligneux en deux, trois tronçons de forme spiralée vers l'intérieur.

La figure 3, planche LXIX, représente une section réduite en lame mince passant au-dessus du point de sortie d'un rameau r. Le système ligneux est partagé en deux tronçons principaux ayant la forme indiquée ci-dessus; au centre en a_1 on remarque deux lames vasculaires allant se souder momentanément au cylindre extérieur, mais dans une région plus élevée, à la sortie d'une feuille plus récente.

La face supérieure de notre dernière rondelle (fig. 61) nous montre le cylindre extérieur interrompu en f^2, et soudé par ses bords à l'arc a' de la tige qui est complet; l'interruption produite par la sortie de la feuille f^3 ne s'étant pas encore produite à ce niveau, le cylindre a est continu, et les branches internes a'' du v (fig. 60), plus ou moins morcelées, se voient éparses dans l'intérieur de la moelle (fig. 61).

Le rameau f^1 s'est déjà éloigné de la tige à ce niveau, et l'irrégularité a produite dans le cylindre s'est notablement atténuée. En f^2 se voient les bandes vasculaires en forme de coin qui se dirigent dans une feuille.

Sur la face opposée (fig. 62), on peut remarquer le point f^2 où le cylindre extérieur et la bande vasculaire interne viennent se mettre en contact, avant l'émission du faisceau vasculaire f^2 de la figure 61. Le système ligneux paraît alors formé de deux cercles concentriques presque complets, ayant leurs pointes trachéennes en regard, et leurs zones génératrices opposées; la trace du rameau f^1 est très apparente, à cause de la proximité plus grande de son point de sortie.

Quant aux bandes ligneuses plus internes, marquées a'' (fig. 60), déjà morcelées dans la section 61, elles le sont encore davantage sur le côté opposé, et vont en s'atténuant à mesure qu'elles descendent dans l'intérieur de la tige.

De ce qui précède il résulte que nous pouvons considérer les tiges de *Ptychoxylon* comme possédant un système ligneux composé : 1° d'un cylindre ligneux, extérieur, continu, à accroissement centrifuge; 2° de lames ligneuses indépendantes, contenues dans la moelle, offrant un accroissement centripète. Ces lames, en nombre variable, suivant les dimensions de la tige et la hauteur où l'on fait la sec-

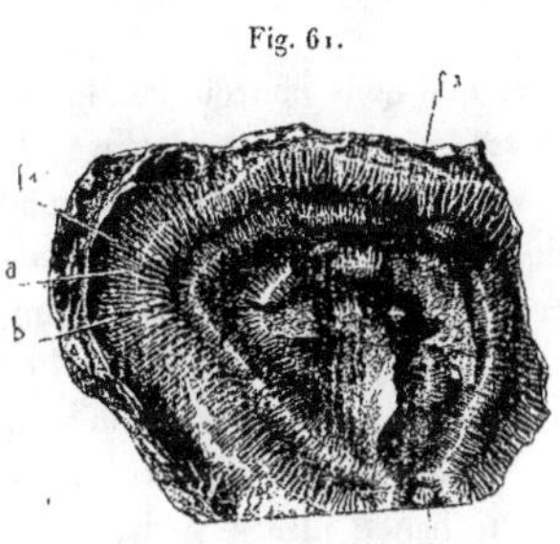

Fig. 61.

Ptychoxylon Leuyi.

a. Cylindre ligneux encore légèrement déformé par la sortie d'un rameau.
b. Liber.
f^1, f^2, f^3. Projections sur un même plan des sorties de trois feuilles successives.

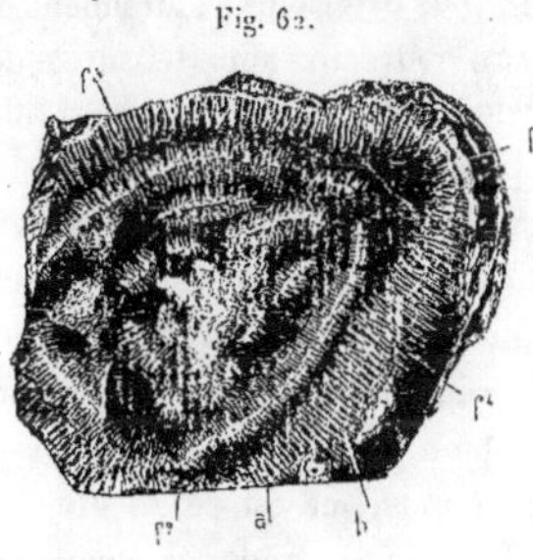

Fig. 62.

Ptychoxylon Leuyi.

a. Cylindre ligneux externe.
b. Liber.
f^1, f^2, f^3, f^4. Projections sur un même plan des sorties de quatre feuilles successives.

tion, ne s'étendent pas sur toute la longueur de la tige, mais en occupent successivement une certaine portion.

L'une après l'autre, chacune de ces lames, que nous pouvons considérer comme des arcs ligneux réparateurs, vient se mettre en contact avec le cylindre extérieur à la hauteur du point d'émission d'un appendice (feuille ou rameau), se soude avec lui pendant quelque temps, puis s'en sépare. L'importance, en épaisseur et en étendue, de ces arcs réparateurs est maximum à ce niveau; leur zone génératrice continue bien à les prolonger en dessus lors de l'élongation de la tige, mais elle diminue peu à peu d'activité et finit par s'éteindre. L'arc réparateur a' (fig. 60), très développé sur la figure 62, se réduit dans sa marche ascendante à une petite bande placée au bas de la figure 57.

L'arc réparateur a'' (fig. 60), après avoir été formé de deux bandes placées en haut de la figure 57, passe dans sa course descendante par un maximum que l'on remarque dans les figures 59 et 60, se divise en tronçons (fig. 61 et 62), disposés en cercle irrégulier et discontinu.

De la position occupée par ces arcs dans la moelle à une distance variable du centre, et du niveau auquel ils viennent se souder au cylindre extérieur, il ressort que ceux dont l'origine est la plus récente occupent la région la plus interne; à mesure que les plus anciens, plus extérieurs, s'atténuent ou s'éteignent à leurs deux extrémités, des arcs nouveaux appartenant à des feuilles ou à des rameaux plus récents se développent et jouent le même rôle.

Nous avons dit plus haut que le bois était composé de séries rayonnantes de trachéides ponctuées; ces séries forment de petits groupes de deux à quatre lames, souvent sinueux (fig. 3, pl. LXIX); dans le cylindre extérieur les lames se terminent du côté de l'axe par quelques trachéides rayées et une ou deux trachées; la partie située en dehors renferme des trachéides ponctuées, à section transversale rectangulaire, un peu plus allongée dans le sens radial que dans le sens tangentiel. Leur largeur moyenne est de $50\,\mu$.

Les parois portent des ponctuations, le plus souvent réduites à un contour hexagonal, mesurant en largeur $16\,\mu$ et en hauteur $13\,\mu$; lorsque la conservation est bonne, les ponctuations sont munies d'un pore, non pas circulaire ou elliptique, mais en forme de fente étroite, inclinée par rapport à l'axe de la trachéide.

Les ponctuations sont disposées sur les parois latérales en séries longitudinales, alternes, et au nombre de trois, quatre, plus rarement quatre et cinq rangées.

Les lames de trachéides sont séparées par des rayons cellulaires composés, épais, dont les éléments sont polyédriques sur une coupe transversale (fig. 6, pl. LXIX, *r*), et rectangulaires (fig. 5, *r*) sur une coupe radiale.

Le bois qui constitue les arcs réparateurs renferme des éléments exactement semblables, mais disposés en sens contraire; les éléments rayés sont en effet tournés vers l'extérieur et ceux portant des ponctuations, vers l'intérieur; les lames de trachéides sont plus courtes et moins serrées.

Quant au liber, il forme, en dehors du cylindre ligneux et en dedans des arcs générateurs, une assise épaisse que les coupes transversales mettent en évidence sur toutes les préparations.

Nous donnons (fig. 4) une section longitudinale d'ensemble d'une partie de la tige représentée (fig. 3); *a* est une portion du cylindre extérieur; *a'*, celle d'un arc réparateur soudé à ce dernier et simulant un premier repli; *a"*, celle d'un deuxième arc recouvrant celui-ci à l'intérieur. On peut remarquer que chacun d'eux est accompagné d'une assise libérienne, épaisse, *l, l', l"*, formée des mêmes éléments; nous décrirons en quelques mots seulement le liber extérieur.

Celui-ci est composé de cellules parenchymateuses et de tubes criblés disposés assez régulièrement.

En face de chacun des faisceaux du bois, les cellules de la zone génératrice produisent extérieurement des tubes criblés; en face des rayons ligneux, elle engendre des rayons cellulaires libériens; si le faisceau du bois correspondant contient une seule série de trachéides, dans son prolongement, les cellules cambiales ne produisent qu'une seule ligne radiale de tubes criblés; de temps à autre on remarque des cellules sans cribles *l* (fig. 7). Si, au contraire, le faisceau du bois renferme deux ou trois séries juxtaposées de trachéides, les cellules cambiales se cloisonnent de façon à donner naissance à une couche également radiale, composée de deux ou trois tubes criblés en épaisseur, de même que dans les lignes simples on reconnaît facilement la présence de longues cellules parenchymateuses sans cribles, remplaçant irrégulièrement les tubes criblés; souvent elles présentent un diamètre plus considérable que ces derniers et paraissent hypertrophiées; elles deviennent de plus en plus nombreuses à mesure que l'on se rapproche de l'extérieur, et les tubes criblés, qui se touchent souvent près du bord interne du liber, deviennent de plus en plus rares et plus petits vers le bord externe. L'assise libérienne comprend plus de quatre-vingt-dix rangées de tubes criblés et de cellules parenchymateuses; les séries radiales résultant de l'association irrégulière de ces deux sortes d'éléments sont séparées par d'épais rayons cellulaires libériens qui sont en continuation directe avec les rayons ligneux de la tige.

Les cribles placés sur les parois des tubes forment des plages allongées transversalement, irrégulièrement ovales, serrées les unes contre les autres; la conservation est assez bonne pour que l'on parvienne à distinguer quelquefois les perforations.

Le liber ne renferme aucun indice de fibres libériennes.

Le tissu fondamental qui sépare les différentes parties du système ligneux est homogène et ne renferme que quelques cellules qui paraissent avoir servi de réservoir à gomme.

L'écorce des *Ptychoxylon* était charnue, complètement dépourvue de bandes hypodermiques, souvent détruite; lorsqu'elle montre quelques parties conservées, on y trouve des cellules, de forme polyédrique, quelquefois arrondies et disjointes par la macération; la masse est sillonnée de canaux gommeux, à course sinueuse et légèrement teintés; la surface est occupée par une assise subéreuse, formée de cinq à six rangées de cellules en épaisseur.

La portion libre ou aérienne des feuilles des *Ptychoxylon* est inconnue; la forme exacte des cicatrices qu'elles ont laissées sur la tige l'est également. La portion du cordon foliaire contenue dans la tige a pu seule être observée.

Ce cordon, examiné quand il s'est séparé du cylindre extérieur, mais encore placé dans l'ouverture qui s'est produite f^3 (fig. 59), est déjà formé de deux parties distinctes, écartées l'une de l'autre; chacun de ces deux faisceaux vasculaires (fig. 63) se compose d'un bois centrifuge a rayonnant; les séries de trachéides ponctuées, aréolées, sont séparées par des rayons cellulaires ligneux, épais; elles sont disposées en éventail et au nombre de huit à neuf; leur extrémité tournée vers la tige est terminée par quelques trachéides rayées; à l'extérieur on remarque une épaisse couche de liber l constitué comme celui des tiges.

L'extrémité du bois secondaire est entourée de cellules à minces parois, cambiformes, au milieu desquelles on distingue quelques trachées, et plus intérieurement se trouve un groupe de neuf à dix trachéides, rayées et ponctuées, disposées sans ordre; cet ensemble constitue le bois primaire centripète. Nous pouvons donc considérer le faisceau foliaire des *Ptychoxylon* comme diploxylé dans l'intérieur de la tige; il est vraisemblable qu'on le trouvera plus franchement diploxylé dans la partie aérienne de la feuille, puisque ce caractère disparaît successivement dans les rhizomes et les tiges avant de s'éteindre dans les feuilles.

On peut, sur une coupe transversale, reconnaître facilement les points du cylindre ligneux extérieur d'où se détacheront les cordons des feuilles.

Fig. 63.

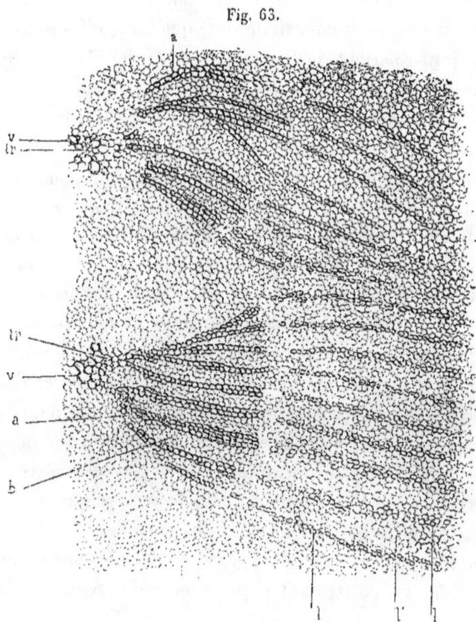

Faisceaux vasculaires d'une feuille de *Ptychoxylon*.

a. Séries rayonnantes de trachéides ponctuées du bois secondaire centrifuge.	*l*. Tubes criblés et parenchyme libérien.
v. Bois primaire centripète.	*l'*. Rayons cellulaires libériens.
b. Rayons cellulaires ligneux.	*tr*. Trachées.

En *f*ª, fig. 57, les deux faisceaux, en forme de coin, sont déjà distincts, et à leur extrémité interne se voient les deux parties centripètes qui les accompagnent.

Si on note sur les six faces des trois rondelles que nous avons figurées plus haut la position des feuilles qui apparaissent successivement, en conservant pour chaque feuille sa notation, lorsque l'on passe d'une rondelle à la suivante, on obtient ainsi sur la figure 57 la projection des points de départ de cinq feuilles, celle qui porte le numéro 1 correspondant à la sortie du rameau f^1 (fig. 57 et fig. 61).

Si l'on va de la figure 61 à la figure 57, afin de suivre l'ordre d'apparition des feuilles sur la tige, on reconnaît de suite que les feuilles se trouvent placées sur une ligne spirale partant de f^1, passant par f^2 (fig. 61), f^3 (fig. 59), f^4, f^5 (fig. 57); que leur angle de divergence est de 130 degrés et que leur ordre phyllotaxique est représenté par la fraction $\frac{3}{8}$. La ligne spirale va de gauche à droite en passant par l'observateur.

Nous avons dit que la forme des feuilles était complètement inconnue, mais le développement considérable, dès l'origine, des cordons foliaires permet de supposer que leur limbe était épais, qu'elles étaient promptement dichotomes, si l'on se rappelle la division en deux lobes que nous avons signalée à l'origine du faisceau; avant de sortir de la tige, chacun d'eux manifeste une tendance à une nouvelle dichotomie.

Les sections transversales rencontrent quelquefois des rameaux, inclus dans la tige r (fig. 2 et fig. 3, pl. LXIX), ou sortis (fig. 57 et fig. 58). Lorsqu'ils sont inclus, leur système ligneux ne se compose que d'un cylindre complètement fermé, constitué par des séries de trachéides ponctuées et du liber, semblables à ceux des tiges; quelques trachées placées à l'extrémité interne des lames de trachéides représentent seules le bois primaire; il n'y a pas de bandes ou d'arcs réparateurs à l'intérieur de la moelle.

Mais quand les rameaux sont plus âgés et qu'ils ont pris un développement plus considérable, les particularités que nous avons signalées dans les tiges apparaissent.

Le cylindre ligneux extérieur a (fig. 8, pl. LXIX) n'est plus continu; il présente des interruptions fréquentes, correspondant à des appendices, ramules ou feuilles; des arcs réparateurs a' se développent et viennent se souder par leurs extrémités aux tronçons du cylindre extérieur à chaque émission et s'en séparent ensuite. Les trachéides qui composent ces arcs réparateurs ont un accroissement centripète, et leur liber est tourné du côté du centre de figure du rameau. Le liber du cylindre extérieur présente, comme celui des tiges, des bandes rayonnantes alternatives de tubes criblés et de rayons cellulaires libériens.

Les lignes de tubes criblés sont également interrompues irrégulièrement par des cellules allongées, sans cribles, souvent hypertrophiées et remplies d'une matière brune qui pourrait être prise pour une substance gommeuse.

La description que nous venons de donner sépare nettement les *Ptycho-xylon* des différents genres que nous avons étudiés; nous discuterons plus loin leur place parmi les genres fossiles voisins.

Provenance. — Champ des Borgis.

Genre PTEROPHYLLUM Brongniart.

Frondes caduques, pinnées, à segments linéaires, allongés, insérés à angle droit par toute leur base sur les côtés du rachis, mais distincts entre eux et tronqués ou non au sommet. Nervures simples, égales, parallèles, aboutissant au sommet des pinnules.

Le genre *Pterophyllum* a persisté assez longtemps : le *Pt. Cottæanum*, Gutbier, trouvé dans les schistes argileux rougeâtres ou gris vert, du grès rouge de Reinsdorf, près de Zwickau (Saxe), a été regardé comme le plus ancien représentant de ce genre, mais depuis quelques années il a été signalé dans divers bassins houillers, à Saint-Étienne par exemple (Saporta et Marion, *Évolution des Phanérogames*), à Montmaillot (Renault et Zeiller, *Comptes rendus des séances de l'Académie des sciences*, 8 février 1886), enfin à Commentry (*Flore fossile*, p. 619).

C'est dans le Trias que ces plantes paraissent avoir eu leur maximum de développement sous les formes des *Pterophyllum Jægeri*, *Pt. gracile*, *Pt. pectinatum*, *Pt. cuneatum*, etc.; ils perdent peu à peu de leur importance dans l'Oolithe, le Wealdien, où se trouve le *Pt. Brongniarti* de Morris, et paraissent se terminer dans la craie inférieure.

La durée de ce genre de Cycadées, à travers les âges géologiques, a donc été très longue.

PTEROPHYLLUM CAMBRAYI B. Renault[1].

(Fig. 64.)

L'espèce que nous allons décrire, sous le nom de *Ptérophyllum Cambrayi*, a été recueillie dans les schistes qui recouvrent immédiatement le boghead aux

---

[1] *Comptes rendus des séances de l'Académie des sciences*, 19 mars 1894.

Thélots, c'est-à-dire à la partie supérieure du terrain permien d'Autun ou terrain autunien.

Fig. 64.

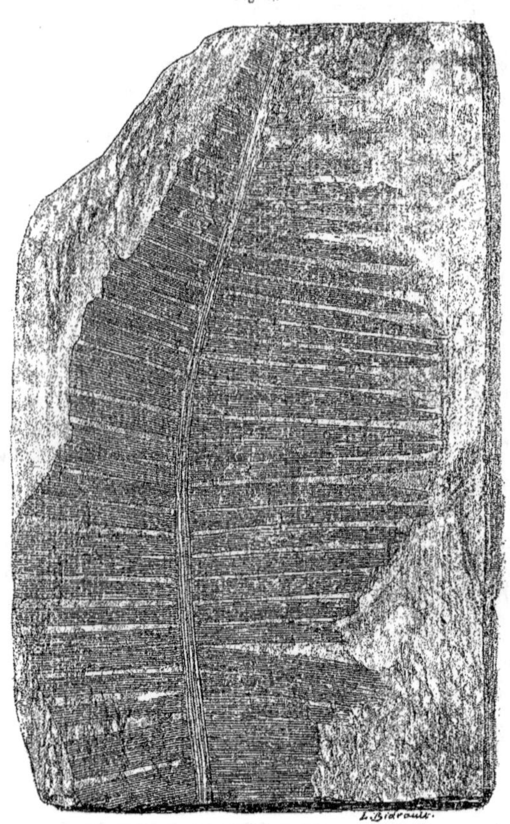

Pterophyllum Cambrayi. (Grandeur naturelle.)

La fronde, incomplète à ses deux extrémités, mesure 15 centimètres de longueur; le rachis, assez grêle, n'atteint que 3 millimètres à la partie inférieure et 2^{mm},8 à l'autre extrémité; aussi est-il légèrement infléchi, et non dressé et rectiligne, comme celui de la plupart des frondes de *Pterophyllum*. On remarque de fines stries longitudinales sur toute son étendue. Les pinnules sont droites, longues de 48 millimètres, larges de 3,5 à 4 millimètres; celles qui sont complètes ont leur extrémité terminée en pointe de couteau aiguë. Elles sont très rapprochées, légèrement confluentes à la base; sur une longueur du rachis de 1 décimètre on en compte vingt-deux.

Les nervures, très fines, sont nettes, parallèles, quelquefois dichotomes, toutes égales et se terminent au bord extrême de la feuille; on en distingue trois sur une largeur de 1 millimètre; du côté du rachis elles ne s'incurvent pas sensiblement.

Par les dimensions de la fronde et des pinnules, cette espèce se rapproche plus des espèces du Trias, du *Pt. Jægeri* entre autres, que des *Pterophyllum* houillers; en effet, les pinnules ont à peu près les mêmes dimensions et la même nervation que celles des jeunes frondes du *Pt. Jægeri;* cependant le rachis est un peu plus faible, et les pinnules sont terminées en pointe au lieu d'être tronquées comme dans cette dernière espèce.

Ces différences sont assez faibles pour que, malgré l'intervalle de temps considérable qui sépare le dépôt des schistes permiens exploités aux Thélots et celui des marnes irisées, nous soyons porté à admettre que le type des *Pterophyllum* secondaires date de l'époque permienne et n'a subi que de légères modifications en passant au Trias.

L'espèce que nous décrivons s'éloigne au contraire beaucoup du *Pt. Cottœanum*, Gutbier, du Permien de Zwickau [1]; dans ce dernier, en effet, le rachis est épais, muni en dessus de deux gouttières longitudinales d'où partent les pinnules. Ces deux gouttières font défaut dans les échantillons de *Pt. Jægeri* Brongniart, de même que dans notre échantillon; les pinnules mesurent près de 1 centimètre de largeur, sont beaucoup plus longues et possèdent des nervures fortes, saillantes, espacées. Les différences sont encore plus marquées si on compare le *Pt. Cambrayi* avec les *Pterophyllum* houillers, tels que le *Pt. Grand'Euryanum* [2], le *Pt. primævum* [3] et le *Pt. Fayoli* [4].

---

[1] Geinitz, *Dyas oder die Zechsteinformation*, etc., tab. XXXIII, et Gutbier, *Verstein. d. Zwick. Schwarzk.* (1835). Id. *Verst. d. Roth.*, tab. VII, f. 7 (1849).

[2] *Évol. des Cryptogames*, p. 109, fig. B.

[3] *Comptes rendus*, 1886. *Flore de Commentry*, p. 621.

[4] *Flore de Commentry*, p. 619, pl. LXVIII.

Dans cette dernière espèce, entre autres, le rachis atteint 7 millimètres de diamètre, et il conserve cette dimension sur toute son étendue, ce qui dénote une fronde d'une longueur considérable.

Les pinnules sont entières, linéaires, insérées subperpendiculairement au rachis par toute leur base, qui présente une décurrence marquée sur le bord inférieur; elles sont soudées entre elles sur une hauteur de 1 à 2 millimètres et libres sur tout le reste de leur étendue. Leur longueur dépasse 12 centimètres, et leur largeur atteint 1 centimètre; les deux bords restent parallèles jusqu'à une distance, à partir de la base, de 9 centimètres; puis leur bord inférieur se recourbe légèrement et finit par atteindre le bord supérieur; les pinnules, par conséquent, ne sont pas arrondies, obtuses ou tronquées, comme cela arrive pour les espèces secondaires, mais terminées en pointe aiguë et en lame de couteau.

Elles sont parcourues par des nervures égales, nombreuses, dix à douze par pinnule; leur distance entre elles est de $0^{mm},8$ à $0^{mm},9$; bien plus espacées que dans le *Pt. Cambrayi,* elles sont très nettes, saillantes, légèrement courbées à la base d'insertion, parallèles sur tout le reste du limbe, sans bifurcation, et se terminent brusquement au contour lentement arrondi du bord inférieur.

Les pinnules sont insérées à la face supérieure du rachis, le long de deux rainures longitudinales distantes d'environ 5 millimètres; sur les bords extérieurs de cette rainure se trouve la membrane, large de 1 à 2 millimètres, formée par la soudure de la base des pinnules; en se séparant elles laissent entre elles un intervalle, large de 2 à 3 millimètres, qui se termine du côté du rachis par un angle aigu, à côtés curvilignes en dessus.

Les feuilles étaient épaisses, coriaces, non fissurées malgré la disposition des nervures, fortes, parallèles, sans dichotomie, qui devait favoriser leur déchirure suivant la longueur.

Les trois espèces houillères que nous avons citées appartiennent à un type complètement différent, beaucoup plus vigoureux, beaucoup plus développé, ayant pour représentant le *Pt. Fayoli,* qui jusqu'à présent est l'espèce la mieux conservée que l'on ait décrite.

À l'époque permienne les deux types de *Pterophyllum* existaient; le type houiller, le plus grand et le plus ancien, aurait disparu le premier.

Genre SPHENOZAMITES Brongniart.

Le genre *Sphenozamites* a été établi par Brongniart pour les *Otozamites* dont les pinnules à nervures divergentes et aboutissant aux bords des feuilles ne sont pas auriculées à la base.

Brongniart a indiqué comme type de ses *Sphenozamites* le *Cyclopteris Beani* de Lindley et Hutton [1]. Mais dans cette espèce les pinnules alternes sont très rapprochées, presque imbriquées et munies à la base vers le bord supérieur d'une dilatation du limbe qui tend pour certaines d'entre elles à se transformer en auricule. C'est pour ces diverses raisons que Schimper a créé le sous-genre *Rhombozamites* comprenant les espèces à folioles imbriquées, ovales, rhomboïdales, fixées au rachis par l'angle inférieur presque allongé en pédicelle, de la base élargie de la pinnule.

Brongniart rangeait également parmi les *Sphenozamites* le *Pterophyllum oblongifolium* de Kurr [2] dont les folioles écartées, oblongues, longues de 25 millimètres et larges de 10 millimètres, sont arrondies au sommet, brusquement rétrécies à la base, sessiles, insérées sur les côtés d'un rachis beaucoup plus grêle que dans le *Cyclopteris Beani*. Schimper a fait rentrer cette espèce dans son deuxième sous-genre *Glossozamites* [3].

Une troisième espèce, citée par Brongniart comme pouvant faire partie de son genre *Sphenozamites,* est l'*Odontopteris undulata* de Sternberg [4], caractérisé par des frondes à contour linéaire allongé, larges de 6 centimètres. Les pinnules, oblongues, alternes, sont fixées à une distance de 15 à 18 millimètres les unes des autres, sur la partie supérieure du rachis, par une base quelque peu arrondie et disposée obliquement.

Le bord supérieur, à courbure d'abord plus marquée du côté du rachis que le bord inférieur, devient presque rectiligne et montre quelques échancrures vers le haut de la feuille, mais cela tient évidemment à ce qu'elle est incomplète dans cette région. Leur longueur est d'environ 32 millimètres et leur plus grande largeur de 12 millimètres; les nervures sont nettes dans l'échan-

[1] *Tableau des genres de végétaux fossiles,* p. 61.
[2] *Fossil Flora of Great Britain,* t. 1, pl. 44
[3] *Beiträge zur Flora d. Jura-Format. Würtembergs,* tab. 1, fig. 5.
[4] *Traité de paléont. végétale,* t. II, p. 163.

tillon représenté par Sternberg, disposées en éventail, quelquefois dichotomes; dans la région la plus large elles sont distantes en moyenne de o^{mm},7 et on en compte dix-huit à vingt-cinq sur les diverses pinnules.

Le rachis, un peu plus renflé vers le milieu de la fronde qu'aux extrémités, mesure 3 à 4 millimètres. La longueur de la fronde incomplète figurée par Sternberg est de 18 centimètres.

Cette espèce est la seule de celles citées par Brongniart qui ait été maintenue dans le genre *Sphenozamites*; elle a été recueillie dans les couches oolithiques de Whitby.

Depuis Brongniart plusieurs échantillons rencontrés dans le Kimméridgien d'Orbagnoux (Ain), tels que : le *Sph. latifolius*, Sap.; dans le calcaire oolithique de Rotzo (Vicentin) et à Morestel (France) : le *Sph. Rossii*, Zigno, sont venus préciser les caractères du genre; toutefois le spécimen décrit par Sternberg est resté le plus complet de ceux qui ont été figurés, le bord seul manque à l'extrémité supérieure des folioles.

SPHENOZAMITES ROCHEI B. Renault [1].

(Pl. LXXXI, fig. 1.)

Le *Sphenozamites Rochei* a été trouvé dans les couches *inférieures* du terrain permien de Lally, près Autun, et recueilli par M. Roche. Il se rapproche plus de l'espèce de Sternberg [2] que du *Sph. Rossii*, figuré par Zigno [3].

Dans le *Sphenozamites Rochei*, le contour de la fronde, longuement linéaire, est large de 5 centimètres et demi; le rachis présente un diamètre de 3 à 4 millimètres sur la longueur de la portion conservée qui mesure 14 centimètres.

Les pinnules sont alternes, insérées sur la face supérieure du rachis à une distance de 12 à 14 millimètres les unes des autres, longues de 25 millimètres et larges de 10 à 11 environ. Elles sont oblongues, atténuées en coin à la base, presque pédicellées; d'un côté on compte onze folioles plus ou moins complètes et de l'autre sept seulement, mais encore plus fragmentées; trois d'entre elles ont été complètement arrachées. Elles sont légèrement décurrentes à la base; leur bord supérieur, arrondi, est quelquefois dentelé ou échan-

[1] *Archives botaniques du nord de la France.*
[2] *Flora der Vorwelt*, vol. II, tab. xxv, fig. 1.
[3] *Atti dell' Instit. venet.*, vol. XIII, pl. 14, fig. 9.

cré, mais cela semble tenir à une déchirure plus ou moins importante d'une portion du limbe.

Les nervures, fines et égales, distantes en moyenne d'un demi-millimètre, partent en divergeant de la base contractée de la pinnule et vont se terminer aux bords après s'être dichotomisées une ou deux fois.

Fig. 65.

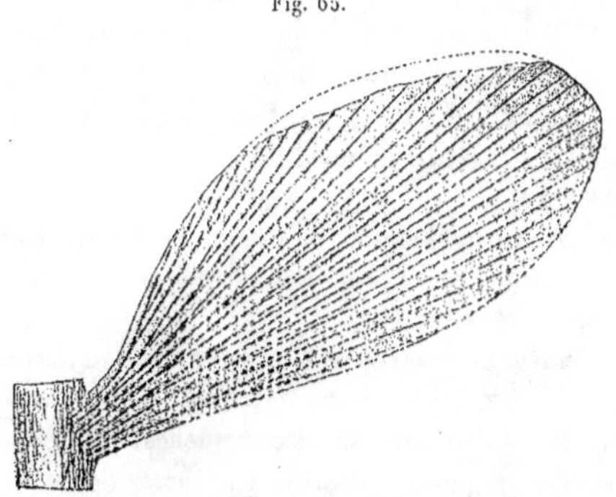

Feuille de Sphenozamites Rochei, grossie trois fois.

Le trait ponctué qui continue en dessus cette foliole indique la configuration
de son bord avant toute déchirure.

La principale différence entre le *Sph. Rochei* et le *Sph. undulatus* de Sternberg porte sur la forme plus atténuée en coin des pinnules, qui sont presque pédicellées dans l'échantillon de Lally.

De part et d'autre, les nervures sont fines, à peu près également écartées sur le limbe épais et coriace des pinnules. Le rachis est légèrement plus épais dans le *Sph. Rochei* et peut-être la fronde était-elle plus grande et les pinnules plus arrondies.

Comme nous l'avons dit, les *Sphenozamites* n'ont été rencontrés jusqu'à présent que dans les terrains secondaires, moyen et inférieur; ils commencent à se montrer dans le Bathonien de Mamers et s'arrêtent dans le Wealdien de Whitby.

L'échantillon de Lally, appartenant au terrain permien inférieur, montre que ce genre de Cycadées fossiles a fait son apparition à une époque bien plus ancienne que celle qui était admise d'après les échantillons connus.

Les *Sphenozamites*, par la forme générale et la grandeur des pinnules, le mode d'insertion de ces dernières, leur nervation, ne laissent pas que d'avoir certaines ressemblances avec les *Nœggerathia*, dont l'espèce type, le *Nœg. foliosa* de Sternberg, est fort rare et limitée au terrain houiller moyen. Nous regardons en effet comme ne faisant pas partie du genre *Nœggerathia* beaucoup d'empreintes qui y ont été rangées; telles sont les *Nœg. abscissa* et *Nœg. ovata* de Gœppert [1] qui sont des fragments de feuilles de Cordaïtes; le *Nœg. palmæformis* [2] que nous croyons être un rameau feuillé à réunir aux Dorycordaïtes; les *Nœg. aequalis*, *Nœg. distans* [3] de l'Altaï, appartenant aussi à la même famille; le *Nœg. Gœpperti* Eichw. [4] des grès cuivreux de Russie, qui sont des bourgeons foliaires de *Dolerophyllum*, etc.

Le *Sphenozamites* comble donc, en partie, une grande lacune existant entre certains *Zamites* secondaires et certaines plantes de la même famille du terrain houiller moyen.

Les tiges silicifiées groupées sous le nom de *Cycadoxylées* et qui renferment les genres *Cycadoxylon*, *Ptychoxylon*, *Medullosa*, *Colpoxylon*, etc., étudiés plus haut ne s'écartent pas trop des Zamiées actuelles, par leur structure anatomique, pour qu'on ne puisse admettre la présence de cette famille à la base du terrain permien et dans les couches supérieures du terrain houiller, présence qui est confirmée par les empreintes des *Sphenozamites* et des *Pterophyllum*. Quant à préciser la dépendance de quelques-unes de ces frondes et de certaines tiges silicifiées, il serait téméraire de vouloir le tenter en ce moment.

Provenance. — Schistes permiens de Lally, qui sont un peu moins anciens que ceux d'Igornay.

Genre CYCADOSPADIX Schimper.

CYCADOSPADIX MILLERYENSIS, n. sp.

(Pl. LXXIII, fig. 1 à 7.)

Épis isolés ou encore attachés au rameau qui les portait, à contour linéaire, arrondi vers l'extrémité libre, longs de 8 à 16 centimètres, cylindriques avant

[1] *Die fossile Fl. des Uebergangsgebirges,* tab. xvi, fig. 4, 5 et 6.
[2] *Fl. d. Ueberg. Loc. cit.,* tab. xv.
[3] Gœppert, *in Tchihatcheff,* tab. xxvii, fig. 7, et tab. xxviii, fig. 8.
[4] *Fl. der Permischen Form.,* tab. lxii, fig. 1 et 2.

la compression, larges de 20 à 26 millimètres, conservant le même diamètre sur toute leur étendue, rectilignes ou quelquefois incurvés. Axe assez robuste, mesurant 4 à 5 millimètres de diamètre, marqué de sillons longitudinaux provenant sans doute de la décurrence des bractées, portant sur toute la longueur, sauf vers la base, des feuilles modifiées (bractées) disposées en hélice.

Bractées pédicellées, longues de 8 à 10 millimètres, décurrentes, dilatées en limbe charnu et étalé en éventail, marqué d'un certain nombre de nervures, saillantes, dichotomes et divergentes, concave en dessous, convexe en dessus, à bord extérieur dentelé.

Le limbe de ces bractées, de forme spéciale, protégeait des graines fixées au pédicelle, au nombre de deux, que l'on voit encore en place ou éparses à côté de l'épi.

Graines discoïdes ou ovales, bicarénées, larges de 4 millimètres et longues de 6 environ, présentant souvent une fente ou une échancrure vers le sommet (fig. 5, 6, 7, pl. LXXIII), provenant : soit d'une rupture accidentelle du *testa* due à la compression, rappelant dans ce cas le *Rhabdocarpus? ovoideus* Gœppert et Berger [1]; soit de deux épaississements en forme d'onglet, séparés par un petit intervalle linéaire ou concave, présentant alors quelques analogies avec le *Cardiocarpus cornutus* de Dawson [2] ou le *Samaropsis flaitans* de Weiss [3].

Il est vraisemblable que cette déchirure que l'on remarque vers l'une des extrémités de la graine provient plutôt de la rupture du tégument, car nous ne l'avons constatée qu'un petit nombre de fois, malgré la fréquence de ces Carpolithes soit au voisinage des épis, soit au milieu des frondes de *Callipteris* si répandues dans les schistes de Millery.

L'inflorescence que nous venons de décrire ne peut être rapportée à aucun des genres qui forment la famille des Cordaïtes; on sait que les épis femelles qu'on leur attribue sont souvent distiques, *Antholithus rhabdocarpi* Dawson, *Antholithus anomalus*, *Antholithus Lindleyi* Carruth, etc. ou disposés comme chez certaines Taxinées, *Cordaianthus Williamsonis*, *Cord. Zeilleri*, *Cord. Grand'-Euryi*, B. R., etc., c'est-à-dire que les fleurs femelles sont placées dans ce cas à l'extrémité d'axes secondaires très courts insérés en hélice sur un axe principal. D'autre part, elle ne rappelle nullement les fructifications en forme de

---

[1] Gœppert, *Perm. Flora*, p. 173, pl. 27, fig. 9 et 10.

[2] *Quart. Journ. Geolog. Soc. London*, vol. 22, 1865, pl. 12, fig. 74.

[3] *Fossile Flora der jüngsten Steinkohlenformation... im Saar-Rhein-Gebiete*, pl. XVIII, fig. 24 à 30.

cône des *Walchia,* plantes très communes à ce niveau des schistes permiens d'Autun; l'aspect général de l'inflorescence en question tend plutôt à la rapprocher des inflorescences de Zamiées, mais avec des différences assez marquées.

Les épis ne paraissent pas en effet insérés directement sur la tige, mais sur des rameaux; ils sont beaucoup plus grêles; les bractées sont moins serrées, moins charnues, ne se terminent pas en disque peltiforme, mais se prolongent en limbe à nervures divergentes, profondément dentelé sur les bords, et recouvrant deux graines adhérentes à la partie coudée du pédicelle; les bractées sont moins modifiées que dans les épis des Zamiées.

Cependant leur insertion subperpendiculaire à l'axe de l'épi, la position des graines par paires sur les côtés du pédicelle nous portent à regarder cet épi comme plus voisin des inflorescences des Zamiées que de celles des autres familles de plantes connues appartenant à cette époque. La présence d'épis portés sur des rameaux ne peut être invoquée contre ce rapprochement, si on remarque que les Cycadées permiennes (*Ptychoxylon, Poroxylon,* etc.) offrent de nombreux exemples de ramifications.

Provenance. — Schistes de Millery.

Cordaïtées.

La famille des Cordaïtées comprend les genres suivants :

1° *Cordaites*, Grand'Eury ;

2° *Dorycordaites*, Grand'Eury ;

3° *Poacordaites*, Grand'Eury ;

4° *Scutocordaites*, B. Renault et R. Zeiller.

Les Cordaïtées sont caractérisées par des feuilles simples, sessiles, entières, lancéolées, arrondies ou atténuées en pointe à leur extrémité, quelquefois en forme de rubans de largeur et de longueur très variables, ou bien fissurées et divisées en fines lanières.

Les nervures sont parallèles, toutes égales, se divisant par dichotomie; l'épiderme supérieur et inférieur est accompagné de fortes bandes d'hypoderme inégalement distantes sur les deux faces, et qui apparaissent sur les empreintes comme de fines lignes parallèles; la couche de houille laissée par les feuilles des Cordaïtes est assez épaisse. La surface des jeunes tiges ou des rameaux porte des cicatrices discoïdes ou allongées transversalement, laissées par la chute des feuilles; souvent on distingue sur ces cicatrices les traces des faisceaux vasculaires qui pénétraient en grand nombre dans le limbe de la feuille.

Les rameaux extrêmes se terminaient fréquemment par un bouquet de feuilles, enroulées en une sorte de gros bourgeon, ou étalées en éventail à cause de l'aplatissement qu'elles ont subi; mais il est facile de constater qu'elles sont disposées en hélice autour des rameaux.

La plupart des Cordaïtées ont atteint de grandes dimensions; le bois des tiges aussi bien que celui des rameaux est absolument dépourvu de bois centripète et se compose uniquement de bois centrifuge rayonnant, constitué par des trachéides ponctuées, des rayons cellulaires ligneux et du liber. Les ponctuations peuvent être disposées sur une ou plusieurs rangées verticales. Souvent la moelle est diaphragmatique.

Le liber est formé d'éléments mous, tels que parenchyme, tubes criblés. L'écorce comprend en général une assise parenchymateuse, une couche subéreuse et une zone tout à fait extérieure, munie de lames ou de bandes hypodermiques. Les organes de reproduction sont disposés en grappes, en épis, en chatons; les inflorescences paraissent monoïques.

Les Cordaïtées sont très nombreuses dans le bassin d'Autun, leur bois est extrêmement répandu à l'état pétrifié dans toute l'épaisseur de l'étage permien, surtout dans les couches moyennes et inférieures. Leurs feuilles et leurs graines se rencontrent dans toutes les assises; le terrain houiller du Grand-Moloy et d'Épinac en contient une certaine quantité.

Des quatre genres que nous avons cités plus haut, les trois premiers seuls y sont représentés; le genre *Scutocordaites* manque, il n'a été signalé jusqu'ici que dans le terrain houiller de Commentry.

Genre CORDAITES Grand'Eury.

Le genre *Cordaites* est le mieux connu; il possède des feuilles simples, sessiles, à base d'insertion épaisse et élargie transversalement, entières, lancéolées, *arrondies* au sommet, spatulées, obovales, ordinairement très grandes, 20 à 90 centimètres, coriaces, parcourues dans toute leur longueur par des nervures fines, égales, parallèles, plusieurs fois dichotomes.

Depuis longtemps on connaissait certaines parties séparées des tiges de Cordaïte, mais sous des noms divers désignant autant de genres différents, tels que : *Artisia, Dadoxylon, Flabellaria, Nœggerathia*, etc.; on a pu établir la dépendance de ces différents organes et les rattacher aux Cordaïtées.

C'est ainsi qu'on a reconnu que la plupart des *Artisia* représentaient la moelle diaphragmatique de ces plantes;

Que leur bois était identique dans beaucoup de cas à ceux désignés sous le nom de *Dadoxylon* ou d'*Araucarites*;

Que certains *Flabellaria* et *Nœggerathia* n'étaient pas autre chose que des feuilles de Cordaïtées;

Que certaines des inflorescences désignées sous le nom d'*Antholithus* leur appartenaient également.

Nous rappellerons en quelques lignes les traits principaux de leur organisation.

Moelle. — Isolée, la moelle, ou plutôt son moulage, se présente sous la forme de corps circulaires ou prismatiques, à côtes variables en nombre, marqués de sillons transversaux, peu épais, plus ou moins rapprochés, s'anastomo-

sant quelquefois entre eux; ces sillons sont les traces laissées par des bandes
de parenchyme médullaire qui séparaient le cylindre médullaire en autant de
cavités complètement vides, même du vivant de la plante. La partie de la
moelle touchant au bord interne du cylindre ligneux est souvent intacte et continue sans déchirure; les cellules qui composent cette partie sont plus hautes
que larges, à parois ponctuées, tandis que celles qui forment les cloisons sont
allongées transversalement et sans ornements sur les parois; la vie a quitté plus
tôt cette région que celle qui était en contact avec le bois; celle-ci a pu suivre
le développement en longueur du rameau ou de la tige et ne s'est pas déchirée,
tandis que le tissu mort de la région centrale a été obligé de se diviser.

Bois. — Le bois des Cordaïtes est composé de trachéides ligneuses dont les
faces latérales portent des ornements variés.

Le bois primaire est représenté par des centres trachéens distincts dont le
nombre est en rapport avec le diamètre du rameau ou de la tige; immédiatement à la suite et en dehors, on remarque un anneau formé de trachéides
rayées disposées en séries radiales; l'importance de cette première zone, qui
pourrait être considérée comme une continuation du bois primaire, varie
suivant les échantillons et peut atteindre quinze à vingt rangées de trachéides;
c'est de sa partie interne située du côté de la moelle et en face des îlots trachéens que partent les faisceaux vasculaires qui se dirigent vers les feuilles.

Les trachéides de cette zone passent graduellement à la forme des trachéides
réticulées et ponctuées qui caractérisent la deuxième zone ligneuse. Cette dernière, souvent d'une épaisseur considérable dans les gros troncs, est toujours
formée de trachéides à ponctuations aréolées, disposées en séries rayonnantes
et séparées par des rayons cellulaires.

Les aréoles sont en contact et leur contour prend une forme hexagonale.
Leur centre est marqué d'un pore en forme de fente elliptique, inclinée d'environ 45 degrés relativement à l'axe de la trachéide. Les bords de la fente,
plus ou moins écartés, figurent une ellipse à petit axe variable, qui peut
même passer au cercle. Dans les échantillons mal conservés, les pores occupent
toute l'étendue des aréoles, qui ne se distinguent plus que par le réseau hexagonal formé par le contact de leurs bords épaissis. Les ponctuations sont disposées en quinconce sur deux ou trois rangées rectilignes.

En coupe tangentielle les trachéides se montrent sans ponctuations; elles
sont séparées par des rayons médullaires composés ou simples, renfermant

deux ou trois rangées de cellules, en épaisseur, quand ils correspondent à l'intervalle des coins de bois, et une ou deux seulement, s'ils représentent les rayons cellulaires ligneux de ces mêmes coins; on compte une à seize files de cellules sur la hauteur du rayon.

Sur les coupes radiales un peu étendues, on remarque des couches alternantes de trachéides dont le diamètre radial varie entre 23 μ et 40 μ; les parois latérales portent deux à quatre rangées de ponctuations; comme ces couches sont concentriques et composées de quinze à vingt-six fibres en épaisseur, elles indiquent des périodes d'activité différentes dans la végétation.

Le liber est composé de parenchyme libérien et de tubes criblés; les tubes les plus anciens, souvent hypertrophiés, se sont transformés en réservoirs à gomme. Dans quelques espèces on rencontre en outre des fibres libériennes.

L'écorce présente en dedans une assise épaisse formée de cellules subéreuses, qui prend souvent une importance considérable; plus en dehors se trouve une autre assise, également assez épaisse, de cellules parenchymateuses, au milieu desquelles on remarque quelques cellules à gomme et des îlots de tissu hypodermique, se présentant tantôt en groupes arrondis, tantôt sous la forme de lames parallèles qui s'avancent plus ou moins profondément dans la couche de parenchyme cortical; ces îlots ou ces bandes s'élèvent de haut en bas, sans former de réseau; rarement ils s'anastomosent. A leur intérieur ou sur leurs bords on voit souvent des réservoirs à gomme ou à tanin. Ces bandes hypodermiques produisent à la surface des rameaux des saillies longitudinales, qui lui donnent un aspect finement cannelé, quand le tissu parenchymateux intercalé s'est desséché.

Racines. — Le développement des racines de Cordaïtes est en rapport avec celui des tiges. Sur une section transversale d'une jeune racine, on remarque un bois primaire bicentre; les deux lames en se développant et se rencontrant ont produit un faisceau unique composé de trachées aux deux extrémités et de trachéides rayées dans la région médiane.

Le bois secondaire, plus ou moins développé suivant l'âge de la racine, est constitué par des trachéides ponctuées. Sur leurs faces latérales se trouvent des ponctuations aréolées, placées sur deux à quatre rangées longitudinales. Le diamètre radial des trachéides varie entre 30 et 50 μ, il est un peu plus considérable que celui des éléments de la tige. En dehors de la partie libérienne, qui ne semble pas différer sensiblement de la même région prise dans un rameau, se trouve une écorce très développée; on y remarque une première assise lacuneuse formée de cellules *étoilées* ou *rameuses;* dans beaucoup de cas, cette partie de l'écorce n'a pas été conservée : elle ne se voyait pas dans les premières préparations que nous avons décrites; le cylindre ligneux paraît alors isolé et comme flottant au milieu des autres parties plus résistantes de l'écorce. Ces dernières se composent en premier lieu d'une couche de parenchyme fondamental à cellules polyédriques régulières, en second lieu d'une épaisse couche de liège. L'assise génératrice du liège est indiquée par une zone de couleur plus foncée, due au protoplasma qu'elle renfermait en proportions plus grandes. Cette couche épaisse de suber forme souvent autour de l'axe ligneux de la racine une enveloppe sinueuse et contournée, à cause de la destruction fréquente de la zone lacuneuse sous-jacente dont nous avons parlé.

FEUILLES. — Les feuilles de Cordaïtes sont, comme nous l'avons dit, elliptiques, obovales, *arrondies* au sommet, atteignant dans les cas extrêmes près de 1 mètre de longueur sur une largeur de 15 à 20 centimètres. Ces feuilles sont très abondantes dans le terrain houiller supérieur et on les trouve en si grande quantité dans quelques bassins houillers du centre de la France qu'elles y caractérisent un étage par leur présence; certaines couches de houille de Saint-Étienne sont uniquement formées de feuilles de Cordaïtes superposées.

Très souvent entre les nervures on distingue des rides transversales qui manquent dans les feuilles de Dorycordaïtes et dans celles de Poacordaïtes. Ces rides proviennent de sortes de cloisons cellulaires dirigées perpendiculairement à la surface du limbe et aux nervures.

Le faisceau vasculaire des nervures présente cette particularité intéressante d'être composé de deux bois, l'un centripète à section triangulaire renfermant de gros vaisseaux ponctués et scalariformes et dont la pointe, tournée du côté de la face inférieure de la feuille, est occupée par plusieurs trachées; l'autre secondaire, présentant généralement la forme d'un arc entourant la pointe du premier et composé de trachéides ponctuées; le liber, qui ne contient que du parenchyme libérien et quelques cellules grillagées, est extérieur à ce dernier. Autour du faisceau se trouve une gaine composée de grosses cellules prismatiques dont les parois sont marquées de pores. Entre le faisceau et la gaine se trouve un tissu formé de cellules petites, grêles, polyédriques, à minces parois souvent détruites. Généralement, au-dessus et au-dessous de la gaine du cordon vasculaire de la nervure, se trouve une bande d'hypoderme qui s'étend jusqu'à l'épiderme; les stomates sont placés en lignes parallèles entre les bandes hypodermiques de la face inférieure du limbe. Les faisceaux foliaires des Cordaïtes offrent donc les caractères généraux de ceux des Cycadées.

INFLORESCENCES. — Les inflorescences des Cordaïtes se rencontrent sous la forme de grappes ou de régimes, de chatons, se développant soit à l'aisselle des feuilles, soit pour ainsi dire au hasard à la partie supérieure des troncs; les graines mettaient un certain temps à mûrir, car on a trouvé des troncs dont les feuilles étaient tombées et portant des inflorescences qui n'avaient pas encore atteint leur maturité.

FLEURS MÂLES. — Le *Cordaianthus Penjoni* est un petit cône long de 1 centimètre, contenant un nombre variable de fleurs disposées en hélice autour d'un axe assez robuste, placées à l'aisselle de bractées. Les fleurs sont composées de deux ou trois étamines comprenant un filet portant à l'extrémité trois ou quatre anthères à déhiscence longitudinale, libres en dessus, soudées à la base, souvent encore remplies de pollen; l'axe du cône est terminé brusquement, et l'espèce de plateau qui en résulte porte plusieurs cercles d'étamines.

Le *Cordaianthus Saportanus* est constitué par une portion d'axe encore plus courte, ne mesurant que 7 millimètres; tout autour se trouvent des bractées stériles placées en hélice et constituant un involucre floral; le sommet seul de l'axe offre des étamines; les anthères, soudées à la base, sont portées par un filet parcouru par un cordon vasculaire qui se divisait en quatre petites branches se terminant au-dessous de chaque loge. Les anthères étaient allongées, fusiformes, légèrement arquées, se désarticulant facilement par groupe de quatre; la déhiscence était longitudinale.

PRÉPOLLINIES. — Le pollen des Cordaïtes est volumineux; il affecte la forme d'un ellipsoïde de révolution, dont le grand axe mesure 90 μ et le petit 50 μ, quand il est encore contenu dans l'anthère. Dans la chambre pollinique des graines, ils mesurent l'un 121 μ et l'autre 72 μ; il y a donc eu un accroissement linéaire d'un tiers environ. La surface extérieure de l'exine est finement chagrinée. L'intine est sensiblement sphérique et n'occupe qu'une portion de la cavité de l'exine; son diamètre est environ de 56 μ.

Souvent dans son intérieur on ne voit qu'une masse homogène; souvent aussi, même avant que les grains soient sortis de l'anthère, on distingue

une division cellulaire plus ou moins avancée, division qui s'accuse davantage
dans les grains à l'état de liberté et surtout dans ceux qui ont séjourné quelque
temps dans la chambre pollinique. La division cellulaire commencée dans
l'anthère s'y continuait pendant que le sac embryonnaire se développait dans
le nucelle et que mûrissaient les archégones.

Les prépollinies des Cordaïtes sont beaucoup moins éloignées des grains
de pollen des Gymnospermes, que les prépollinies des Dolérophyllées que
nous avons décrites plus haut.

Les grains de pollen des Cupressinées, des Abiétinées, ont une intine qui
se divise en deux, trois ou quatre cellules; on a observé le même fait dans
les Cycadées; ce n'est en réalité qu'un phénomène d'atavisme dont l'utilité se
comprendrait difficilement de nos jours, mais qui s'explique au contraire
facilement en remontant à l'organisation et au fonctionnement des grains de
pollen fossiles. Mais il y a une différence importante que nous avons déjà
signalée, c'est que dans le pollen vivant où cette division cellulaire a été re-
marquée, l'une des cellules prend un accroissement prépondérant et devient
le point de départ du tube pollinique, tandis que dans le pollen fossile toutes
les cellules semblent équivalentes; jusqu'ici on n'a pu constater l'existence
d'aucune production analogue à un tube semblable.

La chambre pollinique, découverte pour la première fois en 1874, dans
nos préparations du *Stephanospermum akenioïdes* Brongniart, a été observée
ensuite dans presque toutes les graines fossiles du terrain houiller; un peu
plus tard, en 1875, nous l'avons retrouvée dans un ovule de *Ceratozamia mexi-*
cana, variété *spinosissima,* dont nous avons encore la préparation [1].

Le rôle de cette chambre, dont l'importance est indiquée par sa constance
et son développement, était d'offrir un refuge aux grains de pollen qui sans
cela auraient été emportés par les pluies si fréquentes à cette époque, avant
d'avoir pu effectuer la fécondation; du reste, encore imparfaits, ils avaient
besoin d'une sorte d'incubation qui achevait leur maturité dans un abri sûr
et hospitalier.

GRAINES. — Les graines de Cordaïtes ont deux téguments : le plus externe
est de consistance charnue, quelquefois parcouru par des cellules allongées,
fibreuses, parsemées de canaux à gomme ou à tanin; le plus interne, au

[1] La découverte de la chambre pollinique a donc été faite dans les graines fossiles, avant
qu'on en ait constaté la présence dans les graines des Gymnospermes vivantes.

contraire, est composé de cellules fortement lignifiées et rappelle la coque dure de nos fruits à noyaux; très souvent cette enveloppe seule a persisté, l'autre a disparu par l'effet de la pourriture ou de toute autre cause.

Les ovules sont orthotropes, dressés; le sommet du nucelle est toujours occupé par une chambre pollinique relativement peu développée; le canal pollinique du nucelle s'engage plus ou moins dans le tube micropylaire des enveloppes extérieures.

Les archégones, au nombre de deux, sont placés dans le plan principal de la graine, qui est généralement aplatie et cordiforme. Dans aucune graine de Cordaïte il n'a été rencontré d'embryon, même dans celles qui paraissent avoir atteint un développement complet.

Ce fait, qui doit paraître extraordinaire, peut trouver son explication en ce que dans plusieurs plantes, les *Ceratozamia* entre autres, l'embryon ne se développe que lorsque la graine a été placée dans le sol depuis un certain temps. Il est possible que les graines houillères aient présenté d'une manière plus générale et plus *complète* cette particularité, qui ne se rencontre que rarement à l'époque actuelle.

Les grains de pollen se conservaient un temps très long dans la chambre pollinique; pendant qu'ils y achevaient leur développement, apparaissaient successivement le sac embryonnaire, l'endosperme, les corpuscules ou archégones; les téguments extérieurs finissaient de se développer. Dès lors, le travail interne de croissance de la graine pouvait subir un arrêt qui cessait lorsqu'elle venait à trouver un terrain convenable pour germer. Il est à remarquer que le travail de la fécondation était suspendu plus tôt que dans les *Ceratozamia*, mais pour reprendre ensuite dans les mêmes conditions.

Les graines trouvées à l'état silicifié, parfaitement constituées à l'extérieur, quant aux téguments, ont été conservées dans l'état de développement qu'elles possédaient au moment où elles ont été détachées et amenées dans les eaux siliceuses; ces dernières étaient incapables d'en réveiller la vie latente et d'en favoriser l'évolution interne. Elles n'ont pu que nous marquer le point précis où le développement s'était arrêté dans ces graines, et nous ne devons pas le regretter, puisqu'elles nous ont permis de surprendre ainsi un côté intéressant de leur histoire.

Les faisceaux vasculaires des graines forment deux systèmes distincts placés dans le plan principal de la graine qui est presque toujours aplatie comme nous l'avons dit.

Le faisceau chalazien s'élève tout d'abord à travers les enveloppes jusqu'à *la base* du nucelle; là il émet deux branches qui s'incurvent à droite et à gauche vers le bas, traversent le noyau de dedans en dehors, puis remontent de chaque côté jusque vers le micropyle entre les deux téguments; ces deux branches forment le premier système, extérieur à l'endotesta.

Le second prend naissance immédiatement au-dessus du premier, à la base du nucelle dans lequel il pénètre et forme en s'irradiant une sorte de cupule vasculaire incomplète dont les ramifications s'élèvent un peu extérieurement au sac embryonnaire; cette organisation générale des graines de Cordaïtes a une certaine analogie avec celle des Cycadées, si on ne considère que le premier système vasculaire, mais elle en diffère, comme du reste des autres graines vivantes connues jusqu'ici, si on remarque que le deuxième système pénètre *dans* le nucelle lui-même et monte à mi-hauteur de la graine entre l'épiderme du nucelle et la membrane du sac embryonnaire.

Les empreintes de feuilles sont assez nombreuses au Mont-Pelé, près Sully. Nous décrirons les espèces suivantes.

CORDAITES ANGULOSOSTRIATUS Grand'Eury.

Feuilles pouvant atteindre 1 mètre de longueur et 15 centimètres de largeur, épaisses, charnues, ayant laissé une couche de houille de près de 1 millimètre. La distance des nervures est de $0^{mm},6$ entre les bandes d'hypoderme qui accompagnent les nervures; il s'en trouve trois autres plus petites à la face supérieure et à la face inférieure, mais les nervures secondaires auxquelles elles auraient pu donner naissance sur les empreintes sont souvent dissimulées dans la couche de houille laissée par le parenchyme.

Le faisceau vasculaire des nervures est diploxylé et offre l'organisation que nous avons signalée plus haut.

Provenance. — Mont-Pelé.

CORDAITES LINGULATUS Grand'Eury.

(Pl. LXXXVI, fig. 16.)

Feuilles de dimensions très différentes, suivant l'âge, pouvant atteindre 10 centimètres de largeur et 60 centimètres de longueur, toujours élargies et très obtuses au sommet, obovées, à nervures nombreuses, presque égales,

distantes de $0^{mm},5$ à $0^{mm},6$; couche de cellules en palissade bien caractérisée
et formée de deux ou trois rangées; bandes hypodermiques en même nombre
que les nervures.

Les stomates sont régulièrement placés sur deux rangs entre les bandes
hypodermiques de la face inférieure. Il n'est pas rare de trouver ces feuilles
fissurées et divisées en lanières.

Provenance. — Mont-Pelé et les Chevrots à l'ouest du bassin autunois.

CORDAITES BORASSIFOLIUS Sternberg (sp.).

Feuilles longues de 25 à 30 centimètres, larges de 5 à 6, minces, obtuses,
se rétrécissant lentement à la partie inférieure; base d'attache assez élargie et
décurrente; les résidus foliaires se recouvrent partiellement et semblent im-
briqués.

Le limbe est parcouru par des nervures parallèles; les cordons vasculaires
sont accompagnés au-dessus et au-dessous d'une bande hypodermique très
nette; entre elles on remarque une petite bande de même nature; par conséquent la nervation apparait formée de bandes alternativement plus fortes et
plus faibles.

Provenance. — Mont-Pelé.

CORDAITES INTERMEDIUS Grand'Eury.

Nous rapportons à cette espèce de jeunes feuilles recueillies dans les schistes
de Millery, dont voici la diagnose : feuilles longues de 11 centimètres environ, larges de 22 millimètres dans la partie la plus large qui correspond sensiblement à la moitié de la longueur, lancéolées, arrondies à l'extrémité; bords
légèrement convexes dans la moitié supérieure, presque rectilignes au contraire dans la moitié inférieure; base large de 11 millimètres; nervures nettes
parallèles, distantes d'environ $0^{mm},8$; le limbe ne semble pas avoir été très
épais, car sur les empreintes les bandes d'hypoderme de la face inférieure
peuvent se confondre avec celles de la face supérieure.

Ces feuilles sont assez semblables d'aspect à celles du *Dorycordaites affinis*
de Commentry, mais en diffèrent par l'écartement plus considérable des nervures et par l'extrémité du limbe qui est arrondie et non terminée en pointe.

Elles sont de dimensions plus petites que celles décrites par M. Grand'Eury [1], mais cela peut tenir uniquement à l'état de jeunesse des feuilles en question.

Provenance. — Schistes de Millery.

Genre CORDAICLADUS Grand'Eury.

Le genre *Cordaicladus* renferme les rameaux de Cordaïtes feuillés, ou portant seulement les cicatrices laissées par la chute des feuilles; ces cicatrices ont des dimensions et des formes variables; leur distance sur des rameaux de même diamètre peut différer également d'une façon très nette; ces changements ont servi à distinguer plusieurs espèces.

CORDAICLADUS APPROXIMATUS, n. sp.

(Pl. LXXXI, fig. 2.)

Rameau mesurant 3 centimètres de diamètre, de longueur inconnue, dépourvu de ses feuilles, mais portant des cicatrices très développées et très rapprochées. Ces cicatrices sont allongées transversalement, larges de 14 à 15 millimètres, hautes de 5 à 6, à bord inférieur convexe, à bord supérieur d'une convexité un peu moins marquée.

Un peu au-dessus du milieu de la hauteur de la cicatrice, on remarque les cicatricules laissées par les faisceaux vasculaires qui pénétraient dans le limbe : elles sont disposées sur une ligne sensiblement horizontale, au nombre de quinze à vingt.

Les cicatrices sont disposées en hélice autour du rameau, presque contiguës, légèrement proéminentes, sur un faible coussinet décurrent; la surface extérieure de ce dernier est marquée de stries longitudinales qui sont la continuation des bandes hypodermiques de la feuille tombée; leur distance est d'environ $0^{mm},6$; elles sont toutes égales; il n'y a pas de stries intermédiaires.

Les feuilles insérées sur ces cicatrices devaient être considérables, fortement épaissies à la base. Le rameau est accompagné de larges feuilles possédant des nervures très nettes, distantes de $0^{mm},6$, sans nervules intermédiaires,

---

[1] *Flore carbonifère du département de la Loire*, p. 220

qui représentent sans doute des fragments de feuilles de *C. lingulatus;* il serait donc possible que le rameau que nous venons de décrire appartînt à cette espèce de Cordaïtes.

Provenance. — Mont-Pelé.

Genre ARTISIA Sternberg.

Le genre *Artisia,* établi par Sternberg, est destiné à contenir les cylindres médullaires qu'on n'a pas encore rattachés à des espèces de Cordaïtes connues. Nous ne décrirons que l'*Artisia approximata,* assez commun dans le même gisement.

ARTISIA APPROXIMATA Lindley et Hutton (sp.).

(Pl. LXXXI, fig. 3.)

Moelle aplatie, mesurant 19 millimètres de diamètre; diaphragmes horizontaux parallèles, distants de 1 à 2 millimètres; ce n'est que de loin en loin que l'on remarque des cloisonnements intercalaires. Les côtes qui les séparent sont nettes et leurs bords sont arrondis.

Provenance. — Mont-Pelé.

Comme il est impossible, pour le moment, de rattacher les graines de Cordaïtes aux différentes espèces qui rentrent dans ce genre, nous reporterons leur étude au chapitre consacré à l'examen des principales graines trouvées dans le bassin autunois.

Genre DORYCORDAÏTES Grand'Eury.

Parmi les feuilles qu'on peut rapprocher par la forme des feuilles de Cordaïtes, il en est un certain nombre présentant des caractères spéciaux assez importants pour nécessiter la création d'un groupe à part indépendant des vraies Cordaïtes, celui des Dorycordaïtes. Les feuilles qui appartiennent à ce genre sont de longueurs très variables, suivant les espèces et l'âge, toujours de forme lancéolée, beaucoup moins épaisses et moins charnues que celles des

Cordaïtes, terminées en pointe, recouvertes de nervures fines, égales, parallèles, très serrées.

M. Grand'Eury rapporte aux Dorycordaïtes de petites graines très fréquentes dans leur voisinage, désignées sous le nom de *Samaropsis*.

Les Dorycordaïtes sont beaucoup plus rarés dans le bassin d'Autun que les Cordaïtes; nous n'en avons rencontré que dans les affleurements qui le terminent à l'ouest.

DORYCORDAITES AFFINIS Grand'Eury.

(Pl. LXXXVI, fig. 17.)

Feuilles simples, symétriques, élargies dès la base, longuement lancéolées, terminées en pointe, minces, délicates, marquées de nervures fines, distantes de $0^{mm},3$, généralement égales et serrées, à bords fréquemment repliés en dessous.

Ces feuilles, petites, ne dépassant pas 12 à 15 centimètres, sont très communes là où l'on rencontre le *Tripterospermum mucronatum* et les *Rhabdocarpus* que nous décrirons plus loin.

Provenance. — Dans un ravin, près des Chevrots, à l'ouest du bassin.

Genre CORDAIOPSIS, n. gen.

Bourgeons globuleux, plus ou moins réguliers, sphériques ou piriformes, composés d'un grand nombre de feuilles lancéolées, arrondies ou aiguës à leur extrémité, plus petites que les feuilles dont se composent les bourgeons des vraies Cordaïtes, placés à l'extrémité de rameaux relativement grêles.

Nous signalerons les deux espèces suivantes :

CORDAIOPSIS ELLIPTICA, n. sp.

(Pl. LXXXVI, fig. 12 et 13.)

Dans le voisinage des feuilles de Dorycordaïtes se trouvent assez souvent des bourgeons globuleux ou allongés, formés de feuilles elliptiques ou en rubans qui pourraient bien représenter l'état très jeune des feuilles de Dorycordaïtes et de Poacordaïtes.

Les figures 12 et 13 montrent les extrémités de deux rameaux. Les feuilles, nombreuses, serrées les unes contre les autres, produisent un bourgeon globuleux, de forme surbaissée, large de 25 millimètres et haut de 15 millimètres; les feuilles extérieures, les plus développées, sont elliptiques, terminées en pointe un peu arrondie, convexes en dehors, longues de 13 millimètres et larges de 4 millimètres vers le milieu de leur longueur; le limbe est très mince et semble parcouru par une nervure longitudinale, mais cette apparence est due à la présence de feuilles sous-jacentes qui ont déterminé un plissement; les nervures réelles sont petites, toutes égales, distantes de $0^{mm},2$ à $0^{mm},3$; l'axe qui supporte le bourgeon mesure à peine 2 millimètres de diamètre.

Provenance. — Les Chevrots.

CORDAIOPSIS ELONGATA, n. sp.

(Pl. LXXXVI, fig. 14 et 15.)

Bourgeons de forme allongée, mesurant 30 à 35 millimètres de haut et 18 à 20 millimètres de large, à base arrondie et à sommet aigu, composé de feuilles étroites, longues, linéaires, terminées en pointe.

Les nervures sont fines, égales, parallèles; le limbe est mince et se rapproche quelque peu de celui des Poacordaïtes.

Provenance. — Les Chevrots.

Genre POACORDAITES Grand'Eury.

Feuilles étroites, linéaires, très longues, légèrement atténuées et obtuses au sommet; nervures égales, simples, parallèles, partant toutes de la base; limbe assez épais. Sur 1 centimètre seulement de largeur, elles peuvent atteindre 40 centimètres de longueur.

Elles sont portées par des rameaux grêles, sur lesquels elles laissent des cicatrices transversales un peu arquées, beaucoup moins épaisses que celles produites par les feuilles de Cordaïtes; on y distingue quelquefois une ligne de points correspondant aux faisceaux vasculaires,

POACORDAITES LINEARIS Grand'Eury.

(Pl. LXXXVI, fig. 18.)

Feuilles linéaires, mesurant 5 à 6 millimètres de largeur, de longueur variable, à bords droits, presque parallèles; les stries sont fines, égales, parallèles et distantes de $0^{mm},2$ à $0^{mm},3$; le limbe est peu épais.

Provenance. — Les Chevrots.

ANTHOLITHUS DEBILIS, n. sp.

(Pl. LXXXI, fig. 4.)

Épi long de 32 millimètres, large de 8 à 9 millimètres; axe légèrement arqué mesurant $1^{mm},5$, garni de nombreuses graines, serrées les unes contre les autres; les bractées n'ont pas été conservées. Graines ovoïdes, acuminées, longues de 6 millimètres et larges de 4 millimètres, striées longitudinalement.

Cet épi rappelle celui figuré par M. Grand'Eury[1] sous le nom de *Cordaianthus prolificus,* mais avec des dimensions moitié moindres; comme nous ne pouvons le rapporter à l'un ou à l'autre des trois genres de Cordaïtes cités, nous lui avons donné le nom d'*Antholithus debilis.* Dans notre Atlas, cette espèce est indiquée sous le nom d'*Antholithus gracilis,* abandonné comme faisant un double emploi avec l'*Antholithus gracilis* de M. Grand'Eury.

Provenance. — Schistes d'Igornay.

AFFINITÉS BOTANIQUES DES CORDAÏTES.

Le genre Cordaïte, étant celui de la famille qu'on connaît le mieux, a servi pour en fixer les caractères, et pour en rechercher les affinités botaniques.

Ces arbres, qui ont pu atteindre une hauteur considérable, ne se ramifiaient que vers le sommet; les rameaux portaient des feuilles qui dans quelques cas atteignaient 1 mètre de longueur. Dans le jeune âge elles étaient enroulées en forme de gros bourgeons et après leur épanouissement elles s'espaçaient considérablement sur le rameau.

[1] *Flore carbonifère du département de la Loire,* pl. XXVI, fig. 11.

Les Cordaïtes étaient monocarpées, c'est-à-dire que les fleurs femelles, quoique disposées en épi, comme les fleurs mâles, étaient solitaires et entourées d'une sorte d'involucre de bractées.

Les racines n'étaient pas pivotantes, la ramification était irrégulière.

La moelle, connue d'abord sous le nom d'*Artisia,* était large, et pouvait, dans quelques cas, atteindre près de 10 centimètres de diamètre. Le bois présentait deux régions concentriques distinctes : l'une plus interne, formée de trachéides rayées; l'autre plus extérieure, offrant des trachéides à ponctuations aréolées, disposées en deux ou trois rangées sur les faces latérales; les rayons cellulaires ligneux étaient, le plus ordinairement, simples; mais les rayons cellulaires séparant les coins de bois avaient plusieurs rangées de cellules.

Le cloisonnement que l'on observe dans la moelle des Cordaïtes est une conséquence de leur mode rapide de croissance en hauteur, bien supérieure à celle des Cycadées actuelles.

La forme de leurs feuilles est complètement différente de celle des frondes de Cycadées; les pinnules des *Cycas* et des *Stangeria* ont une nervure médiane dont les feuilles des Cordaïtes sont absolument dépourvues. Mais si on borne la comparaison à une foliole de Zamiée, l'analogie est plus grande, la similitude est assez complète pour que Brongniart ait classé les *Pychnophyllum* (nom qu'il donnait à certaines feuilles de Cordaïtes), d'après leurs empreintes, dans le voisinage des Cycadées.

Le cordon foliaire de ces dernières plantes est formé, comme on sait, de deux parties distinctes : l'une renferme des éléments rayés et ponctués, ayant un accroissement centripète et disposés sans ordre; l'autre des éléments ligneux, souvent rayés et ponctués, se développant de dedans en dehors, en direction centrifuge par conséquent.

Les trachées se trouvent entre ces deux parties du faisceau, en contact avec elles, ou isolées au milieu d'un tissu à mince paroi. La partie centrifuge du cordon s'atténue considérablement à l'extrémité de la feuille et n'est plus représentée que par deux ou trois; cellules poreuses et quelques assises de cellules cambiformes.

Cette constitution du faisceau foliaire est à peu près la même que celle que nous avons reconnue dans les cordons foliaires des Cordaïtes; la partie centrifuge ou secondaire, généralement très peu développée, y est seulement représentée par un arc d'un à deux rangs de cellules poreuses.

Dans les Cycadées actuelles le cordon foliaire est tantôt accompagné d'une gaine de cellules vasiformes, tantôt il en est dépourvu; dans les feuilles des Cordaïtes la présence en est constante.

Le tissu hypodermique est continu à la face supérieure des feuilles des Cycadées; dans celles des Cordaïtes, il forme des bandes séparées accompagnant toujours en dessus et en dessous le cordon foliaire, se dédoublant aussi quand ce dernier se divise.

C'est à la présence de ces bandes, ainsi séparées, que sont dus la facilité avec laquelle ces feuilles se déchiraient en long et l'aspect fissuré accidentel qu'elles présentent quelquefois sur les empreintes.

Les fleurs des Cycadées sont dioïques apérianthées; on ne sait pas encore si les fleurs unisexuées des Cordaïtes étaient monoïques ou dioïques; la présence simultanée de chatons mâles et d'épis femelles dans les silex pourrait faire supposer qu'elles étaient monoïques, mais la disposition des fleurs femelles dans les régimes de ces dernières plantes est tout à fait différente de celles qu'affectent les fleurs femelles plongées dans le tissu des carpophylles des *Cycas*, ou disposées sous les écailles peltées et charnues des Zamiées.

Les chatons mâles des Cordaïtes dans lesquels on a pu reconnaitre la disposition des étamines, composées d'un filet épais surmonté de trois ou quatre anthères en forme de cornet, laisseraient penser aux Gnétacées, mais dans ces dernières plantes le mode de déhiscence est différent et la disposition des étamines est tout autre.

Dans les Cycadées vivantes, le pollen se présente en petits grains ayant $30\,\mu$ environ de diamètre, bi-tricellulaires; il se développe dans des anthères sessiles, placées à la face inférieure des bractées disposées autour d'un axe; l'ensemble a la forme d'un cône. Dans les plantes qui nous occupent, le pollen atteignait $120\,\mu$, l'intine se divisait déjà intérieurement dans les anthères en un grand nombre de cellules; les fleurs mâles étaient séparées et distinctes, entourées de bractées formant involucre, placées à la surface ou au sommet d'axes très courts.

Les graines de Cordaïtes sont orthotropes avec nucelle dressé, dont le sommet prolongé en canal correspond au micropyle; le nucelle est toujours creusé en haut d'une chambre pollinique; à sa base le faisceau chalazien forme, comme nous l'avons dit, deux systèmes vasculaires, l'un extérieur à l'endotesta, l'autre intérieur au nucelle.

Dans les graines des Cycadées on remarque aussi deux téguments, une chambre pollinique à la partie supérieure du nucelle, deux systèmes vasculaires partant de la chalaze : l'un se rend dans les téguments, comme chez les Cordaïtes, mais le second reste dans la partie commune au nucelle et aux téguments, et ne pénètre jamais dans l'intérieur du nucelle pour envelopper plus ou moins le sac embryonnaire.

Comme on le voit, les Cordaïtes ont un certain nombre de caractères importants qui les rapprochent des Cycadées; mais d'autres non moins importants les en écartent; ces derniers caractères sont tirés surtout : 1° de la structure anatomique des tiges; 2° de la ramification, nulle chez les Cycadées, si abondante au contraire à la partie supérieure des troncs de Cordaïtes; 3° de l'organisation et de la disposition des fleurs mâles et femelles.

A quelques égards la disposition des fleurs femelles et des fleurs mâles rappelle celle de certaines Taxinées ou de certaines Gnétacées, mais aussitôt que l'on examine d'autres organes les différences s'accentuent et se multiplient.

Il n'est pas possible d'en faire des Cycadées proprement dites, mais encore moins des Taxinées ou des Gnétacées; ils constituent à juste titre une famille indépendante, qui a débuté de bonne heure, puisqu'on a signalé dans le Dévonien d'Amérique l'un de ses représentants, décrit sous le nom de *Cordaites Robbii*, et qui s'est continuée jusqu'à la fin du terrain permien; on rencontre en effet dans le grès rouge des environs de Montcenis (Saône-et-Loire) de nombreux fragments de bois silicifiés qui appartiennent à ces végétaux.

A certaines époques les Cordaïtes ont vécu en si grande abondance que leur présence, franchement prépondérante, a pu servir à caractériser un étage; depuis les travaux de M. Grand'Eury on désigne, en effet, les couches inférieures de Saint-Étienne, celles de Longpendu, etc., sous le nom d'*étage des Cordaïtées*. Certaines assises de houille de ces bassins sont uniquement formées de bois, d'écorces, de feuilles de Cordaïtes, superposés, ayant conservé, malgré la houillification, une organisation plus ou moins reconnaissable.

Les Cordaïtées, après avoir formé une famille puissante, se perdent brusquement à partir des terrains secondaires, comme du reste les Sigillaires, les Lépidodendrons, les Calamites, etc.; il semble qu'il y ait eu à cette époque un changement dans le climat et le milieu extérieur, assez rapide pour faire disparaître un grand nombre de types anciens, et permettre l'extension d'autres déjà existants, mais peu répandus, qui se sont mieux accommodés du nouvel état de choses.

Genre. CORDAIXYLON Grand'Eury.

CORDAIXYLON PERMIENSE, n. sp.

(Pl. LXXVII, fig. 1 à 8.)

Tiges ou rameaux cylindriques à surface marquée de stries longitudinales, sinueuses, portant de nombreux mamelons disposés en hélice, et provenant de la partie décurrente des feuilles, quelquefois de ramules.

Sur une section transversale on remarque : 1° une moelle volumineuse; 2° un cylindre ligneux relativement peu développé; 3° une écorce épaisse.

Moelle. — Dans l'échantillon étudié la moelle mesure plus de 3 centimètres de diamètre; elle présente la particularité curieuse d'être formée de deux zones cellulaires, emboîtées l'une dans l'autre. Le cylindre central est composé de cellules polyédriques, irrégulières, à parois minces, sans ornements; il est divisé en un très grand nombre de diaphragmes minces, irréguliers, qui paraissent comme des lames séparées par déchirement. Le deuxième cylindre, extérieur au premier, est composé de cellules également polyédriques, à parois plus épaissies, plus fortement colorées; on y remarque des déchirures horizontales, mais plus espacées que dans le premier; les diaphragmes sont beaucoup plus épais et ne correspondent nullement à ceux du centre. Les deux cylindres sont séparés par une assise formée de cinq à six rangées de cellules, plus hautes que larges, de mêmes dimensions à peu près en hauteur que celles des autres régions, mais beaucoup plus étroites en largeur.

Bois. — Le bois est constitué par un cylindre mesurant 4 à 5 millimètres d'épaisseur; il est composé de lamelles de trachéides disposées en séries rayonnantes et séparées par des rayons médullaires épais.

Si l'on examine l'une de ces lamelles, on voit qu'elle présente à l'extrémité interne quelques trachées souvent déroulées, puis une assise de six à sept trachéides rayées, plus extérieurement un nombre variable de trachéides ponctuées. Les ponctuations sont aréolées, disposées sur trois à quatre rangs et alternantes.

Les rayons cellulaires ligneux sont composés, et non simples comme chez les Cordaïtes. Le liber ne contient que des éléments mous, du parenchyme libérien et des tubes grillagés. Comparativement à la moelle et à l'écorce le bois est assez faible.

ÉCORCE. — L'écorce est en grande partie cellulaire; on peut y distinguer deux régions : la région interne, composée de cellules parenchymateuses, est la plus considérable, et parcourue par quelques canaux à gomme ou à résine; la région extérieure contient de nombreux îlots ou lames de tissu hypodermique; ce sont les bandes de ce tissu qui, placées à la périphérie, donnent naissance aux stries longitudinales dont nous avons parlé, et qui contournent les mamelons foliaires. L'écorce est également parcourue par de nombreux cordons qui se rendent dans les feuilles.

Les rameaux présentent la même organisation que les tiges. La prédominance du cylindre médullaire sur les autres parties est également très marquée; ainsi, sur une section transversale d'un rameau mesurant 14 millimètres de diamètre, la moelle atteint 8 millimètres, le cylindre ligneux $1^{mm},5$ et l'écorce $4^{mm},5$. Il n'est pas rare de les trouver encore garnis de feuilles.

La figure 66 représente une section transversale d'un rameau, entouré d'un assez grand nombre de ces organes; leurs coupes transversales mesurent 7 millimètres en largeur près de la surface du rameau; elles se réduisent à 3 millimètres à la périphérie; ces dernières sections appartiennent par leur position à la partie supérieure des feuilles; l'épaisseur maximum est de 1 millimètre; elle correspond à la région médiane du limbe.

De la comparaison des différentes sections il résulte que les feuilles étaient dressées, disposées en hélice; qu'à partir de la base elles allaient en diminuant lentement de largeur, mais n'étaient pas terminées en pointe; que leur épaisseur était plus grande au milieu du limbe que sur les bords; qu'elles étaient parcourues par un petit nombre de nervures occupant principalement la région médiane.

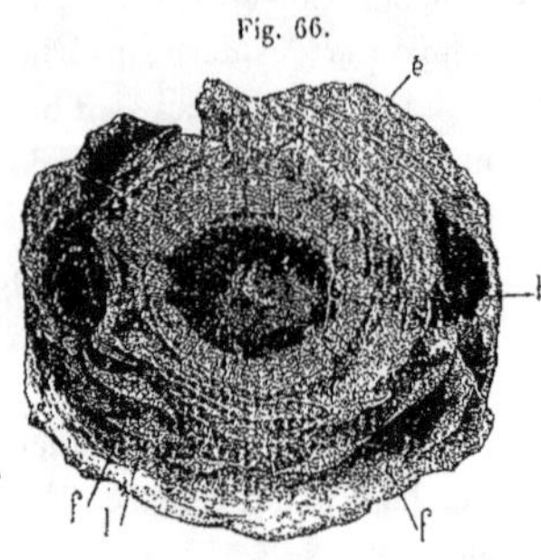

Fig. 66.

Cordaixylon permiense, grossi deux fois.

b. Bois secondaire.
c. Écorce épaisse et charnue.
f. Section transversale de feuilles.
l. Faisceau unique médian, se divisant en un très petit nombre de nervures.

Il est impossible de rapporter à une espèce connue de Cordaïtes la tige et le rameau que nous venons de décrire.

La structure générale de la tige rappelle celle de ces plantes, mais elle présente des différences assez sensibles.

La moelle est large, il est vrai, mais elle est divisée en deux zones distinctes; elle est déchirée transversalement, mais ces déchirures ne donnent pas naissance à des diaphragmes presque réguliers comme ceux des Cordaïtes.

Le bois est beaucoup moins développé que celui des tiges ou rameaux de même grosseur appartenant à ces dernières plantes; de plus les rayons cellulaires ligneux sont composés, tandis que chez les Cordaïtes ils sont simples généralement.

L'écorce semble également plus cellulaire, plus charnue, les feuilles paraissent revêtues d'une couche mince et continue d'hypoderme; nous avons vu que celle-ci était divisée en bandes chez les vraies Cordaïtes; enfin le limbe est plus épais dans la région médiane que sur les bords, et les nervures ne sont pas également réparties sur toute son étendue; cette tige se rapproche davantage des Cycadées que celle des Cordaïtes. En l'absence de documents plus complets, nous ne rapportons cette espèce qu'à titre provisoire au genre *Cordaixylon*, créé par M. Grand'Eury pour les bois de Cordaïtes.

Provenance. — Champ des Espargeolles.

Conifères.

Walchiées.

Genre WALCHIA Sternberg.

Sous le nom de *Walchia,* on réunit des rameaux d'aspect extérieur semblable, mais appartenant, croyons-nous, si l'on tient compte de la diversité de forme des cônes et des strobiles qu'on leur rapporte, à plusieurs genres, peut-être à plusieurs familles distinctes.

Les troncs de *Walchia* sont inconnus; jusqu'ici on n'a rencontré que de nombreuses branches détachées, portant quelquefois, mais assez rarement, des cônes ou des épis conservés; ces rameaux se montrent à partir du terrain houiller supérieur, ils abondent surtout dans les différents étages du terrain permien.

On admet que les *Walchia* étaient des plantes arborescentes ayant le port des *Araucaria* du sous-genre *Eutassa;* les branches des rameaux sont alternes, pinnées, étalées dans un plan horizontal, portant des feuilles dimorphes; les plus courtes sont ovales ou linéaires, triangulaires; les plus longues, linéaires, lancéolées, sessiles, élargies et décurrentes à la base, souvent falciformes, aiguës, carénées, finement striées en long, disposées en hélice sur les rameaux et les ramules.

Cônes et strobiles cylindriques, terminaux, persistants, composés de bractées filiformes ou lancéolées, serrées, imbriquées; graine probablement unique, insérée à la base interne supérieure de la bractée.

Fleurs mâles petites, ovoïdes ou globuleuses, axillaires, tantôt disposées sur toute la longueur des ramules, tantôt réunies en grand nombre à leur extrémité, et prenant alors l'aspect d'épis allongés.

Les fructifications mâles et femelles étaient placées sur les mêmes rameaux (Grand'Eury); les premières étaient portées par les ramules supérieurs, les secondes par les ramules inférieurs.

Mais il semble qu'il y ait eu aussi des branches uniquement chargées de chatons et d'autres seulement de strobiles.

WALCHIA PINIFORMIS Schlotheim (sp.).

L'espèce la plus répandue dans le bassin permien d'Autun est le *Walchia piniformis*, représenté par des rameaux mesurant 35 à 40 centimètres de longueur et 10 à 12 millimètres de diamètre; ramules distiques, étalés, de longueur variable, 6 à 25 centimètres, plus courts à la base et au sommet du rameau; feuilles disposées en spirale, les plus petites ovales, oblongues, imbriquées, placées sur le rameau; les plus longues linéaires, aiguës, recourbées en dessus, décurrentes, plus ou moins sensiblement tétragones et longues de 5 à 12 millimètres, insérées sur les ramules.

On a rapporté à cette espèce un certain nombre de fructifications; Sternberg a figuré [1] deux bases d'épis mesurant 15 à 18 millimètres de diamètre et quelques centimètres de hauteur, mais qu'on ne saurait affirmer devoir lui appartenir.

Geinitz, dans le *Dyas*, pl. XXXI, fig. 3 et 4, donne les dessins de deux cônes beaucoup plus petits que les précédents, n'atteignant que 15 et 22 millimètres de long, sur 8 millimètres environ de largeur; toutefois, on peut se demander si le premier est bien un cône, et si le second appartient réellement aux *Walchia*. Quant aux graines de la même planche portant les n°s 5 à 10, quelques-unes pourraient, comme nous le verrons, leur être rattachées.

Weiss [2] a représenté, pl. XVII, fig. 1, un rameau de *Walchia piniformis* adulte, mesurant 12 millimètres de diamètre; les ramules paraissent avoir atteint leur complet développement, sauf quatre ramules inférieurs qui sont terminés par des strobiles en voie d'évolution; l'élargissement subit de l'axe montre que l'on a affaire ici à des organes de cette nature et non à des bourgeons terminaux foliaires, mais les empreintes ne laissent distinguer que la forme allongée aiguë des bractées.

M. Bergeron a donné [3] des détails beaucoup plus complets sur les strobiles du *Walchia piniformis;* d'après ce savant, les bractées ou les écailles, minces et effilées à l'origine, devenaient assez larges tout en restant aiguës en vieillissant. Les strobiles sont cylindriques, légèrement coniques du côté

---

[1] Sternberg, *Essai d'une flore du monde primitif*, t. I, pl. XXXIV, fig. 2 A et B (1826).

[2] Weiss, *Fossile Flora der jüngsten Steink. und des Rothliegenden*, 1869-1872.

[3] Strobiles du *Walchia piniformis. Bulletin de la Soc. géol. de France*, t. XII, 1884, p. 333, pl. XXVII et XXVIII.

du point d'attache, arrondis à l'extrémité libre, longs de 5 centimètres environ et larges de 12 à 13 millimètres. Les bractées étaient caduques, car elles ont laissé après leur chute des cicatrices visibles sur l'axe support. Malheureusement les différentes empreintes ne laissent pas soupçonner la présence de graines, sauf le cône représenté en *b*, fig. 2, pl. XXVIII, dont la surface montre de nombreux reliefs disposés en hélice et qui peuvent être dus au moulage de ces corps reproducteurs; un fait à noter d'après les échantillons décrits par M. Bergeron, c'est que le jeune strobile était reconnaissable dès le début, qu'il commençait à être sessile, pour ainsi dire, et que le ramule support ne se développait qu'ensuite.

Gœppert [1] a signalé des épis détachés qu'il rapporte au *Walchia piniformis*. Entre les bractées, assez mal conservées du reste, on voit des graines encore en place, et d'autres qui se trouvent à une petite distance et qui en proviennent certainement; ces graines, d'après le dessin, ont une forme ovoïde allongée, mesurent 5 millimètres en hauteur et 3 environ en largeur. On peut regretter que ces différents épis ne soient pas en rapport avec des ramules mieux caractérisés.

M. Grand'Eury, dans son travail sur la Flore carbonifère [2], a décrit et figuré un petit fragment de rameau de *Walchia* trouvé dans le bassin d'Autun et qu'il a rapporté au *W. piniformis*. Nous avons déjà donné la description et la figure d'une partie de l'échantillon [3] d'après M. Grand'Eury. Mais nous avons cru devoir le reproduire en entier, pl. LXXIX, fig. 1 de notre atlas. L'échantillon étant pyriteux, nous ne pouvons affirmer que les bourgeons latéraux des ramules supérieurs soient des chatons mâles, à cause de leur mauvais état de conservation : ces corps arrondis ont des dimensions très restreintes et mesurent 2 millimètres en longueur sur $1^{mm},5$ à 2 en largeur; ils sont placés à l'aisselle de feuilles grêles, longues de 5 à 7 millimètres; l'intérieur est complètement pyriteux; ils rappellent par leurs dimensions et leur forme l'*Antholithus subglomeratus* [4]. Certains ramules ont jusqu'à 8 centimètres de longueur, d'autres sont beaucoup plus courts, peut-être parce qu'ils sont incomplets. Ces corps ne se rencontrent que sur les ramules supérieurs.

Quelques ramules inférieurs présentent, au contraire, d'une manière évi-

[1] *Die fossile Flora der permischen Formation*, pl. XLIX, fig. 11 et 13 (1864-1865).
[2] *Flore carbonifère du département de la Loire*, p. 514.
[3] *Cours de botanique fossile*, 4ᵉ année, 1885, p. 87, pl. VIII, fig. 9.
[4] Renault, *Structure comparée de quelques tiges de la flore carbonifère*, pl. XVII, fig. 1 (1879).

dente, à leur extrémité, des graines nombreuses disposées en épis longs de
2 ou 3 centimètres et larges de 1 centimètre, d'une taille un peu plus faible
que celui représenté *b*, fig. 2, pl. XXVIII [1]; quelquefois les épis sont plus
allongés et rappellent celui figuré par Gœppert, fig. 11, pl. XLIX, *loc. cit.*

Comme quelques-uns de ces épis sont fendus en long, un certain nombre
de graines sont ouvertes; leur intérieur est pyriteux, mais leur forme est parfaitement distincte. Elles sont aplaties, sensiblement atténuées aux extrémités,
longues de 4 à 5 millimètres et terminées assez brusquement en pointe courte
et aiguë, dépourvues de couronne et sans appareil disséminateur visible. Sur
le rameau spicifère, les feuilles sont grêles, longues de 5 à 6 millimètres, recourbées un peu en dessus; sur le rameau principal, long de 17 centimètres
et qui mesure 7 millimètres à la base et 6 à l'autre extrémité, les feuilles atteignent 8 à 9 millimètres.

L'inclinaison des ramules sur le rameau principal est d'environ 50 degrés.

Provenance. — L'échantillon a été recueilli dans la couche inférieure des
schistes bitumineux de Lally.

Les strobiles détachés accompagnant des rameaux de *Walchia piniformis* ne
sont pas rares sur les échantillons provenant des schistes permiens d'Autun;
à la surface d'une plaque portant un rameau de cette espèce, de nombreux
ramules brisés, quelques graines éparses, nous en trouvons quatre à divers états
de développement. Les plus petits mesurent 31 millimètres de longueur et
12 millimètres de diamètre; ils sont cylindriques, arrondis à l'extrémité inférieure, et un peu plus allongés en pointe à l'autre extrémité.

Les portions de bractées imbriquées que l'on distingue à la surface sont
longues de 4 à 5 millimètres, larges de 1 millimètre et demi, triangulaires,
terminées en pointe et arrondies sur le dos; elles sont étroitement serrées les
unes contre les autres. On n'aperçoit au-dessous d'elles aucune saillie, aucun
relief laissant soupçonner la présence d'ovules ou de graines.

Les plus grands strobiles atteignent l'un 62, l'autre 65 millimètres de longueur sur 14 millimètres de largeur; la grandeur a doublé quand à peine le
diamètre a varié; on doit donc penser que les strobiles prenaient de très bonne
heure leur largeur définitive et qu'ils ne s'accroissaient qu'en longueur. Le plus
grand de ces deux derniers est recourbé en arc, l'autre est presque droit.

[1] Bergeron, Strobiles du *Walchia piniformis, loc. cit.*

Les portions de bractées libres que l'on découvre sont dressées, serrées les unes contre les autres, longues de 5 à 6 millimètres, larges de 1 millimètre et demi, triangulaires, terminées en pointe légèrement carénée à leur extrémité; on distingue à la surface de fines stries longitudinales, dues probablement aux cellules épidermiques rangées en files longitudinales. Les bractées qui se trouvent sur la partie convexe du strobile sont arquées et moins étroitement serrées les unes contre les autres. On ne voit, pas plus que dans les précédents, de traces laissées par des ovules ou des graines; ces organes se développaient donc assez tard, et seulement quand les strobiles avaient presque achevé leur croissance.

WALCHIA FRONDOSA B. Renault.

(Pl. LXXVIII, fig. 1.)

Nous avons décrit autrefois [1] un très bel exemplaire de *Walchia* dont nous n'avions figuré qu'une très minime partie, nous le figurons aujourd'hui en entier.

Voici la description que nous en avons donnée; ne pouvant la modifier faute de nouveaux échantillons, nous la reproduisons telle quelle.

Le port de la partie supérieure de cet échantillon rappelle assez bien la portion de fronde figurée par Gœppert [2] sous le nom de *Trichomanites frondosus*, sauf que ce dernier paraît un peu plus grêle et que les ramules s'écartent de l'axe principal sous un angle un peu plus ouvert. Le contour a sensiblement la forme d'un quadrilatère dont la grande diagonale verticale mesure 17 centimètres et la petite 14 environ.

L'axe principal, recourbé en arc dans sa région médiane, mesure 20 centimètres de long; il est large de 3 millimètres à la base et de $1^{mm},5$ au sommet. Feuilles raméales assez nombreuses, grêles, longues de 6 à 7 millimètres, écartées du rameau, recourbées en arc vers l'intérieur à leur extrémité, anguleuses, linéaires, terminées en pointe.

Ramules opposés ou alternes, de longueurs très inégales, les plus grands mesurant 7 à 8 centimètres, s'écartant du rameau sous un angle de 50 degrés environ, rectilignes, quelques-uns terminés par une espèce de bourgeon globuleux composé extérieurement de feuilles filiformes, semblant contenir un

[1] Renault, *Cours de botanique fossile; Conifères*, p. 89, pl. VII, fig. 6, 1885.
[2] *Die fossile Flora der permischen Formation*, pl. XLIV, fig. 2.

corps ovoïde allongé qui ressemble à une graine; les ramules qui se terminent par un bourgeon sont aussi grands que ceux qui en sont dépourvus. L'échantillon est environné, en outre, de petites graines ovoïdes, longues de 5 à 6 millimètres et larges de 3 à 4, assez semblables à celles figurées par Geinitz, *loc. cit.*, pl. XXXI, fig. 7, 9 et 10.

Les ramules sont insérés à des distances variant de bas en haut de 14 à 5 millimètres. Les feuilles des ramules disposées en hélice ne diffèrent pas sensiblement des feuilles raméales; elles sont longues de 6 à 7 millimètres, grêles, linéaires, écartées du ramule, légèrement recourbées en arc à l'extrémité, un peu imbriquées et décurrentes.

Provenance. — L'unique échantillon (empreinte avec contre-empreinte) offrant les particularités que nous venons de signaler a été rencontré dans les schistes permiens de Millery.

WALCHIA HYPNOIDES Brongniart.

Rameaux plus petits que ceux appartenant aux deux espèces que nous venons de mentionner; l'axe mesure 3 à 4 millimètres de diamètre; ils sont longs de 3 à 6 centimètres; ramules espacés de 3 à 5 millimètres; feuilles imbriquées, décurrentes, un peu arquées, aiguës, longues de 2 à 3 millimètres; feuilles des rameaux plus longues et serrées contre la tige.

Cônes terminaux ovoïdes, longs de 7 à 10 millimètres.

Provenance. — Millery, Chambois, près Autun; Charmoy, près le Creusot.

WALCHIA IMBRICATA Schimper.

(Pl. LXXX, fig. 1.)

Rameaux robustes, de 6 à 8 millimètres de diamètre; ramules longs de 6 à 8 centimètres, étalés, rectilignes, quelquefois flexueux, insérés sur le rameau principal sous un angle de 50 à 55 degrés; feuilles des rameaux lâchement imbriquées, linéaires, recourbées au sommet, obtusément aiguës, élargies à la base, longues d'environ 1 centimètre, très nettement carénées sur le dos, disposées en hélice le long du rameau. Feuilles des ramules serrées, imbriquées, beaucoup plus courtes, presque réduites à l'état d'écailles épaisses, elliptiques, terminées en pointe obtuse, carénées.

Provenance. — Terrain permien de la Charmoye, près Autun.

WALCHIA FERTILIS n. sp.

(Pl. LXXX, fig. 2.)

Dans cette espèce, fondée sur un échantillon renfermant beaucoup de pyrite, l'axe mesure 3 à 4 millimètres de diamètre; il est couvert de feuilles imbriquées, lancéolées, dressées contre la tige, légèrement carénées.

Les ramules sont rapprochés, leur distance est d'environ 3 à 4 millimètres; ils s'écartent du rameau sous un angle d'environ 55 à 60 degrés; leur partie inférieure près du rameau est couverte de feuilles plus petites, mais à peu près de même forme que celles du *W. piniformis*, toutefois plus nombreuses; les ramules sont légèrement convexes en dessus, du côté de l'axe, puis ils se redressent; à partir de cette région les feuilles changent de forme, elles deviennent plus larges, écailleuses; les sortes d'épis qui en résultent mesurent 15 à 25 millimètres de longueur et 3 à 4 de largeur; il est impossible de dire, vu le mauvais état de l'échantillon, quels étaient les corps placés entre les écailles; à cause de la petitesse de ces dernières, on peut supposer que c'étaient des sacs polliniques et non des graines.

La partie supérieure seule du rameau ayant été conservée, nous ne pouvons pas affirmer que les ramules de la partie inférieure n'aient pas porté de strobiles, comme l'échantillon figuré sur la planche LXXIX.

Les différences constatées entre les ramules et les feuilles de ce *Walchia* et les rameaux de *Walchia piniformis*, de *W. hypnoides*, etc. nous ont engagé à créer une espèce nouvelle, sous le nom de *W. fertilis*. La forme ondulée des ramules, dont l'extrémité se redresse et se termine par de petits épis écailleux, cylindriques, ne permet pas de les confondre avec les ramules ordinaires simplement feuillés; la seule hypothèse admissible est que ce rameau porte de nombreux chatons, peut-être du *W. piniformis*.

Provenance. — Couches de Chambois.

WALCHIA FILICIFORMIS Schlotheim (sp.).

Rameaux de 4 à 6 millimètres de diamètre, ramules mesurant 8 à 10 centimètres de longueur. Feuilles des ramules petites, longues de 2 à 5 millimètres, serrées, réfléchies un peu vers la base, puis redressées et recourbées en crochet aigu vers le haut; feuilles des rameaux imbriquées, aiguës, aplaties, longues de 10 à 12 millimètres.

Provenance. — Couches de Chambois, de Millery, près Autun.

WALCHIA EUTASSAEFOLIA Brongniart [1].

Rameaux mesurant 8 à 9 millimètres de diamètre, ramules longs de 7 à 8 centimètres, distants les uns des autres de 6 à 7 millimètres; feuilles raméales longues de 10 à 12 millimètres, s'écartant du rameau sous un angle de 45 à 50 degrés, très lâchement imbriquées, linéaires, larges de 1 millimètre environ; feuilles des ramules nombreuses, serrées contre les ramules, hautes de 4 à 5 millimètres, larges de moins de 1 millimètre, légèrement arquées, terminées en pointe aiguë.

Cette espèce se rapproche beaucoup du *Walchia piniformis* et pourrait bien n'en être qu'une variété.

Provenance. — Millery, près Autun.

Si certains rameaux ont eu réellement des fleurs femelles isolées, placées à l'extrémité des ramules comme nous l'avons vu à propos du *W. frondosa*, et que d'autres aient possédé des strobiles tels que le *W. piniformis*, il est clair que les Walchiées comprendraient deux types : l'un, le plus commun, le plus nombreux en espèces, plus ou moins voisin des *Araucaria* australiens; l'autre, se rapprochant des Taxinées; mais, comme nous l'avons dit, ce dernier type n'étant fondé jusqu'ici que sur un seul échantillon, nous devons conserver une certaine réserve jusqu'à une confirmation plus complète.

Genre HAPALOXYLON B. Renault.

L'échantillon sur lequel ce genre a été établi a été recueilli dans un champ voisin de celui des Borgis, près du hameau des Loges, par M. A. Roche.

Les caractères du genre sont : tiges ou rameaux cylindriques, marqués à la surface de nombreuses cicatrices elliptiques, allongées dans le sens de l'axe, ombiliquées au centre, présentant de temps à autre des nodosités indiquant les surfaces d'insertion des rameaux autour de la tige.

---

[1] Renault, *Cours de botanique fossile*, 4ᵉ année, p. 87 (1885).

Moelle d'un diamètre moyen, entourée par un cylindre ligneux d'une constitution spéciale caractéristique; bois primaire peu développé, formant un mince étui autour de la moelle; bois secondaire épais, composé uniquement de *parenchyme* ligneux, lisse, disposé en séries rayonnantes, séparées par des rayons médullaires *simples*.

Le liber forme une couche épaisse dans laquelle on distingue deux sortes d'éléments : tubes grillagés et cellules parenchymateuses, disposés alternativement avec une grande régularité comme dans les Poroxylées.

Racines présentant un bois primaire tricentre, entouré par un bois secondaire épais, de même constitution que celui des tiges.

HAPALOXYLON ROCHEI B. Renault [1].

(Pl. LXXVI, fig. 1 à 8.)

Le rameau, ou la jeune tige, étudié mesure en moyenne 2 centimètres de diamètre sur une longueur de 6 centimètres. Avant que l'on eût détaché les morceaux destinés à l'examen microscopique, il dépassait 1 décimètre.

Sa forme est cylindrique; la surface est recouverte d'une écorce peu épaisse, charnue, portant, sur les parties qui n'ont pas été brisées ou usées par le frottement, de nombreuses cicatrices laissées par les feuilles.

Ces cicatrices consistent en un bourrelet allongé verticalement, elliptique ou fusiforme, creusé un peu au-dessous de son milieu d'une petite cavité également allongée, ayant donné passage à un faisceau vasculaire pénétrant dans la feuille.

Les coussinets, disposés en quinconce, sont placés sur deux spirales croisées qui se coupent presque à angle droit; l'échantillon étant placé devant soi, celle qui va de gauche à droite est inclinée de 55 degrés sur la génératrice de la surface du cylindre, tandis que celle qui va de droite à gauche croise cette même génératrice sous un angle voisin de 35 degrés.

Les centres de quatre cicatrices voisines forment un carré presque régulier, dont les côtés mesurent 6 millimètres et dont la diagonale est inclinée de 10 degrés sur la génératrice. Le rameau silicifié ressemble par son aspect superficiel à un jeune rameau de Conifère dont les feuilles et les coussinets auraient disparu en partie (pl. LXXVI, fig. 1).

[1] Voir *Bulletin de la Société d'histoire naturelle d'Autun*, p. 152 (1892).

Sur une section transversale (fig. 2), on reconnaît facilement au centre une moelle moyennement développée, un cylindre ligneux dont les éléments, la plupart parfaitement uniformes, sont disposés en cercles concentriques et en séries rayonnantes, un liber très épais formé de gros éléments disposés également en couches concentriques, mais discontinues et se recouvrant par leurs bords amincis, enfin une écorce peu épaisse, parenchymateuse, marquée de taches brunes et limitée par une assise subéreuse.

Sur une coupe longitudinale radiale, la moelle, formée d'assez grandes cellules polyédriques, est en partie détruite. Cette altération est due sans aucun doute à la présence de larves qui y ont vécu et dont on peut constater les ravages, non seulement dans cette partie du végétal, mais encore dans le cylindre ligneux; elle est due également à la présence de bactéries, qui n'ont laissé de visible, pour beaucoup de cellules, que leur cavité renfermant du protoplasma desséché, la membrane mitoyenne et les épaississements ayant été complètement détruits.

La moelle paraît avoir été continue, sans diaphragmes, différant ainsi de celle des Cordaïtes; elle ne pénètre pas en forme de coins entre les faisceaux du cylindre ligneux.

La moelle est entourée d'une mince couronne vasculaire, composée de deux ou trois rangées de trachéides ponctuées et de trachées; souvent des lambeaux de cette région du cylindre ligneux ont été entraînés au milieu des déchirures de la moelle. Les ponctuations des trachéides sont petites, aréolées, larges de 10 μ, à pore central circulaire, disposées en une rangée, quelquefois deux, sur les parois latérales.

En dehors de ce mince étui vasculaire on remarque un épais cylindre, uniquement formé de *parenchyme ligneux* sans trace aucune de trachéides ou de vaisseaux; les cellules qui le composent ont leurs sections radiale et tangentielle de forme rectangulaire, elles sont coupées carrément, sept à huit fois plus hautes que larges : leur hauteur moyenne est de 190 μ et leur largeur de 25 μ; elles sont absolument dépourvues sur leurs parois de toute espèce d'ornements, leur forme diffère complètement de celle des fibres ligneuses et, comme les vaisseaux et les trachéides manquent, cette partie du cylindre est simplement formée de parenchyme ligneux, disposé en cercles concentriques et en séries rayonnantes.

Ces séries radiales de parenchyme sont séparées par des rayons cellulaires ligneux simples, c'est-à-dire n'offrant dans le sens de l'épaisseur qu'une seule couche de cellules, particularité qui ne se présente que *très rarement* chez les Gymnospermes de l'époque houillère; dans le sens vertical on ne compte qu'une à trois rangées de cellules superposées, elles sont plus allongées dans le sens radial qu'en hauteur, on ne voit sur leurs parois aucune espèce d'ornementation. Les cellules de parenchyme et les cellules des rayons sont alignées avec une grande régularité (fig. 3) et forment de longues bandes plus ou moins hautes qui vont du centre à la périphérie.

La zone génératrice, quoique assez mal conservée, est encore reconnaissable.

Le liber est au contraire peu altéré; il forme une couche épaisse, dans laquelle on distingue deux sortes d'éléments.

Les uns sont des tubes grillagés de gros calibre, à section transversale rectangulaire, allongée dans le sens radial. Sur les parois, les plages grillagées (fig. 8) sont de contour irrégulier, tantôt quadrangulaire, tantôt en forme de triangle, tantôt sous celle de bandes simples ou bifurquées toujours très rapprochées; la conservation est assez bonne pour qu'on puisse distinguer la perforation des plages criblées.

Ces tubes grillagés sont disposés en couches concentriques plus ou moins étendues, et la section transversale de ces couches, longuement lunulée, épaisse d'une à trois rangées de tubes, présente des bords amincis qui s'engagent entre les couches voisines.

Chacune d'elles est séparée de celle qui est plus intérieure ou plus extérieure par une bande de cellules libériennes parenchymateuses, plus hautes que larges, régulièrement disposées sur deux rangs concentriques; leur section transversale est rectangulaire, plus allongée dans le sens tangentiel que dans le sens radial. Dans ce cas leur largeur atteint celle du tube grillagé avec lequel elles sont en contact; d'autres fois leur section est carrée, il y a alors deux cellules comprises dans la largeur du tube.

Des rayons cellulaires nombreux séparent les séries rayonnantes de tubes grillagés, de sorte qu'une coupe tangentielle faite dans cette région offre l'aspect d'un réseau, ce réseau étant formé par les tubes ou les cellules parenchymateuses du liber et les mailles étant occupées par les rayons cellulaires.

La disposition régulière en cercles concentriques presque complets et l'abondance des tubes grillagés, séparés par des cellules de parenchyme libérien, rappellent dans une certaine mesure la disposition que nous avons signalée dans les tiges, rameaux, racines de Poroxylées, rencontrés dans les mêmes gisements.

Mais le fonctionnement des cellules génératrices est un peu différent; dans

46.

les Poroxylées, la cellule, après avoir atteint ses dimensions définitives, se divisait transversalement en deux; l'une des moitiés donne des cellules parenchymateuses, alors que l'autre se cloisonne une ou deux fois radialement et donne deux ou trois cellules grillagées contiguës. Ici, la cellule génératrice libérienne, après avoir atteint ses dimensions, se cloisonne transversalement; l'une des moitiés forme un gros tube criblé, l'autre se recloisonne quelquefois radialement pour produire des cellules parenchymateuses dont les dimensions sont alors moitié de celle du tube grillagé en contact et cinq à six fois plus hautes que larges.

L'écorce est peu épaisse et constituée par une assise de cellules parenchymateuses dont le tissu est traversé par des canaux et des réservoirs à gomme ou à résine, renfermant une matière de couleur foncée. L'assise parenchymateuse s'épaissit dans le voisinage des cordons foliaires pour former le coussinet fusiforme qui les entoure. Enfin une couche subéreuse, composée, en épaisseur, de cinq à six rangées de cellules, limite la surface extérieure, dont l'épiderme a disparu.

A chacune des extrémités du rameau on remarque l'insertion d'un ramule tombé. Les deux insertions, placées environ à 45 millimètres l'une de l'autre, sont situées dans deux plans verticaux faisant entre eux un angle de 110 degrés. Les ramules qui en naissent ont la même constitution que le rameau principal.

Les racines sont cylindriques; le bois primaire centripète présente trois centres de différenciation; la section transversale est celle d'un triangle équilatéral à côtés curvilignes. Les trois lames ligneuses ne paraissent pas s'être rejointes au centre et les éléments occupant l'axe semblent avoir subi les mêmes altérations, les mêmes déchirements que nous avons signalés à la même place dans les rameaux.

Le bois secondaire présente une organisation semblable à celle de ces derniers, car il est formé en totalité de parenchyme ligneux et de rayons cellulaires.

On y retrouve également l'assise de tubes grillagés et de cellules parenchymateuses disposés dans le même ordre, recouverts d'une couche parenchymateuse et d'une couche de liège.

Par son organisation, cet échantillon s'éloigne sensiblement des Conifères actuelles. En effet, la portion du cylindre ligneux composée de trachéides ponctuées, qui, dans ces plantes, font l'office d'éléments conducteurs et mécaniques, est ici fort réduite et forme un anneau de faible épaisseur autour de la moelle, tandis que le parenchyme ligneux, souvent absent ou peu apparent

chez les Conifères, prend un développement extraordinaire et devient la partie
la plus importante du bois proprement dit. D'autre part, la disposition régulière en cercles concentriques et l'abondance des tubes grillagés du liber rappellent, par leurs dimensions, leurs grillages et par le tissu parenchymateux
qui les sépare, ceux des Poroxylées, des *Ginkgo*, des *Gnetum* ou des *Encephalartos*, et rapprochent par conséquent ce rameau des Gymnospermes.

L'absence complète de fibres ligneuses, de vaisseaux, l'éloigne des Dicotylédones angiospermes d'une façon presque absolue.

La disposition des cicatrices foliaires à l'extérieur de la tige, la petitesse
de la base d'insertion qui indique une feuille courte, aciculaire, uninerviée,
assez semblable probablement à celle des Araucariées australiennes, le rat-
tachent encore aux Gymnospermes.

Nous sommes donc obligé, malgré les différences profondes qui existent,
de le maintenir dans la classe des Conifères et de créer pour lui, sinon une
famille, tout au moins un genre nouveau que nous désignons sous le nom de
Hapaloxylon [1], le nom spécifique étant *Hapaloxylon Rochei*.

Le développement extraordinaire de la zone libérienne contenant les tubes
grillagés indique une circulation de sève élaborée considérable, qui devait
provoquer des dépôts abondants d'aliments de réserve dans la moelle et dans
la partie du bois uniquement formée de parenchyme et de rayons ligneux. Ces
dépôts, s'ils ne sont plus visibles maintenant, sont attestés par les traces des
êtres vivants qui y ont trouvé une nourriture abondante.

En résumé, le genre nouveau était composé de plantes ramifiées ne s'élevant
pas beaucoup en hauteur à cause du peu de solidité de la tige, couverte sur
toute sa surface de feuilles courtes et aciculaires, comme celle des *Walchia*,
à tissu interne mou, charnu, succulent, pouvant fournir une alimentation abondante aux larves nombreuses qui vivaient dans l'eau douce ou sur le bord des
lacs de l'époque permienne.

Genre RETINODENDRON B. Renault.

Ce genre nouveau de Gymnosperme n'est, comme beaucoup d'autres, connu
que par quelques échantillons silicifiés; les caractères distinctifs du genre sont:
Une moelle relativement volumineuse, entourée d'un cylindre ligneux

[1] Ἀπαλόν, mou; ξύλον, bois.

formé de trachéides ponctuées, disposées en séries radiales, séparées par des rayons cellulaires composés.

Le liber est beaucoup plus épais que le bois et se distingue par son organisation; il se compose de canaux à résine et de cellules sclérifiées, disposés en zones concentriques alternant régulièrement. Plusieurs anneaux composés de canaux et de cellules se succèdent dans l'épaisseur du liber. L'écorce n'est pas encore connue.

RETINODENDRON RIGOLLOTI B. Renault [1].

(Pl. LXXVII, fig. 9 à 14.)

L'échantillon qui a servi à établir le genre *Retinodendron* a été rencontré par M. Rigollot dans les gisements silicifiés des communaux de Saint-Martin.

La tige était déformée et brisée en partie avant d'avoir été pétrifiée; elle ne présente qu'une portion du cylindre ligneux et du liber, qui ensemble mesurent, sur une coupe transversale, 12 à 13 millimètres, 3 pour le bois, 9 pour le liber; le liber, dans cet échantillon, est donc trois fois plus épais que le bois.

Le cylindre ligneux est composé de trachéides ponctuées; les ponctuations sont contiguës et disposées sur les parois latérales en deux ou quatre rangées; elles sont aréolées et le pore central est arrondi.

Les séries radiales de trachéides sont accolées par groupes de deux à quatre, séparées par des rayons cellulaires composés de cellules deux à trois fois plus larges dans le sens radial que hautes; ils forment des lames verticales comprenant en épaisseur une ou deux rangées et en hauteur deux à vingt-six files de cellules superposées.

La zone génératrice est assez mal conservée.

La partie la plus curieuse est, sans contredit, le liber, dont certaines parties prennent dans ce genre un développement extraordinaire.

Il se compose de plusieurs zones concentriques de canaux à résine ou à tanin et de cellules sclérifiées qui alternent régulièrement.

Les canaux résineux sont placés en lignes circulaires continues; leur cavité, interrompue de temps à autre par quelques cloisons, renferme une substance brune, tapissant les parois internes et présentant souvent un aspect granuleux.

---

[1] *Comptes rendus de l'Académie des sciences*, CXV, p. 339, 16 août 1892.

Ils sont entourés d'une gaine de cellules sécrétrices à minces parois, quatre à cinq fois plus hautes que larges, à sections rectangulaires.

Autour de cette première gaine s'en trouve une seconde constituée par des cellules de même forme, sur les parois desquelles on distingue parfois quelques traces de grillages irréguliers. Les rayons cellulaires séparant les tubes à résine sont extrèmement minces. Cette première zone de tubes comprend quinze à seize rangées concentriques; elle est enveloppée par une couronne de grosses cellules parallélipipédiques ou cubiques, à parois fortement sclérifiées, disposées également dans le plus grand ordre sur neuf lignes concentriques; çà et là on remarque quelques tubes résineux intercalés.

Plus extérieurement, vient une deuxième zone de tubes résineux de même forme et présentant les mêmes cellules sécrétrices que ceux de la première zone.

Ils sont disposés sur vingt-trois à vingt-quatre lignes concentriques.

Puis vient un autre cercle de cellules sclérifiées qui comprend cinq lignes concentriques de cellules, en alternance avec des canaux résineux.

Enfin la dernière couche conservée de l'échantillon est formée d'une troisième zone de tubes résineux dans laquelle on peut compter jusqu'à cinquante cercles concentriques.

La disposition régulière des canaux résineux et celle des cellules sclérifiées rappellent celle de certaines régions du liber des Poroxylées ou du genre *Hapaloxylon*; mais, dans ces derniers, ce sont uniquement les cellules grillagées et parenchymateuses qui présentent cette régularité, tandis qu'ici la composition se complique de la présence d'un nombre extraordinaire de tubes résineux ou à tanin et de grosses cellules sclérifiées.

L'écorce était détachée dans cet échantillon, nous ne savons rien de son organisation. La moelle, mal conservée, ne nous a présenté aucune trace de bois centripète; par conséquent ce végétal ne fait certainement pas partie de la famille des Poroxylées. Les différentes sections que nous avons obtenues ne nous ont montré ni rameaux ni cordons foliaires; cette portion de la tige était donc dépourvue d'appendices.

La structure du bois indique que ce genre nouveau appartient aux Gymnospermes; sa densité et le peu d'épaisseur des rayons cellulaires ligneux l'éloignent des Cycadées fossiles, telles que les *Medullosa*, les *Colpoxylon*, etc. Mais ses rayons, qui sont composés d'une à deux rangées de cellules en épaisseur, l'écartent des Conifères vivantes; il faisait donc partie d'une famille de Conifères actuellement éteinte.

Le genre *Retinodendron* [1] est surtout intéressant à cause de la quantité considérable de produits, tanifères ou résineux, qu'il a pu fournir lors de la production de la houille. On sait, en effet, que dans ce combustible il y a des plages plus ou moins foncées de forme indéterminée, sans organisation, dont l'origine peut être attribuée en partie à la houillification des matières gommeuses ou résinoïdes dissoutes dans les eaux brunes et provenant de la macération des bois et des écorces contenant ces produits en abondance.

Genre CEDROXYLON Kraus.

CEDROXYLON VAROLLENSE B. Renault et A. Roche [2].

(Fig. 67 à 72.)

Les bois des Conifères fossiles compris sous le nom de *Cedroxylon* ont

Fig. 67.

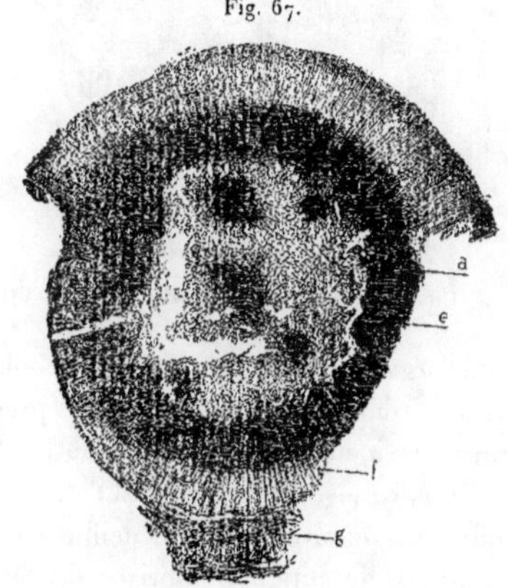

Cedroxylon varollense.

a. Moelle relativement volumineuse. — e. Première zone interne ligneuse, dont les éléments ont leurs parois épaissies, très lignifiées. — f. Deuxième zone ligneuse dont les éléments sont moins lignifiés et plus clairs. — g. Troisième zone, à éléments lignifiés.

pour type, parmi les végétaux vivants, le bois des *Abies*, des *Cedrus*, des *Tsuga*; ils sont caractérisés, sur une section transversale, par des zones con-

[1] Ῥητίνη, résine; δένδρον, arbre.
[2] *Comptes rendus des séances de l'Académie des sciences*, 12 mars 1894.

centriques d'accroissement, dues à différentes causes, telles que l'arrêt et la re-
prise du développement annuel, ou l'alternance de périodes sèches et humides.

Sur une coupe longitudinale radiale on voit les trachéides, ornées, sur leurs
parois latérales, d'une rangée de ponctuations, grandes et arrondies, avec
pore central circulaire; plus rarement celles-ci sont disposées par paires horizontales; les rayons cellulaires ligneux sont simples et formés de cellules
toutes semblables.

Fig. 68.

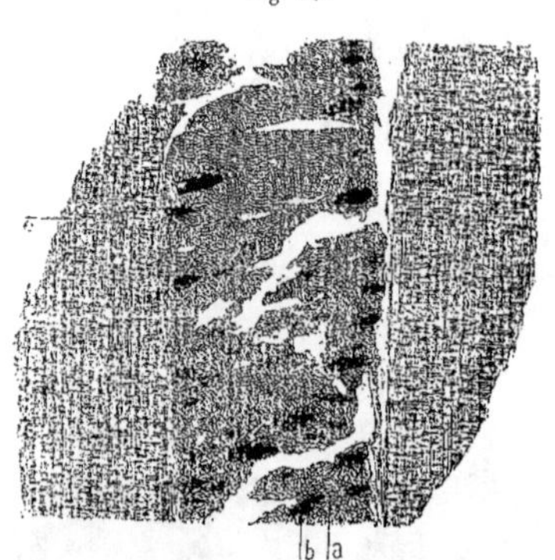

Cedroxylon varollense.

a. Moelle. — b. Groupes de cellules remplies de résine. — c. Cylindre ligneux.

Ce type représente l'organisation la plus simple du bois des Conifères. Les
rayons cellulaires ligneux renferment quelquefois des produits résineux; mais
les cellules et les canaux résineux distincts font défaut.

Le *Cedroxylon pertinax*, Kraus, du Rhétien, est l'espèce la plus ancienne qui
soit connue; celle que nous décrivons a été recueillie à Varolle près Autun, à
la partie supérieure du terrain autunien (Horizon de Chambois). On la rencontre également dans les champs voisins du bois de Saint-Martin qui paraissent appartenir au même niveau.

Elle se présente sous la forme de fragments de tiges plus ou moins volumineux ou de petits rameaux; ces derniers étant mieux conservés, ce sont eux
qui ont servi pour en étudier la structure.

L'un d'eux, décortiqué, mesurant 22 millimètres de diamètre, possède une
moelle de 11 millimètres relativement considérable, le cylindre ligneux étant

épais seulement de 5^{mm},5 ; ce dernier présente trois zones d'accroissement e, f, g (fig. 69), rendues distinctes par la différence de coloration et de lignification des éléments qui les constituent.

Fig. 69.

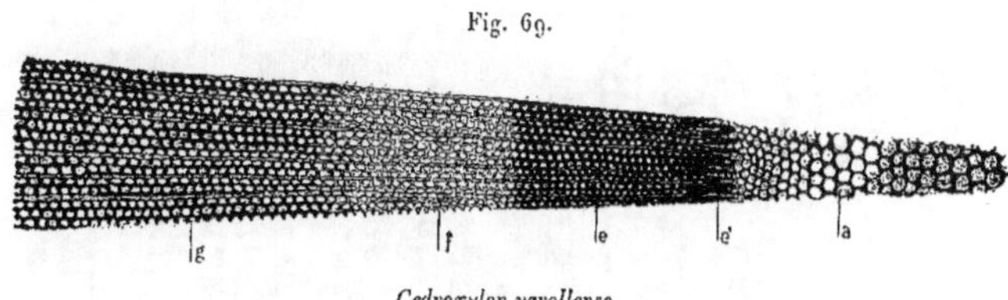

Cedroxylon varollense.

a. Moelle. — e'. Extrémité des lames rayonnantes de trachéides. — e. Première zone ligneuse. f et g. Deuxième et troisième zone ligneuse.

En allant du centre à la périphérie, la première couche est colorée en brun et les trachéides qui la composent ont leurs parois plus épaisses ; elles forment des lamelles déliées qui pénètrent dans la moelle.

La deuxième couche est plus claire, les trachéides ont les parois plus minces ; elle est enveloppée par une troisième plus foncée et à trachéides plus ligni-fiées. Les zones concentriques foncées se composent, en moyenne, de cin-quante rangées de trachéides, la couche plus claire de quarante rangées seulement.

Fig. 70.

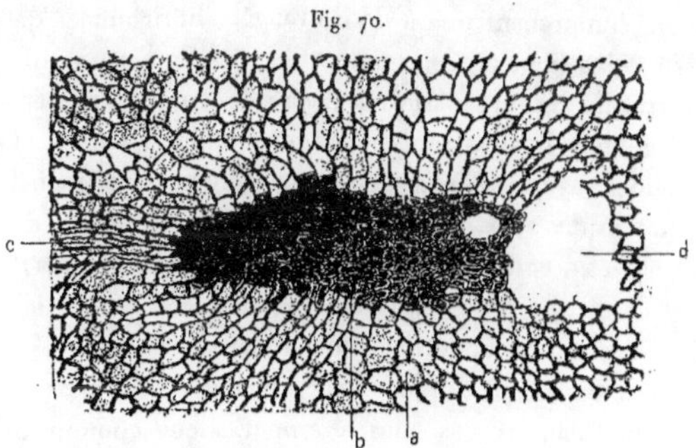

Cedroxylon varollense.

c. Amas de cellules remplies de résine. — d. Déchirure de la moelle.

La moelle est formée de cellules isodiamétrales (fig. 70 et 71), polyédri-ques, mesurant en coupe transversale 40 μ dans la région périphérique et

60 μ dans la région centrale. Sur une coupe longitudinale (fig. 71), elles offrent une section rectangulaire un peu plus large que haute; la moelle est sil-

Fig. 71.

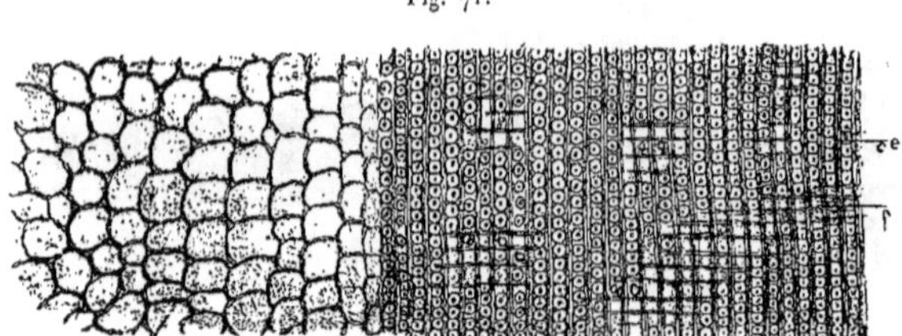

Cedroxylon varollense.

a. Moelle. — *e.* Trachéides ponctuées. — *f.* Rayons cellulaires ligneux.

lonnée, çà et là, par des traînées horizontales de cellules *c* (fig. 70), rayonnant autour de masses cellulaires *b*, rendues presque opaques par leur contenu; ce sont sans doute des dépôts résineux.

Les coins ligneux sont contigus, et les rayons du tissu fondamental qui les séparent sont peu apparents et formés en épaisseur d'une ou deux rangées de cellules, rarement plus.

Les rayons cellulaires ligneux *f* (fig. 72) sont toujours simples, peu étendus en hauteur, comprenant une à douze rangées horizontales de cellules superposées. Les coins ligneux se terminent du côté de l'axe par des lames de trachéides verticales et sont séparés par des prolongements peu épais de la moelle.

Les éléments primaires sont constitués par des trachées et par quatre ou cinq trachéides rayées; le bois secondaire est formé de trachéides ponctuées, dont les dimensions sont, dans les zones foncées ou claires, de 28 μ en coupe radiale et 22 μ en coupe tangentielle, la différence entre les deux groupes de trachéides consistant seulement dans l'épaississement et la coloration des parois de celles qui occupent les zones foncées.

Les ponctuations sont disposées sur un seul rang; *rarement* elles sont placées sur deux, dans ce cas elles alternent. Leur contour mesure 14 μ de diamètre, il est circulaire, mais comme les ponctuations sont nombreuses, rapprochées, serrées les unes contre les autres, il arrive souvent que leurs bords supérieur et inférieur, comprimés mutuellement, sont rectilignes (fig. 71); le pore central est circulaire.

Les trachéides sont, comme nous l'avons dit, séparées, comme celles des Conifères actuelles, par des rayons ligneux simples; les cellules qui les composent sont rectangulaires, plus allongées dans le sens du rayon qu'en hauteur; dans le sens radial elles mesurent 28 μ, et 24 μ suivant la hauteur; sur leurs faces latérales on remarque deux ponctuations qui peuvent se confondre en une seule par défaut de conservation.

Dans le bois il n'y a aucune trace de cellules ou de canaux à résine. L'écorce s'était séparée dans les divers échantillons recueillis.

De la description qui précède il résulte que l'échantillon en question diffère des bois réunis sous le nom d'*Araucarioxylon* par la grandeur des ponctuations, leur disposition unisériée et le nombre des pores placés sur les parois latérales des cellules formant les rayons ligneux.

Il se rapproche du bois des *Poacordaites* [1], mais en diffère par l'absence de stries à la surface interne des trachéides, par la taille des ponctuations qui, dans les *Poacordaites*, ne mesurent que 7 μ, sont rondes, moins serrées, et offrent un pore elliptique.

Dans une certaine mesure il rappelle le *Pinites Fleuroti* Mougeot[2], mais s'en éloigne par l'égalité de grandeur des trachéides qui composent les différentes zones d'accroissement, par les dimensions plus faibles de ses ponctuations, et leur disposition régulière continue, ne présentant pas de lacunes comme cela se voit dans l'espèce du Val d'Ajol.

Il se rapproche davantage du bois des *Cedroxylon,* dont il ne se distingue que par la disposition des ponctuations, qui alternent quand elles sont bisériées; mais nous avons fait remarquer que celles-ci étaient presque toujours unisériées.

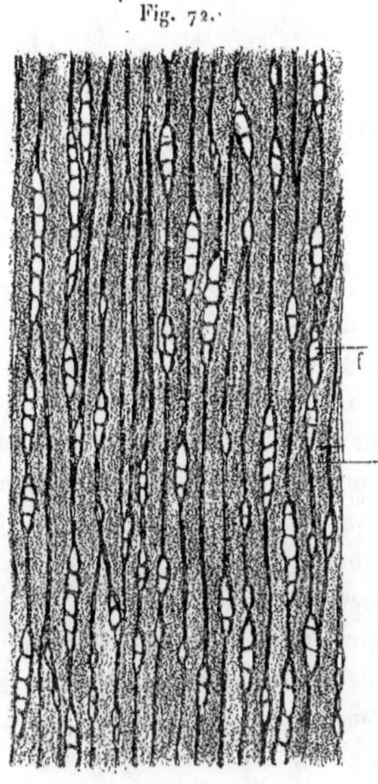

Fig. 72.

Cedroxylon varollense.

e. Trachéides.

f. Rayons cellulaires ligneux formés d'une seule rangée de cellules.

[1] *Cours de botanique fossile,* 4ᵉ année, p. 81, 1885.

[2] Mougeot, *Essai d'une Flore du nouveau grès rouge*, Épinal, 1852.

Les Conifères fossiles dont le bois appartient au type des *Cedroxylon* descendent donc jusque dans l'Autunien au lieu de s'arrêter au Rhétien comme on l'avait cru jusqu'ici.

Provenance. — Varolles, près Chambois, et champs avoisinant au nord le bois de Saint-Martin, près Autun.

Genre DICRANOPHYLLUM Grand'Eury.

Feuilles linéaires, aiguës, très variables de longueur suivant les espèces, une ou plusieurs fois dichotomes (celles qui portent les graines ne le sont qu'une seule fois), de nature coriace, rigides, parcourues par des nervures fortes, saillantes, parallèles au bord de la feuille, insérées en hélice sur les rameaux et les ramules, très nombreuses, contiguës par leur base. Elles sont fixées sur des coussinets charnus, saillants, subrhomboïdaux un peu obliques, rappelant ceux des Lépidodendrons, mais sans fossettes ni ligule, formés par la base charnue de feuilles décurrentes et plus semblables à ceux de certaines Conifères. Les feuilles étaient assez longtemps persistantes, les petits rameaux en sont toujours garnis, les gros rameaux au contraire en sont très souvent dépourvus et portent des cicatrices contiguës; les coussinets, allongés, ont les angles latéraux arrondis, les angles supérieur et inférieur aigus; ils portent un peu au-dessus de leur milieu une cicatricule ovale, marquée au centre d'une petite dépression correspondant au passage d'un seul faisceau vasculaire; il n'y a pas, de chaque côté, les deux ponctuations que l'on remarque sur les cicatrices foliaires des Lépidodendrons; une carène assez saillante parcourt le coussinet suivant sa longueur; jamais elle n'est accompagnée, sur les côtés ou sur sa crête même, des cicatricules elliptiques si fréquentes sur les coussinets de ces dernières plantes.

Les feuilles, d'abord réunies en touffes serrées à l'extrémité des rameaux, s'étalaient sur les portions des branches plus âgées et finissaient par retomber obliquement de haut en bas le long de la tige.

Rameaux fructifères très peu modifiés, et semblables aux rameaux simplement feuillés; organes mâles constitués par de nombreux petits chatons axillaires; organes femelles, ovules et graines, disposés en grand nombre le long de la partie linéaire dressée, non encore bifurquée, de la feuille, une seule fois dichotome.

Les *Dicranophyllum* étaient des plantes arborescentes, mais n'atteignant pas de grandes dimensions; la structure de leur bois est inconnue; peut-être certains bois de Conifères silicifiés trouvés aux environs d'Autun pourront-ils leur être rapportés.

Les *Dicranophyllum* se rencontrent dans le terrain houiller supérieur, de Saint-Étienne, de Commentry, de Ronchamp, etc.; ils sont fréquents dans les couches du bassin d'Autun qui appartiennent à l'horizon du Grand-Moloy.

DICRANOPHYLLUM GALLICUM Grand'Eury.

(Pl. LXXXI, fig. 5 et 6.)

Feuilles longtemps persistantes, simples sur une longueur de 15 à 20 millimètres, puis se séparant en deux branches divergeant de 30 degrés environ, égales, longues de 10 à 15 millimètres; celles-ci se bifurquent à leur tour sous un angle de 40 degrés et forment deux pointes aiguës longues de 8 à 10 millimètres. Les deux bifurcations successives s'exécutent dans un même plan.

La partie simple de la feuille est parcourue par trois nervures parallèles; celle du milieu, la plus importante, se divise, un peu avant la bifurcation, en deux cordons qui pénètrent dans les deux premières branches, en même temps que l'une des nervures latérales.

Chaque lobe possède donc deux nervures qui se séparent à la deuxième bifurcation, pour entrer dans chacune des deux pointes de la feuille qui ne possède qu'une seule nervure.

Les feuilles sont insérées sur un mamelon rhomboïdal à angles supérieur et inférieur aigus, dont les dimensions varient sensiblement d'un échantillon à l'autre, mais deux ou trois fois plus haut que large. Le point où la feuille se détache est placé au quart supérieur du coussinet et la nervure médiane se continue avec une sorte de carène longitudinale qui s'étend jusqu'à son extrémité inférieure; de là une assez grande ressemblance, comme nous l'avons dit, avec les mamelons foliaires de quelques Lépidodendrons[1], mais pourtant la distinction est facile, à cause de la forme elliptique des cicatrices foliaires des *Dicranophyllum*. Chez les Lépidodendrons, ces cicatrices sont rhomboïdales, transverses, marquées de trois ponctuations, et, de chaque côté de la carène

---

[1] Peut-être quelques Lépidodendrons permiens ne sont-ils que des écorces de *Dicranophyllum*.

ou sur cette carène même, on remarque les fossettes rondes ou légèrement ovales qui correspondent à un tissu lacuneux aérifère.

Provenance. — Mont-Pelé, près Sully.

DICRANOPHYLLUM GALLICUM var. PARCHEMINEYI B. RENAULT.

Les graines de *Dicranophyllum gallicum* ne sont pas rares autour des petits rameaux; cependant nous n'en avons pas rencontré qui fussent restées en place. Comme jusqu'ici un seul échantillon [1] nous a présenté cette particularité intéressante, nous reproduirons la description que nous en avons donnée. C'est une portion de rameau mesurant 9 millimètres de diamètre environ, montrant, à la partie inférieure, les cicatrices foliaires sous-corticales, longues de 6 millimètres et larges de 2, rhomboïdales, à angles latéraux arrondis, à angles supérieur et inférieur aigus, formant ainsi des sortes de losanges allongés verticalement.

La plupart des mamelons sont garnis de feuilles une seule fois bifurquées; la partie non divisée a une longueur de 25 millimètres environ; les dents atteignent à peine 10 millimètres et divergent sous un angle de 50 degrés; elles sont coriaces, aiguës et parcourues par une seule nervure; la portion simple de la feuille, quoique mesurant seulement $1^{mm},5$ à 2 millimètres de largeur, a laissé une épaisseur de houille plus considérable qu'à l'ordinaire, ce qui indique une solidité et une rigidité plus grandes.

Entre les parties non bifurquées des feuilles, on aperçoit un nombre considérable de petites graines qui ont laissé une couche épaisse de charbon. Dans quelques régions de l'échantillon on voit, au moyen de la loupe, un certain nombre de graines non pas seulement en contact, mais encore *attachées* aux feuilles.

Avec un grossissement suffisant, on peut suivre sur certaines d'entre elles le faisceau vasculaire qui, partant de la chalaze, va se souder à la feuille; celle-ci en supportait un assez grand nombre, paraissant s'insérer sur la nervure médiane.

Les graines sont ovoïdes, acuminées, dressées, longues de 4 millimètres et larges de 3. Le nucelle mesure $2^{mm},8$ de hauteur et 2 millimètres de lar-

[1] *Bulletin de la Société de l'industrie minérale*, 1890. *Flore de Commentry*, p. 631, pl. LXXI, fig. 5.

geur; du côté de la chalaze, les téguments sont minces et atteignent à peine quelques dixièmes de millimètre; ils s'épaississent, au contraire, dans la région opposée et mesurent presque un millimètre; dans quelques graines détachées on reconnaît le canal micropylaire qui traversait cette région.

On comprend facilement que ces fragments houillifiés n'aient pas conservé plus de détails discernables; toutefois il ressort de la description qui précède que les rameaux fructifères des *Dicranophyllum* n'étaient pas sensiblement modifiés; que les feuilles fertiles portaient directement les ovules et les graines, sur la partie non encore bifurquée, probablement attachées en chapelet les unes au-dessous des autres, le long de la nervure médiane; que tout le changement opéré dans ces feuilles se bornait à un épaississement plus considérable du limbe et à la présence d'une seule bifurcation qui donnait naissance à deux lobes rigides en forme d'aiguillons.

La structure des graines et celle des fleurs mâles étant inconnues, on ne peut dire si leur organisation rapprocherait les *Dicranophyllum* des Cordaïtées, des Cycadées ou des Conifères; leur port rappelle plutôt ce dernier groupe que les deux précédents; c'est ce qui nous a déterminé à les ranger dans la classe des Conifères. Mais la disposition et le nombre des graines placées sur une même feuille les éloignent certainement des Salisburiées auxquelles, tout d'abord, on les avait comparés à cause de la forme bifurquée du limbe.

Nous rappellerons à cette occasion que la dichotomie observée dans les feuilles ne paraît pas avoir une valeur aussi grande qu'on le suppose, le même genre pouvant contenir des espèces à feuilles simples ou à feuilles dichotomes, comme nous l'avons fait remarquer chez les *Arthropitus*, les Calamodendrons, les *Sphenophyllum*.

DICRANOPHYLLUM STRIATUM Grand'Eury.

(Pl. LXXIX, fig. 2 et 3.)

Nous rapportons au *Dicranophyllum striatum* les deux fragments de feuilles représentés sur la planche LXXIX, fig. 2 et 3. La première feuille est encore jeune et paraît complète; la seconde est fragmentaire et ne représente qu'une des deux branches dichotomes. Voici les caractères de cette espèce :

Feuilles caduques, toujours isolées, divisées une ou deux fois, rarement entières; branches des dichotomies rapprochées, moins raides et moins coriaces que celles du *D. gallicum;* longueur très variable, depuis 40 jusqu'à

200 millimètres; elles sont larges de 4 à 6 millimètres, planes, parcourues, suivant qu'elles sont plus ou moins larges, par quatre, cinq, sept nervures égales, rapprochées ou convergentes à la base de la feuille.

Les branches de la première dichotomie font entre elles un angle de 5 à 6 degrés, celles de la deuxième sont écartées de 6 à 7 degrés. Dans le *Dicranophyllum gallicum* les divergences correspondantes sont de 30 et de 40 degrés.

Provenance. — Mont-Pelé.

Genre PINITES Lindley et Hutton.

Sous le nom de *Pinites* on a réuni des fragments de plantes très divers appartenant à des Conifères, mais rentrant dans des genres différents. En effet, on ne saurait affirmer que les *Pinites Brandlingi* et *Pinites Withami*, de Lindley et Hutton, avec leurs rayons médullaires composés, font partie du même genre que le *Pinites Naumanni* de Gutbier ou le *Pinites Sternbergii* d'Endlicher; par conséquent, en désignant par *Pinites permiensis* l'espèce que nous décrivons ici, nous ne pensons pas la rapprocher d'aucune des espèces que l'on a rangées sous le nom de *Pinites*.

PINITES PERMIENSIS, n. sp.

(Pl. LXXXII, fig. 1.)

Rameaux feuillés de petite taille mesurant 3 millimètres environ de diamètre. Les feuilles sont disposées en hélice autour du rameau, longues de 3 centimètres et larges à peine de 1 millimètre; elles s'en écartent sous un angle de 45 degrés environ, mais cet angle augmente pour les feuilles inférieures, elles deviennent horizontales et finissent par s'incliner de haut en bas. Dans l'échantillon figuré, beaucoup ont été rompues à l'extrémité inférieure du rameau et une portion a été enlevée, d'autres ont été simplement brisées. Leur section transversale est triangulaire, une côte médiane les parcourt longitudinalement en dessous, elles paraissent avoir eu une assez faible rigidité.

Les mamelons de la surface sont très peu saillants, allongés, terminés en pointe aux deux extrémités; ils portent une cicatrice peu marquée, mais assez étendue, provenant de la base élargie de la feuille; en effet, celle-ci semble se dilater à son point d'insertion sur le rameau.

Ce rameau ne peut être rapproché ni des *Walchia*, ni des *Dicranophyllum*, ni des *Ullmannia*. La forme des feuilles rappelle celle des *Pinus*, mais elles en diffèrent par l'épaississement de la base qui ne peut être confondu avec des écailles membraneuses formant une gaine; en outre, elles sont solitaires. En l'absence de tout organe reproducteur, il nous est impossible de préciser le groupe de Conifères dont notre échantillon se rapproche le plus; aussi, pour le moment, nous le désignerons sous le nom générique mal défini de *Pinites permiensis*.

Provenance. — Commun à la partie supérieure du terrain permien, aux Thélots, Millery, Margenne.

Genre TRICHOPITYS Saporta.

Feuilles longuement pétiolées, rigides, cartilagineuses; limbe plusieurs fois et profondément divisé; la division s'effectue par dichotomie; l'une des branches se bifurque à son tour : des deux segments qui en résultent, les extérieurs seuls se bifurquent de nouveau; les derniers segments se trouvent ainsi au nombre de six, mais ils peuvent se réduire à quatre ou s'élever jusqu'à huit.

Chacun d'eux ne reçoit qu'une seule nervure provenant des subdivisions successives du cordon qui parcourt le pétiole. La base des feuilles était faiblement décurrente; à l'aisselle de quelques-unes on remarque de petits bourgeons pédicellés.

Le genre *Trichopitys* rappelle les formes profondément laciniées à segments étroitement linéaires de certaines Salisburiées jurassiques, les *Baiera*, par exemple, mais se rapproche encore plus, par ses feuilles, des *Dicranophyllum*.

TRICHOPITYS MILLERYENSIS, n. sp.

(Pl. LXXXII, fig. 2.)

Nous rapportons au genre *Trichopitys* la portion de feuille, longue de 12 centimètres environ, représentée fig. 2, pl. LXXXII. Le pétiole est incomplet; ce qui en reste atteint une longueur de 3 centimètres et une largeur de 3 millimètres; il est parcouru par trois cordons vasculaires : celui du milieu se divise en deux à la bifurcation, les deux autres montent sans changement; les deux branches de la dichotomie se divisent à leur tour à des distances inégales, le faisceau médian se bifurque à la dichotomie suivante, et ainsi de suite, mais les segments extrêmes ne reçoivent qu'un seul cordon vasculaire.

La feuille paraît subir trois et quatre divisions successives, ce qui porte à douze le nombre des segments extrêmes, la quatrième bifurcation ne comprenant que trois branches; une rupture et l'engagement dans la roche de ces derniers à la partie supérieure de l'échantillon empêchent qu'on ne puisse en acquérir la certitude; on n'en compte que dix. Les segments mesurent 3 et 4 centimètres, l'angle de leur écartement est d'environ 55 degrés. Ce fragment de feuille ne peut être confondu avec le *Trichopitys heteromorpha* de M. de Saporta [1], dont les feuilles sont plus petites, plus étroites, plus contournées, et ne présentent que trois dichotomies, par conséquent six segments.

Il semble également que, dans notre échantillon, les différentes subdivisions du limbe sont moins épaisses et moins raides. C'est le seul échantillon que nous ayons rencontré; aucune graine n'était dans son voisinage.

Provenance. — Millery.

ANTHOLITHUS PERMIENSIS, n. sp.

(Fig. 73.)

Cette inflorescence curieuse, qui, par son port, rappelle celle de certaines plantes angiospermes, se compose d'un axe principal terminé par une fleur; l'inflorescence paraît donc définie.

La longueur totale est de 64 millimètres. L'axe principal mesure à la base 3 millimètres et 2 millimètres à son extrémité supérieure; quatre rameaux sont disposés en spirale autour de lui : le premier s'insère à une hauteur de 24 millimètres; sa longueur est de 20 millimètres, son diamètre de $1^{mm},5$; légèrement arqué, il se termine par une fleur.

Le second rameau part un peu à droite de l'axe à une hauteur de 30 millimètres; comme il se trouvait en dehors du plan de stratification, il est moins arqué que le premier, et la fleur qui le terminait a été détachée, tout en restant en contact avec lui; sa longueur est de 17 millimètres.

Le troisième rameau se détache à 37 millimètres, il présente sensiblement la même courbure que le premier; sa longueur est seulement de 15 millimètres.

[1] *Paléontologie française*, Végét. juras., t. III, pl. XXIV.

Là où la houille a été conservée, on reconnaît sur l'axe et sur les rameaux de faibles reliefs qui paraissent être les traces laissées par des feuilles petites, écailleuses.

Le quatrième rameau est en partie détruit, il ne porte pas de fleur à son extrémité.

Les fleurs terminant les trois ramules sont globuleuses; elles paraissent composées d'un petit nombre de bractées ovales, hautes de 5 millimètres et larges

Fig. 73.

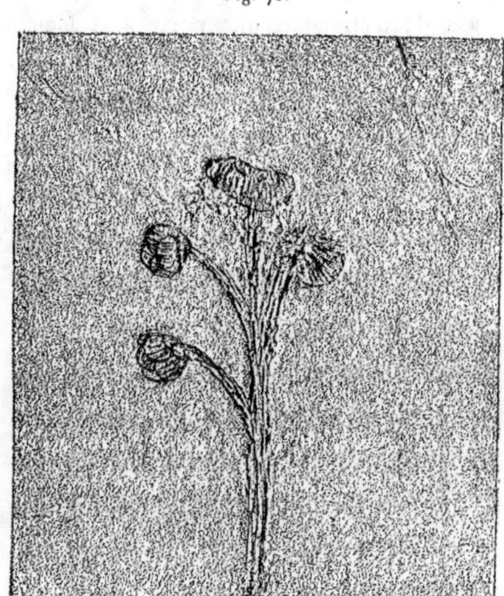

Antholithus permiensis.

de 3 à 4 millimètres, se recouvrant par leurs bords, sillonnées de stries longitudinales courbes. La fleur supérieure terminale est représentée par une bande horizontale, large de 13 millimètres et haute de 5 millimètres, marquée également de stries curvilignes; il est possible que cette bande soit due à plusieurs bractées détachées et juxtaposées, mais on ne peut distinguer aucune marque de séparation. Les bractées sont épaisses et lignifiées, si on en juge par l'épaisseur de la couche de houille qu'elles ont fournie. Aucune graine ne se trouve entre elles, ni dans le voisinage.

Cette inflorescence ne rappelle aucune de celles qui ont été décrites et qu'on a rapportées soit à des Cycadées, soit à des Conifères.

Parmi les Gymnospermes actuelles, nous n'en connaissons pas qui puissent lui être comparées.

Les moins dissemblables seraient peut-être les inflorescences des *Glyptostrobus* ou mieux celles des *Tsuga*.

Le *Tsuga Brunoniana*, entre autres, de la Chine occidentale, présente des strobiles, quelquefois d'assez faible dimension (7 à 8 millimètres de hauteur), formés de bractées arrondies sur leur bord extérieur, munies d'un onglet à la base qui leur sert d'attache; chacune porte à la face interne deux petites graines ailées; leur surface est marquée de stries longitudinales.

Mais ces rapprochements sont loin d'être suffisants; dans l'espèce que nous décrivons, les bractées paraissent moins nombreuses, les strobiles plus globuleux, la ramification est formée de ramules plus épais mais moins résistants, par conséquent plus charnus. Du reste, le *Tsuga Brunoniana* habite les hautes montagnes de la Chine occidentale et de l'Himalaya, par conséquent des régions bien différentes de celles où a vécu notre antholithe.

Provenance. — Terrain permien de Lodève (Hérault).

Graines.

Les graines sont extrêmement nombreuses et variées dans le bassin d'Autun.
On les rencontre dans toutes les assises permiennes et houillères, nous ne décrirons ici que les principales. Elles peuvent être divisées d'après leur forme
en trois grandes sections :

1° Graines à symétrie binaire;

2° Graines symétriques autour d'un point, non ailées;

3° Graines symétriques autour d'un point, portant des ailes.

Graines à symétrie binaire.

Les graines à symétrie binaire sont caractérisées par leur forme généralement aplatie et la présence de faisceaux vasculaires parcourant la graine suivant son plan principal, de la région chalazienne à la région micropylaire.
Cette section, qui contient la plupart des graines des Cordaïtes, renferme les
genres suivants.

Genre CORDAICARPUS Grand'Eury.

Graines cordiformes, comprimées, plus ou moins échancrées à la base,
formées de deux téguments, l'un extérieur, mou, charnu, *sarcotesta,* l'autre
intérieur, *endotesta,* dur, coriace, lignifié, composé de cellules fortement incrustées; amande d'un aspect plus cordiforme souvent que la graine entière;
c'est surtout le moulage de cette dernière partie que l'on rencontre dans les
grès. Faisceau chalazien donnant naissance à deux systèmes vasculaires : l'un,
extérieur à l'endotesta et formé de deux branches montant dans le plan principal de la graine jusqu'au micropyle; l'autre, qui lui est intérieur, pénètre
dans le nucelle et s'élève plus ou moins haut le long de la membrane du sac
embryonnaire; toutes sont munies d'une chambre pollinique de dimension
moyenne.

CORDAICARPUS EXPANSUS Brongniart.

Les graines appartenant à cette espèce rencontrées dans les gisements silicifiés de Grand'Croix ont permis de reconnaître les détails suivants :

Graines volumineuses quand elles sont complètes, c'est-à-dire quand elles
ont conservé le tégument charnu qui les recouvre et qui atteint 6 à 7 millimètres d'épaisseur, cordiformes, aplaties, plus larges que hautes; les graines
silicifiées qui appartiennent à cette espèce atteignent 40 à 42 millimètres en
hauteur et dépassent 43 millimètres en largeur; leur épaisseur est de 20 à
22 millimètres; elles sont acuminées au sommet.

Le tégument extérieur est composé de cellules polyédriques à parois minces
et ponctuées dans la région profonde, mais se lignifiant en se rapprochant
de la périphérie; il est recouvert d'un épiderme formé de cellules presque
cubiques.

Le tégument intérieur est relativement peu épais, les cellules qui le constituent sont petites et fortement sclérifiées.

Chacune des branches du faisceau vasculaire qui parcourt la région profonde du sarcotesta est divisée en deux cordons parallèles au plan principal de
la graine.

Il n'est pas rare de trouver le tissu du sac embryonnaire conservé et contenant vers le haut deux archégones placés dans ce même plan.

La chambre pollinique est petite, et le tube micropylaire du nucelle ne
s'engage pas à une grande hauteur dans le canal correspondant des téguments.

La quantité de houille produite sur les empreintes par les téguments est
considérable.

Provenance. — Igornay.

CORDAICARPUS SCLEROTESTA Brongniart.

Graines cordiformes à peu près aussi hautes que larges, mesurant 24 à
25 millimètres; téguments beaucoup moins épais que ceux de l'espèce précédente; graines acuminées au sommet, échancrées à la base.

Les graines silicifiées qui se rapportent à cette espèce ont présenté les deux
systèmes vasculaires caractéristiques, un nucelle terminé en une sorte de ma-

melon cylindro-conique renfermant une chambre pollinique de petite dimension, un sac embryonnaire contenant deux archégones, un endotesta formé de cellules petites, à parois fortement lignifiées, un sarcotesta peu épais dont les cellules polyédriques sont à parois ponctuées dans le voisinage des bandes vasculaires qui le traversent.

Quelquefois cette espèce présente des gibbosités sur les deux faces, près de la région chalazienne.

Provenance. — Igornay.

CORDAICARPUS EISELIANUS Geinitz (sp.).

(Pl. LXXXV, fig. 12.)

Graines elliptiques mesurant 9 à 10 millimètres de longueur sur 7 à 8 de largeur, aplaties, acuminées au sommet, lisses à la surface; la compression a déterminé quelquefois la formation de plissements accidentels.

Ces graines sont assez semblables à celles décrites par Geinitz[1] sous le nom de *Cyclocarpum eiselianum;* cette dernière espèce est elliptique, aplatie, oscille entre 9 et 15 millimètres en longueur et 7 à 9 millimètres en largeur; elle est terminée par un bec micropylaire et ne présente pas de côtes à la surface.

Nous croyons donc pouvoir réunir à cette dernière espèce celle que nous venons de décrire.

Provenance. — Igornay (collection Roche).

CORDAICARPUS ELLIPTICUS, n. sp.

(Pl. LXXXV, fig. 5 et 6.)

Graines elliptiques, longues de 28 à 33 millimètres, larges de 16 à 21 millimètres, aplaties, légèrement mucronées au sommet, munies d'un prolongement très visible à la base; testa lisse à la surface, peu épais, bicaréné.

Les graines non complètement adultes sont régulièrement elliptiques; quand elles ont atteint leur grandeur définitive, la région la plus élargie est un peu plus rapprochée de la chalaze que du sommet.

---

[1] *Dyas, oder die Zechstein formation und das Rothliegende,* p. 151, pl. XXXIV, fig. 9, 1861-1862.

A cause de sa faible épaisseur, le tégument n'a laissé qu'une assez mince couche de houille; il est impossible de distinguer les deux téguments qui forment le testa.

Provenance. — Dracy-Saint-Loup, Cordesse.

CORDAICARPUS DISCOIDEUS var. MINOR.

(Pl. LXXXV, fig. 13.)

Graines discoïdes, régulières, sans pointe micropylaire, munies au contraire d'un petit prolongement chalazien, mesurant 10 millimètres de diamètre, testa bicaréné, lisse, sans côte, de faible épaisseur, à contour terminé en biseau.

Provenance. — Dracy-Saint-Loup.

CORDAICARPUS SOCIALIS Grand'Eury, var.

(Pl. LXXX, fig. 16.)

Graines cordiformes, petites, hautes de $3^{mm},5$ et larges de $2^{mm},5$ à 3 millimètres; testa à surface lisse, surmonté d'une pointe micropylaire, arrondi à la base, sans échancrure; se rencontrant réunies en assez grand nombre.

Provenance. — Dracy-Saint-Loup.

Cette espèce se rapproche de celles désignées par M. Grand'Eury sous le nom de *Carpolithus socialis,* qui sont des graines ovoïdes, petites, aplaties, souvent fripées, mesurant 4 à 5 millimètres de hauteur et 3 à 4 millimètres de largeur, mais elle en diffère par une taille plus faible et par une pointe micropylaire très visible.

Genre CYCADINOCARPUS.

CYCADINOCARPUS AUGUSTODUNENSIS Brongniart (sp.).

(Pl. LXXXV, fig. 1 à 4.)

Graines circulaires ou légèrement elliptiques, mucronées au sommet, hautes de 9 à 12 millimètres, larges de 7 à 8 millimètres et épaisses de 5 à 6.

Ces graines se rencontrent soit à l'état d'empreinte, soit à l'état silicifié.

A l'état d'empreinte, ce sont des graines mesurant 15 à 16 millimètres, circulaires, ayant laissé une épaisse couche de houille présentant un nombre considérable de petites cavités circulaires, qui lui donnent un aspect chagriné ; ces graines rappellent celles désignées par M. Grand'Eury sous le nom de *Cordaicarpus punctatus*, mais elles sont un peu plus petites.

Provenance. — Cordesse, Dracy-Saint-Loup.

Les graines silicifiées ont présenté les détails de structure suivants :

Sur une coupe longitudinale passant par le plan principal de la graine, on remarque au centre de la gaine (fig. 1, pl. LXXXV), le sac embryonnaire *s*, dont le tissu *p* présente encore quelques traces de conservation; à la partie supérieure du sac on voit deux archégones *co*, renfermant un certain nombre de cellules. Le tissu du sac se prolonge en un petit mamelon conique.

Le nucelle est réduit, dans la plus grande partie de son étendue, à son épiderme et à quelques cellules écrasées *n;* au sommet on remarque la chambre pollinique *cp* où se trouvent quelques grains de pollen. Ce nucelle se continue ensuite en une sorte de tube conique qui s'engage dans le canal micropylaire du testa.

Le *Cycadinocarpus augustodunensis* offre une particularité intéressante sur laquelle il est bon d'insister; comme les *Cordaicarpus* il est muni de deux systèmes de vaisseaux, l'un en partie extérieur à l'endotesta, l'autre qui lui est intérieur. Dans les *Cordaicarpus* à structure conservée et dans tous les autres genres houillers que nous avons étudiés, le deuxième système vasculaire chalazien pénètre dans l'intérieur du nucelle pour s'appliquer plus ou moins complètement contre le sac embryonnaire; dans l'espèce que nous décrivons, ce deuxième système vasculaire *v* suit la surface interne de l'endotesta, s'élève le long de la membrane du nucelle, mais n'y pénètre pas; disposition, par conséquent, qui rappelle la marche du faisceau vasculaire dans les graines de Gymnospermes vivantes; nous pensons que cette particularité est assez importante pour légitimer le changement du nom générique de *Cardiocarpus* donné par Brongniart à cette espèce, en celui de *Cycadinocarpus,* qui rappellerait une affinité marquée avec les graines de Cycadées.

Les cellules de l'endotesta sont polyédriques, fortement incrustées, la cavité centrale a été remplie complètement dans beaucoup d'entre elles; l'ensemble constituait donc une enveloppe très résistante; la surface est creusée de cavités irrégulières (fig. 3 et 4) semblables à celles de certains fruits vivants à noyau. Sur la figure 4, qui est une coupe tangentielle, on voit les aréoles formées par l'endotesta remplies du tissu charnu extérieur *sa*.

Le faisceau chalazien *ch* (fig. 2), après avoir pénétré dans l'endotesta, émet bientôt deux branches latérales *v'* qui s'écartent, arrivent en dehors du premier tégument et montent entre les deux enveloppes.

Le sarcotesta, composé de cellules à minces parois, était charnu; on le rencontre rarement conservé en entier; cependant il n'est pas rare d'en trouver les restes dans les cavités externes de l'endotesta.

D'après la description qui précède, on peut conclure que cette espèce de *Cycadinocarpus* se rapproche beaucoup plus des graines actuelles que celles que nous avons précédemment décrites.

Provenance. — Commune au champ des Borgis.

Genre RHABDOCARPUS Gœppert et Berger.

Graines variables de grandeur, 3 à 5 centimètres de longueur, ovales ou oblongues, terminées en pointe ou en cône tronqué, arrondies et ombiliquées à l'extrémité opposée, légèrement aplaties, à section transversale elliptique; marquées de côtes et de sillons longitudinaux assez nets.

Testa formé de deux téguments, l'un extérieur, en partie charnu, dont le tissu est parcouru par de longues cellules hypodermiques à parois épaisses, colorées à l'intérieur, groupées en nombre variable et séparées par un tissu cellulaire dont les éléments, d'assez grande dimension, ont une section prismatique ou rectangulaire; épiderme formé de cellules à parois très épaisses recouvrant immédiatement les faisceaux hypodermiques. Ces derniers, plus résistants que le tissu cellulaire environnant, ont produit, soit après dessiccation, soit après désorganisation microbienne et compression, les côtes et les sillons qu'on observe à la surface.

Endotesta dur, comprenant plusieurs couches de cellules superposées, différentes de forme, toutes fortement épaissies et lignifiées.

Double système vasculaire; le faisceau chalazien, très fourni, produit un lacis épais à l'intérieur et à la base du nucelle, il enveloppe une partie du sac embryonnaire et envoie deux branches récurrentes qui se relèvent ensuite dans le plan principal de la graine et longent l'endotesta jusque vers le micropyle.

Nucelle avec chambre pollinique assez développée, canal pollinique allongé en tube souvent fendu en une sorte de bec à l'extrémité et s'engageant assez loin dans l'ouverture micropylaire du testa.

49.

RHABDOCARPUS ASTROCARYOIDES Grand'Eury, var.

(Pl. LXXXVI, fig. 1.)

Graines volumineuses mesurant 30 millimètres dans leur plus grande largeur et 25 millimètres suivant leur hauteur, dilatées, arrondies et légèrement ombiliquées à la base, assez brusquement atténuées au sommet, qui se termine par un petit prolongement saillant; couche de houille épaisse laissée par les téguments et marquée de sillons et de côtes suivant la longueur. Le prolongement micropylaire est plus court que dans l'espèce type décrite par M. Grand'Eury.

Provenance. — Les Chevrots.

RHABDOCARPUS ROSTRATUS, n. sp.

(Pl. LXXXVI, fig. 2, 3, 4.)

Graines de forme irrégulière, dépassant 30 millimètres de hauteur et larges de 28 à 30 millimètres, striées en long, présentant un résidu au point d'attache; région micropylaire élargie en rostre épais brusquement atténué.

Provenance. — Les Chevrots.

RHABDOCARPUS MUCRONATUS, n. sp.

(Pl. LXXXVI, fig. 5 et 11.)

Graines ovoïdes, de forme régulière, longues de 35 millimètres et larges de 28, striées longitudinalement; région micropylaire munie d'un petit prolongement conique, à génératrice curviligne, élargi à la base et terminé en pointe.

Provenance. — Les Chevrots.

RHABDOCARPUS CONICUS Brongniart.

(Pl. LXXXVI, fig. 6 et 7.)

Graines allongées, coniques au sommet, arrondies à la base, à section transversale elliptique, mesurant plus de 40 millimètres de longueur totale sur 18 à 20 millimètres de largeur.

La structure interne de cette espèce est connue d'après des échantillons silicifiés de Grand'Croix. Les téguments sont au nombre de deux; le sarcotesta est composé d'un épiderme à éléments prismatiques dont la grande longueur est perpendiculaire à la surface, recouvrant un tissu cellulaire dont les cellules polyédriques volumineuses ont des parois minces; cette région est parcourue par de longues cellules hypodermiques réunies en faisceaux colorés par les produits de la houillification.

L'endotesta est formé de cellules polyédriques ou allongées, suivant les régions, à parois fortement incrustées ou poreuses.

Le faisceau chalazien, volumineux, s'élève verticalement, atteint la base du nucelle, puis pénètre à l'intérieur de celui-ci; une partie s'irradie autour du sac embryonnaire et envoie des rameaux à mi-hauteur du sac, l'autre partie forme deux branches qui, en s'incurvant, se dirigent vers le bas de la graine, se relèvent ensuite et montent entre les deux téguments jusque dans la région micropylaire.

Le tissu du sac embryonnaire a été conservé, il se termine vers le haut par un petit mamelon cylindrique, arrondi à l'extrémité, et contient deux archégones.

Le nucelle se réduit à l'épiderme et à la chambre pollinique qui est de petites dimensions; il se prolonge en un tube assez long engagé dans le canal micropylaire de l'endotesta.

Provenance. — Les Chevrots. Les échantillons silicifiés proviennent de Grand'Croix.

Graines symétriques autour d'un point, non ailées.

Genre PACHYTESTA Brongniart.

Graines volumineuses atteignant 10 à 11 centimètres de longueur et 5 centimètres de largeur, de forme ellipsoïdale.

Testa épais, charnu, mesurant 5 à 6 millimètres dans la zone moyenne et quelquefois 12 millimètres dans les régions micropylaire et chalazienne; composé de cellules allongées, sinueuses, repliées de diverses manières suivant la partie que l'on examine; marqué à la surface des empreintes de sillons ou de reliefs linéaires, longitudinaux, convergents aux deux extrémités.

Le testa est parcouru de la chalaze au micropyle par des bandes vasculaires, disposées sur deux surfaces ellipsoïdales concentriques; ce sont les plus extérieures qui produisent les côtes visibles sur les empreintes. Il est partagé en trois segments par trois lames longitudinales d'un tissu particulier à éléments plus fins, subériformes; il n'est pas rare de trouver le tégument fendu suivant la direction de ces lames; chacune d'elles était le point de départ d'une bande cellulaire qui, se divisant bientôt en deux autres, allait rejoindre le nucelle occupant la partie intérieure de la graine : ce nucelle était donc maintenu dans l'axe de la graine par six lames longitudinales le réunissant au tégument.

L'intervalle compris entre le nucelle et l'épiderme interne du testa, ainsi divisé en six compartiments, était particllement rempli par un tissu lacuneux; le reste semble avoir été occupé par des loges contenant de l'air destiné à soutenir la graine à la surface de l'eau. Le nucelle est placé sur une sorte de pédicelle discoïde, fort développé, s'élevant à l'intérieur en forme de colonne, au-dessus de la région chalazienne du testa, très épaisse dans cette partie de la graine.

Le faisceau vasculaire qui traverse cette région émet, à deux hauteurs différentes, les deux systèmes de faisceaux qui montent concentriquement dans l'épaisseur du tégument; arrivé au-dessus du pédicelle étalé en disque dont nous avons parlé, le faisceau, qui a pris une importance considérable, s'irradie en se divisant en un très grand nombre de branches longitudinales qui, après avoir parcouru le tissu nucellaire en diminuant peu à peu d'importance, se terminent un peu au-dessous de la chambre pollinique; celle-ci, qui est très vaste, est surmontée d'un prolongement cylindro-conique du nucelle qui s'engage profondément dans le canal micropylaire du testa. La chambre renferme souvent un grand nombre de grains de pollen de taille et de forme très différentes, parmi lesquels il est fort difficile de reconnaître ceux qui étaient propres aux *Pachytesta*. Le sac embryonnaire est toujours vide, et la cavité en forme de géode est presque toujours garnie de cristaux de quartz.

PACHYTESTA INCRASSATA Brongniart.

(Pl. LXXXIII, fig. 1 à 10.)

Graines mesurant 10 à 11 centimètres de longueur et 5 à 6 de largeur, de forme ellipsoïdale, à contour symétrique, à extrémités atténuées et arrondies (fig. 1, 2 et 3).

Testa présentant à la surface soit des côtes, soit des sillons v' (fig. 5), distants dans la partie la plus large de 2 à 3 millimètres et provenant du système vasculaire le plus extérieur qui traverse le tégument.

Testa fortement épaissi aux deux extrémités.

Nucelle placé sur un pédicelle chalazien très proéminent (fig. 7), à bords circulaires, nettement infléchis en dessous, constitués dans cette région u (fig. 8) par un amas de cellules rameuses (fig. 10), qui représente les restes d'un tissu lacuneux remplissant une partie de l'intervalle compris entre la colonne chalazienne et le testa.

Le nucelle n est parcouru par un nombre considérable de faisceaux vasculaires f, partant en rayonnant de la cupule chalazienne et montant le long de la paroi du sac embryonnaire s; son sommet est occupé par une vaste chambre pollinique et terminé par un long canal cylindro-conique engagé dans le canal micropylaire du tégument et rempli d'un nombre considérable de grains de pollen p.

Le testa est formé de cellules polyédriques, poreuses, souvent allongées et contournées t (fig. 8). Leurs parois sont marquées de ponctuations sans aréoles. Vers l'extérieur on remarque (fig. 9) une assise de quatre à cinq rangées de cellules plus petites, à parois non ponctuées, plus résistantes que celles de la couche plus profonde; vers l'intérieur on voit une assise analogue, c'est sur elle que viennent s'insérer les membranes n qui vont se rattacher (fig. 5) d'autre part au nucelle.

Le nucelle est réduit à son épiderme externe, à un tissu mince dont les cellules sont aplaties et à la chambre pollinique; dans l'épaisseur du tissu se trouvent un nombre considérable de bandes vasculaires f, venant de la région chalazienne et s'élevant jusqu'à la chambre pollinique; ces bandes, sur une coupe transversale, sont minces, allongées dans le sens tangentiel, plus épaisses dans leur région médiane que sur les bords qui sont terminés en pointe.

Les *Pachytesta* sont communs dans toutes les couches inférieures du terrain permien.

Provenance. — Lally, Igornay. Les échantillons silicifiés, dont quelques préparations ont été décrites, proviennent de Grand'Croix.

PACHYTESTA GIGANTEA Brongniart.

(Pl. LXXXIII, fig. 4, 5, et pl. LXXXIV, fig. 1 et 2.)

Graines de dimensions considérables mesurant 8 à 9 centimètres de longueur, sur 3 à 4 centimètres de largeur, de forme ellipsoïdale, légèrement dissymétrique au sommet, qui se prolonge en une sorte de bec obtus; testa moins épais que dans le *Pachytesta incrassata*, arrondi à la partie inférieure, montrant à la surface des côtes ou des sillons longitudinaux convergents aux deux extrémités.

Nucelle placé sur un pédicelle moins proéminent que dans l'espèce précédente et à bords circulaires infléchis, plus épais et plus surbaissés. C'est dans cette espèce que nous avons trouvé en place les différents tissus voisins de la base de la graine (fig. 2, pl. LXXXIV); on voit en *t* le testa, formé de cellules disposées en lignes sinueuses et entrecroisées, muni de ses deux couronnes vasculaires concentriques *v'*, *v*. Sur ses faces, interne et externe, le tissu devient plus serré et plus résistant. Les restes du nucelle *r* sont encore visibles, mais les cellules sont irrégulières et fortement colorées; en dehors, au milieu de la partie la moins colorée, on distingue une large bande entièrement vasculaire *o*[1], qui est une portion de la cupule formée par le faisceau chalazien étalé circulairement et dont les différents cordons ne se sont pas encore séparés pour monter le long de la paroi interne du nucelle; plus en dedans se trouve le sac embryonnaire dont on voit le tissu à gros éléments en *u*.

Le nucelle est creusé également, dans cette espèce, d'une chambre pollinique de grande dimension, et contenant des grains de pollen. Il est rattaché au testa par six bandes longitudinales qui vont du micropyle à la chalaze, disposées par paires le long de trois lignes équidistantes. Sur la figure 5, pl. LXXXIII, on peut voir en *n* les bouts flottants de deux bandes allant se rattacher, avant leur rupture, de chaque côté de la ligne de déhiscence du testa *n'* (fig. 9). Sur la figure 4, qui représente une section transversale de *Pachytesta gigantea*, deux de ces lignes sont visibles, la troisième est comprise dans la cassure. A la partie supérieure de la graine, les lames qui relient le nucelle *n* au testa paraissent être au nombre de douze *l* (fig. 1, pl. LXXXIV); après s'être réunies deux à deux, elles rejoignent, par paires, le testa de chaque

---

[1] Marquée *v* par erreur.

côté de la ligne de déhiscence, comme nous l'avons indiqué. L'épiderme des membranes seul a été conservé et il est possible que la séparation des deux lames épidermiques de chacune des six membranes soit la cause de la présence des douze lamelles que l'on distingue au sommet, le tissu cellulaire intercalé entre les deux épidermes ayant été détruit.

Provenance. — Igornay, Lally. Les préparations silicifiées ont été tirées des silex de Grand'Croix.

Genre CODONOSPERMUM Brongniart.

Graines de dimension et de forme variées, globuleuses ou ellipsoïdales, à surface lisse ou marquée d'un étranglement circulaire, placé à peu près vers le milieu de la longueur de la graine. Composées essentiellement de deux parties distinctes : l'une qui est la graine proprement dite, reconnaissable à sa forme de pyramide surbaissée, offrant huit ou dix faces, terminée en pointe; l'autre, arrondie, portant huit côtes convergeant vers la chalaze et formant une cavité remplie d'air. Tantôt la graine proprement dite se prolonge en huit dents disposées sur une circonférence marquant la ligne de jonction de la graine et de son flotteur, tantôt ces dents font défaut. Testa formé de deux assises, l'une extérieure, cellulaire, charnue, d'une consistance assez faible, souvent détruite; l'autre plus résistante, composée de cellules prismatiques, allongées, parallèles, formant des lames superposées et s'entrecroisant.

La partie de la graine vide, sorte de cloche aérienne, est souvent composée de huit côtes en forme d'arceaux, continuation de l'endotesta et d'une enveloppe cellulaire qui les recouvre et constitue les parois de la cloche; cette dernière partie semble être une continuation du sarcotesta.

Le nucelle présente les mêmes particularités que celui des graines que nous avons étudiées, c'est-à-dire une chambre pollinique contenant des grains de pollen, *prépollinies*, un sac embryonnaire presque toujours vide, de nombreux faisceaux vasculaires s'élevant contre la paroi du sac, depuis la chalaze jusqu'à la chambre pollinique.

Le faisceau chalazien traverse la cloche aérienne dans une sorte de tube qui lui sert de gaine et à son extrémité inférieure viennent aboutir les huit côtes qui en soutiennent les parois.

Les *Codonospermum* sont assez répandus dans les bassins houiller et permien d'Autun.

Les empreintes fournissent tantôt le moulage de la graine complète, tantôt celui de chacune des deux parties séparées. On rencontre également ce genre conservé par la silice dans le champ des Borgis.

CODONOSPERMUM ANOMALUM Brongniart.

(Pl. LXXXVII, fig. 1 à 11.)

Graines cylindriques, arrondies aux deux extrémités, portant un étranglement circulaire, un peu au-dessous de la moitié supérieure; cet étranglement correspond au point de soudure de la graine proprement dite et de son flotteur. Dans la région micropylaire, on remarque huit arêtes peu saillantes qui se réunissent au sommet, en formant une légère saillie conique.

L'appareil aérien est assez développé et très distinct de la graine; il est marqué de huit côtes séparées par des sillons profonds; elles viennent se réunir au tube chalazien et se continuent en une sorte de pédoncule.

L'aspect des *Codonospermum*, sur les empreintes, varie sensiblement suivant le côté qui a été moulé. Les figures 1 et 2 représentent le moulage de la partie supérieure de la graine comprimée; au centre on remarque le corps de la graine avec ses huit arêtes, entouré d'une large bordure. Le moulage de la partie inférieure donne également une figure de cercle, mais avec huit côtes saillantes séparées par des sillons profonds et aboutissant à un relief central proéminent.

L'organisation interne a été reconnue au moyen d'échantillons silicifiés, assez communs dans les environs de Grand'Croix, plus rares au champ des Borgis.

La figure 7, planche LXXXVII, montre la graine coupée longitudinalement; l'endotesta *t* est mince, formé de cellules allongées prismatiques, à parois très épaissies, disposées parallèlement les unes aux autres en lames plus ou moins larges qui s'entrecroisent; on compte cinq à six de ces lames entrecroisées et superposées formant l'épaisseur du testa. Ce dernier est convexe et acuminé en dessus, plan ou légèrement convexe en dessous, muni en son milieu d'un tube donnant passage au faisceau chalazien *v*.

Le sarcotesta, peu épais, est constitué par un tissu cellulaire rarement conservé; c'est surtout vers la région inférieure de la graine qu'on en retrouve les traces qui forment les parois de la cloche aérienne. Extérieurement une bande circulaire, dont on voit les restes à gauche (fig. 4 et 5), se rattache, d'une part à la graine, d'autre part, au flotteur; c'est cette bande qui produit, sur le moulage de la partie supérieure de la graine comprimée, la bordure que l'on voit sur les figures 1 et 2.

A l'intérieur du testa se trouve le nucelle *n*, réduit à son épiderme et contenant la chambre pollinique *cp*, qui renferme quelques grains de pollen volumineux et pluricellulaires.

Le long de sa surface interne se voient seize faisceaux vasculaires qui arrivent jusque près de la chambre pollinique. A la partie inférieure, ils se réunissent et forment un gros faisceau chalazien *v* qui s'engage dans le tube de la cloche aérienne. Le flotteur *cá* est réuni à la graine : d'une part, par son bord supérieur qui vient se souder au pourtour de la partie horizontale du testa; d'autre part, au moyen de la bande circulaire dont nous avons parlé, cette bande est quelquefois dentelée et c'est par les extrémités des dents qu'elle s'attache aux arceaux qui soutiennent les parois de la cloche. Les dents sont très distinctes sur les empreintes quand la graine s'est séparée de son flotteur; elle paraît alors non plus entourée d'une bande continue, comme le montrent les figures 1 et 2., mais d'une sorte de collerette portant huit dents. Le flotteur est arrondi, présente huit côtes très marquées; la figure 10 montre une coupe tangentielle intéressant sa partie inférieure; les huit arcs, composés de cellules prismatiques analogues à celles qui forment le testa, partent en rayonnant du tube chalazien pour aller en se recourbant rejoindre la graine; entre eux on remarque le tissu mou des parois de la cloche. Sur la figure 8, qui se rapporte à un échantillon assez complet, se voient le flotteur soudé à la graine et le tube protecteur du faisceau chalazien qui traverse ce flotteur et le dépasse un peu. La séparation de la cloche avait lieu par la désarticulation de son bord supérieur et par celle du tube, la graine emportait avec elle la collerette dentelée ou non dont nous avons parlé.

Provenance. — Grand'Croix et champ des Borgis.

CODONOSPERMUM OLIVÆFORME B. Renault.

(Pl. LXXXVII, fig. 12 à 15.)

Cette espèce n'a été rencontrée qu'à l'état d'empreinte dans les schistes de Cordesse, de Lally, etc. Les détails qui suivent sont tirés de l'étude des échantillons silicifiés se rapportant à cette espèce et trouvés dans les environs de Grand'Croix.

Ce sont des graines oblongues, cylindriques, ne portant pas extérieurement les indices indiquant une division en deux régions distinctes (graine et
flotteur), longues de 2 centimètres environ, larges de 11 millimètres, présentant huit côtes peu marquées, visibles seulement à la partie supérieure de
la graine, ayant laissé une couche de houille plus épaisse que celle du *Codonospermum anomalum.*

Les graines silicifiées ont permis de reconnaître les détails suivants : on
y remarque deux téguments beaucoup plus épais que ceux de l'espèce précédente : l'un, extérieur, charnu, souvent détruit (fig. 12); les cellules qui le
composent sont polyédriques, à parois ornées de ponctuations; l'autre, dur,
coriace, de couleur foncée, est constitué par des cellules allongées, plus ou
moins contournées, fortement incrustées; l'endotesta envoyait dans le tégument
extérieur des prolongements recourbés de différentes façons (fig. 13), mais
placés en lignes longitudinales et formant les huit côtes que l'on y remarque.

L'intérieur de la graine est occupé par le nucelle plus ou moins déformé,
terminé à sa partie supérieure par une chambre pollinique de grande dimension et renfermant des grains de pollen pluricellulaires; souvent l'épiderme
seul est conservé et représenté par une membrane composée de grandes cellules à section transversale rectangulaire.

Dans son intérieur on trouve le sac embryonnaire dont la membrane s'est
détachée du nucelle, et c'est contre cette membrane *s* (fig. 14) que l'on remarque les faisceaux vasculaires encore adhérents; ces derniers, au nombre
de seize, vont de la chalaze jusqu'à la base de la chambre pollinique.

La graine se continue en dessous par un espace vide en forme de cloche,
dont les parois sont la continuation même des téguments de la graine, par
conséquent organisées de la même façon. Il n'y a pas d'étranglement marquant extérieurement, comme dans l'espèce précédente, la ligne de jonction
de la graine et de son flotteur. Mais à l'intérieur (fig. 12 et 13), une cloison
transversale en forme d'entonnoir dépendant de l'endotesta établit cette séparation, un tube médian qui s'en détache vient aboutir à l'extrémité inférieure de la cloche, et c'est par ce tube que passe le faisceau chalazien qui,
après avoir pénétré dans le nucelle, se divise en seize branches longeant la
membrane du sac embryonnaire.

Dans cette espèce on ne remarque plus les arceaux au nombre de huit se détachant du corps de la graine et aboutissant à l'extrémité chalazienne; c'est une
dépendance continue de l'endotesta qui soutient le tissu cellulaire, mou, exté-

rieur, qui lui-même est la continuation du sarcotesta; par conséquent l'appareil disséminateur ne pouvait se détacher de la graine, et celle-ci devait être soutenue par les eaux un temps beaucoup plus long que le *Cod. anomalum.*

Il est impossible, quant à présent, de soupçonner quelles sont les plantes houillères qui ont porté ces graines singulières; ni à Saint-Étienne, ni à Grand'Croix, pas plus qu'à Commentry ou Autun, on n'a trouvé de rameaux ou de feuilles en connexion qui pussent fournir quelque indice.

Toutefois, le flotteur qui accompagne ces graines indique que les plantes qui les ont portées étaient aquatiques, l'absence d'ailes et leur poids excluant un mode de dissémination aérien; ces graines devaient tomber dans l'eau et être portées au loin par les courants. A propos des *Dolerophyllum,* nous avons vu que si les *Ætheotesta* leur appartiennent bien, un mode de propagation analogue devait leur être attribué, mais dans ces graines le réservoir aérien était loin de présenter un développement aussi considérable et occupait la région micropylaire.

Provenance. — Champ des Borgis, Grand'Croix pour les graines silicifiées, et Igornay, Lally et Dracy-Saint-Loup pour les graines en empreinte.

Genre TRIGONOCARPUS Brongniart.

Graines elliptiques, trigones, ou portant trois carènes, peu saillantes, ne se prolongeant pas en ailes. Téguments au nombre de deux : l'un interne, dur, coriace, formé de cellules fortement incrustées; l'autre externe, mou et charnu, souvent détruit.

Les trois angles sont plus marqués à la partie supérieure et correspondent à trois sutures qui devaient se disjoindre au moment de la germination. Les téguments forment un canal micropylaire, tantôt en conservant sensiblement la même épaisseur que dans les autres parties de la graine, tantôt en prenant un accroissement plus grand, dû surtout au développement de l'enveloppe charnue, extérieure.

Le faisceau chalazien, très fourni, émet d'abord trois cordons vasculaires, qui parcourent la partie extérieure du sarcotesta, puis, arrivé à la base du nucelle, envoie un assez grand nombre de faisceaux qui montent le long de la membrane du sac embryonnaire. Le nucelle est séparé de l'endotesta par un tissu formé de cellules rameuses, destiné à alléger le poids de la graine et à permettre son transport par les eaux.

A sa partie supérieure, le nucelle renferme la chambre pollinique où se trouvent des grains de pollen; l'endosperme contient souvent des archégones bien conservés.

Le point d'attache de la graine, situé près de la chalaze, est quelquefois dissymétrique, c'est-à-dire placé en dehors de l'axe; cette particularité indique qu'elle était attachée latéralement à un rameau.

TRIGONOCARPUS PUSILLUS Brongniart.

Nous rappelons ici la description de cette espèce qui a été rencontrée à Grand'Croix, pour donner une idée plus complète du genre.

Ce sont des graines longues de 7 à 8 millimètres et larges de 4 à 5 millimètres; le testa est marqué de trois arêtes allant de la base au sommet et terminé en pointe aiguë.

Certains échantillons montrent trois fentes disposées suivant les arêtes, comme si le testa avait pu s'ouvrir au moment de la germination en trois valves distinctes.

D'après Brongniart, l'endotesta, mince, est entièrement formé d'un tissu dense et compact, offrant cependant deux couches superficielles différentes de la zone moyenne composée de cellules rayonnantes.

Sur une coupe transversale faite un peu au-dessus du milieu de la hauteur de la graine, la section du nucelle est triangulaire; aux trois angles on remarque un prolongement qui allait s'attacher aux trois angles correspondants du testa, rappelant ainsi, en petit, la disposition sur laquelle nous avons appelé l'attention à propos des *Pachytesta*.

A l'intérieur du nucelle se trouve le sac embryonnaire renfermant le tissu de l'endosperme conservé, et deux archégones dans lesquels on peut encore distinguer les oosphères.

Dans la chambre pollinique, on remarque un assez grand nombre de gros grains de pollen de forme elliptique et pluricellulaires.

Le faisceau chalazien, après avoir traversé le testa, s'épanouit et envoie entre l'épiderme du nucelle et la membrane du sac embryonnaire plusieurs cordons vasculaires longeant la membrane du sac et s'élevant jusqu'à la base de la chambre pollinique.

TRIGONOCARPUS ELONGATUS, n. sp. [1].

(Pl. LXXXV, fig. 7.)

Graines allongées, mesurant 18 à 20 millimètres en longueur et 8 millimètres en largeur, légèrement arquées, arrondies aux extrémités, marquées de
trois côtes qui vont de la chalaze au micropyle, sans y former une pointe
saillante, comme celle du *Trig. pusillus*. Le point d'attache de la graine est un
peu excentrique; cette position, ainsi que la forme arquée, montrent qu'elles
étaient insérées sur l'axe d'un épi ou d'un régime. Le testa est épais, il a laissé
une couche notable de houille, il s'est fendu vers le sommet sous l'influence
de quelque pression extérieure. Cette graine rappelle le *Trigonocarpus pusillus*
de Commentry [2], mais en diffère par sa longueur plus grande, l'absence de
pointe saillante au sommet, sa forme légèrement arquée.

Provenance. — Dracy-Saint-Loup.

TRIGONOCARPUS CORRUGATUS, n. sp.

(Pl. LXXXV, fig. 9.)

Graines trigones, dilatées un peu au-dessus du milieu de leur hauteur,
longues de 22 millimètres et larges dans la partie renflée de 12 millimètres,
marquées de trois côtes saillantes qui vont jusqu'au sommet de la graine sans
produire de pointe. Entre ces trois côtes, on remarque trois plissements en
relief qui s'étendent à peu près jusqu'à mi-hauteur. La base d'attache est sensiblement placée sur l'axe de symétrie de la graine. Le testa est épais et a laissé
une couche de houille très sensible.

Provenance. — Dracy-Saint-Loup.

TRIGONOCARPUS NOEGGERATHI Sternberg, var.

(Pl. LXXXV, fig. 10, 11, 15.)

Graines trigones marquées à la base d'une cicatrice correspondant au point
d'attache, ombiliquées au centre, de grandeur très variable. Celles que nous

[1] Imprimé par erreur dans l'Atlas sous le nom générique de *Corduicarpus*, ainsi que l'espèce
suivante.

[2] *Flore fossile de Commentry*, p. 646, pl. LXXII, fig. 59 à 62.

représentons mesurent 15 à 20 millimètres de longueur sur 10 à 12 millimètres de largeur, mais leur taille peut atteindre 30 millimètres de long sur
18 millimètres de large.

Le testa, fort épais, a laissé une couche sensible de houille; il est marqué de
trois côtes qui vont de la chalaze au micropyle et y forment une pointe saillante.

Il n'est pas rare que la pression ait déterminé la séparation des trois valves
dont la soudure forme la partie supérieure du testa.

On remarque une légère dissymétrie dans la forme de la graine sur les
figures 10 et 11.

Provenance. — Dracy-Saint-Loup.

Genre COLPOSPERMUM B. Renault[1].

Graines cylindriques, allongées, arrondies ou terminées en pointe plus
ou moins saillante à chaque extrémité; testa composé de deux téguments, le
plus extérieur charnu, peu épais, suivant les replis nombreux de l'endotesta,
recouvert d'un épiderme formé de cellules prismatiques, juxtaposées de façon
à montrer à la loupe ou au microscope un réseau hexagonal parfaitement
régulier; chacune des cellules est marquée au centre de sa face libre polygonale d'une dépression circulaire ou elliptique.

L'endotesta, assez mince, porte extérieurement des côtes arrondies dépourvues d'ailes, plus ou moins serrées, séparées par des sortes de crêtes longitudinales s'entrecroisant et produisant un réseau à mailles allongées et aiguës à
leurs extrémités.

Malgré son peu d'épaisseur, le testa se montre formé de lames entrecroisées, composées chacune de fibres cylindriques parallèles entre elles, rectilignes ou plus ou moins sinueuses ou contournées.

Le faisceau chalazien est volumineux; il se divise au-dessous du sac embryonnaire en un très grand nombre de bandes vasculaires qui montent dans
le nucelle le long des parois du sac, jusqu'à la région micropylaire.

Le nucelle est creusé, au-dessus du sac, d'une chambre pollinique et on y
rencontre un certain nombre de grains de pollen pluricellulaires ou prépollinies.

L'endotesta s'atténue en une sorte de pointe conique ou arrondie traversée
par le canal micropylaire.

---

[1] *Flore de Commentry*, loc. cit.

Ce genre rappelle celui créé par Brongniart sous le nom de *Ptychotesta*, par la constitution des différentes couches fibreuses qui composent le tégument, mais en diffère en ce que les replis des *Colpospermum* ne se prolongent pas en forme d'ailes, et par les crêtes qui existent entre les côtes et forment un réseau à mailles longitudinales allongées.

COLPOSPERMUM SULCATUM B. Renault.

(Pl. LXXXIV, fig. 3.)

Carpolithes sulcatus Presl in Sternberg [1].

Graines variables de grandeur, mesurant environ 30 millimètres en longueur et 15 millimètres en largeur, cylindriques, arrondies aux deux extrémités, généralement régulières; testa marqué de côtes longitudinales, nombreuses, souvent continues d'une extrémité à l'autre de la graine, d'autres fois interrompues ou écrasées, séparées par un réseau rarement visible sur les empreintes; endotesta formé de cellules polyédriques, peu épais, laissant voir les côtes sous-jacentes du tégument externe, recouvert par un épiderme constitué par des cellules prismatiques à contour hexagonal paraissant déprimées au centre.

Provenance. — Igornay, les Chevrots.

COLPOSPERMUM INFLEXUM, n. sp.

(Pl. LXXXV, fig. 14.)

Graines longues de 28 à 30 millimètres, larges de 10 millimètres, recourbées ou infléchies, terminées en pointe aux deux extrémités, marquées à la surface de côtes allant du micropyle à la chalaze, ou incomplètes, laissant voir entre elles des arêtes longitudinales plus petites. Sarcotesta très mince suivant les reliefs de l'endotesta et recouvert de l'épiderme hexagonal dont nous avons parlé.

Endotesta mince, replié un très grand nombre de fois; ce sont ces replis qui donnent naissance aux côtes de la surface; composé de cellules allongées,

___
[1] *Flore du monde primitif*, tab. x, fig. 8, vol. II.

prismatiques, fortement lignifiées, formant des lames superposées et entre-croisées.

Provenance. — Dracy-Saint-Loup, les Chevrots.

Nous croyons devoir compléter la description du genre *Colpospermum* en donnant quelques détails tirés de graines silicifiées appartenant à ce genre et provenant de Grand'Croix.

COLPOSPERMUM SULCATUM var. STEPHANENSE, B. RENAULT.

(Pl. LXXXIV, fig. 5 à 9.)

Graines atteignant 32 millimètres de longueur et 16 millimètres de largeur, cylindriques, atténuées en pointe aux deux extrémités; testa composé d'un tégument interne replié longitudinalement sur lui-même en forme de boucles (fig. 8); entre les côtes formées par ces replis on remarque une ou deux arêtes; sarcotesta peu épais, il n'en reste que quelques débris au fond des sillons, mais cependant encore recouvert de cellules hexagonales épidermiques.

Une coupe longitudinale faite dans la région micropylaire montre l'endotesta comme déchiqueté (fig. 5), cela tient au défaut de parallélisme de la section et des côtes longitudinales qui ont été coupées sur une épaisseur variable. Dans la figure 10, on remarque les cellules prismatiques allongées, fortement lignifiées, formant des lames superposées et entrecroisées; sur certains points de la figure, *ep*, on distingue l'épiderme à cellules hexagonales. La figure 7 montre une coupe tangentielle faite à la surface de l'endotesta, les côtes principales et les lamelles secondaires produisant entre elles un réseau irrégulier.

Le tégument interne se prolonge en canal micropylaire; à l'intérieur se trouve le nucelle *n* (fig. 5), contenant la chambre pollinique où on voit quelques grains de pollen; un canal micropylaire très court le termine.

Le sac embryonnaire *s* est réduit à sa membrane.

Sur la figure 6 le nucelle s'est détaché de l'endotesta; le faisceau chalazien *ch* est volumineux; après s'être divisé, il forme plusieurs branches qui s'élèvent contre sa paroi interne.

Le sac embryonnaire n'est plus représenté que par une membrane *s* plissée et flottante.

COLPOSPERMUM MULTINERVE, n. sp.

(Pl. LXXXIV, fig. 9.)

Graines de dimensions un peu plus faibles que celles qui composent l'espèce précédente; elles sont caractérisées par des côtes longitudinales moins proéminentes, mais plus fréquentes, séparées par des crêtes nombreuses (quatre à cinq); le réseau irrégulier produit par la rencontre de ces crêtes était plus fin et plus délicat.

Le nucelle *n* présente un épiderme formé de cellules régulières de forme polygonale; à sa face interne se trouvent les bandes vasculaires venant de la chalaze et allant au micropyle.

Le sac embryonnaire est réduit à une membrane *s* plissée et flottante.

Le sarcotesta n'a pas été conservé.

Provenance. — Environs de Grand'Croix.

Graines symétriques autour d'un axe, ailées.

Genre TRIPTEROSPERMUM Brongniart.

D'après Brongniart, le genre *Tripterospermum* comprend les graines dont la forme générale est celle des *Trigonocarpus*, et l'amande dépouillée du testa en aurait tous les caractères; mais ce testa, généralement assez épais, se prolonge en trois ailes saillantes et est composé de deux couches : l'interne est formée d'un tissu serré, très coloré, fortement lignifié; l'extérieure, plus épaisse, est constituée par un tissu plus lâche et plus transparent.

Ces deux couches sont séparées d'une façon très nette et même quelquefois disjointes; elles se continuent en s'amincissant à mesure qu'elles atteignent le bord des ailes ou le micropyle qui forme un bec saillant.

Le faisceau chalazien est composé de vaisseaux striés et de trachées très fines qui traversent le testa, s'étalent pour former le disque chalazien et couvrent dans une assez grande étendue la surface du sac embryonnaire.

TRIPTEROSPERMUM MUCRONATUM, n. sp.

(Fig. 8, 9, 10.)

Graines piriformes, arrondies à la base, atténuées en cône, terminées en pointe aiguë, longues de 25 à 30 millimètres sans la pointe qui mesure 6 à 7 millimètres, larges de 15 millimètres en y comprenant les ailes.

Testa à section transversale trigone, large seulement de 5 à 6 millimètres, se prolongeant en trois ailes qui, dans leur plus grande largeur, mesurent 5 millimètres; elles convergent en s'atténuant lentement au sommet où elles concourent à former la pointe dont nous avons parlé. Les cellules qui les constituent sont prismatiques, fortement incrustées et allongées perpendiculairement au contour extérieur de l'aile; cette disposition donne naissance aux stries rayonnantes que l'on distingue à leur surface.

Le testa formé des deux téguments est assez épais et a laissé une couche sensible de houille; l'endotesta se prolonge en un canal micropylaire dans lequel s'engage l'extrémité supérieure du nucelle; sur une cassure passant par le milieu de la graine, on distingue assez nettement le conduit micropylaire des téguments et le tube pollinique du nucelle.

Provenance. — Ces graines se rencontrent en assez grand nombre avec les feuilles de *Dorycordaites* que nous avons recueillies aux Chevrots.

Genre HEXAPTEROSPERMUM Brongniart.

Graines allongées, hexagones sur une coupe transversale, se prolongeant aux angles en six ailes très saillantes; testa mince formé de deux couches très différentes : l'une interne, plus dense, constituée par des cellules allongées disposées en bandes longitudinales et transversales; l'autre externe, composée d'un parenchyme cellulaire régulier moins lignifié. Ces tissus se continuent dans les ailes qui sont minces et aiguës, et autour du micropyle qui forme un tube très saillant.

HEXAGONOCARPUS ROTUNDUS, n. sp.

(Pl. LXXXV, fig. 8.)

Nous rapprochons cette espèce du genre *Hexapterospermum* créé sur des préparations silicifiées par Brongniart, mais dans l'impossibilité de pouvoir identifier de simples moulages avec des espèces faites d'après la structure anatomique, nous préférons décrire cette espèce sous le nom générique d'*Hexagonocarpus*.

Graines longues de 37 à 40 millimètres, larges de 18. Testa à section transversale hexagone, prolongé aux angles, en ailes larges de 3 millimètres, oblongues, arrondies et légèrement dilatées à la base, un peu rétrécies au sommet qui est marqué d'une petite dépression; le testa sans les ailes mesure 32 millimètres de hauteur et 11 à 12 millimètres de largeur. Le testa a laissé une couche de houille assez mince.

Provenance. — Dracy-Saint-Loup.

———

QUELQUES REMARQUES

SUR LA CLASSIFICATION DES DIFFÉRENTS GENRES ÉTUDIÉS.

Parmi les différents genres que nous avons étudiés, il en est dont les caractères cryptogamiques ou phanérogamiques sont tellement nets que leur place dans la classification ne peut soulever aucun doute.

Ainsi, d'une part, les Ténioptéridées, les Botryoptéridées, les Calamites, les *Annularia*, etc., peuvent être rangés sans hésitation parmi les plantes cryptogames; d'autre part, les Cordaïtes, les *Walchia*, les *Dicranophyllum*, etc., peuvent figurer au milieu des plantes phanérogames, au même titre que les Cycadées et les Conifères.

Il n'en est plus de même pour d'autres genres ou d'autres familles, tels que les *Heterangium*, les Sigillaires, les Calamodendrées, etc., que les uns mettent parmi les plantes phanérogames, les autres parmi les plantes cryptogames; il ne faut accuser de ces divergences d'opinion que l'ignorance où nous sommes de la structure des principaux organes de ces végétaux; en effet, il est rare que nous puissions, avec certitude, réunir, pour une même plante fossile, les détails suffisants sur les racines, tige, feuilles et fleurs qui lui appartiennent. Les graines sont extrêmement nombreuses, mais nous ne connaissons pas, la plupart du temps, les végétaux qui les ont portées.

On ne doit donc pas songer, pour le moment, à appliquer les règles d'une classification naturelle; de plus, on peut se demander si les différences plus ou moins considérables établies par les botanistes entre les embranchements, les classes et même les familles, sont définitives et si elles ont toujours existé. Les divisions actuelles représentent-elles bien le plan général d'après lequel s'est élevé l'édifice végétal?

La botanique fossile peut répondre en partie à ces questions; elle a révélé l'existence d'un nombre considérable d'individus présentant à divers degrés les caractères intermédiaires à ceux que l'on constate chez les êtres organisés de notre époque.

Si donc on faisait intervenir dans une classification naturelle les plantes qui ont vécu, et en même temps celles qui vivent encore, il deviendrait difficile d'établir des démarcations sensibles et de conserver intacts les groupements actuels.

Le temps s'est chargé, en faisant disparaître un grand nombre de plantes, de rendre la besogne plus facile aux classificateurs, mais en même temps de voiler partiellement les rapports qui relient les groupes actuels.

Les découvertes faites jusqu'ici sont loin d'être assez nombreuses pour que l'on puisse, au moyen des individus fossiles, passer par degrés insensibles d'un groupe à l'autre de nos classifications; on ne connaît pas non plus suffisamment les détails de leur organisation pour affirmer que des changements de structure interne concordent toujours avec des variations de forme extérieure.

Cependant les travaux de Heer, Ettingshausen, de Saporta, etc., ont prouvé que la plupart des genres nouveaux, des espèces nouvelles rencontrés dans les dépôts récents, venaient combler une partie des lacunes existant entre les genres et les espèces encore vivants.

On est donc en droit de penser que les découvertes futures continueront à mettre en évidence les liens multiples qui unissent, *dans le temps,* les plantes entre elles.

Mais si quelques plantes suffisent souvent pour passer, sans transition trop brusque, d'une espèce ou d'un genre à un autre, il n'en est pas de même lorsqu'il s'agit de divisions plus importantes, comme les classes et les embranchements.

On éprouve quelque embarras, en effet, à trouver un nombre suffisant de types intermédiaires entre une Conifère et une Cycadée, et encore plus de difficultés à relier une Cryptogame à une Phanérogame, même inférieure.

Prenons pour exemple une Cryptogame vasculaire considérée comme élevée, telle qu'un Lycopode, et une Phanérogame passant pour inférieure, telle qu'une Cycadée ou une Conifère.

Plusieurs questions vont se présenter : d'une part, nous avons une plante possédant un certain nombre de caractères cryptogamiques bien nets; d'autre part, une plante revêtue, de son côté, d'un certain nombre d'attributs phanérogamiques bien arrêtés.

Si nous allons du Lycopode à la Cycadée, les végétaux intermédiaires devront perdre peu à peu les marques de leur origine cryptogamique pour acquérir celles qui appartiennent aux Phanérogames; mais ces changements peuvent s'effectuer de plusieurs manières :

1° Ou bien chacun des caractères cryptogamiques sera remplacé successivement par un caractère phanérogamique correspondant, ou bien au caractère cryptogamique viendra s'ajouter d'abord le caractère phanérogamique similaire; ce dernier, s'accentuant peu à peu, fera disparaître complètement le premier;

2° En outre, quel que soit celui des deux modes de transformation suivi, il peut se montrer soit simultanément dans tous les organes à la fois, soit successivement dans chacun d'eux, et dans un ordre déterminé;

3° Cet ordre peut être le même dans toutes les séries parallèles qui permettront de passer de différentes classes de Cryptogames à des classes de Phanérogames correspondantes, ou bien l'ordre suivi sera différent.

Les observations que nous avons rapportées plus haut, faites sur un assez grand nombre de genres fossiles rencontrés dans le bassin d'Autun, permettent de répondre à deux de ces questions fort intéressantes au point de vue de l'évolution végétale.

Nous sommes limités dans le choix des caractères qui devront servir de passage entre une Lycopodiacée et une Cycadée, car, nous l'avons fait remarquer, le nombre des sujets chez lesquels on connaît l'organisation des principaux organes est très restreint; tantôt ce sont les racines, d'autres fois les tiges, ou bien encore les feuilles qui, isolément, sont suffisamment connues dans une espèce ou dans un genre, et il est rare que l'on puisse leur rapporter des fructifications avec certitude.

Cependant, un caractère que l'on peut adopter, est celui de la présence du bois centripète, qui caractérise actuellement presque toutes les Cryptogames vasculaires, et de la présence d'un bois centrifuge et d'une zone cambiale, qui se retrouvent dans la plupart des Phanérogames.

Si l'on se borne pour le moment, faute de matériaux suffisants, à rechercher ces deux espèces de bois dans les organes les plus apparents, tels que rhizomes, tiges, racines, feuilles, qui sont les parties des plantes fossiles le plus sûrement comparable aux organes similaires des plantes vivantes, on arrive d'abord à cette conclusion que les premiers changements apparaissent dans les tiges souterraines, puis dans les tiges aériennes.

En effet, parmi les végétaux actuels, on le sait, les rhizomes des *Helminthostachys*, des *Botrichyum* nous offrent un bois secondaire centrifuge, rappelant, dans une certaine mesure, celui de quelques plantes phanérogames. Les faisceaux vasculaires des racines et des feuilles, les fructifications conservent la structure et l'organisation qui appartiennent aux Cryptogames. Ici, nous avons répartition, dans des parties différentes de la plante, de deux caractères appartenant à deux embranchements différents.

Parmi les plantes fossiles à structure conservée, les *Lepidodendron Harcourtii*, *L. rhodumnense*, *L. esnostense*, étudiés précédemment, peuvent être considérés comme des Lycopodiacées arborescentes plus élevées en organisation que nos *Lycopodium*, et voisines des Sélaginelles; le bois des racines et de la tige, celui des feuilles et des bractées est simple, il n'est jamais accompagné de bois secondaire. Les fructifications sont constituées par des épis renfermant des macrospores et des microspores : tous ces caractères sont cryptogamiques. Le faisceau foliaire seul paraît, au premier abord, avoir une organisation plus compliquée; car, outre le cordon vasculaire cryptogamique bicentre, entouré de son liber, on remarque une gaine extérieure composée de cellules vasiformes rayées, mais cette zone n'est pas due à une zone génératrice particulière et ne se voit que dans les feuilles et les bractées.

Comme chez les plantes vivantes, la première manifestation phanérogamique apparaît aussi dans la tige chez les Lépidodendrons, et c'est le *L. selaginoïdes* qui nous la montre sous la forme d'une couronne de bois rayonnant secondaire, entourant tardivement le bois centripète. Les cordons foliaires, dans leur trajet à travers la tige et dans le limbe des feuilles, restent monoxylés et cryptogamiques.

Les *Heterangium* possèdent une tige formée pendant un certain temps de bois uniquement centripète; le bois secondaire centrifuge n'apparaît que bien après le départ des faisceaux foliaires qui restent simples et cryptogamiques dans la tige et le limbe.

Dans le genre *Diploxylon* que quelques paléobotanistes, on le sait, considèrent comme représentant les tiges de Sigillaires cannelées, c'est-à-dire les plus anciennes, le système ligneux possède une épaisse couronne de bois centripète entourée tardivement d'une couche assez importante de bois rayonnant centrifuge; les faisceaux foliaires sont monoxylés, cryptogamiques dans la tige et les feuilles.

Leurs rhizomes (certains *Stigmaria*) sont plus avancés en organisation que les tiges aériennes qui leur correspondent, car le bois centripète a considérablement diminué comme nous l'avons fait remarquer, le bois rayonnant secondaire a pris une assez forte extension. Le faisceau foliaire, qui est diploxylé dans le rhizome, reste diploxylé à sa *sortie* et dans son parcours dans la feuille.

Les Sigillaires à écorce lisse se distinguent des *Diploxylon* par la diminution très sensible du bois centripète, qui n'est plus représenté que par des bandes isolées placées à l'extrémité interne des coins ligneux secondaires centrifuges.

Le bois des racines est diploxylé, celui des feuilles l'est aussi, dans l'intérieur de la tige, mais devient monoxylé dans la partie aérienne de la feuille même; c'est alors une simple lame vasculaire bipolaire, entourée d'une mince couche libérienne et enveloppée de cellules cambiformes associées à des cellules rayées vasiformes.

Les rhizomes présentent un bois centripète, tantôt à éléments très grêles souvent détruits, tantôt analogue à celui des tiges.

Les cordons foliaires sont diploxylés dans l'intérieur du rhizome et dans la partie extérieure des feuilles, ceux des radicelles peuvent être également diploxylés.

Nous voyons donc encore pour ces rhizomes un perfectionnement sur les tiges aériennes qui ne possèdent dans leurs feuilles que des faisceaux monoxylés analogues à ceux des Lépidodendrons.

Nous citerons encore les Poroxylées, qui offrent des faisceaux ligneux diploxylés dans la tige, dans les feuilles et les racines; les fructifications sont encore inconnues, mais il est très vraisemblable que les graines sont construites sur le même plan que celui des graines d'un grand nombre de Gymnospermes de cette époque.

S'il en était ainsi chez les Poroxylons, la tige, le faisceau de la feuille considéré dans son parcours dans la tige et dans la feuille elle-même, les racines, les fructifications, présenteraient associés les caractères des Cryptogames et ceux des Phanérogames.

Chez les *Medullosa*, les *Colpoxylon*, le bois centripète a en quelque sorte disparu; on ne remarque plus, comme pouvant s'y rattacher, que quelques faisceaux vasculaires grêles, dispersés dans la moelle; les cylindres ligneux annulaires, elliptiques ou étoilés des *Medullosa* sont dus au fonctionnement d'une zone génératrice régulière et doivent être considérés comme du bois phanérogamique.

Le faisceau libéro-ligneux des feuilles est double dans la tige des *Colpoxylon*; simple, au contraire, chez les *Medullosa*.

Les éléments ligneux de la tige sont constitués par des trachéides ponctuées, disposées en séries rayonnantes séparées par des rayons médullaires composés, comme chez les Cycadées.

Les feuilles de ces deux genres sont inconnues, mais il est à croire que les faisceaux qui les parcourent sont diploxylés.

Les *Cycadoxylon* et les *Ptychoxylon* ont perdu complètement, dans l'intérieur de leur tige, le bois centripète cryptogamique, car celui que nous avons décrit et qui forme des cylindres surnuméraires dans le tissu fondamental est produit par le fonctionnement régulier d'une zone génératrice; il est constitué par des séries rayonnantes de trachéides séparées par des rayons cellulaires composés, il n'offre en rien la constitution et la disposition irrégulière qui appartiennent au bois cryptogamique; c'est un bois semblable à celui qui compose le cylindre extérieur, mais de direction opposée.

Nous avons signalé cependant au départ des cordons foliaires dans la tige quelques traces de bois cryptogamique; il est vraisemblable que leurs feuilles en contiendraient encore et que les cordons aériens sont diploxylés.

Nous ne dirons rien des Dolérophyllées, ne connaissant la structure ni de leurs racines ni de leur tige.

Par la disparition successive du bois cryptogamique dans la tige et le cordon foliaire dans son parcours interne nous arrivons au stade offert par les Cycadées. Les plantes qui forment cette dernière classe ne présentent plus, en effet, de bois centripète dans l'intérieur de la tige; le faisceau foliaire en est également dépourvu dans sa portion inférieure caulinaire, mais en possède encore dans sa partie aérienne. Les racines sont diploxylées comme chez les Phanérogames ordinaires. Les fructifications femelles, quoique représentées par des graines, conservent encore le caractère cryptogamique propre à l'embranchement des Gymnospermes, c'est-à-dire des archégones.

Avec les Cordaïtes nous approchons un peu plus des Conifères; en effet, la tige, complètement dépourvue de bois cryptogamique, offre un cylindre ligneux compact, dense; les séries rayonnantes de trachéides ne sont plus séparées par des rayons cellulaires composés comme chez les Cycadées; il se rapproche ainsi de celui d'une Conifère.

En outre, les chatons mâles et les fleurs femelles s'écartent moins, par leur organisation et leur disposition, des organes correspondants de cette dernière classe que de ceux des Cycadées; cependant le cordon foliaire est resté diploxylé.

Les genres suivants que nous avons étudiés : *Walchia, Dicranophyllum, Trichopitys,* etc., ont les caractères extérieurs de Conifères assez précis et assez accusés pour que l'on ait pu, sans contestation, les ranger dans cette classe. Nous connaissons la structure interne du bois de la tige pour quelques-uns de ces genres; elle ne diffère pas de celle des Conifères actuelles d'une manière bien sensible, mais nous ignorons l'organisation de leurs feuilles; les recherches futures montreront si les cordons foliaires sont monoxylés, comme nous le supposons.

Les quelques remarques qui précèdent sont suffisantes pour montrer :

1° Que, dans l'évolution des organes, les caractères phanérogamiques ne se substituent pas simplement aux caractères cryptogamiques, mais viennent s'y associer, et, prenant peu à peu une importance prépondérante, finissent par annihiler les premiers et demeurer seuls;

2° Que les changements s'effectuent successivement, mais d'une façon indépendante, dans les principaux organes de la plante suivant un ordre déterminé. Dans la série que nous avons choisie et qui renferme un certain nombre de genres dans lesquels les rameaux et les feuilles sont disposés en hélice autour de la tige, les modifications apparaissent d'abord dans la tige souterraine, puis dans la tige aérienne et la portion des cordons foliaires qui y est contenue; plus tard, la portion du cordon foliaire extérieure devient aussi diploxylée. Les fructifications revêtent quelques caractères phanérogamiques : l'élément mâle est représenté par le pollen; l'organe femelle, par un ovule renfermant toutefois des *archégones.*

Le type gymnospermique auquel nous nous sommes arrêté, pour perdre complètement les caractères cryptogamiques aurait donc encore à se dépouiller des archégones de ses ovules.

Les genres de plantes présentant une tige articulée sont beaucoup moins nombreux que ceux qui contiennent les végétaux dont la tige est dépourvue d'articles; aussi, pour le moment, il n'est pas possible de constater d'aussi nombreuses variations dans l'association du bois centripète et du bois centrifuge; beaucoup de termes manquent dans la série, termes qui seront peut-être découverts plus tard.

Le genre *Equisetum* et le genre Calamite sont monoxylés, avec bois cryptogamique. Tous deux sont vraisemblablement isosporés, et diffèrent l'un de l'autre, comme nous l'avons indiqué, par la présence de gaines ou de feuilles dans les *Equisetum*, et par leur absence chez les Calamites.

Les *Annularia* et les Astérophyllites sont également monoxylés, avec bois cryptogamique, mais ils sont hétérosporés.

Les genres *Huttonia* Sternberg, *Cingularia* Weiss, *Macrostachya* Schimper, *Phyllotheca* Zigno, *Schizoneura* Schimper, etc., qui tous présentent des axes ou des tiges articulés, n'ont pas encore été rencontrés avec une structure conservée; par conséquent leur classement d'après le caractère que nous avons choisi ne peut pas encore se faire.

Le genre *Sphenophyllum*, que nous avons étudié avec détail, montre dans les racines, la tige et les rameaux une production ligneuse secondaire (tubes aquifères), qui serait le premier indice d'un bois phanérogamique, mais à accroissement tangentiel au lieu d'être radial. Chacune des bandes concentriques qui constituent ce bois secondaire possède, en effet, deux centres de formation dont la position correspond aux trois centres trachéens du bois centripète; les deux lames issues de deux centres voisins se rejoignent dans la région intermédiaire, là où les éléments ont le plus grand diamètre, et n'en forment plus qu'une seule atténuée aux deux extrémités. Les cordons foliaires restent monoxylés, avec bois cryptogamique; les fructifications sont hétérosporées.

Entre les *Sphenophyllum* et les genres *Bornia*, *Arthropitus* et *Calamodendron*, il existe un intervalle considérable qui reste à remplir; en effet, comme nous l'avons vu, les tiges, les rameaux de ces plantes sont monoxylés avec bois phanérogamique; le cordon foliaire est également monoxylé dans l'intérieur de la tige, avec bois phanérogamique; il paraît être monoxylé, avec bois cryptogamique, dans les bractées des épis. Si l'attribution aux *Arthropitus* de l'*Arthro-pityostachis augustodunensis* est exacte, ces plantes auraient eu leur prothalle femelle non plus contenu dans une macrospore, mais dans un ovule.

Entre les Calamodendrées et les Gnétacées, on ne connaît pas encore de plantes qui puissent servir de passage; le bois des *Arthropitus* diffère notable-ment de celui des *Gnetum,* car on n'y rencontre ni fibres ligneuses, ni vrais vaisseaux. Nous n'avons jamais observé dans aucune tige de Calamodendrée la présence de plusieurs anneaux concentriques, comme cela se présente assez souvent chez les *Gnetum.*

Cependant des représentants de cette famille devaient exister à l'époque de la formation du terrain houiller supérieur; le *Gnetopsis elliptica,* B. Re-nault et R. Zeiller, montre nettement un ovaire formé de deux carpelles soudés à la partie inférieure, renfermant plusieurs ovules, deux à quatre, insérés sur la face interne des carpelles; comme l'ovaire restait ouvert en haut, afin de permettre aux prépollinies de pénétrer dans la chambre pollinique, la protection était complétée par de nombreux poils partant du fond et des parois de la cavité ovarienne.

Si les Calamodendrons n'ont pas porté ces graines, comme nous l'avons supposé, il reste à trouver un genre voisin des Gnétacées qui les ait mûries.

Nous résumons dans les tableaux suivants les quelques remarques qui pré-cèdent; on y trouvera la plupart des genres que nous avons examinés, et sauf les Lépidodendrons, tous ces genres se rencontrent à la partie supérieure du terrain autunien.

Dans les tableaux III et IV nous avons indiqué par des flèches de forme différente le bois cryptogamique et le bois phanérogamique; ces flèches, associées ou non, s'arrêtent à des hauteurs variables, suivant qu'on consi-dère la présence de ces bois dans la tige, le cordon foliaire caulinaire ou le cordon foliaire aérien.

I. — TIGES NON ARTICULÉES.

Plantes se reproduisant au moyen d'archégones qui se développent sur un prothalle, tantôt libre, tantôt contenu dans une macrospore ou dans un ovule.					
	Faisceaux ligneux monoxylés cryptogamiques dans la tige et les feuilles.	Fructifications isosporées		Feuilles nombreuses, petites	*Lycopodium.*
		Fructifications hétérosporées		Feuilles nombreuses, longues	*Lepidodendron.*
	Faisceaux ligneux diploxylés dans la tige ou dans les feuilles.	Faisceaux ligneux diploxylés dans la tige; faisceaux foliaires, aériens et caulinaires, monoxylés cryptogamiques		Feuilles peu nombreuses, étalées	*Heterangium.*
				Feuilles nombreuses, aciculaires	*Sigillaires cannelées.*
		Faisceaux ligneux diploxylés dans la tige et dans la partie caulinaire des cordons foliaires		Feuilles nombreuses, aciculaires	*Sigillaires lisses.*
		Faisceaux ligneux diploxylés dans la tige, dans la partie caulinaire et aérienne des cordons foliaires.		Feuilles à limbe épais, étalé, charnu	*Sigillariopsis.*
				Feuilles à limbe épais, dichotome?	*Poroxylon.*
		Faisceaux ligneux diploxylés dans la partie caulinaire et aérienne du cordon foliaire.	Cylindre ligneux simple sinueux	Feuilles à limbe épais, étalé, entier	*Colpoxylon.*
			Cylindres ligneux multiples à croissance inverse	Feuilles à limbe épais, dichotome?	*Ptychoxylon.*
		Faisceaux ligneux diploxylés dans la partie aérienne du cordon foliaire.	Cylindres ligneux multiples inverses, sans productions ligneuses dans la moelle.	Feuilles à limbe épais, charnu	*Cycadoxylon.*
			Cylindres ligneux multiples inverses, avec productions ligneuses dans la moelle.	Feuilles nombreuses peu développées	*Medullosa.*
			Cylindres ligneux multiples directs, avec productions ligneuses dans la moelle.	Feuilles à limbe divisé en folioles	*Cycadées.* { *Sphenozamites.* *Pterophyllum.* *Cycadospadix.* }
			Cylindre ligneux simple, rayons cellulaires simples.	Feuilles à limbe épais, étalé, simple	*Cordaïtes.*
	Faisceaux ligneux monoxylés phanérogamiques dans la tige et les feuilles.	Cylindres ligneux simples, trachéides ponctuées, avec une ou plusieurs rangées de ponctuations aréolées; rayons cellulaires, ligneux, simples.		Feuilles à limbe plusieurs fois dichotome.	*Dicranophyllum.*
				Feuilles divisées en segments aigus	*Trichopitys.*
				Feuilles nombreuses, petites, arquées	*Walchia.*
				Feuilles nombreuses, allongées, aciculaires.	*Pinites*
				Feuilles très petites, écailleuses	*Tsugopsis.*
				Bois formé essentiellement de parenchyme.	*Hapaloxylon.*
				Liber très riche en canaux résineux	*Retinodendron.*
				Bois présentant la structure des *Tsuga*	*Cedroxylon.*
				Bois offrant la structure des *Taxinées*	*Taxoxylon.*

II. — TIGES ARTICULÉES.

Feuilles, fructifications disposées en verticilles; faisceaux ligneux simples ou diploxylés; prothalle femelle portant un ou plusieurs archégones, tantôt libre, tantôt renfermé dans une macrospore ou dans un ovule......	Cryptogames isosporées..	Faisceaux monoxylés cryptogamiques dans la tige et les feuilles........	Rameaux, feuilles ou racines disposés en verticilles...........	Avec gaine de feuilles aux articulations........	*Equisetum.*
				Sans gaine de feuilles aux articulations........	*Calamites.*
				Feuilles ovales lancéolées.	*Annularia.*
				Feuilles aciculaires à limbe presque nul....	*Asterophyllites.*
	Cryptogames hétérosporées............	Faisceaux diploxylés dans la tige, monoxylés cryptogamiques dans les feuilles...........	Rameaux non disposés en verticilles..........	Feuilles triangulaires...	*Sphenophyllum.*
	Phanérogames avec ovules munis d'un sac embryonnaire contenant des archégones......	Faisceaux monoxylés phanérogamiques dans la tige, cryptogamiques dans les feuilles; sans vaisseaux; ovules dépourvus de téguments.		Épis volumineux portés par les tiges........	*Macrostachya.*
			Coins ligneux non enveloppés par une gaine de cellules libériformes..	Coins de bois ne se bifurquant pas aux articulations.....	*Bornia.*
				Coins de bois se bifurquant aux articulations............	*Arthropitus.*
			Coins de bois entourés d'une gaine de cellules libériformes........		*Calamodendron.*
		Bois monoxylé phanérogamique dans la tige et les feuilles, pourvu de vaisseaux; ovules avec téguments.........			*Gnetum.*

III. —

		LEPIDODENDRON, LYCOPODIUM.		HETERANGIUM, SIGILLAIRES CANNELÉES.		SIGILLAIRES
		1		2		3
		Bois cryptogamique.	Bois phanérogamique.	Bois cryptogamique.	Bois phanérogamique.	Bois cryptogamique. pha
Plantes se reproduisant au moyen d'archégones se développant sur un prothalle tantôt libre, tantôt renfermé dans une macrospore ou un ovule............	Cordon foliaire aérien.					
	Cordon foliaire caulinaire.					
	Bois de la tige.					

IV. —

		CALAMITES, ANNULARIA, ASTEROPHYLLITES.		SPHENOPHYLLUM.		
		1		2		3
		Bois cryptogamique.	Bois phanérogamique.	Bois cryptogamique.	Bois phanérogamique.	
Plantes se reproduisant au moyen d'archégones se développant sur un prothalle tantôt libre, tantôt renfermé dans une macrospore ou un ovule............	Cordon foliaire aérien.					
	Cordon foliaire caulinaire.					
	Bois de la tige.					

ÌON ARTICULÉES.

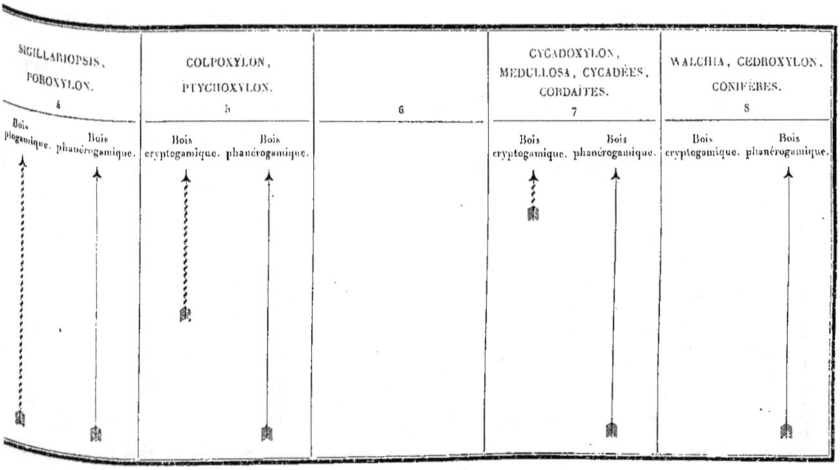

SIGILLARIOPSIS, POROXYLON.	COLPOXYLON, PTYCHOXYLON.		CYCADOXYLON, MEDULLOSA, CYCADÉES, CORDAÏTES.	WALCHIA, CEDROXYLON, CONIFÈRES.
4	5	6	7	8
Bois plogamique. Bois phanérogamique.	Bois cryptogamique. Bois phanérogamique.		Bois cryptogamique. Bois phanérogamique.	Bois cryptogamique. Bois phanérogamique.

TICULÉES.

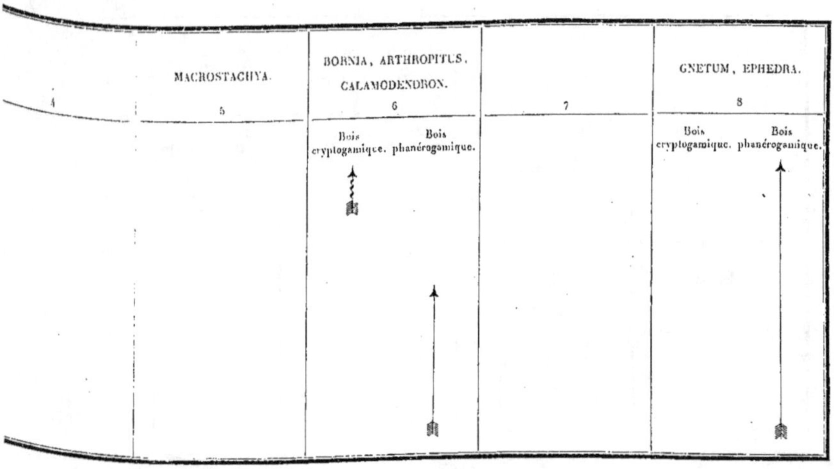

		BORNIA, ARTHROPITUS, CALAMODENDRON.		GNETUM, EPHEDRA.
4	5	6	7	8
	MACROSTACHYA.	Bois cryptogamique. Bois phanérogamique.		Bois cryptogamique. Bois phanérogamique.

Le tableau III comprend huit colonnes; une seule, celle qui porte le n° 6, est inoccupée.

Le tableau IV en renferme le même nombre, mais quatre sont vides. Les tiges articulées jusqu'ici n'ont pas offert, en effet, de structure correspondant à celle des tiges dépourvues d'articles, réunies dans les colonnes 3, 4, 5, 7.

En revanche, ces dernières tiges n'ont pas de représentant analogue aux tiges articulées contenues dans la colonne 6.

Il est vraisemblable que le nombre de stades est plus considérable que celui que nous avons indiqué dans ces tableaux, mais nous avons tenu seulement à y faire figurer ceux que nous avions décrits dans les pages qui précèdent.

Tout incomplets qu'ils sont, on peut en tirer les conséquences suivantes :

Les rhizomes des Sigillaires lisses qui renferment les deux bois associés, dans leur tige et leurs feuilles submergées, occuperaient dans le tableau III la colonne 4, la tige étant placée dans la colonne 3 [1]. Les feuilles des tiges aériennes dépourvues de bois phanérogamique sont monoxylées et ne possèdent que du bois cryptogamique. Cet exemple fait bien ressortir l'ordre d'apparition du bois phanérogamique qui est, comme nous l'avons dit, rhizome, tige, portion caulinaire, portion aérienne du faisceau vasculaire des feuilles. La disparition du bois cryptogamique a suivi la même marche; certains rhizomes de Sigillaires n'en renferment que des traces, quand les tiges au contraire en sont abondamment pourvues. Les *Ptychoxylon* n'ont que du bois phanérogamique dans la tige; la portion caulinaire du cordon foliaire montre les deux bois, ainsi que la portion aérienne.

Les Cycadées et les Cordaïtes n'ont pas de bois cryptogamique dans le bois de la tige, ni dans la partie caulinaire du cordon foliaire, mais en conservent dans la partie aérienne.

Les Conifères ne montrent du bois cryptogamique ni dans la tige, ni dans le cordon foliaire, caulinaire ou aérien.

Quant à la troisième question que nous nous étions proposé de résoudre, relative à la similitude ou à la différence dans l'ordre d'apparition et de succession des deux bois dans toutes les séries parallèles de plantes permettant de passer d'une classe de Cryptogames à une classe déterminée de Phanéro-

---

[1] Nous n'avons pu tenir compte, dans nos tableaux, de l'organisation des rhizomes, ces organes n'étant connus que dans un très petit nombre de genres.

games, le tableau IV montre, par les vides nombreux qui s'y trouvent, que l'étude de la structure des tiges articulées n'est pas encore assez complète pour qu'on puisse en aborder en ce moment la solution.

Si l'on jette un coup d'œil sur le tableau III, en allant des Lépidodendrons aux Conifères, en passant par les Poroxylons, il semble que l'on rencontre des plantes de plus en plus élevées en organisation. Dans le cas particulier où nous nous sommes placé, le perfectionnement a consisté dans l'atténuation du bois cryptogamique et son remplacement de plus en plus complet par du bois phanérogamique. Mais en même temps que ces changements s'opèrent, d'autres non moins importants doivent être constatés : à une spore unique produisant un seul prothalle, succèdent deux spores différentes donnant naissance à deux prothalles, l'un mâle, l'autre femelle; puis la macrospore contenant le prothalle femelle qui porte l'archégone fait place à l'ovule qui renferme le prothalle où se développent encore des archégones; la microspore pluricellulaire des Lépidodendrons a pour équivalent la *prépollinie* chez les Dolérophyllées et les Cordaïtes, enfin la prépollinie disparaît devant un grain de pollen de moins en moins divisé. Les Lycopodes, comme les Lépidodendrons, sont des Cryptogames; si les Conifères sont des Phanérogames, on peut se demander où sera la limite des deux embranchements, quelle sera la somme de caractères phanérogamiques qu'une plante devra réunir et quel nombre de caractères cryptogamiques elle devra perdre pour devenir une Phanérogame. Il est évident que la distance à franchir pour passer d'un embranchement à l'autre est moins grande que celle qui existe actuellement entre une Gymnosperme et une Angiosperme, lorsque l'on tient compte de tous les genres fossiles intermédiaires.

Une autre conséquence découle de l'étude qui précède : au point de vue où nous nous sommes placé, la distance qui sépare une Lycopodiacée d'une Gymnosperme est en partie occupée par une série de genres assez voisins, qui eux-mêmes seront reliés plus étroitement par les découvertes futures. Ces genres n'appartiennent pas à une période de longue durée, mais seulement à l'un des trois étages (étage de Millery) qui composent le terrain permien d'Autun; cet étage est le moins étendu des trois.

Il a suffi de quelques épanchements d'eaux siliceuses, dans un point d'un bassin peu étendu, pour nous conserver une longue liste de genres, montrant une partie de la chaîne qui pourrait réunir les Cryptogames et les Phanérogames actuelles.

Au même moment, sur une étendue de quelques kilomètres carrés, il existait donc une variété extraordinaire de végétaux commençant aux *Heterangium*, par exemple, finissant aux *Walchia* et servant de trait d'union entre une Lycopodiacée et une Conifère.

Nous devons regretter que la minéralisation des végétaux n'ait pas été plus fréquente, car les gisements que l'on connaît n'ont certainement conservé qu'une bien faible portion des plantes qui ont vécu sur le globe.

Et cependant, malgré cette faible portion, on est profondément surpris de la prodigieuse variété de types composant une Flore locale, et surtout de trouver qu'il n'est pas nécessaire d'avoir recours à une période indéfinie de siècles pour rencontrer des modifications de structure permettant de passer, sans transition trop brusque, d'un groupe à l'autre de plantes ayant vécu dans la même région et à une époque déjà ancienne.

Le temps qui s'est écoulé depuis l'époque du Culm jusqu'à celle des dépôts permiens a été suffisant pour voir apparaître dans un ordre chronologique déterminé tous les types que nous avons énumérés, et qui se sont prolongés pour la plupart jusqu'à la fin de la période primaire. Le tableau III offre, en effet, dans sa première colonne, les Lépidodendrons qui ne présentent que du bois cryptogamique; certaines espèces datent du Dévonien et du Culm. La deuxième colonne contient les Sigillaires cannelées et les *Heterangium* que l'on rencontre fréquemment dans le terrain houiller moyen. La troisième renferme les Sigillaires à écorce lisse, nombreuses dans le terrain houiller supérieur; la quatrième, les *Sigillariopsis*, les *Poroxylon*, qui abondent dans le terrain permien. Les colonnes suivantes montrent que c'est également pendant cette dernière formation que les Gymnospermes, se dépouillant peu à peu du bois cryptogamique et ne conservant que du bois phanérogamique dans leur tige et leurs feuilles, se sont développées en abondance et avec la plus grande variété. Il y a donc une certaine coïncidence entre l'ordre d'apparition des types végétaux étudiés, et le caractère anatomique, tiré de la présence ou de l'absence des bois centripète et centrifuge, choisi pour la classification artificielle des genres que nous avons décrits.

Parasites divers des Lépidodendrons.

Les Lépidodendrons ont laissé de nombreux débris, qui, tombés sur des terrains marécageux ou fréquemment inondés, ont été envahis par divers microphytes et ont servi d'asile à des larves et à des œufs d'insectes. Ne pouvant, faute de matériaux suffisants, faire un classement méthodique de ces espèces assez variées, nous nous bornerons, pour le moment, à citer les différentes régions du végétal où nous les avons rencontrées.

Écorce. — Nous avons vu que les Lépidodendrons et les Sigillaires étaient revêtus d'une couche épaisse de liège, formée souvent par des bandes de cellules allongées, atténuées en biseau aux deux extrémités et disposées de façon à produire un réseau à mailles plus hautes que larges; les mailles sont occupées par des cellules à sections rectangulaires, à parois moins épaisses que celles des cellules du réseau. Très fréquemment toute cette assise corticale, dont les éléments sont plus ou moins sclérifiés, a été envahie par des microphytes appartenant à différentes familles.

Nous en groupons quelques-uns, pour le moment, sous le nom de *Phellomycetes*, en attendant que nous puissions préciser davantage leurs affinités.

Beaucoup de cellules du liège contiennent des mycéliums desséchés, constitués par des filaments très grêles, souvent bifurqués,

Fig. 74.

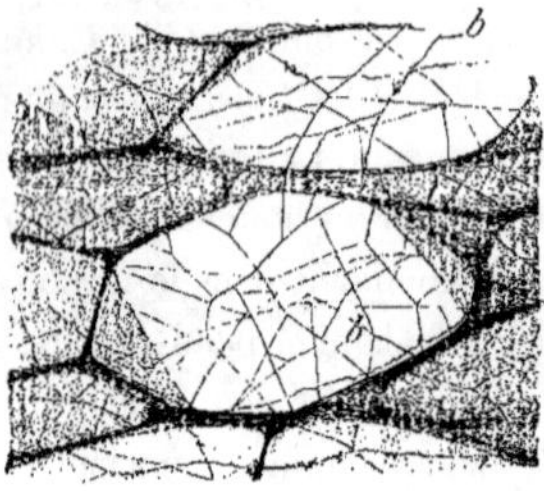

Phellomycetes dubius.

b. Filaments tendus dans tous les sens à l'intérieur des cellules du liège.
c. Cellules de liège.

tendus d'une paroi à l'autre de la cellule-nourrice, et s'entrecroisant dans tous les sens, *b*, fig. 74.

Il est impossible, dans la plupart des cas, de reconnaître des cloisons dans ces filaments, qui ne mesurent que $0\,\mu\,7$ de diamètre.

Ils paraissent avoir perdu leur protoplasma; les parois amenées en contact ne sont plus distinctes l'une de l'autre. Quelques rares cellules contiennent des mycéliums mieux conservés. Certains filaments mesurent 1,5 μ de diamètre et l'on y remarque alors des cloisons.

Au milieu du réseau mycélien, on voit de petites spores sphériques atteignant à peine 1 μ et qui semblent appartenir à une bactérie dont nous nous occuperons plus loin.

En l'absence des fructifications, il n'est guère possible d'indiquer la famille à laquelle peut se rattacher ce mycélium, qui rappelle tout aussi bien celui de certains Saprophytes, que celui de certains parasites facultatifs constitués par des Ascomycètes, ou certains Basidiomycètes.

MYXOMYCETES MANGINI, n. sp.

Il n'est pas rare de trouver au travers des fragments de végétaux, des masses irrégulières de forme, mais munies de prolongements multiples très analogues aux plasmodes des Myxomycètes; ces masses protoplasmiques, que l'on rencontre dans les quartz d'Esnost et dans ceux de Combres, éparses au milieu des débris les plus divers, sont assez vagues d'aspect pour qu'on puisse hésiter sur leur véritable origine. Mais dans un assez grand nombre de cellules de liège, voisines de celles que nous venons d'examiner, se trouvent des masses protoplasmiques analogues, de contour mieux défini, se soudant par leurs prolongements, de dimensions et de formes variées et disposées en une sorte de réseau irrégulier, a, fig. 75.

Cette disposition en réseau n'est qu'accidentelle, et provient sans doute de ce que le Myxomycète, après avoir pénétré dans les cellules en partie désorganisées par des bactéries, s'est servi des filaments mycéliens pour progresser dans leur intérieur.

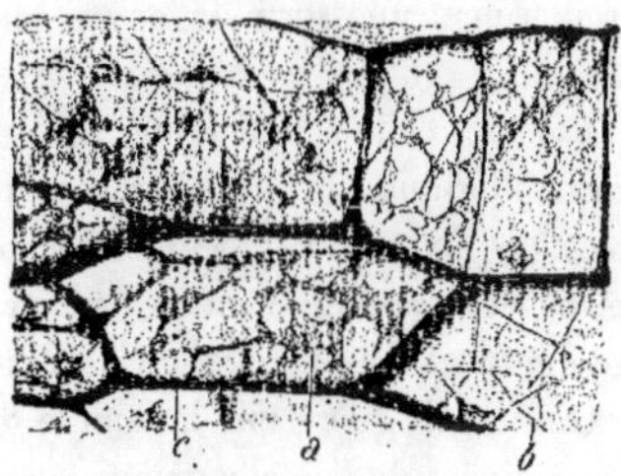

Fig. 75.

Myxomycetes Mangini.

a. Plasmodes de *Myxomycetes.*
b. Filaments non recouverts de protoplasma.
c. Parois des cellules du liège.

Parmi ces filaments, les uns sont revêtus d'une couche plus ou moins épaisse de protoplasma; les autres en sont dépourvus.

Quelquefois une portion du plasmode s'est étalée dans les mailles du réseau, a, fig. 75; d'autres fois, il s'est rassemblé en amas globuleux plus ou moins sphériques, *a*, fig. 76, au point de rencontre des filaments. Aucune fructification ne se rencontre ni à l'intérieur, ni en dehors des cellules; il est donc impossible d'indiquer en ce moment le genre auquel pourrait être rapporté ce curieux exemple d'Endomyxée.

La même préparation qui contient les deux espèces de champignons que nous venons de mentionner, renferme aussi des corps sphériques *a*, *b*, fig. 77, placés particulièrement dans les cellules plus allongées et plus lignifiées qui composent le réseau subéreux; les deux premières formes se rencontrent, au contraire, dans les cellules à parois minces qui remplissent les mailles.

Ces corps sont sphériques, rarement ovales; ils mesurent 20 μ de diamètre. On en compte d'un à huit par cellule; l'enveloppe est lisse à sa surface, épaisse, colorée en brun. La plupart ont une masse interne homogène; quelques-uns renferment une sorte de noyau sphérique mesurant 9 μ de diamètre.

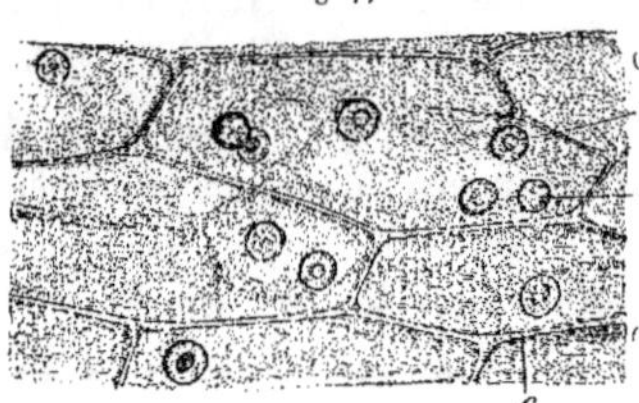

Fig. 76.

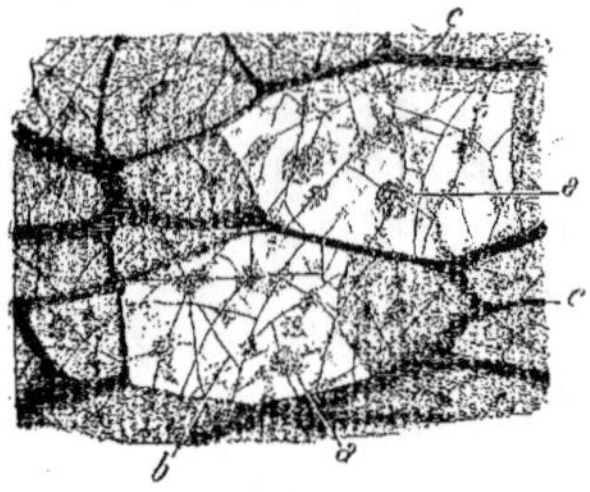

Myxomycetes Mangini.

a. Plasmode ayant pris une forme sphérique au point de rencontre de deux filaments mycéliens croisés.
b. Filament dégarni de protoplasma.
c. Parois des cellules du liège.

Fig. 77.

Oospores ou œufs de *Chytridinée*.

a. Oospores avec noyau visible.
b. Oospores sans noyau.
c. Parois des cellules du liège.

Dans les cellules qui renferment ces corps sphériques, on ne distingue aucune trace de mycélium. Quelques-uns ont germé et émettent un mince filament qui s'enfonce dans la paroi de la cellule.

On ne voit guère que la famille des Chytridinées de laquelle on puisse rapprocher les corps sphériques en question. Cette famille se divisant en plusieurs groupes, suivant que le corps de la zoospore demeure en dehors de la cellule nourricière ou y pénètre tout entier, c'est de ce dernier groupe qu'ils seraient le plus voisins; mais en l'absence de documents plus complets, nous ne pouvons les comparer avec les genres *Olpidium*, *Olpidiopsis*, *Rozella*, etc., qui composent le groupe des Chytridinées endogènes.

Nous avons dit que les trois formes de champignons mentionnées étaient contenues dans les cellules de liège d'une même préparation, faite dans l'écorce d'un Lépidodendron; il est curieux de voir réunis les représentants de trois familles sur un si petit espace. Nous sommes convaincu que de nouvelles recherches augmenteraient encore ce nombre d'une manière sensible; l'invasion des microphytes était facilitée par la disjonction partielle des cellules du liège, effectuée à la suite d'un travail bactérien que l'observation microscopique met en évidence.

Provenance. — Combres, Esnost.

Genre OOCHYTRIUM, n. gen.

Bois. — Le bois des Lépidodendrons est souvent envahi par des champignons. Nous signalerons entre autres ceux qui forment le nouveau genre *Oochytrium*, caractérisé : par des mycéliums grêles, rameux, isolés ou réunis en nombre considérable dans les vaisseaux de certains Lépidodendrons, par des ramules se terminant souvent en sporanges de forme ovoïde ou sphérique, surmontés d'un rostre. Le protoplasma est visible, contracté plus ou moins à l'intérieur de l'enveloppe du sporange, lisse ou ornée de fines aspérités. Ce genre ne renferme actuellement qu'une seule espèce.

OOCHYTRIUM LEPIDODENDRI B. Renault [1].

Quelques champignons ont été signalés déjà soit dans le cylindre ligneux, soit dans les racines des Lépidodendrons du *Coal Measures* d'Angleterre, par MM. Carruthers, Butterwort d'Oldham, Worthington Smith, sous les noms de *Peronosporites antiquarius* W. Sm. et *Protomycetes protogenes* W. Sm.; d'autre part, des Chytridinées ont été trouvées dans les graines silicifiées de Grand'Croix, près de Rive-de-Gier [2].

La présence de Chytridinées a également été constatée par nous dans les jeunes rameaux de *Lepidodendron esnostense*.

Le cylindre ligneux dans ces Lépidodendrons est, comme l'on sait, parfaitement plein, sans aucune trace de tissu cellulaire et formé de trachéides rayées dont les ornements ont conservé leurs plus fins détails, là où ils n'ont

[1] *Bull. Soc. d'hist. nat. d'Autun*, loc. cit.

[2] Renault et Bertrand, *Grilletia Sphærospermi, Comptes rendus de l'Institut*, 18 mai 1885.

pas eu à supporter les ravages des microphytes qui s'y trouvent en grand nombre.

Dans l'intérieur des vaisseaux, on remarque un certain nombre de filaments tantôt simples, tantôt plusieurs fois ramifiés, de longueur variable, pluricellulaires; ce sont évidemment des mycéliums à divers états de développement. Beaucoup d'entre eux ont leur rameau principal terminé par une ampoule ovoïde, dont le grand axe mesure en moyenne 12 à 15 μ, le petit axe 9 à

Fig. 78.

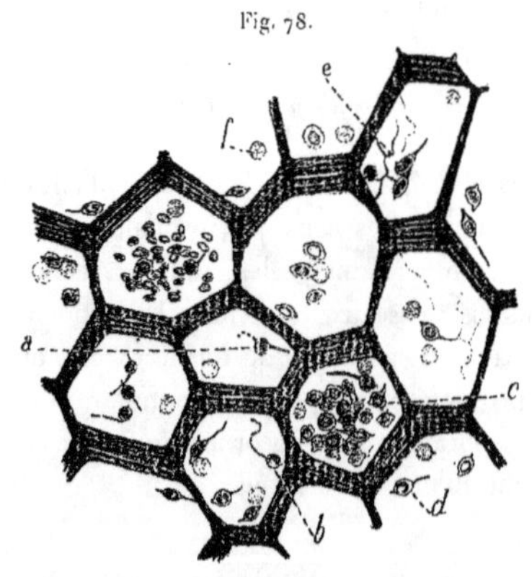

Oochytrium Lepidodendri.

a. Sporange muni à une extrémité d'un fragment de mycélium et à l'autre d'un rostre, par où s'échappe une traînée de zoospores?

b. Sporange muni d'un mycélium sinueux et d'un rostre.

c. Sporanges détachés de leur support et réunis en grand nombre dans la cavité d'un vaisseau.

d. Sporange dans lequel le protoplasma s'est contracté en forme de boule et rassemblé près du rostre.

e. Mycélium rameux portant deux sporanges.

f. Sporanges de forme sphérique.

10 μ; quelques-unes sont sphériques, libres *f*, fig. 78, mesurent 13 μ et peuvent être considérées comme des spores d'attente. Les ampoules ovoïdes sont de tailles diverses; il y en a un grand nombre de plus petites qui n'avaient pas encore leur taille définitive. Beaucoup sont libres; elles ont été arrachées de leur support et réunies en quantité considérable dans certains vaisseaux *c* dont elles remplissent presque entièrement la cavité.

Certains mycéliums, *e*, fig. 78, paraissent en avoir porté plusieurs, placées à l'extrémité de rameaux différents. Les filaments, quand ils sont bien conservés, sont formés de cellules longues de 6 à 7 μ, dont on voit nettement les cloisons; les cellules voisines du sporange sont plus courtes et plus colorées.

La paroi des sporanges est assez fortement cuticularisée, brune et de forme très régulière. L'une des extrémités, que l'on peut considérer comme la base, est soudée à une portion de mycélium de longueur très variable; l'extrémité opposée est munie d'un orifice entouré d'un rebord paraissant recouvert d'un opercule.

Il n'est pas rare de rencontrer des sporanges fixés à la paroi des vaisseaux par une portion assez courte de leur mycélium.

La plupart des sporanges sont pleins; tantôt le protoplasma ne laisse aucun vide dans la cavité, tantôt il est contracté en une masse sphérique qui ne touche pas les parois dans toute leur étendue; on distingue des granulations dans le protoplasma, qui simulent quelquefois un réseau cellulaire.

Plusieurs sporanges sont ouverts et semblent laisser échapper une traînée de zoospores *a*, fig. 78.

Mélangées aux sporanges, on trouve quelquefois des sphères *f*, fig. 79, à peu près de même taille, dont la surface est recouverte de fines aspérités; peut-être représentent-elles des kystes.

Nous pensons que la plante que nous venons de décrire appartient aux Chytridinées, à cause de la forme des sporanges, de leur mode de déhiscence, de leur position à l'extrémité de rameaux. D'après la nature de ses relations avec les cellules ou les vaisseaux nourriciers, cette Chytridinée ferait partie de la tribu des Endogènes, mais elle ne se rattache directement à aucun des genres *Olpidium*, *Olpidiopsis*, *Rozella*, *Woronina*, *Cladochytrium*, etc., qui constituent cette tribu.

Nous lui avons donné le nom de *Oochytrium Lepidodendri*.

Provenance. — Esnost.

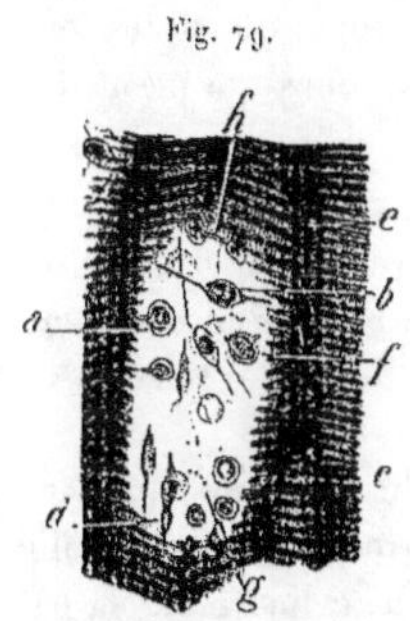

Fig. 79.

Oochytrium Lepidodendri.

Coupe oblique faite dans les parois des vaisseaux et montrant des *Oochytrium* de forme variée.

a. Un sporange coupé transversalement.
b. Sporange dont le mycélium s'engage dans le vaisseau voisin.
c. Parois rayées des vaisseaux.
d. Cellule renflée du mycélium dans le voisinage du sporange.
f. Spore dont la surface est couverte de fines aspérités.
g, h. Stries longitudinales existant entre les raies des trachéides.

MUCOR COMBRENSIS. — TELEUTOSPORA MILLOTI [1].

Macrospores. — Dans les macrospores de Lépidodendron fendues ou écrasées, on rencontre assez souvent des spores, des mycéliums de champignons, à filaments entrecroisés et ramifiés. La plupart du temps, ces restes sont indéterminables, mais parfois on découvre des fructifications qui permettent une détermination.

La figure 80 montre en *a* un mycélium réticulé rameux, fixé à des détritus organiques contenus dans la cavité de la macrospore; il ne porte pas de fructifications; on n'y découvre ni appareil sporangial, ni appareil conidien; il est vraisemblable toutefois que l'on a affaire ici à un thalle de Mucorinée. Nous le désignerons sous le nom de *Mucor combrensis*.

La même figure offre en *d* un thalle aplati, en forme de lame, appliqué contre la paroi interne de la macrospore; il est surmonté d'un appareil fructificateur qui se compose d'un pédicelle long de 9 μ, cylindrique; la base est fixée au mycélium, dont on ne voit que la tranche; l'extrémité opposée porte deux spores, sphériques, superposées, inégales; celle qui tient au pédicelle mesure 4 μ de diamètre; la deuxième, soudée à la première, 6 μ; l'ensemble atteint par conséquent 19 à 20 μ. Les parois des deux spores sont épaisses et de couleur foncée. La même macrospore renferme un autre mycélium, très dense, portant des fructifications semblables, mais beaucoup moins avancées.

Ces fructifications ressemblent à des Téleutospores; leur taille cependant est inférieure à celle de quelques Téleutospores bien connues, comme celles des *Puccinia graminis*, *Puc. tragopogonis*, qui mesurent en hauteur totale 80 μ et 60 μ environ; mais il est clair que nous pouvons avoir affaire à des organes n'ayant pas encore atteint leurs dimensions définitives, comme semblent l'indiquer la petitesse et la forme des deux spores. Elles sont encore à la place où elles ont pris naissance, dans l'intérieur d'une macrospore et non dans le parenchyme des feuilles comme les Puccinies ordinaires.

Nous avons désigné cette espèce sous le nom de *Teleutospora Milloti*.

Il est vraisemblable que cette Puccinie était hétéroïque, car dans les nombreuses macrospores que nous avons examinées, nous n'avons trouvé ni Téleuto-

---

[1] *Bulletin de la Société d'histoire naturelle d'Autun*, séance du 24 septembre 1893.

spore en germination, ni traces d'*Écidies*; peut-être ces dernières se rencon-

Fig. 80.

Teleutospora Milloti.

Coupe d'une macrospore montrant divers champignons qui se sont développés à l'intérieur.

a. Mycélium de Mucorinée (*Mucor combrensis*). — *b.* Thalle tapissant la face interne de la paroi. — *c*, *e*. Ramification siliceuse imitant des poils ou des paraphyses. — *d.* *Teleutospora Milloti.* — *f.* Paroi de la macrospore.

treront-elles soit sur les feuilles de Lépidodendrons, soit sur celles de Fougères ayant vécu dans le voisinage.

Les macrospores du *Lepidodendron esnostense* ne nous ont encore offert ni mycélium ni Téleutospores analogues à ceux que nous venons de décrire.

Provenance. — Combres (Loire).

Genre LAGENIASTRUM, n. gen.

Le genre *Lageniastrum* n'est connu que par une espèce rencontrée dans les macrospores des Lépidodendrons du Culm, recueillies dans les silex de Combres (Loire) et ceux d'Esnost (Saône-et-Loire); peut-être y aura-t-il lieu de faire deux espèces quand les macrospores d'Esnost seront mieux étudiées.

Ce genre est caractérisé par l'association d'un nombre considérable d'algues réunies par une membrane mince, continue, de gélose, ayant la forme d'une bouteille à goulot triangulaire, conique. Les algues sont réparties régulièrement sur cette membrane, mais elles sont plus rapprochées entre elles près de l'orifice conique que sur le côté opposé.

Les algues affectent une forme sphérique, ou lenticulaire. Quand elles ont atteint à peu près leurs dimensions finales, la membrane de gélose subit une transformation intéressante : elle se rassemble en filaments qui continuent à réunir les différents individus de la colonie, de façon qu'à ce moment elle apparaît sous la forme d'un réseau à mailles triangulaires ou polygonales dont chacun des angles est occupé par une algue.

Bientôt la dispersion des individus formant la colonie commence, mais la séparation n'est pas générale et simultanée; chacun d'eux se sépare en laissant une mince couronne de gélose et les bandes qui le réunissaient aux algues voisines; certaines parties du réseau apparaissent alors comme formées de mailles triangulaires ou carrées, dont les angles sont occupés par des circonférences qui marquent la place des algues disparues. Les individus entraînés pouvaient entrer facilement dans les macrospores ouvertes du voisinage et donner naissance à une colonie semblable à celle d'où ils étaient issus.

LAGENIASTRUM MACROSPORÆ B. Renault [1].

Les macrospores des Lépidodendrons du Culm d'Autun et de Saint-Étienne ne sont pas sphériques (p. 182, fig. 35 et 36), mais pyriformes.

---

[1] *Bulletin de la Société d'histoire naturelle d'Autun*, 24 septembre 1893.

Les trois valves dont les bords rapprochés figurent les trois lignes radiantes de beaucoup de macrospores vivantes ou fossiles se relèvent ici et produisent, comme nous l'avons expliqué, une sorte de tube à section transversale triangulaire qui se termine en pointe.

Beaucoup de macrospores non fécondées, tombées sur le sol humide ou dans l'eau, ont subi une macération prolongée, qui a eu comme conséquence la disparition des différents tissus : archégone, prothalle femelle, etc., contenus dans l'enveloppe noire, épaisse et coriace de la macrospore; parfois cette enveloppe elle-même a subi une altération si profonde qu'elle est devenue transparente.

Pendant la macération, beaucoup de macrospores écrasées ou dont le canal micropylaire était béant ont été envahies par des algues et des spores de champignon qui s'y sont développées en toute sécurité.

Un assez grand nombre de macrospores montrent leur intérieur tapissé d'une mince membrane amorphe formée primitivement de gélose, d, fig. 81; cette membrane descend de la région micropylaire, contre les parois, presque jusqu'aux deux tiers de la hauteur de la macrospore. À la surface interne de cette mince couche de gélose se trouvent disposés régulièrement, aa, fig. 81, un nombre assez considérable de thalles, sphériques, ou nettement aplatis en forme de disque, faisant saillie au-dessous de la membrane, a, fig. 82, et mesurant 10 à 12 μ en diamètre; avec un grossissement suffisant, quelques-uns de ces thalles, vus de face, semblent formés de 4,8… cellules, aa, fig. 81, dont le diamètre moyen est de 2 à 3 μ.

Malgré le peu d'épaisseur de la membrane, on ne peut s'assurer si ce sont bien des cellules qui les composent; il se pourrait en effet que l'apparence pluricellulaire fût due simplement à un plissement régulier de la membrane de l'algue autour du protoplasma contracté. Les petites dimensions des thalles nous font admettre cette dernière interprétation.

Tantôt la membrane gélosique qui les réunit est continue (fig. 81), tantôt elle offre des ouvertures régulières (fig. 82) dans certaines régions. Ces ouvertures peuvent être carrées (fig. 83) ou bien elles affectent une forme triangulaire et polygonale (fig. 84).

Il est vraisemblable que les espaces vides proviennent de la disparition de la matière gélosique qui s'est condensée en forme de cordons reliant les thalles et formant autour de chacun d'eux une sorte de ceinture. La longueur des côtés des carrés (fig. 83) est d'environ 19 μ, leur épaisseur 2 μ.

Les algues que nous venons de décrire vivaient en société; elles font donc partie des Cénobiées. Dans cette famille, que l'on a coutume de diviser en deux tribus, les Volvocinées et les Hydrodictyées, la dernière seule pourrait les recevoir.

Fig. 81.

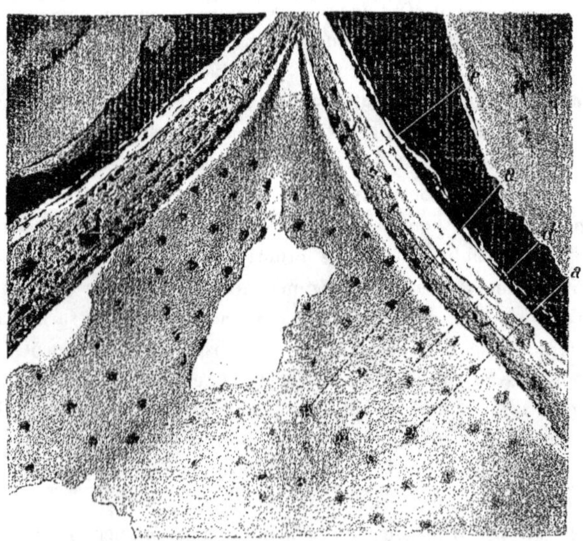

Section d'une macrospore de Lépidodendron passant en dehors du plan principal et montrant une partie de la colonie de *Lageniastrum* qui s'y est développée.

a. Algues formant la colonie. — *d.* Membrane de gélose dans laquelle sont plongées les algues unicellulaires. — *e.* Parois de la macrospore.

Dans la tribu des Hydrodictyées, le genre *Cœlastrum* Naegeli renferme, comme l'on sait, des algues groupées en colonies, de forme cubique ou sphérique; elles sont disposées sur une seule rangée en épaisseur; la colonie est creuse à l'intérieur, les thalles sont soudés sur une portion seulement de leur contour et laissent entre eux des vides qui figurent les mailles d'un réseau assez régulier. Certaines espèces, *Cœl. verrucosum* Reinsch [1], *Cœl. reticulatum*

[1] *Contributiones ad Algarum....*, Reinsch. Pl. XIII, fig. *a* et *b*, *Chlorophyllophyceæ*.

Dangeard [1], présentent, à certain moment de leur évolution, les colonies filles disjointes, retenues entre elles seulement par un filament, reste d'une membrane commune, qui offrait à sa surface des épaississements localisés en réseaux irréguliers.

Fig 82.

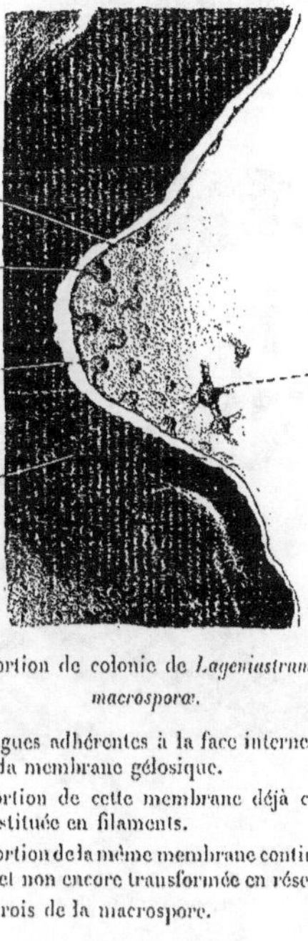

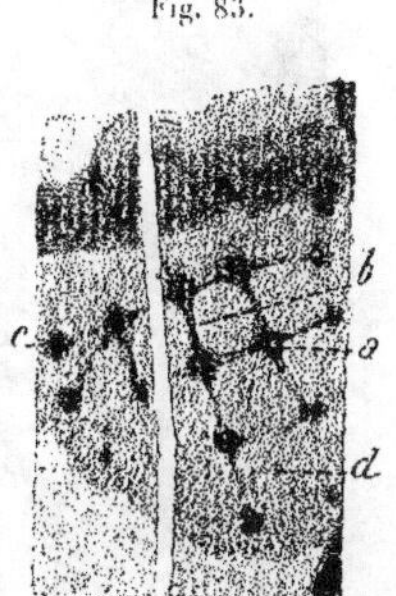

Portion de colonie de *Lageniastrum macrosporæ*.

a. Algues adhérentes à la face interne de la membrane gélosique.

b. Portion de cette membrane déjà constituée en filaments.

d. Portion de la même membrane continue et non encore transformée en réseau.

e. Parois de la macrospore.

Fig. 83.

Portion de colonie de *Lageniastrum macrosporæ*.

a. Algues unicellulaires.

b. Filaments reliant les algues et déterminant des compartiments de forme quadrilatère.

d. Portion de la membrane commençant à se condenser en filaments.

L'algue que nous décrivons, quoique rappelant dans une certaine mesure par le mode de liaison des colonies filles, les *Cœl. verrucosum* et *Cœl. reticulatum*, diffère sensiblement de ces deux espèces.

En effet, la membrane commune est beaucoup plus étendue et plus résistante, le nombre des cellules filles bien plus considérable, et elles sont disposées de façon que le réseau qui résultera de la destruction de l'enve-

[1] *Le Botaniste*, 25 mai 1889. Pl. VII, fig. 15 à 17.

loppe, dans les points qui n'ont pas reçu d'épaississement, présente des mailles polygonales, carrées ou triangulaires, et non inégales et irrégulières, comme dans les espèces citées; de plus, le réseau était bien plus résistant dans l'espèce fossile, puisqu'il conserve sa forme et son aspect, *c, c, b'*, fig. 84, après le départ des algues filles; il avait donc une certaine indépendance.

Fig. 84.

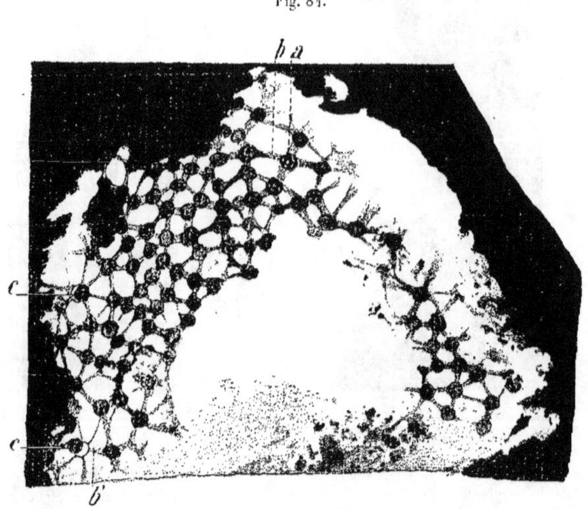

Portion de colonie de *Lageniastrum macrosporæ*.

a. Algues filles sur lesquelles on distingue un réseau très fin. — *b.* Cordons de gélose réunissant les membres de la colonie et circonscrivant des espaces triangulaires ou polygonaux. — *c, c.* Algues filles se séparant du réseau gélosique pour se disperser et laissant un filet circulaire à la place qu'elles occupaient.

La figure primitive de la membrane commune n'est ni sphérique ni cubique; elle affecte sensiblement la forme intérieure de la macrospore où la colonie s'est développée, c'est-à-dire celle d'une bouteille à panse élargie dont le diamètre peut atteindre 450 μ. Toutefois cette dimension ne se présente que rarement, quand le développement est complet.

Dans beaucoup de cas en effet, comme l'envahissement a lieu par la région micropylaire, ce n'est que contre les parois du canal et sur une membrane transversale rapprochée de ce canal que l'on constate la présence des algues.

À mesure que la colonie grandit, cette membrane s'enfonce davantage dans la macrospore, en restant plus ou moins tendue, mais plus pauvre en colonies filles; c'est contre les parois de la macrospore que ces dernières sont le plus nombreuses et le plus rapprochées.

Le nombre des individus qui composent les colonies est bien plus grand que dans le genre *Cœlastrum;* la plupart sont lisses à la surface, quelques-uns seulement présentent une réticulation superficielle qui ferait croire à un groupement de cellules.

Nous avons cru pouvoir créer un nouveau genre auquel nous avons donné le nom de *Lageniastrum.*

L'espèce qui a servi à établir ce genre a été désignée sous le nom de *Lag. macrosporæ,* à cause de son habitat particulier.

Nous avons recherché cette algue curieuse dans les macrospores du *Lepidodendron esnostense;* pendant un certain temps nous n'avons rencontré que de vagues indices, les fragments de *Lepidostrobus* étant plus rares à Esnost qu'à Lay, Combres, etc. Cependant nous avons fini par constater sa présence d'une manière certaine. La place qu'elle occupe dans la macrospore est exactement la même que celle de l'algue décrite plus haut; une coupe transversale passant par le micropyle de la macrospore a montré un anneau triangulaire formé par l'extrémité de la membrane gélosique contenant les algues, mais nous ne pouvons affirmer, faute de matériaux suffisants, que des algues trouvées dans deux régions si éloignées soient identiques.

Provenance. — Combres (Loire) et Esnost (Saône-et-Loire).

Genre ARTHROON B. Renault, n. g.

Ce genre n'est connu que par les restes silicifiés qui ont servi à créer l'espèce suivante; il n'est que transitoire et ne pourra devenir définitif que lorsque des échantillons plus complets permettront de déterminer l'Arthropode auquel appartiennent les œufs qui constituent l'espèce.

Coque dure, réticulée à la surface, de forme ellipsoïdale, munie d'un pédicelle creux, droit ou recourbé; membrane vitelline mince, portant un petit prolongement micropylaire, placé en face du pédicelle; à l'intérieur on remarque une division cellulaire périphérique très nette.

ARTHROON ROCHEI B. Renault [1].

Racines. — Nous avons donné précédemment, page 179, la description d'organes appendiculaires appartenant aux racines de Lépidodendron. Nous ne reviendrons pas sur leur organisation, désirant seulement appeler l'attention sur la présence de corps ovoïdes que l'on doit considérer comme des œufs d'Arthropodes; l'âge très ancien des gisements où ces œufs se rencontrent donne quelque intérêt à leur description.

Fig. 85.

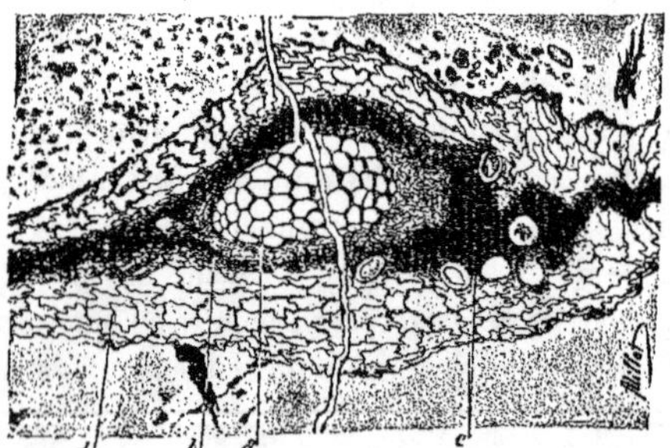

Coupe transversale d'une racine de *Lepidodendron esnostense.*

a. Faisceau vasculaire *bicentre* [2] de la racine. — b. Assise libérienne. — c. Région occupée par des œufs d'Arthropodes. — d. Couche cellulaire interne de l'écorce formée de tissu parenchymateux.

C'est entre l'assise libérienne et la couche parenchymateuse corticale, quelquefois dans cette dernière, que se trouvent logés des corps ovoïdes *c;* ils sont extrêmement nombreux; sur des coupes successives faites dans une même radicelle, toutes en renferment; on peut en compter de 8 à 24 dans une même préparation atteignant à peine $0^{mm},1$ d'épaisseur; dès lors, sur une longueur de plusieurs centimètres, le nombre, difficile à apprécier, doit être fort grand.

[1] *Bulletin de la Société d'histoire naturelle d'Autun,* séance du 4 juin 1893; *Comptes rendus des séances de l'Académie des sciences,* 12 février 1894.

[2] On se rappelle que le faisceau vasculaire des radicelles chez les Sigillaires est au contraire tricentre.

Ils présentent la forme d'un ellipsoïde de révolution dont le grand axe mesure 160 μ et le petit axe 100 μ. L'une des extrémités est munie d'un pédicelle droit ou recourbé, long de 30 μ, qui paraît creux.

Ces corps ovoïdes ne peuvent être des sporanges, car il n'y a aucune trace de mycélium; dans les tissus qui sont en contact, les cellules sont simplement déformées, aplaties; on ne voit aucun indice de tissu réparateur ou de séquestre autour d'eux; leur introduction s'est faite après ou peu avant la mort de l'organe.

Il n'y a pas davantage de portion de mycélium qui leur soit adhérente, car le petit pédoncule dont nous avons parlé ne peut être pris pour un fragment de mycélium, ni pour un col ou un rostre de sporange. D'ailleurs un prolongement semblable se remarque souvent à l'une des extrémités des œufs d'insectes vivants. De plus, leur taille uniforme exclut encore l'idée de sporange; car si l'on avait affaire à des organes de ce genre développés sur place, il est évident qu'on devrait constater des stades divers parmi les nombreux individus qui sont réunis; dans la plupart des cas, les enveloppes se touchent, se compriment, comme si ces corps avaient été introduits dans une même cavité et pressés les uns contre les autres; des sporanges prenant naissance dans des tissus seraient moins serrés et ne se comprimeraient pas de manière à gêner leur développement; il n'y a donc pas à douter que ce ne soient des œufs.

Dans les œufs en question, la coque est brune, épaisse, résistante, puisqu'ils ne sont pas déformés, quoique serrés les uns contre les autres, et malgré l'écrasement des tissus environnants qui ont cédé à une compression extérieure.

La surface est creusée de petites cavités irrégulières; d'autres fois, elle présente l'aspect réticulé, a, d, fig. 86, assez régulier, que l'on rencontre fréquemment sur les œufs de beaucoup d'insectes vivants. Il est vraisemblable que, dans le premier cas l'irrégularité provient de l'action de nombreuses bactéries qui pullulaient dans les eaux peu profondes et chargées d'une multitude de débris organiques, et que, dans le second cas, la réticulation est naturelle.

À l'intérieur du chorion, on remarque une membrane continue f, fig. 86, mince, lisse ou plissée, placée à une petite distance de ce dernier. Cette enveloppe, de couleur claire et sans trace d'organisation, peut être considérée comme la membrane vitelline; elle est munie, du côté du pôle portant le pédoncule, d'un petit prolongement conique placé en face et s'engageant dans l'orifice micropylaire du chorion.

Dans quelques exemplaires, en dedans de la membrane vitelline, on voit

une autre enveloppe contenant des traces évidentes de métamérisation périphérique, *e*, fig. 86. Parfois l'ensemble affecte la forme d'un tégument présentant quatre plis disposés par paires, comme s'il s'agissait d'une dépouille dont
le contenu aurait été dissous par la macération.

La plupart du temps la membrane vitelline est vide, mais quelquefois elle
contient un certain nombre de petites sphères inégales, de couleur foncée, qui
représentent des gouttelettes de matières grasses du *vitellus*.

Ces œufs ont été amenés accidentellement, ou bien ils ont été déposés avec
intention à la place qu'ils occupent. La première hypothèse ne peut être admise à cause de leur place même et de leur nombre; en dehors des radi-

Fig. 86.

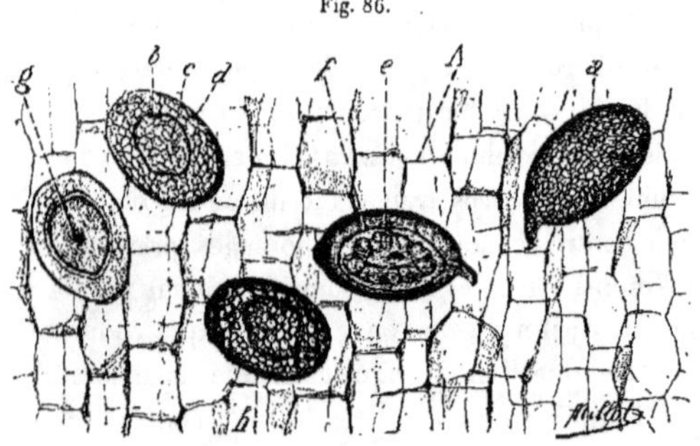

Coupe longitudinale d'une portion de racine de *Lepidodendron*.

A. Tissu parenchymateux de l'écorce.
a. Œuf vu en dessus, montrant sa coque finement réticulée prolongée en pédicelle.
b. Membrane vitelline vide.
c. *Vitellus granuleux.*

d. Coque réticulée.
e. Traces de métamérisation périphérique.
f. Membrane vitelline.
g. *Nucleus.*
h. Œuf montrant sa coque corrodée à la surface.

celles on ne voit aucun œuf, sauf quand celles-ci ont été écrasées. Il ne reste
que la deuxième hypothèse, qui suppose un animal muni de mandibules, de
tarière ou d'oviscapte, ayant pu ronger ou percer les tissus de façon à arriver
jusqu'à la couche libérienne de la racine pour y déposer ses œufs, opération
relativement facile d'après la structure que nous avons indiquée plus haut.

Cette dernière hypothèse se trouve confirmée par l'observation de conduits
creusés non seulement dans le parenchyme de la racine, mais dans les tissus

des plantes voisines, pétioles de Fougères, racines de *Bornia* (fig. 87), comme si après l'éclosion la larve avait été obligée de creuser un chemin pour sortir, et s'était attaquée ensuite aux fragments de végétaux voisins.

L'épaisseur de la coque, la place des œufs dans l'intérieur d'un tissu, les galeries observées nous font pencher à voir là des œufs d'Hydrachnides ou d'Insectes aquatiques.

Quant à la famille à laquelle on doit les rapporter, nous devons attendre, pour la préciser, qu'une circonstance heureuse nous fournisse des renseignements plus complets. Nous les désignerons sous le nom d'*Arthroon Rochei*, en l'honneur du savant chercheur qui les a trouvés.

Le *Lepidodendron rhodumnense*, si voisin du *Lep. esnostense*, et qui appartient au Culm de Combres (Loire), présente la même particularité; ses racines ont servi de dépôt à des œufs de même *forme* et de mêmes *dimensions*, placés exactement dans la même région. Ce fait offre un grand intérêt, car il montre que deux plantes semblables, qui ont vécu dans des contrées fort éloignées l'une de l'autre, ont été envahies ou attaquées par les mêmes êtres; les conditions de milieu, par conséquent, devaient être presque identiques.

Provenances. — Esnost et Combres.

Fig. 87.

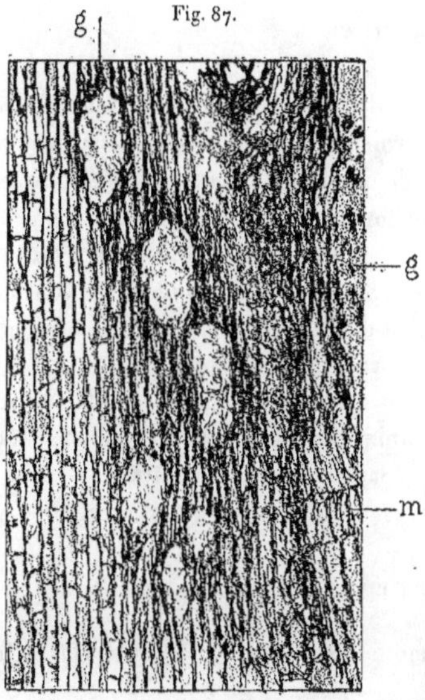

Fragment de racine de *Bornia* creusé de galeries faites par des larves d'Arthropodes.

g, g. Galeries.
m. Tissu médullaire.

Les racines de Sigillaires cannelées ou lisses ne nous ont jamais offert d'œufs mis en dépôt dans leur intérieur; l'épaisse couche d'hypoderme qui les recouvre et qui est un des caractères servant à les distinguer des racines des Lépidodendrons n'était pas favorable à l'introduction d'œufs dans les tissus mous sous-jacents.

Mucorinées.

Au milieu des débris de feuilles, de radicelles, d'écorces de Lépidodendrons et d'autres fragments de végétaux en voie de décomposition, il n'est pas rare de rencontrer des mycéliums formés de nombreux filaments entrecroisés, dichotomes, cylindriques ou aplatis sous forme de rubans, mesurant 3 à 4 μ de diamètre, sans cloisons apparentes, souvent variqueux. On ne peut, à cause du peu d'épaisseur des préparations, s'assurer si ces amas de filaments sont issus d'une spore unique ou s'ils sont le résultat d'une réunion accidentelle provoquée par des courants; mais leur forme, leur ramification rappellent les thalles de certaines Mucorinées. Les branches du thalle sont toutes semblables et la faible différence de diamètre paraît uniquement résulter d'un aplatissement plus ou moins prononcé; en s'entrecroisant et en se rencontrant, elles ne se soudent pas et restent indépendantes.

PALÆOMYCES GRACILIS, n. sp.

Mycélium rameux, à branches dichotomes, *a′, a′*, fig. 88, présentant fré-

Fig. 88.

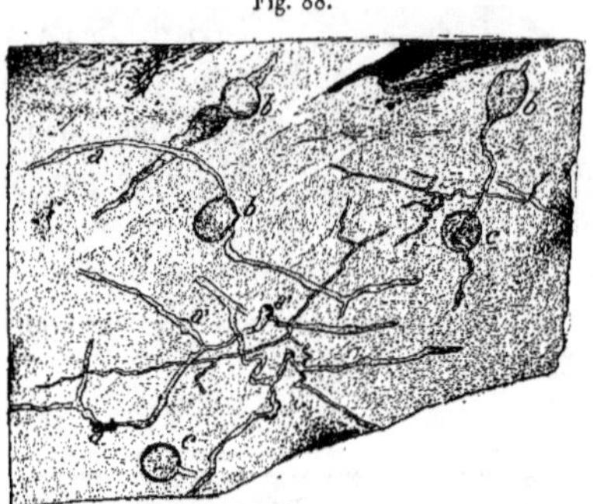

Palæomyces gracilis.

a. Filaments mycéliens cylindriques. — *a′, a′*. Filaments variqueux.
b, b. Chlamydospores. — *c, c*. Spores.

quemment des renflements irréguliers mesurant 3 à 4 μ de diamètre, pa-

raissant avoir végété dans un milieu liquide; fructifications aériennes inconnues.

Reproduction asexuée. — Les branches du mycélium se terminent souvent par
un renflement en massue, *c, b'*, fig. 89, séparé par une cloison du reste du
thalle. Ces cellules, en forme de poire ou de sphère, mesurent 35 à 38 μ en
longueur et 25 à 30 μ en largeur; quand elles sont sphériques, elles ont 35 μ
en diamètre.

Fig. 89.

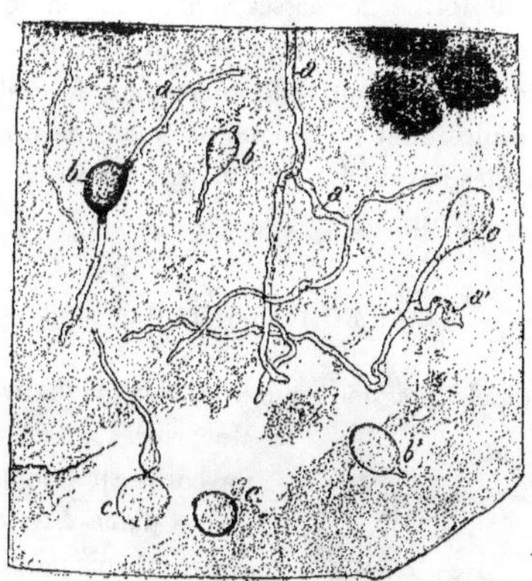

Palæomyces gracilis.

a. Branche de mycélium plusieurs fois ramifiée, stérile.	*b'.* Cellule pyriforme détachée.
a'. Dilatation variqueuse.	*c, c.* Cellules volumineuses sphériques; l'une d'elles continue son développement en un filament mycélien.
a', c. Filament dichotome; l'une des branches s'est renflée en ampoule, l'autre s'est arrêtée dans son développement.	*a, b.* Chlamydospore.

Ces cellules volumineuses devaient probablement devenir le point de départ
de filaments fructifères; mais n'ayant pu se porter jusqu'à la surface du liquide,
elles se sont contentées de donner naissance à un filament mycélien *c*, fig. 89.
Ce filament peut partir directement de la cellule ou d'un renflement très apparent faisant suite à celle-ci.

Ces cellules pyriformes ou sphériques ne peuvent être prises pour des
sporanges; l'absence de coloration de leur intérieur indique que le protoplasma
ne s'y est pas condensé.

Sur certains filaments ab (fig. 88 et 89), on remarque des renflements b, mesurant 35 à 40 μ, ni pyriformes ni sphériques comme ceux dont nous venons de parler, mais ovoïdes, placés un peu en dehors de l'axe du filament. Les parois sont plus épaisses et plus foncées que celles de ce dernier; deux cloisons séparent ce renflement du reste du thalle; on peut les considérer comme des kystes ou chlamydospores.

On sait en effet qu'un certain nombre de Mucorinées, lorsque les conditions de vie deviennent difficiles, rassemblent leur protoplasma, çà et là sur le trajet des filaments, sous forme de masses arrondies, qui se séparent du reste du thalle, s'entourent d'une membrane propre, et reproduisent de nouveaux thalles lorsque les circonstances sont redevenues plus favorables. Cet enkystement permettait aux plantes dont nous nous occupons de traverser les périodes de sécheresse fréquentes auxquelles elles étaient exposées.

Provenance. — Esnost.

PALÆOMYCES MAJUS, n. sp.

Cette espèce de champignon, que nous rapportons avec quelque doute aux Mucorinées, n'est représentée que par un corps sphérique de couleur foncée, revêtu d'une enveloppe épaisse ne laissant rien voir de l'intérieur.

Ses dimensions sont relativement considérables : il mesure 96 μ en diamètre.

On ne voit aucune trace des trois lignes de déhiscence habituelles des macrospores; de plus, sur l'un des côtés se trouve un fragment de mycélium sinueux c, dépourvu en partie de son protoplasma, sans cloison, qui lui est encore adhérent; nous pouvons donc considérer ce corps sphérique comme une Chlamydospore en voie de germination; le tube germinatif b est cylindrique, mesure 17 μ

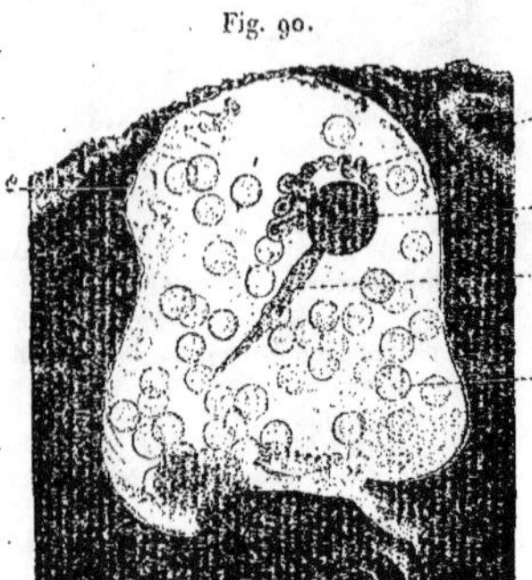

Fig. 90.

Palæomyces majus.

a. Chlamydospore germant.
b. Tube mycélien germinatif.
c. Débris de mycélium.
d. Spores à contenu transparent.
e. Enveloppe du sporange.

de diamètre et 200 μ de longueur; il se termine en pointe effilée; sa base est contractée à la sortie. Le protoplasma est granuleux, et l'on ne distingue aucune cloison.

Cette Chlamydospore est contenue dans une enveloppe brisée de sporange *e*, au milieu d'un nombre considérable de spores beaucoup plus petites, dont le diamètre est seulement de 33 μ. Leur enveloppe est mince, transparente; leur contenu peu coloré; toutes ont la même taille. On ne peut admettre que ce que nous regardons comme une Chlamydospore soit l'une d'elles qui aurait pris des dimensions spéciales, les autres ayant été arrêtées dans leur développement.

D'après ce qui précède, tous les débris végétaux, et en particulier ceux des Lépidodendrons, dès l'époque du Culm, étaient envahis par de nombreux êtres microscopiques, algues et champignons, qui s'attaquaient à toutes les parties de la plante.

Nous venons de voir en effet que les macrospores tombées sur le sol servaient de refuge à une algue et à plusieurs espèces de champignons, que l'écorce était désorganisée par une Mucédinée et un Myxomycète, que le bois était attaqué par une Chytridinée, que les fragments de feuilles ou de bois servaient de *substratum* à des Mucorinées, que les radicelles étaient occupées par des œufs d'Arthropodes, dont les larves dévoraient les tissus. Ces divers organes étaient encore soumis à l'action dissolvante et définitive des Bactéries.

La plupart de ces ennemis s'adressaient aux fragments de plantes mortes, mais il est à supposer que, même pendant leur vie, celles-ci n'étaient pas à l'abri de leurs attaques et qu'elles ont pu succomber quand un changement défavorable dans le milieu extérieur a diminué leur énergie vitale.

Champignons et Algues des Coprolithes.

MUCEDITES STERCORARIA E. Bertrand et B. Renault.

Champignon filamenteux à mycélium cloisonné, articles variables de forme et de grandeur, tantôt sphériques et de très petite taille, tantôt oblongs, mesurant dans le premier cas $1\,\mu$, et dans le second jusqu'à $9\,\mu$ suivant le grand axe et $7\,\mu$ suivant le petit axe.

Quelquefois les articles sont isolés, b, fig. 91, mais le plus souvent, ils sont disposés en chaînettes a, rectilignes ou sinueuses.

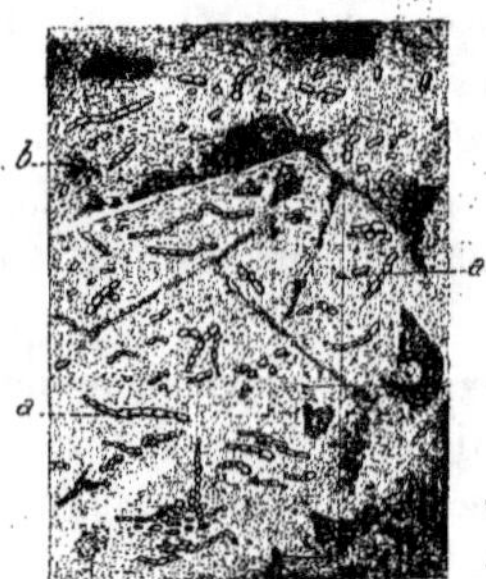

Fig. 91.

Mucedites stercoraria.

a. Filament formé d'articles oblongs, de tailles inégales.
b. Articles isolés.

La longueur des filaments mycéliens est généralement assez faible et ne compte qu'un petit nombre d'articles; leur direction dans la masse du coprolithe est très variable et ne se rapporte nullement à la direction des couches enroulées en spirales qui constituent cette masse, ce qui laisserait croire que ces mycéliums n'ont pas été ingérés en même temps que les autres aliments, car ils se seraient alignés dans le même sens que les résidus de la digestion. Ils ont bien plutôt l'aspect de filaments issus de spores qui auraient été absorbées, et qui auraient germé après l'émission du coprolithe.

Il est à remarquer que ces coprolithes ne sont pas répandus uniformément dans toute l'étendue des couches de schistes, mais qu'ils se trouvent réunis par places, comme si leurs auteurs, batraciens ou reptiles, avaient séjourné plus particulièrement sur certains points privilégiés des bords du lac permien; dans ces conditions, les résidus exposés à l'air auraient pu ou bien devenir un milieu très favorable au développement des spores d'Ascomycètes ingérées en même temps que les aliments, ou bien être envahis par des spores venant du dehors,

La figure 92, qui montre une région du coprolithe homogène et sans fissure, correspondrait au premier cas; les spores, ne pouvant venir du dehors, auraient été mélangées aux aliments.

Le deuxième serait représenté par la figure 93 dans laquelle la masse du coprolithe, fendillée par la dessiccation, aurait pu recevoir les spores venant du dehors; ces spores n'étaient pas nécessairement de la même espèce que les premières.

Et, en effet, les filaments mycéliens, dont beaucoup sont orientés norma-

Fig. 92.

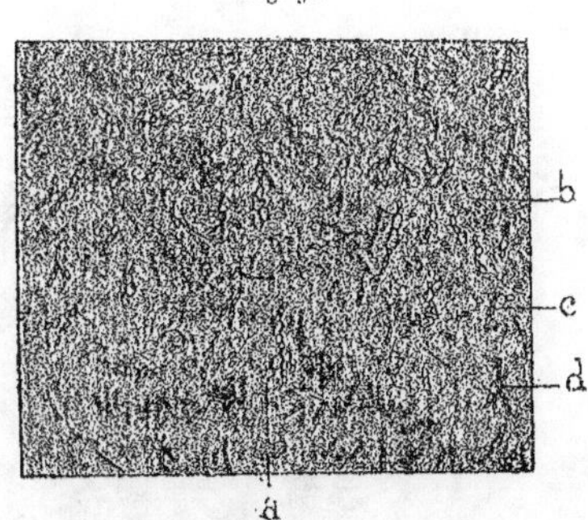

Mucedites stercoraria.

a. Portion rameuse de mycélium. — *b.* Filament formé d'articles très grêles. — *c.* Un autre filament de la même variété ramifié. — *d.* Un article volumineux émettant plusieurs ramules.

lement aux fractures ou semblent en provenir, sont plus grêles que ceux représentés fig. 91 et fig. 92. Les articles sont plus petits, plus réguliers dans leur longueur, dans leur diamètre, qui ne dépasse guère 2 μ.

Il se pourrait donc que ces filaments appartinssent à une variété, que nous désignerons provisoirement sous le nom de *Mucedites stercoraria* var. *minima*, et qui se distinguerait par la ténuité de son mycélium articulé, et la rareté de ses ramifications.

Dans le *Mucedites stercoraria*, les ramifications sont au contraire assez fréquentes; quelquefois les branches partent de cellules dont la taille est sensiblement la même que celle des autres cellules qui composent le mycélium, *c*, fig. 92, mais le plus souvent ce dernier présente des articles beaucoup plus gros que les autres, et c'est sur eux que s'insèrent un ou plusieurs rameaux, *a, d,* fig. 92. Tous les articles volumineux ne présentent pas de ramifications, soit qu'elles ne se soient pas développées, soit à cause de l'orientation de la coupe.

Au milieu des filaments mycéliens se trouvent un nombre assez considérable de petites sphères, mesurant 1 μ environ, qui représentent sans doute des microcoques.

Dans le centre du coprolithe, la germination des spores a produit des fila-

Fig. 93.

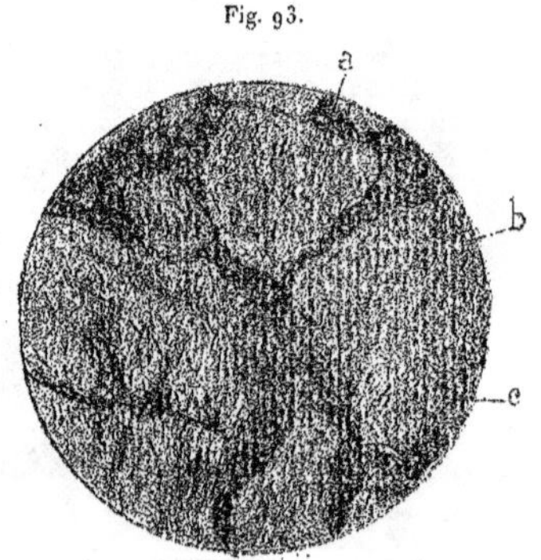

Mucedites stercoraria, var. *minima.*

a. Portion de mycélium dans un coprolithe frac-   *b, c.* Fentes par lesquelles les spores se sont intro-
turé.   duites dans le coprolithe.

ments dont la direction est indifférente, tandis qu'à la périphérie cette direction est sensiblement perpendiculaire à la surface des bandes enroulées qui forment le coprolithe, comme si les ramules pour fructifier avaient cherché à venir au dehors.

Nous n'avons trouvé aucune asque, ni aucun appareil conidien; il n'est donc pas possible de fixer en ce moment la famille à laquelle pourrait se rapporter notre Mucédinée fossile.

Gisement. — Abondant dans les coprolithes recueillis dans les schistes d'Igornay à cinquante mètres de profondeur.

Genre GLOIOCONIS, n. g.

Le genre *Gloioconis* n'est connu qu'à l'état fossile; il ne contient qu'une seule espèce rencontrée dans un coprolithe du terrain permien.

Il renferme des algues unicellulaires gélatineuses, réunies par groupe de 2-4 ... en zooglée globuleuse, pleine, mesurant 260 μ de diamètre environ. Les thalles sont de très petites dimensions; au moment de leur division, chaque cellule fille s'entoure d'une couche de gélose et le groupe formé à la suite de 1, 2 divisions, c'est-à-dire contenant 2, 4 individus, se détache en couleur plus claire au milieu de la masse de gélose commune, qui est teintée de brun.

Le thalle unicellulaire ne contient pas de noyau distinct.

GLOIOCONIS BORNETI.

Les algues qui appartiennent au genre *Gloioconis* ont été rencontrées réunies en masse plus ou moins sphérique à l'intérieur d'un coprolithe recueilli dans les schistes de Lally.

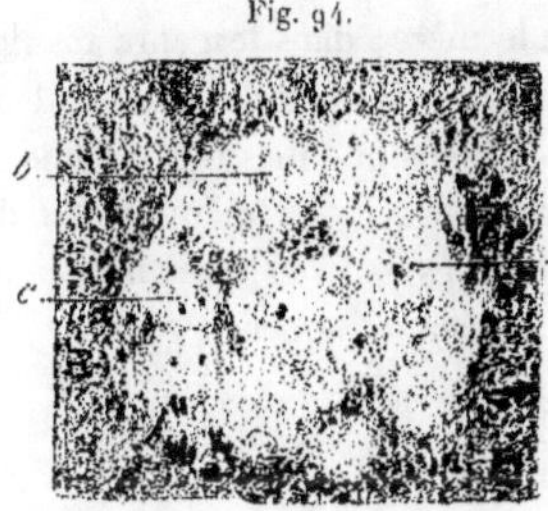

Fig. 94.

Gloioconis Borneti.

a. Cellule fille non encore divisée.

b. Cellule fille montrant une bipartition.

c. Colonie formée de quatre cellules, provenant de deux bipartitions successives; celle de gauche est antérieure à celle de droite.

L'ensemble est formé de petites colonies, à divers états de développement.

Une colonie adulte se compose de quatre cellules, groupées en forme de sphère, mesurant 60 μ de diamètre, ou d'ellipsoïde dont le grand axe atteint 70 μ et le petit 52 μ.

L'algue isolée comprend un thalle unicellulaire sensiblement sphérique de 8 à 10 μ de diamètre, entouré d'une couche de gélose épaisse de 14 μ; le tout forme une masse globuleuse large de 35 μ.

Mais rarement l'algue reste isolée; elle se divise promptement par bipartition en deux cellules filles *b*, qui restent englobées dans la masse de gélose; mais bientôt l'une d'elles prend plus de développement que sa voisine et se partage en deux. On trouve ainsi quelquefois dans la zooglée des groupes formés de trois thalles, mais ce nombre n'était que momentané, car après la division de l'une des deux cellules filles, l'autre, *c*, se divisait à son tour et le nombre des individus composant la colonie était porté à quatre; chacun d'eux avait sa couche de gélose propre, qui devenait distincte à la deuxième bipartition. Nous n'avons pas constaté de couches concentriques enveloppant l'ensemble des colonies; celles-ci se détachent isolément dans la masse commune, qui paraît seulement plus foncée et établit les séparations entre les groupes.

Arrivés à l'état adulte, les différents membres de la zooglée se séparaient pour subir les mêmes transformations. A la périphérie on remarque des colonies en voie de disjonction.

Nous n'avons pas constaté la présence de noyau, ni de gonidies.

Parmi les algues d'eau douce vivantes auxquelles on pourrait comparer les *Gloioconis*, on ne voit guère que les *Glæocistys* et les *Glæocapsa* appartenant à l'ordre des Chlorophycées et des Cyanophycées. Mais l'absence de noyau les rattache aux Cyanophycées.

Dans la famille des Nostochacées, le genre *Glæocapsa* paraît assez voisin du genre fossile par ses cellules globuleuses libres ou réunies en colonies composées de 2, 4, 8 individus, par son mode de division suivant trois directions.

Dans le genre vivant chacune des cellules filles est enveloppée d'une couche de gélose qui lui est propre, et d'autres couches concentriques communes à toutes celles qui sont issues d'une même cellule mère; dans le genre fossile, on ne voit pas ces couches de gélose concentriques; les cellules filles et leur couche de gélose paraissent simplement plongées dans une masse commune.

Cette différence, qui peut cependant n'être due qu'à un mauvais état de conservation, et celle résultant de la taille des thalles de *Gloioconis*, bien inférieure à celle des *Glæocapsa*, nous ont décidé à créer un nouveau genre.

Provenance. — Dans un coprolithe de Lally.

Bactéries.

L'apparition des bactéries, si nombreuses à l'époque actuelle et dont le rôle est si important, remonte-t-elle à une date ancienne? Y a-t-il des bactéries fossiles comme il y a des plantes et des animaux fossiles? Nos recherches dans cet ordre d'idées montrent que l'on doit répondre par une affirmation des plus catégoriques.

L'existence des bactéries est aussi vieille que le monde organisé, et leur rôle paraît avoir été identique à celui qu'elles accomplissent sous nos yeux; dès qu'il y eut quelque débris de plantes à faire disparaître, quelque fragment d'animal à détruire, elles se sont multipliées et propagées avec une rapidité extrême. Ces faits, que l'on pouvait soupçonner, que l'on avait signalés[1], avaient cependant besoin d'être étendus et généralisés.

Il était à craindre que la petitesse de ces organismes fût un obstacle sérieux à leur découverte et à leur étude. Mais dans bien des cas, la silice ou le phosphate de chaux ont conservé les moindres détails avec une telle perfection que cette crainte disparaît, et qu'en multipliant les préparations dans les magmas siliceux ou phosphatés appartenant à différentes époques, nous sommes parvenu à les mettre en évidence et à prouver leur abondance et leur variété; bien plus, la pénétration des eaux siliceuses à travers les tissus a été assez rapide pour que les bactéries aient été surprises dans leur travail de destruction, et conservées les unes en voie de se diviser et de se multiplier, les autres à la place même où elles étaient dans l'épaisseur des parois cellulaires qu'elles étaient en train de dissoudre.

On peut s'étonner que des êtres comme des bactéries, dont les téguments sont si peu visibles, aient pu être conservés d'une façon telle que leur présence est souvent plus facile à déceler lorsqu'elles sont fossiles que lorsqu'elles sont vivantes. Mais il faut observer que ce tégument si délicat s'est teint lui-même de couleur brune en se houillifiant, et qu'il n'est pas impossible que son épaisseur et sa différenciation fussent plus grandes aux temps primaires qu'à notre époque.

[1] Van Tieghem, *De la fermentation butyrique à l'époque de la houille. Comptes rendus de l'Institut,* t. CXXXIX, 1879.

Nous allons passer en revue quelques-unes des formes les plus fréquentes, en faisant remarquer, toutefois, que cette étude n'est qu'à ses débuts, par conséquent fort incomplète; plus tard nous décrirons les espèces que nous n'avons fait qu'entrevoir et celles que nous signalerons seulement dans ce travail.

Partout où nous avons cherché des bactéries nous en avons rencontré.

Nous en avons découvert :

1° Dans les coprolithes du terrain permien de Saint-Hilaire, de Buxières (Allier); dans les schistes d'Igornay, de Saint-Léger-du-Bois, de Cordesse, de Lally, du Ruet, des Thélots, etc., c'est-à-dire dans toute l'épaisseur de la formation permienne d'Autun;

2° Dans les schistes houillers de Montceau-les-Mines, de Commentry;

3° Dans les ossements et les écailles disséminés soit dans les coprolithes, soit dans les schistes de ces différentes localités;

4° Dans les silex des environs d'Autun, de Noyant (Allier), de Grand'Croix (Loire);

5° Dans les coprolithes des schistes d'Écosse (houiller moyen);

6° Dans les silex plus anciens d'Esnost (Saône-et-Loire) et des environs de Régny (Loire), dans les cuticules du *Papierkohle* de Tovarkovo (Culm inférieur), etc.

Les bactéries contenues dans les silex ont été conservées par la silice; celles au contraire renfermées dans les coprolithes et les schistes ont été minéralisées par le phosphate de chaux.

Bactéries des Coprolithes [1].

BACILLUS PERMIENSIS B. Renault et C.-E. Bertrand.

(Pl. LXXXIX, fig. 2, 3, 8, 9, 10.)

Depuis quelques années déjà [2] nous avons signalé la présence de bactéries à l'intérieur de coprolithes provenant d'animaux carnassiers, batraciens, reptiles ou poissons, munis d'une valvule intestinale spirale qui leur a donné la forme particulière que l'on remarque sur les figures 2 et 3, pl. LXXXIX.

[1] *Comptes rendus de l'Institut,* 6 août 1894.
[2] *Société d'histoire naturelle d'Autun,* séance du 24 avril 1892.

Rarement les coprolithes sont isolés dans les schistes, le plus souvent on les trouve rassemblés sur un espace plus ou moins étendu et présentant des tailles assez diverses. Les deux coprolithes en question montrent, à leur partie antérieure, les tours de spire de la bande aplatie qui en s'enroulant en spirale a déterminé leur forme; ces tours sont successivement en retrait les uns par rapport aux autres; il est vraisemblable qu'ils ont été déposés sur le sable fin d'un rivage, car s'ils avaient été baignés immédiatement par l'eau, les contours extérieurs seräient plus effacés; à propos des *Mucedites* décrits ci-dessus, nous sommes arrivé déjà à cette conclusion que certains coprolithes avaient dû se fendiller à l'air et laisser pénétrer dans leur intérieur des spores de Mucédinées.

Sur des coupes transversale et longitudinale (fig. 8 et 9), on retrouve très nettement les tours superposés de la bande spirale. Les bactéries sont réparties tantôt dans les derniers tours de spire seulement, tantôt dans toute l'épaisseur; presque tous les coprolithes d'Igornay offrent cette dernière particularité.

C'est dans un coprolithe de Cordesse renfermant des bacilles seulement dans les quatre derniers tours que nous avons reconnu les caractères suivants :

Bâtonnets rectilignes, longs de 14 à 16 μ, larges de 2,5 μ, arrondis aux deux bouts; les filaments, longs de 20 à 25 μ, sont composés de deux articles contigus; la bactérie est ordinairement à l'état isolé (fig. 10, pl. LXXXIX) ou à l'état de diplobacilles; les articles se séparaient donc assez promptement. Ils sont orientés en tous sens, mais un certain nombre semblent suivre la surface des bols alimentaires; aux bâtonnets rectilignes on voit quelquefois mélangés des articles courbés, d'autres tordus en vibrions; peut-être ne sont-ce que les états de transition d'une même bactérie.

Le bâtonnet consiste en un cylindre solide, long de 12 à 13 μ et large de 1,3 à 1,5 μ, arrondi aux deux bouts, non articulé; autour est une gaine vide épaisse de 0 μ 4. Le cylindre central représente, sans doute, la masse protoplasmique remplacée par la matière minérale, et la gaine occupe la place de la paroi cellulaire détruite.

La bactérie a donc été conservée par moulage interne et externe de la paroi cellulaire, celle-ci ayant disparu depuis; c'est du reste le mode de conservation habituel des cellules végétales; ici la matière minérale était du phosphate de chaux. A cause de ses dimensions, on ne peut l'identifier à aucune bactérie coprophile vivante; l'état bacillaire semblant être son état le plus ordinaire, nous lui avons donné le nom de *Bacillus permiensis*, abandonnant comme moins précis celui de *Bacterium permiense*, que nous lui avions attribué au moment de sa découverte.

Provenance. — Coprolithes de Cordesse et d'Igornay.

Les coprolithes renferment souvent des fragments d'os ou des écailles de poissons mélangés aux débris d'aliments plus ou moins complètement digérés; la conservation du tissu en est généralement excellente [1].

La figure 4, pl. LXXXIX, est une coupe transversale d'une écaille en forme de plaque prise dans un coprolithe de Muse, localité célèbre par le nombre considérable d'empreintes de poissons qu'on y a recueillies. Cette écaille est vue renversée; elle présente dans la région médiane un sillon, point d'attache d'un ligament servant à la retenir. Sa face interne est formée d'un tissu osseux dont on voit les ostéoplastes munis de leurs canalicules; à la suite, en *b,* se trouve une couche de cellules beaucoup plus petites, allongées, finement canaliculées, analogues à des cellules de l'ivoire; enfin le tout est recouvert par plusieurs assises *c* d'émail, en contact au milieu de l'écaille, mais séparées, se débordant les unes les autres de dedans en dehors, et recourbées en crochet; ces plaques d'émail, qui se recouvrent et s'élargissent successivement, marquent les phases successives d'agrandissement de l'écaille, ici au nombre de quatre.

Le fragment d'écaille représenté, fig. 5, plus grossi, montre en *a* les cellules allongées prismatiques de l'ivoire, en *b* les cellules osseuses avec leurs canalicules.

Dans les coprolithes du Ruet, de la Comaille, dont la surface ne présente pas de traces de lame spirale, on rencontre fréquemment des débris de vertèbres extrêmement petites, accompagnés de fragments de dents, d'os, difficilement déterminables, et d'écailles à peine visibles à l'œil nu.

Les figures 6 et 7 de la planche LXXXIX en représentent quelques-unes; elles sont admirablement conservées; vues de face, ces écailles mesurent $320\ \mu$ suivant leur grande largeur et $240\ \mu$ suivant la petite; leur épaisseur varie des bords jusqu'au centre, comme celle des Cténoïdes, par l'addition successive de couches superposées, les plus nouvelles étant recouvertes par les plus anciennes. Sur la figure 6 on peut reconnaître les variations de forme de ces petites écailles et la disposition en gradins des couches qui les composent.

[1] Les altérations des os et des écailles que l'on constate dans certains cas sont dues au travail de bactéries que nous étudierons plus loin.

Sur la figure 7, qui montre une portion d'écaille grossie 250 fois, on voit sur les bords les ostéoplastes avec leur cavité centrale, et au centre ces mêmes ostéoplastes dont la limite est mal définie, mais dont les canalicules, bien conservés, forment par la réunion de leurs extrémités une abondante réticulation vasculaire.

Provenance. — La Comaille près Autun.

BACILLUS GRANOSUS B. Renault [1].

Cette bactérie se présente également en bâtonnets orientés dans toutes les directions au milieu de la masse du coprolithe.

Sur une coupe transversale, on distingue encore, mais moins nettement que dans le coprolithe contenant le *Bacillus permiensis*, les tours enroulés de la bande spirale. C'est surtout à l'intérieur des bols alimentaires plus ou moins contournés et placés à la périphérie du coprolithe que les bactéries sont en assez grande quantité. Les bâtonnets sont colorés en brun foncé au lieu d'être à peu près incolores, comme ceux du *Bacillus permiensis*. Leur longueur, lorsqu'ils sont isolés, est d'environ 10 μ, leur largeur atteint 1 μ 6; ils sont droits, cylindriques, arrondis aux deux bouts; leurs dimensions sont moins considérables que celles du *B. permiensis*.

On les rencontre fréquemment réunis en filaments longs de 19 μ, 28,8 μ, rectilignes, composés, par conséquent, de deux, trois articles.

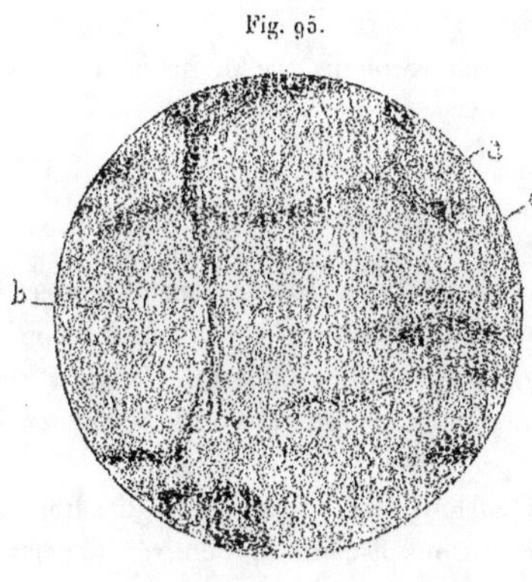

Fig. 95.

a, c. Bâtonnets isolés de *Bacillus granosus*.
b.   Bâtonnets disposés en filaments.

Les bâtonnets isolés sont plus nombreux vers l'extérieur; les filaments composés de deux ou trois articles se rencontrent, au contraire, de préférence à une certaine distance de la périphérie.

Le protoplasma paraît avoir été houillifié à l'intérieur des bâtonnets et des filaments; c'est lui qui leur communique la couleur foncée qui les caractérise.

[1] *Société d'histoire naturelle d'Autun, 7e Bulletin*, p. 438, 1895.

Tantôt ce protoplasma forme un cylindre irrégulier, continu, occupant l'axe du bâtonnet; tantôt il semble s'être condensé et séparé en masses distinctes sphériques mesurant $0\,\mu\,4$ à $0\,\mu\,5$ qui, sans doute, représentent des spores.

Un certain nombre d'articles sont munis de spores, mais on reconnaît plus facilement ces dernières dans les filaments. Une gaine formant une couche un peu plus transparente que la masse environnante du coprolithe paraît être la membrane cellulaire du bâtonnet ou du filament; elle mesure environ $0\,\mu\,5$.

Dans l'échantillon étudié nous n'avons pas remarqué d'articles ou de bâtonnets recourbés en arc, en hélice ou en spirille. Quand la chaînette est formée de trois articles, elle reste rectiligne, sans coudes ou angles apparents; la désarticulation se faisait nettement et sans déformation.

La diagnose de cette bactérie est donc : articles rectilignes isolés, couplés par deux ou par trois, longs de 9 à 10 μ, larges de 1 μ 6; membrane cellulaire épaisse de $0\,\mu\,5$; protoplasma homogène, ou réuni en masses sphériques (spores) mesurant $0\,\mu\,4$ à $0\,\mu\,5$.

Provenance. — Coprolithes d'Igornay recueillis par M. Roche à 50 mètres de profondeur.

MICROCOCCUS LEPIDOPHAGUS B. Renault et A. Roche [1].

Dans quelques préparations faites par M. Roche sur des coprolithes recueillis au même niveau et présentant des traces évidentes de l'enroulement d'une lame spirale, l'examen microscopique ne montre aucune trace du *Mucedites stercorarius* C.-E. Bertrand, assez fréquent dans les coprolithes de la même localité, mais un certain nombre de *Bacillus permiensis*.

On remarque en même temps, surtout vers la périphérie, des fragments d'écailles ou de plaques osseuses de poissons placoïdes qui ont résisté partiellement à la désorganisation. Les parties simplement osseuses ont été profondément altérées et rendues méconnaissables; celles qui ont été conservées appartiennent à l'ivoire.

Sur la figure 96, qui représente un fragment d'écaille, on peut reconnaître les cellules qui composent cette dernière couche, grâce surtout aux fins canalicules qui les parcourent suivant leur axe; il est difficile en effet de distinguer les surfaces de contact des cellules.

[1] *Société d'histoire naturelle d'Autun, 7ᵉ Bulletin*, p. 439.

Un certain nombre de canalicules sont vides; d'autres sont occupés par de très petits microcoques; d'autres par un mélange de plusieurs variétés. Dans certaines parties de la coupe, là où la destruction est plus avancée, toutes les variétés sont réunies.

Nous distinguerons les variétés suivantes, que nous grouperons sous le nom spécifique de *Micrococcus lepidophagus*.

Micrococcus lepidophagus (c). — Globules sphériques à contours très nets. L'enveloppe est colorée en brun clair; le contenu est transparent sans granulation; le diamètre atteint 3 μ 2. Il n'est pas rare de rencontrer des globules divisés par une cloison, ou encore soudés par deux. Ce microcoque ne paraît pas avoir eu de tendance à se disposer en chaînettes.

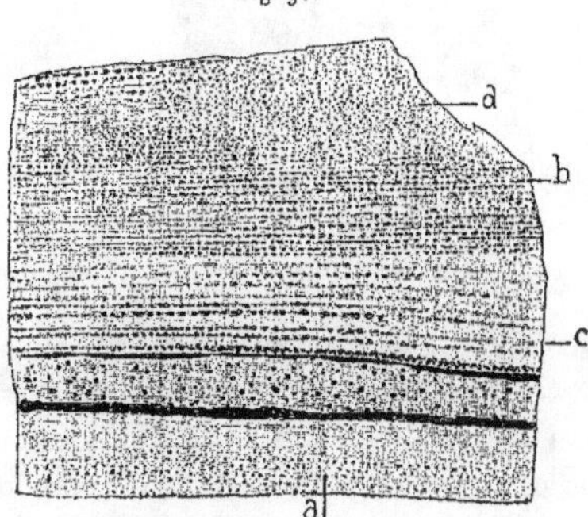

Fig. 96.

Fragment de plaque éburnée, coupée parallèlement aux cellules de l'ivoire.

a. Canalicules occupés par la variété *a.*
b. Canalicules renfermant les variétés *b* et *g.*
c. Canalicules envahis par la variété *c.*

M. lepidophagus (b). — Globules sphériques à contours nets et colorés, présentant les mêmes caractères que la variété précédente, n'en différant que par la taille, sensiblement plus petite : le diamètre en effet n'est que de 1 μ 2.

M. lepidophagus (g). — Globules sphériques à contours nets et colorés; l'intérieur est aussi quelquefois de couleur foncée. Ils ne mesurent que 0 μ 8. On les rencontre fréquemment groupés par deux, par trois ou par quatre en ligne droite.

M. lepidophagus (a). — Globules sphériques à contours moins nets, se présentant souvent sous la forme d'amas nuageux composés de points noirs très petits, atteignant à peine 0 μ 4 en diamètre. Ils sont également disposés en chaînettes linéaires, comprenant deux à quatre individus.

Ces quatre variétés se rencontrent *isolées* ou réunies, et leur action sur les cellules de l'ivoire devait commencer à des moments différents.

La propagation des microcoques dans les écailles ou les plaques éburnées se faisait en effet, soit par les canaux ayant contenu des vaisseaux sanguins, soit par les canalicules des cellules de l'ivoire. Dans ce dernier cas, la variété *a* seule pouvait y pénétrer. Aussi voit-on à l'intérieur de beaucoup de cellules des files linéaires formées uniquement de celle-ci. Quand le travail de destruction était suffisamment avancé, les autres, d'un diamètre plus grand, pouvaient y entrer; et c'est ainsi qu'il est possible, dans certaines régions plus altérées, de constater la présence des quatre variétés indiquées plus haut.

Il n'est pas rare de trouver dans le voisinage des os complètement désorganisés des sortes de masses globuleuses *a*, fig. 97, renfermant des granula-

Fig. 97.

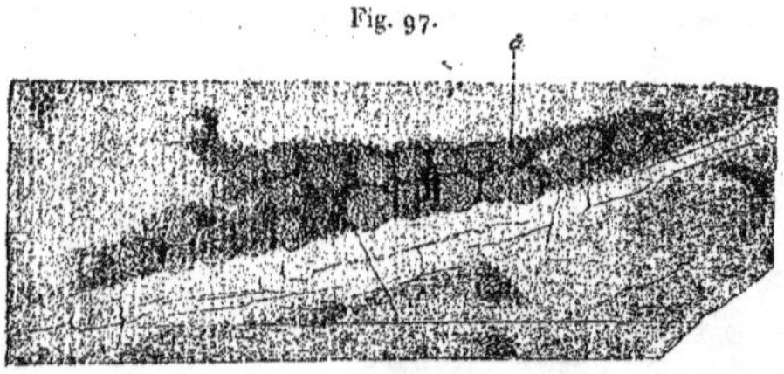

a. Micrococques réunis en amas globuleux au milieu de tissu osseux détruit.

tions microscopiques; on peut se demander si ces corps sphériques ne seraient pas dus à la condensation de la matière désorganisée et fluidifiée, qui aurait entraîné, en se contractant, un certain nombre de microcoques. Nous retrouverons plus loin quelque chose d'analogue dans les produits de désorganisation des tissus végétaux.

Il est impossible d'identifier sûrement les bactéries fossiles avec les espèces de bactéries vivant à notre époque, puisque déjà pour différencier celles-ci entre elles, il est indispensable d'opérer la séparation méthodique des espèces d'aspect extérieur identique, mais se comportant d'une façon fort différente dans les mêmes milieux de culture.

Nous ne possédons d'autres termes de comparaison entre les bactéries fossiles que ceux tirés des différences de taille et de la similitude ou de la diversité des phénomènes de destruction produits par la présence de ces organismes dans des milieux semblables.

Dans le cas particulier qui nous occupe, les microcoques que nous avons cités ont envahi, pour s'y développer, un tissu organique constitué par des cellules analogues par leur forme et leur constitution chimique à celles qui composent la dentine. C'est donc parmi les bactéries qui attaquent l'ivoire et qui déterminent la carie des dents que l'on aurait quelque chance de trouver des espèces vivantes analogues.

D'après Miller, il se trouverait au moins cinq espèces de bactéries déterminant à des degrés divers la carie dentaire. Deux affectent la forme de bacilles : pour l'un, les bâtonnets sont rectilignes; pour l'autre, ils sont recourbés en arc ou en virgule; les trois autres espèces sont des micrococques de tailles diverses, qui se présentent tantôt isolés, tantôt sous la forme de diplocoques. C'est de ces dernières espèces que se rapprocheraient par leur aspect et par leurs tailles nos micrococques fossiles.

Mais dans l'impossibilité de les soumettre à un contrôle décisif, nous n'avons pas voulu, pour le moment, pousser plus loin l'identification et nous nous sommes décidé à les décrire comme variétés d'une espèce nouvelle.

Les coprolithes contiennent d'autres bactéries plus caractéristiques de la carie des os que celles que nous venons de signaler; nous citerons les suivantes.

Bactéries analogues à celles qui produisent la carie dentaire.

BACILLUS LEPIDOPHAGUS B. Renault [1].

Dans les coprolithes d'Igornay que nous venons de citer, les fragments d'os renferment seulement quatre variétés de micrococques, que nous avons désignés provisoirement par les lettres a, g, b, c, pour éviter de les confondre spécifiquement avec ceux de Miller, tout en faisant remarquer leur analogie avec ces derniers. Mais d'autres coprolithes de la même localité contiennent des bactéries ayant une taille et une forme qui les rapprochent encore plus de ceux rencontrés par Miller et Galippe dans les dents cariées; nous en dirons quelques mots.

La figure 98 montre une coupe de plusieurs fragments d'écailles a, a plongées dans la masse du coprolithe, remplie du reste elle-même de nombreux bacilles sur lesquels nous nous proposons de revenir. La section passe pendant quelque temps dans l'épaisseur de l'écaille, et l'on distingue un certain nombre de sillons qui, à l'intérieur, en suivent plus ou moins fidèlement les contours.

---

[1] *Société d'histoire naturelle d'Autun, loc. cit., p. 447.*

Les sillons sont représentés par des lignes plus claires et les côtes qui les séparent sont figurées par des lignes plus foncées.

Les sillons renferment un grand nombre de bacilles, de tailles et d'aspects variés, qui se détachent sous forme de points et de bâtonnets de couleur noire au milieu des régions plus claires correspondant aux sillons, *a, b,* fig. 99.

Les microcoques sont représentés par des individus de plusieurs tailles; les uns apparaissent comme des globules sphériques à contours bien limités, mesurant 3 μ 3, ne se distinguant pas du *M. lepidophagus* var. *c;* les autres mesurent en moyenne 1 μ 5 et se rapprochent beaucoup du *M. lepidophagus* var. *b.* On remarque encore, mais en plus petit nombre, des microcoques qui peuvent être regardés comme très voisins du *M. lepidophagus* var. *a.*

Les sillons creusés dans le tissu des écailles sont sans doute les canalicules primitifs des cellules contournées de l'ivoire, considérablement élargis par le travail successif des bactéries de différentes tailles; aussi trouve-t-on un certain nombre de microcoques plus volumineux que ceux que nous venons de mentionner et qui atteignent 4 μ 6; ces derniers n'ont pu pénétrer dans les sillons qu'en dernier lieu; ce sera la variété *d.*

Réunis à ces différentes variétés de microcoques, on observe un assez grand nombre de bacilles, qui se montrent sous la forme de bâtonnets de couleur

Fig. 98.

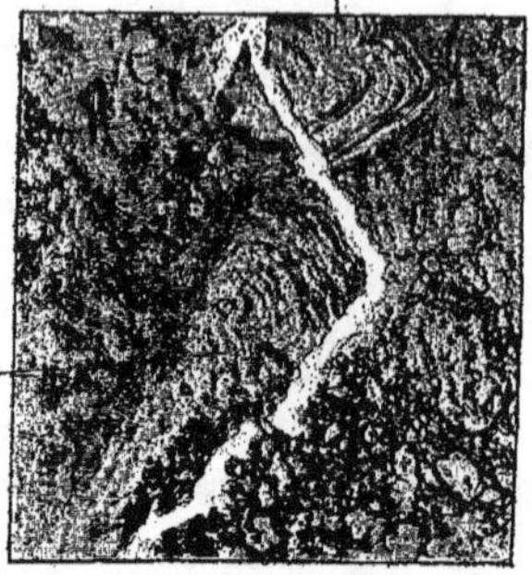

Coupe passant par plusieurs écailles d'un coprolithe d'Igornay.

a, a. Fragments d'écailles coupées sur leurs bords et montrant les sillons qui, à l'intérieur, en suivent les contours.

Fig. 99.

Portion de la figure précédente plus grossie.

a, b. Sillons dans lesquels on voit des microcoques et des bacilles réunis côte à côte.

foncée, dans lesquels on ne distingue aucune trace de membrane; il est vraisemblable que l'on n'a là que le moulage du bacille entier, l'enveloppe ayant été détruite.

Ces bacilles, que nous désignerons sous le nom de *Bacillus lepidophagus*, sont rectilignes, cylindriques, arrondis aux extrémités, longs de $4\,\mu\,2$ à $5\,\mu$; leur diamètre varie de $0\,\mu\,7$ à $1\,\mu$; on ne voit aucune division à l'intérieur. Ils sont isolés; rarement on en trouve de réunis par deux; ils ne paraissent pas orientés suivant la direction des canalicules.

On remarque en outre des bactéries longues de $4\,\mu$ environ, larges de $3\,\mu$, que l'on pourrait être tenté de prendre pour des bacilles presque aussi larges que longs, mais que nous pensons être plutôt des microcoques de la variété *c* ayant pris une forme ellipsoïdale avant de se diviser.

L'altération présentée par les plaques osseuses est très variable dans le même coprolithe; tantôt on y distingue encore les ostéoplastes, les cellules de l'ivoire; tantôt toute organisation a disparu.

La masse plus ou moins homogène qui s'est formée ne laisse voir alors que les cavités et les canaux creusés dans l'intérieur de la plaque osseuse pour loger les vaisseaux sanguins, *a*, *b*, fig. 100, et qui ont été remplis d'une matière brune, grâce à laquelle on peut suivre non seulement les vaisseaux d'une certaine importance, mais encore quelquefois les mailles d'un réseau capillaire assez délicat. Nous n'avons distingué dans ces canaux aucun globule sanguin; peut-être la substance noire qui les remplit doit-elle son origine au plasma coagulé et houillifié.

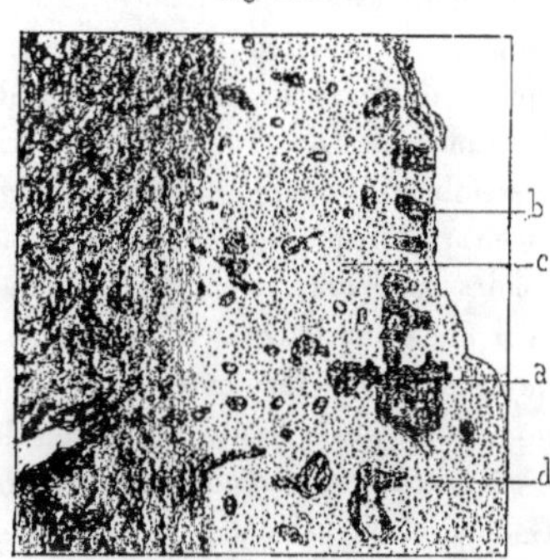

Fig. 100.

Fragment de plaque osseuse envahi
par des bactéries.

a.   Cavités ayant contenu des vaisseaux sanguins
se ramifiant en plusieurs branches.
b.   Un canal sanguin.
c, d. Régions désorganisées remplies de bactéries.

Bacillus lepidophagus, var. *arcuatus*. — C'est dans la partie dépourvue de toute organisation que l'on rencontre la plus grande quantité de bactéries; c'est là que nous avons découvert un bacille recourbé en arc, *d*, fig. 101, que nous appellerons *B. lepidophagus*, var. *arcuatus*.

Ce bacille mesure 4 μ environ entre ses deux extrémités, la flèche de la courbure étant de 2 μ et son diamètre atteignant à peine 1 μ 4. Quelquefois deux articles de ces bacilles restent soudés, et comme les courbures sont de sens contraire, ils simulent un bacille double de longueur, recourbé en S, *e*, fig. 101.

Ainsi que nous l'avons dit ci-dessus, Miller a décrit, comme causant la carie des dents, cinq bactéries qu'il a désignées par les lettres grecques α, β, γ, δ, ε.

Les bactéries α, γ, δ sont des microcoques de tailles variées, comme celles que nous avons mentionnées. La bactérie β se présente sous la forme de spores, de *Bacterium* et de bâtonnets dans les canalicules de l'ivoire. La bactérie ε ressemble à de petits bacilles en virgule ou en arc; lorsque deux d'entre eux restent soudés par leurs extrémités, ils donnent la figure de la lettre S. Ils se disposent quelquefois en filaments spiralés dans lesquels on voit la limite des articles dont les filaments sont composés. De leur côté, Galippe et Vignal ont rencontré dans la carie de la dentine les six espèces suivantes : 1° un bacille court, épais, presque aussi large que long; il mesure 1 μ 5 de longueur; 2° un bacille deux fois plus long que large, atteignant 3 μ, un peu étranglé au milieu; 3° un bacille assez semblable au précédent, mais sans étranglement; 4° un bacille très court, très mince, presque aussi long que large; 5° un bacille arrondi à ses extrémités, ayant 4 μ 5 de long; 6° un microcoque volumineux atteignant 5 μ.

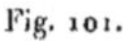

Fig. 101.

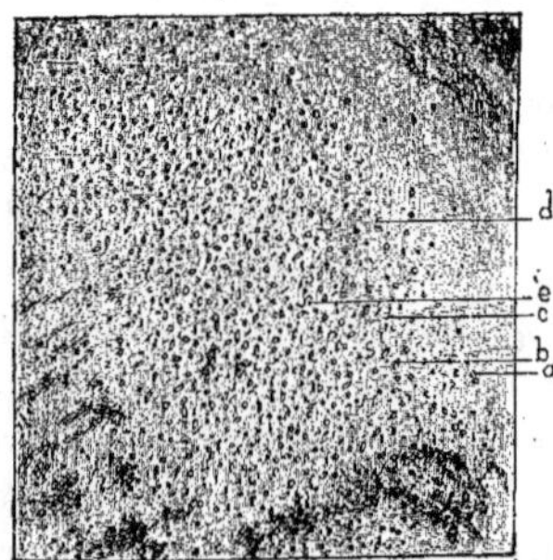

Portion de la figure précédente plus grossie.

a. *Micrococcus lepidophagus* divers.
b. Microcoque en voie de division.
c. *Bacillus lepidophagus*.
d. *Bacillus lepidophagus arcuatus*.
e. Forme en spirille ou en S du même.

D'après la description que nous avons donnée des variétés de *Micrococcus lepidophagus* trouvées dans les plaques osseuses éburnées, et des bacilles droits ou en virgule, *Bacillus lepidophagus* et *B. arcuatus*, qui les accompagnent souvent, il serait facile de trouver parmi les bactéries vivantes, étudiées par les auteurs que nous venons de citer, des espèces ou des variétés correspondant aux bactéries fossiles.

58.

On peut donc conclure que la destruction des os, des plaques d'ivoire et des dents aux époques primaires s'effectuait par le travail de microcoques et de bacilles, dont la forme et les dimensions se rapprochent d'une façon remarquable de celles des bactéries qui, de nos jours, sont la cause de la carie des os et des dents.

Bactéries rencontrées dans les silex permiens d'Autun.

Les bactéries sont fréquentes dans les silex permiens d'Autun; cependant leur observation offre quelques difficultés, parce que souvent les fragments de plantes ont été en contact avec des eaux ferrugineuses avant d'être pétrifiées par la silice. La pyrite qui s'est formée d'abord s'est oxydée plus tard; les tissus délicats, plus ou moins altérés et ocreux, se prêtent alors moins bien à des observations et à des mesures précises. Cependant, lorsqu'on dispose d'un nombre suffisant de préparations, il s'en trouve quelques-unes d'assez bien conservées pour que l'on puisse en faire l'étude.

Nous ne ferons guère maintenant que citer les espèces de plantes où nous avons rencontré des bactéries :

MICROCOQUES.

Medullosa stellata, 2 espèces..........	mesurant	$4\,\mu$ et $2\,\mu\,3$ de diamètre.
Macrostachya infundibuliformis, 1 espèce..	—	3 à $4\,\mu$
Stigmaria Brardi, 2 espèces..........	—	$1\,\mu\,5$ et $0\,\mu\,5$
Arthropitus communis, 2 espèces........	—	$4\,\mu\,4$ et $1\,\mu\,1$
Arthopitus bistriata, 1 espèce [1]........	—	$0\,\mu\,4$ et $0\,\mu\,5$
Arthropitus lineata, 2 espèces..........	—	3 à $4\,\mu$ et $2\,\mu\,2$

BACILLES.

Arthropitus lineata, 1 espèce [2]........	longueur	$8\,\mu\,4$, largeur $2\,\mu\,2$

BACILLUS TIEGHEMI B. Renault [3].

Ce dernier bacille, que nous nommerons *B. Tieghemi*, se rencontre également dans les racines d'*Arthropitus*, les épis d'*Annularia stellata*, presque toujours isolé et assez rare. Son étude étant un peu plus avancée, nous donnerons

---

[1] *Micrococcus hymenophagus,* var. B.

[2] *Bacillus Tieghemi.*

[3] *Société d'histoire naturelle d'Autun, loc. cit.,* p. 449.

ici quelques détails; il contient vers son milieu une spore sphérique plus colorée, mesurant 2 μ de diamètre; quelquefois on y remarque deux spores,
mais alors elles occupent les deux extrémités; sa longueur varie de 6 à 10 μ
et sa largeur de 2 μ à 3 μ 8. Nous n'en avons pas rencontré qui fussent réunis
par deux ou par trois; les bâtonnets sont solitaires, mais dans leur voisinage
se trouvent le *Micrococcus Guignardi* et une autre variété, *M. Guignardi* var. A,

Fig. 102.

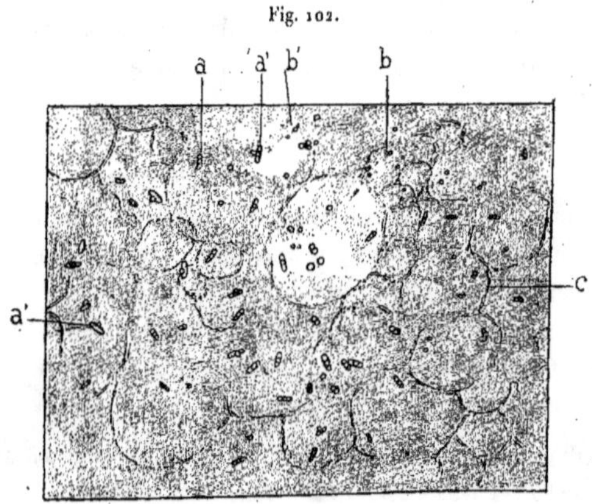

Portion de moelle d'*Arthropitus lineata* désorganisée par le *Micrococcus Guignardi*,
le *Bacillus Tieghemi*, etc.

a.   *Bacillus Tieghemi* renfermant une spore occupant la région médiane.
a', a'. Bâtonnets dans lesquels la spore paraît avoir germé et fait hernie au dehors.
b, b'. *Micrococcus Guignardi* accompagné d'un autre plus volumineux mesurant 3 ou 4 μ de diamètre,
         M. Guignardi var. A.
c.   Membranes des cellules en partie détruites par les bactéries.

atteignant 3 à 4 μ de diamètre. En germant, sans changer de place, la spore
produit un bâtonnet dirigé normalement au premier, *a', a',* fig. 102, après avoir
perforé l'enveloppe.

Voici les mesures prises sur un bacille dont la spore avait germé. Longueur
du bacille, 6 μ 3; largeur, 3 μ; diamètre de la spore, 2 μ; longueur du bâtonnet émis par la spore, 4 μ; largeur, 2 μ.

L'intérieur du bacille est clair, on ne distingue aucune trace de protoplasma;
sa membrane et celle de la spore sont très minces et ne mesurent que 0 μ 2;
on rencontre quelquefois des bâtonnets qui sont juxtaposés ou disposés en croix.

Les bâtonnets sont arrondis à leurs deux extrémités. Nous reviendrons sur l'étude de ce bacille quand nous aurons recueilli des matériaux plus complets.

Il est à remarquer que dans une même espèce de plantes il y a généralement au moins deux bactéries de formes et de tailles différentes qui sont associées, et remplissent, comme nous le verrons, des fonctions distinctes. Nous ne doutons pas que de nouvelles recherches complètent à ce point de vue le tableau qui précède.

Bactéries rencontrées dans les silex houillers de Grand'Croix.

MICROCOCCUS GUIGNARDI B. Renault [1].

La nouvelle bactérie que nous avons désignée sous le nom de *Micrococcus Guignardi* est très commune dans le silex de Grand'Croix et répandue à l'intérieur et entre les débris végétaux les plus variés, tels que racines, tiges, feuilles, graines, etc.

Elle se rencontre également dans les débris analogues silicifiés des environs d'Autun, mais souvent visiblement altérée par des dépôts ocreux ou pyriteux qui en ont modifié la forme et les dimensions; toutefois, dans un certain nombre de préparations faites dans le bois et les racines d'*Arthropitus,* nous en avons rencontré de bien conservées et parfaitement reconnaissables.

Ce sont de petites sphères libres, ou soudées par deux, dont le diamètre moyen est de $2\mu 2$, à contour parfaitement net et coloré en brun. Souvent ces sphères paraissent transparentes au centre, le contour seul restant visible; d'autres fois elles semblent remplies d'un protoplasma finement granuleux et plus foncé.

Sous ce dernier aspect, elles pourraient être confondues avec de petits grains de pyrite de dimensions analogues qui sont assez fréquents, soit autour des débris de plantes, soit même à l'intérieur de leurs tissus; ces petits grains de pyrite, plus ou moins arrondis, proviennent sans doute d'une réduction, par le protoplasma des cellules, de sulfate de fer en dissolution; mais on parvient assez facilement à en faire la distinction, car, en faisant jouer le microscope,

____

[1] *Comptes rendus des séances de l'Académie des sciences,* 28 janvier 1895.

les grains de pyrite restent noirs et opaques; en outre, beaucoup d'entre eux présentent des arêtes et se montrent plus ou moins cubiques; quand ils viennent à se toucher, on voit qu'il y a simplement contact et non soudure, comme cela arrive pour les bactéries dont nous parlons.

Les sphères ne peuvent être des spores, car un certain nombre d'entre elles sont allongées en ellipsoïde dont le grand axe atteint 4 μ; dans quelques-unes on distingue une cloison dirigée perpendiculairement au grand axe; d'autres

Fig. 103.

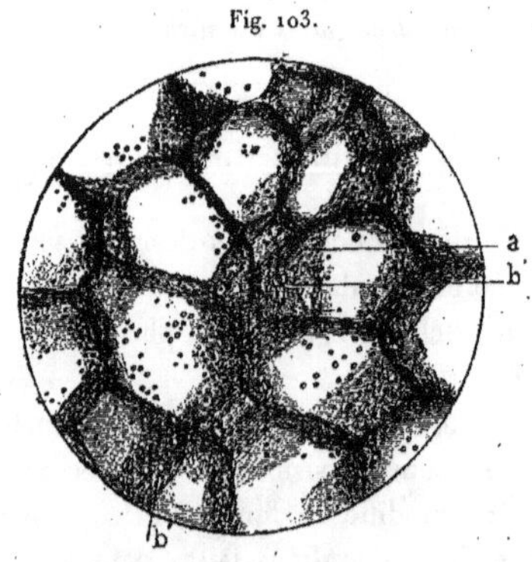

Micrococcus Guignardi.

a. Parois de cellules vues en coupe oblique occupées par de nombreux *Micrococcus.* — *b'.* Trous creusés dans la paroi rendus visibles par le départ des *Micrococcus.* Quelques-uns de ceux-ci sont en voie de division.

enfin, assez nombreuses, sont soudées deux à deux : ce sont là les phases successives de développement que l'on remarque chez les *Micrococcus.*

Nous avons rencontré cette espèce, avec les différents degrés de développement mentionnés, à l'intérieur du bois d'*Arthropitus* et de *Calamodendron,* de rameaux de Cordaïtes, dans différentes racines, mais principalement dans les téguments de graines, entre autres de *Rhabdocarpus subtunicatus,* de *Rh. conicus,* de *Codonospermum anomalum,* de *Ptychocarpus sulcatus,* de *Polylophospermum crassum,* etc.

Lorsqu'on examine une coupe un peu oblique d'un tissu cellulaire envahi par le *Micrococcus Guignardi* (fig. 103), on remarque de nombreux *Micrococcus,* la plupart isolés, *a,* adhérents aux parois des cellules. Quelques-uns sont sous la forme de diplocoques; ils se sont donc divisés sur place; beaucoup paraissent comme incrustés dans l'épaisseur de la cloison cellulaire et entourés d'une mince auréole incolore; lorsque, par accident, il y en a qui ont disparu, ceux-ci ont laissé un creux hémisphérique *b, b'*, marquant la place qu'ils occupaient sur la cloison. On peut donc en conclure qu'ils ont été surpris en plein travail, par la silicification.

Une coupe longitudinale dirigée dans l'épaisseur du tissu parenchymateux d'un rameau de Cordaïte, figure 104, montre que le tissu tout entier a été envahi par les *Micrococcus*; cette pénétration s'explique facilement, car par places, les parois des cellules sont complètement détruites, et par conséquent un libre passage leur était ouvert.

Il était intéressant de rechercher si la destruction complète des parois des cellules était due uniquement au *Micrococcus Guignardi*, ou bien s'il avait été aidé dans ce travail par d'autres *Micrococcus*.

En multipliant les coupes, nous sommes arrivé à cette conclusion, que le *M. Guignardi* s'attaquait particulièrement à la cellulose plus ou moins pure qui constituait l'épaississement des parois des cellules et qu'il respectait la membrane moyenne; nous ne voulons pas affirmer pourtant que, dans certaines conditions, il ne fût pas capable de dissoudre cette membrane elle-même.

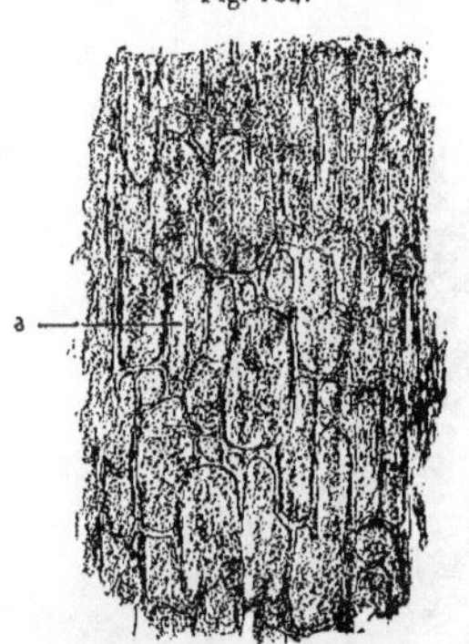

Fig. 104.

Coupe longitudinale montrant les parois des cellules, attaquées par de nombreux *Micrococcus*.

a. Portion de paroi réduite à la membrane moyenne; les couches d'épaississement ont été complètement détruites par le *Micrococcus Guignardi*.

Sur la figure 105, qui représente la coupe transversale d'un faisceau hypodermique d'une feuille de Cordaïte, envahi par le *Micrococcus* en question, on voit la plupart des cellules occupées par ce dernier : les unes, *a*, renferment encore des masses centrales noires non encore détruites; les autres, *b, c*, sont complètement vides. Dans toutes, les couches d'épaississement des parois ont été dissoutes, et la place est occupée par les microcoques, qui n'ont pas touché aux parois communes des cellules, et très peu à la matière noire centrale.

Cependant en *b* et en *d* les cellules sont complètement détruites d'un côté, mais il est facile de voir qu'elles renferment, en même temps que le premier microcoque, un deuxième plus petit *b, d*, que nous décrirons plus loin.

D'après cette préparation, il semble donc que le *M. Guignardi* s'attaquait plus volontiers aux couches d'épaississement des cellules. Le mode d'envahissement est curieux à indiquer : très fréquemment, sur les coupes transversales de faisceaux hypodermiques, de trachéides ou de cellules ayant reçu des couches d'épaississement, on remarque un décollement très net qui s'est produit entre ces couches et la membrane moyenne ; les couches cellulosiques, en se contractant, ont laissé un vide annulaire qui a permis aux *Micrococcus* de pénétrer

Fig. 105.

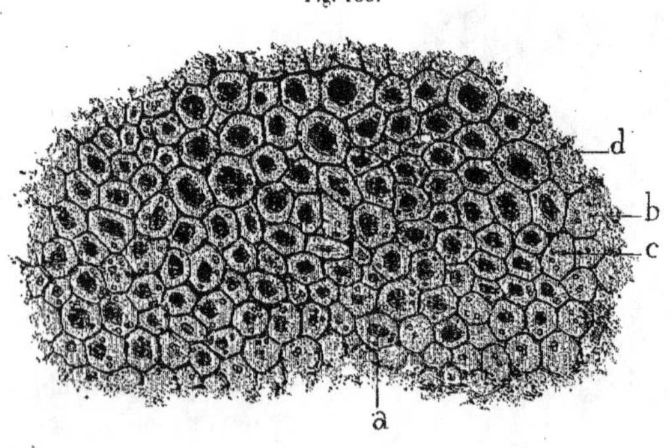

Faisceau hypodermique d'une feuille de Cordaïte.

a. Cellule contenant au centre une matière colorée en noir.	*c.* Cellule ne contenant que le *Micrococcus Guignardi.*
b. Cellule contenant deux espèces de *Micrococcus.*	*d. Micrococcus hymenophagus*, var. A.

et de faire disparaître peu à peu cet étui de cellulose, de façon que dans beaucoup de cellules il ne reste plus que la membrane moyenne et une partie centrale, formée soit d'un reste de protoplasma desséché teint en noir, soit d'une portion du cylindre cellulosique dont nous venons de parler, et dont la contraction aurait amené la disparition presque complète, dans certains cas, de la cavité centrale de la cellule.

Sur la figure 106, qui représente la section transversale d'une portion de sarcotesta appartenant au *Rhabdocarpus conicus*, on voit, en *m*, une cellule dont les couches d'épaississement n'ont pas été séparées de la membrane moyenne ; les *Micrococcus* n'occupent que la cavité de la cellule ; en *m'*, le décollement a eu lieu et les bactéries se trouvent à la fois dans l'intérieur de la cellule et dans l'espace annulaire qui s'est formé entre les couches d'épaississement et la membrane mitoyenne.

Dans cette préparation, nous voyons encore que le *M. Guignardi* a respecté la membrane moyenne, pour ne s'attaquer qu'à la couche d'épaississement, qui dans certaines cellules a même complètement disparu.

Fig. 106.

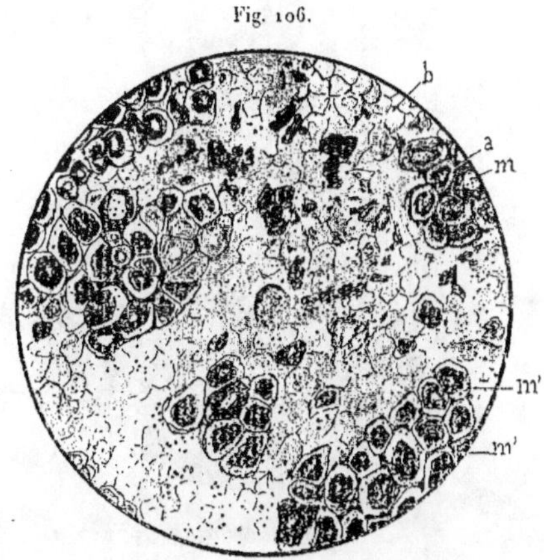

Rhabdocarpus conicus.

Portion du sarcotesta coupé transversalement.

a. Faisceau hypodermique.
b. Tissu parenchymateux reliant les bandes hypodermiques.
m. Cavité d'une cellule occupée par des *Micrococcus*.

m′. Cellules dans lesquelles les couches de cellulose
    d'incrustation se sont séparées de la mem-
    brane mitoyenne; il y a des micrococques dans
    l'intervalle.

Le tissu parenchymateux remplissant les intervalles des bandes hypoder-miques est également rempli de bactéries; sa destruction est bien plus avancée, et dans beaucoup d'endroits, on ne distingue que des membranes moyennes en lambeaux; là encore cette membrane n'a pas été détruite ou n'a été atta-quée qu'en dernier lieu.

Le *M. Guignardi* pouvait détruire également les parois des cellules, même lorsqu'elles étaient fortement épaissies et lignifiées; la figure 107 montre en effet une portion de l'endotesta d'une graine de Saint-Étienne, dont les cellules très bien conservées n'offrent plus qu'une petite cavité centrale; on distingue dans l'épaisseur des parois de nombreux et fins canalicules.

Sur certains points, *b*, *c*, la cellulose des parois, malgré son incrustation profonde, a été complètement détruite; de nombreuses bactéries en occupent l'intérieur. Dans cet exemple, le *M. Guignardi* ne pouvait attaquer les parois cellulosiques qu'après la destruction de la membrane commune, destruction due à l'espèce suivante.

Fig. 107.

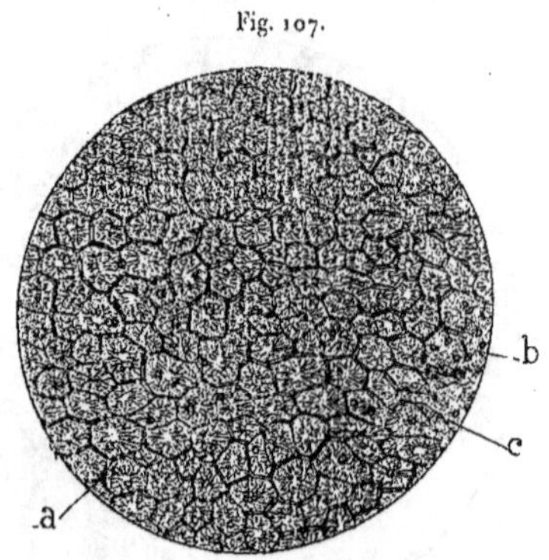

Diplotesta Grand'Euryi.

Portion d'endotesta montrant les cellules fortement incrustées détruites par les bactéries.

a. Cellules canaliculées intactes. — *b*, *c*. Cellules détruites par le *Micrococcus Guignardi.*

Provenance. — 1° Silex de Grand'Croix. Le *M. Guignardi* se rencontre dans les débris végétaux les plus variés, mais non dans tous; parmi les fragments plus ou moins altérés, il s'en trouve présentant une conservation parfaite sans trace de bactéries; ces fragments n'ont donc pas macéré aussi longtemps que les premiers ou proviennent de régions différentes. 2° Silex des environs d'Autun. Le *M. Guignardi* y est moins apparent, malgré l'état d'altération profonde que les fragments de plantes y présentent quelquefois.

La teinte générale des échantillons de cette localité est jaunâtre, ocreuse, ce qui accuse, comme nous l'avons fait remarquer, la présence dans les eaux siliceuses de composés ferrugineux. Ceux-ci ont altéré les *Micrococcus*, qui ont fixé soit de la pyrite, soit de l'oxyde de fer; cependant nous avons constaté la présence certaine du *M. Guignardi* dans des bois d'*Arthropitus medullata*, de *Leiodermaria spinulosa*, de *Medullosa stellata*, etc.

MICROCOCCUS HYMENOPHAGUS B. Renault [1].

Les observations que nous avons signalées plus haut, à savoir : que le *Micrococcus Guignardi* s'attaquait plus spécialement à la cellulose des parois et que fréquemment les cellules étaient séparées les unes des autres et comme abandonnées à elles-mêmes (fig. 108), nous ont fait rechercher quel était l'agent qui avait opéré cette dissociation.

Fig. 108.

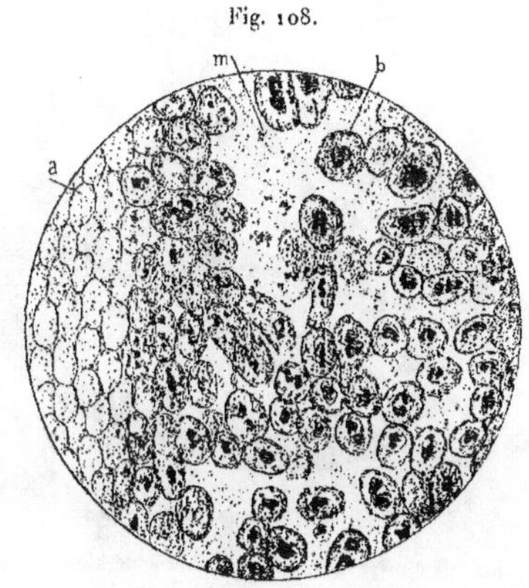

Diplotesta Grand'Euryi.

Sarcotesta dont les cellules sont disjointes par le *Micrococcus hymenophagus* var. A.

a. Cellules encore réunies en tissu. — *b.* Cellules dont la membrane moyenne a été dissoute et qui sont devenues libres. — *m. Micrococcus hymenophagus* var. A.

Nous avons rencontré entre les cellules disjointes ou en voie de se disjoindre et sur la membrane moyenne un autre *Micrococcus* de couleur brune, mesurant dans les échantillons de Grand'Croix o µ 7 à o µ q, et dans ceux d'Autun (*Stigmaria, Arthropitus bistriata,* etc.) o µ 54, présentant les mêmes phases de développement, c'est-à-dire que quelques-uns, après s'être allongés en forme d'ellipsoïde, se cloisonnent, puis se divisent en deux sphères qui restent réunies pendant quelque temps; elles se séparent ensuite, mais en demeurant voisines;

[1] *Comptes rendus des séances de l'Institut,* 28 janvier 1895.

souvent une des deux se divise à son tour, quelquefois toutes les deux en suivant la même direction, de façon à figurer un court bâtonnet formé de deux, trois, plus rarement quatre *Micrococcus* disposés en ligne droite.

Nous avons représenté (fig. 109) une section transversale de Prépollinie de *Dolerophyllum fertile*; l'enveloppe a été reproduite beaucoup moins grossie relativement que les microcoques qu'elle contient. On peut remarquer que les lignes de bactéries sont dirigées perpendiculairement aux membranes qu'elles

Fig. 109.

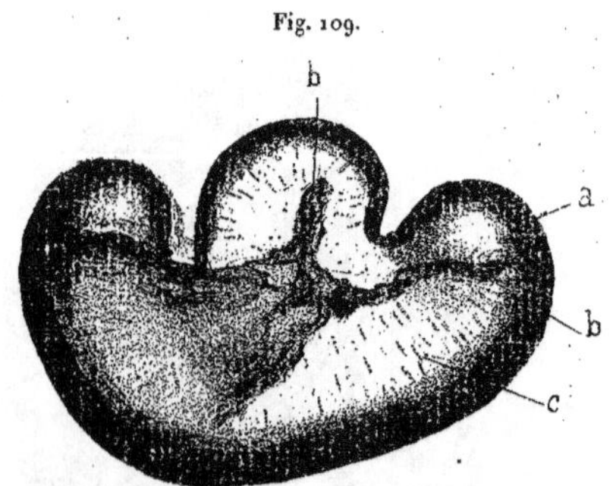

Prépollinie de Dolerophyllum.

a. Exine très épaisse du grain. — *b.* Intine déchiquetée par les bactéries.
c. Microcoques disposés en chapelets.

attaquent; cette disposition n'est pas toutefois constante, car nous les avons rencontrées soit appliquées en ligne sur la surface même de la membrane, soit le plus souvent disposées en bordure le long des déchirures irrégulières ouvertes dans la membrane moyenne des cellules.

La différence de taille de ces *Micrococcus hymenophagus* trouvés à Saint-Étienne et à Autun et celle de leur gisement nous engagent à créer deux variétés que nous distinguerons pour le moment par les lettres A et B.

Ces deux variétés semblent avoir le même rôle que le *Micrococcus priscus* du Culm que nous décrirons plus loin et que nous avons rencontré dans les silex d'Esnost et de Combres. Les dimensions de ce dernier sont $0\,\mu\,6$ à $0\,\mu\,7$ en diamètre, intermédiaires par conséquent entre les *M. hymenophagus* du Stéphanien et ceux de l'Autunien.

De l'action simultanée ou successive de ces deux espèces de microcoques,

M. Guignardi et *M. hymenophagus*, résultent tous les aspects de destruction que nous avons observés. Si le dernier seul opère, les cellules se décollent, se désagrègent, emportant leur protoplasma (fig. 108 et fig. 110, *b*).

Leur contour bien défini, leur forme polyédrique ou un peu arrondie indiquent qu'il existe encore une enveloppe résistante autour du protoplasma.

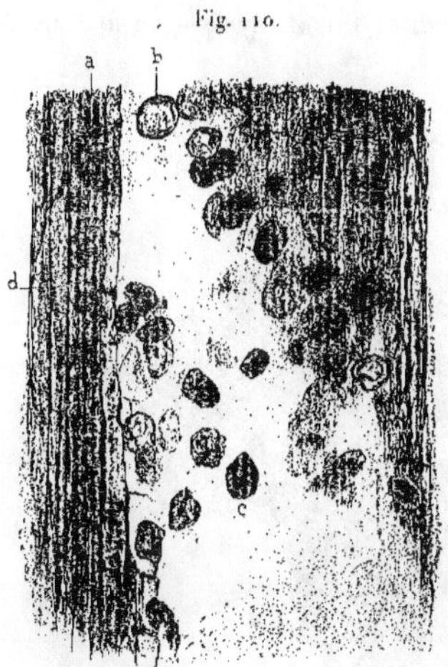

Rhabdocarpus cyclocaryon.

Portion du sarcotesta coupé longitudinalement.

a. Protoplasma contracté d'une cellule de parenchyme non dissocié.

b. Une cellule isolée, mais munie de son enveloppe.

c. Masse protoplasmique devenue libre par la destruction des parois de la cellule.

d. Portion de tissu non altérée.

La membrane commune seule a été dissoute.

Si le premier seul agit, on ne trouve plus après son action que la trame légère formée par les cloisons moyennes, *b*, fig. 106.

Les deux fonctionnant simultanément, la destruction était rapide; les masses protoplasmiques irrégulières de formes et de contours, *c*, fig. 110, seules persistaient pendant quelque temps, antiseptisées sans doute par quelque produit tannique des eaux brunes; mais bientôt elles se détruisaient à leur tour, en perdant d'abord leur coloration foncée, puis en se désagrégeant. Nous en avons trouvé un certain nombre devenues diffluentes et occupées par le *Micrococcus Guignardi* et le *M. hymenophagus;* peut-être ces deux espèces jouissaient-elles l'une et l'autre de la propriété de dissoudre le protoplasma des cellules quand ce dernier avait cessé d'être immunisé.

Sur la figure 110, on peut suivre facilement les différentes phases de destruction que nous avons signalées, depuis l'aspect du protoplasma contracté en boule à l'intérieur des cellules non encore dissociées, jusqu'à celui où, débarrassé de la membrane cellulaire (à droite de la figure), il devient libre, perd peu à peu ses contours définis, semble se fondre et disparaître.

De ce qui précède il résulte que les *Micrococcus* houillers jouissaient de la propriété de dissoudre la couche cellulosique de composition plus ou moins complexe des cellules végétales et la membrane moyenne; les cuticules, les enveloppes des spores, macrospores, grains de pollen, paraissent leur avoir résisté plus longtemps. Cependant la figure 111 représente une radicelle de Calamodendron dans laquelle on ne distingue plus que la cuticule *c* et quelques traces de vaisseaux *a;* tous les autres tissus ont disparu; au microscope on reconnaît la présence du *M. Guignardi* et du *M. hymenophagus* var. A, rassemblés en quantité considérable.

Fig. 111.

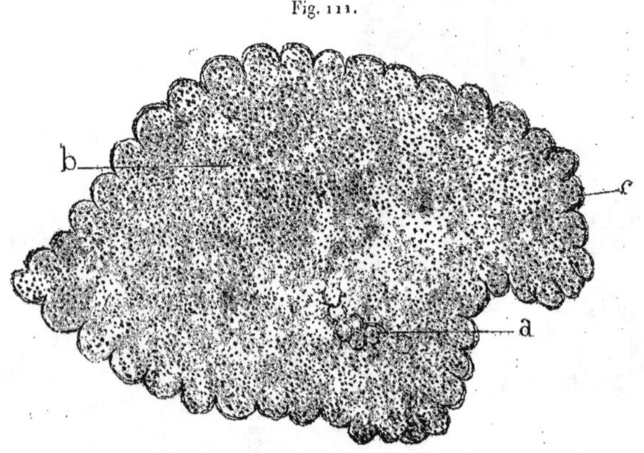

Racine de *Calamodendron* envahie par des bactéries.

a. Trace de tissu vasculaire. — *b.* Intérieur de la racine occupé par les deux espèces de microcoques. *c.* Cuticule conservée.

Il est clair que des végétaux amenés à cet état d'altération n'auraient pu donner que de la houille formée de cuticules. Cette dernière composition a été constatée par MM. Auerbach, Trautschold et Zeiller pour certains charbons de la Russie centrale provenant des mines de Tovarkovo, gouvernement de Toula; ces combustibles ont été produits par l'agglomération de cuticules provenant d'écorces de *Bothrodendron*. Nous reviendrons plus loin sur ce sujet.

On comprend que la constitution même de la houille doit être une conséquence directe de l'état de décomposition dans lequel le travail microbien a laissé les débris des végétaux; nous aurons à étudier plus tard les causes diverses qui ont empêché, favorisé ou arrêté cette action prépondérante des bactéries sur la formation des combustibles minéraux.

Provenance. — Le *Micrococcus hymenophagus* A se trouve dans les silex des environs de Grand'Croix; le *Micrococcus hymenophagus* B est fréquent dans les silex permiens des environs d'Autun.

Bactéries des silex du Culm d'Esnost et des environs de Régny.

BACILLUS VORAX B. Renault [1].

Dans les pages qui précèdent nous avons vu que les restes des végétaux conservés par la silice à Combres et à Esnost avaient été exposés à des causes multiples de destruction; de nombreuses espèces de champignons et d'algues

Fig. 112.

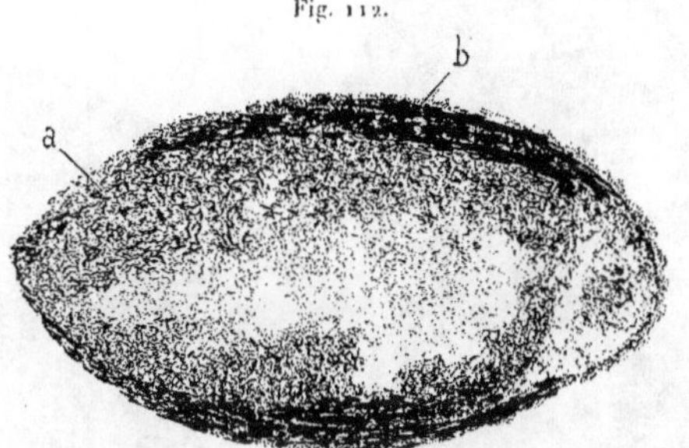

Racine (?) renfermant un nombre considérable de *Bacillus vorax*.

a. Amas de bacilles rassemblés près de la surface. — *b*. Contour de la racine complètement désorganisé.

y ont cherché des moyens d'existence ou des refuges; mais ce qui a contribué surtout à faire disparaître ces débris, c'est la présence de bactéries pouvant s'attaquer à tous les organes, même à ceux formés des tissus les plus résistants, comme le liège et les cuticules.

Nous avons reconnu deux formes de bactéries, l'une bacillaire, l'autre coccoïde. La première se rencontre dans certains rognons siliceux d'Esnost, qui à première vue n'offrent, sur les préparations, que de rares parties organisées reconnaissables; ce sont quelques fragments de vaisseaux, de cuticules, qui semblent avoir appartenu à des racines. La figure 112 représente un organe

[1] *Comptes rendus des séances de l'Institut*, 21 janvier 1895.

à section transversale elliptique, sans traces de vaisseaux à l'intérieur ni de cuticule à l'extérieur, mais rempli d'un nombre considérable de bactéries; la présence de quelques fragments de racines moins altérés qui se trouvent dans le voisinage et contiennent également une multitude de ces organismes, est la raison qui nous porte à croire que c'est un organe de même nature, mais plus complètement détruit. Les bactéries sont rassemblées à la périphérie de la section, sans orientation déterminée, *a*, fig. 112; *a*, fig. 113 A et 113 B;

Fig. 113, A.

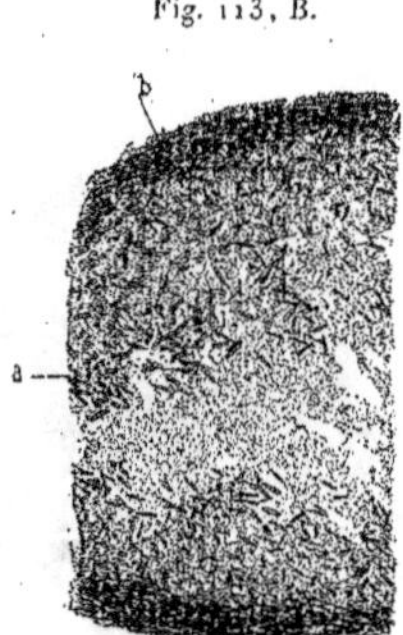

Portion de la coupe précédente
plus grossie.

a. Amas de bacilles.
b. Contour de l'organe complètement
désorganisé.

Fig. 113, B.

Bacillus vorax.

a. Bacilles mieux conservés dans
lesquels on distingue 4 à
5 spores.
b. Contour désorganisé.

elles ont la forme de bâtonnets à contours mal définis, rectilignes, cylindriques, présentant, à leur surface, des reliefs arrondis, contigus ou espacés.

La longueur des bâtonnets est de 12 à 15 μ, leur largeur de 2 μ à 2 μ 5; l'enveloppe, altérée et probablement gonflée, est peu distincte et mesure o μ 4. Le protoplasma qui remplit chaque bâtonnet est de couleur foncée; tantôt il se présente comme un cylindre à diamètre inégal, pour ainsi dire noueux, tantôt il est nettement divisé en masses sphériques qui ne peuvent être que des spores. On en compte ordinairement quatre à six par bâtonnet; leur diamètre est de 1 μ environ; elles sont parfaitement sphériques, noires, également écartées; d'ordinaire, leur présence se trahit extérieurement sur de bonnes photographies par des renflements de la membrane, arrondis et équidistants. Des cloisons à peine distinctes divisent certains bâtonnets en autant d'articles qu'il y a de spores; mais, dans un grand nombre d'entre eux, ces cloisons ont complètement disparu, et les spores libres ne paraissent retenues que par une sorte de mucilage; dans quelques bâtonnets, la membrane s'est trouée en se gélifiant et l'on voit des spores sortir par l'ouverture; cette sortie peut s'effectuer vers l'une des extrémités, ou sur les côtés des bâtonnets; au milieu de ceux-ci on distingue quelques spores libres, isolées ou groupées par deux.

Fig. 114.

Bacillus vorax
grossi 400 fois.

Dans une certaine mesure le *Bacillus vorax* rappelle le *Bacillus megaterium* de de Bary [1], mais sa taille est plus considérable, ses spores sont sphériques, au lieu d'être ellipsoïdales; ce sont deux espèces distinctes.

Les bâtonnets que nous avons examinés étaient toujours isolés, non soudés bout à bout par deux ou par trois, comme cela se présente pour les *Bac. permiensis* et *Bac. granosus;* il est probable que ce mode de division n'était pas le procédé habituel de multiplication, car on en rencontre n'ayant que 3 μ de longueur et présentant déjà une sorte de cloison, d'autres mesurant 6 μ, 9 μ, et qui en possèdent respectivement deux et quatre. Les spores apparaissaient de bonne heure et s'échappaient comme nous l'avons dit; on en trouve souvent parmi les débris de cellules ou de vaisseaux.

L'état de destruction des tissus que nous avons observé dans d'autres échantillons d'Esnost est aussi varié qu'à Saint-Étienne : tantôt les cellules sont réduites à leur membrane moyenne déchiquetée, *c,* fig. 115, le dépôt mixte de cellulose ayant disparu ainsi que le protoplasma; tantôt les cellules sont disjointes et ont conservé leur forme en même temps qu'une partie de leur enveloppe cellulosique *a,* fig. 116, plus ou moins épaisse; d'autres fois, les membranes mitoyennes et cellulosiques ayant été détruites, *b,* fig. 116 et *c,* fig. 117, il ne reste plus que le protoplasma déformé, granuleux, plus ou moins amoindri. Ce protoplasma, rendu momentanément aseptique, comme nous l'avons déjà indiqué, par la fixation de quelque produit tenu en dissolution dans les eaux

[1] De Bary, *Vergleichende Morphologie und Biologie der Pilze Mycetozoen und Bacterien,* p. 499. Leipzig, 1884.

brunes, était lui-même attaqué; on voit sur les figures 116 et 117 des masses

Fig. 115.

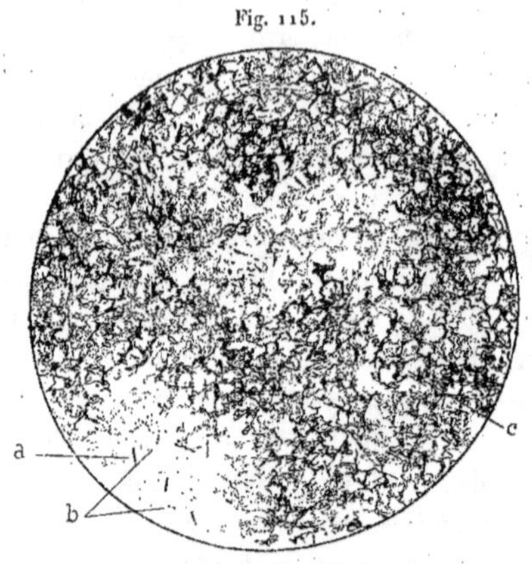

Tissu en partie détruit par les bactéries.

a. Bâtonnet de *Bacillus vorax.* — *b. Micrococcus priscus.* — *c.* Tissu cellulaire dont il ne reste plus que les membranes moyennes en partie détruites.

Fig. 116.

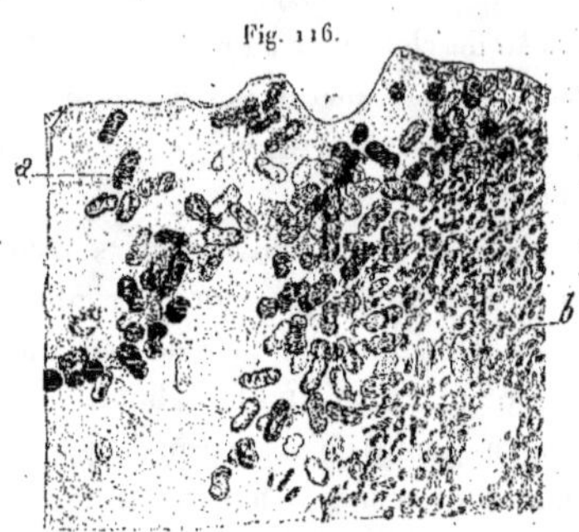

Cellules dissociées par les bactéries.

a. Cellules avec une partie de leurs parois et de leur protoplasma.
b. Protoplasma des cellules dont l'enveloppe a été détruite.

Fig. 117.

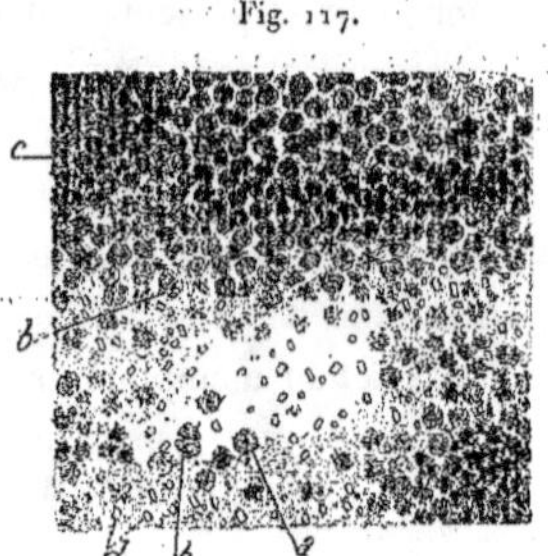

Masses protoplasmiques à différents états de destruction.

a, b. La destruction est presque complète.
c. L'altération est beaucoup moins avancée.
d. Cristaux de calcite.

plus ou moins altérées et réduites de volume; quelques-unes s'éclaircissent par place et tendent à disparaître, *b.*

60.

MICROCOCCUS PRISCUS B. Renault [1].

Ces états divers de désagrégation ne sont pas dus à l'action unique et prolongée du *Bacillus vorax*, et il est à croire que d'autres bactéries l'ont aidé dans son œuvre de destruction, car entre les masses protoplasmiques et dans leur intérieur, on remarque souvent de petites sphères noires, isolées ou disposées en ligne par deux ou par trois, mesurant $0\,\mu\,6$ à $0\,\mu\,7$, *b*, fig. 115, sans aucune trace d'enveloppe commune.

Ces corps pourraient être pris pour des spores de *Bacillus vorax* disséminées, mais leur taille est inférieure à celle des spores contenues dans les bâtonnets de ce bacille; en outre, nous les avons rencontrés rangés en files au milieu des arêtes et le long des lignes transversales de vaisseaux scalariformes appartenant à des Lépidodendrons d'Esnost et de Combres, entre les cellules de tissus variés, qui ne contenaient aucune trace de ce bacille.

Nous sommes donc porté à admettre que ces corps sphériques, un peu plus petits que les spores du *Bacillus vorax*, sont des *Micrococcus*. La position qu'ils occupent sur les arêtes communes de vaisseaux contigus, sur la membrane mitoyenne des cellules et leur présence au milieu de celles qui sont disjointes (fig. 115 et 116), nous font croire qu'ils jouaient le même rôle que le *Micrococcus hymenophagus* que nous avons décrit, c'est-à-dire qu'ils s'attaquaient plus particulièrement aux membranes mitoyennes.

Comme nous ne pouvons supposer que ce soit la même espèce de *Micrococcus* qui ait vécu à l'époque du Culm et à l'époque houillère, nous le désignerons sous le nom de *Micrococcus priscus*.

MICROCOCCUS ESNOSTENSIS B. Renault [2].

Dans l'épaisseur du liège des *Lepidodendron esnostense* et *L. rhodumnense*, dans le bois des *Bornia*, les pétioles de *Diplolabis esnostensis*, etc., il n'est pas rare de rencontrer des micrococques d'une taille plus considérable que celle du *Micrococcus priscus;* nous les avons vus en place sur les parois des cellules subéreuses du *Lepidodendron esnostense*, plus ou moins incrustés dans l'épaisseur de la paroi, tantôt à l'état isolé, tantôt sous la forme de diplocoques. Ils

[1] Soc. d'hist. nat. d'Autun, *loc. cit.*, p. 466.
[2] *Ibid.*, p. 466.

mesurent 2 μ 5, rappellent le *Micrococcus Guignardi* par leurs dimensions et la nature de leurs fonctions, car ils s'attaquaient plus particulièrement aux couches cellulosiques d'épaississement.

Ceux que nous avons rencontrés disséminés, au milieu du bois de *Bornia*, des tissus altérés de *Diplolabis* ou de racines de Lépidodendrons, étaient plus volumineux : leur diamètre pouvait varier entre 3 et 4 μ. Nous distinguerons ces microcoques sous les noms de *Micrococcus esnostensis*, var. A et B.

Les débris de végétaux du Culm d'Esnost et de Combres étaient donc détruits par l'association d'au moins trois espèces de bactéries ayant des fonctions spéciales.

Ce sont actuellement, avec les microcoques du charbon de Tovarkowo, les espèces les plus anciennes que l'on ait décrites.

Cuticules de Tovarkowo et de Malevka.

Dans le gouvernement de Toula, sur divers points, à Milenino, dans les mines de Tovarkowo et de Malevka, se rencontre, à la partie supérieure de la formation houillère de cette région (Culm inférieur), une couche de combustible d'une vingtaine de centimètres d'épaisseur, composée uniquement de cuticules de *Bothrodendron*. M. Zeiller, dans deux notes successives[1], les a décrites avec détails. Cette couche curieuse, recouverte seulement de dépôts sableux, s'étend sur une surface de plusieurs kilomètres carrés, et est désignée souvent sous les noms de *Blätterkohle* ou de *Papierkohle*[2].

Les membranes végétales sont séparées par une substance noire très friable, qui n'est autre chose que de l'acide ulmique, et forme, par places, les quatre cinquièmes de la masse. On remarque à travers, et en assez grand nombre, de fines radicelles de plantes vivantes; tantôt les cuticules se présentent sous la forme de lamelles plus ou moins larges, tantôt sous celle d'anneaux complets, mais sans traces de tissus quelconques intercalés; les deux faces internes de l'anneau aplati sont en contact et souvent difficiles à séparer; la matière noire ulmique est en dehors de l'anneau et semble avoir été produite par d'autres tissus végétaux que ceux qui étaient recouverts par les cuticules.

MICROCOCCUS ZEILLERI, n. sp.

Il était intéressant de rechercher si ces cuticules, d'âge fort ancien, présenteraient des traces de bactéries. En les traitant, à plusieurs reprises, par de l'ammoniaque froide, ou bouillante, on parvient facilement à les débarrasser de l'acide ulmique et à les rendre observables au microscope.

Le liquide de coloration très foncée que l'on obtient renferme, même s'il provient d'un traitement par l'ammoniaque bouillante, un nombre considérable de micro-organismes *mobiles*, dont nous n'avons pas à nous occuper pour le moment.

[1] *Bull. de la Soc. botanique de France*, t. XXVII, p. 348-353. *Annales Sciences nat., Botanique*, 6ᵉ série, t. XIII, p. 217-238.

[2] M. Zeiller a bien voulu nous céder une petite quantité de ces cuticules pour nos recherches.

Quant aux cuticules, examinées sur leur face interne et sur leur face externe, elles présentent certaines différences d'aspect que nous allons indiquer.

A l'œil nu ou à la loupe, la face externe paraît unie et luisante. La face interne est mate et grenue, à cause des empreintes en creux laissées par les cellules épidermiques.

La face interne des cuticules, après un traitement à froid par l'ammoniaque ou la potasse à 1/10, offre souvent au microscope l'aspect repré-

Fig. 118.

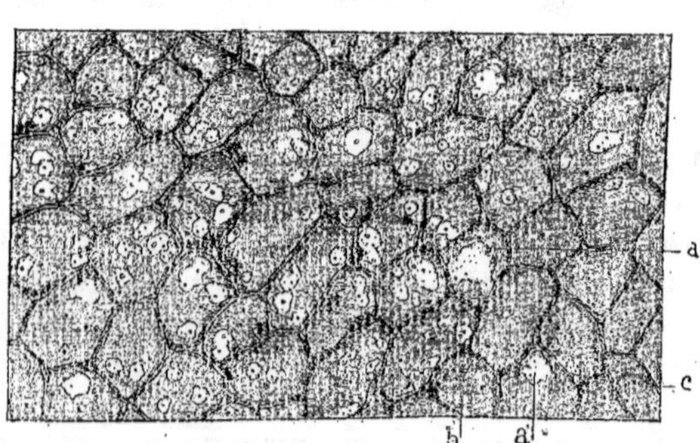

Cuticule de *Bothrodendron*, face interne, grossie 400 fois.

a, a'. Régions où la membrane a été plus ou moins corrodée par les Bactéries. — *b*. Microcoques restés adhérents à la membrane. — *c*. Réseau cuticulaire qui pénétrait d'une façon sensible entre les cellules épidermiques.

senté fig. 118. La cuticule qui recouvrait les cellules épidermiques pénétrait sensiblement entre elles; il en est résulté une sorte de réseau en relief *c*, très apparent.

La membrane semble amincie et comme rongée dans un grand nombre de mailles *a, a'*; les espaces plus clairs déterminés par ces amincissements ont des formes très irrégulières, comme le montre la figure.

Il arrive fréquemment que la cuticule est complètement perforée. Dans certains échantillons les amincissements, au lieu de se produire par plages irrégulières, se sont effectués suivant des lignes qui, partant des bandes du réseau, convergent vers le centre des mailles; il n'est pas rare non plus de voir des amincissements de plus en plus prononcés former, dans chaque maille, des gradins successifs à partir du contour, et aboutir à une perforation médiane.

Ces traces évidentes de destruction que présente la face interne des cuticules peuvent être attribuées soit à des agents chimiques, soit à l'action des bactéries.

Certains détails que nous allons donner nous font pencher pour cette deuxième interprétation.

On remarque, en effet, dans toutes les régions qui ont été entamées, un nombre plus ou moins grand de granulations b, tantôt isolées, tantôt groupées en ligne droite par deux ou par trois; souvent, quand elles sont placées sur une portion de la membrane qui ne paraît pas corrodée, elles occupent cependant une cavité de même forme qu'elles, creusée dans son épaisseur.

Les granulations sont arrondies, revêtues d'une enveloppe mince desséchée, non colorée en brun, et beaucoup moins apparente que celle des microcoques *houillifiés*, conservés par la silice ou le phosphate de chaux, que nous avons décrits dans les pages qui précèdent. Le diamètre de ces granulations varie entre $0\,\mu\,5$ et $0\,\mu\,7$, et entre $1\,\mu$ et $1\,\mu\,3$.

Nous pensons que ces granulations sont des microcoques qui ont gardé sensiblement leur forme et ont été conservés par un procédé différent de celui de la houillification ordinaire, mais semblable à celui qui a permis aux cuticules, sur lesquelles on les rencontre, de traverser la longue série de siècles qui sépare l'époque actuelle de l'époque du Culm inférieur.

La fragilité de leur enveloppe doit être très grande et pourtant les microcoques résistent à plusieurs traitements par l'ammoniaque bouillante, à l'action répétée d'une dissolution de potasse à $1/10$, à celle de l'acide chlorhydrique étendu, mais froid. Ils disparaissent au contraire dans une dissolution bouillante du même acide étendu, et on trouve à leur place la cavité qu'ils occupaient, présentant la forme de leur groupement primitif.

On ne peut supposer que ces granulations soient dues à la présence de poussières siliceuses ou calcaires qui se seraient déposées à la face interne des cuticules, car ces granulations sont incrustées dans l'épaisseur même des membranes végétales; de plus, dans le cas de la silice, elles résisteraient à l'action de l'acide froid ou chaud; dans le cas d'un carbonate, il y aurait même à froid un dégagement gazeux facile à constater au microscope; on ne voit rien de semblable.

A l'œil ou à la loupe, la face extérieure des cuticules paraît bien plus lisse et plus unie que la face interne qui porte le réseau dont nous avons parlé. Cependant, au microscope, elle se montre parsemée d'un grand nombre de granulations semblables à celles qui recouvrent certaines régions de la face interne. Soumises au même traitement, elles se conduisent d'une façon identique.

Tantôt ces granulations sont isolées, *b*, fig. 119; tantôt elles affectent la forme de diplocoques *c*; d'autres fois, elles se montrent groupées en colonies *d*,

Fig. 119.

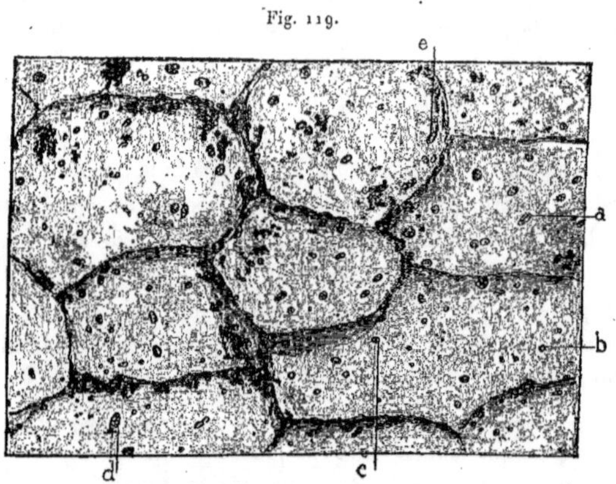

Cuticule de *Bothrodendron*, face externe, grossie 800 fois.

a. Microcoques disposés en ligne noire continue, simulant un bacille.

b. Microcoque isolé.

c. Microcoques en voie de division.

d. Microcoques groupés en colonie.

e. Microcoques réunis par trois en ligne droite.

ou encore disposées en ligne droite au nombre de trois, *e*, fig. 119, et *b*, *c*, fig. 120, simulant un bacille divisé en trois articles.

Les dimensions sont les mêmes que celles que nous avons signalées précédemment, c'est-à-dire que l'on peut former deux groupes renfermant des granulations dont les unes offrent un diamètre variant de $0\,\mu.5$ à $0\,\mu.7$, les autres mesurant $1\,\mu$ à $1\,\mu.3$.

Ce sont surtout les dernières qui ont une tendance à se grouper par deux et par trois sous forme de chaînettes mesurant respectivement $2\,\mu$ et $3\,\mu$; plus

IMPRIMERIE NATIONALE.

rarement on rencontre des chaînettes formées de cinq microcoques et mesurant alors 5 μ.

Il arrive quelquefois que les lignes de séparation des microcoques rangés en chaînette ne sont plus visibles; il en résulte, pour l'ensemble, l'aspect d'un bâtonnet; tantôt ce bâtonnet est noir, *a*, fig. 119, tantôt il est clair et transparent, *aa*, fig. 120. Ces bâtonnets ont sensiblement, comme largeur, le diamètre des microcoques d'où ils dérivent, et comme longueur la somme de leurs diamètres.

Fig. 120.

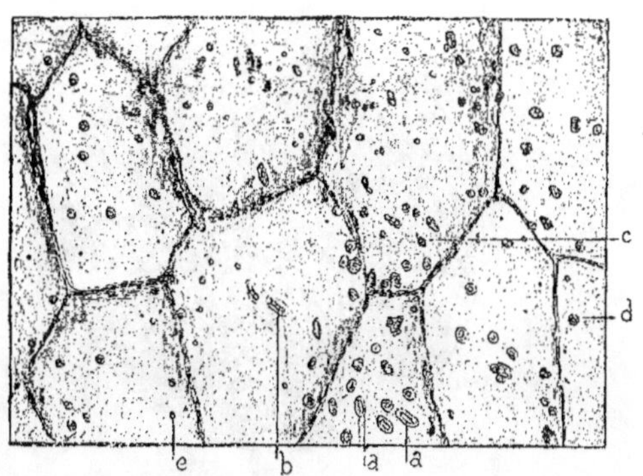

Cuticules de *Bothrodendron*, face externe, grossie 800 fois.

a. Microcoques groupés en ligne et simulant des formes bacillaires.

b, c. Groupements par trois, dans lesquels on distingue les microcoques var. *b* et *a*.

d. Microcoque var. *b* entouré d'un espace annulaire vide.

e. Microcoque n'ayant pas encore détruit la membrane autour de lui.

Dans bien des cas, on distingue autour des microcoques, quel que soit le mode de leur groupement, un espace circulaire *a*, fig. 119, *a, b, d*, fig. 120, plus clair, où la membrane végétale paraît avoir subi une altération due, sans doute, à leur présence; cette altération, comme nous l'avons fait remarquer, s'étendait non seulement en largeur, mais encore en profondeur, puisque nous avons constaté de nombreuses perforations.

Il est clair qu'après le traitement, à chaud, des cuticules par l'acide chlorhydrique, l'aspect de leur surface doit changer d'une façon sensible. En effet,

les membranes délicates des microcoques étant déchirées et détruites, les érosions qu'ils ont produites restent seules visibles.

Nous donnons, figures 121 et 122, deux portions de la même cuticule,
dont l'une a été lavée à l'acide chlorhydrique froid, et l'autre à l'acide bouil-
lant.

Sur la première, on reconnaît facilement que les microcoques sont placés,
pour la plupart, dans l'épaisseur même de la membrane végétale; les uns sont

Fig. 121.

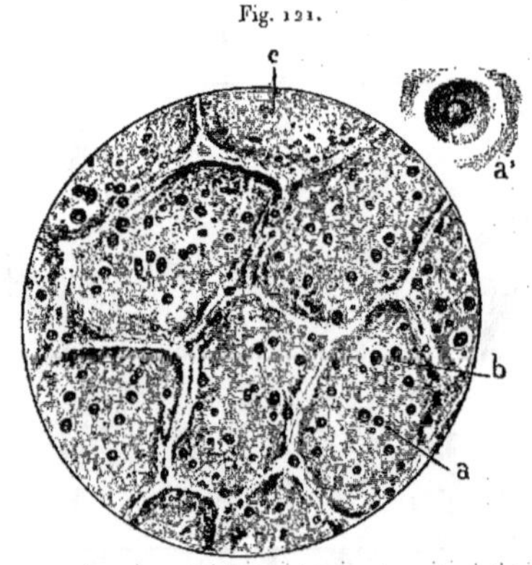

Portion de cuticule de *Bothrodendron*, traitée à froid par l'acide chlorhydrique, grossie 850 fois.

<table>
<tr><td>a. Cavité conique au fond de laquelle se voit un microcoque.</td><td>b. Cavité elliptique au fond de laquelle se trouvent deux microcoques.</td></tr>
<tr><td>a'. La même, plus grossie; on distingue, au fond, le microcoque.</td><td>c. Microcoques placés à la surface.</td></tr>
</table>

isolés au fond d'une sorte d'entonnoir dont la grande base est circulaire et
tournée vers l'extérieur a, a'; les autres, groupés par deux ou par trois, occupent une cavité elliptique à bords également inclinés b; d'autres, enfin,
adhèrent simplement à la surface, c, et n'ont pas été détachés par le traitement.

Sur la figure 122, la plupart des microcoques ont disparu; la membrane
est comme trouée à la place qu'ils occupaient.

Là où il y avait un seul microcoque, le fond de la cavité conique est représenté par un cercle plus lumineux a; s'il y en avait deux, le fond est ellip-

tique, *b*; quelquefois même on distingue une ligne formée par la cuticule plus épaisse en cet endroit, *b'*, qui indique la région de la soudure des bactéries.

Dans le cas où ils étaient réunis en chaînettes, on remarque une bande claire plus ou moins allongée *c*. En *d*, on distingue quelques microcoques, *M. Zeilleri*, var. *a*, en chaînette ou isolés au fond des cavités qui ont résisté à l'action de l'acide.

Fig. 122.

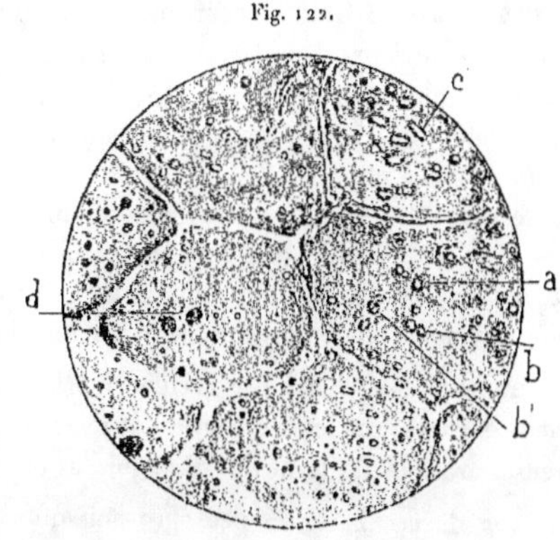

Portion de cuticule traitée à chaud par l'acide chlorhydrique étendu, grossie 850 fois.

a. Trous laissés par le départ des microcoques isolés.	*c.* Traces laissées par des microcoques réunis en chaînette.
b. Traces laissées par des diplocoques.	*d.* Quelques microcoques, qui ont résisté au traitement, occupent encore le fond de certaines cavités.
b'. Bande marquant la place de microcoques réunis par deux.	

Les érosions très variées que l'on observe se présentent donc tantôt sous la forme d'une ouverture à contour net et régulier dont le diamètre est à peine plus grand que celui du microcoque qui l'a produite, tantôt sous la forme d'entonnoirs circulaires ou elliptiques plus ou moins profonds, le travail de la bactérie ayant été de plus grande durée; d'autres fois ce sont des plages à bords accidentés (fig. 118), ou bien encore des espaces elliptiques souvent très allongés résultant de l'action de microcoques groupés en chaînettes; il n'est pas rare de rencontrer de ces sortes de sillons disposés en traînées parallèles, quelquefois recourbés en crosse à une extrémité. Nous pouvons résumer en quelques mots les remarques tirées des observations qui précèdent :

1° Les cuticules de Tovarkowo portent, à leur face interne et à leur face externe, des érosions analogues à celles que produisent les bactéries. Les érosions sont plus accusées sur la face interne.

2° Après plusieurs traitements par l'ammoniaque bouillante, ou par une dissolution de potasse à 1/10 froide, ces membranes, débarrassées de l'acide ulmique, conservent, sur leurs deux faces, des granulations sphériques semblables à des microcoques mesurant, suivant le diamètre, $0\,\mu5$ et $1\,\mu$ environ, à parois peu colorées, très minces, que nous désignons sous le nom de *Micrococcus Zeilleri*, var. *a* et *b*.

La variété *a* se rencontre souvent isolée; plus rarement elle se dispose en bâtonnets larges de $0\,\mu5$ et longs de $1\,\mu5$, composés de trois microcoques.

La variété *b*, au contraire, se groupe souvent en chaînettes formées de deux, trois, plus rarement cinq individus, simulant des bacilles cloisonnés.

3° Après un traitement à chaud par l'acide chlorhydrique, les bactéries sont partiellement détruites sur les deux faces, et il ne reste plus de visibles que les nombreuses érosions de formes variées qu'elles ont produites.

4° La disparition de ces bactéries peut provenir du peu de consistance de leurs parois, non conservées par les procédés ordinaires de la houillification, et qui sont formées d'une substance originairement moins résistante que celle qui constitue les cuticules.

5° Actuellement ce sont les traces des bactéries les plus anciennes que l'on connaisse.

Sphérolithes résultant du travail de Bactéries.

Dans les bancs de schistes siliceux, désignés plus loin (pages 507 et 508) par les lettres B et B' et qui figurent sur les tableaux des différentes couches qui accompagnent le Boghead, se trouvent de nombreux rognons siliceux à surface mamelonnée, plus ou moins aplatis, de couleur grise ou noire.

Fig. 123.

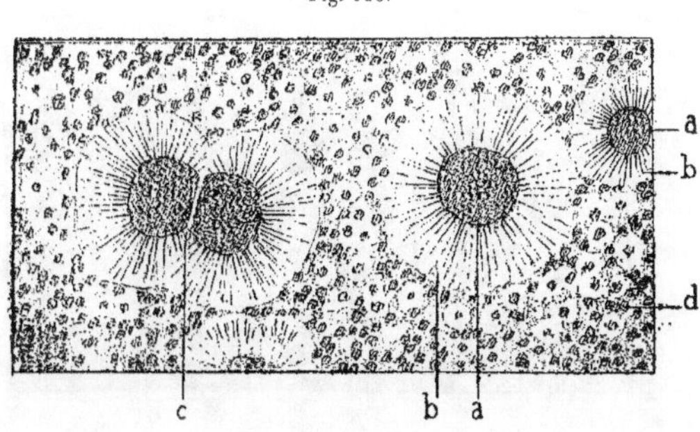

Sphérolithes de Margenne.

a. Noyau sphérique autour duquel s'est formée une couche de cristaux siliceux radiés. — *b.* Zone de cristaux radiés. — *c.* Double noyau sphérique central. — *d.* Noyaux beaucoup plus petits autour desquels s'est formée une zone de cristaux radiés moins épaisse.

Des sections faites dans ces rognons siliceux montrent qu'ils contiennent de nombreux corps sphériques *a*, *c*, fig. 123, présentant un noyau central, disséminés dans une masse fondamentale contenant également d'autres corps plus petits *d*.

Dans les concrétions de Margenne, le noyau est assez fortement coloré en brun et entouré d'une zone d'aspect radié, épaisse, moins foncée, traversée par des aiguilles cristallines nombreuses, disposées suivant les rayons d'une sphère. On distingue parfois dans le noyau une fine granulation.

Le diamètre moyen d'un sphérolithe est de 55 μ; celui des aiguilles cristallines mesure 1 μ; leur longueur est de 15 à 18 μ, et le noyau atteint de 21 à 24 μ; il n'est pas rare de voir deux noyaux séparés par une sorte de cloison *c*, fig. 123. D'autres fois les noyaux sont comme fusionnés et on peut compter leur nombre primitif, 2, 3, 5, *a*, fig. 124. Le sphérolithe qui en résulte possède une taille plus considérable que ceux qui sont isolés, et les aiguilles qui forment l'auréole sont plus allongées. Le contour du noyau central est assez net, et parfois on a la sensation d'une sorte de cavité qui se serait remplie de silice colorée. La surface extérieure du sphérolithe n'est pas aussi bien limitée; les extrémités des aiguilles cristallines ne s'arrêtent pas uniformé-

Fig. 124.

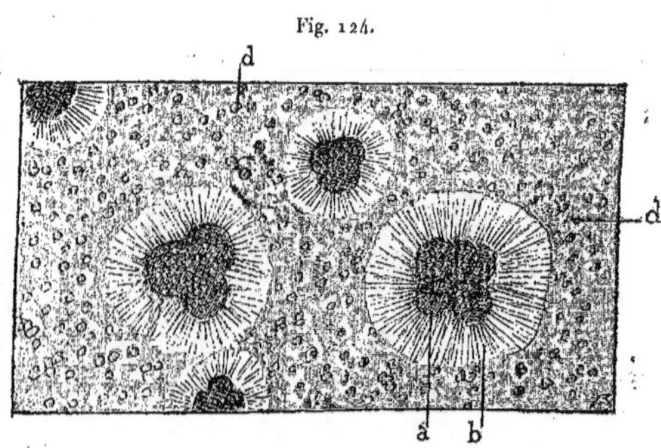

Sphérolithes de Margenne.

a. Noyaux, au nombre de cinq, qui se sont fusionnés et entourés d'une auréole cristalline commune *b*.
d. Noyaux plus petits disséminés dans la masse, également entourés d'une zone radiée.

ment à la surface d'une sphère et se perdent dans la masse siliceuse fondamentale environnante.

Nous avons donné, dans notre Atlas, la description de la figure 12, pl. LXXXVIII, en supposant que ces sphérolithes avaient pris naissance autour d'algues à thalle unicellulaire, entouré d'une couche gélosique, les cristaux radiés s'étant formés à l'intérieur de cette dernière.

C'était l'explication la plus simple qui, alors, se présentait à l'esprit, et nous pensions que l'algue en question était le *Gloioconis Borneti*. Nous allons revenir sur cette explication.

La couche de schistes siliceux B des Thélots contient aussi, comme nous l'avons dit, des concrétions analogues; les préparations en plaques minces y montrent également des sphérolithes, mais d'aspect un peu différent de ceux de Margenne.

En effet, ces corps sont beaucoup moins colorés; ils sont beaucoup plus nombreux, serrés les uns contre les autres, et l'ensemble rappelle un tissu cellulaire dont les éléments auraient des parois extrèmement minces et un gros noyau central (fig. 125).

Dans un certain nombre d'entre eux, comme à Margenne, on rencontre des noyaux multiples *a* fig. 126.

L'auréole incolore qui entoure les noyaux est à peine sillonnée de lignes rayonnantes extrèmement déliées et qui sont beaucoup moins apparentes que dans les échantillons de Margenne.

Le contour polyédrique est assez bien limité, quoique parfois il disparaisse complètement, par place, mettant ainsi en communication plusieurs éléments voisins.

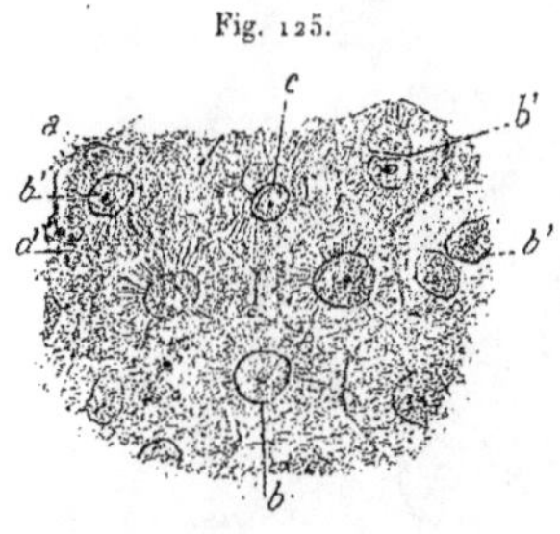

Fig. 125.

Sphérolithes des Thélots.

a.   Auréole rayonnante cristalline presque incolore.
b.   Noyau central.
b', *c.* Noyaux multiples.
d.   Petits noyaux disséminés dans l'intervalle des sphérolithes.

Les dimensions moyennes sont, pour un noyau simple, 21 μ de diamètre, et pour le sphérolithe tout entier 58 μ; ce sont sensiblement les mêmes que celles trouvées dans les échantillons de Margenne; il est donc probable que ce sont les mêmes causes qui les ont produits de part et d'autre.

Une autre particularité commune est la présence, au milieu des sphérolithes, de nombreux grains de pollen divisés ou prépolliniques *a*, fig. 127. Les dimensions de ces corps sont considérables; de forme ellipsoïdale, leur grand axe mesure 184 μ, et le petit 135 μ.

Il est douteux que ces prépolliniques appartiennent aux Cordaïtes, parce que la division cellulaire y est bien plus complète que dans le pollen de ces dernières plantes; en outre, ce même pollen ne mesure que 120 μ et 70 μ, suivant le grand et le petit diamètre.

Les grains de pollen ont été déposés en même temps que les noyaux autour desquels s'est formée une couche d'aiguilles cristallines; mais ce que l'on doit remarquer, c'est qu'ils n'ont pas déterminé autour d'eux la formation d'une couche semblable.

Le dépôt a dû se faire dans des eaux parfaitement tranquilles. A Margenne, les noyaux enveloppés d'une couche mucilagineuse se sont superposés, et la silice a cristallisé dans cette couche sous forme d'aiguilles rayonnantes.

Fig. 126.

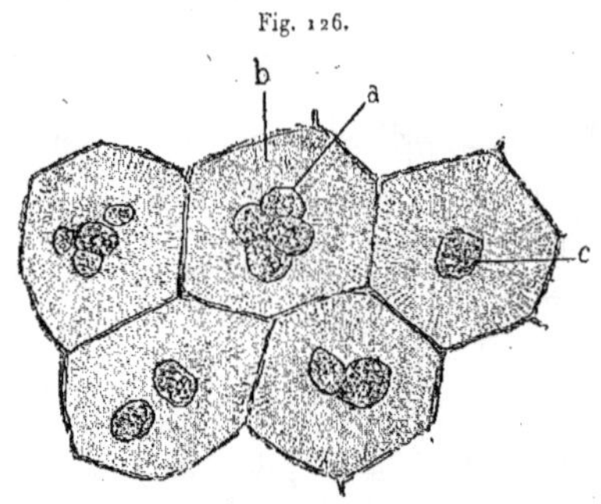

Sphérolithes des Thélots.

a. Noyaux multiples. — *b.* Auréole incolore. — *c.* Noyau unique.

Aux Thélots, la couche mucilagineuse qui entoure le noyau est recouverte d'une mince membrane; celle-ci a pris une forme polyédrique par le

Fig. 127.

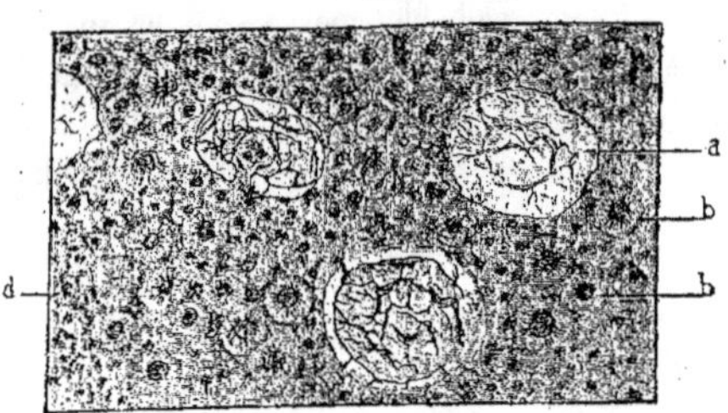

Sphérolithes accompagnés de grains de pollen divisés.

a. Grain de pollen ou prépollinie. — *b.* Sphérolithes de forme arrondie.
d. Sphérolithes plus petits, de forme polyédrique.

contact des éléments voisins; les grains de pollen, ayant, au contraire, une enveloppe plus résistante, ont conservé leur forme ellipsoïdale.

Nous avons cherché à expliquer l'origine de ces sphérolithes, et nous avons tout d'abord admis que la cristallisation de la silice s'était faite autour de thalles d'algues unicellulaires analogues aux *Gloioconis,* au milieu de la couche de gélose qui entourait chaque thalle ; mais, depuis, nous avons reconnu l'existence de sphérolithes analogues à l'intérieur de tissus dans lesquels il était impossible d'expliquer la présence d'algues ; nous avons donc été amené à rechercher une autre cause.

La figure 128 montre une section faite au travers d'une moelle d'*Arthropitus lineata;* une partie des cellules ont été disjointes par le travail des bac-

Fig. 128.

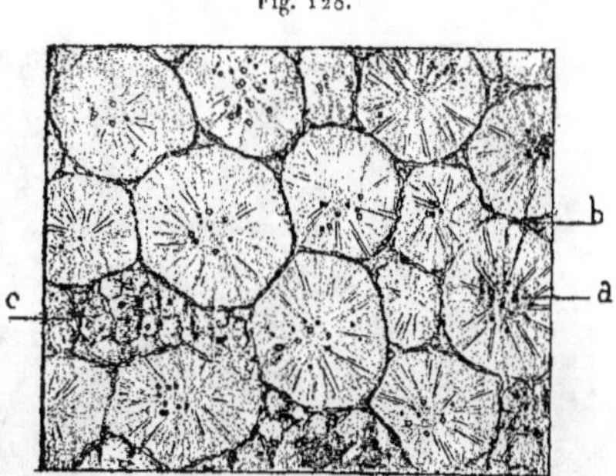

Moelle d'*Arthropitus lineata* (Champ des Borgis).

a. Cellules en partie dissociées, à l'intérieur desquelles on voit de nombreux *Micrococcus Guignardi,* var. α. — *b.* Cellules se séparant par destruction de la membrane moyenne. — *c.* Portion de tissu désorganisé renfermant des microcoques.

téries ; à l'intérieur on remarque, groupés vers le centre *a,* un certain nombre de *Micrococcus Guignardi,* var. α ; le contenu des cellules paraît avoir été dissous, et on distingue des aiguilles cristallines se dirigeant en rayonnant du centre à la périphérie ; les parois des cellules ont été en partie dissoutes ; la membrane moyenne seule a persisté. Les eaux siliceuses ont envahi le tissu avant que les cellules disjointes aient eu le temps de se séparer, de sorte que les parois sont encore très reconnaissables ; le noyau central du sphérolithe n'était pas encore complètement formé.

La figure 129 représente une portion de moelle d'*Arthropitus medullata* plus profondément altérée que celle de la figure précédente.

On voit que non seulement la membrane moyenne a été détruite, mais que les parois des cellules ont disparu dans beaucoup d'entre elles.

Les noyaux sont très apparents; tantôt ils sont circulaires, tantôt elliptiques, entiers ou divisés, solitaires ou réunis par deux ou par trois, de grandeurs inégales.

Le diamètre varie de 15 à 20 μ; celui des cellules dont les parois subsistent encore est de 55 μ environ; ces dimensions sont sensiblement les mêmes que celles des sphérolithes des Thélots.

Fig. 129.

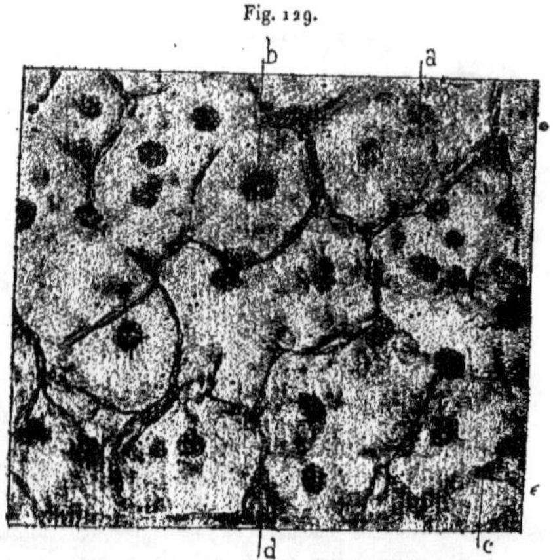

Coupe faite dans une moelle d'Arthropitus medullata (Champ des Borgis).

a. Cellule à contour mal délimité. — b. Noyau dans lequel on distingue de fines granulations.
c, d. Parois des cellules en partie détruites.

A l'intérieur, et surtout à la périphérie des noyaux, on distingue, sous un fort grossissement, des sphérules extrêmement petites, qui rappellent ainsi les granulations que l'on distingue dans le noyau des sphérolithes de Margenne; leur diamètre atteint à peine 0 μ 5; ce sont les dimensions que nous avons trouvées pour le Micrococcus hymenophagus, var. B, qui attaque les membranes moyennes des cellules de l'Arthropitus bistriata et des Stigmaria.

Dans le même fragment d'Arthropitus medullata, on rencontre des portions de moelle encore plus désorganisées, et qui se rapprochent davantage des sphérolithes des Thélots.

62.

Les parois des cellules sont en grande partie détruites ou vaguement indiquées; les noyaux sont moins accusés que dans la figure 129, plus clairs et formés de granulations plus transparentes, mais de mêmes dimensions; il y a donc une grande analogie d'aspect entre les sphérolithes des Thélots et les sphérolithes

Fig. 130.

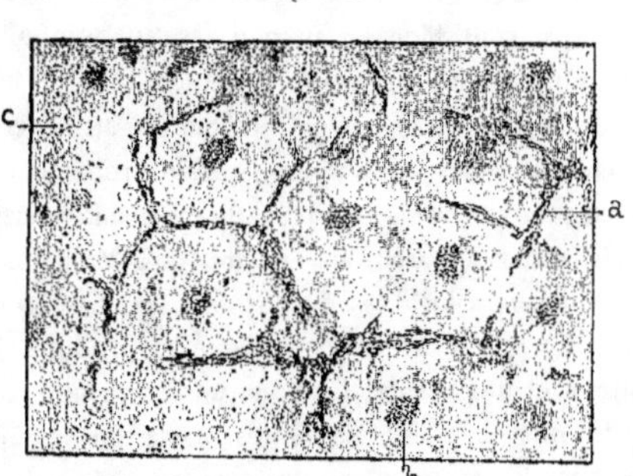

Portion de moelle d'*Arthropitus medullata* (Champ des Borgis).

a. Cellules dont les parois sont en partie conservées. — *b.* Noyau granuleux des cellules.
c. Région où les parois sont complètement détruites, les noyaux seuls étant visibles.

de la moelle d'*Arthropitus*. La seule différence que l'on constate, c'est que dans les fragments de moelle d'*Arthropitus* il n'existe aucun grain de pollen, tandis qu'entre les sphérolithes des Thélots et de Margenne le nombre en est assez considérable.

Si la moelle des *Arthropitus* ou celle d'autres végétaux de la même époque, ou, d'une façon plus générale, si les tissus parenchymateux attaqués par les bactéries ont été l'origine des sphérolithes des Thélots, de Margenne, du champ des Borgis, etc., voici comment on pourrait comprendre les détails de leur formation :

Les tissus parenchymateux encore en place, ou détachés par fragments des plantes submergées, étaient attaqués par les bactéries; sur la figure 128 on aperçoit les cellules, encore adhérentes entre elles, occupées par le *Micrococcus Guignardi*.

Le contenu des cellules a été dissous ainsi que la plus grande partie des parois. Si l'on suppose que le *Micrococcus hymenophagus* intervienne à ce moment, la membrane moyenne disparaît; ce qui reste des cellules devient libre;

le moindre courant peut détacher ces débris cellulaires, qui conservent encore une certaine individualité et emportent avec eux un grand nombre de microcoques; ceux-ci se réfugient au centre de la cellule et s'y groupent en masse arrondie.

Aux Thélots, ces cellules, qui n'ont conservé qu'un reste extrèmement mince de membrane, se sont déposées au fond des eaux tranquilles, en même temps que les grains de pollen tenus en suspension dans le liquide; leur pression mutuelle a déterminé la forme polyédrique qu'on observe. La cristallisation de la silice en forme d'aiguilles rayonnantes a probablement été gênée par le reste de membrane qui avaït persisté; cette remarque pourrait expliquer l'aspect cristallin radié moins apparent aux Thélots qu'à Margenne.

Dans cette dernière localité au contraire, la dissolution de l'enveloppe a été complète; il n'est resté de la cellule que les produits de la décomposition de son contenu et des parois, formant une sorte de gelée autour du noyau occupé par les microcoques. Ces petites masses en se superposant, étant dépourvues de membrane, n'ont pu prendre la forme polyédrique signalée aux Thélots, et la cristallisation de la silice se faisant en toute liberté a produit ces aiguilles rayonnantes que l'on remarque autour des noyaux.

Si ces considérations sont exactes, les sphérolithes si communs aux Thélots, à Margenne, aux champs des Borgis et de la Justice, etc., partout où il se trouve des tissus mous décomposés, auraient pour cause la cristallisation de la silice sous forme d'aiguilles dans une couche gélosique produite par la désorganisation des cellules; cette désorganisation résulterait de l'action successive de diverses bactéries, dont les dernières se sont réfugiées au centre de la masse gélosique.

Il serait prématuré de tirer des conclusions définitives des quelques observations qui précèdent; le champ ouvert aux recherches est immense et encore à peu près inexploré. Cependant le nombre relativement considérable de bactéries que nous avons découvertes dans les milieux les plus variés autorise à penser, comme nous le disions au début de ce chapitre, que de tout temps les micro-organismes ont joué un rôle des plus importants en faisant disparaître les débris organisés et en remettant dans la circulation générale, à un état de composition plus simple, les corps complexes qui entrent dans la constitution des animaux et des plantes.

Il est évident que si le travail microbien n'a pas été entravé et s'est accompli librement jusqu'au bout, non seulement les tissus mous des animaux ont dû disparaître, mais que le phosphate de chaux des os, des écailles et des dents, rendu lui-même soluble, a été entraîné et dispersé de tous côtés.

Quant aux plantes, nous avons vu leurs tissus dissous successivement, et dans un ordre déterminé, leurs parties les moins attaquables, telles que spores, grains de pollen, cuticules, persistant seules à un moment donné, et que même ces derniers restes pouvaient être détruits.

Le combustible de Tovarkowo est instructif sous ce rapport, puisqu'il nous montre qu'après la destruction de tous les autres tissus, les cuticules qui le composent ont été elles-mêmes attaquées profondément sur les deux faces, au moins par deux espèces de microcoques.

Les cuticules de Tovarkowo ne sont pas houillifiées (nous donnons plus bas leur composition chimique), et cependant elles ont résisté à une longue série de siècles, en conservant, en grande partie, leur souplesse, la propriété de se distendre et de se gonfler dans l'eau ou la glycérine aqueuse, l'alcool, le toluène; dans ce dernier liquide l'augmentation en surface peut atteindre 1/7. Nous ne supposons pas que les érosions que nous avons signalées soient dues au travail de bactéries vivantes, car celles-ci, ayant eu un temps immense pour accomplir ce travail, n'auraient pas laissé de traces de cuticules. Nous admettons que ce sont les bactéries de l'époque du Culm qui ont attaqué les rameaux de *Bothrodendron* tombés dans les marécages houillers, en ont fait disparaître tous les tissus, à l'exception des cuticules, que même elles auraient eu raison de ces dernières si quelque cause n'était intervenue pour mettre un terme à leur destruction.

On peut se demander alors si ce travail n'aurait pas été interrompu par le transport des cuticules du lieu où la macération microbienne s'effectuait, dans des lacs dont les eaux contenaient en dissolution des principes ulmiques; comme on l'a vu, l'acide ulmique se rencontre en effet en grande quantité entre les cuticules; ce pourraient donc être des combinaisons de ce corps ou quelques composés analogues dissous dans les eaux brunes, qui auraient suspendu l'action destructive des bactéries, dont un certain nombre sont restées en place, contribuant ainsi par elles-mêmes, dans une certaine mesure, à la formation du combustible.

Il est clair qu'au lieu d'admettre que les cuticules ont été enlevées des marais houillers où elles macéraient, on peut faire l'hypothèse inverse, plus simple, et supposer qu'elles y ont été recouvertes par des eaux brunes chargées de principes ulmiques.

COMPOSITION CHIMIQUE DES CUTICULES DE TOVARKOWO.

M. G. Bertrand a bien voulu faire l'analyse des cuticules de Tovarkowo; voici les résultats qu'il a obtenus :

Cendres.................................... 8.77

. La matière organique contient :

C...................................... 74.69
H...................................... 9.75
O...................................... 14.59
Az..................................... 0.97

D'après Frémy, la composition de la cuticule des feuilles d'Agave serait :

C...................................... 68.29
H...................................... 9.55
O, Az (et cendres?).................... 22.15

Celle des cuticules des feuilles de Lierre :

C...................................... 68.42
H...................................... 9.48
O, Az (et cendres?).................... 22.10

En admettant que ces cuticules aient fourni une quantité de cendres (non dosées dans ces deux analyses) égale à celle des cuticules fossiles, on obtiendrait les chiffres suivants :

AGAVE.		LIERRE.	
C............	74.84	C............	74.99
H............	10.47	H............	10.39
O et Az......	14.67	O et Az......	14.61
Total.....	99.98	Total.....	99.99

Ou bien encore, en mettant ensemble les cendres, l'oxygène et l'azote, comme sans doute cela a été fait dans les analyses citées des cuticules vivantes, on aurait pour la composition des cuticules fossiles :

$$
\begin{array}{lr}
\text{C} & 68.66 \\
\text{H} & 8.96 \\
\text{O et Az (et cendres)} & 22.36 \\
\hline
\text{Total} & 99.98 \\
\end{array}
$$

Ces chiffres se rapprochent beaucoup les uns des autres, et les cuticules du Culm inférieur auraient sensiblement la même composition que celles de plantes encore vivantes.

L'état de conservation des membranes végétales de Tovarkowo est absolument différent de celui des plantes houillifiées ; leurs propriétés chimiques et physiques initiales paraissent avoir éprouvé très peu de changements, tandis que les plantes transformées en houille sont profondément altérées, soit dans leur composition, soit dans leurs propriétés physiques primitives. L'action bactérienne seule, comme nous l'avons dit à plusieurs reprises, paraît insuffisante pour amener ces transformations importantes.

Il est assurément surprenant de constater l'énergique résistance à la destruction des cuticules que nous avons décrites. Mais si, comme nous l'avons supposé, le travail de désorganisation des bactéries a été arrêté par l'arrivée d'eaux brunes chargées de principes ulmiques, il se pourrait que l'immunité acquise par ces membranes et par les bactéries fût due à la fixation d'une petite quantité de ces principes.

REMARQUES

SUR

LA FORMATION SCHISTEUSE ET LE BOGHEAD D'AUTUN.

———

Le bassin houiller d'Autun, en y comprenant les roches de l'étage du Culm qui renferment des lambeaux d'anthracite intercalés avec plantes conservées, en empreintes ou par la silice, présente sensiblement la forme d'un secteur circulaire dont la convexité serait tournée du côté des massifs du plateau central et dont la corde serait dirigée à peu près du nord-est au sud-ouest.

Les cours d'eau actuels, que l'on pourrait regarder comme les représentants amoindris de rivières beaucoup plus importantes dont les apports, aux époques anciennes, ont comblé le bassin, ne sont maintenant qu'en petit nombre et de simples ruisseaux; ils sont tous placés sur la partie convexe du secteur [1] et se dirigent sensiblement suivant les rayons du cercle dont il fait partie.

On peut citer parmi ces petits cours d'eau la Grande-Verrière, la Selle, le Ternin, la Suze, la Canche, la Drée et l'Arroux; les six premiers, qui se déversaient directement dans le lac avant qu'il ne fût comblé, se jettent actuellement dans l'Arroux, qui coupe le bassin du nord-est au sud-ouest.

Si, en leur supposant un débit beaucoup plus considérable, ces petites rivières ont pu combler peu à peu le bassin sur son contour est-nord-ouest, on est embarrassé pour expliquer comment il a pu se remplir perpendiculairement à la corde du secteur. Actuellement on n'observe, en effet, que des ruisselets de petite étendue, hors de proportion avec les masses de grès que l'on rencontre tout le long de cette corde. L'épaisseur du terrain houiller accompagné de bancs de houille prouve qu'il y a eu également de ce côté un transport important dont les facteurs, c'est-à-dire les cours d'eau, ne sont

———

[1] Le ruisseau la Drée seul débouche dans le bassin, en suivant la direction sud-nord, à l'extrémité est de ce dernier.

plus visibles, sans doute à cause des changements de niveau, des éruptions qui se sont effectués dans cette région.

L'étendue du bassin houiller dans sa plus grande longueur, dirigée du nord-est au sud-ouest, peut être évaluée à 37 ou 38 kilomètres, et sa largeur, à 15 ou 16 kilomètres. Les puits d'extraction que l'on a creusés soit aux environs d'Autun, soit à Épinac, atteignent de 400 à 720 mètres; ce n'est certainement pas la plus grande épaisseur des couches sédimentaires; par conséquent l'apport fait par les différentes rivières de l'époque a été considérable. La dépression existant au milieu des roches primitives a été comblée surtout pendant la période du Culm et celle du terrain houiller supérieur et du terrain permien; jusqu'ici on n'a en effet signalé dans le bassin autunois aucune trace du terrain houiller moyen [1].

La masse énorme des débris minéraux entraînés pourrait s'expliquer par la différence de niveau du point d'origine des cours d'eau et de leur embouchure dans le lac; actuellement ce dernier niveau cote en moyenne 316 mètres; celui du point d'origine varie de 600 à 450 mètres; la différence est donc de 300 à 100 mètres environ, qui se répartit sur une longueur mesurant quelques lieues seulement; il est à remarquer que la pente s'accentue de plus en plus de l'est à l'ouest et que ce sont la Grande-Verrière, la Selle, le Ternin, etc., dont les cours sont les plus rapides, et qu'à masse d'eau égale, ce sont ces rivières qui ont dû entraîner la plus grande quantité de matières minérales, sinon de matières végétales.

Si la portion du plateau central qui limite au nord et à l'ouest le bassin houiller d'Autun a maintenant à peu près la même configuration qu'autrefois, il est facile de se convaincre que la surface de terrain couverte de végétation qui déversait ses eaux de ce côté était peu étendue, et que la masse de houille résultant de l'accumulation des végétaux entraînés lors des inondations doit être assez minime [2].

Les couches de houille les plus importantes sont, comme l'on sait, celles d'Épinac, et cependant on ne voit nul cours d'eau ayant pu amener les matériaux dont se composent les trois étages de cette puissante formation. En effet, la petite rivière la Drée parcourt une région trop peu étendue pour

---

[1] L'épaisseur des terrains secondaires et tertiaires, quoique assez importante dans quelques localités, est bien inférieure à celle des terrains primaires.

[2] Les nombreuses recherches faites sur tous les points du bassin d'Autun confirment malheureusement cette conclusion.

que le volume et la vitesse de ses eaux aient été suffisants pour accomplir ce travail. Peut-être à l'époque de la formation des couches d'Épinac, le bassin autunois était-il ouvert à l'est et recevait-il quelque affluent appartenant aujourd'hui au bassin de la Saône.

Terrain houiller. — Si l'on jette un coup d'œil sur la carte géologique du bassin d'Autun [1], on reconnaît que son contour convexe est presque partout constitué par des tufs orthophyriques de l'âge du Culm; ces tufs renferment à Collonge, à Esnost, aux Panneaux, au Bois-Saint-Romain, à Polroy, des enclaves d'anthracite et de silex ayant fourni des échantillons de plantes caractéristiques du Culm telles que les *Cardiopteris frondosa, Bornia radiata,* etc.; c'est la partie la plus ancienne du bassin; le côté sud est absolument dépourvu de roches appartenant à cette époque.

Il semble qu'il y ait eu à la suite de ce premier dépôt un long temps d'arrêt pendant lequel se produisaient ailleurs les couches du terrain houiller moyen.

Lorsque le travail reprit, ce fut à l'est du bassin, aux environs d'Épinac, que les terrains se formèrent d'abord, donnant naissance à l'étage schisteux et charbonneux d'Épinac. Puis le dépôt, à la suite d'un changement de niveau du bassin vers l'ouest, s'effectua sur une surface beaucoup plus importante, et produisit un puissant étage stérile de grès et de poudingues, et l'étage charbonneux du Molloy.

Le terrain houiller du bassin d'Autun comprend donc au nord-est et au nord-ouest l'étage du Culm; à l'est, l'étage schisteux et charbonneux d'Épinac; puis en affleurement sur toute son étendue, sauf dans les parties dénudées ou recouvertes par d'autres formations, un étage stérile de grès et de poudingues sur lequel repose l'étage charbonneux du Grand-Molloy.

L'étage du Grand-Molloy est celui qui présente dans le bassin la plus grande surface, et que l'on retrouve sur tout son contour.

Nous avons pu le suivre sans interruption depuis les Griveaux à l'ouest du bassin jusqu'à Chaumoy; aux Renauds nous avons recueilli *Pecopteris arborescens, P. Pluckeneti, Cordaites borassifolius;* aucune plante permienne comme *Walchia, Callipteris,* etc.

La bande se continue également sans interruption à Savigny, les Chevrots jusqu'à Cortecloux.

[1] *Carte géologique du Bassin houiller d'Autun et d'Épinac,* à l'échelle de 1/40,000°, par MM. M. Lévy, F. Delafond et B. Renault, 1889.

Aux Chevrots se rencontrent de nombreux *Cordaites lingulatus*, *Dorycordaites affinis*, *Poacordaites linearis*, des *Rhabdocarpus mucronatus*, *Pecopteris (Goniopteris) unita*, *P. hemitelioides*, *Sphenopteris Decheni* (?). A Cortecloux nous avons recueilli le *Calamites Cisti*, le *Pecopteris Cyathea*, *P. Candollei*, *Nevropteris Planchardi*, de nombreuses graines de Cordaïtes. A la Charmoye quelques feuilles de Cordaïtes, et des pétioles d'*Alethopteris* indéterminables spécifiquement.

Les affleurements se perdent ensuite sous les couches des terrains permiens et tertiaires pour ne reparaître qu'au Grand-Molloy; là se trouvent abondamment des *Pecopteris arborescens*, *Nevropteris Grangeri*, *Alethopteris Grandini*, des *Calamodendrons*, etc. La flore du Mont-Pelé, qui appartient au même horizon, est fort riche; on y rencontre fréquemment des feuilles de *Cordaites borassifolius*, *C. angulosostriatus*, *Cordaicladus approximatus*, *Artisia approximata*, *Cordaicarpus ovatus*, *Dicranophyllum gallicum*, *Pachytesta gigantea*, *Dolerophyllum Berthieri*, *Annularia stellata*, *A. brevifolia*, *Macrostachya infundibuliformis*; *Sphenophyllum oblongifolium*, *Sph. angustifolium*, *Sphenopteris Casteli*, *Diplothmema Ribeyroni*, *Alethopteris Grandini*, *Nevropteris Grangeri*, *N. cordata*, *Pecopteris hemitelioides*, *P. cyathea*, *P. arborescens*, *Callipteridium pteridium*, *Odontopteris Reichiana*, etc.

La couche du Grand-Molloy se poursuit sur le côté est-sud, sud-ouest du bassin sans interruption, au Val-Saint-Benoît, à Marvelay, Pauvray, le Foulon; dans cette dernière localité nous avons recueilli l'*Alethopteris Grandini*, le *Pecopteris arborescens* et l'*Arthropitus gigas*.

A Saint-Blaise, faubourg d'Autun, les *Pecopteris arborescens*, *P. Candolleana*, *P. unita?*, *Alethopteris Grandini*, *Callipteridium ovatum*, *Calamites Cisti* sont assez fréquents. La bande de terrain houiller vient aboutir à Ornez; là elle cesse à cause d'une érosion profonde produite par l'Arroux.

D'après les quelques lignes qui précèdent, on voit que l'étage du Grand-Molloy se retrouve tout autour du bassin d'Autun, et que c'est dans la cuvette formée par ses couches que se sont déposées les assises du terrain permien.

TERRAIN PERMIEN. — Le terrain permien autunois comprend deux grandes divisions : la formation des schistes bitumineux et celle des grès rouges. La première est très importante par son étendue; la seconde ne se présente que par lambeaux dans le bassin d'Autun, mais est au contraire très développée aux environs du Creusot et de Montcenis.

La formation bitumineuse a été subdivisée, en se basant sur des considérations stratigraphiques et botaniques, en trois étages distincts :

Le 1er étage comprend les couches d'Igornay, Lally, Saint-Léger-du-Bois ;

Le 2e étage, la Comaille, le Poizot (partie supérieure), Chambois, Ravelon, Dracy-Saint-Loup, Muse, etc. ;

Le 3e étage, Millery, les Thélots, Margenne.

Dans son ensemble elle recouvre complètement, sauf au nord, les couches supérieures du Molloy, qui lui sert de bordure, comme nous l'avons vu, au nord-est, à l'est, au sud et à l'ouest.

Sur une portion de la lisière nord, il y a eu, comme l'a fait remarquer M. Delafond, transgression du permien sur le houiller, et il repose directement sur les tufs orthophyriques de l'époque du Culm. Il est assez difficile de préciser les limites respectives de ces trois étages et leur étendue. Le plus ancien, celui d'Igornay, caractérisé par le *Nevropteris Planchardi*, rencontré également en abondance dans le terrain houiller de Commentry, par de nombreux *Pachytesta*, par quelques écorces de Sigillaires cannelées, de rares *Callipteris*, semble faire suite immédiatement au terrain houiller du Molloy ; des empreintes semblables que j'ai vues au Poizot et provenant des couches inférieures prouvent que cet étage s'étend au moins jusque-là, recouvert par le 2e étage, celui de la Grande Couche.

Ce 2e étage, fort étendu et qui renferme le banc dit de la *Grande Couche*, le plus souvent exploité, se rencontre à Chambois, la Comaille, le Poizot, le Ruet, Dracy-Saint-Loup, les Abots, Muse, Saint-Forgeot, etc. ; outre les schistes bitumineux, il renferme des gites de houille de peu d'importance, plus particulièrement à Chambois, Cordesse, les Baujards.

Les empreintes les plus caractéristiques sont des *Walchia piniformis*, *W. imbricata*, des Sigillaires à écorces lisses, *Clathraria Brardi*, *Leiodermaria spinulosa*, des *Callipteris Naumanni*, *C. lyratifolia*, des *Odontopteris Schlotheimi*, etc.

Le 3e étage paraît beaucoup moins étendu que les deux précédents ; on l'a rencontré à Millery, aux Thélots, à Margenne, sur la route de Monthelon et aux Cheminots ; le bassin permien s'était alors considérablement réduit en étendue et en profondeur ; dans ces conditions la nature des dépôts, sans changer complètement, s'est pour ainsi dire spécialisée par moments et a produit des couches de Boghead dont nous étudierons plus loin avec détails le mode de formation.

Le tableau suivant donne un exemple de la composition des couches à Millery, Ravelon, Igornay, c'est-à-dire à trois niveaux différents de la formation permienne.

TERRAIN PERMIEN D'AUTUN.

COUPES PRISES DANS LE VOISINAGE DE CERTAINES COUCHES EXPLOITÉES.

A. { Grès rouge. Environs de Gurgy, Savigny, Les Gravières, etc. } Bois silicifiés de Cordaïtes.

B.

3° Schistes bitumineux dans le voisinage des couches exploitées aux Thélots, à Millery.

Schistes bitumineux	0^m15
Barre argilo-calcaire	0 08
Schistes bitumineux	0 08
Boghead	0 25
Schistes bitumineux	0 15
Schistes stériles (havage) 0^m40 à	1 20

FAUNE.

—

Actinodon Frossardi, Protriton petrolei, Nectotelson Rochei, Haptodus Baylei, Pleuronoura Pellati, Callibrachion Gaudryi, Palaeoniscus, Amblypterus divers.

2° Schistes bitumineux dans le voisinage des couches exploitées à Ravelon.

Grès à éléments moyens	0 10
1° Barre blanche	Caractéristique.
Banc de couronne	1^m00
2° Barre grise	Caractéristique.
Banc de 1/2 couronne	0^m10
3° Barre blanche	Caractéristique.
Banc du pied	1^m00
Schistes stériles	variables.

La couche moyenne des schistes est caractérisée par trois barres blanches ou grises. Les fossiles sont peu nombreux à Ravelon. Au toit se trouvent des grès à éléments moyens. Au mur on rencontre des grès grossiers et des poudingues; nombreux coprolithes.

1° Schistes bitumineux dans le voisinage des couches exploitées à Igornay.

Banc jaune	0^m80
Schiste stérile	2 00
Première couche	2 50
Schistes stériles	2 50
Deuxième couche	2 00
Schistes stériles	3 00
Troisième couche	7 00
Schistes stériles	2 00
Quatrième couche	1 30

Les schistes exploitables sont contenus dans une épaisseur de 25 mètres environ; la première couche seule est exploitée.

FAUNE.

—

Pleuracanthus Frossardi, Stereorachis dominans, Euchirosaurus Rochei, Palaeoniscus, Amblypterus divers; nombreux coprolithes.

GISEMENTS SILICEUX DU BASSIN D'AUTUN.

Pendant le dépôt des couches du bassin d'Autun et d'Épinac de nombreuses sources siliceuses ont déversé leurs eaux dans les lagunes, les étangs, les marais avoisinant le lac, et la silice en se solidifiant a conservé quelques-unes des plantes qui vivaient à cette époque et qui y avaient été entraînées.

Comme l'intervalle de temps qui s'est écoulé entre le dépôt des couches les plus anciennes et celui des couches les plus récentes est considérable, la flore a nécessairement varié, et les débris végétaux conservés sont, à cet égard, des plus instructifs. Nous avons reconnu quatre zones bien distinctes pour ces dépôts siliceux :

Première zone. — Si l'on se reporte à la carte du bassin d'Autun à $\frac{1}{40000}$ [1], on voit au nord-ouest, près d'Esnost, une bande dirigée du nord-est au sud-ouest sur une étendue de près de 1 kilomètre et demi, renfermant de nombreux rognons siliceux, dont les uns sont encore engagés dans les tufs orthophyriques formant les collines de la région, et les autres disséminés dans les terres cultivées qui proviennent de la désagrégation de ces tufs.

Les végétaux que l'on y rencontre sont, comme on l'a vu, assez nombreux, et plus variés en espèces que ceux qui se trouvent dans les gisements, beaucoup plus étendus cependant, de Lay, Régny, Combres (Loire). Nous rappellerons ici les genres et les espèces que nous avons rencontrés dans les gisements d'Esnost.

Calamodendrées	*Bornia esnostensis* [2] *. *Bornia latixylon* *.
Lycopodinées	*Lepidodendron esnostense* *.
Fougères	*Diplolabis esnostensis* *. *Dineuron pteroides* *. *Rachiopteris esnostensis* *. *Hymenophyllites, α* *, ϐ* *, γ* *. *Todeopsis primæva* *.
Algues	*Lageniastrum macrosporæ* *.

[1] *Loc. cit.*

[2] Les espèces accompagnées d'un astérisque * étaient nouvelles.

CHAMPIGNONS . . . .
- *Phellomycetes dubius* [*].
- *Myxomycetes Mangini* [*].
- *Mucedites* [*].
- *Oochytrium Lepidodendri* [*].
- *Teleutospora Milloti* [*].
- *Palæomyces gracilis* [*].
- *Palæomyces majus* [*].

BACTÉRIES . . . .
- *Bacillus vorax* [*].
- *Micrococcus priscus* [*].
- *Micrococcus esnostensis* [*].

ARTHROPODES . . . . , *Arthroon Rochei* [*].

Parmi ces genres et ces espèces, quelques-uns se rencontrent également dans les silex des environs de Régny; ce sont les genres *Diplolabis*, *Lepidodendron* (le *Lepidodendron esnostense* est très voisin du *Lepidodendron rhodumnense*).

Les *Bornia* silicifiés existent dans le Roannais, mais n'ont été jusqu'ici trouvés qu'en fragments indéterminables spécifiquement.

Le *Lageniastrum macrosporæ* se rencontre dans les macrospores du *Lepidodendron esnostense* et dans celles du *L. rhodumnense*.

Les *Phellomycetes dubius*, *Myxomycetes Mangini*, sont fréquents dans les écorces de cette dernière espèce de Lépidodendron.

L'*Oochytrium Lepidodendri* y est beaucoup plus rare, ainsi que l'*Arthroon Rochei*.

Nous y avons rencontré assez souvent le *Micrococcus priscus*.

On voit que le nombre des espèces et des genres communs aux deux gisements est relativement assez grand; sans doute de nouvelles recherches ne feront que l'accroître, et on peut les considérer comme contemporains.

Le Culm de Régny et celui d'Esnost sont donc caractérisés par des dépôts siliceux ayant conservé un certain nombre de débris végétaux et formant des bancs d'une grande étendue dans les environs de Régny, mais disloqués, réduits en fragments, au contraire, aux environs d'Esnost.

Quelques morceaux de bois de *Bornia* trouvés autour des puits d'extraction d'anthracite au Bois-Saint-Romain près de Polroy montrent que les dépôts siliceux s'étendent jusque-là, mais d'une façon irrégulière et discontinue. Nous avons désigné sur la carte par une ligne pointillée bleue cette première zone de végétaux silicifiés du bassin d'Autun.

DEUXIÈME ZONE. — La deuxième zone que l'on peut reconnaître dans le bassin autunois est bien plus récente et appartient à la base du permien (couches d'Igornay); elle est caractérisée par une flore assez pauvre, car jusqu'ici on n'y a trouvé que des bois de Cordaïtes, de rares *Psaronius*. C'est en bordure des couches permiennes que l'on observe, par place, des gisements plus ou moins abondants de ces végétaux : entre Sully et le Mont-Pelé, au nord de Saint-Léger-du-Bois, au Mauguin près Igornay, au bas de la montée de Reclennes, à Tavernay, le Changarnier, Millorc. Ces différentes régions ont été réunies par une ligne rouge ponctuée.

TROISIÈME ZONE. — La troisième zone est morcelée et se présente sous forme d'îlots épars sur toute la surface du bassin, là où les couches schisteuses surélevées ne sont pas recouvertes par les alluvions tertiaires et ont été plus ou moins entamées par érosion. Le nombre des genres de végétaux qu'on y observe est encore assez limité; outre les bois de Cordaïtes, peut-être différents de ceux qui se trouvent dans la deuxième zone, on remarque assez fréquemment des troncs de fougères arborescentes (*Psaronius*) des bois de Conifères, tels que *Cedroxylon*, des *Arthropitus*, etc. Cette zone se rencontre à Vergoncey, Nanteuil, Ravelon, le Cerveau, Varolle, le Ruet, etc. Des lignes teintées de jaune indiquent, sur la carte, la position des principaux points où l'on a rencontré des échantillons se rapportant à cet horizon, qui correspond sensiblement à la couche moyenne des schistes bitumineux.

QUATRIÈME ZONE. — Cette zone est la plus récente et la moins étendue; on ne la rencontre qu'aux Loges, à Millery et à Margenne, mais elle renferme les champs bien connus de la Justice, des Espargeolles, des Borgis, etc.; sur la carte elle est désignée par des hachures de couleur verte. Aux champs de la Justice et des Espargeolles, les silex fossilifères sont contenus dans une argile dure, siliceuse, entamée chaque année par la charrue; au champ des Borgis ils sont renfermés dans un grès fin, que la culture désagrège lentement. Dans ces deux gisements il semble que les végétaux ne sont pas en place et qu'ils ont été enfouis après leur pétrification, qui du reste se serait faite à peu de distance, car les angles des échantillons sont vifs et la plupart du temps ils sont isolés de leur gangue.

À Margenne au contraire, en certains points du gisement, on rencontre des blocs siliceux qui paraissent encore en place et dont la structure ressemble assez au fond d'un étang où auraient été entraînés des débris de plantes variées, prises et solidifiées en masse.

Le nombre de genres et d'espèces appartenant à cet horizon est considérable; nous ne saurions citer toutes les espèces qui ont été décrites précédemment; nous rappellerons seulement les genres suivants :

Genres *Annularia* [1].	Genres *Psaronius.*	Genres *Stigmaria.*
Asterophyllites.	*Rachiopteris.*	*Syringodendron.*
Macrostachya.	*Myelopteris.*	*Medullosa.*
Bornia.	*Selenochlæna.*	*Ptychoxylon.*
Arthropitus.	*Anachoropteris.*	*Colpoxylon.*
Calamodendron.	*Rachiopteris.*	*Cycadoxylon.*
Gnetopsis.	*Ophioglossites.*	*Cordaixylon.*
Pecopteris.	*Zygopteris.*	*Cedroxylon.*
Sarcopteris.	*Grammatopteris.*	*Hapaloxylon.*
Ptychocarpus.	*Botryopteris.*	*Retinodendron.*
Scaphidopteris.	*Sphenophyllum.*	*Cordaicarpus.*
Lageniopteris.	*Heterangium.*	*Cycadinocarpus.*
Callipteris.	*Poroxylon.*	*Trigonocarpus.*
Nevropteris.	*Favularia.*	*Codonospermum.*
Schizopteris.	*Clathraria.*	*Micrococcus.*
Tæniopteris.	*Leiodermaria.*	*Bacillus.*

Cette quatrième zone correspond à l'étage de Millery, dont nous allons nous occuper plus particulièrement.

ÉTAGE DE MILLERY.

L'étage de Millery est formé de bancs de schistes assez nombreux superposés, gris ou noirs, renfermant beaucoup de mouches blanches de carbonate de chaux, ou de couleur noire, constituées alors par une sorte de bitume; il n'est pas rare d'y trouver des couches schisteuses alternant avec des plaques siliceuses présentant l'aspect mamelonné d'un dépôt qui aurait été fait par les eaux coulant sur une surface irrégulière. Plusieurs assises offrent un facies tout particulier et sont riches en feuillets plus ou moins épais de Boghead.

[1] Les genres marqués d'un astérisque ' étaient nouveaux.

Nous donnons ici la coupe des terrains qui composent en partie l'étage de Millery, d'après les renseignements qu'ont bien voulu nous fournir MM. Bayle et Cambray.

COUPE DES TERRAINS AVOISINANT LE BOGHEAD AUX THÉLOTS.

A.	Schistes bitumineux avec $0^m 10$ de faux Boghead[1].	$0^m 60$	
	Schiste argileux noirâtre	3 40	$4^m 50$
	Schiste argileux noir un peu bitumineux.	0 50	
B.	Schistes siliceux avec mouches de résine noire. . . .	1 20	
	Schiste argileux noir.	4 80	
	Schiste argileux noirâtre avec mouches blanches formées de chaux carbonatée.	5 00	14 50
	Schistes argileux gris et noirs.	3 50	
C.	Schistes siliceux avec mouches de résine noire. . . .	1 50	
	Schiste argileux gris.	1 50	4 00
	Schiste argileux gris bleuâtre.	1 00	
D.	Schiste argileux noir avec faux Boghead	0 50	
	Schiste siliceux, ou banc barré.	0 45	
	Schiste bitumineux avec faux Boghead, banc calcaire et schiste crevassé.	0 25	1 62
	Boghead	0 25	
	Schiste bitumineux (banc ciré)	0 17	
	TOTAL.	24 62	

Si nous choisissons dans cette liste les bancs les plus faciles à caractériser et si nous les désignons par les lettres A, B, C, D, nous aurons un certain nombre de points de repère qui nous permettront de trouver, s'il y a lieu, dans la liste suivante, qui représente à Margenne les couches avoisinant le Boghead, celles qui peuvent être regardées comme contemporaines.

[1] Par faux Boghead on désigne des barres de faible épaisseur renfermant des lits de *Pila* (algues du Boghead), alternant avec une assez grande quantité de matières étrangères (substance fondamentale), mais cependant beaucoup plus riches que les schistes bitumineux avoisinants.

COUPE DES TERRAINS AVOISINANT LE BOGHEAD À MARGENNE.

A'.	Schiste bitumineux avec faux Boghead..........	$0^m 60$		
	Couche de grès.........................	11 00		$11^m 60$
B'.	Schiste siliceux.........................	1 00		
	Grès..................................	10 50		
	Schiste avec carbonate de chaux.............	3 50		25 00
	Grès..................................	10 00		
C'.	Schiste calcaire avec un peu de silice blanche....	0 50		0 50
D'.	Schiste argileux avec faux Boghead.............	4 00		
	Schiste et banc barré.....................			
	Schistes calcaires et crevassés...............	1 00		5 40
	Boghead..............................	0 25		
	Banc ciré[1].............................	0 15		
	Total...................	42 50		

Les bancs désignés par A et A' se correspondent en toute évidence. Les
bancs B et B' sont composés de schistes siliceux, c'est-à-dire de couches
d'argile d'importance très variable entre lesquelles se trouvent des lames siliceuses à surface mamelonnée d'épaisseur irrégulière, renfermant de nombreux
sphérolithes et des grains de pollen (voir p. 486 et suiv.). Les sphérolithes
des Thélots, incolores, ont souvent conservé les traces de la membrane de la
cellule où ils se sont formés. A Margenne ils sont colorés en brun, ne présentent généralement aucune trace de membrane extérieure; leur contour est
moins nettement limité; de part et d'autre on rencontre, comme nous l'avons
vu, un assez grand nombre de grains de pollen, disséminés au milieu des
sphérolithes.

La présence simultanée de ces corps nous a permis d'identifier les bancs B
et B'.

Les assises désignées par les lettres C et C' sont plus difficiles à rapprocher,
car à Margenne les schistes renferment à peine quelques traces de silice
blanche et de résine noire; de plus, la couche est moins épaisse.

Les couches suivantes, au contraire, présentent la plus grande analogie; ce
sont : 1° les schistes avec faux Boghead; 2° les schistes désignés sous le

[1] Ainsi désigné à cause de sa cassure d'aspect veiné, cireux.

nom de banc *barré* à cause de grandes plaques de silice qui les divisent, par places, dans les deux localités; des préparations faites dans cette silice contiennent des grains de pollen, des *Pila* et des sphérolithes; 3° les schistes calcaires et les schistes crevassés; 4° la couche principale de Boghead; 5° le banc ciré.

L'inspection des tableaux qui précèdent montre en outre que les couches intercalées à celles que nous avons désignées par des lettres n'ont pas la même composition à Margenne et aux Thélots; en effet, ici ce sont des roches à grains fins, des schistes; là au contraire on rencontre des grès, comme si les eaux, lors des crues, eussent été plus chargées de matières salines en dissolution ou de troubles vers Margenne qu'aux Thélots. En additionnant les épaisseurs des couches qui se rencontrent à partir du banc ciré jusqu'à celles que nous avons désignées par les lettres A et A', qui sont d'excellents horizons, on trouve une épaisseur de 24 m. 62 pour les Thélots et 42 m. 50 pour Margenne; cette constatation corrobore donc notre première observation sur la rivière de la Selle qui a dû contribuer à combler le lac aux environs de Margenne; elle *charriait* plus à ce moment que le Ternin, qui concourait à former les couches des Thélots [1]. On ne peut évidemment attribuer une rigueur absolue à ces déductions; cependant elles présentent quelques probabilités, surtout si on ajoute, comme nous le verrons plus loin, que le Boghead lui-même, par sa densité, par sa teneur en substances minérales, montre qu'il s'est formé dans des eaux moins pures à Margenne qu'aux Thélots et à Lorme.

BOGHEAD. — Le Boghead semble avoir été rencontré depuis fort longtemps aux environs d'Autun par les pêcheurs du faubourg d'Arroux, qui, à l'occasion, s'en servaient comme combustible en lui donnant le nom de *lave* ou de *pierre qui brûle*. Les affleurements du Boghead sont, en effet, coupés par deux cours d'eau : l'Arroux, à la hauteur des Thélots, et le Ternin, près de Millery; dans leurs excursions fréquentes de pêche, il n'y a rien de surprenant à ce que leur attention ait été attirée par ce minéral, d'une légèreté remarquable par rapport aux schistes voisins, et dont les fragments, arrachés par les eaux, pouvaient se trouver en assez grande quantité dans le voisinage des affleurements.

[1] Le Ternin porte encore aujourd'hui le nom de *rivière claire*.

En 1858 [1], M. Révial aurait, d'après quelques indices recueillis sur la provenance de ces échantillons, exploré avec soin le rivage et le lit de l'Arroux, et découvert plusieurs blocs sur les bords de la rivière, entre les Thélots et Lorme; une société fondée par MM. Dudot et Révial exécuta, à Lorme, un sondage qui, à la fin de décembre 1859, fit rencontrer, à une profondeur de 29 mètres, une couche de Boghead évaluée à 1 m. 60, épaisseur fort exagérée et qui comprenait vraisemblablement la couche de schiste avec faux Boghead de 0 m. 50, le banc barré de 0 m. 45, et une couche de schiste bitumineux de 0 m. 25 en même temps que la vraie couche de Boghead de 0 m. 25.

Malgré cette apparence de succès, l'année suivante l'entreprise fut abandonnée. En 1861, M. Révial ayant découvert dans le lit même de la rivière le banc de Boghead, une nouvelle société Huber, Dudot, Révial s'organisa pour continuer les recherches dans le voisinage même de ce banc, mais les travaux durent cesser devant les revendications des sociétés concessionnaires des schistes bitumineux, qui soutinrent que le Boghead, n'étant qu'un accident dans les schistes, ne pouvait en être séparé au point de vue de l'origine, et rentrait dans leur concession. L'Administration supérieure des mines, à la suite d'un procès, classa ce produit comme faisant partie des schistes bitumineux et déclara qu'il ne pouvait donner lieu à une nouvelle concession.

Cette assimilation est confirmée, comme nous le verrons plus loin, par l'étude anatomique du Boghead et des schistes bitumineux qui ont précédé ou suivi sa formation, étude qui montre que ces derniers sont formés des mêmes éléments organiques que le Boghead, et qu'ils n'en diffèrent que par la prédominance des matières minérales et inorganiques.

Après quelques mois d'arrêt, l'exploitation fut commencée sur de nouvelles bases [2] par la société Rossigneux et Cie, au moyen d'un puits creusé dans l'axe du sondage. Tout d'abord, cette société utilisa le Boghead pour la fabrication des huiles, en le distillant dans des cornues fixes. Des essais ayant été faits ensuite dans diverses usines à gaz, on supprima la distillation à partir de 1865, et il fut vendu uniquement pour l'enrichissement du gaz de houille ou la fabrica-

---

[1] *Rapport descriptif sur les richesses minéralogiques... du bassin autanois,* par M. Révial. Dijon, A. Grange, 1864.

[2] Renseignements qu'a bien voulu me fournir M. Bayle, directeur des usines de la Société lyonnaise.

tion directe du gaz riche; on sait en effet que le gaz du Boghead possède un pouvoir éclairant de 2,5 à 3 fois supérieur à celui du gaz de la houille.

En 1880, la Société lyonnaise est devenue propriétaire de la concession de Surmoulin (d'où Lorme dépend). L'exploitation du Boghead a été faite, de 1863 à 1880, par le puits de Lorme, et, depuis 1880, par celui des Thélots.

La couche de Boghead a été constatée en affleurements et par sondages sur une longueur de 7 kilomètres, interrompue dans les environs de Millery par une faille dirigée du nord-nord-ouest au sud-sud-est entre les rivières d'Arroux et du Ternin; le gisement présente ses affleurements sur une ligne dirigée suivant l'axe du bassin, c'est-à-dire du nord-est au sud-ouest; du côté du sud, il serait terminé par une ligne de serrements légèrement oblique [1] par rapport à celle des affleurements, et formerait une zone ayant, dans les parties reconnues, une largeur variant de 150 à 450 mètres. Du côté de l'est, la couche s'étrangle également un peu au delà du chemin de fer d'Étang à Santenay. A l'ouest, son prolongement, du côté de Monthelon, est encore inconnu.

L'épaisseur du banc, assez constante, est de 0 m. 25 aux Thélots et à Margenne, les deux points extrêmes, et de 0 m. 23 à Millery, dans un point intermédiaire.

La façon dont se termine le banc de Boghead du côté du sud mérite d'attirer un instant l'attention. En effet, ce banc ne va pas en s'amincissant sur les bords comme il conviendrait à la limite naturelle d'une assise; il conserve sensiblement son épaisseur en venant s'arrêter brusquement le long d'une ligne irrégulière, fort accidentée, de schistes fracturés et reconsolidés, comme si une pression latérale énergique avait déterminé la rupture, le long de cette ligne, des couches de Boghead et de schistes. Ce *dérangement*, qui a amené, sur tout ce côté, un mélange confus de schistes ordinaires ou durcis par la silice, gris ou noirâtres, de calcaire, de fragments de Boghead, s'est produit peu de temps après la formation de ce combustible. En effet, si l'on jette un coup d'œil sur le tableau suivant, qui représente une coupe prise dans le voisinage du dérangement, on voit que, à 1 mètre environ au-dessous du Boghead dans les schistes argileux bleuâtres du mur, il n'y a eu aucune perturbation. Les schistes stériles du banc de havage, au contraire, ont été

____

[1] M. Delafond, *loc. cit.*, p. 71.

affectés, car, en se rapprochant du dérangement, ils deviennent plus durs, plus compacts, et ils renferment souvent des boules de calcaire.

COUPE DE LA COUCHE DE BOGHEAD ET DES ASSISES VOISINES[1],
PRÈS DU DÉRANGEMENT.

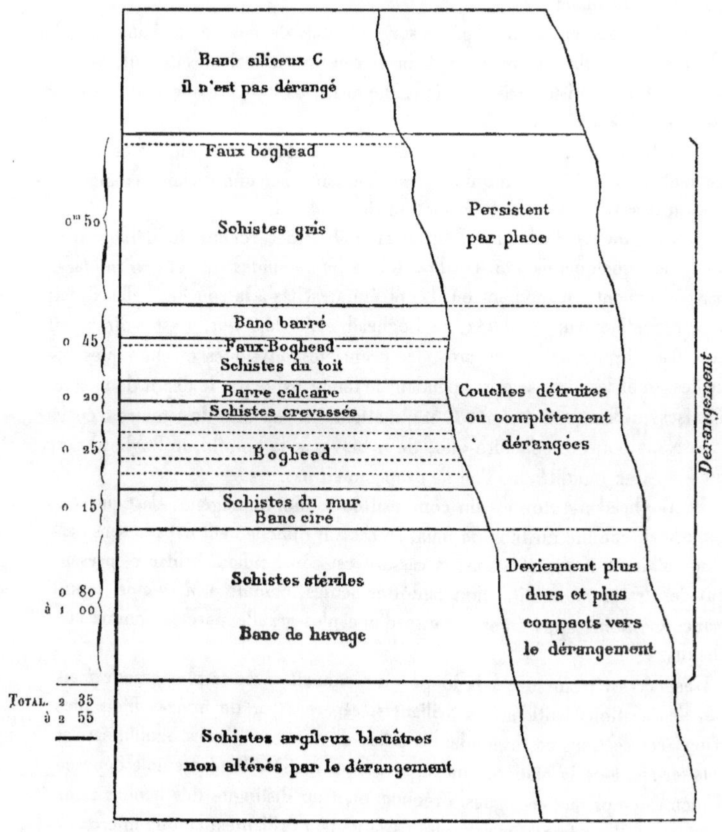

Les couches qui viennent ensuite ont subi des modifications profondes et

[1] Renseignements fournis par M. Cambray, ingénieur des mines, aux Thélots.

il est difficile de reconnaître dans la masse les éléments constitutifs de chacune d'elles.

Ce n'est qu'à 1 mètre au-dessus du Boghead que les assises reprennent leur allure normale; les bancs que nous avons désignés par la lettre C sont parfaitement intacts.

Le dérangement a donc porté sur les bancs de havage, le banc ciré, le Boghead, les schistes crevassés, la barre calcaire, les schistes du toit, le banc barré, et les schistes gris avec faux Boghead, c'est-à-dire sur une épaisseur de 2 m. 35 à 2 m. 55.

Les travaux de recherches permettront peut-être d'expliquer ce dérangement par un glissement qui se serait fait sentir sur une certaine étendue au sud du bassin, peu après la formation du Boghead.

Les fragments de Boghead épars au milieu des roches du dérangement atteignent quelquefois o m. 10 de côté; ils sont à angles vifs, et non en place; par conséquent, au moment où ils ont été arrachés à la couche, celle-ci était déjà complètement solidifiée, le Boghead était déjà *fait*, c'est-à-dire qu'il possédait, à peu de choses près, les propriétés physiques et chimiques actuelles; or il les avait acquises pendant le temps exigé par le dépôt de la série d'assises qui le sépare du banc C et qui atteint un peu plus de 1 mètre d'épaisseur. Nous pouvons conclure que, de même que la houille, le Boghead s'est fait avec une rapidité que l'on ne soupçonnait pas.

Le Boghead d'Autun est un combustible solide, homogène, élastique sous le marteau comme un bloc de bois, se cassant difficilement dans le sens perpendiculaire à la stratification; la cassure est conchoïdale, brillante, présentant des traces de stratification tantôt évidentes, comme à Margenne, tantôt beaucoup moins apparentes à cause d'une plus grande pureté, comme aux Thélots.

L'aspect est résinoïde; à la loupe on reconnaît, avec la plus grande facilité, des sections lenticulaires brillantes, séparées par de minces filets plus ternes; ces sections correspondent à celles de thalles d'algues houillifiés; les filets ternes, à de la matière non organisée ou matière fondamentale déposée en même temps que les algues. Fréquemment on distingue des bandes assez étendues et d'une épaisseur variable, parfaitement brillantes; l'étude microscopique de ces bandes a montré qu'elles étaient formées tantôt par l'agglomération de thalles non séparés par des dépôts de matières étrangères, tantôt, mais plus rarement, par des fragments de végétaux supérieurs : bois, écorces, etc.

Au lieu de bandes brillantes, la cassure présente quelquefois des lignes plus ternes produites par un dépôt argileux et séparant les lits des algues.

La séparation du Boghead en fragments suivant le sens de la stratification est plus facile, à cause même de son mode de formation par couches horizontales superposées et aussi à cause des corps étrangers : portions de végétaux, poissons, bandes argileuses qui séparent, par places, les lits des thalles. La cassure, si elle ne passe pas par des corps étrangers, est assez brillante; elle est terne, d'aspect terreux jaunâtre quand elle intéresse une des minces couches d'argile dont nous avons parlé.

Le Boghead est très difficile à pulvériser; il donne une poudre brun jaunâtre, qui, traitée à froid par le sulfure de carbone, abandonne quelques traces de carbure d'hydrogène.

Chauffé vers 400 degrés en vase clos, il se ramollit et reste pendant quelque temps élastique; il est décomposé à une température plus élevée en donnant de nombreux carbures d'hydrogène.

Le chlorure de zinc fondu [1] le dissout, mais en le décomposant partiellement; en étendant d'eau la dissolution, on obtient des flocons noirs amorphes dont la composition serait intéressante à étudier.

Exposé à l'air, le Boghead se fendille à la longue et semble subir une combustion lente; la surface devient ocreuse sur une certaine épaisseur.

NATURE DES ALGUES QUI CONSTITUENT LE BOGHEAD D'AUTUN [2].

(Pl. LXXXVIII de l'Atlas, et A, B du texte.)

Si l'on fait une coupe parallèle à la stratification du Boghead, l'inspection avec un grossissement de 40 à 50 diamètres montre (pl. LXXXVIII, fig. 2 et 4, et pl. A, fig. 1 et 3) des disques arrondis plus ou moins réguliers, jaune brun ou jaune clair, suivant la minceur de la préparation, entourés d'une matière plus foncée et rappelant par leur aspect des gouttelettes de résine tenues en suspension dans une matière noire plus ou moins obscure. Avec un grossissement de 150 à 200 diamètres, beaucoup de ces disques se montrent organisés. Si la section passe par le centre, on distingue nettement au milieu

---

[1] Le chlorure de zinc dissout la cellulose ordinaire, comme l'on sait, et la dissolution est décomposée par l'eau.

[2] C.-E. Bertrand et B. Renault, *Pila bibractensis et le Boghead d'Autun. Soc. d'hist. nat. d'Autun*, Ve Bulletin, 1892, p. 159.

un espace vide *a* (fig. 4, pl. LXXXVIII), limité par une couronne de cellules allongées *b*, dont la grande dimension est dirigée suivant les rayons du disque; si la section est tangente à la cavité *b* (fig. 3, pl. B), on voit, au milieu, un réseau qui semble formé par la réunion d'un nombre considérable de cellules polyédriques, entouré par d'autres, coupées plus ou moins obliquement et dirigées du centre à la périphérie. La section étant encore plus extérieure, les disques donnent la sensation de petites sphères irrégulières dont on aurait détaché une calotte, la section de la calotte montrant un réseau polyédrique plus ou moins étendu (fig. 131).

Fig. 131.

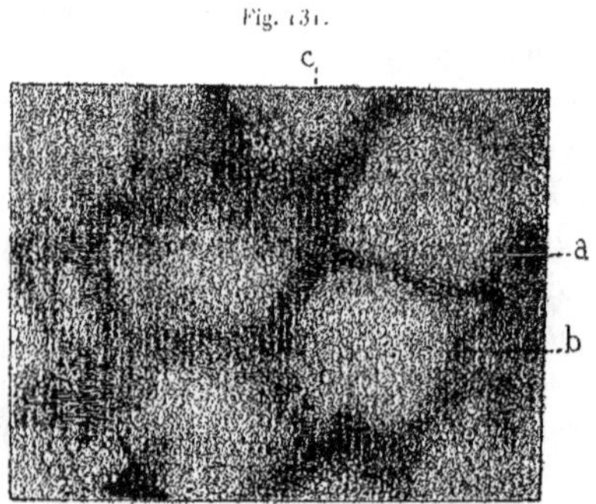

Pilas rencontrés tangentiellement par la coupe, vus en dessus.

a, *b*, *c*. Thalles très peu entamés par la section.

D'après la position occupée par la coupe, l'aspect peut donc varier beaucoup d'un thalle à l'autre.

Les sections des cellules du réseau mesurent 6 à 10 μ.

Les cellules prismatiques radiales atteignent 25 à 30 μ, dans des disques mesurant en largeur 150 à 190 μ, ce qui donne, pour la cavité centrale, un diamètre variant de 100 à 130 μ.

Sur une coupe verticale, c'est-à-dire perpendiculaire à la stratification du Boghead, la section des thalles devient franchement elliptique (fig. 3, pl. LXXXVIII, et fig. 2, 4, pl. A). Le grand axe, horizontal, peut atteindre, dans les plus grands thalles, 225 μ, et le petit axe, vertical, 120 μ.

Les thalles présentent donc généralement une forme lenticulaire due à une compression verticale résultant du tassement et du poids des lits supérieurs. Quelquefois cette forme lenticulaire a été modifiée, et la lentille s'est étirée dans une direction et affecte alors la forme d'un ellipsoïde à trois axes inégaux.

Nous pouvons donc nous représenter ces algues comme formées d'un thalle primitivement sphérique mesurant, à l'état adulte, 170 à 180 μ de diamètre, qui, sous l'influence de la pression, s'est déformé plus ou moins, est devenu lenticulaire, quelquefois ellipsoïdal. Ce thalle était formé d'une seule couche de cellules prismatiques à section transversale polygonale, limitant une cavité relativement considérable. En même temps que le thalle s'aplatissait, la

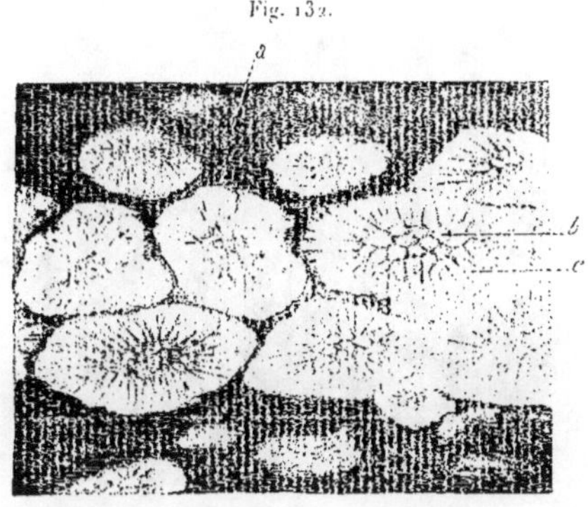

Fig. 132.

Section horizontale d'un groupe de Pilas.

a. Matière fondamentale sans organisation visible. — b. Réseau formé par la section transversale des cellules dans leur région profonde. — c. Cellules du thalle coupées un peu obliquement.

cavité changeait de forme, le côté supérieur pouvait même venir en contact avec le côté inférieur, de façon qu'une coupe horizontale donne l'aspect présenté en b, c (fig. 132), c'est-à-dire que la section rencontre non seulement les cellules du contour c, mais encore les parties profondes des cellules des faces supérieure ou inférieure; la cavité, qui a disparu, semble être remplie par un tissu b, qui, en réalité, n'est que la section transversale des cellules qui forment la couche extérieure.

Lorsque les thalles ont été moins aplatis, la cavité, quoique déprimée (fig. 133, a), reste encore visible et, si la section passe par le centre du thalle, on ne distingue qu'une seule couche de cellules b formant son contour.

Chaque thalle était entouré, sans doute, d'une couche de gélose, dont il ne reste pas de trace autour de l'algue, mais qui pourrait avoir contribué à former une partie de la masse fondamentale.

Dans un thalle moyen on peut compter de 400 à 500 cellules; leur intérieur est souvent rempli d'une matière plus foncée provenant de la houillification du protoplasma.

Sur une préparation faite perpendiculairement aux strates, large de 24 millimètres, on a compté 166 lits d'algues, dont 67 renfermaient des Pilas isolés, 43 des Pilas sur un rang, 19 sur deux rangs, 22 sur trois rangs, 6 sur

Fig. 133.

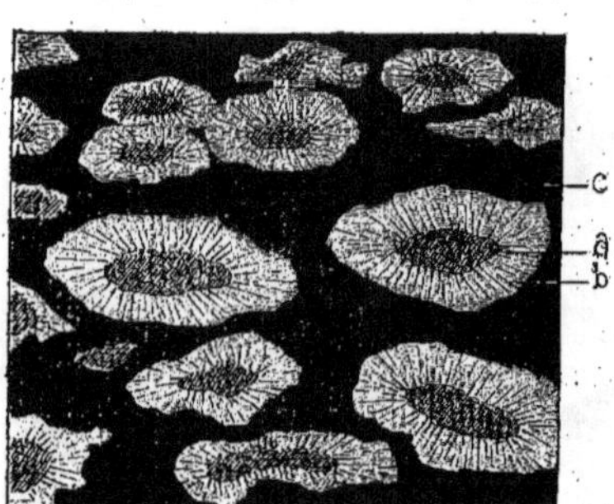

Coupe transversale de thalles de Pilas.

a. Cavité du thalle. — b. Cellules qui le constituent. — c. Masse fondamentale.

quatre rangs, 3 sur cinq rangs, 3 sur six rangs, 1 sur sept rangs, 1 sur huit rangs, 1 sur neuf rangs.

Aux Thélots, la couche de Boghead de 25 centimètres contient donc 17,000 à 18,000 lits de thalles superposés. Dans les endroits où les Pilas sont abondants, ils forment les 775 millièmes de la masse du Boghead et peuvent atteindre le nombre de 250,000 par centimètre cube.

En l'absence des organes reproducteurs et de la connaissance de la nature du protoplasma des cellules, il est difficile de se prononcer sur les affinités des Pilas; cependant on peut les comparer à certaines Protococcacées qui contribuent encore actuellement à la formation du phénomène connu sous le nom de Fleurs d'eau. À certains jours d'été, les mares ou les étangs à très faible courant se couvrent, en quelques heures, d'une abondante végétation d'algues que le moindre vent submerge; les thalles gagnent lentement le fond et, le phénomène se répétant plusieurs jours de suite, on conçoit qu'il pourrait s'y accumuler une certaine quantité de ces algues.

A l'époque de la houille, il est possible que l'apparition, un peu capricieuse de nos jours, de ces fleurs d'eau, fût plus fréquente, favorisée par une température uniforme, chaude et humide.

Tout d'abord, croyant que les Pilas étaient des algues à thalle plein, nous les avions comparées aux Gomphosphériées; mais l'étude d'échantillons dans lesquels les thalles avaient été moins aplatis nous ayant démontré qu'ils étaient creux, ce n'est plus parmi les Chroococcacées que nous pouvons trouver quelques termes de comparaison, mais parmi les Protococcacées.

Dans la sous-famille des Sorastrées, le genre *Cœlastrum* présente un thalle globuleux, creux à l'intérieur, formé d'un nombre variable de cellules disposées sur un seul rang; mais l'intérieur peut communiquer avec l'extérieur par de nombreuses lacunes existant entre les cellules. Le thalle des Pilas est continu et sans lacunes; nos algues fossiles ne peuvent pas rentrer dans le genre *Cœlastrum*, pas plus que dans aucun des genres de la famille des Protococcacées; elles y formeront un genre distinct, en attendant que la découverte de leurs fructifications permette de préciser davantage la place qu'elles doivent occuper.

Les Pilas peuvent être considérés comme une algue caractérisée par son thalle creux, par la paroi épaisse de ses cellules, par ses gros noyaux, mais ne dépassant pas, en organisation, les Protococcacées actuelles.

Les Pilas ne sont pas les seuls corps organisés que l'on rencontre dans le Boghead d'Autun; il y a, en outre, de nombreux grains de pollen disséminés soit entre les algues, soit dans la matière noire déposée en même temps; ces grains de pollen appartiennent, pour la plupart, aux Cordaïtées, qui vivaient encore en grand nombre à cette époque et qui, sous l'action du vent, donnaient naissance à de véritables pluies de pollen analogues aux pluies dites de soufre, fournies par certaines forêts de conifères vivantes; malgré leur nombre, 25,000 à 80,000 par centimètre cube, et leur taille, qui peut atteindre, en largeur, $0^{mm}, 125$, ils sont assez difficiles à voir parce qu'ils se présentent sous la forme de minces écailles résultant de l'aplatissement qu'ils ont subi; leur présence dans les schistes et dans les dépôts siliceux qui les accompagnent souvent a permis de les reconnaître avec une grande certitude, et de suivre les transformations qu'ils ont subies dans le Boghead.

On y rencontre également, mais plus rarement, des lames noires contournées, quelquefois épaisses de plusieurs millimètres, d'autres fois mesurant à peine quelques dixièmes de millimètre, à cassure brillante résinoïde; l'examen microscopique a montré que, dans bien des cas, ce sont des fragments d'écorces ou de bois; ce dernier se présente quelquefois déchiqueté, en lambeaux; les ornements des trachéides ligneuses disparaissent, et il n'est pas rare de voir les thalles en contact, comme pénétrés par la matière bitumineuse résultant de la houillification très avancée des fibres ligneuses. Il ne serait pas impossible que ces fragments eussent produit, par leur désorganisation plus complète, la Thélotite dont nous avons parlé dans notre premier travail sur les Pilas.

Il existe également de nombreux coprolithes présentant sur leur cassure une surface plus brillante que le Boghead, plus noire, parsemée parfois de fragments d'écailles, d'os ou d'arêtes, plus durs que le Boghead qui les entoure et contenant souvent des parties pyriteuses.

Ces coprolithes doivent être réduits, pour devenir transparents, en lames très minces; les uns, au milieu d'une masse amorphe à peu près digérée, laissent voir des thalles de Pilas qui ont échappé à la digestion; les autres montrent, au contraire, de nombreux fragments d'écailles, d'os ou d'arêtes. Il y avait donc, dans les eaux du lac où se formait le Boghead, des poissons herbivores et carnivores, se nourrissant les uns aux dépens des Pilas, les autres aux dépens de leurs congénères.

Les algues qui ont formé le Boghead ont par conséquent vécu dans le lac même et n'y ont pas été transportées d'ailleurs.

M. G. Bertrand a bien voulu examiner un coprolithe appartenant à un poisson carnivore [1] et complètement débarrassé de sa gangue de Boghead.

Ce coprolithe a donné 25,9 p. 100 d'acide phosphorique correspondant à 56,54 p. 100 de phosphate de chaux.

Il n'est pas douteux qu'une partie de cette substance n'ait diffusé lentement dans la masse du Boghead sous l'influence de l'eau et de l'acide carbonique, et fourni la petite quantité de phosphate de chaux qu'on y constate, comme nous le verrons plus loin.

M. Bertrand, qui n'a pas rencontré de phosphate de chaux dans le Boghead d'Australie, attribue ce fait à l'absence complète de coprolithes dans ce com-

[1] Nous pensons que ces divers coprolithes appartiennent à des poissons, parce que ces derniers sont beaucoup plus communs que les reptiles, et que nous n'avons rencontré jusqu'ici, dans le Boghead, que des restes leur appartenant.

bustible; nous pouvons ajouter que nous n'y avons observé ni ossements, ni écailles, tandis que le Boghead d'Autun renferme une proportion notable de ces divers fragments.

Nous citerons encore, parmi les produits que l'on rencontre dans les fractures du Boghead, soit à Margenne, soit aux Thélots, soit même quelquefois dans les schistes avoisinants, ou remplissant la cavité médullaire de quelques bois silicifiés qui s'y trouvent, une sorte de bitume noir se ramollissant à la chaleur de la main, facilement fusible, soluble dans la plupart des dissolvants, entre autres dans les carbures les plus volatils du pétrole. M. Gabriel Bertrand a bien voulu en faire l'analyse et a trouvé :

Carbone. 85.02
Hydrogène. 10.39
Oxygène et azote. 4.59

L'échantillon analysé a été pris dans l'intérieur d'un tronc de bois silicifié (Cordaïte); le bitume avait coulé et rempli la cavité médullaire; il était complètement exempt de substances minérales étrangères.

On ne peut faire que des hypothèses sur la provenance de ce produit, qui se trouve disséminé irrégulièrement dans les fractures du Boghead, les concrétions, les schistes qui l'accompagnent ou le recouvrent immédiatement. (Voir le tableau que nous avons donné plus haut [1].)

Une particularité à noter, c'est une oxydation lente de la matière réduite en poudre; sa formule brute, en négligeant l'oxygène et l'azote, qui pourraient s'être surajoutés, deviendrait sensiblement :

$$C^{15}H^{20}.$$

Elle se déduirait facilement de la formule

$$(C^{12}H^{20}O^{10})^5,$$

représentant une cellulose moins condensée que celle du bois, par simple élimination d'acide carbonique et d'hydrogène protocarboné, comme l'indique la réaction suivante :

$$(C^{12}H^{20}O^{10})^5 = C^{15}H^{20} + 25CO^2 + 10C^2H^8.$$

[1] Les mouches de résine des bancs B et C paraissent avoir une origine différente et offrent des propriétés distinctes de celles de ce bitume.

Nous avons dit que, souvent, les thalles étaient séparés par une matière brune, dont ils se détachent quelquefois quand on pulvérise le Boghead, ce qui montre une certaine indépendance des thalles par rapport à cette matière, qui leur est en grande partie étrangère; on peut la considérer comme un précipité dû à la houillification d'une portion de la gélose entourant les thalles, des principes ulmiques dissous, etc.; les Pilas entraînaient dans leur chute, comme une sorte de filtre mobile, les poussières en suspension dans l'eau, transportées en même temps que les grains de pollen par les vents; il faut y ajouter le limon et les grains de sable très fins amenés par les rivières de la Selle et du Ternin, ainsi que les cristaux qui ont pris naissance par la concentration des eaux soumises à l'évaporation.

Cet ensemble constitue ce que l'on peut appeler le *substratum* ou la matière fondamentale du Boghead; c'est dans l'intérieur des minces lamelles qu'elle forme, que l'on rencontre de petits fragments d'écailles de poissons, des débris de feuilles ou de bois de végétaux à divers degrés d'altération : vaisseaux, fibres, cellules parenchymateuses; la coloration de ces divers objets varie de la couleur rouge brun, brun acajou, au noir, suivant l'état de décomposition dans lequel ils se trouvent.

Ce *substratum* du Boghead ne ressemble en rien à une infiltration de produits bitumineux qui aurait pénétré après coup la masse des thalles et les aurait soudés; la cassure de cette partie de la roche est terne et correspond bien à l'aspect que prendrait le dépôt de substances minérales très fines, mélangées à une sorte de poussière végétale provenant de la trituration et de la décomposition des plantes se déposant en même temps que les thalles. Ceux-ci, dont la surface était encore recouverte d'une mince couche de gélose, en retenaient une partie et contribuaient à leur donner immédiatement une certaine consistance.

Postérieurement au dépôt du Boghead, plusieurs matières minérales secondaires sont intervenues dans sa constitution. Ainsi beaucoup de thalles libres sont enveloppés par une zone de petits cristaux de calcite ou de calcaire magnésien, qui sont implantés perpendiculairement à la surface du thalle ou disposés parallèlement à celle-ci. Nous avons dit que nous considérions ces cristaux comme formés après coup et non sécrétés; en effet tous les thalles isolés n'en ont pas; ils ne se remarquent que sur les parties libres des thalles quand ils forment des groupes serrés; les cristaux sont nets, bien formés, et non des concrétions.

Ce dépôt superficiel confirme l'existence d'une gelée à la surface des thalles, dont la présence aurait favorisé la cristallisation.

Quelquefois il s'est formé un dépôt de calcaire magnésien dans l'intérieur même des thalles, mais les cristaux sont mal formés, échancrés, lamellaires, s'étendant dans plusieurs cellules. Quand le thalle est dissocié, très souvent on trouve des cristaux de calcite dans la cavité.

La matière fondamentale du Boghead contient toujours de la calcite qui s'y rencontre en gros cristaux rhombiques isolés; quelquefois leur accroissement a refoulé, rompu les thalles voisins (fig. 134, *a*).

Fig. 134.

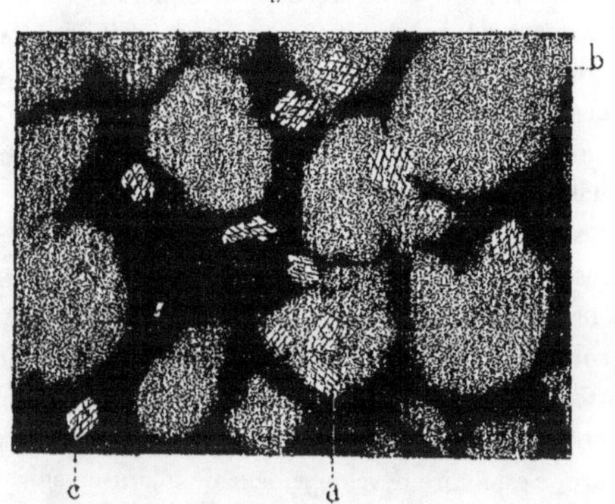

Boghead avec cristaux de calcite.

a. Cristaux de calcite formés dans l'intérieur de thalles de Pilas désorganisés.
b. Thalle présentant quelques traces de structure.
c. Cristaux de calcite dans le *substratum*.

La vivacité des angles des cristaux occupant soit l'intérieur, soit la surface des thalles, ou bien encore disséminés entre eux, ne permet pas de supposer qu'ils ont été entraînés par les eaux et déposés en même temps que les algues. Le bassin, au moment de la formation du Boghead, avait considérablement diminué d'étendue; le lac était parfaitement tranquille, comme le prouve l'épaisseur de la couche du combustible, qui est sensiblement uniforme partout; les eaux qui s'y déversaient suffisaient à peine à réparer les pertes dues à l'évaporation; dans ces conditions elles restaient saturées de carbonate de chaux, surtout dans la région de Margenne.

Nous croyons que cette substance a cristallisé dans les thalles et dans leur *substratum* après que le dépôt avait déjà acquis une certaine consistance, mais conservait encore un peu de mollesse.

La pyrite a toujours dans le Boghead le caractère d'une matière accidentelle; elle se trouve en petite quantité dans la matière fondamentale et dans les thalles, tantôt sous la forme de cristaux cubiques, tantôt sous la forme de sphérules excessivement petites, opaques.

A Margenne elle se rencontre en lamelles, en dendrites dont l'oxydation donne aux cassures du combustible, dans certaines parties de ce gisement, la couleur ocreuse caractéristique du sesquioxyde de fer.

Au commencement de ce chapitre, nous avons fait remarquer le peu de longueur des cours d'eau se déversant dans le bassin autunois, la petite étendue des surfaces qui alimentaient ces rivières, et nous avons dit qu'on ne pouvait guère expliquer la grande quantité de matériaux apportés que par l'extrême déclivité des vallées qu'elles parcouraient.

Le régime des eaux a donc dû, par moments, être torrentiel; pendant les pluies des masses d'eau se répandaient dans le bassin et en changeaient le niveau. Pendant les périodes de sécheresse au contraire, soit par leur écoulement naturel, soit par leur évaporation, la hauteur baissait considérablement, et de vastes espaces mis à nu étaient exposés à une dessiccation plus ou moins complète; les phénomènes ordinaires qui accompagnent ces changements devaient se produire, c'est-à-dire développement de micro-organismes, fendillement en tous sens et crevassement des parties argileuses diminuant de volume en se desséchant. Lors d'une crue, les eaux apportaient de nouveaux matériaux qui se déposaient non seulement sur les anciens, mais encore dans les crevasses et les fentes qui s'étaient produites pendant la sécheresse.

Aux Thélots et à Margenne, sur les cassures des grès et des schistes [1], on constate des fentes remplies par des matériaux de couleur et de composition différentes; tantôt ce sont des argiles ou des grès plus fins injectés dans des strates plus grossières, tantôt le phénomène est inverse; d'autres fois ce sont des coulées de silice qui ont pénétré dans ces fentes, ou bien des dépôts de calcaire magnésien qui se détachent en blanc sur la tranche grise ou noire des schistes et des grès.

Ces observations sont surtout faciles à faire dans les bancs qui accompagnent

[1] Banc calcaire et schiste crevassé.

le Boghead, parce que l'exploitation met sous la main de nombreux échantillons, et aussi parce qu'à cette époque les variations de niveau devaient être plus sensibles, l'étendue du bassin non encore comblée étant devenue fort restreinte.

Le Boghead lui-même, pendant sa formation, a été soumis à des assécherments et à des fendillements, car on trouve dans sa masse, mais plus fréquemment à sa surface, des fentes, des craquelures dirigées horizontalement dans les sens les plus divers et qui s'entrecroisent souvent.

Les crues qui suivaient les périodes de sécheresse ont amené, pendant le dépôt de la couche principale, des eaux très faiblement chargées de troubles, mais tenant de la silice en dissolution; aussi trouve-t-on les fentes remplies de cette substance, qui a pris des formes variées; ce sont le plus souvent des concrétions allongées fusiformes, à section transversale elliptique; le grand axe de cette section est *vertical* (fig. 9, pl. LXXXVIII); la concrétion peut varier de 1 à 15 centimètres de longueur; elle est parallèle à la stratification de la couche; d'autres fois ce sont des lames à faces latérales sensiblement parallèles, à section transversale rectangulaire, le grand côté du rectangle étant encore placé verticalement dans le banc du combustible; on en trouve de forme ellipsoïdale ou sphérique, mais quelle que soit la forme, il y a toujours, suivant le plan principal de la concrétion, une rainure la divisant en deux moitiés égales; c'est la trace de la fente par où la silice a pénétré (fig. 7 à 9, pl. LXXXVIII).

La profondeur à laquelle la silice est parvenue dans l'intérieur de la masse dépend de la nature des fentes; celles-ci sont presque toujours limitées en dessous par une couche brillante formée uniquement de thalles sans matière fondamentale, comme si la dessiccation du Boghead avait été arrêtée par cette couche plus pure. En dessus, la concrétion est recouverte soit par une couche de même nature, soit par un mince lit argileux. Lorsque plusieurs concrétions sont voisines, elles sont généralement comprises entre les mêmes couches limites, et ont à peu près la même hauteur.

Sur une cassure transversale intéressant à la fois une concrétion et le Boghead qui l'entoure, il est facile de remarquer que les lits de Pilas ne restent pas horizontaux jusqu'aux bords supérieurs et inférieurs de la concrétion. Si l'on considère ceux qui correspondent au petit axe horizontal d'une section elliptique, par exemple, on les voit venir au contact de cette section sans changement sensible de direction; mais en allant de cette région aux extrémités supérieure et inférieure, les lignes de thalles s'incurvent vers elles en devenant convexes sur la face tournée vers la concrétion; par conséquent l'épaisseur de la couche de Boghead comprise entre deux lits extrêmes de thalles qui passent immédiatement au-dessus et au-dessous de la concrétion et que l'on peut suivre à droite et à gauche de la section, ne reste pas la même; elle est maximum vers la concrétion et diminue pendant un certain temps pour devenir ensuite constante à une petite distance.

C'est comme si la masse encore plastique du Boghead avait été étirée de chaque côté de la concrétion, qui aurait résisté et indiquerait, par sa hauteur, à peu près l'épaisseur primitive de la couche de Pilas renfermée entre les deux lits extrêmes qui la comprennent.

Les lignes de Pilas disposées de chaque côté de la concrétion y pénètrent avec l'inclinaison qu'ils possèdent en arrivant à son contact; on peut suivre sur les préparations leur trajet jusqu'à la région correspondant au plan principal, qui correspond aussi à la fente initiale d'entrée de la silice.

Cette substance a pénétré le Boghead sur une épaisseur variable de chaque côté de la fente, a imbibé les thalles et nous les a conservés probablement tels qu'elle les a rencontrés. Il n'y a pas de raison pour qu'elle ait opéré avec les algues du Boghead autrement qu'elle ne l'a fait pour les organes extrêmement variés des autres plantes que l'on rencontre dans les magmas des environs d'Autun, de Saint-Étienne, de Saint-Hilaire, etc. Nous avons fait de nombreuses préparations dans ces concrétions; la plupart offrent des thalles altérés comme ceux du Boghead lui-même. Quelques-unes nous les ont montrés conservés, mais alors avec une perfection suffisante pour que l'on puisse distinguer le protoplasma des cellules et le noyau qui s'y trouve. La silice en pénétrant dans la cellule a déterminé souvent une contraction dans la masse protoplasmique, qui s'est séparée des parois (fig. 10, pl. LXXXVIII). La matière fondamentale, formée, comme nous l'avons vu, de produits minéraux, de poussières végétales et de matière gélosique, n'est plus comprimée comme dans le Boghead; la gélose tenue en suspension a un aspect floconneux qui fait croire à un gonflement produit par la silice sur cette matière incomplètement houillifiée ainsi que sur les thalles; les préparations sont beaucoup plus transparentes que celles faites dans le Boghead. Nous donnons (pl. B du texte, fig. 1, 2, 4) des coupes représentant en *a* des thalles rencontrés à différentes hauteurs; les cellules, prismatiques pour la plupart, ont été coupées transversalement; en *b*, se voit la matière fondamentale, beaucoup plus claire que celle *c* de la figure 6 du Boghead ordinaire.

Les thalles, n'ayant pas été comprimés comme ceux qui forment le Boghead, et surtout n'ayant pas subi le retrait des éléments végétaux qui se transforment en houille sans être minéralisés, sont bien plus volumineux; il en est de même pour les cellules qui les composent. Les coupes transversales profondes des cellules du thalle, celles qui sont sensiblement isodiamétrales, mesurent $0^{mm}01$, tandis que les mêmes cellules prises dans un thalle de la masse du Boghead entourant la concrétion atteignent à peine $0^{mm}006$.

Les volumes respectifs des cellules sont donc entre eux à peu près comme les nombres 5 et 1, c'est-à-dire qu'en se houillifiant et en se comprimant les cellules sont devenues cinq fois plus petites; le bois d'*Arthropitus*, comme nous l'avons vu, a subi une contraction bien plus considérable : les cellules et les vaisseaux houillifiés non silicifiés n'occupent plus que la dix-septième partie du volume primitif, mais il faut remarquer que cette diminution de volume provient non seulement du changement de composition chimique des parois de la cellule, mais encore de leur rapprochement dû à la compression. Or la capacité initiale des cellules varie beaucoup suivant les espèces, et dans les *Arthropitus* cette capacité était bien plus considérable que dans les Pilas.

Si, comme nous l'avons dit plus haut, les concrétions ont été produites par le remplissage des craquelures formées pendant une dessiccation partielle du Boghead et s'étendant à une certaine distance de la surface jusqu'à une couche ayant arrêté la fente, il semble que la silice, en pénétrant dans les interstices et en minéralisant une épaisseur variable de thalles, eût dû produire constamment des concrétions de longueurs variables, il est vrai, mais offrant une section transversale à côtés parallèles et sensiblement rectangulaires, comme le montre la figure 8, pl. LXXXVIII; dans le plus grand nombre des cas, au contraire, la section est elliptique, et tend même à devenir circulaire (fig. 7 et 9).

On peut faire intervenir, sans doute, un gonflement de la matière fondamentale qui aurait été maximum vers le milieu de la hauteur de la concrétion, mais c'est précisément en ce point que les lits de thalles sont le moins contournés et le moins comprimés : ils viennent buter horizontalement contre la concrétion, en y pénétrant sans changer de direction.

D'autres causes ont dû intervenir : il est nécessaire de se rappeler que le Boghead, comme toutes les substances qui se sont houillifiées en perdant une quantité notable des éléments de la cellulose qui formait primitivement les cellules, a subi un retrait dans le sens de la stratification tout aussi bien que dans le sens vertical; de là une tendance temporaire à l'élargissement des fissures initiales; ces tractions latérales, combinées avec une pression lente de haut en bas, ont amené insensiblement la déformation de la lame primitive de thalles en voie de se minéraliser et lui ont fait prendre une forme ellipsoïdale plus ou moins régulière. Pendant l'écartement de la fente, la silice pénétrait par son bord supérieur; si la pénétration s'est arrêtée avant la déformation complète, il s'est produit au centre de la concrétion une sorte de géode tapissée de cristaux de quartz; quelquefois la cavité a été remplie par une substance noire, élastique, difficile à rendre transparente, insoluble dans les dissolvants ordinaires, brûlant sans résidu avec une odeur d'huile de pétrole, rappelant le Boghead lui-même, mais sans trace d'organisation; cette matière, qui pourrait être de la gélose des thalles *houillifiée*, ne doit pas être confondue avec la matière bitumineuse dont nous avons donné la composition précédemment, et qui se rencontre également dans quelques-unes de ces géodes.

Nous avons fait remarquer que les fentes occupaient, en hauteur, l'intervalle compris entre deux feuillets qui les limitaient en même temps qu'une certaine épaisseur de Boghead; cette bande de Boghead, comme nous l'avons déjà dit, a éprouvé un retrait dans le sens de la stratification et dans le sens perpendiculaire pendant la formation des concrétions; celles-ci, un peu plus résistantes à cause de la minéralisation, se sont moins contractées dans le sens de la hauteur que le Boghead; aussi on conçoit que les lits de thalles qui les entourent aient dû prendre une disposition caractéristique dans leur voisinage: les deux feuillets, d'abord horizontaux, qui touchent le bord inférieur et le bord supérieur se sont infléchis pour se rapprocher l'un de l'autre et devenir ensuite sensiblement parallèles. La couche de Boghead intermédiaire, dont le retrait a déterminé le rapprochement des deux feuillets en même temps que l'agrandissement de la fente, présente la même particularité; les lits de thalles se recourbent vers les bords supérieur et inférieur de la concrétion pour y pénétrer, comme nous l'avons dit, à diverses hauteurs, mais restent au contraire parallèles et sans inflexion dans la région médiane.

La masse des thalles était encore molle à ce moment; aussi le poids des couches supérieures a dû concourir à faire pénétrer la concrétion dans les lits de thalles sous-jacents; on trouve une preuve de cette pression agissant de haut en bas dans la position qu'ont prise certaines d'entre elles, qui, au lieu de rester verticales ou perpendiculaires au plan des strates, se sont inclinées en refoulant plus ou moins d'un côté les lits des thalles.

Lorsque les concrétions occupent la face supérieure de la couche de Boghead, elles font saillie, puisqu'elles ont résisté davantage à la pression de haut en bas, et sont recouvertes par une mince couche d'argile qui les contourne et se répand également sur les thalles voisins.

Les concrétions allongées à section transversale ovale et à grand axe vertical ne se rencontrent pas seulement dans le Boghead et à sa surface; nous en avons trouvé également dans le banc désigné plus haut sous le nom de *banc barré*. On y remarque, comme dans celles du Boghead, une bande médiane passant par le plan principal *a* (fig. 135), correspondant à la fente par où est entrée l'eau chargée de silice; sur une surface polie ou sur une préparation, les lits schisteux, parfaitement visibles, viennent buter contre la concrétion; ceux qui correspondent au petit axe, *c*, y pénètrent horizontalement sans éprouver de déviation; les autres se redressent de plus en plus à mesure qu'ils sont plus voisins des extrémités supérieure et inférieure de la section et y entrent également; la concrétion est limitée en haut et en bas par deux bandes siliceuses *d*, *d*; on y retrouve donc les traits généraux des concrétions du Boghead, mais ni les schistes qui l'entourent, ni la silice qui la forme ne renferment de thalles de Pila; ici ce n'est donc pas le retrait dû à la houillification, ni le gonflement par la silice d'une matière organique qui ont produit la déformation de la lame siliceuse verticale déposée primitivement dans la fente; ce ne peut être que la diminution de volume de la couche d'argile comprise entre les deux lames siliceuses horizontales, diminution causée par une déshydratation partielle ayant déterminé l'écartement de la fente et l'entrée d'une nouvelle quantité d'eau minérale.

La pression des couches ultérieurement formées a agi sur la concrétion, un peu plus résistante que les lits argileux en contact, comme dans le cas du Boghead. La bande *d*, déjà consolidée en partie et non élastique comme ce dernier, a été fracturée en plusieurs endroits.

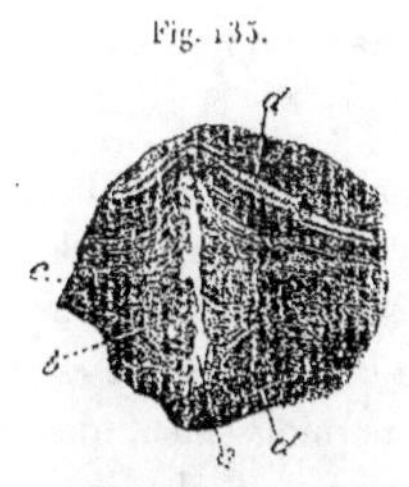

Fig. 135.

Coupe transversale d'une concrétion des schistes du banc barré.

a.   Fente de rupture des schistes.
b.   Bandes alternantes de schistes et de silice.
c.   Région peu contournée.
d, d. Deux bandes siliceuses comprenant la fente *a* dans leur intervalle.

COMPOSITION CHIMIQUE DU BOGHEAD D'AUTUN.

La densité des échantillons recueillis à Margenne est d'environ 1.44. des échantillons provenant des Thélots atteint en moyenne 1.3o, ce qui prouve que les cours d'eau ont amené de ce côté une moins grande quantité de matières minérales dissoutes ou en suspension. Après calcination, la moyenne obtenue aux usines donne pour les échantillons :

MARGENNE.		THÉLOTS.	
Matières volatiles.	65.6o	Matières volatiles.	73.75
Cendres.......	34.4o	Cendres.......	26.25

Un mètre cube de Boghead fournit à la distillation 48o à 5oo mètres cubes d'un gaz ayant un pouvoir éclairant égal à 2.5 et 3 fois celui obtenu par la distillation de la houille; c'est surtout dans les pays où la température moyenne ne descend pas au-dessous de 12 degrés que l'usage de ce combustible est apprécié, le gaz se dépouillant moins par son faible refroidissement des hydrocarbures liquéfiables qui contribuent pour une large part à l'éclat de la flamme.

La matière organique, à l'analyse élémentaire, présente :

Carbone....................	8o
Hydrogène..................	1o
Oxygène et azote............	1o

Les cendres d'échantillons de choix ont donné :

MARGENNE.		THÉLOTS.	
Silice...........	67.7	Silice..........	6o.5
Sesquioxyde de fer.	1o.8	Sesquioxyde de fer.	14.4
Chaux...........	15.7	Chaux..........	17.4

Nous joignons à ces analyses celle faite au Muséum par M. G. Bertrand sur notre demande. Un échantillon de Boghead bien homogène, mais non choisi, provenant des Thélots, a été réduit en poudre fine passant tout entière au tamis (14o mailles par pouce de o m. 027).

Ce Boghead est insoluble dans tous les dissolvants neutres, ne cédant au chloroforme, au sulfure de carbone, à l'éther ou aux carbures les plus volatils du pétrole, qu'une trace de produit oléagineux presque incolore, à odeur d'huile de naphte déjà signalée plus haut.

Chauffé à 110 degrés pendant deux heures, il perd 0.55 p. 100 de son poids et ne s'oxyde que très lentement à cette température, contrairement à ce qui arrive pour la houille.

Par calcination il laisse 35.55 de cendres (traitées par le carbonate d'ammoniaque) dans lesquelles l'analyse élémentaire montre la présence des acides silicique, phosphorique, carbonique et sulfurique, ce dernier provenant de l'oxydation de la pyrite pendant l'opération, ainsi que de l'alumine, des oxydes de fer, de manganèse et de magnésie.

Au point de vue de sa composition immédiate, la partie minérale de ce Boghead peut être envisagée comme formée ainsi qu'il suit :

Calcaire renfermant un peu de carbonate de magnésie....	10.50
Phosphate de calcium............................	1.50
Pyrite...	1.00
Argile et sable.................................	23.50
Total.....................	36.50

En remarquant que cette argile contient, telle qu'elle existe dans le Boghead, une certaine quantité d'eau de combinaison que l'on peut admettre voisine de 12 p. 100 environ, on trouve qu'il faut ajouter au poids des cendres 2.82 pour avoir le taux de la partie minérale et par différence celui des matières organiques, c'est-à-dire :

Humidité...................................	0.55
Matières organiques.........................	60.08
Matières minérales..........................	39.37

Pour déterminer la composition élémentaire des matières organiques, on a mis un poids connu de Boghead pulvérisé en digestion dans de l'acide chlorhydrique, à une douce chaleur, pendant vingt heures, pour enlever le carbonate de chaux et la pyrite. Après lavage et dessiccation, on a pris le poids de la partie insoluble et dosé les cendres qu'elle contenait. Cent parties de Boghead ont donné 86.4 parties de produit ainsi préparé ne contenant plus que 25.9 p. 100 de cendres formées d'argile et de sable.

o gr. 349 de ce produit, correspondant à o gr. 404 de Boghead, ont été brûlés dans un courant d'oxygène; on a recueilli :

Eau 0.250
Acide carbonique 0.776

soit :

Carbone 87.18
Hydrogène 10.92
Oxygène et traces d'azote 1.90

pour cent de matières organiques calculées comme il a été indiqué plus haut.

D'après cela, la composition du Boghead des Thélots serait :

Humidité 0.55

Matières minérales.
{
Carbonate de chaux (avec traces de carbonate de magnésie) 10.50
Phosphate de chaux (acide phosphorique 0.68)   1.50
Pyrite (soufre 0.58) 1.00
Argile et sable 26.30
}

Matières organiques.
{
Carbone 52.37
Hydrogène 6.56
Oxygène et azote 1.15
}

Cette dernière analyse conduit, pour la matière organique du Boghead, sensiblement à la formule $C^{15}H^{20}$ que nous avons déjà obtenue pour la matière bitumineuse se trouvant disséminée dans le Boghead et dans les schistes qui l'accompagnent immédiatement.

Il est peut-être bon de rapprocher la composition de la houille provenant de la grande couche de Commentry de celle du Boghead :

	C	H	O et Az
Houille de Commentry { Regnault..	88.92	5.30	11.78
Carnot...	83.21	5.57	11.22

Ces analyses conduisent aux formules $C^{15}H^{10}O$ et $C^{14}H^{10}O$ qui représenteraient l'un des termes de la houillification de la cellulose $(C^{12}H^{20}O^{10})^6$; tandis que les Bogheads, dont la formule se rapproche de $C^{15}H^{20}$, seraient une des phases de la houillification d'une cellulose moins condensée, de composition analogue à celle de l'amidon par exemple et répondant à la formule $C^{12}H^{20}O^{10,5}$.

Quoi qu'il en soit, le Boghead d'Australie[1] et le Boghead d'Autun diffèrent très nettement par leur composition de celle de la houille, par l'absence à peu près complète d'oxygène et par une quantité d'hydrogène deux fois plus grande. De plus il semble que le Boghead d'Australie est un peu moins avancé en houillification que le Boghead d'Autun, puisqu'il contient un peu plus d'hydrogène et d'oxygène.

En résumé, à la fin du comblement du lac permien autunois, au moment où il n'avait plus que 7 à 8 kilomètres de longueur sur 500 à 600 mètres dans sa largeur maximum, et où les cours d'eau qui s'y déversaient étaient devenus de simples ruisseaux, une végétation extraordinaire d'algues microscopiques, favorisée pendant quelque temps par une période de calme, envahit toute l'étendue du lac, faisant disparaître entièrement devant elle les autres espèces de plantes. Le Boghead ne présente en effet dans sa masse, comme débris végétaux, que quelques fragments apportés de loin par les eaux ou des grains de pollen entraînés par les vents.

Ces algues gélatineuses se sont développées uniformément à la surface et se sont tranquillement déposées au fond du lac, qui devait être sensiblement horizontal; il ne devait pas y avoir de courants de fond, car l'épaisseur, remarquablement uniforme, 0 m. 25 à Margenne, 0 m. 23 à Millery et 0 m. 25 aux Thélots et à Lorme, témoigne une régularité de production et de dépôt tout à fait exceptionnelle.

Les thalles, en tombant au fond de l'eau encore enveloppés d'une couche de gélose, ont entraîné les corps légers tenus en suspension dans l'eau : grains de poussière et de sable apportés par les vents, débris de plantes, matières ulmiques ou gommeuses rendues insolubles par la concentration saline des eaux; ces différents corps ont formé en grande partie la matière fondamentale que nous avons trouvée autour des thalles et qui compose à peu près les 245 millièmes de la masse. Pendant le tassement des thalles, la couche gélosique qui les entourait pénétrait la matière fondamentale et a dû contribuer vraisemblablement à la formation de la matière bitumineuse dont nous avons parlé à plusieurs reprises.

[1] Voir plus loin la composition de ce combustible. page 543.

Comme le lac était soumis à des changements de niveau assez fréquents, une vaste portion du banc de thalles déjà déposé était soumise à des asséchements, à des fendillements, probablement aussi à des fermentations qui ont altéré plus ou moins rapidement les algues.

Lorsque les pluies ou quelque phénomène éruptif amenaient dans le lac des eaux plus ou moins chargées de troubles ou de silice, les craquelures produites se remplissaient d'éléments minéraux ou de silice; comme la masse des thalles est restée perméable pendant un temps assez long, l'eau chargée de carbonate de chaux et de magnésie à la faveur de l'acide carbonique a laissé déposer des cristaux de calcaire imprégnés de magnésie dans la substance fondamentale, à la surface des Pilas, dans la petite couche de gélose non complètement chassée par la compression qui les entourait, et même à leur intérieur.

Quant à la pyrite, toujours en quantité très faible, elle provient de la réduction du sulfate de fer par la matière organique azotée de quelques-uns des corps contenus dans la matière fondamentale, ou le protoplasma des cellules des thalles.

Les concrétions siliceuses, comme nous l'avons dit, résultent de la pénétration de la silice dans les craquelures du Boghead, qui se sont ensuite élargies sous l'influence de son retrait; la silice a pénétré en outre à une certaine distance de la fente à droite et à gauche dans l'épaisseur des thalles, qu'elle a conservés vraisemblablement dans l'état où elle les a trouvés. Si l'apport de la silice a pu suivre l'élargissement de la fente, la concrétion est restée pleine; dans le cas contraire, il s'est formé une cavité tapissée de cristaux de quartz; cette cavité s'est remplie ultérieurement soit de bitume, soit d'une substance analogue à celle du Boghead lui-même, mais non organisée, qui aurait pénétré par pression. Ces concrétions ont le plus grand intérêt, car elles ont permis de constater les vraies dimensions des cellules des thalles, d'en étudier le protoplasma et les noyaux.

Au point de vue botanique, les Pilas sont des algues inférieures analogues aux Protococcacées; les thalles étaient sphériques, creux, multicellulaires, avec des cellules à parois épaisses et possédant un gros noyau axial. Nous n'y avons vu ni chromatophores, ni pyrénoïdes, ni grains d'amidon, ni vacuoles. Les thalles se dissociaient et se fragmentaient par déchirement de la couche des cellules qui les constituaient.

Les thalles étaient libres; ils sont en effet sans crampons, sans poils rhizoïdes; leur isolement dans la matière fondamentale, leur empilement en bancs avec trace d'aplatissement, font penser à des algues flottantes; tous les thalles sont remarquables par leur degré de développement imparfait sans organes sporigènes, semblables en cela aux algues de nos fleurs d'eau.

Les grains de pollen, presque toujours réduits à leur exine, représentent une poussière végétale amenée par les vents à la surface des eaux et s'enfonçant en même temps que les algues.

DISSÉMINATION DES PILAS DANS LES AUTRES COUCHES
DU BASSIN PERMIEN.

C'est dans le Boghead que les Pilas ont été découverts pour la première fois, et leur nombre immense dans ce combustible en rendait faciles la constatation et l'étude; il était indispensable de rechercher s'ils étaient localisés dans la couche de Boghead même, ou bien s'ils étaient répartis dans toute l'épaisseur du bassin permien autunois.

Si l'on se reporte aux tableaux que nous avons donnés précédemment, indiquant les assises qui surmontent la couche principale de Boghead, on voit qu'aux Thélots et à Margenne, désigné par les lettres D et D', et à 1 mètre environ au-dessus de cette dernière, se trouve un banc de schiste argileux noir, épais de o m. 5o et de 4 mètres, appelé *faux Boghead;* l'analyse microscopique a fait voir de nombreux lits de Pilas souvent d'une conservation admirable, présentant tous les caractères que nous avons reconnus dans ceux de la couche principale. La seule différence notable consiste ici dans l'abondance de la matière fondamentale qui sépare les thalles isolés ou les lits de thalles; la matière fondamentale est chargée, indépendamment des éléments que nous avons signalés, de grains ténus de sable siliceux, de cristaux calcaires et d'argile fine. Dans un premier examen il semble donc que les couches désignées sous le nom de faux Boghead ne diffèrent du Boghead lui-même que parce que le dépôt des algues s'est fait pendant une époque beaucoup plus troublée et que leur chute était accompagnée de celle de nombreuses matières minérales apportées par les rivières ou cristallisant dans des eaux saturées. Il est à remarquer que cette couche de faux Boghead est plus épaisse à Margenne qu'aux Thélots; elle est désignée quelquefois sous le nom de *petite couche.*

Un autre banc de même nature se remarque dans les coupes que nous avons données; il est indiqué par les lettres A et A'.

Les schistes bitumineux noirs, épais d'environ o m. 6o, renferment une couche de faux Boghead d'environ o m. 1o.

Le premier de ces bancs se trouve à 20 mètres, et le deuxième à 40 mètres au-dessus de la couche principale. Ils ne diffèrent pas sensiblement dans leur composition des bancs D et D′.

Des thalles de Pila ont été rencontrés, en outre, dans la silice du Banc barré et dans les schistes argileux noirs.

Nous pouvons donc conclure que ces algues ont continué à vivre après que la couche principale du Boghead a été formée; que si cette couche ne s'est pas accrue davantage, c'est que le régime torrentiel a pris le dessus, amenant dans le lac de grandes quantités de matières minérales et des eaux chargées de sels, de chaux, de magnésie et de silice, probablement peu favorables au développement des Pilas; si l'on joint à cela les nombreuses périodes de dessiccation que l'on reconnaît aux craquelures des schistes, comblées par les apports ultérieurs, on conçoit très bien que peu à peu ces plantes soient devenues moins nombreuses et peut-être aient fini par disparaître dans les assises les plus récentes [1]. Deux fois seulement pendant la formation des schistes surmontant le Boghead, il semble qu'une période de calme relatif ait permis aux thalles de se développer en plus grand nombre (faux Bogheads), mais toutefois dans des conditions bien moins favorables que celles qui ont régné pendant le dépôt de la couche principale.

EXAMEN DES SCHISTES INFÉRIEURS AUX BOGHEADS.

Il était non moins intéressant de voir si les Pilas s'étaient montrés dans le bassin seulement à l'époque du Boghead, ou si on les retrouverait dans toute l'épaisseur de la formation permienne. Cette formation offre approximativement :

1° Pour les couches de Millery, une épaisseur de.........	400 mètres.
2° Pour celles qui renferment la grande couche.........	350
3° Pour celles d'Igornay, Lally........................	450
Total..............................	1,200

Ce qui donne une épaisseur *minimum* pour certains points du bassin de 1,000 à 1,200 mètres, dont le comblement a certainement exigé un nombre

[1] Des schistes de surface placés à 70 mètres au-dessus de la couche principale de Boghead renferment encore des Pilas.

d'années considérable. Ce qui précède montre que les Pilas ont été extrêmement abondants dans l'étage de Millery, et sont devenus à l'époque du Boghead la seule plante qui ait occupé les eaux du lac.

Nous avons fait des coupes nombreuses dans des schistes provenant du deuxième étage et recueillis au Ruet, à la Comaille, à Ravelon, à Cordesse, à Saint-Léger, à Muse : dans tous nous avons trouvé des thalles de Pila en quantité variable, mais souvent trop faible pour que l'on pût attribuer uniquement à leur présence la formation des produits bitumineux obtenus par distillation, comme on est en droit de le faire pour le Boghead ; toutefois il faut remarquer que les Pilas, étant des algues gélatineuses, peuvent par leur gélose houillifiée, sans que le microscope montre les thalles, concourir cependant à la production de ces produits. On voit en effet fréquemment les matières minérales et des portions de végétaux réduits en fragments extrêmement fins, réunis par une sorte de matière jaune, d'aspect mucilagineux, qui pourrait avoir son origine dans cette gélose houillifiée.

De plus, disséminés dans la matière fondamentale du schiste qui renferme, contrairement au Boghead, une forte proportion de matière minérale, on reconnaît la présence de thalles sphériques beaucoup plus petits que ceux des Pilas ; leur diamètre atteint à peine $0^{mm},02$, leur volume est donc près de mille fois plus petit ; on distingue cependant les cellules qui les forment ; ces cellules mesurent $3\ \mu$ environ de diamètre ; celui-ci peut paraître bien réduit, mais il faut se rappeler que les cellules en se houillifiant ont diminué beaucoup de volume ; les thalles moyens, qui ont $16\ \mu$ de diamètre, comptent 40 à 45 cellules ; leur forme est régulièrement sphérique (fig. 136, $b\ c$), quand ils ont été protégés contre l'aplatissement par les corps environnants. Leur présence au milieu de débris de dents laisse soupçonner qu'ils servaient de nourriture à de petits animaux, qui eux-mêmes devenaient la proie de ceux dont nous rencontrons les coprolithes.

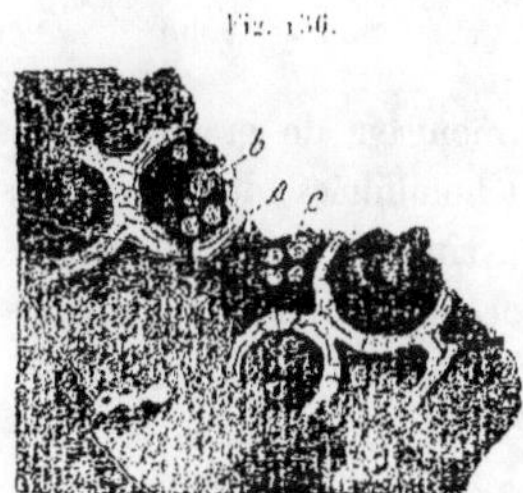

Fig. 136.

a. Section transversale de dents contenues dans un coprolithe de Cordesse.
b. Thalles de *Pila minor* logés dans la cavité d'une dent.
c. Thalles disséminés dans la matière du coprolithe.

La première idée qui vient à l'esprit est que l'on a affaire à de très jeunes Pilas. car on en rencontre quelquefois dans leur voisinage ; mais dans certains districts comme à Muse[1], ces thalles microscopiques sont en nombre considérable, tous à peu près de taille uniforme et beaucoup plus petits que les jeunes thalles issus des Pilas quand ils se reproduisent par segmentation. Ces différentes raisons nous portent à les considérer comme une espèce nouvelle que nous nommerons *Pila minor*. A Muse, cette espèce se rencontre sous la forme de zooglée, les thalles étant encore réunis par de la gélose.

Les quelques lignes qui précèdent montrent donc que les schistes de la couche moyenne de la formation permienne contiennent non seulement des Pilas, mais encore d'autres corps organisés qui seront étudiés dans un travail plus étendu.

L'étage le plus ancien du bassin est, comme on sait, celui d'Igornay. Les principales couches de schistes exploitables sont, par ordre de superposition de haut en bas :

	ÉPAISSEUR.
Dans le banc jaune, une couche de..........	0ᵐ80 à 1ᵐ20
Dans la première couche...................	2 50 à 3 00
Dans la deuxième couche....................	2 00
Dans la troisième couche....................	7 00
Dans la quatrième couche.................	1ᵐ30 à 1 50

Les préparations faites dans le banc jaune montrent de grandes plages noires, formées de détritus de plantes fortement houillifiées, de nombreuses agglomérations de cristaux et de sphérules de pyrite, divers débris inorganiques, le tout réuni par une sorte de mucilage floconneux houillifié; quelques thalles de *Pila bibractensis* et de *Pila minor* sont disséminés dans toute la masse, mais en petite quantité.

Le banc n° 1 présente également au microscope de nombreux fragments de plantes, charbonneux, complètement opaques, de la poussière végétale houillifiée noire à peine transparente, une assez grande quantité de matières minérales, dont beaucoup sont à l'état cristallisé et transparent, des cristaux et des sphérules nombreux, obscurs, de pyrite, et une petite quantité de mucilage jaune brun réunissant le tout, très peu également de *Pila minor* et de *Pila bibractensis*.

Le banc n° 2 n'offre qu'une très petite quantité de débris végétaux devenus opaques par la houillification. La pyrite est devenue très rare, on remarque

---

[1] Le schiste que nous avons examiné doit avoir un rendement très remarquable.

peu de mucilage houillifié; au milieu de la matière fondamentale formée de poussière argileuse opaque et de petits cristaux de quartz et de calcite, on voit un nombre considérable de thalles de *Pila bibractensis* et de *Pila minor*. Si la richesse des schistes bitumineux était liée au nombre des thalles d'algues, ce serait la couche qui devrait donner la plus grande quantité d'huile; mais nous avons vu que les thalles ne concouraient qu'en partie à la production des matières bitumineuses distillées.

Le banc n° 3 renferme beaucoup de débris végétaux houillifiés, opaques. On y rencontre des cristaux et des sphérules de pyrite, des matières minérales amorphes ou cristallisées, une certaine quantité de mucilage houillifié reliant le tout; on y remarque en outre des corps jaunes en forme de disques aplatis, circulaires ou elliptiques, mesurant 20 à 25 μ sans trace d'organisation, dont la nature reste à déterminer; peut-être représentent-ils des thalles de *Pila minor* décomposés. Les *Pila bibractensis* sont peu nombreux, la plus petite espèce est plus fréquente.

Le banc n° 4 est également riche en débris et poussières de végétaux rendus opaques par la houillification; la pyrite y est rare, la matière minérale cristallisée s'y trouve en petite quantité, le mucilage houillifié y est assez abondant et on y trouve un assez grand nombre des deux espèces de *Pila*.

De l'examen rapide auquel nous venons de nous livrer nous pouvons conclure que le *Pila bibractensis* a existé pendant toute la période de formation du terrain permien d'Autun, puisque nous l'avons rencontré dans les couches les plus élevées de la formation de Millery et dans les bancs inférieurs de la formation d'Igornay, accompagné souvent d'une espèce plus petite, le *Pila minor*. Il sera intéressant dès lors de le rechercher dans les schistes du Grand-Molloy et d'Épinac, c'est-à-dire dans le terrain houiller lui-même.

Il ne faudrait pourtant pas croire que le microscope puisse déceler tous les corps organisés végétaux ou animaux qui ont pu concourir à la formation de la matière complexe dont la distillation produit les huiles de schiste. Déjà en effet on éprouve une certaine peine à bien voir dans les schistes les thalles de *Pila minor* et les cellules qui les forment; mais il y a des algues beaucoup plus petites, telles que les bactéries, qui présentent une difficulté autrement grande, et cependant ces micro-organismes doivent se rencontrer, sinon dans les Bogheads, au moins dans les schistes, accompagnant les fragments de végétaux ou même leur survivant. Il n'est pas rare de voir le mucilage dont nous avons parlé plus haut contenir des corps sphériques mesurant 1 μ de diamètre.

quelquefois disposés par deux ou par trois en ligne droite, et qui pourraient
être des microcoques ayant persisté après la destruction des cellules. Il n'est
pas plus étonnant, en effet, de rencontrer des bactéries dans la vase solidifiée
des marais houillers que dans les nombreux coprolithes qu'elle renferme.

Nous pensons, d'après ce qui précède : 1° que les produits bitumineux
extraits par distillation du Boghead proviennent presque uniquement de la décomposition par la chaleur : *a.* de thalles d'algues gélatineuses amenées par le
travail de la houillification (transformation spéciale dont la cause est encore
inconnue) à présenter la composition exprimée par la formule brute $C^{15}H^{20}$;
b. des produits ulmiques, des grains de pollen, et débris divers de végétaux,
également houillifiés, disséminés dans la matière fondamentale;

2° Que les schistes bitumineux d'Autun doivent leur richesse à la présence
de poussières végétales, indéterminables souvent à cause de leur petitesse, de
spores, de grains de pollen, de thalles de plusieurs espèces de *Pila,* et aussi à
la présence d'un mucilage provenant de la gélose des thalles et renfermant une
certaine quantité de bactéries, de produits ulmiques variés; cette richesse est
proportionnée à l'abondance de ces divers éléments au milieu de la masse de
substance inorganique qui s'est déposée en même temps que la matière végétale, mais en plus forte proportion pour les schistes que pour le Boghead.

Nous venons de voir que les Pilas se rencontraient dans toute la formation
permienne d'Autun; ils se trouvent également dans d'autres bassins permiens
de France.

Nous avons eu occasion de faire des préparations dans des schistes de Boson
près Fréjus, bassin de l'Estérel (Var), et dans le Boghead qui se trouve en
fragments disposés en chapelet au milieu des schistes. Les Pilas sont identiques au *Pila bibractensis,* bien conservés, moins abondants qu'à Autun. Le
Boghead n'y forme pas de couches continues; il semble que les algues, au lieu
de s'étendre uniformément sur toute la surface des eaux, se soient localisées
par places, occupant une très faible étendue, et aient donné naissance à de
petits amas de Boghead isolés.

Cependant certains bassins permiens moins éloignés de celui d'Autun que
l'Estérel paraissent dépourvus de Pilas : tel est, entre autres, celui de l'Allier.
Les schistes de Buxières, de Saint-Hilaire n'en renferment pas; du moins nous
n'en avons pas encore rencontré; le mucilage houillifié provient d'autres organismes que nous étudierons plus tard. La richesse des schistes en huile paraît liée au nombre de débris organiques animaux que l'on y rencontre.

EXAMEN DE QUELQUES BOGHEADS PROVENANT DE DIFFÉRENTES RÉGIONS.

Il était indispensable de vérifier si tous les combustibles compris sous les noms de Bogheads et de Cannels et exploités dans les différentes régions du globe, à des étages divers, présentaient la même origine, c'est-à-dire provenaient du dépôt et de l'accumulation dans des conditions spéciales d'algues gélatineuses au sein de lacs de petite étendue.

Le travail que nous avons commencé avec M. C.-E. Bertrand sur ce sujet est loin d'être terminé. Nous avons examiné un certain nombre de Bogheads et de Cannels, entre autres : 1° les Bogheads d'Australie compris sous le nom de *Kerosene shale*, ceux d'Écosse et d'Angleterre, tels que la Torbanite, les Bogheads Russel et Armadale, le Cannel New Boghead, le Boghead Wood-bank, ceux de Russie provenant du bassin houiller de Moscou, quelques Bogheads d'Amérique, le Plessio Boghead, etc.; 2° les Cannels anglais, Bur-ghlée, Bryant, Niddrie, Lesmahagow, New Attle, Skaterigg, Arniston, Canok-chose, ceux de Consolidation (Allemagne), de Teberga (Espagne), etc.

Dans tous ces combustibles, nous avons trouvé une forte proportion d'algues et de fructifications de cryptogames caractéristiques, qui permettent de distinguer les Bogheads des Cannels, et quelquefois les Bogheads ainsi que les Cannels entre eux.

Nous ne pouvons entrer en ce moment dans des détails qui ne sauraient trouver place dans ce travail; cependant nous croyons utile de citer un petit nombre d'exemples, et de dire quelques mots sur des Bogheads appartenant à l'époque permienne, à celle du terrain houiller moyen, enfin à la partie inférieure du Culm, de façon à montrer la généralité du mode de formation de certains combustibles minéraux.

BOGHEAD DE LA NOUVELLE-GALLES DU SUD[1].

Le Boghead de la Nouvelle-Galles du Sud provient également de l'accumulation par lits horizontaux de thalles d'algues aplatis, qui ont été désignés sous le nom de *Reinschia australis*.

---

[1] *Sur le Kerosene shale de la Nouvelle-Galles du Sud*, par MM. C.-E. Bertrand et B. Renault. *Bulletin de la Soc. Hist. nat. d'Autun*, t. VI, 1893.

Vus par leur face supérieure, les thalles moyens se présentent sous la forme de petits disques aplatis, irréguliers, mesurant à peu près 300 μ de longueur, 150 μ de largeur et 35 μ d'épaisseur, composés d'un nombre variable de cellules qui peut atteindre 350 à 400.

Les coupes verticales montrent que ces cellules sont déposées sur un seul rang (fig. 137, a); les parois internes des cellules sont tapissées par une couche épaisse de cellulose qui limite une cavité déformée, irrégulière, souvent rendue méconnaissable par l'aplatissement que le thalle a subi.

Fig. 137.

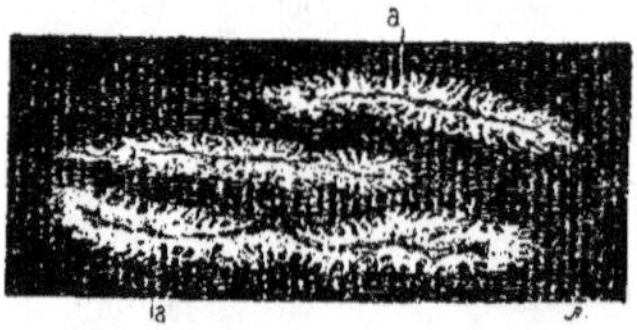

Reinschia australis.

a, Thalles aplatis coupés perpendiculairement à leur stratification.

Les cellules verticales des faces supérieure et inférieure mesurent 20 à 30 μ de hauteur, 15 μ de largeur et 10 à 12 μ en épaisseur. Les cellules horizontales placées sur les bords des disques atteignent 30 à 35 μ de longueur, 15 μ de largeur et 5 à 7 μ d'épaisseur. Le protoplasma des cellules est fortement coloré, allongé, pyriforme; la partie effilée de la cellule est tournée vers la surface, la grosse vers l'intérieur; le protoplasma paraît renfermer un noyau, mais moins apparent que celui des Pilas.

Sur une coupe transversale (fig. 138) les thalles sont plus ou moins circulaires, d'autant plus réguliers qu'ils sont plus petits; le contour paraît comme crénelé. Cet aspect est dû aux cellules dont la paroi extérieure a été détruite; les parois communes latérales, plus épaisses, ont mieux résisté, ainsi que celles tournées vers l'intérieur, qui paraissent doublées d'une couche épaisse de gélose.

En résumé, le thalle moyen du *Reinschia australis* était un corps globuleux à diamètre horizontal plus grand que le diamètre vertical, creux à l'intérieur, sans trace de pédicelle, par conséquent libre. Les cellules du thalle, placées sur un seul rang sur toute la périphérie, avaient une certaine tendance à se grouper plus serrées autour de certains centres.

Le *Reinschia australis* avait des thalles beaucoup plus grands que les thalles moyens; ils pouvaient atteindre, sur une coupe verticale, 540 μ de longueur et 65 μ d'épaisseur; sur une coupe horizontale, 540 μ de longueur et 340 μ de largeur.

Ces grands thalles ont un aspect extérieur cérébriforme; de la surface

Fig. 138.

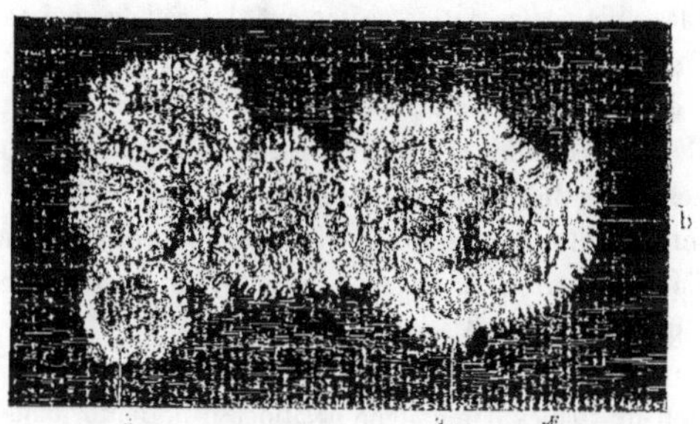

Coupe transversale de *Reinschia australis* adulte.

a. Cellules formant la paroi extérieure du thalle. — b. Cavité dans laquelle on remarque des excroissances centripètes ou invaginations. — c. Jeune thalle.

partent de nombreux replis ou invaginations qui s'enfoncent dans la masse du thalle (fig. 138, b et fig. 139, b); la cavité en est par conséquent très réduite, et souvent elle ne paraît plus exister. Dans les grands thalles, les cellules ont les mêmes dimensions que dans les thalles moyens; ils ne diffèrent de ceux-ci que par le nombre de leurs cellules, leur invagination et leur cavité centrale. Dans les petits thalles, les cellules sont d'autant plus petites que le thalle est plus petit; elles sont aussi nombreuses que dans les thalles moyens: la cavité y est peu visible. Les dimensions observées sont 33 μ pour le grand diamètre horizontal, 20 μ pour le petit et 8 μ pour le diamètre vertical, dans les petits thalles composés d'environ 200 cellules; les masses protoplasmiques qui les remplissent sont en bâtonnets et

Fig. 139.

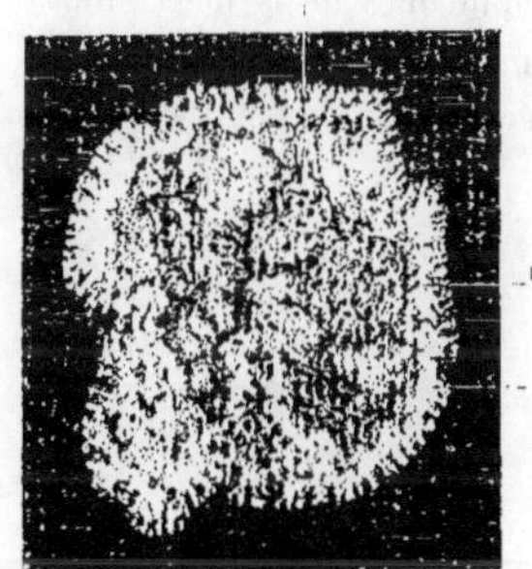

Grand thalle de *Reinschia*.

a. Cellules du thalle.
b. Invaginations de forme plus ou moins sphérique.

mesurent 3 μ de longueur et 0.5 μ à 0.8 μ de diamètre; avec l'âge ces cellules deviennent pyriformes.

Le développement des thalles jeunes en thalles moyens ne porte que sur des modifications des cellules et non sur leur multiplication.

Ces caractères rapprochent les Reinschias des Hydrodictyées et des Volvocinées; les unes et les autres présentent des cellules qui se transforment en glandes génératrices produisant un thalle entier, quel que soit d'ailleurs le nombre des cellules de ce thalle, lequel ne diffère des thalles adultes que par la grandeur des cellules et leur configuration. Cependant, tout en se rapprochant d'elles, les Reinschias ne sont pas des Hydrodictyées ou des Volvocinées.

Comme les Pilas, les Reinschias vivaient à la surface des eaux tranquilles, et descendaient de cette surface pour gagner le fond en même temps que la gelée ulmique qui se précipitait avec eux.

Le *Kerosene shale*, comme le Boghead d'Autun, est donc formé par l'accumulation de thalles d'une algue gélatineuse flottante, dans une matière ulmique. L'échantillon du Muséum, qui mesure 1 m. 18 de hauteur, pourrait être formé par la superposition d'environ 36,000 lits horizontaux d'algues, entremêlées d'un certain nombre de spores.

Ces lits sont séparés par le précipité ulmique, floconneux, brun clair, ayant entraîné des débris de membranes végétales fortement altérées, de petits fragments de bois, de feuilles, etc., mais ne présentant pas de traces d'écailles de poissons ni de grains de pollen. Suivant les régions observées, cette matière fondamentale peut former de 100 à 625 millièmes de la masse totale, la différence étant représentée presque uniquement par les Reinschias.

Nous reproduisons l'analyse suivante d'un échantillon de Boghead d'Australie faite par M. G. Bertrand.

Humidité	0.25
Matières organiques	89.11
Matières minérales	10.64

(Cendres : 9.50.)

0 gr. 362 de Boghead ont donné :

Eau	0.318
Gaz carbonique	1.017

D'où, en tenant compte de l'eau et de l'argile $(9.5 \times 0.12 = 1.14)$, on a :

Carbone	85.96
Hydrogène	10.81
Oxygène et azote	3.23

D'après cela, la composition du Boghead d'Australie étudié serait :

Humidité. 0.25
Matières minérales. 10.64

Matières organiques. $\left\{\begin{array}{l}\text{Carbone} \ldots \ldots \ldots \quad 76.61 \\ \text{Hydrogène} \ldots \ldots \ldots \quad 9.63 \\ \text{Oxygène et azote} \ldots \ldots \quad 2.87\end{array}\right\}$ 89.11

(Cendres : 9.50.)

La formule indiquant la composition brute de la matière organique est sensiblement $C^{13}H^{22}$, renfermant un peu plus d'hydrogène que la formule qui représente la composition du Boghead d'Autun.

On pourrait néanmoins en conclure que dans les deux régions, bien éloignées pourtant l'une de l'autre, le Boghead s'est trouvé dans des conditions semblables de houillification.

L'absence d'acide phosphorique tient vraisemblablement à celle de tout fragment d'os, d'écailles et de coprolithes.

BOGHEAD D'ÉCOSSE.

PILA SCOTICA, n. sp.

Les Bogheads d'Écosse sont également formés par la réunion d'un nombre considérable de petites algues, tout au moins ceux que nous avons pu examiner.

Nous donnons (fig. 140) une section transversale d'un Boghead connu dans le commerce sous le nom de *Boghead Rassel*, provenant des environs de Boghead (Écosse) et qui paraît identique à la Torbanite.

Les thalles sont globuleux, de dimensions variables a, b, ce qui tient sans doute à une différence d'âge ; les plus volumineux, quand ils sont isolés, mesurent environ 107μ suivant leur grand diamètre, et 86μ suivant le petit. Souvent ils paraissent atteindre une taille plus considérable ; mais cela est dû à leur mode de reproduction, qui consiste en une division du thalle en plusieurs parties ; comme celles-ci ne se séparent pas de suite et qu'elles restent soudées pendant un certain temps, le thalle paraît alors acquérir des dimensions plus grandes que celles que nous avons indiquées, mais le microscope montre facilement qu'il résulte de la réunion de deux, ou plus, petits thalles encore soudés.

Les algues de très petites dimensions qui accompagnent celles qui sont adultes indiquent qu'il existait un autre mode de reproduction que celui que nous venons de signaler; mais, de même que pour le *Pila bibractensis*, nous n'avons pu jusqu'ici le mettre en évidence.

Les sections transversales des thalles de petite taille sont sensiblement circulaires; celles des Pilas, plus développés, sont moins régulières; cela tient sans doute à la compression qui les a moins épargnés; sur une coupe longitudinale perpendiculaire aux strates, les thalles présentent des sections elliptiques avec grand axe dirigé parallèlement aux bancs de stratification, le petit étant perpendiculaire, ce qui indique une déformation apparente surtout pour les plus gros thalles.

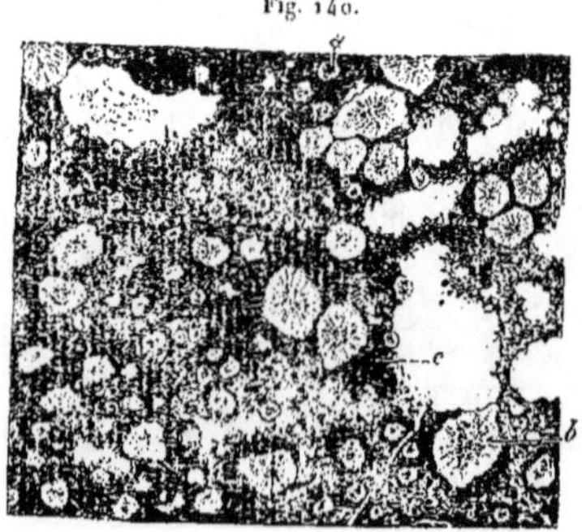

Fig. 140.

Boghead renfermant le *Pila scotica*.

a. Jeune thalle.
b. Thalle adulte.
c. Matière fondamentale.

Comme les Pilas d'Autun, ces algues globuleuses étaient creuses, mais la cavité est le plus souvent masquée, parce que les parois supérieure et inférieure ont été amenées en contact; il est donc difficile de la constater sur les thalles adultes plus ou moins aplatis; on l'observe plus facilement sur les jeunes non déformés. Les cellules qui constituent le corps de l'algue sont prismatiques, dirigées en rayonnant autour de la cavité centrale; celle-ci est relativement assez développée. Les dimensions des cellules varient avec l'âge; leur largeur est de 4 à 6 μ; leur longueur, de 8 à 15 μ; elles sont disposées sur une seule rangée autour de la cavité centrale; la paroi tournée vers cette cavité est plus marquée que celle des Pilas d'Autun.

Il n'est pas rare de trouver, au milieu des algues qui forment le Boghead d'Écosse, des masses jaunes de forme variable *a* (fig. 141 et 142); ces corps, découverts par MM. Bertrand et Hovelacque au milieu d'écorces de Lépidodendrons de Hardinghen, ont été regardés par ces savants comme des champignons appartenant à la famille des Myxomycètes et désignés sous le nom générique de *Bretonia*. La figure 141 représente une coupe de Boghead d'Écosse (Boghead Russel); au milieu se trouve un *Bretonia* replié sur lui-même, muni d'un certain nombre de pseudopodes *b*, qui se glissent au milieu des Pilas, de façon à déterminer la progression de toute la masse.

Le microscope ne montre aucune trace d'organisation dans l'intérieur du tissu.

Les algues paraissent complètement désorganisées dans les régions abandonnées par le Myxomycète, et transformées en une masse noire amorphe.

Cette destruction est encore plus complète dans un autre Boghead d'Écosse, dont quelques fragments ont été donnés au Muséum par Darcet en 1859, et

Fig. 141.

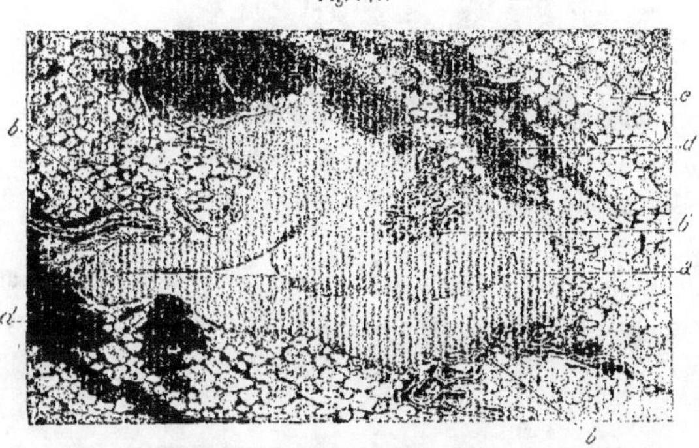

Bretonia au milieu de Pila scotica.

a. Corps du Bretonia.
b. Pseudopodes engagés au milieu des Pilas.
b′. Pseudopodes résorbés.

c. Pilas non altérés.
d. Pilas désorganisés et transformés en une substance noire amorphe.

dont les figures 142 et 143 montrent deux coupes transversales; il semble que la matière provenant de la destruction des Pilas, noire, amorphe, constitue à elle seule la masse du combustible; quelques thalles *a*, *b*, fig. 143, ont échappé et se distinguent au milieu des régions plus claires *d*.

Nous ne voudrions pas affirmer que la destruction des Pilas et la production de la matière noire soient dues à la présence unique des Bretonias, et que d'autres causes n'aient pas contribué à cette transformation des tissus organiques végétaux; mais il est au moins curieux de voir ces deux phénomènes accompagner presque constamment la présence des Bretonias au milieu des algues du Boghead, et aussi au milieu de celles qui forment les Cannels; certains Cannels, en effet, comme celui de Consolidation (Allemagne),

Fig. 142.

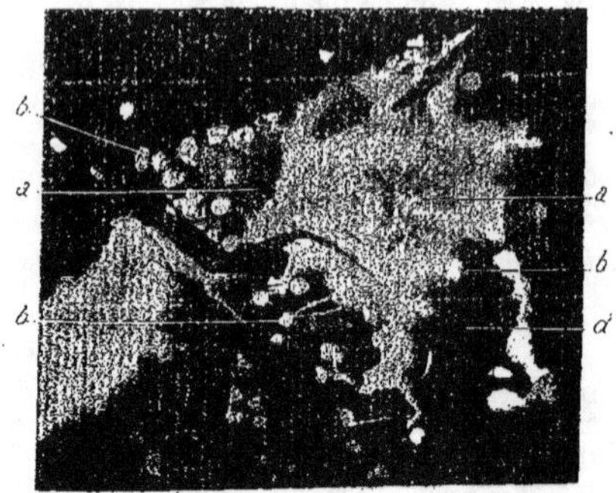

Bretonia au milieu d'une plage désorganisée de *Pila scotica*.

a. Corps du Bretonia. — *b.* Pseudopodes. — *d.* Région complètement désorganisée.

présentent de nombreux débris qui semblent appartenir à des plantes analogues aux Bretonias, disséminés dans une matière fondamentale noire et

Fig. 143.

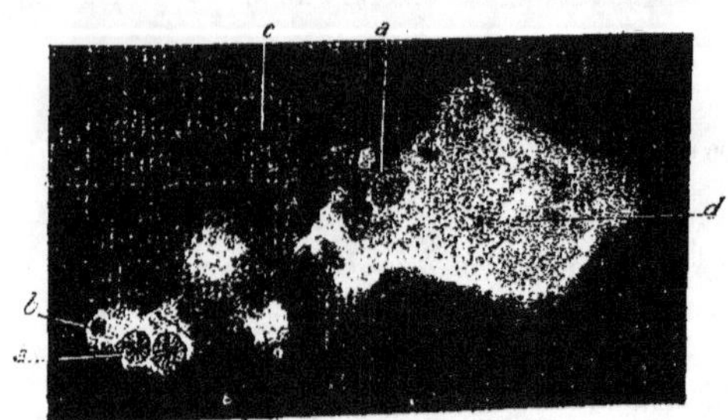

Boghead d'Écosse désorganisé par les Bretonias.

a, b. Quelques Pilas qui ont échappé à l'action des Bretonias. — *c.* Masse noire provenant de la destruction des Pilas. — *d.* Partie plus claire, mais ne présentant rien d'organisé.

amorphe, où on ne distingue que quelques algues et quelques enveloppes de macrospores et de microspores.

BOGHEAD ARMADALE.

Genre THYLAX, n. gen.

Le genre *Thylax* renferme des algues globuleuses ou sphériques, quand elles sont simples et qu'elles n'ont pas bourgeonné, mamelonnées à la surface et creuses à l'intérieur.

Le thalle est composé d'une seule rangée de cellules, limitant une cavité relativement volumineuse; les cellules sont un peu plus hautes que larges; leurs parois de fond, celles qui regardent l'intérieur, sont plus épaisses que les parois latérales; une couche assez épaisse de gélose les recouvre de ce côté et entoure la cavité; celle-ci envoie, entre les cellules du thalle, des prolongements qui mettent en communication l'intérieur de l'algue avec le milieu extérieur. Aussi, sur les différentes coupes, la partie interne est-elle colorée en brun, comme la matière fondamentale qui l'entoure et qui y a pénétré.

En section transversale parallèle aux lits des thalles, les prolongements dont nous venons de parler se présentent sous la forme d'un $>-<$ dont les branches latérales peuvent elles-mêmes se diviser; il n'est pas rare de trouver les cellules groupées par quatre dans les angles formés par les branches de la figure.

Ce nouveau genre diffère essentiellement des genres *Pila* et *Reinschia*, non seulement par la forme des cellules du thalle, mais par cette particularité importante, que la cavité centrale est mise en communication avec l'extérieur par un certain nombre d'ouvertures disposées plus ou moins symétriquement, ce qui permet de le comparer à certains genres vivants de la famille des Protococcacées, tels que le genre *Cœlastrum*, entre autres; ce dernier contient des algues dont le thalle sphérique est creux, composé d'une seule couche de cellules disposées en un réseau régulier, dont les mailles permettent à la cavité centrale de communiquer avec l'extérieur. Dans le genre fossile, les cellules ne sont pas disposées en réseau; elles sont unies entre elles beaucoup plus solidement, et forment des groupes plus étendus; toutefois ce genre paraît moins éloigné des genres actuels que les Pilas et les Reinschias.

THYLAX BRITANNICUS, n. sp.

Le Boghead anglais, connu dans le commerce sous le nom de *Boghead Armadale*, est formé presque uniquement par la réunion de petites algues globuleuses, creuses, disséminées dans une matière fondamentale brune amorphe.

Leur diamètre n'atteint que 42 μ dans les sujets adultes n'ayant pas bourgeonné; le thalle est formé d'un nombre assez considérable de cellules disposées sur un seul rang, de forme prismatique, et dont le grand axe, qui mesure de 4 à 6 μ, est dirigé suivant le rayon d'une sphère. En coupe transversale, elles sont polygonales et larges de 3 μ environ; la cavité centrale du thalle est relativement volumineuse et peut atteindre 32 μ.

Le mode de division des thalles semble un peu différent de celui que nous avons observé chez les Pilas; en effet, chez ces derniers, après avoir atteint une dimension convenable, l'algue se partage en deux moitiés qui restent soudées ou se séparent; il n'est pas rare que les deux moitiés, dans le cas où elles sont restées en contact, se partagent à leur tour et forment ainsi, après plusieurs divisions successives, une masse assez volumineuse composée de thalles que l'on peut distinguer les uns des autres.

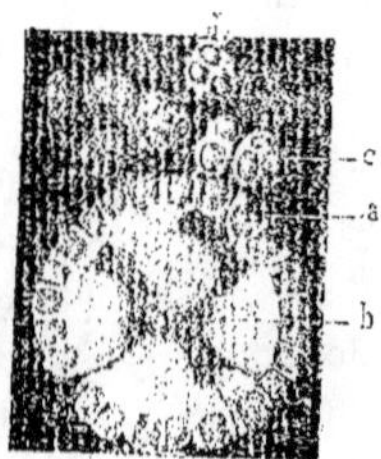

Fig. 144.

Thylax britannicus.

a. Thalle coupé transversalement.
b. Cavité centrale.
c. d. Jeunes thalles.

Dans l'algue que nous décrivons aujourd'hui, la division semble se faire d'une autre façon; en effet, la plupart des thalles se montrent, soit quand on les voit par l'extérieur e (fig. 145), soit quand on les voit en section transversale a (fig. 144), comme fendus ou séparés en plusieurs fragments. La cavité centrale, se poursuivant à travers la couche des cellules périphériques, formait des lignes suivant lesquelles se faisait la segmentation; il est possible que le nombre des segments fût un multiple de quatre, comme semble l'indiquer le nombre des lignes que l'on observe sur les thalles, mais nous ne pouvons l'affirmer.

Les segments eux-mêmes se subdivisaient en fragments formés d'un nombre limité de cellules (4?) b (fig. 145). Autour des algues plus ou moins bien conservées, on voit un grand nombre de thalles beaucoup plus petits *c*, *d* (fig. 144) et *d* (fig. 145) composés de deux, quatre cellules: ceux qui sont

Fig. 145.

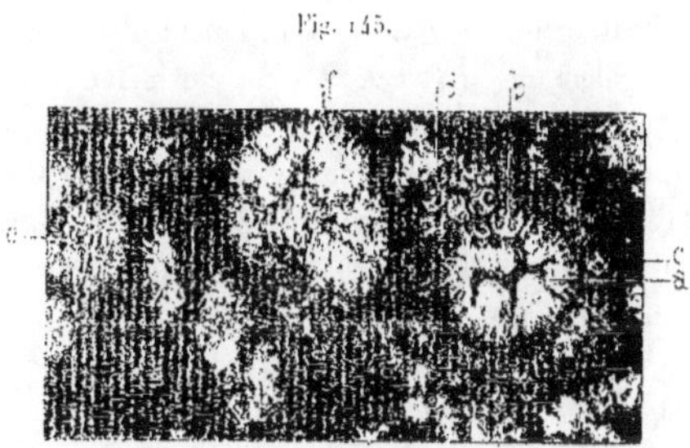

Coupe faite dans un fragment de *Boghead Armadale*.

a. Thalle coupé dans sa région médiane; au centre se trouve une cavité relativement très développée, qui envoie des prolongements à travers la couche des cellules périphériques.

b. Portion du thalle fragmenté, comprenant quatre cellules.

c. Matière fondamentale.

d. Jeunes thalles formés de deux, quatre cellules.

e. Thalle vu par l'extérieur, montrant les lignes de segmentation ou de communication avec l'extérieur.

f. Thalle en train de se désagréger.

formés de quatre cellules mesurent 6 à 7 μ de diamètre; par conséquent les cellules ont sensiblement les mêmes dimensions que celles des thalles adultes.

Ces thalles rudimentaires sont dus sans doute aux fractionnements multipliés des segments, d'abord pleins quand ils ne comprennent que quatre cellules: il se forme bientôt une cavité par les divisions latérales de celles-ci, divisions qui tendent à augmenter rapidement la surface du corps sphérique en même temps que son diamètre; la cavité devient d'autant plus spacieuse que la segmentation des cellules périphériques disposées sur un seul rang a été poussée plus loin.

L'épaisseur des cloisons latérales reste sensiblement constante; il n'en est pas de même de la paroi de fond, celle qui limite la cavité; à mesure que le thalle grandit, la membrane commune, qui résulte de toutes les cloisons de fond, s'épaissit notablement dans les points où la cavité ne pénètre pas entre les cellules.

Cette nouvelle espèce d'algues diffère du *Pila bibractensis* par ses dimensions, qui sont beaucoup plus faibles: le diamètre moyen est, en effet, cinq fois plus petit; par son mode de segmentation, qui semble s'effectuer suivant les prolongements de la cavité centrale à travers les cellules du thalle; les fragments se divisent à leur tour en parties plus petites, presque simultanément; par sa cavité centrale, qui est relativement plus grande.

Elle diffère également du *Pila scotica* par ces mêmes caractères et par les suivants : les cellules qui forment le thalle sont plus courtes dans le sens de leur longueur, dirigée suivant le rayon de la sphère; leur paroi de fond paraît plus épaisse. En outre, les prolongements de la cavité centrale vers la périphérie séparent nettement cette espèce des *Pila bibractensis, P. minor, P. scotica* et *Reinschia australis.*

Le Boghead Armadale, sur lequel nous reviendrons avec plus de détails, est formé presque uniquement de ces algues; on n'y rencontre que très rarement des Pilas; les thalles sont disposés par lits moins apparents, moins épais que ceux du Boghead d'Autun ou d'Australie; la matière fondamentale est assez abondante; on n'y distingue que de rares macrospores et quelques Myxomycètes voisins des *Bretonia.*

Jusqu'ici nous n'avons pas recueilli d'échantillons suffisamment bien conservés pour que nous puissions nous étendre davantage sur ce sujet.

BOGHEADS RUSSES [1].

BOGHEAD DE KOURAKINO ET DE MURAJEWNJA.

Les Bogheads de Kourakino et de Murajewnja renferment un assez grand nombre de débris de plantes qui sont reconnaissables; notre intention n'est pas d'en faire une étude détaillée; en ce moment nous ne ferons que les mentionner; deux sortes d'algues seulement seront un peu plus longuement examinées.

Les macrospores s'y rencontrent en assez fortes proportions; voici les formes principales que nous y avons distinguées :

1° Macrospores sphériques à surface unie, marquées de trois lignes radiantes, mesurant $30\ \mu$ de diamètre; exospore mince.

[1] Nous devons à MM. de Keppen, Karpinsky et Tchernischef de nombreux et beaux échantillons de charbons du bassin houiller de Moscou, dont nous nous proposons de faire l'étude; nous adressons nos sincères remerciements aux savants russes qui ont bien voulu nous aider dans ce long travail.

2° Macrospores sphériques à surface lisse, à parois épaissies paraissant munies, dans la région équatoriale, d'un bourrelet circulaire saillant, montrant très nettement les trois lignes de déhiscence; les dimensions varient de 50 à 130 μ.

3° Macrospores de forme trigone quand on les voit normalement au plan de l'équateur, à angles arrondis; les trois lignes de déhiscence convergent vers le pôle de la macrospore; exospore très épaisse; diamètre dirigé suivant l'un des angles, mesurant 60 μ.

4° Macrospores présentant une surface réticulée à crêtes saillantes; dimensions variant de 60 à 85 μ, semblables à celles des *Sphenophyllum;* mailles hexagonales, larges de 12 μ.

5° Fructifications (?) de forme circulaire, ou simplement trigone, en forme de coupe présentant un bord relativement épais, aplati, orné d'une couronne de ponctuations placées circulairement soit sur le contour interne des bords, soit au milieu de leur épaisseur. Le fond de la coupe paraît également chagriné. Le diamètre moyen est de 45 μ, celui de la cavité interne de 18 μ, et l'épaisseur des bords de 9 μ; cette forme se retrouve dans presque tous les Cannels que nous avons examinés; sa présence est caractéristique.

6° Plus rarement nous avons rencontré des corps affectant la forme d'une croix de Malte mesurant 30 μ de largeur et de hauteur; chaque branche est réunie à sa voisine par une membrane mince légèrement convexe en dehors; peut-être ces corps font-ils partie de la famille des Desmidiées. Mais les débris végétaux les plus nombreux, et qui forment la grande masse de ce combustible minéral, appartiennent aux deux types suivants.

La présence d'un nombre aussi considérable de fructifications appartenant à des plantes cryptogames, au milieu des algues en question, éloigne ces combustibles russes des véritables Bogheads australiens, français et écossais et les rapproche des Cannels, qui contiennent suivant leur âge géologique une quantité très notable de macrospores ou de grains de pollen.

PILA KARPINSKYI, n. sp.

Thalles globuleux, sensiblement sphériques quand ils n'ont pas été comprimés et mesurant alors 30 à 50 μ de diamètre; vus en dessus, ils sont discoïdes et, sur les côtés, ils paraissent elliptiques, le grand axe mesurant 55 μ et le petit 30 μ environ.

Les thalles adultes semblent pleins, mais cet aspect est dû à ce que les parois se sont rapprochées par la compression; les thalles plus jeunes, qui ne mesurent que 25 μ de diamètre, restés sphériques, montrent souvent une cavité large de 11 μ entourée de cellules orientées suivant les rayons de la sphère; ces cellules sont prismatiques, disposées sur un seul rang, longues de 7 μ dans l'exemple cité, mais prenant sans doute un accroissement en longueur plus grand; leur section transversale est polygonale et mesure 2 μ 2 de largeur à l'extrémité externe.

On remarque fréquemment des groupes plus ou moins nombreux formés par ces thalles, soit qu'ils aient été amenés en contact et plus ou moins serrés les uns contre les autres, soit qu'ils se soient multipliés par division comme le *Pila bibractensis*.

L'espèce que nous décrivons diffère du *Pila bibractensis* par sa taille beaucoup plus faible, par sa cavité centrale, qui est moins apparente, par ses cellules, qui sont plus courtes et moins larges.

Le *Pila Karpinskyi* est très commun dans les Bogheads de Murajewnja et de Kourakino, ainsi que l'espèce suivante.

CLADISCOTHALLUS, n. gen.

Thalle profondément ramifié, discoïde, large de deux à trois dixièmes de millimètres; rameaux plusieurs fois dichotomes, partant d'un centre commun et formant plusieurs couches superposées; il est possible qu'avant leur aplatissement ils aient produit un thalle hémisphérique, ou même globuleux; rameaux et ramules formés de cellules un peu plus larges que hautes, placées bout à bout; cellules percées de petites ouvertures, ordinairement disposées sur une rangée circulaire occupant le milieu de la hauteur de la cellule, destinées à mettre en communication le protoplasma avec la couche de gélose dans laquelle étaient plongées les ramifications du thalle; les cloisons séparant les cellules étaient également traversées par de petits canaux qui les mettaient en communication.

CLADISCOTHALLUS KEPPENI, n. sp.

Thalle aplati, discoïde. mesurant 250 à 300 μ en diamètre, composé de rameaux plusieurs fois dichotomes, longs de 130 à 140 μ, partant d'un centre commun en rayonnant; avant son aplatissement, le thalle pouvait donc être ou hémisphérique ou globuleux.

Les rameaux et les ramules sont formés de cellules cylindriques placées bout à bout, un peu plus larges que hautes; leur diamètre, en effet, est d'environ 4 μ et leur hauteur de 2 μ 5.

Fig. 146.

Thalle aplati de forme discoïde
de *Cladiscothallus Keppeni.*

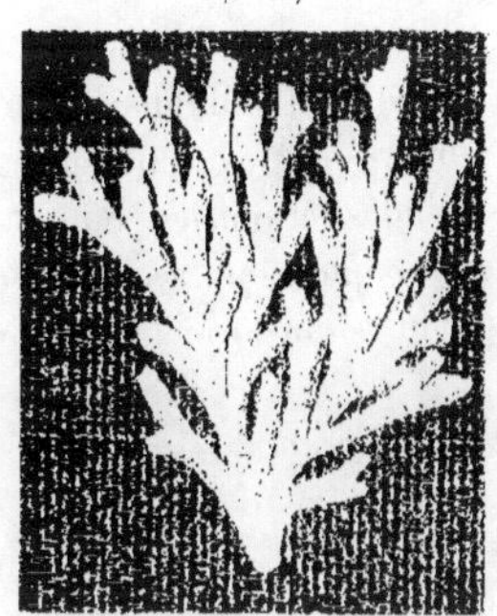

Fig. 147.

Rameau plus grossi
de *Cladiscothallus Keppeni*

À leur surface. on distingue de très fines perforations disposées sur une ligne horizontale, mettant en communication l'intérieur de la cellule avec l'extérieur (fig. 147).

Lorsque la coupe passe à travers l'épaisseur d'un rameau, on distingue les cloisons transversales qui séparent les cellules.

Sur une coupe transversale perpendiculaire au thalle (fig. 148), les rameaux ont été rapprochés les uns des autres et se touchent; leur section, au lieu d'être hémisphérique, est devenue, dans beaucoup d'entre eux, celle d'un disque aplati; on remarque que les cloisons qui séparent les cellules portent des perforations analogues à celles que l'on voit à l'extérieur; ces perforations, qui ne mesurent que 0 μ 7, servaient à faire communiquer les cellules entre elles et avec la couche de gélose dans laquelle nous supposons que le thalle était plongé.

Nous n'avons remarqué aucun poil ou piquant à l'extrémité des rameaux, ni aucune cellule terminée en pointe.

Fig. 148.

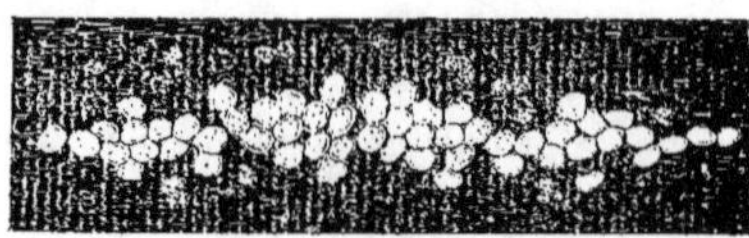

Coupe transversale d'un thalle de *Cladiscothallus Keppeni*.

Le port de l'algue que nous décrivons rappelle un peu celui des *Chæto-phora*, qui offrent quelquefois un thalle environné de gélose; mais elle en diffère par ses dimensions, qui sont beaucoup plus petites, par l'absence de cellules terminales souvent allongées en pointe, par la présence des perfora-tions que nous avons indiquées sur les parois latérales et transversales des cellules qui forment les rameaux.

Provenance. — Nous avons rencontré le *Cladiscothallus Keppeni* dans des échantillons de Boghead que M. Zeiller a bien voulu nous remettre et qu'il tenait de M. de Keppen, membre du Conseil général des mines de Russie. Ces échantillons proviennent de Murajewnja (gouvernement de Rjazan) et de Kourakino (gouvernement de Toula); d'après M. de Karpinsky, les couches qui renferment ces bancs de combustible correspondent à la partie la plus basse du système compris entre le Dévonien supérieur, d'une part, et la base du Moscovien (équivalent du Westphalien), de l'autre, c'est-à-dire du Culm inférieur.

Déjà Gümbel[1] avait signalé dans le Gaskohle de Tschulkowa, près de Toula, deux formes distinctes de petites algues, l'une globuleuse, semblable à celles qu'il avait rencontrées dans certains Cannels et certains Bogheads; l'autre, de taille plus considérable, à thalle ramifié, dont les branches sont formées d'articles qu'il compare à des verres de montre superposés (fig. 64,

---

[1] Gümbel. *Beiträge zur Kenntniss der Texturverhältnisse der Mineralkohlen* (*Sitzungs. Berichte der k. bayer. Acad. d. Wissenschaften*, Math. Phys., 1883).

70.

pl. III, *loc. cit.*); mais il ne donne de nom ni à l'une ni à l'autre de ces espèces.

Il est possible que ces deux sortes d'algues soient voisines de celles que nous décrivons aujourd'hui; elles pourraient peut-être même se confondre avec elles; mais le peu de détails fournis par Gümbel, dans sa description et dans ses figures, nous empêche de rien affirmer à ce sujet.

Toutefois, avec Gümbel, nous pensons que ces corps organisés sont de nature végétale, et qu'on ne peut, vu leurs dimensions, qui ne dépassent pas o^{mm}3, considérer le *Cladiscothallus* comme l'axe chitineux ramifié de quelque zoophyte.

L'organisation des rameaux, que nous avons fait connaître avec assez de détails ne concorderait nullement avec cette hypothèse.

Les deux espèces en question devaient être, selon nous, des algues gélatineuses, qu'une étude plus approfondie permettra sans doute de classer.

Des quelques exemples de constitution de Bogheads que nous venons d'énumérer, et dont nous pourrions facilement augmenter le nombre, il résulte que cette espèce de combustible est dû à la houillification de thalles d'algues gélatineuses qui se sont déposées en nombre immense au fond de lacs de peu d'étendue et tranquilles; ces algues ont vécu sans doute à la surface d'eaux tenant en dissolution divers composés ulmiques et saturées de sels divers.

Ces algues gélatineuses appartiennent, pour la plupart, à la famille des Protococcacées.

Le genre Pila, que nous avons décrit en premier lieu, paraît avoir eu une très grande longévité, car, existant déjà dans le Culm inférieur (*Pila Karpinskyi*), nous le retrouvons dans le terrain houiller moyen (*Pila scotica*) et dans le permien (*Pila bibractensis*). Pendant cette longue période, les caractères du genre se modifient peu, mais la taille moyenne des espèces change considérablement; ainsi les algues du Boghead de Russie mesurent 30 à 50 μ de diamètre, celles d'Écosse 86 à 107 μ, enfin celles d'Autun 170 à 180 μ; les dimensions linéaires deviennent quatre fois plus longues, et les volumes soixante-quatre fois plus grands; ce n'est pas le premier exemple montrant que les espèces d'un genre qui va disparaître atteignent souvent leur maximum de grandeur au moment de l'extinction. Jusqu'ici les genres *Reinschia*, *Thylax* et *Cladiscothallus* n'ont été trouvés qu'à un seul niveau; on ne peut savoir, par conséquent, s'ils offriraient la même particularité.

Les recherches que nous poursuivons sur les Cannels, de concert avec M. C.-E. Bertrand, montrent que ces combustibles se rapprochent des Bogheads par leur mode de formation.

Au milieu d'une masse fondamentale relativement considérable, on y retrouve certaines algues des Bogheads, comme les Pilas, mais on observe aussi d'autres genres distincts, qui permettent, ainsi que nous l'avons dit, de différencier les Cannels des Bogheads, et les Cannels entre eux.

EXPLICATION DE LA PLANCHE A.

Fig. 1. — Coupe parallèle aux lits de Pilas. Gross. $\frac{16.3}{1}$. (Thélots.)

    a, *a*. Régions formées par l'accumulation de thalles sans matière fonda-
mentale interposée; le Boghead y est d'une grande pureté.

Fig. 2. — Coupe perpendiculaire aux lits de Pilas. Gross. $\frac{16.3}{1}$. (Thélots.)

    a. Lit de Pilas formé uniquement de thalles.

    b. Matière fondamentale interposée.

Fig. 3. — Coupe perpendiculaire aux lits. Gross. $\frac{112.3}{1}$. (Thélots.)

    a. Un lit de Pilas formé de trois à quatre rangs de thalles; dans quelques-
uns on distingue les cellules qui les constituent.

Fig. 4. — Coupe parallèle à la stratification du Boghead. Gross. $\frac{2}{1}$. (Thélots.)

    a. Couche de Pilas bien conservés; les thalles sont coupés en différents
points. Pour les uns, la section passe par le centre; la cavité se voit
très nettement, ainsi que la couche de cellules rayonnantes disposées
sur un seul rang; pour les autres, la section passe par l'épaisseur
même de la couche de cellules; celles-ci forment alors au centre une
sorte de réseau et à la périphérie une bordure composée de cellules
coupées plus ou moins obliquement.

Nota. — Les planches A et B ont été faites directement d'après des clichés exécutés
par M. C.-E. Bertrand sur des préparations en plaques minces de Boghead.

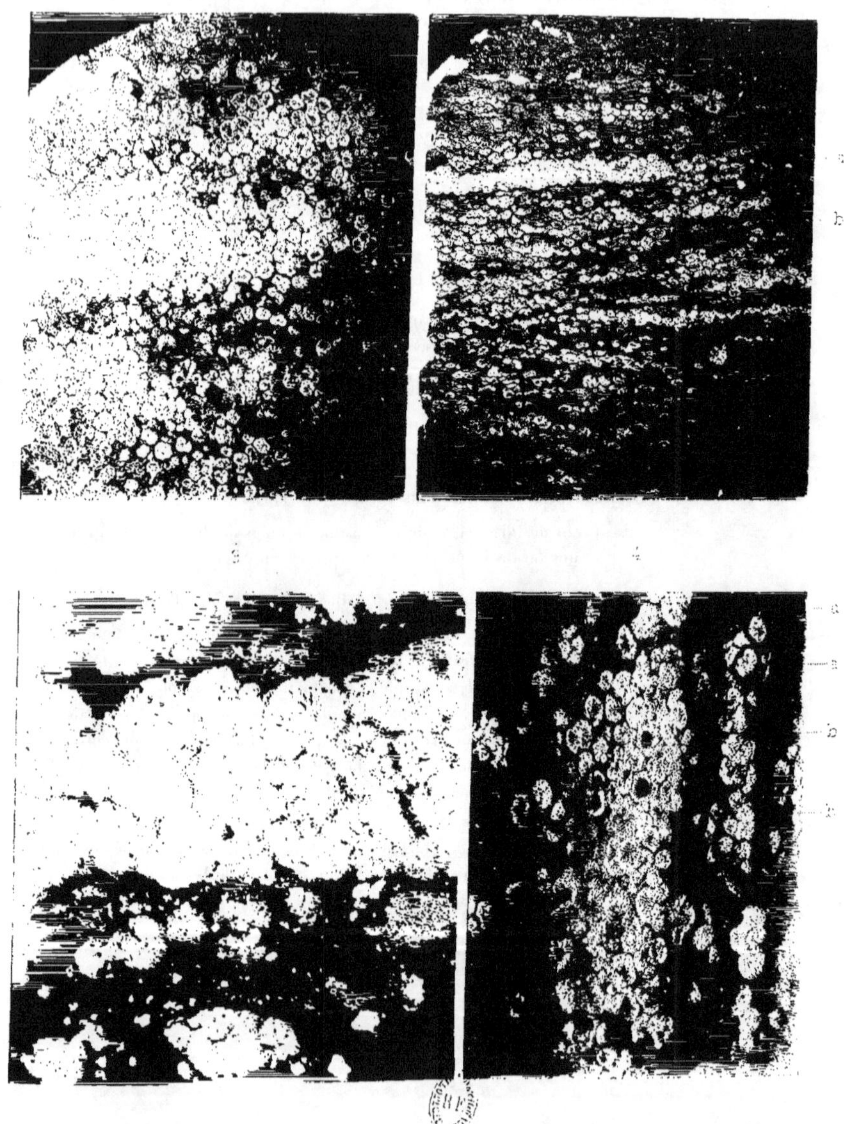

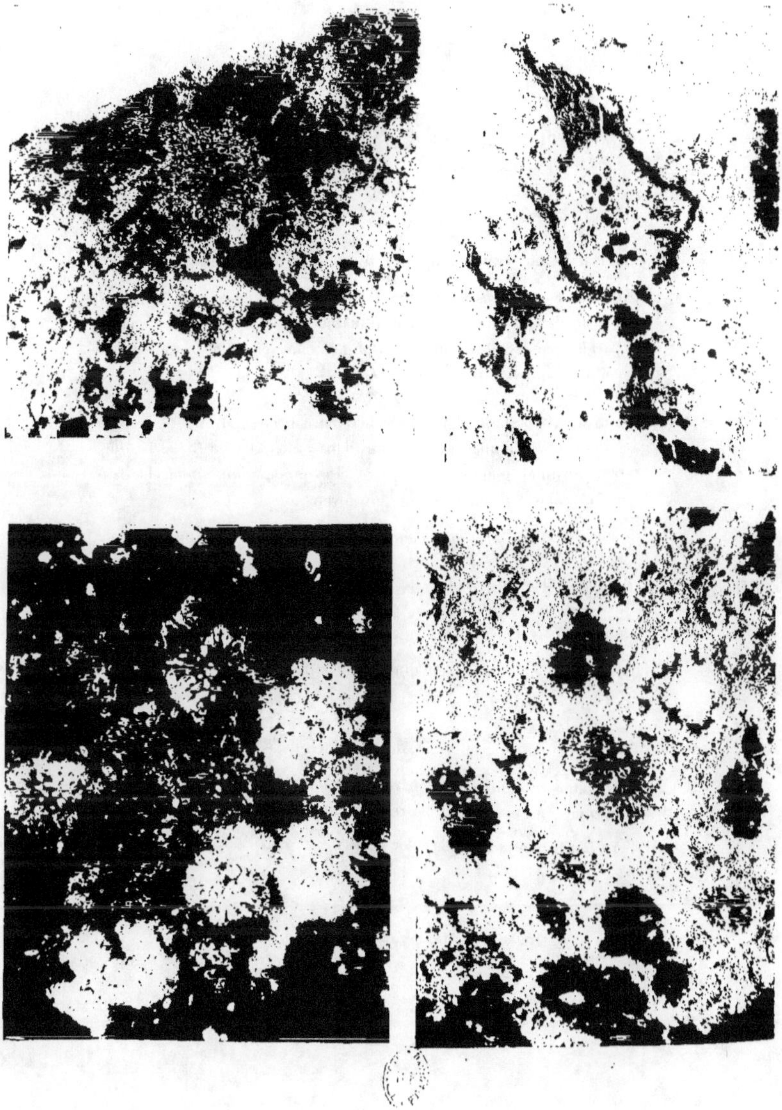

EXPLICATION DE LA PLANCHE B.

Fig. 1. — Coupe faite dans une concrétion siliceuse renfermant des Pilas.

    a. Un thalle coupé dans l'épaisseur de la couche cellulaire. On distingue le réseau formé par la section transversale des cellules. on voit les parois épaisses des cellules, les lamelles moyennes et le contenu des cellules, qui paraît homogène. Gross. $\frac{66,6}{1}$. (Thélots.)

Fig. 2. — Section verticale d'un thalle dans une concrétion siliceuse. Gross. $\frac{113,5}{1}$. On voit les masses protoplasmiques libres dans l'intérieur du thalle par destruction microbienne ?) des parois. Les préparations montrent dans chaque masse protoplasmique un noyau.

    b. Matière fondamentale complètement désorganisée. (Margenne.)

Fig. 3. — Section de divers thalles pris dans le Boghead, vus avec le même grossissement $\frac{17}{1}$, pour montrer le retrait que les cellules ont subi en se houillifiant. (Thélots.)

    a. Thalle coupé un peu en dehors de son centre.

    c. Matière fondamentale obscure.

Fig. 4. — Section faite dans une concrétion de Margenne. Gross. $\frac{113,5}{1}$.

    a. Thalle coupé en dehors de sa partie centrale. On distingue les lamelles moyennes, les cavités cellulaires remplies de protoplasma.

    b. Matière fondamentale d'aspect floconneux.

TABLE DES MATIÈRES.

	Pages.
Fougères (Supplément à la deuxième partie)	1
Ténioptéridées. *Tæniopteris multinervis* Weiss	1
Pécoptéridées	4
Pecopteris cyathoïdes, P. névroptéroïdes	4
Pecopteris unitae (Goniopteris)	4
Pecopteris (asterotheca) esnostensis, n. sp. (pl. LXXXII, fig. 6)	5
Pecopteris pennæformis var. musensis, n. var. (pl. LXXXII, fig. 3 à 5)	6
Genre Ptychocarpus Weiss	9
Pétioles et fructifications de Fougères	11
Genre Diplolabis, n. gen.	11
Diplolabis forensis, n. sp.	14
Diplolabis esnostensis, n. sp.	16
Genre Hymenophyllites Gœppert	19
Hymenophyllites, α, n. var.	19
Hymenophyllites, β, γ, n. var.	20
Genre Todeopsis, n. gen.	21
Todeopsis primæva, n. sp.	21
Genre Dineuron, n. gen.	22
Dineuron pteroides, n. sp.	22
Rachiopteris esnostensis, n. sp. (pl. XXX, fig. 5 à 8)	25
Genre Anachoropteris Corda	27
Anachoropteris Decaisnei B. Renault (pl. XXXI, fig. 10)	27
Anachoropteris elliptica B. Renault	29
Genre Ophioglossites, n. gen.	30
Ophioglossites antiqua, n. sp. (pl. LXXXII, fig. 7 à 9)	30
Botryoptéridées B. Renault	33
Genre Clepsydropsis Unger	35

Genre Zygopteris Corda.. 36
    Zygopteris primæva Corda.. 36
    Zygopteris Lacattei B. Renault (pl. XXXI, fig. 3 et 4)........................ 37
    Zygopteris bibractensis B. Renault.. 38
    Zygopteris Brongniarti B. Renault (pl. XXXI, fig. 2)......................... 39
    Zygopteris Brongniarti var. *quinquangula*, n. var. (pl. XXXI, fig. 9)....... 41

Fructifications des Zygopteris (pl. XXXI, fig. 5 à 8)............................. 42

    Zygopteris pinnata Grand'Eury... 44

Genre Grammatopteris B. Renault... 45
    Grammatopteris Rigolloti B. Renault (pl. XXX, fig. 9 et 10 et pl. XXXI, fig. 1
    et 1 bis)... 46

Genre Botryopteris B. Renault.. 47
    Botryopteris forensis B. Renault (pl. XXXII, fig. 1 à 11).................... 47

Feuilles.. 51

Fructifications (pl. XXXII, fig. 7 et 8).. 53

Calamariées 60

Première section. — ÉQUISÉTINÉES... 61

Équisétinées *isosporées*.. 62

Genre Calamites Schlotheim.. 62
    Calamites Suckowi Brongniart.. 63
    Calamites Cisti Brongniart.. 65

Équisétinées *hétérosporées*... 66

Genre Annularia Sternberg... 66
    Annularia stellata Schlotheim, sp. (pl. XXVIII, fig. 1)...................... 67

Fructifications... 69

    Annularia sphenophylloides Zenker, var. (pl. XXVIII, fig. 2)................. 71

Genre Asterophyllites Brongniart.. 73
    Asterophyllites equisetiformis Schlotheim................................... 73
    Volkmannia (Palæostachya) elongata Presl................................... 74
    Volkmannia gracilis Sternberg, var. (pl. XXIX, fig. 1 à 5).................. 74
    Volkmannia equisetiformis B. Renault.. 76
    Volkmannia, sp. (pl. XXIX, fig. 6 et 7)..................................... 77

Genre Macrostachya Schimper (pl. XXIX, fig. 8 à 14)............................. 77

Deuxième section. — CALAMODENDRÉES.. 80

Genre Bornia Sternberg.. 80
    Bornia radiata Brongniart (pl. XLII, fig. 1 à 4)............................ 81
    Bornia esnostensis, n. sp. (pl. XLIII, fig. 1 à 10)......................... 82
    Bornia latixylon, n. sp... 84
    Gnetopsis esnostensis, n. sp. (pl. XLII, fig. 8 à 12)....................... 85

Genre Arthropitus Gœppert..................................... 86
   Arthropitus bistriata Gœppert (pl. XLIV, XLV, XLVI, XLVII).............. 87
   Arthropitus bistriata valdajolensis, n. var. (pl. XLV, fig. 1)................. 89
   Arthropitus bistriata augustodunensis, n. var. (pl. XLIV, fig. 1 et XLVI, fig. 2 à 4). 90
   Arthropitus bistriata borgiensis, n. var. (pl. XLVII, fig. 1 à 4).............. 90
   Arthropitus communis Binney (pl. XLVIII, fig. 1 à 7)..................... 94
   Arthropitus gigas Brongniart (pl. XLIX, L, LI)........................ 96
   Arthropitus Rochei, n. sp. (pl. LII, fig. 1 à 3)........................ 101
   Arthropitus porosa, n. sp. (pl. LII, fig. 4 à 8)........................ 102
   Arthropitus lineata B. Renault (pl. LIII, fig. 1 à 7).................... 104
   Arthropitus medullata, n. sp. (pl. LIV, LV)......................... 107

Racines d'*Arthropitus* isolées.................................... 111

Racines d'*Arthropitus medullata* (pl. LIV, fig. 4 et pl. LVI, fig. 1 à 3)............. 111

   Astromyelon augustodunense B. Renault (pl. LVI, fig. 5 à 7; pl. LVII, fig. 1 à 3). 113
   Astromyelon reticulatum B. Renault (pl. LVII, fig. 5 et 6)................. 117

Genre Calamodendron Brongniart................................ 119
   Calamodendron striatum Brongniart (pl. LVIII, fig. 1 à 5)................ 122
   Calamodendron congenium Grand'Eury (pl. LIX, fig. 1 et 4)............... 124
   Calamodendron intermedium, n. sp. (pl. LIX, fig. 2 et 3)................. 125

Racines des Calamodendrons.................................... 126

Racines décortiquées de Calamodendrons............................ 128

Fructifications des Calamodendrées................................ 129

Fructifications mâles des Calamodendrons............................ 130

   Calamodendrostachys Zeilleri, n. sp. (pl. LX, fig. 3 à 8)................... 130

Fructifications femelles des Calamodendrons.......................... 132

Fructifications mâles des *Arthropitus*.............................. 133

   Arthropityostachys borgiensis, n. sp. (pl. LXI, fig. 1 à 4)................. 133
   Arthropityostachys Decaisnei B. Renault........................... 135
   Arthropityostachys Grand'Euryi B. Renault (pl. LXII, fig. 1 à 6)............ 135

Fructifications femelles des *Arthropitus*............................ 137

   Arthropityostachys Williamsonis, n. sp. (pl. LXIII, fig. 1 à 9).............. 137
   Gnetopsis augustodunensis, n. sp. (pl. LXIII, fig. 1 à 9).................. 139

Place à attribuer aux Calamodendrées.............................. 140

Caractères distinctifs des tiges d'*Arthropitus* et de *Calamodendron*.............. 141

Classification des Calamodendrées................................ 144

Sphénophyllées... 146

Genre Sphenophyllum Brongniart................................ 146

Sphenophyllum angustifolium Germar, var. *bifidum* Grand'Eury (pl. LXIV, fig. 1).   147
Sphenophyllum oblongifolium Germar et Kaulfuss, sp. (pl. LXIV, fig. 2 [1])......   148

Structure des tiges des *Sphenophyllum* (pl. LXIV, fig. 3 à 9)...............   149

Structure des feuilles des *Sphenophyllum*................   154

Structure des racines des *Sphenophyllum* (pl. LXIV, fig. 11)................   155

Fructifications des *Sphenophyllum* (pl. LXIV, fig. 12 à 14)................   157

Place à attribuer aux *Sphenophyllum*................   165

Lycopodinées................   171

Genre LEPIDODENDRON Sternberg................   172
Lepidodendron Harcourti Witham................   173
Lepidodendron Baylei, n. sp. (pl. XXXIV, fig. 2)................   175
Lepidodendron esnostense, n. sp. (pl. XXXIII, fig. 1 à 15 et pl. XXXIV, fig. 1
et 4 à 18)................   175

Structure de la tige................   175

Structure des feuilles................   178

Structure des racines................   179

Structure des fructifications................   181

Sigillariées................   184

Sigillaires à écorce cannelée................   185

Genre FAVULARIA Brongniart................   188
Favularia tessellata Brongniart (pl. XXXV, fig. 2)................   188

Genre RHYTIDOLEPIS Sternberg................   188

Sigillaires à écorce lisse................   189

Structure des Sigillaires à écorce lisse................   190

Genre CLATHRARIA Brongniart................   192
Clathraria Brardi Brongniart (pl. XXXV, fig. 1; pl. XXXVI, fig. 6 et 7;
pl. XXXVII, fig. 1 et 2 et fig. 38, 39 du texte)................   192

Structure de la tige souterraine................   194

Structure des feuilles................   198

Clathraria Menardi Brongniart (pl. XXXVI, fig. 8 à 11, pl. XXXVII, fig. 5 à 7
et fig. 40 du texte)................   200

Structure de la tige................   202

Cordons foliaires................   205

---

[1] Portée par erreur dans le texte avec le n° XLIV.

Genre Leiodermaria Goldenberg.................................... 207
    Leiodermaria lepidodendrifolia Brongniart (pl. XXXVI, fig. 1).............. 208
    Leiodermaria spinulosa Germar (pl. XXXVI, fig. 2 à 5, pl. XLI, fig. 4 à 11,
        18 à 21 et 23 à 26)..................................... 208

Structure de la tige, bois, écorce.................................... 209

Cordons foliaires, feuilles.................................... 212

Comparaison des feuilles de Sigillaires et de Lépidodendrons.................... 217

Syringodendrons (pl. XXXVI, fig. 14 à 17; pl. XLI, fig. 1 à 11).............. 219

Racines des Sigillaires.................................... 226

Structure des *Stigmaria*, rhizomes (pl. XL, fig. 1 à 13)..................... 228

Stigmaria de Falkenberg, de Halifax (pl. XL, fig. 10)..................... 231

    Sigillaria xylina B. Renault (pl. XXXVIII, fig. 1 à 3)..................... 237

Comparaison entre les feuilles des Sigillaires et des Stigmarhizomes.............. 238

Classification des Sigillaires.................................... 239

Genre Sigillariopsis B. Renault.................................... 245
    Sigillariopsis Decaisnei B. Renault.................................... 245

Genres à place indéterminée..................................... 248

    Genre Heterangium Corda.................................... 248
        Heterangium Duchartrei B. Renault (pl. LXV, fig. 1 et 2)................. 251
        Heterangium bibractense, n. sp. (pl. LXV, fig. 3 à 6)................. 252
        Heterangium punctatum B. Renault.................................... 253
        Heterangium Renaulti Brongniart.................................... 255
        Heterangium tiliaeoides Williamson.................................... 256

    Rapports et différences des *Heterangium* et des Poroxylons.................... 259

    Genre Dolerophyllum Saporta.................................... 260
        Dolerophyllum pseudopeltatum Saporta et Marion..................... 261
        Dolerophyllum Berthieri, n. sp. (pl. LXXII, fig. 1)..................... 262
        Dolerophyllum Gœpperti Saporta (pl. LXXII, fig. 2 à 6 et fig. 9).......... 262

    Fructifications des Dolérophyllées.................................... 266
        Dolerophyllum fertile, n. sp. (pl. LXXII, fig. 7, 8, 11 et 12)............. 267

    Fructifications femelles des Dolérophyllées.................................... 271
        Aetheotesta elliptica B. Renault.................................... 272

Poroxylées..................................... 279

    Genre Poroxylon B. Renault.................................... 279
        Poroxylon Edwardsi B. Renault (pl. LXXIV, fig. 1 à 14).................. 280
        Poroxylon Boysseti B. Renault (pl. LXXV, fig. 1 à 3)................. 283
        Poroxylon stephanense C.-E. Bertrand et B. Renault (pl. LXXV, fig. 4 à 10).... 285

    Affinités des Poroxylons.................................... 290

Cycadoxylées. 293

Genre Medullosa Cotta. 293
    Medullosa stellata Cotta (pl. LXX, fig. 1 à 9). 294
    Medullosa gigas, n. sp. (pl. LXXI, fig. 1 à 6). 297

Genre Colpoxylon Brongniart. 299
    Colpoxylon Æduense Brongniart (pl. LXVI, LXVII, LXVIII). 301

Genre Cycadoxylon B. Renault. 307
    Cycadoxylon Fremyi B. Renault. 308

Genre Ptychoxylon B. Renault. 311
    Ptychoxylon Leryi B. Renault (pl. LXIX, fig. 1 à 9). 313

Cordons foliaires des *Ptychoxylon*. 320

Genre Pterophyllum Brongniart. 322
    Pterophyllum Cambrayi B. Renault. 322

Genre Sphenozamites Brongniart. 326
    Sphenozamites Rochei B. Renault (pl. LXXXI, fig. 1). 327

Genre Cycadospadix Schimper. 329
    Cycadospadyx milleryensis, n. sp. (pl. LXXIII, fig. 1 à 7). 329

Cordaïtées. 332

Genre Cordaites Grand'Eury. 333

Tiges, racines, feuilles. 334

Inflorescences. 337

Prépollinies. 337

Graines. 338
    Cordaites angulosostriatus Grand'Eury. 340
    Cordaites lingulatus Grand'Eury (pl. LXXXVI, fig. 16). 340
    Cordaites borassifolius Sternberg, sp. 341
    Cordaites intermedius Grand'Eury. 341

Genre Cordaicladus Grand'Eury. 342
    Cordaicladus approximatus, n. sp. (pl. LXXXI, fig. 2). 342

Genre Artisia Sternberg. 343
    Artisia approximata Lindley et Hutton, sp. (pl. LXXXI, fig. 3). 343

Genre Dorycordaites Grand'Eury. 343
    Dorycordaites affinis Grand'Eury (pl. LXXXVI, fig. 17). 344

Genre Cordaiopsis, n. gen. 344
    Cordaiopsis elliptica, n. sp. (pl. LXXXVI, fig. 12 et 13). 344
    Cordaiopsis elongata, n. sp. (pl. LXXXVI, fig. 14 et 15). 345

Genre Poacordaites Grand'Eury. 345
    Poacordaites linearis Grand'Eury (pl. LXXXVI, fig. 18). 346
    Antholithus debilis, n. sp. (pl. LXXXVI, fig. 4). 346

Affinités botaniques des Cordaïtes.................................... 346

Genre CORDAIXYLON Grand'Eury................................... 350
   Cordaixylon permiense, n. sp. (pl. LXXVII, fig. 1 à 8)............... 350

Conifères... 353

Genre WALCHIA Sternberg... 353
   Walchia piniformis Schlotheim, sp. (pl. LXXIX, fig. 1)............... 354
   Walchia frondosa B. Renault (pl. LXXVIII, fig. 1)................... 357
   Walchia hypnoides Brongniart...................................... 358
   Walchia imbricata Schimper (pl. LXXX, fig. 1)...................... 358
   Walchia fertilis, n. sp. (pl. LXXX, fig. 2)........................... 359
   Walchia filiciformis Schlotheim, sp.................................. 359
   Walchia eutassaefolia Brongniart................................... 360

Genre HAPALOXYLON B. Renault...................................... 360
   Hapaloxylon Rochei B. Renault (pl. LXXVI, fig. 1 à 8)............. 361

Genre RETINODENDRON B. Renault.................................... 365
   Retinodendron Rigolloti B. Renault (pl. LXXVII, fig. 9 à 14)........ 366

Genre CEDROXYLON Kraus... 368
   Cedroxylon varollense B. Renault et A. Roche....................... 368

Genre DICRANOPHYLLUM Grand'Eury.................................. 373
   Dicranophyllum gallicum Grand'Eury (pl. LXXXI, fig. 5 et 6)........ 374
   Dicranophyllum gallicum, var. *Parchemineyi* B. Renault............. 375
   Dicranophyllum striatum Grand'Eury (pl. LXXIX, fig. 2 et 3)........ 376

Genre PINITES Lindley et Hutton..................................... 377
   Pinites permiensis, n. sp. (pl. LXXXII, fig. 1)....................... 377

Genre TRICHOPITYS Saporta.. 378
   Trichopitys milleryensis, n. sp. (pl. LXXXII, fig. 2)................. 378
   Antholithus permiensis, n. sp....................................... 379

Graines.. 382

Graines à symétrie binaire... 382

Genre CORDAICARPUS Grand'Eury.................................... 382
   Cordaicarpus expansus Brongniart................................... 383
   Cordaicarpus sclerotesta Brongniart................................. 383
   Cordaicarpus ciselianus Geinitz, sp. (pl. LXXXV, fig. 12)........... 384
   Cordaicarpus ellipticus, n. sp. (pl. LXXXV, fig. 5 et 6)............. 384
   Cordaicarpus discoideus, var. *minor* (pl. LXXXV, fig. 13)........... 385
   Cordaicarpus socialis Grand'Eury, var. (pl. LXXXV [1], fig. 16)....... 385

[1] Portée par erreur dans le texte sous le n° LXXX.

Genre Cycadinocarpus, n. gen. 385
    Cycadinocarpus augustodunensis Brongniart, sp. (pl. LXXXV, fig. 1 à 4). 385

Genre Rhabdocarpus Gœppert et Berger. 387
    Rhabdocarpus astrocaryoides Grand'Eury, var. (pl. LXXXVI, fig. 1) 388
    Rhabdocarpus rostratus, n. sp. (pl. LXXXVI, fig. 2, 3, 4). 388
    Rhabdocarpus mucronatus, n. sp. (pl. LXXXVI, fig. 5 et 11). 388
    Rhabdocarpus conicus Brongniart (pl. LXXXVI, fig. 6 et 7). 388

Graines symétriques autour d'un axe, non ailées. 389

Genre Pachytesta Brongniart. 389
    Pachytesta incrassata Brongniart (pl. LXXXIII, fig. 1 à 3 et 6 à 10). 390
    Pachytesta gigantea Brongniart (pl. LXXXIII, fig. 4 et 5 et pl. LXXXIV, fig. 1
        et 2). 392

Genre Codonospermum Brongniart. 393
    Codonospermum anomalum Brongniart (pl. LXXXVII, fig. 1 à 11). 394
    Codonospermum oliraeforme B. Renault (pl. LXXXVII, fig. 12 à 15). 395

Genre Trigonocarpus Brongniart. 397
    Trigonocarpus pusillus Brongniart. 398
    Trigonocarpus elongatus, n. sp. (pl. LXXXV, fig. 7). 399
    Trigonocarpus corrugatus, n. sp. (pl. LXXXV, fig. 9). 399
    Trigonocarpus Noeggerathi Sternberg, var. (pl. LXXXV, fig. 10, 11, 15). 399

Genre Colpospermum B. Renault. 400
    Colpospermum sulcatum B. Renault (pl. LXXXIV, fig. 3 et 4). 401
    Colpospermum inflexum, n. sp. (pl. LXXXV, fig. 14). 401
    Colpospermum sulcatum, var. stephanense B. Renault (pl. LXXXIV, fig. 5 à 8)... 402
    Colpospermum multinerve, n. sp. (pl. LXXXIV, fig. 9). 403

Graines symétriques autour d'un axe, ailées. 403

Genre Tripterospermum Brongniart. 403
    Tripterospermum mucronatum, n. sp. (pl. LXXXVI, fig. 8 à 10 [1]) 404

Genre Hexapterospermum Brongniart. 404
    Hexagonocarpus rotundus, n. sp. (pl. LXXXV, fig. 8). 404

Classification de quelques genres fossiles étudiés 405
    Tableau I.   Tiges non articulées. 414
    Tableau II.   Tiges articulées. 415
    Tableau III. Tiges non articulées. 416, 417
    Tableau IV. Tiges articulées. 416, 417

Parasites divers des Lépidodendrons 421

    Phellomycetes dubius, n. sp. 421
    Myxomycetes Mangini, n. sp. 422

[1] Le n° LXXXVI porté par la planche a été omis dans le texte de la page 404.

Genre OOCHYTRIUM, n. gen.... 424
    Oochytrium Lepidodendri B. Renault... 424
    Mucor combrensis, n. sp... 427
    Teleutospora Milloti, n. sp... 427

Genre LAGENIASTRUM, n. gen.... 429
    Lageniastrum macrosporæ B. Renault... 429

Genre ARTHROON, n. gen.... 434
    Arthroon Rochei B. Renault... 435

Mucorinées.... 439

    Palæomyces gracilis, n. sp.... 439
    Palæomyces majus, n. sp.... 441

Champignons et algues des Coprolithes... 443

    Mucedites stercoraria E. Bertrand et B. Renault... 443
    Mucedites stercoraria, var. *minima*, n. var... 445

Genre GLOIOCONIS, n. gen.... 446
    Gloioconis Borneti, n. sp.... 446

Bactéries.... 448

Bactéries des Coprolithes... 449
    Bacillus permiensis B. Renault et C.-E. Bertrand (pl. LXXXIX, fig. 2, 3, 8, 9, 10)... 449
    Bacillus granosus B. Renault... 452
    Micrococcus lepidophagus B. Renault et A. Roche... 453

Bactéries analogues à celles qui produisent la carie dentaire... 456
    Bacillus lepidophagus B. Renault... 456
    Bacillus lepidophagus arcuatus B. Renault... 458

Bactéries des silex permiens d'Autun... 460
    Bacillus Tieghemi B. Renault... 460

Bactéries des silex houillers de Grand'Croix... 462
    Micrococcus Guignardi B. Renault... 462
    Micrococcus hymenophagus B. Renault... 468

Bactéries des silex du Culm d'Esnost et de Régny... 472
    Bacillus vorax B. Renault... 472
    Micrococcus priscus B. Renault... 476
    Micrococcus esnostensis B. Renault... 476

Cuticules de Tovarkowo et de Malevka... 478

    Micrococcus Zeilleri, n. sp.... 478

Sphérolithes résultant du travail des Bactéries... 480

Composition chimique des Cuticules de Tovarkowo... 495

Remarques sur la formation schisteuse et le Boghead d'Autun.............. 497

Terrain houiller.. 499

Terrain permien... 500

Gisements siliceux du bassin d'Autun...................................... 503
    Première zone.. 503
    Deuxième, troisième, quatrième zones siliceuses........................ 505

Étage de Millery.. 507

Boghead... 509

Nature des algues qui constituent le Boghead d'Autun (pl. LXXXVIII de l'atlas et
    pl. A, B, du texte).. 514

Composition chimique du Boghead d'Autun................................... 529

Dissémination des Pilas dans les autres couches du bassin permien......... 534

Examen des schistes inférieurs au Boghead................................. 535

Examen de quelques Bogheads provenant de différentes régions [1].......... 540

Boghead de la Nouvelle-Galles du Sud...................................... 540

Bogheads d'Écosse... 544

    Pila scotica, n. sp.. 544
    Bretonia... 546

Boghead Armadale.. 548

Genre THYLAX, n. gen.. 548
    Thylax britannicus... 549

Bogheads et Cannels russes.. 551

Bogheads de Kourakino et de Murajewnja.................................... 551

    Pila Karpinskyi.. 552

Genre CLADISCOTHALLUS, n. gen... 553
    Cladiscothallus Keppeni, n. sp....................................... 554

Explication de la planche A... 558

Explication de la planche B... 559

[1] Depuis l'impression du texte, nous avons rencontré les Pilas dans des couches plus récentes, par exemple dans les schistes d'Anina du Lias supérieur de Hongrie, dont quelques fragments nous avaient été obligeamment remis par M. Grand'Eury.

TABLE DES MATIÈRES

CONTENANT LES NOMS

DES CLASSES, FAMILLES, GENRES, ESPÈCES, ETC.

RANGÉS PAR ORDRE ALPHABÉTIQUE.

A

ÆTHEOTESTA (Genre) Brongniart, 272.

Ætheotesta elliptica B. Renault, 272, fig. 49 à 54 du texte.

Algues du Boghead d'Australie, p. 540.

Algues du Boghead d'Autun, p. 514, pl. LXXXVIII de l'Atlas, planches A, B, du texte et fig. 131 à 134 du texte.

Algues du Boghead d'Angleterre et d'Écosse, 544, 548.

Algues des Bogheads et Cannels russes, 551.

Algues des Coprolithes, 443.

Algues des Macrospores, 429.

ANACHOROPTERIS (Genre), Corda, 27.

Anachoropteris Decaisnei B. Renault, 27, pl. XXXI, fig. 10.

Anachoropteris elliptica B. Renault, 29.

ANNULARIA (Genre) Sternberg, 66.

Annularia sphenophylloides Zenker, var., 67, pl. XXVIII, fig. 2.

Annullaria stellata Schlotheim (sp.), 67, pl. XXVIII, fig. 1.

Antholithus debilis, n. sp., 346, pl. LXXXI, fig. 4.

Antholithus permiensis, n. sp., 379, fig. 73 du texte.

ARTHROON (Genre), n. gen., 434.

Arthroon Rochei B. Renault, 435, fig. 85, 86 et 87 du texte.

ARTHROPITUS (Genre) Goeppert, 86.

Arthropitus bistriata Goeppert, 87, pl. XLIV, XLV, XLVI, XLVII.

Arthropitus bistriata augustodunensis, n. var., 90, pl. XLIV, fig. 1 et pl. XLVI, fig. 2 à 4.

Arthropitus bistriata borgiensis, n. var., 90, pl. XLVII, fig. 1 à 4.

Arthropitus bistriata valdajolensis, n. var., 89, pl. XLV, fig. 1.

Arthropitus communis Binney (sp.), 94, pl. XLVIII, fig. 1 à 7.

Arthropitus gigas Brongniart (sp.), 96, pl. XLIX, L, LI.

Arthropitus lineata B. Renault, 104, pl. LIII, fig. 1 à 7.

Arthropitus medullata B. Renault, 107, pl. LIV et LV.

Arthropitus porosa, n. sp., 102, pl. LII, fig. 4 à 8.

Arthropitus punctata B. Renault, 145.

Arthropityostachys borgiensis, n. sp., 133, pl. LXI, fig. 1 à 4.

Arthropityostachys Decaisnei B. Renault, 135.

Arthropityostachys Grand'Euryi B. Renault, 135, pl. LXII, fig 1 à 6.
Arthropityostachys Williamsonis, n. sp., 137, pl. LXIII, fig. 1 à 9.
ARTISIA (Genre) Sternberg, 343.
Artisia approximata Lindley et Hutton (sp.), 343, pl. LXXXI, fig. 3.
ASTÉROPHYLLITE (Genre) Brongniart, 72.

Asterophyllites equisetiformis Schlotheim (sp.), 73.
Astromyelon Williamson, 111.
Astromyelon augustodunense B. Renault, 113, pl. LVI, fig. 5, 6, 7, pl. LVII, fig. 1 à 3.
Astromyelon nodosum, 111.
Astromyelon reticulatum B. Renault, 117, pl. LVII, fig. 5 et 6.

B

Bacillus granosus B. Renault, 452, fig. 95 du texte.
Bacillus lepidophagus B. Renault, 456, fig. 98 à 100 du texte.
Bacillus lepidophagus arcuatus B. Renault, 458, fig. 101 du texte.
Bacillus permiensis B. Renault et C.-E. Bertrand, 449, pl. LXXXIX, fig. 2, 3, 8 à 10.
Bacillus Tieghemi B. Renault, 460, fig. 102 du texte.
Bacillus vorax B. Renault, 472, fig. 112 à 114 du texte.
Bactéries, 448.
Bactéries des coprolithes, 449.
Bactéries des silex permiens d'Autun, 460.
Bactéries des silex de Grand'Croix, 462.
Bactéries des silex d'Esnost et de Combres, 473.

Bogheads, 509.
Boghead d'Autun, 509.
Bogheads d'Angleterre et d'Écosse, 544.
Boghead d'Australie, 540.
Bogheads et Cannels russes, 551.
Botryoptéridées B. Renault, 33.
BOTRYOPTERIS (Genre) B. Renault, 47.
Botryopteris forensis B. Renault, 47, pl. XXXII, fig. 1 à 11 et fig. 20 à 24 du texte.
BORNIA (Genre) Sternberg (*pars*), 80.
Bornia esnostensis, n. sp., 82, pl. XLIII, fig. 1 à 10.
Bornia latixylon, n. sp., 84.
Bornia radiata Brongniart (sp.), 81, pl. XLII, fig. 1 à 4.
BRETONIA (Genre) C.-E. Bertrand et M. Hovelacque, 546, fig. 141 à 143 du texte.

C

Calamariées, 60.
CALAMITES (Genre) Schlotheim, 62.
Calamites Cisti Brongniart, 65.
Calamites Suckowi Brongniart, 63.
Calamites gigas Brongniart, 96, pl. XLIX. L., LI.
CALAMODENDRÉES, 80.
CALAMODENDRON (Genre) Brongniart, 119.
Calamodendron æquale B. Renault, 145.
Calamodendron commune Binney, 94.
Calamodendron congenium Grand'Eury, 124, pl. LIX, fig. 1 et 4.

Calamodendron intermedium, n. sp., 125, pl. LIX, fig. 2 et 3.
Calamodendrostachys Zeilleri, n. sp., 130, pl. LX, fig. 3 à 8.
Calamostachys, 66.
Carpolithes sulcatus Presl., 401.
CEDROXYLON (Genre) Krauss, 368.
Cedroxylon varollense B. Renault et A. Roche, 368, fig. 67 à 72 du texte.
Champignons des coprolithes, 443.
Chytridinées (Spores de), 423, fig. 77 du texte.

CLADISCOTHALLUS (Genre), n. gen., 553.

Cladiscothallus Keppeni, n. sp., 554, fig. 146 à 148 du texte.

CLATHRARIA (Genre) Brongniart, 192.

Clathraria Brardi Brongniart (sp.), 192, pl. XXXV, fig. 1; pl. XXXVI, fig. 6 et 7; pl. XXXVII, fig. 1 et 2 et fig. 38 et 39 du texte.

Clathraria latifolia, n. var., 217, pl. XLI, fig. 14.

Clathraria Menardi Brongniart, 200, pl. XXXVI, fig. 8 à 11; pl. XXXVII, fig. 3 à 7 et fig. 40 du texte.

CLEPSYDROPSIS (Genre) Unger, 35.

CODONOSPERMUM (Genre) Brongniart, 393.

Codonospermum anomalum Brongniart, 394, pl. LXXXVII, fig. 1 à 11.

Codonospermum olivæforme B. Renault, 395, pl. LXXXVII, fig. 12 à 15.

COLPOSPERMUM (Genre) B. Renault, 400.

Colpospermum inflexum, n. sp., 401, pl. LXXXV, fig. 14.

Colpospermum multinerve, n. sp., 403, pl. LXXXIV, fig. 9.

Colpospermum sulcatum B. Renault, 401, pl. LXXXIV, fig. 3 et 4.

Colpospermum sulcatum var. *stephanense* B. Renault, 402, pl. LXXXIV, fig. 5 à 8.

COLPOXYLON (Genre) Brongniart, 299.

Colpoxylon æduense Brongniart, 301, pl. LXVI, LXVII, LXVIII.

Composition chimique du Boghead d'Autun, 529.

Composition chimique du Boghead d'Australie, 543.

Concrétions siliceuses du Boghead et des schistes d'Autun, 524, pl. LXXXVIII. fig. 1, 5, 6, 7, 8, 9, 10, 10 *bis* et 135 du texte.

Conifères, 353.

CORDAICARPUS (Genre) Grand'Eury, 382.

Cordaicarpus discoideus var. *minor,* n. var., 385, pl. LXXXV, fig. 13.

Cordaicarpus Eiselianus Geinitz, 384, pl. LXXXV, fig. 12.

Cordaicarpus ellipticus, n. sp., 384, pl. LXXXV, fig. 5 et 6.

Cordaicarpus expansus Brongniart, 383.

Cordaicarpus sclerotesta Brongniart, 383.

Cordaicarpus socialis Grand'Eury, var., 385, pl. LXXXV, fig. 16.

CORDAICLADUS (Genre) Grand'Eury, 342.

Cordaicladus approximatus, n. sp., 342, pl. LXXXI, fig. 2.

CORDAIOPSIS (Genre), n. gen., 344.

Cordaiopsis elliptica, n. sp., 344, pl. LXXXVI, fig. 12 et 13.

Cordaiopsis elongata, n. sp., 345, pl. LXXXVI, fig. 14 et 15.

Cordaïtées, 332.

CORDAITES (Genre) Grand'Eury, 333.

Cordaites angulosostriatus Grand'Eury, 340.

Cordaites borassifolius Sternberg (sp.), 341.

Cordaites intermedius Grand'Eury, 341.

Cordaites lingulatus Grand'Eury, 340, pl. LXXXVI, fig. 16.

CORDAIXYLON (Genre) Grand'Eury, 350.

Cordaixylon permiense, n. sp., 350, pl. LXXVII, fig. 1 à 8 et fig. 68 du texte.

Corynepteris, 56.

Cuticules de Tovarkowo et de Malevka, 478.

Cuticules de Tovarkowo (composition chimique), 495.

CYCADÉES, 239.

CYCADINOCARPUS (Genre), n. gen., 385.

Cycadinocarpus augustodunensis Brongniart (sp.) 385, pl. LXXXV, fig. 1 à 4.

CYCADOSPADIX (Genre) Schimper, 329.

Cycadospadix milleryensis, n. sp., 329, pl. LXXIII, fig. 1 à 7.

Cycadoxylées, 293.

CYCADOXYLON (Genre) B. Renault, 293.

Cycadoxylon Fremyi B. Renault, 308, fig. 55 et 56 du texte.

D

DICRANOPHYLLUM (Genre) Grand'Eury, 373.

Dicranophyllum gallicum Grand'Eury, 374, pl. LXXXI, fig. 5 et 6.

Dicranophyllum gallicum, var. *Parchemineyi* B. Renault, 375.

Dicranophyllum striatum Grand'Eury, 376, pl. LXXIX, fig. 2 et 3.

DINEURON (Genre), n. gen., 22.

Dineuron pteroides, n. sp., 22, fig. 19.

DIPLOLABIS (Genre), n. gen., 11.

Diplolabis esnostensis, n. sp., fig. 11 à 15 du texte.

Diplolabis forensis, n. sp., 14, fig. 6 à 10 du texte.

Diploxylon, 185.

Dissémination des Pilas, 534 [1].

DOLEROPHYLLUM (Genre) Saporta, 260; *Doleropteris* Grand'Eury, 260.

Dolerophyllum Berthieri, n. sp., 262, pl. LXXII, fig. 1.

Dolerophyllum fertile, n. sp., 267, pl. LXXII, fig. 7, 8, 11, 12 et fig. 46 à 48 du texte.

Dolerophyllum Gœpperti Saporta, 262, pl. LXXII, fig. 2 à 6 et fig. 9.

Dolerophyllum pseudopeltatum Saporta et Marion, 261.

Doleropteris pseudopeltata Grand'Eury, 261.

DORYCORDAITES (Genre) Grand'Eury, 343.

Dorycordaites affinis Grand'Eury, 344, pl. LXXXVI, fig. 17.

E

ÉQUISÉTINÉES, 61.

Équisétinées *isosporées*, 62.

Équisétinées *hétérosporées*, 66.

F

FAVULARIA (Genre) Brongniart, 188.

Favularia elegans Brongniart (sp.), 187, fig. 37 du texte.

Favularia tessellata Brongniart (sp.), 188, pl. XXXV, fig. 2.

Favularia, 185.

Formation schisteuse et formation de la couche du Boghead d'Autun, 497.

Fougères, 1.

G

Genres à place indéterminée, 248.

Gisements siliceux du Culm d'Esnost, 503.

Gisements houillers, 499.

Gisements siliceux du terrain permien inférieur, 505.

Gisements siliceux du terrain permien supérieur, 505.

GLOIOCONIS (Genre), n. gen., 446.

Gloioconis Borneti, n. sp., 446, fig. 94 du texte.

Gnetopsis esnostensis, n. sp., 85, pl. XLII, fig. 8 à 12.

Gnetopsis primæva B. Renault, 85.

Gnetopsis augustodunensis, n. sp., 139, pl. LXIII, fig. 1 à 9.

Graines, 382.

Graines à symétrie binaire, 382.

Graines à symétrie autour d'un point, sans ailes, 389.

Graines à symétrie autour d'un point, ailées, 403.

GRAMMATOPTERIS (Genre) B. Renault, 45.

Grammatopteris Rigolloti B. Renault, 46; pl. XXX, fig. 9 et 10; pl. XXXI, fig. 1 et 1 *bis.*

H

HAPALOXYLON (Genre) B. Renault, 360.

Hapaloxylon Rochei B. Renault, 361, pl. LXXVI, fig. 1 à 8.

HETERANGIUM (Genre) Corda, 248.

Heterangium bibractense, n. sp., 252, pl. XLV, fig. 3 à 6.

Heterangium Duchartrei B. Renault, 251, pl. LXV, fig. 1 et 2.

Heterangium punctatum B. Renault, 253.

Heterangium Renaulti (sp.) Brongniart, 255.

Heterangium tiliæoides Williamson, 256, fig. 41 et 42 du texte.

Hexagonocarpus rotundus, n. sp., 404, pl. LXXXV, fig. 8.

HYMENOPHYLLITES (Genre) Goeppert, 19.

Hymenophyllites α, β, n. var., 20, fig. 16 et 17 du texte.

Hymenophyllites, γ, pl. XXX, fig. 11.

I, K

ISOÉTÉES, 241.

KAULFUSSIA, 11.

L

LAGENIASTRUM (Genre), n. gen., 429.

Lageniastrum macrosporæ B. Renault, 429, fig. 81 à 84 du texte.

Leiodermaria, 189.

LEIODERMARIA (Genre) Goldenberg, 207.

Leiodermaria denudata Goeppert, *Leiodermaria Halensis* Weiss, 210.

Leiodermaria lepidodendrifolia Brongniart (sp.), 208, pl. XXXVI, fig. 1.

Leiodermaria spinulosa Germar (sp.), 208, pl. XXXVI, fig. 2 à 5, pl. XLI, fig. 4 à 11, 18 à 21 et 23 à 26.

Lépidodendrons (Parasites divers des), 421.

LEPIDODENDRON (Genre) Sternberg, 172.

Lepidodendron Baylei, n. sp., 175, pl. XXXIV, fig. 2.

Lepidodendron esnostense, n. sp., 175, pl. XXXIII, fig. 1 à 15, et pl. XXXIV, fig. 1 et 4 à 18, fig. 35 et 36 du texte.

Lepidodendron Harcourti Witham, 173.

Lepidodendron rhodumnense, 179.

Lycopodinées, 171.

M

MACROSTACHYA (Genre) Schimper, 77.

Macrostachya infundibuliformis Schimper, 78.

Macrostachya, sp.? pl. XXIX, fig. 8 à 14.

MEDULLOSA (Genre) Cotta, 293.

Medullosa gigas, n. sp., 297, pl. LXXI, fig. 1 à 6.

Medullosa stellata Cotta, 294, pl. LXX, fig. 1 à 9.

Micrococcus csnostensis B. Renault, 476.

Micrococcus Guignardi B. Renault, 462, fig. 103 à 107 du texte.

Micrococcus hymenophagus B. Renault, 468, fig. 108, 109 du texte.

Micrococcus lepidophagus B. Renault et A. Roche, 453, fig. 96 du texte.

Micrococcus priscus B. Renault, 476, fig. 115, 116, 117 du texte.

Micrococcus Zeilleri B. Renault, 478, fig. 118 à 122 du texte.

Millery (Étage de), 506.

Mucedites stercoraria C.-E. Bertrand et B. Renault, 443, fig. 91, 92 du texte.

Mucedites stercoraria, minima, n. var., 445, fig. 93 du texte.

Mucorinées, 439.

Mucor combrensis, n. sp., 427, fig. 80 du texte.

Myxomycetes Mangini, n. sp., 422, fig. 75, 76 du texte.

O

Oochytrium (Genre), n. gen., 424.

Oochytrium Lepidodendri B. Renault, 424, fig. 78, 79 du texte.

Ophioglossites (Genre), n. gen., 30.

Ophioglossites antiqua, n. sp., 30, pl. LXXXII, fig. 7 à 9.

Ophioglossum, 31.

P

Pachytesta (Genre) Brongniart, 389.

Pachytesta gigantea Brongniart, 392, pl. LXXXIII, fig. 4 et 5, pl. LXXXIV, fig. 1 et 2.

Pachytesta incrassata Brongniart, 390, pl. LXXXIII, fig. 1 à 3 et 6 à 10.

Palæomyces gracilis, n. sp., 439, fig. 88, 89 du texte.

Palæomyces majus, n. sp., 441, fig. 90 du texte.

Parasites divers, 431.

Pécoptéridées, 4.

Pecopteris Bredovi, 7.

Pecopteris cyathoïdes, 4.

Pecopteris csnostensis, n. sp., 5, pl. LXXXII, fig. 6.

Pecopteris intermedia B. Renault, 5.

Pecopteris névroptéroïdes, 4.

Pecopteris pennæformis Brongniart, var. musensis, 6, pl. LXXXII, fig. 3, 4, 5.

Pecopteris Sulziana, 8.

Pecopteris unitæ (Goniopteris), 4.

Pétioles et fructifications de Fougères, 11.

Phellomycetes dubius, n. sp., 421, fig. 74 du texte.

Pila (Genre) C.-E. Bertrand et B. Renault, 514.

Pila bibractensis, 514, pl. LXXXVIII, fig. 2, 3, 4, 10, 10 *bis,* fig. 131 à 134 du texte, pl. A, B du texte.

Pila Karpinskyi, n. sp., 552.

Pila scotica, n. sp., 544, fig. 140 à 143 du texte.

Pinites (Genre) Lindley et Hutton, 377.

Pinites permiensis, n. sp., 377, pl. LXXXII, fig. 1.

Poacordaites (Genre) Grand'Eury, 345.

Poacordaites linearis, Grand'Eury, 346, pl. LXXXVI, fig. 18.

Poroxylées, 279.

Poroxylon (Genre) B. Renault, 279.

Poroxylon Boysseti B. Renault, 283, pl. LXXV, fig. 1 à 3.

Poroxylon Edwardsii B. Renault, 280, pl. LXXIV, fig. 1 à 14.

Poroxylon stephanense C.-E. Bertrand et B. Renault, 285, pl. LXXV, fig. 4 à 10.

Prepecopteris, 5.

Prépollinies, 268, 337, fig. 53, 54 du texte.
PTEROPHYLLUM (Genre) Brongniart, 322.
Pterophyllum Cambrayi B. Renault, 322, fig. 64 du texte.

PTYCHOCARPUS (Genre) Weiss, 9.
PTYCHOXYLON (Genre) B. Renault, 311.
Ptychoxylon Levyi, n. sp., 313, fig. 57 à 63 du texte.

R

Rachiopteris esnostensis, n. sp., 25, pl. XXX, fig. 5 à 8.
Rachiopteris Oldhamia, 26.
REINSCHIA (Genre) C.-E. Bertrand et B. Renault, 540.
Reinschia australis C.-E. Bertrand et B. Renault, 540, fig. 137 à 139.
RENAULTIA (Genre), 5.
RETINODENDRON (Genre) B. Renault, 365.
Retinodendron Rigolloti B. Renault, 366, pl. LXXVII, fig. 9 à 14.

RHABDOCARPUS (Genre) Goeppert et Berger, 387.
Rhabdocarpus astrocaryoides Grand'Eury, var., 388, pl. LXXXVI, fig. 1.
Rhabdocarpus conicus Brongniart, 388, pl. LXXXVI, fig. 6, 7.
Rhabdocarpus mucronatus, n. sp., 388, pl. LXXXVI, fig. 5 et 11.
Rhabdocarpus rostratus, n. sp., 388, pl. LXXXVI, fig. 2, 3, 4.
Rhytidolepis, 185.
RHYTIDOLEPIS (Genre) Sternberg, 188.

S

Schizopteris cycadina Grand'Eury, 44.
Schizopteris pinnata Grand'Eury, 44.
Schizostachys frondosus Grand'Eury, 44.
Sigillariées, 184.
Sigillaria xylina B. Renault, 237, pl. XXXVIII, fig. 1 à 3.
SIGILLARIOPSIS (Genre) B. Renault, 245.
Sigillariopsis Decaisnei B. Renault, 245.
Sphénophyllées, 146.
SPHENOPHYLLUM (Genre) Brongniart, 146.
Sphenophyllum angustifolium Germar. var. *bifidum*, Grand'Eury, 147, pl. LXIV, fig. 1.
Sphenophyllum oblongifolium Germar et Kaulfuss (sp.), 148, pl. LXIV, fig. 2.
Sphenophyllum (Affinités des), 168.
Sphenophyllum (Fructifications des), 157, fig. 26 à 33 du texte, pl. LXIV, fig. 12 à 14.

Sphenophyllum (Structure des), 149, pl. LXIV.
SPHENOZAMITES (Genre) Brongniart, 326.
Sphenozamites Rochei B. Renault, 327, pl. LXXXI, fig. 1 et fig. 65 du texte.
Sphérolithes résultant du travail des Bactéries, 486.
Sphérolithes bactériennes, 486, fig. 123 à 130 du texte.
Stephanospermum, 140.
Stigmaria, 226.
Stigmaria de Falkenberg, Halifax, etc., 231, pl. XL.
Stigmarhizomes, 232.
Sturiella, 5.
Synangium de Pecopteris unita, 10, fig. 4, 5 du texte.
Syringodendron, 219, pl. XXXVI, fig. 14 à 17, pl. XLI, fig. 1 à 11.

T

Tableau I. Classification des tiges non articulées, 414.

Tableau II. Classification des tiges articulées, 415.

Tableau III. Classification schématique de tiges non articulées, 416, 417.

Tableau IV. Classification schématique de tiges articulées, 416, 417.

Tæniopteris multinervis Weiss, 1, fig. 1, 2, 3 du texte.

TÉNIOPTÉRIDÉES, 1.

Teleutospora Milloti B. Renault, 427, fig. 80 du texte.

Terrain houiller du Culm, 499.

Terrain houiller supérieur, 499.

Terrain permien, 500.

THYLAX (Genre), n. gen., 548.

Thylax britannicus, n. sp., 549, fig. 144, 145 du texte.

TODEOPSIS (Genre), n. gen., p. 21.

Todeopsis primæva, 21, fig. 18 du texte.

TRICHOPITYS (Genre) Saporta, 378.

Trichopitys milleryensis, n. sp., 378, pl. LXXXII, fig. 2.

TRIGONOCARPUS (Genre) Brongniart, 397.

Trigonocarpus corrugatus, n. sp., 399, pl. LXXXV, fig. 9.

Trigonocarpus elongatus, n. sp., 399, pl. LXXXV, fig. 7.

Trigonocarpus Næggerathi Sternberg, var., 299, pl. LXXXV, fig. 10, 11, 15.

Trigonocarpus pusillus Brongniart, 398.

TRIPTEROSPERMUM (Genre) Brongniart, 403.

Tripterospermum mucronatum, n. sp., 404, pl. LXXXVI, fig. 8 à 10.

V

Volkmannia (Palæostachya) elongata, Presl., 74.

Volkmannia equisetiformis B. Renault, 76.

Volkmannia gracilis, 77.

Volkmannia gracilis Sternberg, var., 74, pl. XXIX, fig. 1 à 5.

Volkmannia (sp.), 77, pl. XXIX, fig. 6 et 7.

W

WALCHIA (Genre) Sternberg, 353.

Walchia cutassæfolia Brongniart, 360.

Walchia fertilis, n. sp., 359, pl. LXXX, fig. 2.

Walchia filiciformis Schlotheim (sp.), 359.

Walchia frondosa B. Renault, 357, pl. LXXVIII, fig. 1.

Walchia hypnoides Brongniart, 358.

Walchia imbricata Schimper, 358, pl. LXXX, fig. 1.

Walchia piniformis Schlotheim (sp.), 354, pl. LXXIX, fig. 1.

Walchiées, 353.

Z

ZYGOPTERIS (Genre) Corda, 36.

Zygopteris bibractensis B. Renault, 38.

Zygopteris Brongniarti B. Renault, 39, pl. XXXI, fig. 2 et 9.

Zygopteris Brongniarti B. Renault, var. quinquangula, 42, pl. XXXI, fig. 9.

Zygopteris (Fructifications des), 42, pl. XXXI, fig. 5 à 8.

Zygopteris Lacattei B. Renault, 37, pl. XXXI, fig. 3 et 4.

Zygopteris pinnata Grand'Eury, sp., 44.

Zygopteris primæva Corda, 40.

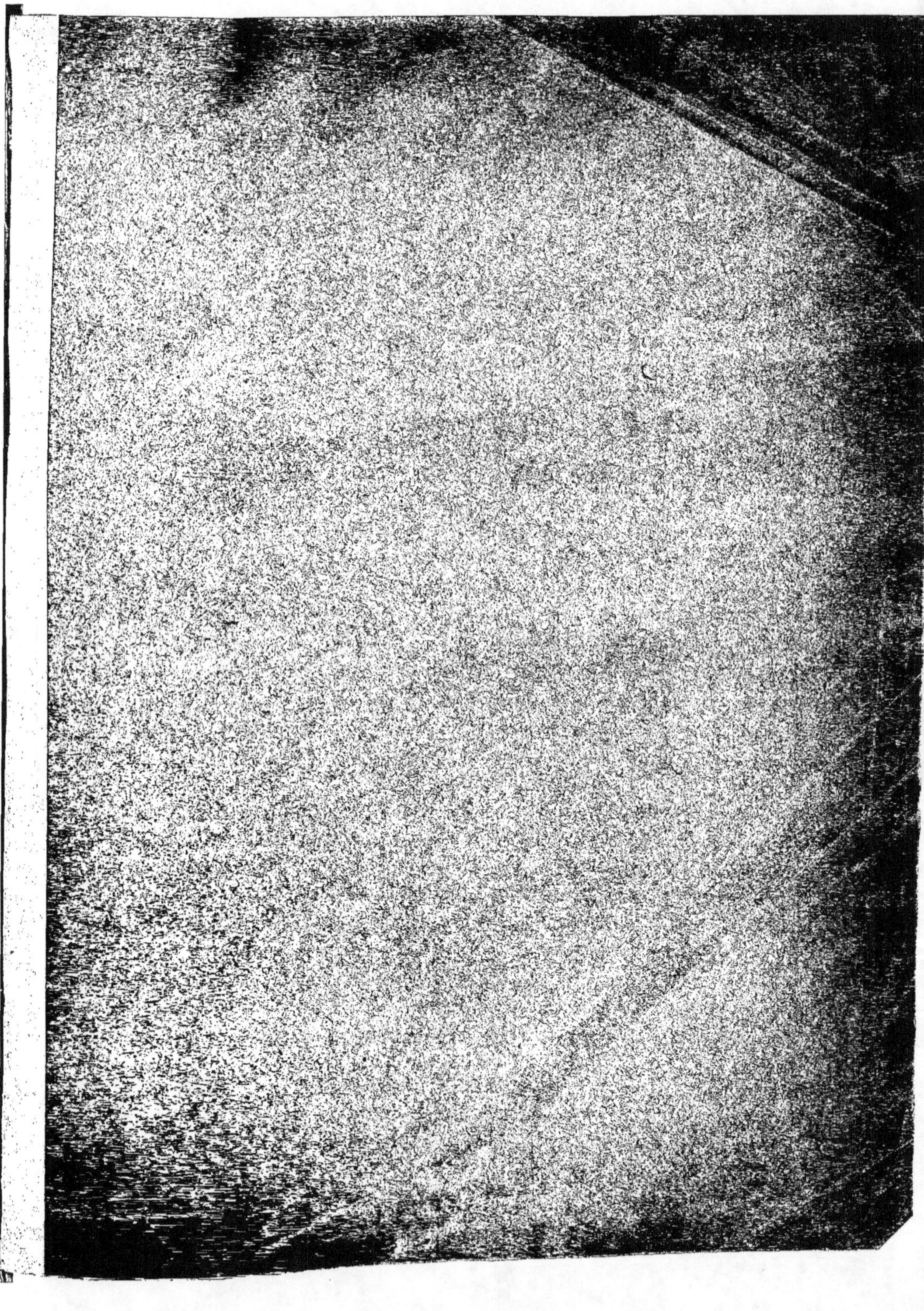